普通高等教育“十四五”规划教材

高等学校教材系列

应用数理统计与随机过程

胡政发　肖海霞　编著

電子工業出版社

Publishing House of Electronics Industry

北京·BEIJING

内容简介

本书在简要介绍所需的概率论知识的基础上，分两篇着重介绍常用的应用数理统计方法和常见的随机过程. 其中，数理统计部分包含数理统计的基本概念与抽样分布、参数估计、假设检验、回归分析、方差分析与正交试验设计；随机过程部分包含随机过程的基本概念及类型、泊松过程、马尔可夫链、连续时间马尔可夫链、随机分析、平稳过程. 这些内容可为高等院校非数学专业的硕士研究生解决自然科学、工程科学、社会科学等领域的复杂随机问题打下坚实的数学基础.

本书可作为理工科（含工程类型）硕士研究生的教材或参考书，也可供理工科高年级本科生和有关教学及工程技术人员学习、参考.

图书在版编目（CIP）数据

应用数理统计与随机过程/胡政发，肖海霞编著. —北京：电子工业出版社，2021.1
ISBN 978-7-121-40081-0

Ⅰ. ①应… Ⅱ. ①胡… ②肖… Ⅲ. ①数理统计－高等学校－教材②随机过程－高等学校－教材
Ⅳ. ①O212②O211.6

中国版本图书馆 CIP 数据核字（2020）第 241672 号

责任编辑：王晓庆
印　　刷：北京盛通商印快线网络科技有限公司
装　　订：北京盛通商印快线网络科技有限公司
出版发行：电子工业出版社
　　　　　北京市海淀区万寿路 173 信箱　　邮编：100036
开　　本：787×1 092　1/16　印张：22.5　　字数：576 千字
版　　次：2021 年 1 月第 1 版
印　　次：2022 年 9 月第 4 次印刷
定　　价：65.00 元

凡所购买电子工业出版社图书有缺损问题，请向购买书店调换. 若书店售缺，请与本社发行部联系，联系及邮购电话：（010）88254888，88258888.

质量投诉请发邮件至 zlts@phei.com.cn，盗版侵权举报请发邮件至 dbqq@phei.com.cn.

本书咨询联系方式：（010）88254113，wangxq@phei.com.cn.

前　言

应用数理统计与随机过程是理工科相关专业研究生的一门重要基础课程，它的理论和方法在科学研究与工程实际中有着广泛的应用. 本书按照“工程数学回归工程”的基本宗旨，在参考国内外大量优秀的研究生教材和多年课程教学改革与实践的基础上编写而成，其内容符合理工科研究生数学课程教学的基本要求.

在现有的理工类的研究生教材中，不乏《应用数理统计》和《应用随机过程》的优秀教材. 这些教材通常首先对相关概率论的知识进行介绍，然后集中讲述数理统计或随机过程. 无论是《应用数理统计》教材还是《应用随机过程》教材，由于关注的问题相对集中，因此讲述的问题都比较全面、深入，并不时融入课程最新的研究成果. 然而正因为如此，教材往往忽略了对数理统计和随机过程中最基本的概念与方法的讲解，使得读者在学习过程中感觉吃力且抓不住重点. 另外，在国内现有的研究生教材中，鲜有一本教材的内容既包含数理统计又包含随机过程. 本书是结合国内外现有的高等工科院校非数学专业硕士研究生的数理统计、随机过程课程内容的优秀教材，而编写的一本将应用数理统计与随机过程有机融合的通俗易懂的教材.

本书共 12 章，第 1 章为预备知识，介绍数理统计与随机过程所需的概率论基础. 第 2～6 章为数理统计部分，着重介绍各种基础的、常用的数理统计方法，主要包括数理统计的基本概念与抽样分布、参数估计、假设检验、回归分析、方差分析与正交试验设计. 第 7～12 章为随机过程部分，主要包括随机过程的基本概念及类型、泊松过程、马尔可夫链、连续时间马尔可夫链、随机分析、平稳过程. 这些内容可为高等院校非数学专业的硕士研究生解决自然科学、工程科学、社会科学等领域的复杂随机问题打下坚实的数学基础.

“呈工科特色，富创新精神”是本书在编写过程中始终坚持的原则. 同时，充分考虑工科读者的特点和实际，在编写中力求做到以下几点：

（1）避免繁杂的理论推导，叙述力求通俗易懂，着重体现统计思维、随机思维，读者只需具备微积分、线性代数和概率论的基础；

（2）条理清晰，对每个重要的知识点尽量做到模块化、重点突出，对难点的处理尽量做到举重若轻；

（3）语言精练、流畅，概念描述准确，定理、性质、定义阐述既严谨又通俗易懂；

（4）插图丰富、精美，做到数形结合、图文并茂，与正文相辅相成；

（5）在例题选择上广泛参考相关专业的课程，紧密联系工程实际，既具有代表性，又富有启发性；

（6）使数理统计与随机过程有效衔接，弥补现有教材的不足.

本书的第 1 章、第 7～12 章由胡政发编写，第 2～6 章由肖海霞编写. 本书在编写过程中，得到了湖北汽车工业学院研究生处的大力支持和热心帮助；湖北汽车工业学院公共数学教学部的部分老师认真审阅了初稿并提出了许多有益的意见和建议；电子工业出版社的领导和编辑也非常关心本书的出版，并对本书的出版提供了很大的支持，编者在此一并致以诚挚的谢意！

限于编者水平有限，书中难免存在不妥和错误之处，恳请读者批评指正，以期持续改进我们的工作.

胡政发　肖海霞

2020 年 12 月

前言

2020年12月

目　录

预备知识

第一篇　数理统计部分

第二篇　随机过程部分

预 备 知 识

应用数理统计与随机过程的理论和方法是建立在概率论的基础之上的.概率论是研究自然界、人类社会及技术产生过程中随机现象的数量规律的数学分支，是一门研究随机事件发生的可能性的学问.随着人类社会实践活动的不断深入，人们需要了解各种随机现象中隐含的必然规律，并用数学方法研究各种结果出现的可能性大小，从而产生了概率论，并使之逐步发展成一门严谨的学科.概率的理论和方法日益渗透到各个领域，并广泛地应用于自然科学、经济学、医学、金融学甚至人文科学中.

第 1 章　概率论基础

概率论的基本概念和基本理论是应用数理统计与随机过程的基础. 本章扼要地复习概率论中的一些基本概念与基本理论，并补充一些初等概率论中未讲授的内容，为学习应用数理统计与随机过程做准备.

1.1　概率空间

1.1.1　随机试验、样本空间与随机事件

在客观世界中，随机现象是普遍存在的. 概率论是一门研究随机现象的规律的数学学科. 对随机现象进行观察或试验，若满足条件：

（1）可以在相同的条件下重复进行；

（2）每次试验的可能结果不止一个，但预先知道试验的所有可能结果；

（3）每次试验前不能确定哪个结果会出现.

则称这样的试验为**随机试验**，简称为**试验**，记为 E .

随机试验的所有可能结果组成的集合称为这个试验的**样本空间**，记为 Ω ，Ω 中的元素 ω 称为**样本点**或**基本事件**. 例如，将一枚均匀的硬币抛掷三次，观察正面出现的次数，基本事件是 ω_i：出现正面 i 次（$i=0,1,2,3$），样本空间是 $\Omega=\{\omega_0,\omega_1,\omega_2,\omega_3\}$.

样本空间的子集称为**随机事件**，简称为**事件**，通常用大写字母 $A,B,C,\cdots$ 表示. 样本空间 Ω 称为**必然事件**，空集 $\varnothing$ 称为**不可能事件**.

由于事件是样本空间的子集，因此事件间的关系和运算可以按照集合论中集合之间的关系和运算来处理. 设 Ω 是随机试验 E 的样本空间， A,B,C 都是随机事件，则可以定义以下事件间的关系和运算.

（1）**包含关系**：若事件 A 发生必然导致事件 B 发生，则称事件 B 包含事件 A ，记为 $A\subset B$.

（2）**相等关系**：若事件 B 包含事件 A ，且事件 A 包含事件 B ，即 $A\subset B$ 且 $B\subset A$ ，则称事件 A 与事件 B 相等，记为 $A=B$.

（3）**并事件**：事件 A 与 B 中至少有一个事件发生，称为事件 A 与事件 B 的并事件（和事件），记为 $A\bigcup B$.

（4）**交事件**：事件 A 与 B 同时发生，称为事件 A 与事件 B 的交事件（积事件），记为 $A\bigcap B$ 或 AB .

（5）**差事件**：事件 A 发生但事件 B 不发生，称为事件 A 与事件 B 的差事件，记为 $A-B$.

（6）**互不相容（互斥）事件**：若事件 A 与 B 不能同时发生，则称事件 A 与事件 B 互不相容（互斥），记为 $A\bigcap B=\varnothing$ 或 $AB=\varnothing$.

（7）**对立事件（逆事件）**：若事件 A 与 B 互不相容，且它们中必有一个事件发生，即 $AB=\varnothing$

且 $A\cup B=\Omega$，则称事件 A 与事件 B 是对立的（互逆的），称事件 A 是事件 B 的对立事件（逆事件），同样，事件 B 也是事件 A 的对立事件（逆事件），记为 $A=\overline{B}$ 或 $B=\overline{A}$.

不难证明，事件之间的运算满足如下运算律.

（1）**交换律**：$A\cup B=B\cup A$，$AB=BA$.

（2）**结合律**：$(A\cup B)\cup C=A\cup(B\cup C)$，$(AB)C=A(BC)$.

（3）**分配律**：$A(B\cup C)=AB\cup AC$，$A\cup(BC)=(A\cup B)(A\cup C)$.

（4）**德摩根（De Morgan）定律**：$\overline{A\cup B}=\overline{A}\,\overline{B}$，$\overline{AB}=\overline{A}\cup\overline{B}$.

1.1.2　概率及概率空间

在实际问题中，我们并不对所有的事件（样本空间的所有子集）都感兴趣，而是关心某些事件（样本空间的某些子集），为此引入 σ 代数和可测空间的概念.

定义 1.1.1　设 Ω 是一个集合，$\mathcal{F}$ 是由 Ω 的某些子集组成的集合族. 若

（1）$\Omega\in\mathcal{F}$；

（2）若 $A\in\mathcal{F}$，则 $\overline{A}\in\mathcal{F}$；

（3）若 $A_n\in\mathcal{F}$（$n=1,2,\cdots$），则 $\bigcup\limits_{n=1}^{\infty}A_n\in\mathcal{F}$，

则称 $\mathcal{F}$ 为 $\sigma-$代数（Borel 域），$(\Omega,\mathcal{F})$ 称为**可测空间**，$\mathcal{F}$ 中的元素称为事件.

由定义 1.1.1 易知：

（1）$\varnothing\in\mathcal{F}$；

（2）若 $A,B\in\mathcal{F}$，则 $A-B\in\mathcal{F}$；

（3）若 $A_i\in\mathcal{F}$（$i=1,2,\cdots$），则 $\bigcap\limits_{i=1}^{n}A_i\in\mathcal{F},\ \bigcup\limits_{i=1}^{n}A_i\in\mathcal{F},\ \bigcap\limits_{i=1}^{\infty}A_i\in\mathcal{F}$.

随机事件在一次试验中可能发生也可能不发生，人们关心的是随机事件发生的可能性的大小，概率是刻画随机事件发生的可能性大小的一种度量.

定义 1.1.2　设 $(\Omega,\mathcal{F})$ 是可测空间，$P(\cdot)$ 是定义在 $\mathcal{F}$ 上的实值函数，若

（1）对于任一随机事件 $A\in\mathcal{F}$，有 $0\le P(A)\le 1$；

（2）对于必然事件 Ω，有 $P(\Omega)=1$；

（3）对于两两互不相容的事件 $A_1,A_2,\cdots$，有 $P(\bigcup\limits_{i=1}^{\infty}A_i)=\sum\limits_{i=1}^{\infty}P(A_i)$，

则称 P 是 $(\Omega,\mathcal{F})$ 上的**概率**（**测度**），$(\Omega,\mathcal{F},P)$ 称为概率空间，$P(A)$ 称为事件 A 的概率.

根据概率的定义可以证明概率的一系列性质，现列举如下.

（1）不可能事件 $\varnothing$ 的概率为 0，即 $P(\varnothing)=0$.

（2）概率的单调性：若 $A\subset B$，则 $P(A)\le P(B)$.

（3）有限可加性：对于有限多个互不相容的事件 $A_1,A_2,\cdots,A_n$，有 $P(\bigcup\limits_{i=1}^{n}A_i)=\sum\limits_{i=1}^{n}P(A_i)$.

（4）若 $A\subset B$，则 $P(B-A)=P(B)-P(A)$. 一般地，有 $P(B-A)=P(B)-P(AB)$.

（5）加法公式：$P(A\cup B)=P(A)+P(B)-P(AB)$.

（6）逆事件的概率：对于任一随机事件 A，有 $P(\overline{A})=1-P(A)$.

（7）若 $A_n\in\mathcal{F}$（$n=1,2,\cdots$），则

$$\lim_{n\to\infty}P(A_n)=\begin{cases}P(\bigcup_{n=1}^{\infty}A_n), & 若A_1\subset A_2\subset\cdots,\\ P(\bigcap_{n=1}^{\infty}A_n), & 若A_1\supset A_2\supset\cdots.\end{cases}$$

1.1.3 条件概率

在已知某事件已经发生的条件下考虑另一个事件发生的概率，就是所谓的条件概率.

定义 1.1.3 设$(\Omega,\mathcal{F},P)$为一概率空间，$A,B\in\mathcal{F}$，且$P(A)>0$，则称

$$P(B\mid A)=\frac{P(AB)}{P(A)}$$

为在事件A发生的条件下事件B发生的**条件概率**.

不难验证条件概率$P(\cdot\mid A)$符合定义 1.1.2 的三个条件，即

（1）对于任一随机事件$B\in\mathcal{F}$，有$0\le P(B\mid A)\le 1$；

（2）对于必然事件Ω，有$P(\Omega\mid A)=1$；

（3）对于两两互不相容的事件$B_1,B_2,\cdots$，有$P(\bigcup_{i=1}^{\infty}B_i\mid A)=\sum_{i=1}^{\infty}P(B_i\mid A)$.

因此，条件概率也是概率，故有关概率的所有性质自然也适用于条件概率.

下面列出与条件概率相关的三个定理，它们的证明在通用的概率论教材中均可找到.

定理 1.1.1（乘法公式） 设$(\Omega,\mathcal{F},P)$为一概率空间，若$A,B\in\mathcal{F}$，且$P(A)>0$，则有

$$P(AB)=P(A)P(B\mid A).$$

一般地，若$A_1,A_2,\cdots,A_n\in\mathcal{F}$（$n>2$），且$P(A_1A_2\cdots A_{n-1})>0$，则有

$$P(A_1A_2\cdots A_n)=P(A_1)P(A_2\mid A_1)P(A_3\mid A_1A_2)\cdots P(A_n\mid A_1A_2\cdots A_{n-1}).$$

定理 1.1.2（全概率公式） 设$(\Omega,\mathcal{F},P)$为一概率空间，$B_1,B_2,\cdots,B_n\in\mathcal{F}$，$P(B_i)>0$且$B_iB_j=\varnothing(1\le i<j\le n)$. 则对于任一事件$A\subset\bigcup_{i=1}^{n}B_i$，有

$$P(A)=\sum_{i=1}^{n}P(B_i)P(A\mid B_i).$$

在实际应用中，$B_1,B_2,\cdots,B_n$常被视为导致事件A发生的“原因”，$P(A\mid B_i)$是各“原因”对事件A的“影响程度”. 事件A的概率是导致事件A发生的全部“原因”对事件A的影响程度的全面综合. 在使用全概率公式时，$P(B_i)$是事先给出的，称为**先验概率**，当有了新的信息（已知事件A发生了）时，需要对$B_1,B_2,\cdots,B_n$发生的可能性重新评估，即要计算$P(B_i\mid A)(i=1,2,\cdots,n)$. 这些概率包含关于事件$A$的信息，称为**后验概率**，计算后验概率通常要用到贝叶斯（Bayes）公式.

定理 1.1.3（贝叶斯公式） 设$(\Omega,\mathcal{F},P)$为一概率空间，$B_1,B_2,\cdots,B_n\in\mathcal{F}$，$P(B_i)>0$且$B_iB_j=\varnothing$（$1\le i<j\le n$）. 又设$A\subset\bigcup_{i=1}^{n}B_i$是随机事件，且$P(A)>0$，则有

$$P(B_i\mid A)=\frac{P(B_i)P(A\mid B_i)}{\sum_{i=1}^{n}P(B_i)P(A\mid B_i)},\ i=1,2,\cdots,n.$$

1.1.4 事件的独立性

事件的独立性是概率论中重要的概念之一. 直观来讲，若两个事件中的一个事件发生与否并不影响另一个事件发生的概率，则可称这两个事件是相互独立的. 基于此，给出如下有关事件独立性的定义.

定义 1.1.4 设 $(\Omega, \mathcal{F}, P)$ 为一概率空间，$A, B \in \mathcal{F}$，若

$$P(AB) = P(A)P(B),$$

则称事件 A 与 B **相互独立**，简称事件 A 与 B 独立.

可以将两个事件相互独立性的定义推广到有限多个事件的情形.

定义 1.1.5 设 $(\Omega, \mathcal{F}, P)$ 为一概率空间，$A_1, A_2, \cdots, A_n \in \mathcal{F}$. 若对任意整数 $k\ (1 < k \le n)$ 及任意整数 $1 \le i_1 < i_2 < \cdots < i_k \le n$，有

$$P(A_{i_1} A_{i_2} \cdots A_{i_k}) = P(A_{i_1}) P(A_{i_2}) \cdots P(A_{i_k}), \tag{1.1}$$

则称这 n 个事件 $A_1, A_2, \cdots, A_n$ 相互独立.

值得注意的是，定义中的式（1.1）包含 $\mathrm{C}_n^2 + \mathrm{C}_n^3 + \cdots + \mathrm{C}_n^n = 2^n - n - 1$ 个等式，且这些等式是不能相互替代的. 例如，当 $n = 3$ 时，3 个事件 A_1, A_2, A_3 相互独立是指以下 4 个等式同时成立：

$$P(A_1 A_2) = P(A_1)P(A_2),$$
$$P(A_1 A_3) = P(A_1)P(A_3),$$
$$P(A_2 A_3) = P(A_2)P(A_3),$$
$$P(A_1 A_2 A_3) = P(A_1)P(A_2)P(A_3).$$

从定义 1.1.5 可以看出，若事件 $A_1, A_2, \cdots, A_n$ 相互独立，则其中任意 $k\ (1 < k \le n)$ 个事件 $A_{i_1}, A_{i_2}, \cdots, A_{i_k}$ 也相互独立. 同时，由 n 个事件相互独立可以推出这 n 个事件两两独立，反之，则不成立.

根据事件独立性的定义，不难证明以下常用结论.

定理 1.1.4 设 $(\Omega, \mathcal{F}, P)$ 为一概率空间，则有：

（1）如果 $A, B \in \mathcal{F}$ 且相互独立，那么 A 与 $\overline{B}$、$\overline{A}$ 与 B、$\overline{A}$ 与 $\overline{B}$ 也相互独立；

（2）如果 $A, B, C \in \mathcal{F}$ 且相互独立，那么 A 与 BC、A 与 $B \cup C$ 及 A 与 $B - C$ 也相互独立；

（3）如果 $A_1, A_2, \cdots, A_n \in \mathcal{F}$ 且相互独立，那么 $\overline{A_1}, \overline{A_2}, \cdots, \overline{A_n}$ 也相互独立. 一般地，若 $A_1, A_2, \cdots, A_n$ 相互独立，则将 n 个事件中的任意多个事件换成其对立事件后，所得的新事件组仍然相互独立.

需要指出的是，在实际应用中常常不根据定义来判断事件的独立性，而根据经验或问题的具体情况加以判断，也就是根据一个事件发生实际上是否影响另一个事件发生的概率来判断. 例如，甲、乙两人同时向同一目标射击，如果彼此互不影响，那么就可以认定甲、乙两人是否击中目标是相互独立的.

1.2 随机变量及其分布

为了便于用数学工具来研究随机现象，引入随机变量的概念. 随机变量是概率论的主要

研究对象，随机变量的统计规律用分布函数来描述.

1.2.1 一维随机变量及其分布

定义 1.2.1 设$(\Omega, \mathcal{F}, P)$为一概率空间，$X = X(\omega)$是定义在Ω上的单值实函数. 若对任意实数x，都有$\{\omega : X(\omega) \le x\}$是一随机事件，即$\{\omega : X(\omega) \le x\} \in \mathcal{F}$，则称$X(\omega)$为**随机变量**，简记为随机变量$X$. 称

$$F(x) = P\{X \le x\}, \quad -\infty < x < +\infty$$

为随机变量X的**分布函数**.

分布函数$F(x)$具有以下性质.

（1）有界性：$0 \le F(x) \le 1$，$-\infty < x < +\infty$；

（2）单调不减性：若$-\infty < x_1 < x_2 < +\infty$，则$F(x_1) \le F(x_2)$；

（3）$F(-\infty) = \lim\limits_{x \to -\infty} F(x) = 0$，$F(+\infty) = \lim\limits_{x \to +\infty} F(x) = 1$；

（4）右连续性：对于$-\infty < x_0 < +\infty$，有$\lim\limits_{x \to x_0^+} F(x) = F(x_0)$.

可以证明，定义在$(-\infty, +\infty)$上的实值函数$F(x)$，若具有上述 4 条性质，则必存在一个概率空间$(\Omega, \mathcal{F}, P)$及其上的随机变量X，使得其分布函数就是$F(x)$. 由此可见，上述 4 条性质是分布函数的本质属性.

在应用中，常见的随机变量有两种类型：**离散型随机变量**和**连续型随机变量**.

定义 1.2.2 若随机变量X的所有可能取值是有限多个或无限可列个，则称这种变量为**离散型随机变量**. 若离散型随机变量X的所有可能取值为$x_1, x_2, \cdots$，则称函数

$$p(x_i) = P\{X = x_i\} = p_i, \quad i = 1, 2, \cdots$$

为离散型随机变量X的**概率函数**（或**分布律**或**分布列**）.

概率函数具有下列性质：

（1）$p(x_i) \ge 0, \quad i = 1, 2, \cdots$；

（2）$\sum\limits_i p(x_i) = 1$.

具有上述两条性质的离散函数必为某个概率空间$(\Omega, \mathcal{F}, P)$上的离散型随机变量X的概率函数.

离散型随机变量的分布函数$F(x)$可用概率函数$p(x_i)$表示为

$$F(x) = P\{X \le x\} = \sum_{x_i \le x} P\{X = x_i\} = \sum_{x_i \le x} p(x_i).$$

定义 1.2.3 若随机变量X的分布函数$F(x)$能够表示为某个非负可积函数$f(x)$在区间$(-\infty, x]$上的积分，即

$$F(x) = \int_{-\infty}^{x} f(t)\,\mathrm{d}t,$$

则称X为**连续型随机变量**，称$f(x)$为X的**概率密度函数**，简称为**概率密度.**

概率密度函数具有下列性质：

（1）$f(x) \ge 0$；

（2）$\int_{-\infty}^{+\infty} f(x)\,\mathrm{d}x = 1$；

（3）对于x轴上的任何区间I，有$P\{X \in I\} = \int_I f(x)\,\mathrm{d}x$；

（4）对于 $f(x)$ 的连续点 x，有

$$f(x)=\frac{\mathrm{d}F(x)}{\mathrm{d}x}=\lim_{\Delta x\to 0}\frac{P\{x<X\le x+\Delta x\}}{\Delta x}.$$

同样，具有性质（1）、（2）的函数必为某个概率空间 $(\Omega,\mathcal{F},P)$ 上的连续型随机变量 X 的概率密度.

下面列出一些常见的随机变量及其分布.

（1）**0-1 分布**：随机变量 X 仅可能取两个值 0 和 1，其概率函数为

$$P\{X=1\}=p\text{，}\quad P\{X=0\}=q\text{，}$$

式中，$0<p<1$，$p+q=1$，则称 X 服从参数为 p 的 0-1 分布，记为 $X\sim B(1,p)$.

（2）**二项分布**：随机变量 X 的可能取值为 $0,1,2,\cdots,n$，其概率函数为

$$P\{X=k\}=\mathrm{C}_n^k p^k q^{n-k}\text{，}\ k=0\text{，}1\text{，}2\text{，}\cdots\text{，}n\text{，}$$

式中，$0<p<1$，$p+q=1$，则称 X 服从参数为 n 和 p 的二项分布，记为 $X\sim B(n,p)$.

（3）**泊松分布**：若随机变量 X 的可能取值为 $0,1,2,\cdots$，其概率函数为

$$P\{X=k\}=\frac{\lambda^k}{k!}\mathrm{e}^{-\lambda}\text{，}\ k=0,\ 1,\ 2,\ \cdots\text{，}$$

式中，$\lambda>0$ 且为常数，则称 X 服从参数为 λ 的泊松（Poisson）分布，记为 $X\sim P(\lambda)$.

（4）**几何分布**：若随机变量 X 的可能取值为 $1,2,\cdots$，其概率函数为

$$P\{X=k\}=pq^{k-1}\text{，}\ k=1,\ 2,\ \cdots$$

式中，$0<p<1$，$p+q=1$，则称 X 服从参数为 p 的几何分布，记为 $X\sim G(p)$.

（5）**均匀分布**：若随机变量 X 的概率密度函数为

$$f(x)=\begin{cases}\dfrac{1}{b-a}\text{，} & a\le x\le b,\\ 0\text{，} & \text{其他.}\end{cases}$$

式中，$a<b$ 为常数，则称 X 服从区间 $[a,b]$ 上的均匀分布，记为 $X\sim U(a,b)$.

（6）**指数分布**：若随机变量 X 的概率密度函数为

$$f(x)=\begin{cases}\lambda\mathrm{e}^{-\lambda x}\text{，} & x>0,\\ 0\text{，} & x\le 0.\end{cases}$$

式中，$\lambda>0$ 且为常数，则称 X 服从参数为 λ 的指数分布，记为 $X\sim e(\lambda)$.

（7）**正态分布**：若随机变量 X 的概率密度函数为

$$f(x)=\frac{1}{\sqrt{2\pi}\sigma}\mathrm{e}^{-\frac{(x-\mu)^2}{2\sigma^2}}\text{，}\ -\infty<x<+\infty\text{，}$$

式中，$\mu\in\mathbf{R}$，$\sigma>0$ 且为常数，则称 X 服从参数为 μ 和 σ^2 的正态分布或高斯（Gauss）分布，记为 $X\sim N(\mu,\sigma^2)$. 特别地，当 $\mu=0$、$\sigma=1$ 时，称 $N(0,1)$ 为标准正态分布，其概率密度函数为

$$\varphi(x)=\frac{1}{\sqrt{2\pi}}\mathrm{e}^{-\frac{x^2}{2}}\text{，}\ -\infty<x<+\infty.$$

（8）**对数正态分布**：设 X 是取正值的随机变量，若 $\ln X\sim N(\mu,\sigma^2)$，其中 $\mu\in\mathbf{R}$，$\sigma>0$ 且为常数，则称 X 服从对数正态分布，记为 $X\sim \mathrm{LN}(\mu,\sigma^2)$，其概率密度函数为

$$f(x)=\begin{cases}\dfrac{1}{\sqrt{2\pi}\sigma x}\exp\left\{-\dfrac{(\ln x-\mu)^2}{2\sigma^2}\right\}, & x>0,\\ 0, & x\le 0.\end{cases}$$

1.2.2 二维随机变量及其分布

某些随机现象需要同时用多个随机变量来描述，这就需要引入多维随机变量. 为了更好地理解多维随机变量的概念和特性，此处先介绍二维随机变量.

定义 1.2.4 设$(\Omega,\mathcal{F},P)$为一概率空间，$(X(\omega),Y(\omega))$是定义在Ω上的在$\mathbf{R}^2$中取值的二维向量函数. 若对任意实向量$(x,y)\in\mathbf{R}^2$，都有$\{\omega:X(\omega)\le x,Y(\omega)\le y\}\in\mathcal{F}$，则称$(X(\omega),Y(\omega))$为**二维随机变量**或**二维随机向量**，简记为(X,Y). 称

$$F(x,y)=P\{X\le x,Y\le y\},\ (x,y)\in\mathbf{R}^2$$

为二维随机变量(X,Y)的**联合分布函数**.

不难验证二维随机变量(X,Y)的联合分布函数$F(x,y)$具有以下 4 条基本性质.

（1）对任意$(x,y)\in\mathbf{R}^2$，有$0\le F(x,y)\le 1$，且对每个自变量，$F(x,y)$单调不减.

（2）固定其中任一变量，$F(x,y)$对另一变量都是右连续的，即有

$$\lim_{y\to y_0^+}F(x,y)=F(x,y_0),\ -\infty<y_0<+\infty;$$

$$\lim_{x\to x_0^+}F(x,y)=F(x_0,y),\ -\infty<x_0<+\infty.$$

（3）对任意固定的x或y，有

$$F(x,-\infty)=\lim_{y\to-\infty}F(x,y)=0,\ F(-\infty,y)=\lim_{x\to-\infty}F(x,y)=0,$$

且有

$$F(-\infty,-\infty)=\lim_{\substack{x\to-\infty\\ y\to-\infty}}F(x,y)=0,\ F(+\infty,+\infty)=\lim_{\substack{x\to+\infty\\ y\to+\infty}}F(x,y)=1.$$

（4）对任意(x_1,y_1)、(x_2,y_2)，$x_1<x_2$、$y_1<y_2$，均有

$$F(x_2,y_2)-F(x_2,y_1)-F(x_1,y_2)+F(x_1,y_1)\ge 0.$$

反过来可以证明，定义在$\mathbf{R}^2$上的具有上述性质的实二元函数$F(x,y)$，必存在一个概率空间$(\Omega,\mathcal{F},P)$及其上的二维随机变量(X,Y)，其联合分布函数为$F(x,y)$. 因此上述 4 条性质是二维随机变量分布函数的本质属性.

定义 1.2.5 若二维随机变量(X,Y)只能取有限对或无限可列对不同数值(x_i,y_i) $(i,j=1,2,\cdots)$，则称(X,Y)为**二维离散型随机变量**. 对于二维离散型随机变量(X,Y)，称

$$p(x_i,y_j)=P\{X=x_i,Y=y_i\}=p_{ij},\ i,j=1,2,\cdots$$

为(X,Y)的**联合概率函数**（或**联合分布列**或**联合分布律**）.

二维离散型随机变量(X,Y)的联合概率函数具有如下两条基本性质：

（1）$p_{ij}\ge 0,\ i,j=1,2,\cdots$；

（2）$\sum\limits_i\sum\limits_j p_{ij}=1$.

可以证明，具有以上两条性质的二元离散函数必为某概率空间$(\Omega,\mathcal{F},P)$上的二维离散型随机变量(X,Y)的联合概率函数.

显然，二维离散型随机变量(X,Y)的联合分布函数为

$$F(x,y)=P\{X\le x,Y\le y\}=\sum_{x_i\le x}\sum_{y_j\le y}p_{ij}.$$

定义 1.2.6　设二维随机变量(X,Y)的分布函数为$F(x,y)$，若存在非负可积$f(x,y)$，使得

$$F(x,y)=\int_{-\infty}^{x}\int_{-\infty}^{y}f(u,v)\mathrm{d}u\mathrm{d}v,$$

则称(X,Y)为**二维连续型随机变量**，而$f(x,y)$称为(X,Y)的**联合概率密度函数**，简称为**联合概率密度**.

二维连续型随机变量的联合概率密度有如下性质.

（1）对任意$(x,y)\in\mathbf{R}^2$，有$f(x,y)\ge 0$.

（2）$\int_{-\infty}^{+\infty}\int_{-\infty}^{+\infty}f(x,y)\mathrm{d}x\mathrm{d}y=1$.

（3）设D是平面上的任意区域，点(X,Y)落在D内的概率为

$$P\{(X,Y)\in D\}=\iint_D f(x,y)\mathrm{d}x\mathrm{d}y.$$

（4）设(x,y)为$f(x,y)$的连续点，且F''_{xy}、F''_{yx}在点(x,y)的某邻域内连续，则有

$$f(x,y)=\frac{\partial^2F(x,y)}{\partial x\partial y}.$$

可以证明，具有上述性质（1）、（2）的二元函数$f(x,y)$必为某概率空间$(\Omega,\mathcal{F},P)$上的二维连续型随机变量(X,Y)的联合概率密度.

由于二维随机变量(X,Y)的每个分量也是随机变量，因此分量也有各自的分布，称这些分量的分布为**边缘分布**或**边际分布**.

定义 1.2.7　设$(\Omega,\mathcal{F},P)$为一概率空间，(X,Y)为该概率空间上的二维随机变量，则称$F_X(x)=P\{X\le x\}$及$F_Y(y)=P\{Y\le y\}$分别为二维随机变量(X,Y)关于X和Y的**边缘分布函数**.

若(X,Y)的联合分布函数为$F(x,y)$，则可知X或Y的边缘分布函数分别为

$$F_X(x)=P\{X\le x\}=P\{X\le x,Y<+\infty\}=F(x,+\infty),$$
$$F_Y(y)=P\{Y\le y\}=P\{X<+\infty,Y\le y\}=F(+\infty,y).$$

定义 1.2.8　若(X,Y)为二维离散型随机变量，其联合概率函数为

$$p(x_i,y_j)=P\{X=x_i,Y=y_j\}=p_{ij},\ i,j=1,2,\cdots,$$

则随机变量X、Y的概率函数分别为

$$p_X(x_i)=P\{X=x_i\}=P\{X=x_i,Y<+\infty\}=\sum_j p_{ij},\ i=1,2,\cdots,$$

$$p_Y(y_j)=P\{Y=y_j\}=P\{X<+\infty,Y=y_j\}=\sum_i p_{ij},\ j=1,2,\cdots.$$

称$p_X(x_i)$、$p_Y(y_j)$为X、Y的**边缘概率函数**（或**边缘分布律**）.

定义 1.2.9　若(X,Y)为二维连续型随机变量，其联合分布函数为$F(x,y)$，则(X,Y)关于X、Y的边缘分布函数分别为

$$F_X(x)=F(x,+\infty)=\int_{-\infty}^{x}\left[\int_{-\infty}^{+\infty}f(x,y)\mathrm{d}y\right]\mathrm{d}x,$$

$$F_Y(y)=F(+\infty,y)=\int_{-\infty}^{y}[\int_{-\infty}^{+\infty}f(x,y)\mathrm{d}x]\mathrm{d}y\,.$$

记

$$f_X(x)=\int_{-\infty}^{+\infty}f(x,y)\mathrm{d}y\,,\quad f_Y(y)=\int_{-\infty}^{+\infty}f(x,y)\mathrm{d}x\,,$$

称 $f_X(x)$、$f_Y(y)$ 分别为二维连续型随机变量 (X,Y) 关于 X、Y 的**边缘概率密度**.

定义 1.2.10 设 $F(x,y)$ 是二维随机变量 (X,Y) 的联合分布函数，$F_X(x)$、$F_Y(y)$ 为关于 X、Y 的边缘分布函数. 若对任意实数 x、y，有

$$F(x,y)=F_X(x)F_Y(y)\,,$$

则称随机变量 X、Y **相互独立**，简称 X、Y **独立**.

关于二维随机变量的独立性，不难证明以下定理成立.

定理 1.2.1 若 (X,Y) 是二维离散型随机变量，则 X、Y 相互独立的充分必要条件为

$$p(x_i,y_j)=p_X(x_i)p_Y(y_j)\,,\quad i,j=1,2,\cdots\;;$$

若 (X,Y) 是二维连续型随机变量，则 X、Y 相互独立的充分必要条件为

$$f(x,y)=f_X(x)f_Y(y)\,,\quad (x,y)\in\mathbf{R}^2\,.$$

1.2.3 n 维随机变量及其分布

现在将上述二维随机变量的概念及相关性质推广到 n 维随机变量的情形.

定义 1.2.11 设 $(\Omega,\mathcal{F},P)$ 为一概率空间，$\boldsymbol{X}=\boldsymbol{X}(\omega)=(X_1(\omega),X_2(\omega),\cdots,X_n(\omega))$ 是定义在 Ω 上的在 $\mathbf{R}^n$ 中取值的向量函数. 若对任意实向量 $\boldsymbol{x}=(x_1,x_2,\cdots,x_n)\in\mathbf{R}^n$，都有 $\{\omega:X_1(\omega)\le x_1,X_2(\omega)\le x_2,\cdots,X_n(\omega)\le x_n\}\in\mathcal{F}$，则称

$$\boldsymbol{X}=\boldsymbol{X}(\omega)=(X_1(\omega),X_2(\omega),\cdots,X_n(\omega))$$

为 n **维随机变量**或 n **维随机向量**，简记为 $\boldsymbol{X}=(X_1,X_2,\cdots,X_n)$. 称

$$F(\boldsymbol{x})=F(x_1,x_2,\cdots,x_n)=P\{X_1\le x_1,X_2\le x_2,\cdots,X_n\le x_n\}\,,\boldsymbol{x}=(x_1,x_2,\cdots,x_n)\in\mathbf{R}^n$$

为 n 维随机变量 $\boldsymbol{X}=(X_1,X_2,\cdots,X_n)$ 的**联合分布函数**.

n 维联合分布函数 $F(x_1,x_2,\cdots,x_n)$ 具有下列性质.

（1）对任意 $(x_1,x_2,\cdots,x_n)\in\mathbf{R}^n$，有 $0\le F(x_1,x_2,\cdots,x_n)\le 1$，且对每个自变量 x_i（$i=1,2,\cdots,n$），$F(x_1,x_2,\cdots,x_n)$ 单调不减；

（2）对每个自变量 x_i（$i=1,2,\cdots,n$），$F(x_1,x_2,\cdots,x_n)$ 都是右连续的；

（3）$\lim\limits_{x_i\to-\infty}F(x_1,x_2,\cdots,x_i,\cdots,x_n)=0,\ i=1,2,\cdots,n$，$\lim\limits_{x_1,x_2,\cdots,x_n\to+\infty}F(x_1,x_2,\cdots,x_n)=1$；

（4）对 $\mathbf{R}^n$ 中的任何一个区域 $(a_1,b_1;\cdots;a_n,b_n)$，其中 $a_i\le b_i,\ i=1,2,\cdots,n$，有

$$F(b_1,b_2,\cdots,b_n)-\sum_{i=1}^{n}F(b_1,\cdots,b_{i-1},a_i,b_{i+1},\cdots,b_n)+\sum_{\substack{i,j=1\\i<j}}^{n}F(b_1,\cdots,b_{i-1},a_i,b_{i+1},\cdots b_{j-1},a_j,b_{j+1},\cdots,b_n)+$$
$$\cdots+(-1)^nF(a_1,a_2,\cdots,a_n)\ge 0\,.$$

可以证明，对于定义在 $\mathbf{R}^n$ 上的具有上述性质的实函数 $F(x_1,x_2,\cdots,x_n)$，必存在一个概率空间 $(\Omega,\mathcal{F},P)$ 及其上的 n 维随机变量 $(X_1,X_2,\cdots,X_n)$，其联合分布函数为 $F(x_1,x_2,\cdots,x_n)$，因此上述 4 条性质是 n 维随机变量的分布函数的本质属性.

在应用中，常用的 n 维随机变量有两种类型：离散型 n 维随机变量和连续型 n 维随机变量.

若随机向量 $\boldsymbol{X}=(X_1,X_2,\cdots,X_n)$ 的每个分量 $X_i(i=1,2,\cdots,n)$ 都是离散型随机变量，则称 $\boldsymbol{X}$ 是离散型随机向量.

对于离散型随机向量 $\boldsymbol{X}=(X_1,X_2,\cdots,X_n)$，其联合分布列为

$$p(x_1,x_2,\cdots,x_n)=P\{X_1=x_1,X_2=x_2,\cdots,X_n=x_n\},$$

式中，$x_i\in I_i(i=1,2,\cdots,n)$，而 I_i 是由随机变量 X_i 的所有可能取值构成的离散集. $\boldsymbol{X}$ 的联合分布函数为

$$F(y_1,y_2,\cdots,y_n)=\sum_{\substack{x_i\le y_i\\ i=1,2,\cdots,n}}p(x_1,x_2,\cdots,x_n)\ ,\ (y_1,y_2,\cdots,y_n)\in\mathbf{R}^n.$$

若存在定义在 $\mathbf{R}^n$ 上的非负函数 $f(x_1,x_2,\cdots,x_n)$，对于任意 $(y_1,y_2,\cdots,y_n)\in\mathbf{R}^n$，随机向量 $\boldsymbol{X}=(X_1,X_2,\cdots,X_n)$ 的联合分布函数

$$F(y_1,y_2,\cdots,y_n)=\int_{-\infty}^{y_1}\cdots\int_{-\infty}^{y_n}f(x_1,x_2,\cdots,x_n)\mathrm{d}x_1\cdots\mathrm{d}x_n,$$

则称 $\boldsymbol{X}$ 是连续型随机向量，$f(x_1,x_2,\cdots,x_n)$ 为 $\boldsymbol{X}$ 的联合概率密度.

在 $\boldsymbol{X}$ 的联合分布函数 $F(x_1,x_2,\cdots,x_n)$ 中保留 k 个变量，如 $x_1,x_2,\cdots,x_k$，其他变量都趋于 $+\infty$，得到 $X_1,X_2,\cdots,X_k$ 的 k 维边缘分布函数

$$F_{X_1,X_2,\cdots,X_k}(x_1,x_2,\cdots,x_k)=F(x_1,x_2,\cdots,x_k,+\infty,\cdots,+\infty).$$

若 $\boldsymbol{X}$ 是连续型随机向量，且联合概率密度为 $f(x_1,x_2,\cdots,x_n)$，则有

$$F_{X_1,X_2,\cdots,X_k}(x_1,x_2,\cdots,x_k)=\int_{-\infty}^{x_1}\cdots\int_{-\infty}^{x_k}\int_{-\infty}^{+\infty}\cdots\int_{-\infty}^{+\infty}f(y_1,\cdots,y_k,y_{k+1},\cdots,y_n)\mathrm{d}y_1\cdots\mathrm{d}y_k\mathrm{d}y_{k+1}\cdots\mathrm{d}y_n.$$

由此得到 $X_1,X_2,\cdots,X_k$ 的边缘概率密度为

$$f_{X_1,X_2,\cdots,X_k}(x_1,x_2,\cdots,x_k)=\int_{-\infty}^{+\infty}\cdots\int_{-\infty}^{+\infty}f(x_1,x_2,\cdots,x_n)\mathrm{d}x_{k+1}\cdots\mathrm{d}x_n.$$

特别地，在 $\boldsymbol{X}$ 的联合分布函数 $F(x_1,x_2,\cdots,x_n)$ 中保留一个 x_i，其他变量都趋于 $+\infty$，得到一维边缘分布函数

$$F_{X_i}(x_i)=F(+\infty,\cdots,+\infty,x_i,+\infty,\cdots,+\infty),\quad i=1,2,\cdots,n.$$

若 $\boldsymbol{X}$ 是连续型随机向量，且联合概率密度为 $f(x_1,x_2,\cdots,x_n)$，则有

$$F_{X_i}(x_i)=\int_{-\infty}^{+\infty}\cdots\int_{-\infty}^{+\infty}\int_{-\infty}^{x_i}\int_{-\infty}^{+\infty}\cdots\int_{-\infty}^{+\infty}f(y_1,\cdots,y_{i-1},y_i,y_{i+1},\cdots,y_n)\mathrm{d}y_1\cdots\mathrm{d}y_n.$$

由此得到 X_i 的边缘概率密度为

$$f_{X_i}(x_i)=\int_{-\infty}^{+\infty}\cdots\int_{-\infty}^{+\infty}f(x_1,x_2,\cdots,x_n)\mathrm{d}x_1\cdots\mathrm{d}x_{i-1}\mathrm{d}x_{i+1}\cdots\mathrm{d}x_n.$$

定义 1.2.12 设 $(X_1,X_2,\cdots,X_n)$ 是定义在概率空间 $(\Omega,\mathcal{F},P)$ 上的 n 维随机变量，其联合分布函数为 $F(x_1,x_2,\cdots,x_n)$，各分量的边缘分布函数分别为 $F_{X_1}(x_1),F_{X_2}(x_2),\cdots,F_{X_n}(x_n)$. 若对任意实数 $x_1,x_2,\cdots,x_n$，有

$$F(x_1,x_2,\cdots,x_n)=F_{X_1}(x_1)F_{X_2}(x_2)\cdots F_{X_n}(x_n),$$

则称随机变量 $X_1,X_2,\cdots,X_n$ 独立.

类似于定理 1.2.1，关于 n 维随机变量的独立性，有以下定理成立.

定理 1.2.2 若 $(X_1,X_2,\cdots,X_n)$ 是 n 维离散型随机变量，则 $X_1,X_2,\cdots,X_n$ 独立等价于

$$p(x_1,x_2,\cdots,x_n)=p_{X_1}(x_1)p_{X_2}(x_2)\cdots p_{X_n}(x_n),$$

式中，$x_i(i=1,2,\cdots,n)$ 为 X_i 的任意可能的取值；若 $(X_1,X_2,\cdots,X_n)$ 是 n 维连续型随机变量，

则 $X_1, X_2, \cdots, X_n$ 独立等价于

$$f(x_1, x_2, \cdots, x_n) = f_{X_1}(x_1) f_{X_2}(x_2) \cdots f_{X_n}(x_n),$$

式中，f 为 $(X_1, X_2, \cdots, X_n)$ 的联合概率密度，f_{X_i} 为关于 X_i 的边缘概率密度，且 f、f_{X_i} 都是连续函数.

易知，若 $X_1, X_2, \cdots, X_n$ 独立，则其中任意 $m\,(1 < m \le n)$ 个随机变量也独立.

对定义在同一概率空间上的随机变量序列 $X_1, X_2, \cdots, X_n, \cdots$，若其中任意有限多个随机变量都独立，则称这个随机变量序列独立.

1.2.4　随机变量函数的分布

设 $\boldsymbol{X}$ 为 n 维随机变量，$g(\boldsymbol{x})$ 是定义在 $\boldsymbol{X}$ 的一切可能值 $\boldsymbol{x}$ 的集合上的函数，所谓随机变量 $\boldsymbol{X}$ 的函数是这样的随机变量 $\boldsymbol{Y}$（可以是一维的，也可以是多维的）：当随机变量 $\boldsymbol{X}$ 的取值为 $\boldsymbol{x}$ 时，它的取值 $\boldsymbol{y} = g(\boldsymbol{x})$，记为 $\boldsymbol{Y} = g(\boldsymbol{X})$.

随机变量的函数仍然是随机变量. 在某些实际问题中，虽然我们所关心的随机变量不能通过直接观测得到，但它是能直接观测的随机变量的函数. 因此，需要讨论随机变量函数的分布，即讨论如何根据随机变量 $\boldsymbol{X}$ 的分布寻求随机变量 $\boldsymbol{Y} = g(\boldsymbol{X})$ 的分布.

设 X 是一维离散型随机变量，且概率函数为

$$p_X(x_i) = P\{X = x_i\}, \quad i = 1, 2, \cdots$$

则 $Y = g(X)$ 也是离散型随机变量，其可能的取值为 $y_i = g(x_i)$，其概率函数为

$$p_Y(y_i) = P\{Y = y_i\} = \sum_{g(x_j) = y_i} P\{X = x_j\}, \quad i = 1, 2, \cdots.$$

对 n 维离散型随机变量的函数的分布律，可做类似的分析.

对连续情形，不加证明地给出如下定理.

定理 1.2.3　设 n 维连续型随机变量 $\boldsymbol{X} = (X_1, X_2, \cdots, X_n)$ 的联合分布函数为 $f_X(x_1, x_2, \cdots, x_n)$. n 元函数组 $y_i = y_i(x_1, x_2, \cdots, x_n)(i = 1, 2, \cdots, n)$ 满足：

（1）存在唯一的反函数组 $x_i = x_i(y_1, y_2, \cdots, y_n)$，即方程组

$$\begin{cases} y_1(x_1, x_2, \cdots, x_n) = y_1 \\ y_2(x_1, x_2, \cdots, x_n) = y_2 \\ \qquad\vdots \\ y_n(x_1, x_2, \cdots, x_n) = y_n \end{cases}$$

存在唯一的实数解 $x_i = x_i(y_1, y_2, \cdots, y_n)$；

（2）$y_i = y_i(x_1, x_2, \cdots, x_n)$ 和 $x_i = x_i(y_1, y_2, \cdots, y_n)$ 都是连续的；

（3）$\dfrac{\partial x_i}{\partial y_j}$、$\dfrac{\partial y_i}{\partial x_j}$（$i, j = 1, 2, \cdots, n$）存在且连续.

令雅可比（Jacobi）行列式 $J = \dfrac{\partial(x_1, x_2, \cdots, x_n)}{\partial(y_1, y_2, \cdots, y_n)}$，则 n 维随机变量 $\boldsymbol{Y} = (Y_1, Y_2, \cdots, Y_n)$，其中 $Y_i = y_i(X_1, X_2, \cdots, X_n)$（$i = 1, 2, \cdots, n$）的联合概率密度为

$$f_Y(y_1, y_2, \cdots, y_n) = f_X(x_1(y_1, y_2, \cdots, y_n), x_2(y_1, y_2, \cdots, y_n), \cdots, x_n(y_1, y_2, \cdots, y_n))\,|\boldsymbol{J}|.$$

若（1）中的方程组有多个解 $x_i^{(l)} = x_i^{(l)}(y_1, y_2, \cdots, y_n)$（$i = 1, 2, \cdots, n,\ l = 1, 2, \cdots$），则 n 维随机变量 $\boldsymbol{Y} = (Y_1, Y_2, \cdots, Y_n)$ 的联合概率密度为

$$f_Y(y_1,y_2,\cdots,y_n)=\sum_l f_X(x_1^{(l)}(y_1,y_2,\cdots,y_n),x_2^{(l)}(y_1,y_2,\cdots,y_n),\cdots,x_n^{(l)}(y_1,y_2,\cdots,y_n))\,|\boldsymbol{J}|.$$

特别地，若 X 为一维连续型随机变量，其概率密度函数为 $f_X(x)$，则对于随机变量函数 $Y=g(X)$ 的概率密度函数，有下列结果.

（1）若 $g(x)$ 是严格单调的可微函数，则 $Y=g(X)$ 的概率密度函数为

$$f_Y(y)=\begin{cases}f_X(h(y))\,|h'(y)|, & y\in I,\\ 0, & y\notin I.\end{cases}$$

式中，$h(y)$ 是 $y=g(x)$ 的反函数，I 是使 $h(y)$、$h'(y)$ 有定义且 $f_X(h(y))>0$ 的 y 的取值的公共部分.

（2）若 $g(x)$ 不是严格单调的可微函数，则将 $g(x)$ 在其定义域中分成 m 个单调分支，$Y=g(X)$ 的概率密度函数为

$$f_Y(y)=\begin{cases}f_X(h_1(y))\,|h_1'(y)|+\cdots+f_X(h_m(y))\,|h_m'(y)|, & y\in I,\\ 0, & y\notin I.\end{cases}$$

式中，$h_i(y)$（$i=1,2,\cdots,m$）是 $y=g(x)$ 的各个单调分支对应的反函数，I 是在每个单调分支上按照（1）所确定的 y 的取值的公共部分.

此外，(X,Y) 为二维随机变量，其联合概率密度为 $f_{X,Y}(x,y)$. 若可微函数组 $u=u(x,y)$、$v=v(x,y)$ 存在唯一的反函数组 $x=x(u,v)$、$y=y(u,v)$，则由 $U=u(X,Y)$、$V=v(X,Y)$ 确定的二维随机变量 (U,V) 的联合概率密度为

$$f_{U,V}(u,v)=\begin{cases}f_{X,Y}(x(u,v),y(u,v))\,|J|, & (u,v)\in D,\\ 0, & (u,v)\notin D.\end{cases}$$

式中，$J=\dfrac{\partial(x,y)}{\partial(u,v)}$，而 D 为使 $x(u,v)$ 和 $y(u,v)$ 有定义且 $f_{X,Y}(x(u,v),y(u,v))>0$ 的 u、v 的取值的公共部分.

【例 1.2.1】　设 $X\sim N(\mu,\sigma^2)$，证明 $kX+b\sim N(k\mu+b,k^2\sigma^2)$，其中 k（$k\neq 0$）、b 为常数.

证　设 $Y=kX+b$，下面就 $k>0$ 的情形进行证明. 函数 $y=kx+b$ 是严格单调的，其反函数为 $x=\dfrac{y-b}{k}$，故有

$$f_Y(y)=f_X\left(\frac{y-b}{k}\right)\left(\frac{y-b}{k}\right)'=\frac{1}{\sqrt{2\pi}\sigma}\exp\left[-\frac{1}{2\sigma^2}\left(\frac{y-b}{k}-\mu\right)^2\right]\cdot\frac{1}{k}$$

$$=\frac{1}{\sqrt{2\pi}\sigma k}\exp\left\{-\frac{1}{2(\sigma k)^2}[y-(k\mu+b)]^2\right\}.$$

因此

$$Y=kX+b\sim N(k\mu+b,k^2\sigma^2).$$

类似可证 $k<0$ 的情形.

【例 1.2.2】　若 X 服从标准正态分布 $N(0,1)$，求 $Y=X^2$ 的概率密度 $f_Y(y)$.

解　由于 $y=x^2$ 有两个单调分支，其反函数分别为 $h_1(y)=-\sqrt{y}$（$y\geq 0$）和 $h_2(y)=\sqrt{y}$（$y\geq 0$），并且 $h_1'(y)=-\dfrac{1}{2\sqrt{y}}$（$y>0$），$h_2'(y)=\dfrac{1}{2\sqrt{y}}$（$y>0$），因此随机变量 Y 的概率密度为

$$f_Y(y)=\begin{cases} f_X(h_1(y))\,|h_1'(y)|+f_X(h_2(y))\,|h_2'(y)|, & y>0,\\ 0, & y\le 0.\end{cases}$$

又当 $y>0$ 时，有

$$\begin{aligned} f_Y(y)&=f_X(h_1(y))\,|h_1'(y)|+f_X(h_2(y))\,|h_2'(y)|\\ &=\varphi(-\sqrt{y})\cdot\left|-\frac{1}{2\sqrt{y}}\right|+\varphi(\sqrt{y})\cdot\left|\frac{1}{2\sqrt{y}}\right|\\ &=\frac{1}{\sqrt{2\pi}}\mathrm{e}^{-\frac{y}{2}}\cdot\frac{1}{2\sqrt{y}}+\frac{1}{\sqrt{2\pi}}\mathrm{e}^{-\frac{y}{2}}\cdot\frac{1}{2\sqrt{y}}=\frac{1}{\sqrt{2\pi}}y^{-\frac{1}{2}}\mathrm{e}^{-\frac{y}{2}}. \end{aligned}$$

故 $Y=X^2$ 的概率密度为

$$f_Y(y)=\begin{cases} \dfrac{1}{\sqrt{2\pi}}y^{-\frac{1}{2}}\mathrm{e}^{-\frac{y}{2}}, & y>0,\\ 0, & y\le 0.\end{cases}$$

例 1.2.2 所得的分布称为**自由度为 1 的 χ^2 分布**.

【例 1.2.3】 设 X、Y 是相互独立的标准正态随机变量，$U=X+Y$，$V=X-Y$，求二维随机变量 (U,V) 的联合概率密度，并说明 U、V 是否相互独立.

解 由于 X、Y 独立，因此 (X,Y) 的联合概率密度为

$$f_{X,Y}(x,y)=\frac{1}{2\pi}\exp[-\frac{x^2+y^2}{2}].$$

由 $u=x+y$、$v=x-y$ 可解得 $x=\dfrac{u+v}{2}$、$y=\dfrac{u-v}{2}$，且雅可比行列式为

$$J=\frac{\partial(x,y)}{\partial(u,v)}=\begin{vmatrix}\frac{1}{2} & \frac{1}{2}\\ \frac{1}{2} & -\frac{1}{2}\end{vmatrix}=-\frac{1}{2}.$$

于是 (U,V) 的联合概率密度为

$$\begin{aligned} f_{U,V}(u,v)&=f_{X,Y}(\frac{u+v}{2},\frac{u-v}{2})|\boldsymbol{J}|\\ &=\frac{1}{2\pi}\exp\left\{-\frac{1}{2}[(\frac{u+v}{2})^2+(\frac{u-v}{2})^2]\right\}\left|-\frac{1}{2}\right|\\ &=\frac{1}{4\pi}\exp[-\frac{u^2+v^2}{4}]. \end{aligned}$$

随机变量 U 的边缘概率密度为

$$\begin{aligned} f_U(u)&=\int_{-\infty}^{+\infty}\frac{1}{4\pi}\exp[-\frac{u^2+v^2}{4}]\mathrm{d}v\\ &=\frac{1}{\sqrt{2\pi}\times\sqrt{2}}\exp[-\frac{u^2}{2(\sqrt{2})^2}]\int_{-\infty}^{+\infty}\frac{1}{\sqrt{2\pi}\times\sqrt{2}}\exp[-\frac{v^2}{2(\sqrt{2})^2}]\mathrm{d}v\\ &=\frac{1}{\sqrt{2\pi}\times\sqrt{2}}\exp[-\frac{u^2}{2(\sqrt{2})^2}]. \end{aligned}$$

同理可得，随机变量 V 的边缘概率密度为

$$f_V(v)=\frac{1}{\sqrt{2\pi}\times\sqrt{2}}\exp[-\frac{v^2}{2(\sqrt{2})^2}].$$

显然 $f_{U,V}(u,v)=f_U(u)f_V(v)$，故 U、V 相互独立.

最后，关于随机变量函数的独立性，此处给出一个显然且经常会用到的结论.

定理 1.2.4 若随机变量 X 与 Y 相互独立，$f(x)$ 和 $g(y)$ 是连续函数，则 $f(X)$ 与 $g(Y)$ 也是相互独立的随机变量.

1.3 随机变量的数字特征

随机变量的分布完整地描述了随机变量的概率特性，但是在某些复杂的情形下，随机变量的概率分布往往难以确定. 另外，在某些应用中，我们并不需要知道具体的概率分布，而只需要知道随机变量的某些特征值就够了. 为此，本节将介绍随机变量的一些常见的数字特征.

1.3.1 数学期望

随机变量的数学期望又称为均值，它反映了随机变量取值以概率的平均. 下面先介绍一维随机变量的数学期望的概念.

定义 1.3.1 设随机变量 X 的分布函数为 $F(x)$，若 $\int_{-\infty}^{+\infty}|x|\mathrm{d}F(x)<+\infty$，则称

$$E(X)=\int_{-\infty}^{+\infty}x\mathrm{d}F(x)$$

为 X 的**数学期望**或**均值**，其中涉及的积分为 Lebesgue-Stieltjes 积分.

数学期望有时也简称为期望. 根据 Lebesgue-Stieltjes 积分的定义及其性质，由定义 1.3.1 不难得到：

（1）若离散型随机变量 X 的概率函数为

$$p_i=p(x_i)=P(X=x_i),\ i=1,2,\cdots,$$

且级数 $\sum_{i=1}^{\infty}|x_i|p_i$ 收敛，则 X 的数学期望

$$E(X)=\sum_{i=1}^{\infty}x_i p_i.$$

（2）若连续型随机变量 X 的概率密度函数为 $f(x)$，且 $\int_{-\infty}^{+\infty}|x|f(x)\mathrm{d}x<+\infty$，则 X 的数学期望

$$E(X)=\int_{-\infty}^{+\infty}xf(x)\mathrm{d}x.$$

对于一维随机变量函数的数学期望，不难证明下面的定理.

定理 1.3.1 设随机变量 X 的分布函数为 $F(x)$，$y=g(x)$ 为连续函数，若 $\int_{-\infty}^{+\infty}|g(x)|\mathrm{d}F(x)<+\infty$，则随机变量 $Y=g(X)$ 的数学期望

$$E(Y)=E[g(X)]=\int_{-\infty}^{+\infty}g(x)\mathrm{d}F(x).$$

同样，由 Lebesgue-Stieltjes 积分的性质可知：

（1）若离散型随机变量 X 的分布列为

$$p_i = p(x_i) = P(X = x_i)\text{，} i = 1, 2, \cdots \text{，}$$

函数 $y = g(x)$ 在 x_i（$i = 1, 2, \cdots$）处有定义，且级数 $\sum\limits_{i=1}^{\infty} |g(x_i)| p_i$ 收敛，则随机变量 $Y = g(X)$ 的数学期望

$$E(Y) = E[g(X)] = \sum_{i=1}^{\infty} g(x_i) p_i .$$

（2）若连续型随机变量 X 的概率密度为 $f(x)$，函数 $y = g(x)$ 连续，且 $\int_{-\infty}^{+\infty} |g(x)| f(x)\mathrm{d}x < +\infty$，则随机变量 $Y = g(X)$ 的数学期望为

$$E(Y) = E[g(X)] = \int_{-\infty}^{+\infty} g(x) f(x)\mathrm{d}x .$$

可以将上述定理推广到 n 维随机变量的场合.

定理 1.3.2 设 n 维随机变量 $(X_1, X_2, \cdots, X_n)$ 的联合分布函数为 $F(x_1, x_2, \cdots, x_n)$，$y = g(x_1, x_2, \cdots, x_n)$ 为 n 元连续函数，若 $\int_{-\infty}^{+\infty}\int_{-\infty}^{+\infty}\cdots\int_{-\infty}^{+\infty} |g(x_1, x_2, \cdots, x_n)| \mathrm{d}F(x_1, x_2, \cdots, x_n) < +\infty$，则随机变量 $Y = g(X_1, X_2, \cdots, X_n)$ 的数学期望为

$$E(Y) = E[g(X_1, X_2, \cdots, X_n)] = \int_{-\infty}^{+\infty}\int_{-\infty}^{+\infty}\cdots\int_{-\infty}^{+\infty} g(x_1, x_2, \cdots, x_n)\mathrm{d}F(x_1, x_2, \cdots, x_n) .$$

特别地，若二维离散型随机变量 (X, Y) 的联合分布列为

$$p(x_i, y_j) = P\{X = x_i, Y = y_j\} = p_{ij}\text{，} i, j = 1, 2, \cdots \text{，}$$

函数 $z = g(x, y)$ 在点 (x_i, y_j) 处有定义，且级数 $\sum\limits_{i=1}^{\infty}\sum\limits_{j=1}^{\infty} |g(x_i, y_j)| p_{ij}$ 收敛，则随机变量 $Z = g(X, Y)$ 的数学期望为

$$E(Z) = E[g(X, Y)] = \sum_{i=1}^{\infty}\sum_{j=1}^{\infty} g(x_i, y_j) p_{ij} \text{；}$$

若二维连续型随机变量 (X, Y) 的联合概率密度为 $f(x, y)$，函数 $z = g(x, y)$ 连续，且 $\int_{-\infty}^{+\infty}\int_{-\infty}^{+\infty} |g(x, y)| f(x, y)\mathrm{d}x\mathrm{d}y < +\infty$，则变量 $Z = g(X, Y)$ 的数学期望为

$$E(Z) = E[g(X, Y)] = \int_{-\infty}^{+\infty}\int_{-\infty}^{+\infty} g(x, y) f(x, y)\mathrm{d}x\mathrm{d}y .$$

数学期望具有下列常用性质：

（1）$E(C) = C$，其中 C 为常数；

（2）$E(aX + bY) = aE(X) + bE(Y)$，其中 a、b 为常数；

（3）若 X、Y 独立，则 $E(XY) = E(X)E(Y)$；

（4）［**施瓦兹（Schwarz）不等式**］ 若 $E(X^2) < \infty$，$E(Y^2) < +\infty$，则有

$$[E(XY)]^2 \le E(X^2)E(Y^2) .$$

1.3.2 方差

定义 1.3.2 设 X 是一个随机变量，若 $E\{[X - E(X)]^2\}$ 存在，则称它为 X 的**方差**，记为 $D(X)$，即

$$D(X) = E\{[X - E(X)]^2\} .$$

方差 $D(X)$ 刻画了随机变量的取值与其均值 $E(X)$ 的偏离程度. $D(X)$ 越大，X 的取值相对于均值 $E(X)$ 的分散程度越大；$D(X)$ 越小，X 的取值越集中在均值 $E(X)$ 附近.

不难看出，随机变量的方差的量纲是随机变量的量纲的平方. 在实用上为了方便，有时不用方差而采用方差的算术平方根，称 $\sqrt{D(X)}$ 为 X 的**标准差**（或**根方差**），记为 $\sigma(X)$.

由于方差 $D(X)$ 是随机变量 X 的函数 $[X-E(X)]^2$ 的数学期望，故可得如下方差的计算公式.

（1）若离散型随机变量 X 的分布列为 $p_i = p(x_i) = P(X = x_i)$（$i=1,2,\cdots$），则 X 的方差为

$$D(X) = \sum_{i=1}^{\infty}[x_i - E(X)]^2 p_i .$$

（2）若连续型随机变量 X 的概率密度函数为 $f(x)$，则 X 的方差为

$$D(X) = \int_{-\infty}^{+\infty}[x - E(X)]^2 f(x)\mathrm{d}x .$$

根据方差的定义及数学期望的性质，有

$$\begin{aligned} D(X) &= E\{[X-E(X)]^2\} = E\{X^2 - 2XE(X) + [E(X)]^2\} \\ &= E(X^2) - 2E(X)E(X) + [E(X)]^2 \\ &= E(X^2) - [E(X)]^2 . \end{aligned}$$

于是，得到关于方差的一个公式

$$D(X) = E(X^2) - [E(X)]^2 .$$

在计算方差时，经常会用到该式.

方差具有下列常用性质：

（1）$D(C)=0$，其中 C 为常数；

（2）若 X、Y 独立，则 $D(aX+bY) = a^2D(X) + b^2D(Y)$，其中 a、b 为常数；

（3）对于随机变量 X，$P(X=C)=1$（C 为常数）的充分必要条件为 $D(X)=0$.

1.3.3 矩、协方差与相关系数

定义 1.3.3 对正整数 k，若 $E(X^k)$ 存在，则称它为 X 的 k 阶原点矩，记为 μ_k；若 $E\{[X-E(X)]^k\}$ 存在，则称它为 X 的 k 阶中心矩，记为 υ_k，即有

$$\mu_k = E(X^k),\quad \upsilon_k = E\{[X-E(X)]^k\} .$$

显然，一阶原点矩就是数学期望，二阶中心矩就是方差.

若 X 的 k 阶原点矩存在，则对任意的 $\varepsilon > 0$，有不等式

$$P(|X| \ge \varepsilon) \le \frac{E(|X|^k)}{\varepsilon^k}$$

成立，此不等式称为**马尔可夫（Markov）不等式**.

事实上，设 X 的分布函数为 $F(x)$，则

$$P(|X| \ge \varepsilon) = \int_{|x|\ge\varepsilon} \mathrm{d}F(x) \le \int_{|x|\ge\varepsilon} \frac{|x|^k}{\varepsilon^k}\mathrm{d}F(x) = \frac{1}{\varepsilon^k}\int_{|x|\ge\varepsilon} |x|^k\,\mathrm{d}F(x) \le \frac{E(|X|^k)}{\varepsilon^k} .$$

特别地，在马尔可夫不等式中，将 X 换成 $X - E(X)$，可以得到不等式

$$P(|X - E(X)| \ge \varepsilon) \le \frac{D(X)}{\varepsilon^2} \text{ 或 } P(|X - E(X)| < \varepsilon) \ge 1 - \frac{D(X)}{\varepsilon^2},$$

此不等式称为**切比雪夫（Chebyshev）不等式**.

定义 1.3.4 若$E\{[X-E(X)][Y-E(Y)]\}$存在，则称它为随机变量X与Y的协方差，记为$\mathrm{cov}(X,Y)$，即

$$\mathrm{cov}(X,Y)=E\{[X-E(X)][Y-E(Y)]\}.$$

由协方差的定义，易知有

$$\mathrm{cov}(X,X)=D(X);$$
$$\mathrm{cov}(X,Y)=E(XY)-E(X)E(Y);$$
$$D(X\pm Y)=D(X)+D(Y)\pm 2\mathrm{cov}(X,Y).$$

协方差具有下列性质：

（1）$\mathrm{cov}(X,Y)=\mathrm{cov}(Y,X)$；

（2）对任意常数a与b，有$\mathrm{cov}(aX,bY)=ab\,\mathrm{cov}(X,Y)$；

（3）$\mathrm{cov}(X+Y,Z)=\mathrm{cov}(X,Z)+\mathrm{cov}(Y,Z)$；

（4）若X、Y独立，则$\mathrm{cov}(X,Y)=0$，反之不一定成立.

定义 1.3.5 若随机变量X、Y的方差$D(X)$、$D(Y)$均存在且均大于零，则称

$$\rho(X,Y)=\frac{\mathrm{cov}(X,Y)}{\sqrt{D(X)}\sqrt{D(Y)}}$$

为X与Y的相关系数. 若$\rho(X,Y)=0$（此时$\mathrm{cov}(X,Y)=0$），则称X与Y不相关；若$\rho(X,Y)\neq 0$，则称X与Y相关. 相关系数表示X与Y之间的线性相关程度的大小.

相关系数具有下列性质：

（1）$|\rho(X,Y)|\leq 1$；

（2）$|\rho(X,Y)|$越大，X与Y的线性相关关系越明显，$|\rho(X,Y)|$越小，X与Y的线性相关关系越不明显；

（3）$|\rho(X,Y)|=1$的充分必要条件为$P\{Y=kX+b\}=1$（k、b为常数），且有

$$\rho(X,Y)=\begin{cases}1, & k>0,\\ -1, & k<0.\end{cases}$$

（4）若X与Y独立，则$\rho(X,Y)=0$，即X与Y不相关，反之不成立；

（5）若X与Y相关，即$\rho(X,Y)\neq 0$，则X与Y不独立.

1.4 随机变量的特征函数

特征函数是研究随机变量分布的一个重要工具. 对于有些随机变量，直接确定它们的分布比较困难，但确定特征函数比较容易. 由于分布函数与特征函数之间存在一一对应的关系，因此在得到随机变量的特征函数后就可以了解其分布. 而且，特征函数具有良好的分析性质，有些问题用特征函数进行讨论会变得简单、方便.

1.4.1 特征函数的概念

为了定义特征函数，此处先引入复随机变量的概念.

定义 1.4.1 设X、Y是定义在同一概率空间上的两个实随机变量，称

$$Z = X + \mathrm{i}Y$$

为**复随机变量**，其中，i 是虚数单位，$\mathrm{i}^2 = -1$．X 称为 Z 的**实部**，记为 $\mathrm{Re}(Z)$；Y 称为 Z 的**虚部**，记为 $\mathrm{Im}(Z)$．

复随机变量 $X + \mathrm{i}Y$ 本质上是二维随机变量 (X, Y)，具有二维随机变量的一些性质. 例如，若实二维随机变量 (X_1, Y_1)，(X_2, Y_2)，$\cdots$，(X_n, Y_n) 相互独立，则复随机变量 $X_1 + \mathrm{i}Y_1$，$X_2 + \mathrm{i}Y_2$，$\cdots$，$X_n + \mathrm{i}Y_n$ 也相互独立.

当复随机变量 $Z = X + \mathrm{i}Y$ 的实部 X 与虚部 Y 的数学期望 $E(X)$、$E(Y)$ 都存在时，定义

$$E(Z) = E(X) + \mathrm{i}E(Y)$$

为 Z 的数学期望. 若 $E(X)$、$E(Y)$ 中至少有一个不存在，则 $E(Z)$ 不存在.

关于随机变量数学期望的一些性质，对复随机变量也成立，在后面的内容中将直接引用这些性质而不再一一说明.

定义 1.4.2　设 X 为一个实随机变量，其分布函数为 $F(x)$，称函数

$$\varphi(t) = E(\mathrm{e}^{\mathrm{i}tX}) = \int_{-\infty}^{+\infty} \mathrm{e}^{\mathrm{i}tx} \mathrm{d}F(x), \quad -\infty < t < +\infty$$

为随机变量 X（或分布函数 $F(x)$）的**特征函数**.

特征函数 $\varphi(t)$ 是实变量 t 的复值函数. 对任意实数 t，由于 $|\mathrm{e}^{\mathrm{i}tx}| = |\cos tx + \mathrm{i}\sin tx| = 1$，于是得

$$|E(\mathrm{e}^{\mathrm{i}tX})| \leq \int_{-\infty}^{+\infty} |\mathrm{e}^{\mathrm{i}tx}| \mathrm{d}F(x) = \int_{-\infty}^{+\infty} \mathrm{d}F(x) = 1,$$

因此 $E(\mathrm{e}^{\mathrm{i}tX})$ 总存在. 也就是说，任意随机变量的特征函数必然存在.

若 X 为离散型随机变量，则其特征函数为

$$\varphi(t) = E(\mathrm{e}^{\mathrm{i}tX}) = \sum_k \mathrm{e}^{\mathrm{i}tx_k} P\{X = x_k\} = \sum_k \mathrm{e}^{\mathrm{i}tx_k} p_k, \tag{1.2}$$

式中，$P\{X = x_k\} = p_k$（$k = 1, 2, \cdots$）是 X 的概率函数.

若 X 为连续型随机变量，则其特征函数为

$$\varphi(t) = E(\mathrm{e}^{\mathrm{i}tX}) = \int_{-\infty}^{+\infty} \mathrm{e}^{\mathrm{i}tx} f(x) \mathrm{d}x, \tag{1.3}$$

式中，$f(x)$ 为 X 的概率密度函数. 也就是说，连续型随机变量 X 的特征函数 $\varphi(t)$ 是其概率密度函数 $f(x)$ 的傅里叶（Fourier）变换的象原函数，或称为 $f(x)$ 的傅里叶逆变换（少一个常数因子 $1/2\pi$）.

对于 n 维随机变量，也可以定义特征函数.

定义 1.4.3　设 $\boldsymbol{X} = (X_1, X_2, \cdots, X_n)$ 为 n 维随机变量，$\boldsymbol{t} = (t_1, t_2, \cdots, t_n) \in \mathbf{R}^n$，则称

$$g(\boldsymbol{t}) = g(t_1, t_2, \cdots, t_n) = E(\mathrm{e}^{\mathrm{i}\boldsymbol{t}\boldsymbol{X}^{\mathrm{T}}}) = E\left[\exp\left(\mathrm{i}\sum_{k=1}^{n} t_k X_k\right)\right]$$

为 $\boldsymbol{X}$ 的**特征函数**.

由分布函数与特征函数的关系不难得到：n 维随机变量 $\boldsymbol{X} = (X_1, X_2, \cdots, X_n)$ 独立的充要条件是

$$g(\boldsymbol{t}) = g(t_1, t_2, \cdots, t_n) = g_{X_1}(t_1) g_{X_2}(t_2) \cdots g_{X_n}(t_n),$$

式中，$g_{X_1}(t_1), g_{X_2}(t_2), \cdots, g_{X_n}(t_n)$ 分别为 $X_1, X_2, \cdots, X_n$ 的特征函数.

1.4.2 特征函数的性质

随机变量的特征函数具有许多良好的分析性质，下面给出这些性质. 在各性质的证明中，假定 X 是连续型随机变量，其概率密度函数为 $f(x)$. 当 X 为离散型随机变量时，只需把概率密度换成概率函数，把积分号换成求和号，即可进行类似的证明.

性质 1.4.1（有界性） $|\varphi(t)|\le\varphi(0)=1$.

证 由于

$$|\varphi(t)|=\left|\int_{-\infty}^{+\infty}\mathrm{e}^{\mathrm{i}tx}f(x)\mathrm{d}x\right|\le\int_{-\infty}^{+\infty}|\mathrm{e}^{\mathrm{i}tx}|f(x)\mathrm{d}x=\int_{-\infty}^{+\infty}f(x)\mathrm{d}x=1,$$

又 $\varphi(0)=E(\mathrm{e}^{\mathrm{i}0X})=E(1)=1$，因此

$$|\varphi(t)|\le\varphi(0)=1.$$

性质 1.4.2（共轭对称性） $\overline{\varphi(t)}=\varphi(-t)$，其中，$\overline{\varphi(t)}$ 表示 $\varphi(t)$ 的共轭.

证 $\overline{\varphi(t)}=\overline{E(\mathrm{e}^{\mathrm{i}tX})}=\overline{E[\cos(tX)+\mathrm{i}\sin(tX)]}=E[\cos(tX)]-E[\mathrm{i}\sin(tX)]$

$$=E[\cos(-tX)]+\mathrm{i}E[\sin(-tX)]=E[\mathrm{e}^{\mathrm{i}(-t)X}]=\varphi(-t).$$

性质 1.4.3 设 $Y=kX+b$，其中 k、b 为常数，则 $\varphi_Y(t)=\mathrm{e}^{\mathrm{i}tb}\varphi_X(kt)$.

证 $\varphi_Y(t)=E(\mathrm{e}^{\mathrm{i}tY})=E(\mathrm{e}^{\mathrm{i}t(kX+b)})=E(\mathrm{e}^{\mathrm{i}tb}\mathrm{e}^{\mathrm{i}(kt)X})=\mathrm{e}^{\mathrm{i}tb}E(\mathrm{e}^{\mathrm{i}(kt)X})=\mathrm{e}^{\mathrm{i}tb}\varphi_X(kt)$.

性质 1.4.3 可推广到 n 维随机变量的情形.

性质 1.4.4 若 X、Y 独立，则 $\varphi_{X+Y}(t)=\varphi_X(t)\cdot\varphi_Y(t)$.

证 当 X、Y 独立时，随机变量的函数 $\mathrm{e}^{\mathrm{i}tX}$ 与 $\mathrm{e}^{\mathrm{i}tY}$ 也独立. 由数学期望的性质有

$$E[\mathrm{e}^{\mathrm{i}t(X+Y)}]=E(\mathrm{e}^{\mathrm{i}tX}\cdot\mathrm{e}^{\mathrm{i}tY})=E(\mathrm{e}^{\mathrm{i}tX})E(\mathrm{e}^{\mathrm{i}tY}),$$

即 $\varphi_{X+Y}(t)=\varphi_X(t)\cdot\varphi_Y(t)$.

性质 1.4.4 可推广到更一般的情形：若 $X_1,X_2,\cdots,X_n$ 独立，则

$$\varphi_{X_1+X_2+\cdots+X_n}(t)=\varphi_{X_1}(t)\varphi_{X_2}(t)\cdots\varphi_{X_n}(t).$$

需要注意的是，上式成立并不能保证 $X_1,X_2,\cdots,X_n$ 独立.

下面给出特征函数的几条重要性质.

性质 1.4.5 若 X 的 n 阶原点矩存在，则 X 的特征函数的 n 阶导数存在，且有

$$E(X^k)=(-\mathrm{i})^k\varphi^{(k)}(0),\quad k=1,2,\cdots,n.$$

性质 1.4.6（非负定性） $\varphi(t)$ 是非负定的，即对任意正整数 n 及任意实数 $t_1,t_2,\cdots,t_n$ 和复数 $z_1,z_2,\cdots,z_n$，有

$$\sum_{k,\,l=1}^{n}\varphi(t_k-t_l)z_k\overline{z_l}\ge0.$$

性质 1.4.7 随机变量的分布函数由其特征函数唯一确定. 特别地，当 $\varphi(t)$ 为连续型随机变量 X 的特征函数，且有 $\int_{-\infty}^{+\infty}|\varphi(t)|\mathrm{d}t<+\infty$ 时，X 的概率密度为

$$f(x)=\frac{1}{2\pi}\int_{-\infty}^{+\infty}\mathrm{e}^{-\mathrm{i}tx}\varphi(t)\mathrm{d}t.$$

由性质 1.4.7 知，可以根据特征函数来确定分布. 对于连续型随机变量 X，其特征函数 $\varphi(t)$ 与概率密度函数 $f(x)$ 构成一个傅里叶变换对（仅相差一个常数因子），即有

$$\varphi(t)=\int_{-\infty}^{+\infty}\mathrm{e}^{\mathrm{i}tx}f(x)\mathrm{d}x,\quad f(x)=\frac{1}{2\pi}\int_{-\infty}^{+\infty}\mathrm{e}^{-\mathrm{i}tx}\varphi(t)\mathrm{d}t.$$

n 维随机变量的特征函数具有类似于一维随机变量的特征函数的性质，这里不再赘述.

【例 1.4.1】　设 X 服从二项分布 $B(n, p)$，求 X 的特征函数、数学期望和方差.

解　由于 X 为离散型随机变量，其概率函数为

$$P\{X=k\}=\mathrm{C}_n^k p^k q^{n-k}，\ 0<p<1，\ p+q=1，\ k=0,1,2,\cdots,n，$$

因此由式（1.2）可得 X 的特征函数

$$\varphi(t)=E(\mathrm{e}^{\mathrm{i}tX})=\sum_{k=0}^{n}\mathrm{e}^{\mathrm{i}tk}\mathrm{C}_n^k p^k(1-p)^{n-k}$$

$$=\sum_{k=0}^{n}\mathrm{C}_n^k(p\mathrm{e}^{\mathrm{i}t})^k(1-p)^{n-k}=[p\mathrm{e}^{\mathrm{i}t}+(1-p)]^n.$$

再根据特征函数的性质 1.4.5，有

$$E(X)=(-\mathrm{i})\varphi'(0)=(-\mathrm{i})\frac{\mathrm{d}}{\mathrm{d}t}(p\mathrm{e}^{\mathrm{i}t}+q)^n\big|_{t=0}=np.$$

$$E(X^2)=(-\mathrm{i})^2\varphi''(0)=-\frac{\mathrm{d}^2}{\mathrm{d}t^2}(p\mathrm{e}^{\mathrm{i}t}+q)^n\big|_{t=0}=npq+n^2p^2.$$

故

$$D(X)=E(X^2)-[E(X)]^2=npq.$$

【例 1.4.2】　设 X 服从正态分布 $N(\mu,\sigma^2)$，求 X 的特征函数、数学期望和方差.

解　设 $Y=\dfrac{X-\mu}{\sigma}$，由例 1.2.1 可知 $Y\sim N(0,1)$. 由于 Y 为连续型随机变量，其概率密度函数为

$$f(y)=\frac{1}{\sqrt{2\pi}}\mathrm{e}^{-\frac{y^2}{2}},\quad -\infty<y<+\infty，$$

因此由式（1.3）可得 Y 的特征函数

$$\varphi_Y(t)=E(\mathrm{e}^{\mathrm{i}tY})=\frac{1}{\sqrt{2\pi}}\int_{-\infty}^{+\infty}\mathrm{e}^{\mathrm{i}ty}\mathrm{e}^{-\frac{y^2}{2}}\mathrm{d}y=\frac{1}{\sqrt{2\pi}}\int_{-\infty}^{+\infty}\mathrm{e}^{\mathrm{i}ty-\frac{y^2}{2}}\mathrm{d}y.$$

对此式的右端在积分号下求导，得

$$\varphi_Y'(t)=\frac{1}{\sqrt{2\pi}}\int_{-\infty}^{+\infty}\mathrm{i}y\mathrm{e}^{\mathrm{i}ty-\frac{y^2}{2}}\mathrm{d}y=-\frac{\mathrm{i}}{\sqrt{2\pi}}\int_{-\infty}^{+\infty}\mathrm{e}^{\mathrm{i}ty}\mathrm{d}\mathrm{e}^{-\frac{y^2}{2}}$$

$$=-\frac{\mathrm{i}}{\sqrt{2\pi}}\mathrm{e}^{\mathrm{i}ty-\frac{y^2}{2}}\Big|_{-\infty}^{+\infty}-\frac{t}{\sqrt{2\pi}}\int_{-\infty}^{+\infty}\mathrm{e}^{\mathrm{i}ty-\frac{y^2}{2}}\mathrm{d}y=-t\varphi_Y(t).$$

于是得到微分方程

$$\varphi_Y'(t)+t\varphi_Y(t)=0.$$

这是可分离变量的微分方程，且满足初始条件 $\varphi(0)=1$. 解之可得 Y 的特征函数

$$\varphi_Y(t)=\exp\{-\frac{t^2}{2}\}.$$

由于 $X=\sigma Y+\mu$，根据特征函数的性质 1.4.3，有

$$\varphi_X(t)=\varphi_{\sigma Y+\mu}(t)=\mathrm{e}^{\mathrm{i}\mu t}\varphi_Y(\sigma t)$$

$$=\mathrm{e}^{\mathrm{i}\mu t}\mathrm{e}^{-\frac{(\sigma t)^2}{2}}=\mathrm{e}^{\mathrm{i}\mu t-\frac{\sigma^2t^2}{2}}=\exp[\mathrm{i}\mu t-\frac{\sigma^2t^2}{2}].$$

最后，根据特征函数的性质 1.4.5，有

$$E(X)=(-\mathrm{i})\varphi'(0)=(-\mathrm{i})\frac{\mathrm{d}}{\mathrm{d}t}\exp[\mathrm{i}\mu t-\frac{\sigma^2t^2}{2}]|_{t=0}=\mu .$$

$$E(X^2)=(-\mathrm{i})^2\varphi''(0)=-\frac{\mathrm{d}^2}{\mathrm{d}t^2}\exp[\mathrm{i}\mu t-\frac{\sigma^2t^2}{2}]|_{t=0}=\sigma^2+\mu^2 .$$

故

$$D(X)=E(X^2)-[E(X)]^2=\sigma^2 .$$

常用分布及其特征如表 1.1 所示（母函数详见 1.4.3 节）.

表 1.1 常用分布及其特征

分 布	分布律或概率密度	数学期望	方 差	特征函数	母函数
0-1 分布 $B(1,p)$	$P\{X=1\}=p$ ， $P\{X=0\}=q$ $0<p<1,p+q=1$	p	pq	$q+p\mathrm{e}^{\mathrm{i}t}$	$ps+q$
二项分布 $B(n,p)$	$P\{X=k\}=\mathrm{C}_n^kp^kq^{n-k}$, $0<p<1$, $p+q=1$, $k=0,1,\cdots,n$	np	npq	$(q+p\mathrm{e}^{\mathrm{i}t})^n$	$(ps+q)^n$
泊松分布 $P(\lambda)$	$P\{X=k\}=\frac{\lambda^k}{k!}\mathrm{e}^{-\lambda}$ ， $\lambda>0$ ， $k=0,1,2,\cdots$	λ	λ	$\mathrm{e}^{\lambda(\mathrm{e}^{\mathrm{i}t}-1)}$	$\mathrm{e}^{\lambda(s-1)}$
几何分布 $G(p)$	$P\{X=k\}=pq^{k-1}$ ， $0<p<1$, $p+q=1$, $k=1,2,\cdots$	$\frac{1}{p}$	$\frac{q}{p^2}$	$\frac{p\mathrm{e}^{\mathrm{i}t}}{1-q\mathrm{e}^{\mathrm{i}t}}$	$\frac{ps}{1-qs}$
均匀分布 $U(a,b)$	$f(x)=\begin{cases}\frac{1}{b-a}, & a\le x\le b,\\ 0, & 其他.\end{cases}$	$\frac{a+b}{2}$	$\frac{(b-a)^2}{12}$	$\frac{\mathrm{e}^{\mathrm{i}bt}-\mathrm{e}^{\mathrm{i}at}}{\mathrm{i}(b-a)t}$	—
指数分布 $e(\lambda)$	$f(x)=\begin{cases}\lambda\mathrm{e}^{-\lambda x}, & x>0,\\ 0, & x\le 0.\end{cases}$	$\frac{1}{\lambda}$	$\frac{1}{\lambda^2}$	$(1-\frac{\mathrm{i}t}{\lambda})^{-1}$	—
正态分布 $N(\mu,\sigma^2)$	$f(x)=\frac{1}{\sqrt{2\pi}\sigma}\mathrm{e}^{-\frac{1}{2\sigma^2}(x-\mu)^2}$	μ	σ^2	$\mathrm{e}^{\mathrm{i}\mu t-\frac{1}{2}\sigma^2t^2}$	—

【例 1.4.3】 已知 $X_1,X_2,\cdots,X_n$ 相互独立，且 $X_j\sim N(\mu_j,\sigma_j^2)$（$j=1,2,\cdots,n$）. 求 $\sum\limits_{j=1}^{n}k_jX_j$ 的分布，其中 $k_1,k_2,\cdots,k_n$ 是不全为零的常数.

解 根据特征函数的性质 1.4.3 和性质 1.4.4，有

$$\begin{aligned}\varphi_{k_1X_1+k_2X_2+\cdots+k_nX_n}(t)&=\varphi_{k_1X_1}(t)\varphi_{k_2X_2}(t)\cdots\varphi_{k_nX_n}(t)\\&=\varphi_{X_1}(k_1t)\varphi_{X_2}(k_2t)\cdots\varphi_{X_n}(k_nt)=\prod_{j=1}^{n}\exp[\mathrm{i}\mu_j(k_jt)-\frac{1}{2}\sigma_j^2(k_jt)^2]\\&=\exp[\mathrm{i}(\sum_{j=1}^{n}k_j\mu_j)t-\frac{1}{2}(\sum_{j=1}^{n}k_j^2\sigma_j^2)t^2] .\end{aligned}$$

再根据特征函数的性质 1.4.7 可知

$$\sum_{j=1}^{n}k_jX_j\sim N(\sum_{j=1}^{n}k_j\mu_j,\sum_{j=1}^{n}k_j^2\sigma_j^2) .$$

本例表明，相互独立的正态随机变量的线性函数仍然服从正态分布. 这是正态随机变量的一个重要结论，以后会经常用到.

【例 1.4.4】 设 $X_1,X_2,\cdots,X_m$ 相互独立，且有 $X_j\sim P(\lambda_j)$（$j=1,2,\cdots,m$）. 求 $\sum\limits_{j=1}^{m}X_j$ 的

概率函数.

解 从表 1.1 可以看到，若 $X_j \sim P(\lambda_j)$，则其特征函数 $\phi_X(t)=\exp[\lambda(e^{it}-1)]$. 利用特征函数的性质 1.4.4 可得

$$\varphi_{X_1+X_2+\cdots+X_m}(t)=\varphi_{X_1}(t)\varphi_{X_2}(t)\cdots\varphi_{X_m}(t)$$
$$=\prod_{j=1}^m \exp[(\lambda_j(e^{it}-1)]=\exp[(e^{it}-1)\sum_{j=1}^m \lambda_j].$$

由此可知 $\sum_{j=1}^m X_j \sim P(\sum_{j=1}^m \lambda_j)$，因此

$$P\{\sum_{j=1}^m X_j=k\}=\frac{(\sum_{j=1}^m \lambda_j)^k}{k!}\exp(-\sum_{j=1}^m \lambda_j),\quad k=0,1,2,\cdots.$$

这表明，泊松分布具有可加性. 特别地，当 $X_1, X_2, \cdots, X_m$ 相互独立且具有相同的分布，即 $X_j \sim P(\lambda)$ $(j=1,2,\cdots,m)$ 时，有 $\sum_{j=1}^m X_j \sim P(m\lambda)$，其概率函数为

$$P\{\sum_{j=1}^m X_j=k\}=\frac{(m\lambda)^k}{k!}\exp(-m\lambda),\qquad k=0,1,2,\cdots.$$

【例 1.4.5】 设 $X_1, X_2, \cdots, X_n$ 相互独立、同分布，且 $X_j \sim N(0,1)$ $(j=1,2,\cdots,n)$. 记 $\chi^2=\sum_{j=1}^n X_j^2$，求 χ^2 的特征函数、数学期望和方差.

解 先求 $X_j^2\,(j=1,2,\cdots,n)$ 的特征函数.

$$\varphi_{X_j^2}(t)=Ee^{itX_j^2}=\frac{1}{\sqrt{2\pi}}\int_{-\infty}^{+\infty}e^{itx^2}e^{-\frac{x^2}{2}}dx=\frac{1}{\sqrt{2\pi}}\int_{-\infty}^{+\infty}e^{-\frac{(1-2it)x^2}{2}}dx$$
$$=\frac{2}{\sqrt{2\pi(1-2it)}}\int_0^{+\infty}e^{-\frac{[\sqrt{(1-2it)}x]^2}{2}}d\sqrt{(1-2it)}x=\frac{2}{\sqrt{2\pi(1-2it)}}\int_0^{+\infty}e^{-\frac{u^2}{2}}du.$$

由广义积分 $\int_0^{+\infty}e^{-\frac{u^2}{2}}du=\sqrt{\frac{\pi}{2}}$，可得

$$\varphi_{X_j^2}(t)=(1-2it)^{-\frac{1}{2}},\ j=1,2,\ \cdots,n.$$

由 $X_1, X_2, \cdots, X_n$ 相互独立，可知 $X_1^2, X_2^2, \cdots, X_n^2$ 也相互独立. 再由特征函数的性质 1.4.4，可得 χ^2 的特征函数为

$$\varphi(t)=\varphi_{X_1^2+X_2^2+\cdots+X_n^2}(t)=\prod_{j=1}^n \varphi_{X_j}^2(t)=(1-2it)^{-\frac{n}{2}}.$$

最后求数学期望和方差. 由特征函数的性质 1.4.5 可得

$$E(\chi^2)=-i\varphi'(0)=-i\frac{d}{dt}(1-2it)^{-\frac{n}{2}}\bigg|_{t=0}=n,$$

$$E[(\chi^2)^2]=(-i)^2\varphi''(0)=-\frac{d^2}{dt^2}(1-2it)^{-\frac{n}{2}}\bigg|_{t=0}=n(n+2).$$

所以 $$D(\chi^2)=E[(\chi^2)^2]-[E(\chi^2)]^2=n(n+2)-n^2=2n.$$

通过以上各例，不难发现特征函数这一数学工具的方便之处.

上面讨论了随机变量的特征函数所具有的一系列性质. 反过来，当函数 $\varphi(t)$ 满足哪些条件时，其是某一随机变量的特征函数呢？对此，给出下面的重要结论.

定理 1.4.1 设 $\varphi(t)$ 为定义在 $(-\infty,+\infty)$ 上的连续复值函数，若满足 $\varphi(0)=1$，则 $\varphi(t)$ 是某一随机变量的特征函数的充要条件为它是非负定的.

此定理的必要性显然，充分性的证明比较复杂，这里省略.

1.4.3 母函数

在研究取非负整数值的随机变量时，母函数是非常方便的工具.

定义 1.4.4 设 X 为取非负整数值的随机变量，其概率函数（分布列）为

$$p_k=P\{X=k\},\quad k=0,1,\cdots,$$

则称

$$P(s)=E(s^X)=\sum_{k=0}^{\infty}p_k s^k$$

为 X 的**母函数**.

母函数具有如下性质.

性质 1.4.8 非负整数值随机变量 X 的概率函数由其母函数唯一确定，且有

$$p_n=P(X=n)=\frac{P^{(n)}(0)}{n!},\quad n=0,1,\cdots.$$

证 根据定义，X 的母函数为

$$P(s)=\sum_{k=0}^{\infty}p_k s^k=\sum_{k=0}^{n}p_k s^k+\sum_{k=n+1}^{\infty}p_k s^k.$$

将此式的两边对 s 求 n 阶导数，得

$$P^{(n)}(s)=n!p_n+\sum_{k=n+1}^{\infty}k(k-1)\cdots(k-n+1)p_k s^{k-n},\quad n=0,1,\cdots.$$

令 $s=0$，则 $P^{(n)}(0)=n!p_n$，故

$$p_n=\frac{P^{(n)}(0)}{n!},\quad n=0,1,\cdots.$$

性质 1.4.9 设 $P(s)$ 是 X 的母函数，若 $E(X)$ 存在，则

$$E(X)=p'(1),$$

若 $D(X)$ 存在，则

$$D(X)=P''(1)+P'(1)-[P'(1)]^2.$$

证 利用性质 1.4.8 易证.

性质 1.4.10 独立随机变量之和的母函数等于各母函数之积，即若 $X_1,X_2,\cdots,X_n$ 独立，则

$$P_{X_1+X_2+\cdots+X_n}(s)=P_{X_1}(s)P_{X_2}(s)\cdots P_{X_n}(s).$$

证 由 $X_1,X_2,\cdots,X_n$ 相互独立，可知 $s^{X_1},s^{X_2},\cdots,s^{X_n}$ 也相互独立，于是

$$P_{X_1+X_2+\cdots+X_n}(s)=E(s^{X_1+X_2+\cdots+X_n})=E(s^{X_1}s^{X_2}\cdots s^{X_n})$$
$$=E(s^{X_1})E(s^{X_2})\cdots E(s^{X_n})=P_{X_1}(s)P_{X_2}(s)\cdots P_{X_n}(s).$$

性质 1.4.11 若 $X_1,X_2,\cdots$ 是相互独立且同分布的非负整数值随机变量，N 是与 $X_1,X_2,\cdots$ 独立的非负整数值随机变量，$G(s)$、$P(s)$ 分别是 N、X_1 的母函数，则 $Y=\sum_{k=1}^{N}X_k$ 的母函数 $H(s)=G(P(s))$，且有 $E(Y)=E(N)E(X_1)$.

证
$$H(s)=\sum_{k=0}^{\infty}P(Y=k)s^k=\sum_{k=0}^{\infty}P(Y=k,\bigcup_{l=0}^{\infty}(N=l))s^k$$
$$=\sum_{k=0}^{\infty}\sum_{l=0}^{\infty}P(N=l)P(Y=k)s^k=\sum_{l=0}^{\infty}P(N=l)\sum_{k=0}^{\infty}P(\sum_{j=1}^{l}X_j=k)s^k$$
$$=\sum_{l=0}^{\infty}P(N=l)[P(s)]^l=G[P(s)].$$

对此式的两端求导，得
$$H'(s)=G'(P(s))P'(s).$$
再利用母函数的性质 1.4.9 及 $P(1)=1$，易得
$$E(Y)=E(N)E(X_1).$$

【例 1.4.6】 设 X 服从泊松分布 $P(\lambda)$，求 X 的母函数、数学期望和方差 .

解 由于 X 的概率函数为
$$P\{X=k\}=\frac{\lambda^k}{k!}\mathrm{e}^{-\lambda},\ \lambda>0,\ k=0,1,2,\cdots,$$
因此母函数
$$P(s)=E(s^X)=\sum_{k=0}^{\infty}p_ks^k=\sum_{k=0}^{\infty}\frac{\lambda^k}{k!}\mathrm{e}^{-\lambda}s^k=\mathrm{e}^{\lambda s}\mathrm{e}^{-\lambda}=\mathrm{e}^{\lambda(s-1)}.$$
数学期望
$$E(X)=P'(s)|_{s=1}=\lambda\mathrm{e}^{\lambda(s-1)}|_{s=1}=\lambda.$$
方差
$$D(X)=P''(s)|_{s=1}+P'(s)|_{s=1}-[P'(s)|_{s=1}]^2$$
$$=\lambda^2\mathrm{e}^{\lambda(s-1)}|_{s=1}+\lambda\mathrm{e}^{\lambda(s-1)}|_{s=1}-[\lambda\mathrm{e}^{\lambda(s-1)}|_{s=1}]^2=\lambda.$$

表 1.1 的最后一列给出了常用的非负整数值随机变量的母函数.

【例 1.4.7】 设商店一天的顾客数 N 服从参数 $\lambda=1000$ 的泊松分布，设每位顾客所花的钱数 X_i（单位：元）服从 $N(100,50^2)$，求商店的日销售额 Z 的平均值.

解 由条件知 $Z=\sum_{i=1}^{N}X_i$，$E(N)=1000$，$E(X_1)=100$，故商店的日销售额的平均值为
$$E(Z)=E(N)E(X_1)=1000\times100=100000\ 元.$$

1.5 多维正态分布

正态分布在概率论中扮演着极为重要的角色. 一方面，由中心极限定理可知实际中的许

多随机变量都服从或近似地服从正态分布. 另一方面，正态分布具有良好的分析性质. 本节将研究n维正态分布. 为了对一般的n维正态分布有直观的认识，先从二维正态分布开始讨论.

1.5.1 二维正态分布

定义 1.5.1 若二维随机变量(X_1, X_2)的联合概率密度为

$$f(x_1,x_2)=\frac{1}{2\pi\sigma_1\sigma_2\sqrt{1-r^2}}\exp\left\{-\frac{1}{2(1-r^2)}\left[\frac{(x_1-\mu_1)^2}{\sigma_1^2}-\frac{2r(x_1-\mu_1)(x_2-\mu_2)}{\sigma_1\sigma_2}+\frac{(x_2-\mu_2)^2}{\sigma_2^2}\right]\right\},\tag{1.4}$$

其中μ_1、μ_2、σ_1、σ_2、r均为常数，且$\sigma_1>0$、$\sigma_2>0$、$|r|<1$，则称(X_1, X_2)服从**二维正态分布**，记为$(X_1, X_2)\sim N(\mu_1,\mu_2;\sigma_1^2,\sigma_2^2;r)$.

二维正态随机变量具有下列性质.

性质 1.5.1 若(X_1, X_2)服从二维正态分布$N(\mu_1,\mu_2;\sigma_1^2,\sigma_2^2;r)$，则$X_1$、$X_2$的边缘分布密度分别为

$$f_{X_1}(x_1)=\frac{1}{\sqrt{2\pi}\sigma_1}\exp\left\{-\frac{(x_1-\mu_1)^2}{2\sigma_1^2}\right\},\quad -\infty<x_1<+\infty,$$

$$f_{X_2}(x_2)=\frac{1}{\sqrt{2\pi}\sigma_2}\exp\left\{-\frac{(x_2-\mu_2)^2}{2\sigma_2^2}\right\},\quad -\infty<x_2<+\infty.$$

即$X_1\sim N(\mu_1,\sigma_1^2)$，$X_2\sim N(\mu_2,\sigma_2^2)$. 也就是说，二维正态分布的边缘分布仍为正态分布.

性质 1.5.2 若(X_1, X_2)服从二维正态分布$N(\mu_1,\mu_2;\sigma_1^2,\sigma_2^2;r)$，则有

$$E(X_1)=\mu_1,\ E(X_2)=\mu_2,\ D(X_1)=\sigma_1^2,\ D(X_2)=\sigma_2^2,\ \rho(X_1,X_2)=r.$$

性质 1.5.3 若(X_1, X_2)服从二维正态分布，则X_1、X_2相互独立的充要条件是X_1、X_2互不相关.

以上性质的证明可参看文献[3].

1.5.2 n维正态分布

为了将二维正态分布的概念和性质推广到n维正态分布的情形，下面将二维正态分布的联合概率密度表示成矩阵形式. 为此，令

$$\boldsymbol{x}=(x_1,x_2),\quad \boldsymbol{\mu}=(\mu_1,\mu_2),\quad \boldsymbol{B}=\begin{bmatrix}\sigma_1^2 & r\sigma_1\sigma_2\\ r\sigma_1\sigma_2 & \sigma_2^2\end{bmatrix}.$$

由于$|r|<1$，因此$\boldsymbol{B}$为正定矩阵，且有

$$|\boldsymbol{B}|=(1-r^2)\sigma_1^2\sigma_2^2,\quad \boldsymbol{B}^{-1}=\frac{1}{(1-r^2)\sigma_1^2\sigma_2^2}\begin{bmatrix}\sigma_2^2 & -r\sigma_1\sigma_2\\ -r\sigma_1\sigma_2 & \sigma_1^2\end{bmatrix}.$$

于是

$$(\boldsymbol{x}-\boldsymbol{\mu})\boldsymbol{B}^{-1}(\boldsymbol{x}-\boldsymbol{\mu})^{\mathrm{T}}=\frac{1}{1-r^2}\left[\frac{(x_1-\mu_1)^2}{\sigma_1^2}-\frac{2r(x_1-\mu_1)(x_2-\mu_2)}{\sigma_1\sigma_2}+\frac{(x_2-\mu_2)^2}{\sigma_2^2}\right].$$

所以二维正态随机变量的联合概率密度可表示为

$$f(\boldsymbol{x})=\frac{1}{2\pi|\boldsymbol{B}|^{1/2}}\exp\left[-\frac{1}{2}(\boldsymbol{x}-\boldsymbol{\mu})\boldsymbol{B}^{-1}(\boldsymbol{x}-\boldsymbol{\mu})^{\mathrm{T}}\right].$$

一般地，有如下 n 维正态分布的定义.

定义 1.5.2　若 n 维随机变量 $\boldsymbol{X}=(X_1,X_2,\cdots,X_n)$ 的联合概率密度为

$$f(\boldsymbol{x})=f(x_1,x_2,\cdots,x_n)=\frac{1}{(2\pi)^{n/2}|\boldsymbol{B}|^{1/2}}\exp\left[-\frac{1}{2}(\boldsymbol{x}-\boldsymbol{\mu})\boldsymbol{B}^{-1}(\boldsymbol{x}-\boldsymbol{\mu})^{\mathrm{T}}\right],$$

式中　$\boldsymbol{x}=(x_1,x_2,\cdots,x_n)$，$\boldsymbol{\mu}=(\mu_1,\mu_2,\cdots,\mu_n)=(E(X_1),E(X_2),\cdots,E(X_n))$，

$$\boldsymbol{B}=\begin{bmatrix}\operatorname{cov}(X_1,X_1) & \operatorname{cov}(X_1,X_2) & \cdots & \operatorname{cov}(X_1,X_n)\\ \operatorname{cov}(X_2,X_1) & \operatorname{cov}(X_2,X_2) & \cdots & \operatorname{cov}(X_2,X_n)\\ \vdots & \vdots & \ddots & \vdots\\ \operatorname{cov}(X_n,X_1) & \operatorname{cov}(X_n,X_2) & \cdots & \operatorname{cov}(X_n,X_n)\end{bmatrix},$$

则称 $\boldsymbol{X}=(X_1,X_2,\cdots,X_n)$ 服从均值向量为 $\boldsymbol{\mu}$ 、协方差矩阵为 $\boldsymbol{B}$ 的 **n 维正态分布**. 记为 $\boldsymbol{X}\sim N(\boldsymbol{\mu},\boldsymbol{B})$.

定理 1.5.1　设 $\boldsymbol{X}\sim N(\boldsymbol{\mu},\boldsymbol{B})$，则存在 n 阶正交矩阵 $\boldsymbol{A}$，使得

$$\boldsymbol{Y}=(Y_1,Y_2,\cdots,Y_n)=(\boldsymbol{X}-\boldsymbol{\mu})\boldsymbol{A}^{\mathrm{T}}$$

为 n 维独立正态随机变量，即 $Y_1,Y_2,\cdots,Y_n$ 相互独立，且 $Y_i\sim N(0,d_i)$，其中，$d_i(d_i>0$，$i=1,2,\cdots,n)$ 为 $\boldsymbol{B}$ 的特征值.

此定理的证明可参看文献[18].

定理 1.5.2　设 $\boldsymbol{X}\sim N(\boldsymbol{\mu},\boldsymbol{B})$，则 $\boldsymbol{X}$ 的特征函数为

$$\varphi_{\boldsymbol{X}}(\boldsymbol{t})=\varphi_{\boldsymbol{X}}(t_1,t_2,\cdots,t_n)=\exp(\mathrm{i}\boldsymbol{\mu}\boldsymbol{t}^{\mathrm{T}}-\frac{1}{2}\boldsymbol{t}\boldsymbol{B}\boldsymbol{t}^{\mathrm{T}}).$$

证　由定理 1.5.1 知存在正交矩阵 $\boldsymbol{A}$，使得

$$\boldsymbol{Y}=(Y_1,Y_2,\cdots,Y_n)=(\boldsymbol{X}-\boldsymbol{\mu})\boldsymbol{A}^{\mathrm{T}}$$

为 n 维独立正态随机变量，且 $Y_i\sim N(0,d_i)$，$d_i>0$，$i=1,2,\cdots,n$，所以 $\boldsymbol{Y}$ 的特征函数为

$$\begin{aligned}\varphi_{\boldsymbol{Y}}(\boldsymbol{t})&=\varphi_{\boldsymbol{Y}}(t_1,t_2,\cdots,t_n)=\varphi_{Y_1}(t_1)\varphi_{Y_2}(t_2)\cdots\varphi_{Y_n}(t_n)\\&=\prod_{i=1}^{n}\exp(-\frac{1}{2}d_it_i^2)=\exp(-\frac{1}{2}\sum_{i=1}^{n}d_it_i^2)=\exp(-\frac{1}{2}\boldsymbol{t}\boldsymbol{D}\boldsymbol{t}^{\mathrm{T}}).\end{aligned}$$

于是由特征函数的性质 1.4.3，可得 $\boldsymbol{X}=\boldsymbol{Y}\boldsymbol{A}+\boldsymbol{\mu}$ 的特征函数为

$$\begin{aligned}\varphi_{\boldsymbol{X}}(\boldsymbol{t})&=\varphi_{\boldsymbol{X}}(t_1,t_2,\cdots,t_n)=\mathrm{e}^{\mathrm{i}\boldsymbol{\mu}\boldsymbol{t}}\varphi_{\boldsymbol{Y}}(\boldsymbol{t}\boldsymbol{A})\\&=\exp[\mathrm{i}\boldsymbol{\mu}\boldsymbol{t}-\frac{1}{2}\boldsymbol{t}\boldsymbol{A}\boldsymbol{D}(\boldsymbol{t}\boldsymbol{A})^{\mathrm{T}}]=\exp[\mathrm{i}\boldsymbol{\mu}\boldsymbol{t}-\frac{1}{2}\boldsymbol{t}\boldsymbol{A}\boldsymbol{D}\boldsymbol{A}^{\mathrm{T}}\boldsymbol{t}^{\mathrm{T}}]\\&=\exp(\mathrm{i}\boldsymbol{\mu}\boldsymbol{t}^{\mathrm{T}}-\frac{1}{2}\boldsymbol{t}\boldsymbol{B}\boldsymbol{t}^{\mathrm{T}}).\end{aligned}$$

定理 1.5.3　设 $\boldsymbol{X}=(X_1,X_2,\cdots,X_n)\sim N(\boldsymbol{\mu},\boldsymbol{B})$，有：

（1）若 $k_1,k_2,\cdots,k_n$ 为常数，则 $Y=\sum\limits_{i=1}^{n}k_iX_i$ 服从一维正态分布 $N(\sum\limits_{i=1}^{n}k_i\mu_i,\sum\limits_{i=1}^{n}\sum\limits_{j=1}^{n}k_ik_j\operatorname{cov}(X_i,X_j))$；

（2）若 $m<n$，则由 $\boldsymbol{X}$ 的 m 个分量构成的 m 维随机变量（如 $(X_1,X_2,\cdots,X_m)$）服从 m 维正态分布 $N(\tilde{\boldsymbol{\mu}},\tilde{\boldsymbol{B}})$，其中

$$\tilde{\mu}=(\mu_1,\mu_2,\cdots,\mu_m),\quad \tilde{B}=\begin{bmatrix}\text{cov}(X_1,X_1) & \text{cov}(X_1,X_2) & \cdots & \text{cov}(X_1,X_m)\\ \text{cov}(X_2,X_1) & \text{cov}(X_2,X_2) & \cdots & \text{cov}(X_2,X_m)\\ \vdots & \vdots & \ddots & \vdots\\ \text{cov}(X_m,X_1) & \text{cov}(X_m,X_2) & \cdots & \text{cov}(X_m,X_m)\end{bmatrix};$$

（3）若 m 维随机变量 $\boldsymbol{Y}$ 是 $\boldsymbol{X}$ 的线性变换，即 $\boldsymbol{Y}=\boldsymbol{XC}$，其中 $\boldsymbol{C}$ 为 $n\times m$ 阶矩阵，则 $\boldsymbol{Y}$ 服从 m 维正态分布 $N(\boldsymbol{\mu C},\boldsymbol{C}^{\mathrm{T}}\boldsymbol{BC})$；

（4）$X_1,X_2,\cdots,X_n$ 相互独立的充要条件为 $X_1,X_2,\cdots,X_n$ 两两不相关.

证 （1）由于随机变量 Y 的特征函数为

$$\begin{aligned}\varphi_Y(t)&=E(\mathrm{e}^{\mathrm{i}tY})=E(\exp(\mathrm{i}t\sum_{i=1}^{n}k_iX_i))\\&=E(\exp(\mathrm{i}\sum_{i=1}^{n}k_itX_i))=\varphi(k_1t,k_2t,\cdots,k_nt)\\&=\exp\left[\mathrm{i}\sum_{i=1}^{n}\mu_ik_it-\frac{1}{2}\sum_{i=1}^{n}\sum_{j=1}^{n}k_ik_j\,\text{cov}(X_i,X_j)t^2\right],\end{aligned}$$

因此

$$Y\sim N(\sum_{i=1}^{n}k_i\mu_i,\sum_{i=1}^{n}\sum_{j=1}^{n}k_ik_j\,\text{cov}(X_i,X_j)).$$

（2）、（3）、（4）的证明省略.

1.6 条件分布与条件期望

对于二维随机变量 (X,Y)，有时需要研究在其中一个随机变量取某些可能值的条件下，另一个随机变量的概率分布和数学期望，这就是本节要讨论的主要问题.

1.6.1 条件分布

定义 1.6.1 设二维离散型随机变量 (X,Y) 的联合概率函数为 $p(x_i,y_j)=P\{X=x_i,Y=y_j\}$（$i,j=1,2,\cdots$），随机变量 Y 的边缘概率函数 $p_Y(y_j)>0$（$j=1,2,\cdots$）. 称

$$p_{X|Y}(x_i\,|\,y_j)=P\{X=x_i\,|\,Y=y_j\}=\frac{p(x_i,y_j)}{p_Y(y_j)},\quad i=1,2,\cdots$$

为 X 在条件 $Y=y_j$ 下的**条件概率函数**或**条件分布律**，而称

$$F_{X|Y}(x\,|\,y_j)=P\{X\le x\,|\,Y=y_j\}=\frac{1}{p_Y(y_j)}\sum_{x_i\le x}p(x_i,y_j)$$

为 X 在条件 $Y=y_j$ 下的**条件分布函数**.

类似地，可以定义 Y 在条件 $X=x_i$ 下的**条件概率函数**为

$$p_{Y|X}(y_j\,|\,x_j)=P\{Y=y_j\,|\,X=x_i\}=\frac{p(x_i,y_j)}{p_X(x_i)},\quad j=1,2,\cdots,$$

而 Y 在条件 $X=x_i$ 下的**条件分布函数**为

$$F_{Y|X}(y|x_i)=P\{Y\le y|X=x_i\}=\frac{1}{p_X(x_i)}\sum_{y_j\le y}p(x_i,y_j)\,.$$

定义 1.6.2　设 (X,Y) 是二维连续型随机变量，其联合分布密度为 $f(x,y)$，且 $f_Y(y)=\int_{-\infty}^{+\infty}f(x,y)\mathrm{d}x>0$，则称

$$f_{X|Y}(x|y)=\frac{f(x,y)}{f_Y(y)}$$

为在条件 $Y=y$ 下 X 的**条件概率密度**，而称

$$F_{X|Y}(x|y)=P\{X\le x|Y=y\}=\int_{-\infty}^{x}f_{X|Y}(u|y)\mathrm{d}u=\int_{-\infty}^{x}\frac{f(u,y)}{f_Y(y)}\mathrm{d}u$$

为在条件 $Y=y$ 下 X 的**条件分布函数**.

类似地，可以定义 Y 在条件 $X=x$ 下的**条件概率密度**为

$$f_{Y|X}(y|x)=\frac{f(x,y)}{f_X(x)},$$

而 Y 在条件 $X=x$ 下的**条件分布函数**为

$$F_{Y|X}(y|x)=P\{Y\le y|X=x\}=\int_{-\infty}^{y}f_{Y|X}(u|x)\mathrm{d}u=\int_{-\infty}^{y}\frac{f(x,u)}{f_X(x)}\mathrm{d}u\,.$$

当 X、Y 独立时，条件分布就是边缘分布，此时条件分布转化为无条件分布.

不难证明，对于二维正态分布 $N(\mu_1,\mu_2;\sigma_1^2,\sigma_2^2;r)$，在条件 $X=x$ 下 Y 的条件概率密度为

$$f_{Y|X}(y|x)=\frac{1}{\sqrt{2\pi}\sigma_2\sqrt{1-r^2}}\exp\{-\frac{1}{2\sigma_2^2(1-r^2)}[y-\mu_2-r\frac{\sigma_2}{\sigma_1}(x-\mu_1)]^2\},$$

而在条件 $Y=y$ 下 X 的条件概率密度为

$$f_{X|Y}(x|y)=\frac{1}{\sqrt{2\pi}\sigma_1\sqrt{1-r^2}}\exp\{-\frac{1}{2\sigma_1^2(1-r^2)}[x-\mu_1-r\frac{\sigma_1}{\sigma_2}(y-\mu_2)]^2\}.$$

由此可见，二维正态分布的条件分布仍然是正态分布 $N(\mu_2+r\frac{\sigma_2}{\sigma_1}(x-\mu_1),\sigma_2^2(1-r^2))$ 或 $N(\mu_1+r\frac{\sigma_1}{\sigma_2}(y-\mu_2),\sigma_1^2(1-r^2))$.

条件概率分布与 1.1.3 节中介绍的条件概率相对应，也可以推广到任意 n 维随机变量的情形. 例如，设有 n 维随机变量 $(X_1,X_2,\cdots,X_n)$，其联合概率密度为 $f(x_1,x_2,\cdots,x_n)$，$(X_1,X_2,\cdots,X_k)$ 的边缘概率密度 $f_{X_1,X_2,\cdots,X_k}(x_1,x_2,\cdots,x_k)>0$，则可以定义

$$f_{X_{k+1},X_{k+2},\cdots,X_n|X_1,X_2,\cdots,X_k}(x_{k+1},x_{k+2},\cdots,x_n|x_1,x_2,\cdots,x_k)=\frac{f(x_1,x_2,\cdots,x_n)}{f_{X_1,X_2,\cdots,X_k}(x_1,x_2,\cdots,x_k)}$$

为在给定 $X_1=x_1,X_2=x_2,\cdots,X_k=x_k$ 的条件下，$(X_{k+1},X_k,\cdots,X_n)$ 的条件概率密度. 相应的条件分布函数为

$$\begin{aligned}&F_{X_{k+1},X_{k+2},\cdots,X_n|X_1,X_2,\cdots,X_k}(x_{k+1},x_{k+2},\cdots,x_n|x_1,x_2,\cdots,x_k)\\&=\int_{-\infty}^{x_{k+1}}\int_{-\infty}^{x_{k+2}}\cdots\int_{-\infty}^{x_n}f_{X_{k+1},X_{k+2},\cdots,X_n|X_1,X_2,\cdots,X_k}(u_{k+1},u_{k+2},\cdots,u_n|x_1,x_2,\cdots,x_k)\mathrm{d}u_{k+1}\mathrm{d}u_{k+2}\cdots\mathrm{d}u_n\,.\end{aligned}$$

【例 1.6.1】　已知连续型随机变量 (X,Y) 在平面区域 $G=\{(x,y)\big|x^2\le y\le x+2,-1\le x\le 2\}$

（如图 1.1 所示）上服从均匀分布，其联合概率函数为

$$f(x,y)=\begin{cases}\dfrac{2}{9}, & (x,y)\in G,\\ 0, & (x,y)\notin G.\end{cases}$$

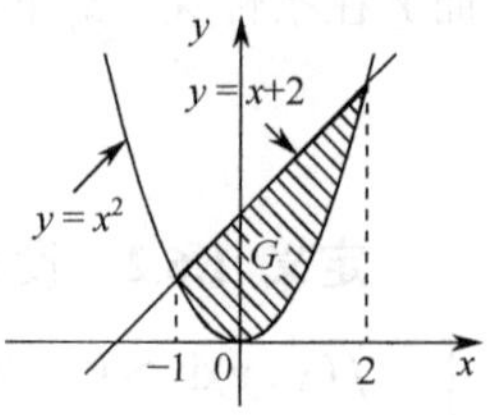

图 1.1 平面区域 G

求随机变量 X 及 Y 的条件概率密度.

解 易求得 X 的边缘概率密度为

$$f_X(x)=\begin{cases}\dfrac{2}{9}(2+x-x^2), & -1\le x\le 2,\\ 0, & \text{其他}.\end{cases}$$

Y 的边缘概率密度为

$$f_Y(y)=\begin{cases}\dfrac{4}{9}\sqrt{y}, & 0\le y\le 1,\\ \dfrac{2}{9}(2+\sqrt{y}-y), & 1\le y\le 4,\\ 0, & \text{其他}.\end{cases}$$

当 $0<y<4$ 时，$f_Y(y)>0$，所以，X 在 $Y=y$ 条件下的条件概率密度为

$$f_{X|Y}(x\,|\,y)=\frac{f(x,y)}{f_Y(y)}=\begin{cases}\dfrac{1}{2\sqrt{y}}, & -\sqrt{y}\le x\le\sqrt{y}, 0<y<1,\\ \dfrac{1}{2+\sqrt{y}-y}, & y-2\le x\le\sqrt{y}, 1\le y<4,\\ 0, & \text{其他}.\end{cases}$$

同理，可得 Y 在 $X=x$ 条件下的条件概率密度为

$$f_{Y|X}(y\,|\,x)=\frac{f(x,y)}{f_X(x)}=\begin{cases}\dfrac{1}{2+x-x^2}, & x^2\le y\le x+2, -1<x<2,\\ 0, & \text{其他}.\end{cases}$$

1.6.2 条件期望

定义 1.6.3 设 (X,Y) 是二维随机变量，$F_{X|Y}(x\,|\,y)$ 和 $F_{Y|X}(y\,|\,x)$ 分别是 X 和 Y 的条件分布函数，则称

$$E(X\,|\,y)=\int_{-\infty}^{+\infty}x\,\mathrm{d}F_{X|Y}(x\,|\,y)$$

为 X 在条件 $Y=y$ 下的**条件数学期望**. 称

$$E(Y\,|\,x)=\int_{-\infty}^{+\infty}y\,\mathrm{d}F_{Y|X}(y\,|\,x)$$

为 Y 在条件 $X=x$ 下的**条件数学期望**. 条件数学期望简称为条件期望.

由于 $E(X\,|\,y)$ 是随机变量 Y 的所有可能取值 y 的函数，因此 $E(X\,|\,Y)$ 是随机变量 Y 的函数，称为 X 在条件 Y 下的条件数学期望；类似地，称随机变量 X 的函数 $E(Y\,|\,X)$ 为 Y 在条件 X 下的条件数学期望.

若 X、Y 是离散型随机变量，其可能取值分别是 $x_1, x_2, \cdots$ 和 $y_1, y_2, \cdots$，则

$$E(X \mid y_j) = \sum_i x_i p_{X|Y}(x_i \mid y_j) = \sum_i x_i P\{X = x_i \mid Y = y_j\};$$

$$E(Y \mid x_i) = \sum_j y_j p_{Y|X}(y_j \mid x_i) = \sum_j y_j P\{Y = y_j \mid X = x_i\}.$$

若 X、Y 是连续型随机变量，条件概率密度分别为 $f_{X|Y}(x \mid y)$ 和 $f_{Y|X}(y \mid x)$，则

$$E(X \mid y) = \int_{-\infty}^{+\infty} x\, f_{X|Y}(x \mid y)\mathrm{d}x,\quad E(Y \mid x) = \int_{-\infty}^{+\infty} y\, f_{Y|X}(y \mid x)\mathrm{d}y.$$

条件数学期望也是数学期望，因此具有数学期望的一些基本性质，如有：

（1）$E(C \mid Y = y) = C$，其中 C 为常数；

（2）$E(aX_1 + bX_2 \mid Y = y) = aE(X_1 \mid Y = y) + bE(X_2 \mid Y = y)$.

一般，条件数学期望的定义如下.

定义 1.6.4 设 $\boldsymbol{X} = (X_1, X_2, \cdots, X_n)$ 是 n 维随机变量，$F_{X_i|X_1,\cdots,X_{i-1},X_{i+1},\cdots,X_n}(x_i \mid x_1, \cdots, x_{i-1}, x_{i+1}, \cdots, x_n)$ 为 X_i 的条件分布函数，则称

$$E(X_i \mid x_1, \cdots, x_{i-1}, x_{i+1}, \cdots, x_n) = \int_{-\infty}^{+\infty} x_i \mathrm{d}F_{X_i|X_1,\cdots,X_{i-1},X_{i+1},\cdots,X_n}(x_i \mid x_1, \cdots, x_{i-1}, x_{i+1}, \cdots, x_n)$$

为 X_i 在条件 $X_1 = x_1, \cdots, X_{i-1} = x_{i-1}, X_{i+1} = x_{i+1}, \cdots, X_n = x_n$ 下的条件数学期望. 称 $E(X_i \mid X_1, \cdots, X_{i-1}, X_{i+1}, \cdots, X_n)$ 为 X_i 在条件 $X_1, \cdots, X_{i-1}, X_{i+1}, \cdots, X_n$ 下的条件数学期望.

定理 1.6.1 若随机变量 X 与 Y 的期望存在，则 $E[E(X \mid Y)] = E(X)$. 一般地，若随机变量 $X_1, X_2, \cdots, X_n$ 的期望都存在，则 $E[E(X_i \mid X_1, \cdots, X_{i-1}, X_{i+1}, \cdots, X_n)] = E(X_i)$.

证 此处仅证明 $E[E(X \mid Y)] = E(X)$.

（1）若 X 与 Y 都是离散型随机变量，则

$$\begin{aligned}
E[E(X \mid Y)] &= \sum_j E(X \mid Y = y_j)P(Y = y_j) \\
&= \sum_j \sum_i x_i P(X = x_i \mid Y = y_j)P(Y = y_j) \\
&= \sum_j \sum_i x_i P(X = x_i, Y = y_j) = \sum_i x_i \sum_j P(X = x_i, Y = y_j) \\
&= \sum_i x_i P(X = x_i) = E(X).
\end{aligned}$$

（2）若 X 与 Y 都是连续型随机变量，则

$$\begin{aligned}
E[E(X \mid Y)] &= \int_{-\infty}^{+\infty} E(X \mid Y = y) f_Y(y)\mathrm{d}y = \int_{-\infty}^{+\infty}\int_{-\infty}^{+\infty} x f(x \mid y) f_Y(y)\mathrm{d}x\mathrm{d}y \\
&= \int_{-\infty}^{+\infty}\int_{-\infty}^{+\infty} x f(x, y)\mathrm{d}x\mathrm{d}y = \int_{-\infty}^{+\infty} x\left[\int_{-\infty}^{+\infty} f(x, y)\mathrm{d}y\right]\mathrm{d}x \\
&= \int_{-\infty}^{+\infty} x f_X(x)\mathrm{d}x = E(X).
\end{aligned}$$

【例 1.6.2】 矿工被困在矿井中，要到达安全地带，有三条通道可供选择. 他从第一条通道出去要走 3 小时可到达安全地带，从第二条通道出去要走 5 小时又返回原处，从第三条通道出去要走 7 小时也返回原处. 设在任意时刻他都等可能地选中其中一条通道，问到达安全地带平均要花多长时间？

解 设 X 表示矿工到达安全地带所需的时间，Y 表示他选中的通道，则

$$
\begin{aligned}
E(X) &= E[E(X \mid Y)] \\
&= E(X \mid Y=1)P\{Y=1\}+E(X \mid Y=2)P\{Y=2\}+E(X \mid Y=3)P\{Y=3\} \\
&= 3\times\frac{1}{3}+[5+E(X)]\times\frac{1}{3}+[7+E(X)]\times\frac{1}{3}.
\end{aligned}
$$

由此可解得 $E(X)=15$.

利用定理 1.6.1，先对一个适当的随机变量取条件，不仅能求得期望，也可以用这种方法计算事件的概率. 设 A 为一个事件，A 的示性函数

$$
I_A(\omega)=\begin{cases}1, & \omega\in A,\\ 0, & \omega\notin A.\end{cases}
$$

是一个二值随机变量. 显然

$$
E[I_A(\omega)]=P(A)\text{，}\quad E[I_A(\omega)\mid Y=y]=P\{A\mid Y=y\}\text{，}
$$

于是，对任意随机变量 Y，由定理 1.6.1 可得

$$
\begin{aligned}
P(A) &= E[I_A(\omega)] = E\{E[I_A(\omega)\mid Y=y]\} \\
&= \int_{-\infty}^{+\infty} E[I_A(\omega)\mid Y=y]\mathrm{d}F_Y(y) \\
&= \int_{-\infty}^{+\infty} P\{A|Y=y\}\mathrm{d}F_Y(y).
\end{aligned}
$$

即有

$$
P(A)=\int_{-\infty}^{+\infty} P\{A|Y=y\}\mathrm{d}F_Y(y). \tag{1.5}
$$

【例 1.6.3】 设 X 与 Y 是相互独立的随机变量，其分布函数分别为 $F_X(x)$ 和 $F_Y(x)$. 设 $Z=X+Y$，求随机变量 Z 的分布函数 $F_Z(z)$.

解 利用式（1.5），取 Y 为条件，有

$$
\begin{aligned}
F_Z(z) &= P\{Z\le z\}=P\{X+Y\le z\} \\
&= \int_{-\infty}^{+\infty} P\{X+Y\le a\mid Y=y\}\mathrm{d}F_Y(y) \\
&= \int_{-\infty}^{+\infty} P\{X\le a-y\}\mathrm{d}F_Y(y) = \int_{-\infty}^{+\infty} F_X(a-y)\mathrm{d}F_Y(y).
\end{aligned}
$$

这就是两个独立随机变量和的分布函数的卷积公式，通常记为

$$
F_Z(z)=F_X(x)*F_Y(y)=\int_{-\infty}^{+\infty} F_X(a-y)\mathrm{d}F_Y(y).
$$

定理 1.6.2 若随机变量 X 与 Y 相互独立，则 $E(X\mid Y)=E(X)$；一般地，若随机变量 $X_1,X_2,\cdots,X_n$ 相互独立，则 $E(X_i\mid X_1,\cdots,X_{i-1},X_{i+1},\cdots,X_n)=E(X_i)$.

证 由于 $X_1,X_2,\cdots,X_n$ 相互独立，因此

$$
F_{X_i\mid X_1,\cdots,X_{i-1},X_{i+1},\cdots,X_n}(x_i\mid x_1,\cdots,x_{i-1},x_{i+1},\cdots,x_n)=F_{X_i}(x_i).
$$

从而

$$
\begin{aligned}
& E(X_i\mid X_1,\cdots,X_{i-1},X_{i+1},\cdots,X_n) \\
&= \int_{-\infty}^{+\infty} x_i\,\mathrm{d}F_{X_i|X_1,\cdots,X_{i-1},X_{i+1},\cdots,X_n}(x_i\mid x_1,\cdots,x_{i-1},x_{i+1},\cdots,x_n) \\
&= \int_{-\infty}^{+\infty} x_i\,\mathrm{d}F_{X_i}(x_i)=E(X_i)
\end{aligned}
$$

特别地，若 X 与 Y 相互独立，则有 $E(X\mid Y)=E(X)$.

【例 1.6.4】 设某日某商店的顾客人数是随机变量 N，$X_i(i=1,2,\cdots)$ 表示第 i 位顾客所花

的钱数，$X_1, X_2, \cdots$ 是相互独立同分布的随机变量，且与 N 相互独立，试求该日该商店一天营业额的均值.

解　该商店的一天营业额为每位顾客所花钱数之和，取进店的顾客人数为条件，有

$$
\begin{aligned}
E(\sum_{i=1}^{N} X_i) &= E[E(\sum_{i=1}^{N} X_i \mid N)] = \sum_{n=1}^{\infty} E(\sum_{i=1}^{n} X_i \mid N=n) P\{N=n\} \\
&= \sum_{n=1}^{\infty} E(\sum_{i=1}^{n} X_i) P\{N=n\} = \sum_{n=1}^{\infty}\sum_{i=1}^{n} E(X_i) P\{N=n\} \\
&= \sum_{n=1}^{\infty} nE(X_1) P\{N=n\} = E(X_1)\sum_{n=1}^{\infty} nP\{N=n\} = E(X_1)E(N).
\end{aligned}
$$

上式的第三步中利用了定理 1.6.2.

1.7　大数定律和中心极限定理

大数定律和中心极限定理是应用数理统计与随机过程的理论基础，这些理论是从大量随机现象的考察中总结出来的，对大量随机现象的研究需要使用极限方法. 因此，本节首先介绍随机变量序列的收敛性，然后利用极限方法研究大数定律和中心极限定理. 在本节中，假定在同一个问题中所涉及的随机变量都是定义在同一概率空间 $(\Omega, \mathcal{F}, P)$ 上的.

1.7.1　随机变量序列的收敛性

描述随机变量序列的收敛性的常用定义有如下几种.

定义 1.7.1　设 $\{X_n, n=1,2,\cdots\}$ 是随机变量序列，X 是一个随机变量，若 $P\{\omega: \lim\limits_{n\to\infty} X_n(\omega) = X(\omega)\} = 1$（简记为 $P\{\lim\limits_{n\to\infty} X_n = X\} = 1$），则称随机变量序列 $\{X_n, n=1,2,\cdots\}$ **以概率 1**（或**几乎处处**）**收敛**于随机变量 X，记为 $X_n \xrightarrow{\text{a.s.}} X$.

定义 1.7.2　设随机变量序列 $\{X_n, n=1,2,\cdots\}$ 和随机变量 X 的分布函数分别为 $F_n(x)$ 和 $F(x)$，若在 $F(x)$ 的所有连续点 x 上都有

$$\lim_{n\to\infty} F_n(x) = F(x),$$

则称随机变量序列 $\{X_n\}$ 依分布收敛于随机变量 X，简记为 $X_n \xrightarrow{\text{d}} X$.

定义 1.7.3　设 $\{X_n, n=1,2,\cdots\}$ 是随机变量序列，X 是一个随机变量，若对任意给定的 $\varepsilon > 0$，有

$$\lim_{n\to\infty} P\{|X_n - X| < \varepsilon\} = 1 \text{ 或 } \lim_{n\to\infty} P\{|X_n - X| \geq \varepsilon\} = 0,$$

则称随机变量序列 $\{X_n, n=1,2,\cdots\}$ 依概率收敛于随机变量 X，简记为 $X_n \xrightarrow{\text{p}} X$.

定义 1.7.4　设 $\{X_n, n=1,2,\cdots\}$ 是随机变量序列，X 是一个随机变量，且对常数 $r > 0$，有 $E|X|^r < +\infty$ 和 $E|X_n|^r < +\infty$. 若

$$\lim_{n\to\infty} E|X_n - X|^r = 0,$$

则称随机变量序列 $\{X_n, n=1,2,\cdots\}$ r-**阶收敛**于随机变量 X，简记为 $X_n \xrightarrow{\text{r}} X$.

特别地，2-阶收敛又称为**均方收敛**，记为 $X_n \xrightarrow{\text{m.s}} X$，常写成

$$\underset{n\to\infty}{\text{l.i.m}}\, X_n = X \quad 或 \quad \text{l.i.m}\, X_n = X .$$

这是重要的特殊情形，在本书的随机过程部分将进一步讨论.

下面的定理给出了上述 4 种收敛性的关系.

定理 1.7.1 设 $\{X_n, n=1,2,\cdots\}$ 是随机变量序列，X 是一个随机变量，有：

（1）若 $X_n \xrightarrow{\text{r}} X$，则 $X_n \xrightarrow{\text{p}} X$；

（2）若 $X_n \xrightarrow{\text{a.s.}} X$，则 $X_n \xrightarrow{\text{p}} X$；

（3）若 $X_n \xrightarrow{\text{p}} X$，则 $X_n \xrightarrow{\text{d}} X$.

证 （1）由马尔可夫不等式得

$$P\{|X_n - X| \geq \varepsilon\} \leq \frac{E[|X_n - X|^r]}{\varepsilon^r} .$$

若 $X_n \xrightarrow{\text{r}} X$，即 $\lim\limits_{n\to\infty} E|X_n - X|^r = 0$，则对任意给定的 $\varepsilon > 0$，有

$$0 \leq \lim_{n\to\infty} P\{|X_n - X| \geq \varepsilon\} = \lim_{n\to\infty} \frac{E[|X_n - X|^r]}{\varepsilon^r} = 0 ,$$

故 $\lim\limits_{n\to\infty} P\{|X_n - X| \geq \varepsilon\} = 0$，即 $X_n \xrightarrow{\text{p}} X$.

（2）由于 $P\{\lim\limits_{n\to\infty} X_n = X\} = 1$，故

$$\lim_{n\to\infty} P\{|X_n - X| \to 0\} = 1 .$$

因此，对任意给定的 $\varepsilon > 0$，有

$$\lim_{n\to\infty} P\{|X_n - X| < \varepsilon\} = 1，即 \lim_{n\to\infty} P\{|X_n - X| \geq \varepsilon\} = 0 ,$$

即 $X_n \xrightarrow{\text{p}} X$.

（3）证明过程需用到上、下极限的概念，这里从略，详见参考文献[3].

值得说明的是，上述定理中的 3 个结论反过来均不成立，这 4 种收敛性的关系如图 1.2 所示.

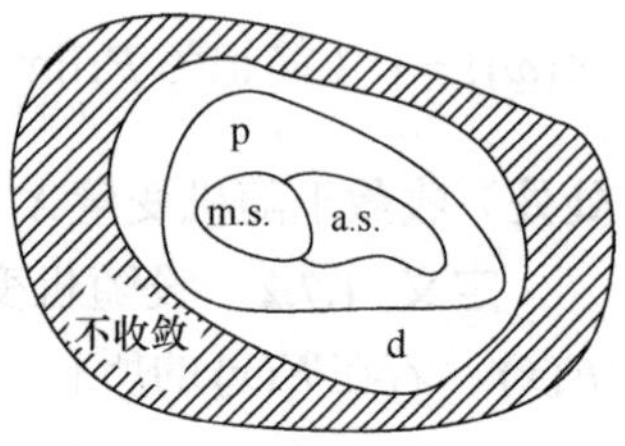

图 1.2 4 种收敛性的关系

1.7.2 大数定律

在概率论中，一切关于大量随机现象的平均结果稳定性的定理，统称为大数定律.

定义 1.7.5 设 $\{X_n\}$ 是随机变量序列，若存在常数序列 $\{a_n\}$，对任意 $\varepsilon > 0$，有

$$\lim_{n\to\infty} P\left\{\left|\frac{1}{n}\sum_{k=1}^{n} X_k - a_n\right| \leq \varepsilon\right\} = 1 ,$$

则称随机变量序列 $\{X_n\}$ 服从大数定律.

下面不加证明地给出一些常用的大数定律，有兴趣的读者可以参阅有关的概率论书籍.

定理 1.7.2（**伯努利大数定律**） 设 n 重试验中事件 A 发生的频率 $\frac{v_n}{n}$ 依概率收敛于事件 A

在每次试验中发生的概率 $p\ (0<p<1)$，即对任意 $\varepsilon>0$，有

$$\lim_{n\to\infty}P\left\{\left|\frac{v_n}{n}-p\right|\le\varepsilon\right\}=1.$$

伯努利（Bernoulli）大数定律以严格的数学形式表达了频率的稳定性. 也就是说，当 n 充分大时，事件 A 发生的频率以较大的概率和事件 A 发生的概率 $P(A)=p$ 非常接近. 因此，在实际应用中，当试验的次数很大时，即可用事件发生的频率作为该事件的概率的近似.

伯努利大数定律也可叙述为：设 $\{X_n, n=1,2,\cdots\}$ 是一随机变量序列，且 $X_n\sim B(n,p)$，其中 $0<p<1$，则对任意 $\varepsilon>0$，有

$$\lim_{n\to\infty}P\left\{\left|\frac{X_n}{n}-p\right|\le\varepsilon\right\}=1.$$

伯努利大数定律还可叙述为：设 $\{X_n, n=1,2,\cdots\}$ 是相互独立同分布的随机变量序列，期望与方差都存在，且方差是一致有上界的，即存在某一常数 C，使得 $D(X_k)\leqslant C,\ k=1,\ 2,\ \cdots,\ n$，则对任意 $\varepsilon>0$，有

$$\lim_{n\to\infty}P\left\{\left|\frac{1}{n}\sum_{i=1}^{n}X_i-p\right|\le\varepsilon\right\}=1.$$

定理 1.7.3（**切比雪夫大数定律**）　设 $\{X_n, n=1,2,\cdots\}$ 为相互独立的随机变量序列，又 $D(X_n)\le C$，其中 C 为常数，则对任意 $\varepsilon>0$，有

$$\lim_{n\to\infty}P\left\{\left|\frac{1}{n}\sum_{k=1}^{n}X_k-\frac{1}{n}\sum_{k=1}^{n}E(X_k)\right|\le\varepsilon\right\}=1.$$

切比雪夫（Chebyshev）大数定律表明，在方差一致有界的条件下，经过算术平均后的随机变量 $\bar{X}=\frac{1}{n}\sum_{k=1}^{n}X_k$ 的值，将比较紧密地聚集在它的数学期望 $E(\bar{X})=\frac{1}{n}\sum_{k=1}^{n}E(X_k)$ 的附近.

定理 1.7.4（**马尔可夫大数定律**）设 $\{X_n, n=1,2,\cdots\}$ 为随机变量序列，且 $\lim\limits_{n\to\infty}\frac{1}{n^2}D\ (\sum\limits_{i=1}^{n}X_i)=0$，则对任意 $\varepsilon>0$，有

$$\lim_{n\to\infty}P\left\{\left|\frac{1}{n}\sum_{k=1}^{n}X_k-\frac{1}{n}\sum_{k=1}^{n}E(X_k)\right|\le\varepsilon\right\}=1.$$

当 $\{X_n, n=1,2,\cdots\}$ 为相互独立的随机变量序列时，马尔可夫（Markov）大数定律可以视为切比雪夫大数定律的推论.

定理 1.7.5（**辛钦大数定律**）　设 $\{X_n, n=1,2,\cdots\}$ 是相互独立同分布的随机变量序列，且有有限的数学期望 $E(X_n)=\mu$，则对任意 $\varepsilon>0$，有

$$\lim_{n\to\infty}P\left\{\left|\frac{1}{n}\sum_{k=1}^{n}X_k-\mu\right|\le\varepsilon\right\}=1.$$

辛钦（Khintchine）大数定律可理解为：对一个随机变量 X 进行 n 次重复独立的观测，第 $i\ (i=1,2,\cdots)$ 次观测得到一个与 X 同分布的随机变量 X_i，则当 n 充分大时，算术平均值 $\bar{X}=\frac{1}{n}\sum_{k=1}^{n}X_k$ 将以较大的概率和一个常数非常接近，这个常数就是它们的数学期望. 这为寻求随机变量的数学期望提供了一条实际可行的途径.

以上大数定律都基于依概率收敛的结论，而依概率收敛的条件相对于处处收敛和均方收敛的条件来说相对较弱，因此这类大数定律一般称为弱大数定律. 下面将要给出的波雷尔（Borel）大数定律、柯尔莫哥洛夫（Kolmogorov）大数定律一般被称为强大数定律.

定理 1.7.6（波雷尔大数定律） 设 v_n 表示 n 重独立试验中事件 A 发生的次数，而 p $(0<p<1)$ 表示事件 A 发生的概率，则

$$P\{\lim_{n\to\infty}\frac{v_n}{n}=p\}=1.$$

定理 1.7.7（柯尔莫哥洛夫大数定律） 设 $\{X_n, n=1,2,\cdots\}$ 为相互独立的随机变量序列，且 $\sum_{n=1}^{\infty}\frac{D(X_n)}{n^2}\leq+\infty$，则 $\frac{1}{n}\sum_{k=1}^{n}X_k\xrightarrow{\text{a.s.}}u$ 的充要条件是 $E(X_i)$ 存在且为 u.

1.7.3 中心极限定理

在概率论中，凡是在一定条件下可断定随机变量之和的极限分布是正态分布的定理，统称为中心极限定理.

中心极限定理的一般提法：设独立的随机变量序列 $\{X_n, n=1,2,\cdots\}$ 有有限的数学期望 $E(X_n)$，方差 $D(X_n)>0$，令

$$Y_n=\frac{\sum_{k=1}^{n}X_k-\sum_{k=1}^{n}E(X_k)}{\sqrt{\sum_{k=1}^{n}D(X_k)}},$$

称 Y_n 为 $\{X_n, n=1,2,\cdots\}$ 的前 n 项和的标准化（规范化），中心极限定理就是要寻找当 $\{X_n, n=1,2,\cdots\}$ 满足什么条件时，$\{Y_n, n=1,2,\cdots\}$ 的渐近分布（当 n 充分大时 Y_n 的近似分布）是标准正态分布，即

$$\lim_{n\to\infty}P\{Y_n\leq x\}=\frac{1}{\sqrt{2\pi}}\int_{-\infty}^{x}\mathrm{e}^{-t^2/2}\mathrm{d}t.$$

下面列出 4 个常见的中心极限定理，其证明可参看有关概率论教材.

定理 1.7.8（列维-林德伯格中心极限定理） 设 $\{X_n, n=1,2,\cdots\}$ 是相互独立同分布的随机变量序列，且有有限的数学期望与方差 $E(X_n)=\mu$、$D(X_n)=\sigma^2>0$，则对任意实数 x，有

$$\lim_{n\to\infty}P\left\{\frac{\sum_{k=1}^{n}X_k-n\mu}{\sigma\sqrt{n}}\leq x\right\}=\frac{1}{\sqrt{2\pi}}\int_{-\infty}^{x}\mathrm{e}^{-t^2/2}\mathrm{d}t,$$

列维-林德伯格（Lévy-Lindeberg）中心极限定理表明：当 n 充分大时，$\frac{1}{n}\sum_{k=1}^{n}X_k$ 近似服从正态分布 $N(\mu,\frac{\sigma^2}{n})$.

定理 1.7.9（棣莫弗-拉普拉斯中心极限定理） 设 $\{X_n, n=1,2,\cdots\}$ 是相互独立同分布的随机变量序列，且 $X_n\sim B(1,p)$，$0<p<1$，$n=1,2,\cdots$，则对任意实数 x，有

$$\lim_{n\to\infty} P\left\{\frac{\sum_{k=1}^{n} X_k - np}{\sqrt{np(1-p)}} \le x\right\} = \frac{1}{\sqrt{2\pi}} \int_{-\infty}^{x} e^{-t^2/2} dt .$$

棣莫弗–拉普拉斯（De Moivre-Laplace）中心极限定理是列维–林德伯格中心极限定理的特例. 该定理常常表述为：设 v_n 表示 n 重独立试验中事件 A 发生的次数，$p\ (0<p<1)$ 是事件 A 在每次试验中发生的概率，则对任意区间 $[a,b)$，有

$$\lim_{n\to\infty} P\left\{a < \frac{v_n - np}{\sqrt{np(1-p)}} \le b\right\} = \frac{1}{\sqrt{2\pi}} \int_{a}^{b} e^{-t^2/2} dt .$$

定理 1.7.10（**李雅普诺夫中心极限定理**）　设 $\{X_n, n=1,2,\cdots\}$ 是独立的随机变量序列，若对某个 $\delta>0$，有 $0<E[|X_k - E(X_k)|^{2+\delta}]<+\infty$，$n=1,2,\cdots$，且满足条件

$$\lim_{n\to\infty} \frac{1}{B_n^{2+\delta}} \sum_{k=1}^{n} E[|X_k - E(X_k)|^{2+\delta}] = 0 ,$$

式中，$B_n = \sqrt{\sum_{k=i}^{n} D(X_k)}$，则对任意实数 x，有

$$\lim_{n\to\infty} P\left\{\frac{\sum_{k=1}^{n} X_k - \sum_{k=1}^{n} E(X_k)}{B_n} \le x\right\} = \frac{1}{\sqrt{2\pi}} \int_{-\infty}^{x} e^{-t^2/2} dt .$$

李雅普诺夫（Lyapunov）中心极限定理的条件相当普遍而且便于检验，本定理是下面的林德伯格（Lindeberg）中心极限定理的推论.

定理 1.7.11（**林德伯格中心极限定理**）　设 $\{X_n, n=1,2,\cdots\}$ 是独立的随机变量序列，且有有限的方差 $D(X_n)>0$，若对任意实数 $\tau>0$，满足条件

$$\lim_{n\to\infty} \frac{1}{B_n^2} \sum_{k=1}^{n} \int_{|x-EX_k|>\tau B_n} |x - E(X_k)|^2 dF_k(x) = 0 ,$$

式中，$B_n = \sqrt{\sum_{k=i}^{n} D(X_k)}$，$F_k(x)$ 是 X_k 的分布函数，则对任意 x，有

$$\lim_{n\to\infty} P\left\{\frac{\sum_{k=1}^{n} X_k - \sum_{k=1}^{n} E(X_k)}{B_n} \le x\right\} = \frac{1}{\sqrt{2\pi}} \int_{-\infty}^{x} e^{-t^2/2} dt .$$

林德伯格中心极限定理的直观解释为：若一个随机变量 $\sum_{k=1}^{n} X_k$ 是由大量相互独立的随机因素叠加而成的，而每个因素在总和中所起的作用都不很大，则这个随机变量通常服从或近似服从正态分布.

习题 1

1.1　甲、乙两个箱子里都存放着黑、白两种颜色的小球，甲箱有 60 个黑球、40 个白球，乙箱有 20 个黑球、10 个白球. 现从中任取一箱，再从此箱中任取一球，求此球是黑球的概率；若已知取出的是黑球，求此黑球是从甲箱中取出的概率.

1.2［**柯西（Cauchy）分布**］设连续型随机变量 X 的分布函数为

$$F(x)=A+B\arctan x,\quad -\infty<x<+\infty .$$

（1）求系数 A 及 B；

（2）求随机变量 X 落在区间 $(-1,1)$ 内的概率；

（3）求随机变量 X 的概率密度.

1.3　设随机变量 X 的概率密度为

$$f(x)=\begin{cases}Ax^{\alpha-1}\mathrm{e}^{-\beta x}, & x>0,\\ 0, & x\le 0.\end{cases}$$

其中 $\alpha>0$、$\beta>0$ 且都是常数，求系数 A. 当 $\alpha=1$ 时，此分布是什么分布？

1.4　设随机变量 X 服从指数分布 $e(\lambda)$. 证明：对任意非负实数 s 及 t，有

$$P(X\ge s+t\mid X\ge s)=P(X\ge t).$$

这一性质称为指数分布的**无记忆性**. 假设某品牌电视机的使用年数 X 服从指数分布 $e(0.1)$，某人买了一台该品牌的旧电视机，求此电视机还能使用 5 年以上的概率.

1.5　设二维随机变量 (X,Y) 在矩形域 $a\le x\le b$、$c\le y\le d$ 上服从均匀分布，求 (X,Y) 的联合概率密度及边缘概率密度，并研究随机变量 X 与 Y 是否独立.

1.6　设二维随机变量 (X,Y) 的联合概率密度为

$$f(x,y)=\begin{cases}A\mathrm{e}^{-(2x+3y)}, & x>0,y>0,\\ 0, & \text{其他}.\end{cases}$$

（1）求系数 A；（2）求 (X,Y) 的联合分布函数；（3）求边缘概率密度；（4）求 (X,Y) 落在区域 $D=\{(x,y)\mid x>0,y>0,2x+3y<6\}$ 内的概率.

1.7　设随机变量 X 在 $(0,1)$ 区间内服从均匀分布. 试求：

（1）$Y=\mathrm{e}^X$ 的概率密度函数；（2）$Y=-2\ln X$ 的概率密度函数.

1.8　设 X、Y 相互独立且同服从参数为 1 的指数分布，试求 $U=X+Y$ 和 $V=\dfrac{X}{X+Y}$ 的联合分布，并讨论 U 与 V 的独立性.

1.9［**拉普拉斯（Laplace）分布**］设随机变量 X 的概率密度为

$$f(x)=\frac{1}{2}\mathrm{e}^{-|x|},\quad -\infty<x<+\infty .$$

求数学期望 $E(X)$ 及方差 $D(X)$.

1.10　对球的直径进行近似测量，设其值均匀分布在区间 $[a,b]$ 内，求此球体积的数学期望.

1.11　设二维随机变量 (X,Y) 的联合概率密度为

$$f(x,y)=\frac{1}{\pi(x^2+y^2+1)^2}.$$

求：（1）数学期望 $E(X)$、$E(Y)$；（2）方差 $D(X)$、$D(Y)$；（3）协方差 $\operatorname{cov}(X,Y)$ 及相关系数 $\rho(X,Y)$.

1.12（**Γ- 分布**）设随机变量 X 的概率密度为

$$f(x)=\begin{cases}\dfrac{\beta}{\Gamma(\alpha)}(\beta x)^{\alpha-1}\mathrm{e}^{-\beta x}, & x>0,\\ 0, & x\le 0.\end{cases}$$

其中，$\alpha>0$、$\beta>0$ 且都是常数，求 X 的特征函数 $\varphi_X(t)$、数学期望 $E(X)$ 及方差 $D(X)$.

1.13　若 $\varphi(t)$ 为特征函数，证明 $g(t)=e^{\varphi(t)-1}$ 也是特征函数.

1.14　设随机变量 X 的各阶矩都存在，并且已知

$$E(X^n)=\frac{n!}{2}\left[\frac{1}{b^n}+(-1)^n\frac{1}{a^n}\right],$$

其中，$a>0$、$b>0$ 且都是常数，求 X 的特征函数 $\varphi(t)$ 与概率密度函数 $f(x)$.

1.15　设 $\boldsymbol{X}=(X_1,X_2,X_3,X_4)$ 为 4 维正态随机变量，$E(X_i)=0$（$i=1,2,3,4$）. 试证明

$$E(X_1X_2X_3X_4)=E(X_1X_2)E(X_3X_4)+E(X_1X_3)E(X_2X_4)+E(X_1X_4)E(X_2X_3).$$

1.16　袋中有 2 个红球、3 个白球，从中不放回地接连取出 2 个球. 设 X 表示第一次取到的红球数，Y 表示第二次取到的红球数. 求 $E(Y\mid X=1)$ 和 $E(Y\mid X=0)$.

1.17　考虑一电子元件，其失效时间 X 服从参数为 λ 的指数分布. 在时刻 T 观察该元件，发现它仍在工作，求剩余寿命的期望值 $E[(X-T)\mid X\geq T]$.

1.18　设二维随机变量 (X,Y) 的联合概率密度为

$$f(x,y)=\begin{cases}\dfrac{1}{2}e^{-y}, & -\infty<x<+\infty, y>|x|,\\ 0, & \text{其他}.\end{cases}$$

（1）证明 X 和 Y 不相关、不独立；（2）求 $E(Y)$ 和 $E(Y\mid X)$.

1.19　设 $X_n\xrightarrow{d}X$，$Y_n\xrightarrow{p}C$（C 为常数），证明：

（1）$X_n+Y_n\xrightarrow{d}X+C$；（2）$X_nY_n\xrightarrow{d}CX$；（3）$\dfrac{X_n}{Y_n}\xrightarrow{d}\dfrac{X}{C}$.

1.20　设 $X_n\xrightarrow{p}X$，$Y_n\xrightarrow{p}Y$，证明：$X_n\pm Y_n\xrightarrow{p}X\pm Y$.

1.21　设 $\underset{n\to\infty}{\text{l.i.m}}\,X_n=X$，$\underset{n\to\infty}{\text{l.i.m}}\,Y_n=Y$，$a$、$b$ 为常数，证明 $\underset{n\to\infty}{\text{l.i.m}}(aX_n+bY_n)=aX+bY$.

1.22　对随机变量序列 $\{X_n\}$，若记 $Y_n=\sum\limits_{i=1}^{n}X_i$，$\mu_n=\sum\limits_{i=1}^{n}E(X_i)$. 证明 $\{X_n\}$ 服从大数定律的充要条件为

$$\lim_{n\to\infty}E\left[\frac{(Y_n-\mu_n)^2}{1+(Y_n-\mu_n)^2}\right]=0.$$

1.23　证明**马尔可夫大数定律**（定理 1.7.4）：设 $\{X_n,n=1,2,\cdots\}$ 为随机变量序列（不要求独立），且 $\lim\limits_{n\to\infty}\dfrac{1}{n^2}D(\sum\limits_{i=1}^{n}X_i)=0$，则对任意 $\varepsilon>0$，有

$$\lim_{n\to\infty}P\left\{\left|\frac{1}{n}\sum_{k=1}^{n}X_k-\frac{1}{n}\sum_{k=1}^{n}E(X_k)\right|\leq\varepsilon\right\}=1.$$

1.24　证明**李雅普诺夫中心极限定理**（定理 1.7.10）：设 $\{X_n,n=1,2,\cdots\}$ 是独立的随机变量序列，若对某个 $\delta>0$，有 $0<E[|X_k-E(X_k)|^{2+\delta}]<+\infty$，$n=1,2,\cdots$，且满足条件

$$\lim_{n\to\infty}\frac{1}{B_n^{2+\delta}}\sum_{k=1}^{n}E[|X_k-E(X_k)|^{2+\delta}]=0,$$

式中，$B_n=\sqrt{\sum\limits_{k=i}^{n}D(X_k)}$，则对任意实数 x，有

$$\lim_{n\to\infty}P\left\{\frac{\sum\limits_{k=1}^{n}X_k-\sum\limits_{k=1}^{n}E(X_k)}{B_n}\leq x\right\}=\frac{1}{\sqrt{2\pi}}\int_{-\infty}^{x}e^{-t^2/2}dt.$$

第一篇

数理统计部分

数理统计是以概率论为理论基础，研究如何用有效的方法来收集和使用带有随机性影响的数据的科学．由于随机现象无处不在，因此数理统计是应用数学中最重要、最活跃的学科之一．数理统计方法的应用极其广泛，可以说，几乎在人类活动的一切领域中，都能不同程度地找到它的应用．学习和应用数理统计方法已成为当今技术领域中的一种趋势，在信息时代，为了处理大量数据及从中得出有助于决策的量化结论，必须掌握不断更新的数理统计知识．

第 2 章　数理统计的基本概念与抽样分布

本章主要介绍数理统计中的一些基本概念、重要的统计量和抽样分布定理. 这些内容是学习后续数理统计内容的基础.

2.1　数理统计的几个基本概念

2.1.1　总体和个体

在用数理统计方法研究某个问题时，把被研究对象的全体称为**总体**（或**母体**），而把组成总体的每个单元（或元素）称为**个体**. 例如，一批灯泡的全体组成一个总体，其中每个灯泡都是一个个体. 总体所含有的个体的总数称为**总体的容量**，它可以是有限的，也可以是无限的，从而把总体说成**有限总体**或**无限总体**.

在数理统计中，我们关心的并不是组成总体的个体本身，而是与它们的性能相联系的某个（或某些）数量指标及这个（或这些）数量指标的概率分布情况. 例如，在研究一批灯泡组成的总体时，可能关心的是灯泡的使用寿命的分布情况. 由于任何一个灯泡的寿命事先是不能确定的，而每个灯泡都确实对应着一个寿命值，因此可认为灯泡寿命是一个随机变量. 也就是说，把总体与一个随机变量 X（如灯泡寿命）联系起来. 因此，对总体的研究就转化为对表示总体的随机变量 X 的统计规律的研究. 所以，后面说到总体，指的是一个具有确定概率分布的随机变量 X（它的分布也称为**总体分布**，在实际问题中，总体分布通常是未知的或至少分布的某些参数是未知的），而每个个体则是随机变量 X 可能取的每个数值. 随机变量 X 的分布和数字特征也称为**总体的分布**和**总体的数字特征**.

2.1.2　样本和样本分布

为研究总体的情况，应对总体中的每个个体都进行研究，但是要对总体中的所有个体一一进行测定，实际中常常不可能或不必要. 例如，在研究某批灯泡寿命组成的总体时，若对每个灯泡的寿命一一进行测试，则这是一个破坏性试验，既耗时，又不现实. 一般只能从该总体中随机地抽取一定数量的个体进行观测，这一过程称为**抽样**，被抽出来的部分个体称为**样本**，样本包含的个体的数量称为**样本容量**.

对总体 X 进行 n 次独立重复观测，将 n 次观测结果记为 $x_1,x_2,\cdots,x_n$，由于某 n 次抽样与另外 n 次抽样所得的 $x_i\ (i=1,2,\cdots n)$ 一般取不同的值，因此重复抽样中每个 x_i 可以视为一个随机变量 X_i 的观测值. 通常称 $X_1,X_2,\cdots,X_n$ 为总体 X 的一组**样本容量为 n 的样本**，$x_1,x_2,\cdots,x_n$ 称为**样本观测值**，有时也简称为**样本**.

数理统计的任务是通过样本来推断总体的统计规律，因此希望样本能尽可能多地反映总体的统计特征. 为了保证所得到的样本能够客观地反映总体的统计特征，设计随机抽样的方案是非常重要的. 实际使用的抽样方法有很多，要使抽取的样本能够对总体做出尽可能准确的推断，需要对抽样方法提出一些要求，这些要求应满足以下两点.

（1）代表性：每次抽样都需在完全相同的条件下进行，所以，每个 X_i 都具有总体的特征，即每个样本 $X_i(i=1,2,\cdots n)$ 与总体 X 都具有相同的分布.

（2）独立性：每次抽样都是独立进行的，即各次抽样的结果彼此互不影响，所以样本 $X_1,X_2,\cdots,X_n$ 为相互独立的随机变量.

满足以上条件的抽样称为**简单随机抽样**，由此得到的样本称为**简单随机样本**.

放回抽样得到的样本就是简单随机样本，在无放回抽样情况下得到的样本，从理论上讲不再是简单随机样本，但当总体的容量很大或可以认为很大时，从总体中抽取一些个体对总体没有太大影响，因此，即使是无放回抽样，也可近似地视为放回抽样，其样本仍可视为简单随机样本.

本书如不做特殊说明，所提到的样本都指简单随机样本，简称为样本.

样本的概率分布称为**样本分布**，样本分布可由总体分布完全确定.

设总体 X 的分布函数是 $F(x)$，由于样本 $X_1,X_2,\cdots,X_n$ 相互独立且与总体 X 具有相同的分布，因此得到样本 $X_1,X_2,\cdots,X_n$ 的联合分布函数是

$$F(x_1,x_2,\cdots,x_n)=\prod_{i=1}^{n}F(x_i).$$

设总体 X 是连续型随机变量，且具有概率密度 $f(x)$，则样本的联合概率密度是

$$f(x_1,x_2,\cdots,x_n)=\prod_{i=1}^{n}f(x_i).$$

设总体 X 是离散型随机变量，其概率函数为 $p_i=P\{X=x_i\}\,(i=1,2,\cdots)$，则样本的联合概率函数是

$$P\{X_1=x_{i_1},X_2=x_{i_2},\cdots,X_n=x_{i_n}\}=\prod_{i=1}^{n}p_{i_j},\quad i_j=1,2,\cdots,\ j=1,2,\cdots,n.$$

【例 2.1.1】　设灯泡的使用寿命 X 服从指数分布，其概率密度为

$$f(x)=\begin{cases}\lambda \mathrm{e}^{-\lambda x}, & x\geq 0,\\ 0, & x<0.\end{cases}$$

式中，$\lambda>0$，$X_1,X_2,\cdots,X_n$ 为来自总体的一组样本，试求样本的联合概率密度.

解　样本的联合概率密度为

$$f(x_1,x_2,\cdots,x_n)=\prod_{i=1}^{n}f(x_i)=\prod_{i=1}^{n}\lambda \mathrm{e}^{-\lambda x_i}$$

$$=\lambda^n \mathrm{e}^{-\lambda\sum\limits_{i=1}^{n}x_i}.$$

【例 2.1.2】　设总体 X 服从 0-1 分布，其概率函数为

$$P\{X=x\}=p^x(1-p)^{1-x},\ x=0,1$$

式中，$0<p<1$，$X_1,X_2,\cdots,X_n$ 为来自总体的一组样本，试求样本的联合概率函数.

解　样本的联合概率函数为

$$P\{X_1=x_1,X_2=x_2,\cdots,X_n=x_n\}=\prod_{i=1}^{n}P(X_i=x_i)$$

$$=\prod_{i=1}^{n} p^{x_i}(1-p)^{1-x_i}=p^{\sum_{i=1}^{n}x_i}(1-p)^{n-\sum_{i=1}^{n}x_i}.$$

2.1.3 参数空间和分布族

总体分布中的常数称为**参数**，参数θ所有取值的全体构成的集合称为**参数空间**，记为Θ. 例 2.1.1 中，λ是参数，其参数空间是$\Theta=\{\lambda:\lambda>0\}$；例 2.1.2 中，$p$是参数，其参数空间是$\Theta=\{p:0<p<1\}$.

由于不同的参数值对应不同的总体分布，因此参数空间中所有可能的参数值对应一族总体分布，称该分布族为**总体分布族**. 常见的总体分布族有：

0-1 分布族$\{B(1,p):0<p<1\}$；

二项分布族$\{B(n,p):0<p<1\}$；

泊松分布族$\{P(\lambda):\lambda>0\}$；

均匀分布族$\{U(a,b):-\infty<a<b<+\infty\}$；

指数分布族$\{e(\lambda):\lambda>0\}$；

正态分布族$\{N(\mu,\sigma^2):\mu\in\mathbf{R},\sigma>0\}$.

总体的分布形式已知，但其中若干参数未知，只需要对总体中的一些未知参数进行推断即可，这类问题称为**参数统计**问题. 第 3 章的参数估计和第 4 章中的参数假设检验都属于参数统计问题.

总体的分布形式完全未知，或者只有一些一般性的限制. 例如，假设总体的分布是离散型的或连续型的，则这类问题称为**非参数统计**问题. 第 4 章中的非参数假设检验就属于非参数统计问题.

2.2 统计量

样本是对总体进行统计分析和推断的依据，但是由于样本中所含的总体信息较为分散，一般不宜直接用于统计推断，因此，在处理具体的理论和应用问题时，要对这些样本数据进行加工、提炼，把样本所包含的有关信息集中起来，针对不同的研究问题，构造适当的样本函数，再利用样本函数进行统计推断. 在统计学中，称这样的样本函数为统计量.

定义 2.2.1 设$X_1,X_2,\cdots,X_n$是来自总体X的一组样本，$g(X_1,X_2,\cdots,X_n)$是以样本为自变量的函数，且不依赖任何未知参数，则称$g(X_1,X_2,\cdots,X_n)$为**统计量**.

由于样本是随机变量，因此统计量$g(X_1,X_2,\cdots,X_n)$也是随机变量. 若$x_1,x_2,\cdots,x_n$是样本$X_1,X_2,\cdots,X_n$的观测值，则称$g(x_1,x_2,\cdots,x_n)$为**统计量**$g(X_1,X_2,\cdots,X_n)$**的观测值**.

下面介绍数理统计中常用的统计量.

（1）**样本均值** $\bar{X}=\frac{1}{n}\sum_{i=1}^{n}X_i$，它反映了总体均值$E(X)$的信息.

（2）**样本方差** $S^2=\frac{1}{n-1}\sum_{i=1}^{n}(X_i-\bar{X})^2$，它反映了样本中各分量相对于样本均值的偏离程度. 样本方差可简化为$S^2=\frac{1}{n-1}(\sum_{i=1}^{n}X_i^2-n\bar{X}^2)$.

事实上，有

$$S^2=\frac{1}{n-1}\sum_{i=1}^{n}(X_i^2-2X_i\overline{X}+\overline{X}^2)=\frac{1}{n-1}(\sum_{i=1}^{n}X_i^2-2\overline{X}\sum_{i=1}^{n}X_i+n\overline{X}^2)$$

$$=\frac{1}{n-1}(\sum_{i=1}^{n}X_i^2-2\overline{X}\cdot n\overline{X}+n\overline{X}^2)=\frac{1}{n-1}(\sum_{i=1}^{n}X_i^2-n\overline{X}^2).$$

（3）**样本标准差** $S=\sqrt{\frac{1}{n-1}\sum_{i=1}^{n}(X_i-\overline{X})^2}$，也称为**样本均方差**，它反映了总体标准差的信息.

（4）**样本 k 阶原点矩** $V_k=\frac{1}{n}\sum_{i=1}^{n}X_i^k$，它反映了总体的 k 阶原点矩 $E(X^k)$ 的信息. 特别地，$V_1=\overline{X}$.

（5）**样本 k 阶中心矩** $U_k=\frac{1}{n}\sum_{i=1}^{n}(X_i-\overline{X})^k$，它反映了总体的 k 阶中心矩 $E[X-E(X)]^k$ 的信息. 特别地，$U_1=0$，$U_2=\frac{n-1}{n}S^2$.

若 $x_1,x_2,\cdots,x_n$ 是样本 $X_1,X_2,\cdots,X_n$ 的观测值，则

$$\overline{x}=\frac{1}{n}\sum_{i=1}^{n}x_i\text{，}\quad s^2=\frac{1}{n-1}\sum_{i=1}^{n}(x_i-\overline{x})^2\text{，}\quad s=\sqrt{\frac{1}{n-1}\sum_{i=1}^{n}(x_i-\overline{x})^2}\text{，}$$

$$v_k=\frac{1}{n}\sum_{i=1}^{n}x_i^k\quad(k=1,2,\cdots)\text{，}\quad u_k=\frac{1}{n}\sum_{i=1}^{n}(x_i-\overline{x})^k\quad(k=1,2,\cdots)$$

分别称为样本均值、样本方差、样本标准差、样本 k 阶原点矩、样本 k 阶中心矩的观测值.

今后，为方便起见，不妨把某统计量的观测值简称为该统计量. 例如，将样本均值 $\overline{X}$ 的观测值 $\overline{x}$ 简称为样本均值，其他类似.

【例 2.2.1】 设总体 X 的数学期望 $E(X)=\mu$，方差 $D(X)=\sigma^2$，$X_1,X_2,\cdots,X_n$ 是取自总体 X 的一组样本，证明：

（1）样本均值 $\overline{X}$ 的数学期望 $E(\overline{X})=\mu$，方差 $D(\overline{X})=\frac{\sigma^2}{n}$；

（2）样本方差的数学期望 $E(S^2)=\sigma^2$.

证　因为样本 $X_1,X_2,\cdots,X_n$ 相互独立，且与总体 X 服从相同的分布，所以有

$$E(X_i)=\mu\text{，}\quad D(X_i)=\sigma^2\text{，}\quad i=1,2,\cdots,n\text{.}$$

（1）利用数学期望的性质，可知

$$E(\overline{X})=E(\frac{1}{n}\sum_{i=1}^{n}X_i)=\frac{1}{n}E(\sum_{i=1}^{n}X_i)=\frac{1}{n}\sum_{i=1}^{n}E(X_i)=\frac{1}{n}\cdot n\mu=\mu\text{；}$$

再利用方差的性质，并注意样本的独立性，有

$$D(\overline{X})=D(\frac{1}{n}\sum_{i=1}^{n}X_i)=\frac{1}{n^2}D(\sum_{i=1}^{n}X_i)=\frac{1}{n^2}\sum_{i=1}^{n}D(X_i)=\frac{1}{n^2}\cdot n\sigma^2=\frac{\sigma^2}{n}.$$

（2）利用方差的计算公式与（1）中的结论，易得

$$E(X_i^2)=D(X_i)+[E(X_i)]^2=\sigma^2+\mu^2\text{，}\quad i=1,2,\cdots,n\text{，}$$

$$E(\overline{X}^2)=D(\overline{X})+[E(\overline{X})]^2=\frac{\sigma^2}{n}+\mu^2.$$

利用数学期望的性质，可得

$$E(S^2)=E\Big[\frac{1}{n-1}(\sum_{i=1}^{n}X_i^2-n\overline{X}^2)\Big]=\frac{1}{n-1}[\sum_{i=1}^{n}E(X_i^2)-nE(\overline{X}^2)]$$

$$=\frac{1}{n-1}[n(\sigma^2+\mu^2)-n(\frac{\sigma^2}{n}+\mu^2)]=\sigma^2 .$$

2.3 经验分布函数、直方图和顺序统计量

2.3.1 经验分布函数

总体的分布函数也称为理论分布函数. 利用样本来估计和推断总体 X 的分布函数 $F(x)$，是数理统计要解决的一个重要问题. 为此，引入经验分布函数，并讨论它的性质.

设总体 X 的分布函数为 $F(x)$，现在对 X 进行 n 次重复独立观测（即对总体做 n 次简单随机抽样），以 $v_n(x)$ 表示随机事件 $\{X\le x\}$ 在这 n 次重复独立观测中出现的次数，即在 n 个观测值 $x_1,x_2,\cdots,x_n$ 中小于或等于 x 的个数.

对 X 每进行 n 次重复独立观测，便可得到总体 X 的样本 $X_1,X_2,\cdots,X_n$ 的一组观测值 $x_1,x_2,\cdots,x_n$，从而对于固定的 x（$-\infty<x<+\infty$），可以确定 $v_n(x)$ 所取的数值，这个数值就是在 $x_1,x_2,\cdots,x_n$ 的 n 个数中小于或等于 x 的个数. 重复进行 n 次抽样，对于同一个 x，一般 $v_n(x)$ 取不同的数值，因此 $v_n(x)$ 是一个随机变量，实际上是一个统计量. $v_n(x)$ 称为**经验频数**.

对 X 每进行 n 次重复独立观测，可认为完成了一次 n 重独立试验. 在 n 重独立试验中，某事件出现的次数服从二项分布，即

$$P\{v_n(x)=k\}=\mathrm{C}_n^k(P\{X\le x\})^k(1-P\{X\le x\})^{n-k}$$

$$=\mathrm{C}_n^k[F(x)]^k[1-F(x)]^k\quad(k=0,1,2,\cdots,n).$$

即

$$v_n(x)\sim B(n,F(x)).$$

定义 2.3.1 称函数

$$F_n(x)=\frac{v_n(x)}{n}\quad(-\infty<x<+\infty)$$

为总体 X 的**经验分布函数**.

经验分布函数 $F_n(x)$ 的性质如下.

（1）对每组样本值 $x_1,x_2,\cdots,x_n$，经验分布函数 $F_n(x)$（$-\infty<x<+\infty$）都是一个分布函数（$F_n(x)$ 是一单调不减、右连续函数，且满足 $F_n(-\infty)=0$ 和 $F_n(+\infty)=1$），并且是阶梯函数.

证 把 $x_1,x_2,\cdots,x_n$ 按它们的值从小到大重新编号为

$$x_{(1)}<x_{(2)}<\cdots<x_{(m)},$$

即 $x_{(1)},x_{(2)},\cdots,x_{(m)}$ 分别是 $x_1,x_2,\cdots,x_n$ 中最小的一个、第二小的一个……最大的一个. 且设 $x_{(k)}$ 的频数为 v_k（$k=1,2,\cdots,m;\sum_{k=1}^{m}v_k=n$）.

易得

$$F_n(x)=\frac{v_n(x)}{n}=\begin{cases}0, & x<x_{(1)},\\ \dfrac{v_1}{n}, & x_{(1)}\le x<x_{(2)},\\ \dfrac{v_1+v_2}{n}, & x_{(2)}\le x<x_{(3)},\\ \vdots & \vdots\\ \dfrac{v_1+v_2+\cdots+v_k}{n}, & x_{(k)}\le x<x_{(k+1)},\\ \vdots & \vdots\\ 1, & x_{(m)}\le x.\end{cases}$$

由此可见，$F_n(x)$ 是一个分布函数，而且是阶梯函数. 若样本的观测值无重复，则在每一观测值处有间断点且跳跃度为 $1/n$；若样本的观测值有重复，则按 $1/n$ 的倍数跳跃上升.

（2）对于固定的 x（$-\infty<x<+\infty$），$v_n(x)$ 与 $F_n(x)$ 都是样本 $X_1,X_2,\cdots,X_n$ 的函数，从而都是统计量，而且

$$v_n(x)\sim B(n,F(x)).$$

这是本节开头已经得到的结论. 再根据二项分布的结论，得

$$E[v_n(x)]=nF(x),$$

$$E[F_n(x)]=E[\frac{v_n(x)}{n}]=F(x),$$

式中，$F(x)$ 为总体 X 的分布函数.

（3）当 $n\to\infty$ 时，经验分布函数 $F_n(x)$ 依概率收敛于总体 X 的分布函数 $F(x)$，即对任意实数 $\varepsilon>0$，有

$$\lim_{n\to\infty}P\{|F_n(x)-F(x)|\le\varepsilon\}=1,$$

或

$$\lim_{n\to\infty}P\{|F_n(x)-F(x)|>\varepsilon\}=0.$$

证　根据第 1 章 1.7 节的伯努利大数定律，取 $Y_n=v_n(x)\sim B(n,F(x))$，则对任意 $\varepsilon>0$，有

$$\lim_{n\to\infty}P\left\{\left|\frac{Y_n}{n}-p\right|\le\varepsilon\right\}=\lim_{n\to\infty}P\left\{\left|\frac{v_n(x)}{n}-F(x)\right|\le\varepsilon\right\}$$

$$=\lim_{n\to\infty}P\{|F_n(x)-F(x)|\le\varepsilon\}=1.$$

由此可知，当 n 充分大时，就像可以用事件发生的频率近似估计它的概率一样，也可以用经验分布函数 $F_n(x)$ 来近似估计总体 X 的理论分布函数 $F(x)$. 还有比这更深刻的结果，这就是格利汶科（Glivenko）定理.

（4）**格利汶科定理**. 总体 X 的理论分布函数为 $F(x)$，其经验分布函数为 $F_n(x)$，则对任何实数 x，有

$$P\{\lim_{n\to\infty}\sup_{-\infty<x<+\infty}\left|F_n(x)-F(x)\right|=0\}=1.$$

此定理的证明见参考文献[3]. 此定理表明：当样本容量 n 足够大时，对一切实数 x，总体

X 的经验分布函数 $F_n(x)$ 与它的理论分布函数 $F(x)$ 之间相差的最大值也会足够小. 即当 n 充分大时，$F_n(x)$ 是 $F(x)$ 的很好的近似. 这是数理统计中用样本进行估计和推断总体的理论根据.

如图 2.1 所示为100个轴承的直径样本的经验分布函数 $F_{100}(x)$ 与其相应总体的正态分布函数 $F(x)$ 的图形.

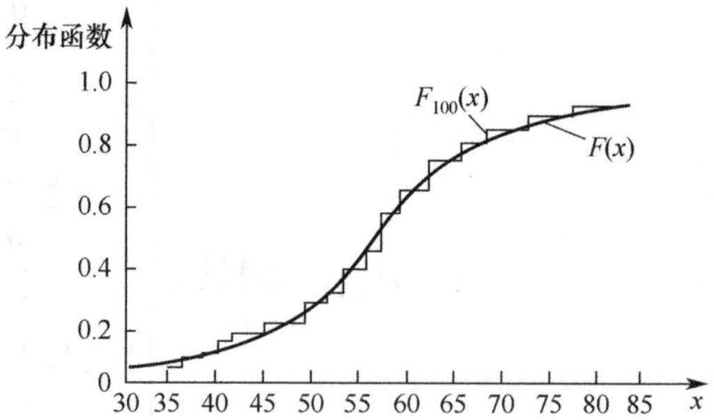

图 2.1 100个轴承的直径样本的经验分布函数 $F_{100}(x)$ 与其相应总体的正态分布函数 $F(x)$的图形

2.3.2 直方图

直方图是用来近似地描述连续型总体的概率密度曲线的.

设总体 X 是连续型随机变量，概率密度 $f(x)$ 未知. 对任意有限区间 $(a,b]$，用下列分点通常将其等分成 m 个子区间（$m<n$，并不一定要等分），其长度为 $(b-a)/m$（称为**组距**）.

$$a=a_0<a_1<\cdots<a_{m-1}<a_m=b.$$

对 X 做 n 次重复独立观测，得样本 $X_1, X_2, \cdots, X_n$，将其中落在区间 $(a_i, a_{i+1}]$ 的样本个数设为 v_i，由伯努利大数定律有事件 $\{a_i<X\le a_{i+1}\}$ 的频率 v_i/n 与概率 $P\{a_i<X\le a_{i+1}\}$ 满足

$$\frac{v_i}{n}\xrightarrow{\text{p}}P\{a_i<X\le a_{i+1}\}=\int_{a_i}^{a_{i+1}}f(x)\mathrm{d}x \quad (n\to\infty).$$

当 $f(x)$ 为连续函数且 m 充分大时，有

$$\int_{a_i}^{a_{i+1}}f(x)\mathrm{d}x\approx f(a_i)\cdot\frac{b-a}{m}.$$

因此，当 n、m 都充分大时，有

$$\frac{v_i}{n}\approx f(a_i)\cdot\frac{b-a}{m},$$

即

$$\frac{v_i}{n}\cdot\frac{m}{b-a}\approx f(a_i) \quad (i=0,1,2,\cdots,m-1).$$

定义函数：当 $a_i<x\le a_{i+1}$ 时，有

$$f_n(x)=\frac{v_i}{n}\cdot\frac{m}{b-a} \quad (i=0,1,2,\ \cdots,m-1),$$

称 $f_n(x)$ 在区间 $[a,b)$ 的图形为 $[a,b)$ 上的**频率直方图**，简称为**直方图**.

当 n 及 m 都充分大时，有

$$f_n(x)\approx f(x).$$

若加大样本容量 n、缩小组距，则当 $n\to\infty$ 且每个矩形的底宽都趋于零时，频率直方图的上边缘将以光滑的曲线为极限，这条光滑曲线就是总体的密度函数 $f(x)$ 的图像.

一般地，画出频率直方图后，把各个小矩形的上底边的中点顺次连成一条光滑曲线，然后把这条光滑曲线与概率论中的典型分布密度曲线进行比较，可以粗略地看出总体是否服从某种典型分布.

【例 2.3.1】 某炼钢厂生产25MnSi钢，受各种随机因素的影响，各炉钢的含硅量 X 是

有差异的，现推断 X 的密度函数 $f(x)$．记录的120炉正常生产的25MnSi钢的含硅量如表 2.1 所示.

表 2.1　记录的 120 炉正常生产的 25MnSi 钢的含硅量（%）

0.86	0.83	0.77	0.81	0.81	0.80	0.79	0.82	0.82	0.81
0.82	0.78	0.80	0.81	0.87	0.81	0.77	0.78	0.77	0.78
0.77	0.71	0.95	0.78	0.81	0.79	0.80	0.77	0.76	0.82
0.84	0.79	0.90	0.82	0.79	0.82	0.79	0.86	0.81	0.78
0.82	0.78	0.73	0.83	0.81	0.81	0.83	0.89	0.78	0.86
0.78	0.84	0.84	0.84	0.81	0.81	0.74	0.78	0.76	0.80
0.75	0.79	0.85	0.75	0.74	0.71	0.88	0.82	0.76	0.85
0.81	0.79	0.77	0.78	0.81	0.87	0.83	0.65	0.64	0.78
0.80	0.80	0.77	0.81	0.75	0.83	0.90	0.80	0.85	0.81
0.82	0.84	0.85	0.84	0.82	0.85	0.84	0.82	0.85	0.84
0.81	0.77	0.82	0.83	0.82	0.74	0.73	0.75	0.77	0.78
0.87	0.77	0.80	0.75	0.82	0.78	0.78	0.82	0.78	0.78

根据上述数据，画出直方图.

解　（1）找出样本观测值最小的 $x_{(1)}$ 与最大的 $x_{(n)}$，得 $x_{(1)}=0.64$，$x_{(n)}=0.95$.

（2）选定区间的左端点 a（略小于 $x_{(1)}$）与右端点 b（略大于 $x_{(n)}$），并把区间 $(a,b]$ 等分成 m 个小区间 $(a_i, a_{i+1}]$（$i=0,1,2,\cdots,m-1$）．现在取 $a=0.635$，$b=0.955$；$m=16$，得组距 $\dfrac{b-a}{m}=0.02$.

（3）计算样本观测值落在每个小区间 $(a_i, a_{i+1}]$ 中的个数 v_i，如表 2.2 所示.

表 2.2　样本观测值落在每个小区间中的个数

序　号	小区间 $[a_i, a_{i+1}]$	组中 $\frac{1}{2}(a_i+a_{i+1})$	频率	矩形高 $\frac{v_i}{n}\cdot\frac{m}{b-a}$
1	(0.635, 0.655]	0.645	2	0.833
2	(0.655, 0.675]	0.665	0	0
3	(0.675, 0.695]	0.685	0	0
4	(0.695, 0.715]	0.705	2	0.833
5	(0.715, 0.735]	0.725	2	0.833
6	(0.735, 0.755]	0.745	8	3.333
7	(0.755, 0.775]	0.765	13	5.417
8	(0.775, 0.795]	0.785	23	9.583
9	(0.795, 0.815]	0.805	24	10
10	(0.815, 0.835]	0.825	21	8.750
11	(0.835, 0.855]	0.845	14	5.833
12	(0.855, 0.875]	0.865	6	2.500
13	[0.875, 0.895]	0.885	2	0.833
14	[0.895, 0.915]	0.905	2	0.833
15	[0.915, 0.935]	0.925	0	0
16	[0.935, 0.955]	0.945	1	0.417

（4）画出直方图，在 xOy 平面上以 x 轴上的每个小区间 $(a_i, a_{i+1}]$ 为底边，画出高为 $\dfrac{v_i}{n}\cdot\dfrac{m}{b-a}$ 的矩形，这 m 个矩形合在一起即得直方图，如图 2.2 所示.

从直方图看，它有一个峰，比较对称，而且越远离中间值的数据出现的频率越低. 因此，有理由认为总体 X 可能服从正态分布或近似服从正态分布.

注意，在画直方图时，小区间的个数 m 不宜取得过大或过小，通常可以考虑取

$$m \approx 1.87(n-1)^{\frac{2}{5}}.$$

但应该尽可能使绝大多数小区间内都有样本观测值.

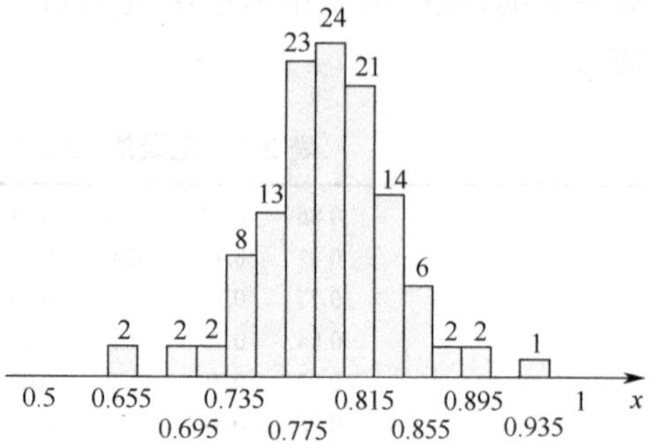

图 2.2 直方图

2.3.3 顺序统计量

顺序统计量也是一类常用的统计量，它在非参数统计推断中占有重要的地位.

定义 2.3.2 设 $X_1,X_2,\cdots,X_n$ 是来自总体 X 的一组样本，$x_1,x_2,\cdots,x_n$ 是样本观测值，将 $x_1,x_2,\cdots,x_n$ 按照从小到大的顺序递增排列为 $x_{(1)}\le x_{(2)}\le\cdots\le x_{(n)}$. 当样本 $X_1,X_2,\cdots,X_n$ 取得观测值 $x_1,x_2,\cdots,x_n$ 时，定义 $X_{(k)}$ 的取值为 $x_{(k)}(k=1,2,\cdots,n)$，由此得到 n 个统计量 $X_{(1)},X_{(2)},\cdots,X_{(n)}$，则称 $X_{(1)},X_{(2)},\cdots,X_{(n)}$ 为 $X_1,X_2,\cdots,X_n$ 的**顺序统计量**.

显然有 $X_{(1)}\le X_{(2)}\le\cdots\le X_{(n)}$，特别地，$X_{(k)}(1\le k\le n)$ 称为**第 k 个顺序统计量**. $X_{(1)}=\min(X_1,X_2,\cdots,X_n)$ 称为**最小顺序统计量**，$X_{(n)}=\max(X_1,X_2,\cdots,X_n)$ 称为**最大顺序统计量**. $R=X_{(n)}-X_{(1)}$ 称为**样本极差**.

$$\tilde{X}=\begin{cases} X_{(\frac{n+1}{2})}, & n=2m+1, \\ \dfrac{1}{2}\left(X_{(\frac{n}{2})}+X_{(\frac{n}{2}+1)}\right), & n=2m. \end{cases}$$

称为**样本中位数**. 样本中位数反映了总体 X 在实轴上分布的位置特征，而样本极差反映总体 X 取值的分散程度. 由于它们在计算上比样本均值 $\bar{X}$、样本方差 S^2 容易，因此更适合在现场使用.

关于第 k 个顺序统计量 $X_{(k)}$ $(1\le k\le n)$ 的分布，有如下定理.

定理 2.3.1 设 $X_1,X_2,\cdots,X_n$ 是来自总体 X 的一组样本，总体 X 的分布函数为 $F(x)$，$X_{(1)},X_{(2)},\cdots,X_{(n)}$ 为其顺序统计量，则对任意的 $1\le k\le n$，$X_{(k)}$ 的分布函数为

$$F_{X_{(k)}}(x)=k\mathrm{C}_n^k\int_0^{F(x)}t^{k-1}(1-t)^{n-k}\mathrm{d}t.$$

若 X 为连续型随机变量，概率密度函数为 $f(x)$，则 $X_{(k)}$ 的概率密度为

$$f_{X_{(k)}}(x)=k\mathrm{C}_n^k[F(x)]^{k-1}[1-F(x)]^{n-k}f(x).$$

证 参见参考文献[4].

特别地，最小顺序统计量 $X_{(1)}$、最大顺序统计量 $X_{(n)}$ 的分布函数与概率密度函数分别为

$$F_{X_{(1)}}(x)=1-[1-F(x)]^n,\quad f_{X_{(1)}}(x)=n[1-F(x)]^{n-1}f(x);$$

$$F_{X_{(n)}}(x)=[F(x)]^n,\quad f_{X_{(n)}}(x)=n[F(x)]^{n-1}f(x).$$

$X_{(1)}$、$X_{(n)}$ 的分布统称为极值分布. $F_{X_{(1)}}(x)$、$F_{X_{(n)}}(x)$ 可借助 $F_{X_{(k)}}(x)$ 来推导，也可直接根

据分布函数及 $X_{(1)}$、$X_{(n)}$ 的定义来推导.

事实上，对任意的实数 x，有

$$F_{X_{(n)}}(x)=P\{X_{(n)}\le x\}=P\{X_1\le x,X_2\le x,\cdots,X_n\le x\}$$

$$=\prod_{i=1}^{n}P\{X_i\le x\}=\prod_{i=1}^{n}P\{X\le x\}=[F(x)]^n,$$

上式两端对 x 求导，即得

$$f_{X_{(n)}}(x)=n[F(x)]^{n-1}f(x).$$

$$F_{X_{(1)}}(x)=P\{X_{(1)}\le x\}=1-P\{X_{(1)}>x\}=1-P\{X_1>x,X_2>x,\cdots,X_n>x\}$$

$$=1-\prod_{i=1}^{n}P\{X_i>x\}=1-\prod_{i=1}^{n}P\{X>x\}=1-[1-F(x)]^n,$$

上式两端对 x 求导，即得

$$f_{X_{(1)}}(x)=n[1-F(x)]^{n-1}f(x).$$

【例 2.3.2】　设总体 X 服从区间 $[0,\theta]$ 上的均匀分布，即概率密度为

$$f(x)=\begin{cases}\dfrac{1}{\theta}, & 0\le x\le\theta,\\ 0, & \text{其他}.\end{cases}$$

从总体 X 中抽取样本容量为 n 的一组样本，求顺序统计量 $X_{(k)}$ $(k=1,2,\cdots,n)$ 的概率密度.

解　由定理 2.3.1，有

$$f_{X_{(k)}}(x)=k\mathrm{C}_n^k[F(x)]^{k-1}[1-F(x)]^{n-k}f(x)$$

$$=\begin{cases}k\mathrm{C}_n^k\left[\int_0^x\dfrac{1}{\theta}\mathrm{d}t\right]^{k-1}\left[1-\int_0^x\dfrac{1}{\theta}\mathrm{d}t\right]^{n-k}\dfrac{1}{\theta}, & 0\le x\le\theta,\\ 0, & \text{其他}.\end{cases}$$

$$=\begin{cases}k\mathrm{C}_n^k\dfrac{1}{\theta^n}x^{k-1}(\theta-x)^{n-k}, & 0\le x\le\theta,\\ 0, & \text{其他}.\end{cases}$$

【例 2.3.3】　设总体 X 服从区间 $[0,\theta]$ 上的均匀分布，求容量为 2 的样本 X_1、X_2 所确定的顺序统计量 $X_{(1)}$、$X_{(2)}$ 的联合概率密度，并讨论 $X_{(1)}$、$X_{(2)}$ 是否独立.

解　样本 X_1、X_2 的联合概率密度为

$$f(x_1,x_2)=f_{X_1}(x)f_{X_2}(x)=\begin{cases}\dfrac{1}{\theta^2}, & 0\le x_1\le\theta,0\le x_2\le\theta,\\ 0, & \text{其他}.\end{cases}$$

即 X_1、X_2 服从区域 $D=\{(x_1,x_2):0\le x_1\le\theta,0\le x_2\le\theta\}$ 上的均匀分布. 也就是说，随机点 X_1、X_2 落到区域 $A(A\subset D)$ 中的概率与区域 A 的面积成正比.

因为随机点 $X_{(1)}$、$X_{(2)}$ 的坐标满足 $X_{(1)}\le X_{(2)}$，所以点 $X_{(1)}$、$X_{(2)}$ 只能落到坐标平面 x_1Ox_2 的区域 $D_1=\{(x_1,x_2):0\le x_1\le x_2\le\theta\}$ 中，而落到区域 D_1 外的概率为 0.

当随机点X_1、X_2落到区域D_1上时，X_1、X_2就成为$X_{(1)}$、$X_{(2)}$. 由于X_1、X_2服从区域D上的均匀分布，且$D_1 \subset D$，因此X_1、X_2落到区域A_1（$A_1 \subset D_1$）上的概率与区域A_1的面积成正比，所以$X_{(1)}$、$X_{(2)}$服从区域D_1上的均匀分布，即$X_{(1)}$、$X_{(2)}$的联合概率密度为

$$f_{X_{(1)},X_{(2)}}(x_1,x_2)=\begin{cases}\dfrac{1}{\theta^2/2}, & 0\le x_1\le x_2\le\theta,\\ 0, & \text{其他}.\end{cases}$$

式中，$\theta^2/2$为区域D_1的面积.

在例 2.3.2 中，分别令$n=1$、$n=2$，得

$$f_{X_{(1)}}(x_1)=\begin{cases}2(\theta-x_1)/\theta^2, & 0\le x_1\le\theta,\\ 0, & \text{其他}.\end{cases}$$

$$f_{X_{(2)}}(x_2)=\begin{cases}2x_2/\theta^2, & 0\le x_2\le\theta,\\ 0, & \text{其他}.\end{cases}$$

显然有

$$f_{X_{(1)},X_{(2)}}(x_1,x_2)\ne f_{X_{(1)}}(x_1)\cdot f_{X_{(2)}}(x_2).$$

所以，$X_{(1)}$、$X_{(2)}$不独立.

从例 2.3.3 中，我们看到X_1、X_2是独立同分布的，而它们所确定的顺序统计量$X_{(1)}$、$X_{(2)}$则不独立，而且分布也不相同.

定理 2.3.2 设总体X的分布函数为$F(x)$，而$X_1,X_2,\cdots,X_n$为总体X的样本容量为n的一组样本，则$X_{(1)}$、$X_{(n)}$的联合概率密度为

$$f_{X_{(1)},X_{(n)}}(x,y)=\begin{cases}[F(y)]^n-[F(y)-F(x)]^n, & x<y,\\ [F(y)]^n, & x\ge y.\end{cases}$$

若X为连续型总体，其概率密度为$f(x)$，且$f_{X_{(1)},X_{(n)}}(x,y)$的二阶偏导数在点(x,y)的某邻域连续，则$X_{(1)}$、$X_{(n)}$的联合概率密度为

$$f_{X_{(1)},X_{(n)}}(x,y)=\begin{cases}n(n-1)[F(y)-F(x)]^{n-2}f(x)f(y), & x<y,\\ 0, & x\ge y.\end{cases}$$

证 见参考文献[4].

定理 2.3.3 设总体X为连续型随机变量，其分布函数为$F(x)$，概率密度为$f(x)$，则样本极差R_n的分布函数与概率密度分别为

$$F_{R_n}(z)=\begin{cases}0, & z<0,\\ n\displaystyle\int_{-\infty}^{+\infty}[F(x+z)-F(x)]^{n-1}f(x)\mathrm{d}x, & z\ge 0.\end{cases}$$

$$f_{R_n}(z)=\begin{cases}0, & z\le 0,\\ n(n-1)\displaystyle\int_{-\infty}^{+\infty}[F(x+z)-F(x)]^{n-2}f(x+z)f(x)\mathrm{d}x, & z>0.\end{cases}$$

证 见参考文献[4].

2.4　数理统计中的某些常用分布

2.4.1　χ^2 分布

定义 2.4.1　设随机变量 $X_1, X_2, \cdots, X_k$ 相互独立，并且都服从标准正态分布 $N(0,1)$，令

$$\chi^2 = X_1^2 + X_2^2 + \cdots + X_k^2,$$

则称随机变量 χ^2 的分布为**自由度为 k 的 χ^2 分布**，并记为 $\chi^2 \sim \chi^2(k)$，其中，自由度 k 即为独立随机变量的个数.

定理 2.4.1　设 $\chi^2 \sim \chi^2(k)$，则其概率密度函数为

$$f_{\chi^2}(x) = \begin{cases} \dfrac{1}{2^{k/2}\Gamma(k/2)} x^{k/2-1} \mathrm{e}^{-x/2}, & x > 0, \\ 0, & x \leq 0. \end{cases}$$

式中，$\Gamma(s) = \int_0^{+\infty} t^{s-1}\mathrm{e}^{-t}\mathrm{d}t\ (s>0)$ 为 Γ 函数.

证　见参考文献[5].

特别地，当 $k=2$ 时，χ^2 分布的概率密度函数

$$f(x) = \begin{cases} \dfrac{1}{2}\mathrm{e}^{-x/2}, & x > 0, \\ 0, & x \leq 0. \end{cases}$$

是参数为 $1/2$ 的指数分布.

如图 2.3 所示为 $k=1, 2, 6$ 的几种不同自由度的 χ^2 分布的概率密度曲线.

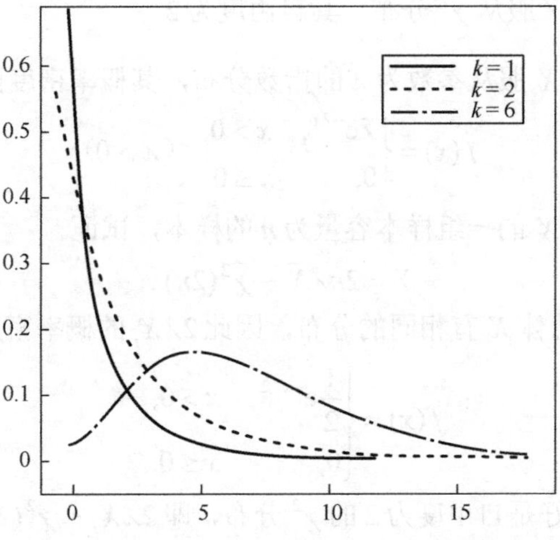

图 2.3　$k=1, 2, 6$ 的几种不同自由度的 χ^2 分布的概率密度曲线

χ^2 分布具有下列重要的性质.

性质 2.4.1　设 $\chi^2 \sim \chi^2(n)$，其特征函数为 $\varphi(t) = (1-2\mathrm{i}t)^{-n/2}$，且

$$E(\chi^2) = n,\quad D(\chi^2) = 2n.$$

证 见第 1 章的例 1.4.5.

性质 2.4.2 设 $\chi_1^2 \sim \chi^2(n_1)$，$\chi_2^2 \sim \chi^2(n_2)$，并且 χ_1^2、χ_2^2 相互独立，则

$$\chi_1^2 + \chi_2^2 \sim \chi^2(n_1 + n_2).$$

证 由性质 2.4.1，得 χ_1^2、χ_2^2 的特征函数为

$$\varphi_{\chi_1^2}(t) = (1-2\mathrm{i}t)^{-n_1/2}, \quad \varphi_{\chi_2^2}(t) = (1-2\mathrm{i}t)^{-n_2/2}.$$

因为 χ_1^2、χ_2^2 相互独立，所以 $\chi_1^2 + \chi_2^2$ 的特征函数为

$$\varphi_{\chi_1^2+\chi_2^2}(t) = \varphi_{\chi_1^2}(t)\cdot\varphi_{\chi_2^2}(t) = (1-2\mathrm{i}t)^{-(n_1+n_2)/2}.$$

再利用特征函数与分布函数相互唯一确定的性质，得 $\chi_1^2 + \chi_2^2 \sim \chi^2(n_1 + n_2)$.

此性质称为 χ^2 分布的**可加性**，可以推广到有限多个随机变量的情形.

设 $\chi_i^2 \sim \chi^2(n_i)$，$\chi_i^2$（$i = 1, 2, \cdots, m$）相互独立，则

$$\sum_{i=1}^{m} \chi_i^2 \sim \chi^2(n_1 + n_2 + \cdots + n_m).$$

【例 2.4.1】 设总体 X 服从 $N(0, 2^2)$，X_1, X_2, X_3, X_4 是来自总体 X 的一组样本，令

$$Y = a(X_1 - 3X_2)^2 + b(2X_3 - X_4)^2,$$

求常数 a、b，使 Y 服从 χ^2 分布，并指出其自由度.

解 由于样本 X_i 与总体 X 有相同的分布，因此 $X_i \sim N(0, 2^2)$（$i = 1, 2, 3, 4$），并且相互独立，由正态随机变量的线性特性知 $X_1 - 3X_2 \sim N(0, 40)$，$2X_3 - X_4 \sim N(0, 20)$，从而得到 $\dfrac{X_1 - 3X_2}{\sqrt{40}} \sim N(0,1)$，$\dfrac{2X_3 - X_4}{\sqrt{20}} \sim N(0,1)$，并且相互独立，由 χ^2 分布的定义知

$$\left(\frac{X_1 - 3X_2}{\sqrt{40}}\right)^2 + \left(\frac{2X_3 - X_4}{\sqrt{20}}\right)^2 \sim \chi^2(2).$$

故当 $a = \dfrac{1}{40}$、$b = \dfrac{1}{20}$ 时，Y 服从 χ^2 分布，其自由度为 2.

【例 2.4.2】 设总体 X 服从参数为 λ 的指数分布，其概率密度函数为

$$f(x) = \begin{cases} \lambda \mathrm{e}^{-\lambda x}, & x > 0, \\ 0, & x \le 0. \end{cases} \quad (\lambda > 0)$$

$X_1, X_2, \cdots, X_n$ 是来自总体 X 的一组样本容量为 n 的样本，试证

$$Y = 2n\lambda\overline{X} \sim \chi^2(2n).$$

证 由于样本 X_i 与总体 X 有相同的分布，因此 $2\lambda X_i$ 的概率密度函数为

$$f(x) = \begin{cases} \dfrac{1}{2}\mathrm{e}^{-x/2}, & x > 0, \\ 0, & x \le 0. \end{cases}$$

参数为 $1/2$ 的指数分布恰好是自由度为 2 的 χ^2 分布，即 $2\lambda X_i \sim \chi^2(2)$，由 χ^2 分布的可加性及 $X_1, X_2, \cdots, X_n$ 的相互独立性易知

$$Y = 2\lambda X_1 + 2\lambda X_2 + \cdots + 2\lambda X_n = 2n\lambda\overline{X} \sim \chi^2(2n).$$

关于 χ^2 分布，还有以下重要的柯赫伦（Cochran）分解定理.

定理 2.4.2（柯赫伦分解定理） 设 $X_1, X_2, \cdots, X_n$ 独立同分布，且都服从 $N(0,1)$，又设

$$Q_1+Q_n+\cdots+Q_k=\sum_{i=1}^{n}X_i^2,$$

式中，$Q_i\ (i=1,2,\cdots,k)$ 是秩为 n_i 的 $X_1,X_2,\cdots,X_n$ 的非负二次型，即

$$Q_i=\boldsymbol{X}^{\mathrm{T}}\boldsymbol{A}_i\boldsymbol{X},\quad \mathrm{rank}(Q_i)=n_i\ (i=1,2,\cdots,k),$$

则 $Q_1,Q_2,\cdots,Q_k$ 相互独立，且分别服从自由度为 n_i 的 χ^2 分布的充要条件是

$$n_1+n_n+\cdots+n_k=n.$$

证明　参见参考文献[6].

说明　将定理中的"Q_i 的秩为 n_i"改为"Q_i 的秩不超过 n_i"，其他条件不变，定理仍然成立，见参考文献[7].

柯赫伦分解定理通常这样使用.

第一步：验证 $\sum_{i=1}^{k}Q_i=\sum_{i=1}^{n}X_i^2\sim\chi^2(n)$；

第二步：验证每个 Q_i 都是 $X_1,X_2,\cdots,X_n$ 的线性组合的平方和（从而是 $X_1,X_2,\cdots,X_n$ 的非负二次型），而且 Q_i 的秩为 n_i 或秩不超过 n_i，且 $\sum_{i=1}^{k}n_i=n$.

若这两个条件都成立，则 $Q_1,Q_2,\cdots,Q_k$ 相互独立，且 $Q_i\sim\chi^2(n_i)$.

这样就不必直接去论证 $Q_1,Q_2,\cdots,Q_k$ 的分布及独立性，此定理在第 6 章的方差分析的理论推导中起着重要的作用.

Q_i 作为 $X_1,X_2,\cdots,X_n$ 的线性组合的平方和，确定 Q_i 的秩一般有三种方法.

（1）若 Q_i 等于 n_i 个相互独立的且服从 $N(0,1)$ 的随机变量的平方和，则 $Q_i\sim\chi^2(n_i)$. 此时 Q_i 的秩为 n_i，而且 Q_i 的秩也就是 Q_i 这个 χ^2 随机变量的自由度，后面讨论 Q_i 的秩，无非是要证明 Q_i 服从 χ^2 分布，因此往往把 Q_i 的秩说成 Q_i 的自由度.

（2）若 Q_i 能整理成二次型 $Q_i=\sum_{k=1}^{n}\sum_{l=1}^{n}\alpha_{kl}X_kX_l$（其中 $\alpha_{kl}=\alpha_{lk}$），则矩阵 $\boldsymbol{A}=(\alpha_{kl})$ 的秩就是 Q_i 的自由度（秩）.

（3）设 $Y_1,Y_2,\cdots,Y_m$ 都是 $X_1,X_2,\cdots,X_n$ 的线性组合，且 $Q_i=\sum_{j=1}^{m}Y_j^2$，其中 m 个变量 $Y_1,Y_2,\cdots,Y_m$ 至少满足 r 个独立线性方程（这 r 个线性方程的系数矩阵的秩为 r），则 Q_i 的自由度（秩）$\le m-r$.

2.4.2　t 分布

定义 2.4.2　设随机变量 X 与 Y 相互独立，且 $X\sim N(0,1)$，$Y\sim\chi^2(k)$，令

$$t=\frac{X}{\sqrt{Y/k}},$$

则随机变量 t 的分布称为**自由度为 k 的 t 分布**，并记为 $t\sim t(k)$. t 分布又称为**学生（student）分布**.

定理 2.4.3　设随机变量 $t\sim t(k)$，则其概率密度函数为

$$f_t(x)=\frac{\Gamma[(k+1)/2]}{\sqrt{k\pi}\Gamma(k/2)}\left(1+x^2/k\right)^{-(k+1)/2},\quad -\infty<x<+\infty .$$

证 见参考文献[4].

t 分布具有下列性质.

性质 2.4.3 t 分布的概率密度曲线关于 y 轴对称，且

$$\lim_{|x|\to+\infty} f_t(x)=0 .$$

如图 2.4 所示为 $k=2,6$ 时的两种不同自由度的 t 分布的概率密度曲线.

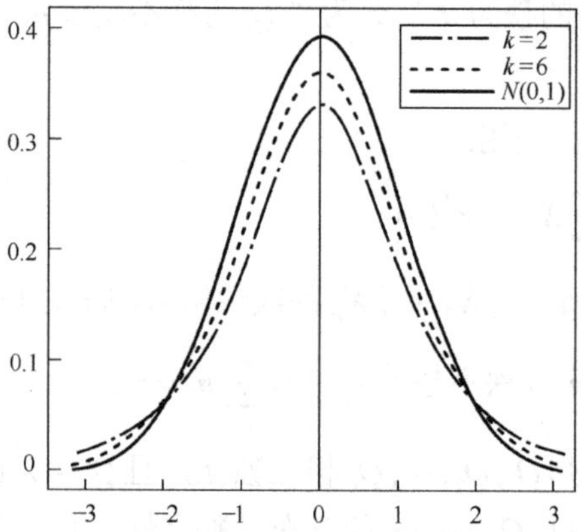

图 2.4 $k=2,6$ 时的两种不同自由度的 t 分布的概率密度曲线

性质 2.4.4 设 $t\sim t(n)$，则

$$\lim_{n\to\infty} f_t(x)=\frac{1}{\sqrt{2\pi}}\mathrm{e}^{-x^2/2} .$$

证 由定理 2.4.3，易得

$$\lim_{n\to\infty} f_t(x)=\frac{1}{\sqrt{\pi}}\mathrm{e}^{-x^2/2}\lim_{n\to\infty}\frac{\Gamma(\frac{n+1}{2})}{\sqrt{n}\Gamma(\frac{n}{2})},$$

对 Γ 函数，有

$$\Gamma(s)=\sqrt{2\pi}s^{s-\frac{1}{2}}\mathrm{e}^{-s}[1+r(s)],$$

式中，$|r(s)|\le\frac{A}{s}$，A 是某一正常数（显然 $\lim\limits_{s\to+\infty} r(s)=0$）. 这一性质的证明见参考文献[8].

于是

$$\lim_{n\to\infty}\frac{\Gamma(\frac{n+1}{2})}{\sqrt{n}\Gamma(\frac{n}{2})}=\lim_{n\to\infty}\frac{\sqrt{2\pi}(\frac{n+1}{2})^{\frac{n+1}{2}-\frac{1}{2}}\mathrm{e}^{-\frac{n+1}{2}}\left[1+r(\frac{n+1}{2})\right]}{\sqrt{n}\sqrt{2\pi}(\frac{n}{2})^{\frac{n}{2}-\frac{1}{2}}\mathrm{e}^{-\frac{n}{2}}\left[1+r(\frac{n}{2})\right]}$$

$$=\lim_{n\to\infty}\frac{\left(\frac{n}{2}\right)^{\frac{1}{2}}}{\sqrt{n}}\left[\frac{\frac{n+1}{2}}{\frac{n}{2}}\right]^{\frac{n}{2}}\mathrm{e}^{-\frac{1}{2}}\frac{1+r(\frac{n+1}{2})}{1+r(\frac{n}{2})}$$

$$=\frac{1}{\sqrt{2}}e^{\frac{1}{2}}e^{-\frac{1}{2}}\frac{1+0}{1+0}=\frac{1}{\sqrt{2}}.$$

所以

$$\lim_{n\to\infty} f_t(x)=\frac{1}{\sqrt{2\pi}}e^{-x^2/2}.$$

根据本定理，可进一步证明$t(n)\xrightarrow{\mathrm{d}}N(0,1)$（$n\to\infty$）.

性质 2.4.4 表明，当$n\to\infty$时，自由度为n的t分布的概率密度变为标准正态分布的概率密度，或者说，当n充分大时，自由度为n的t变量近似服从$N(0,1)$. 从图 2.4 可以看出，t分布与标准正态分布的重要区别是：在曲线尾部，t分布比标准正态分布有更大的概率. 在实际应用中，往往把自由度$n>30$的t分布近似视为标准正态分布.

性质 2.4.5　设$t\sim t(k)$，$k>1$，则

$$E(t)=0,\quad D(t)=\frac{k}{k-2}\quad (k>2).$$

性质 2.4.6　当自由度$k=1$时，t分布的概率密度函数为

$$f(x)=\frac{1}{\pi(1+x^2)},\quad -\infty<x<+\infty.$$

此分布称为**柯西（Cauchy）分布**，即自由度为 1 的t分布是柯西分布，其期望和方差均不存在.

【例 2.4.3】　设总体X服从$N(0,2^2)$，X_1,X_2,X_3,X_4是来自总体X的一组样本，令

$$Y=a\frac{X_1-X_2}{\sqrt{X_3^2+X_4^2}},$$

求使Y服从t分布的常数a，并指出其自由度.

解　由于样本X_i与总体X有相同的分布，所以$X_i\sim N(0,2^2)$，$i=1,2,3,4$，并且相互独立，由正态随机变量的线性特性知$X_1-X_2\sim N(0,8)$，从而得到

$$\frac{X_1-X_2}{\sqrt{8}}\sim N(0,1),$$

利用χ^2分布的定义可得

$$(\frac{X_3}{2})^2+(\frac{X_4}{2})^2=\frac{X_3^2+X_4^2}{4}\sim\chi^2(2),$$

由样本之间的独立性可得上述两个变量相互独立，再利用t分布的定义可得

$$\frac{\frac{X_1-X_2}{\sqrt{8}}}{\sqrt{\frac{X_3^2+X_4^2}{4\cdot 2}}}=\frac{X_1-X_2}{\sqrt{X_3^2+X_4^2}}\sim t(2).$$

故当$a=1$时，Y服从t分布，其自由度为 2.

2.4.3　*F* 分布

定义 2.4.3　设随机变量X与Y相互独立，且$X\sim\chi^2(k_1)$，$Y\sim\chi^2(k_2)$，令

$$F=\frac{X/k_1}{Y/k_2},$$

则随机变量F的分布称为**自由度为(k_1,k_2)的F分布**，记为$F\sim F(k_1,k_2)$，其中k_1是第一自由度，k_2是第二自由度.

定理 2.4.4 设随机变量$F\sim F(k_1,k_2)$，则其概率密度函数为

$$f_F(x)=\begin{cases}\dfrac{\Gamma[(k_1+k_2)/2]}{\Gamma(k_1/2)\Gamma(k_2/2)}\left(\dfrac{k_1}{k_2}\right)^{k_1/2}x^{k_1/2-1}\left(1+\dfrac{k_1}{k_2}x\right)^{-(k_1+k_2)/2}, & x>0,\\ 0, & x\le 0.\end{cases}$$

证 见参考文献[5].

如图 2.5 所示为几种不同自由度的F分布的概率密度曲线.

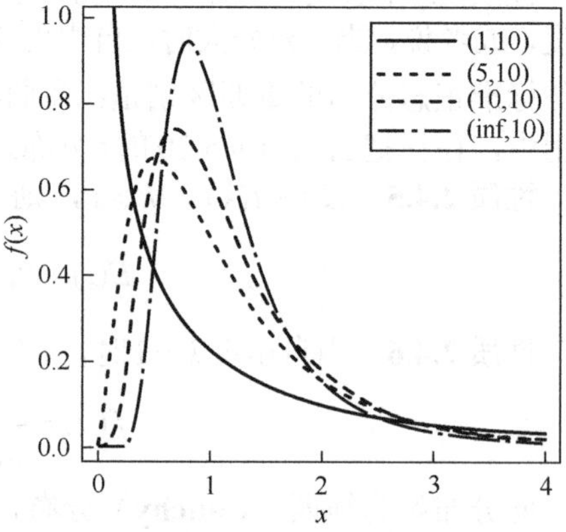

图 2.5 几种不同自由度的F分布的概率密度曲线

【例 2.4.4】 设总体X服从正态分布$N(0,2^2)$，$X_1,X_2,\cdots,X_{15}$是来自总体的样本，令

$$Y=a\frac{X_1^2+X_2^2+\cdots+X_{10}^2}{X_{11}^2+X_{12}^2+\cdots+X_{15}^2},$$

求使Y服从F分布的常数a的值，并指出其自由度.

解 由于样本X_i与总体X有相同的分布，因此$X_i\sim N(0,2^2)$，$i=1,2,\cdots,15$，并且相互独立，利用χ^2分布的定义可得

$$\chi_1^2=(\frac{X_1}{2})^2+(\frac{X_2}{2})^2+\cdots+(\frac{X_{10}}{2})^2=\frac{X_1^2+X_2^2+\cdots+X_{10}^2}{4}\sim\chi^2(10),$$

$$\chi_2^2=(\frac{X_{11}}{2})^2+(\frac{X_{12}}{2})^2+\cdots+(\frac{X_{15}}{2})^2=\frac{X_{11}^2+X_{12}^2+\cdots+X_{15}^2}{4}\sim\chi^2(5).$$

由样本之间的独立性可得上述两个变量相互独立，再利用F分布的定义可得

$$\frac{\chi_1^2/10}{\chi_1^2/5}=\frac{1}{2}\cdot\frac{X_1^2+X_2^2+\cdots+X_{10}^2}{X_{11}^2+X_{12}^2+\cdots+X_{15}^2}\sim F(10,5).$$

故当$a=\dfrac{1}{2}$时，Y服从F分布，第一自由度为 10，第二自由度为 5.

F分布具有下列性质.

性质 2.4.7 设$F\sim F(k_1,k_2)$，则$1/F\sim F(k_2,k_1)$.

证 根据F分布的定义即可得证（请读者自证）.

性质 2.4.8 设$t\sim t(k)$，则$t^2\sim F(1,k)$.

证 根据t分布的定义，若$t\sim t(k)$，则存在相互独立的随机变量X与Y，且$X\sim N(0,1)$，$Y\sim\chi^2(k)$，使得$t=\dfrac{X}{\sqrt{Y/k}}$，于是

$$t^2=\frac{X^2}{Y/k},$$

由χ^2分布的定义知$X^2\sim\chi^2(1)$，又X^2与Y相互独立，因此

$$t^2=\frac{X^2}{Y/k}\sim F(1,k).$$

2.4.4　分位数

本节将介绍后面章节经常用到的分位数的概念.

定义 2.4.4　设随机变量 X 的分布函数为 $F(x)$，实数 α 满足 $0<\alpha<1$，若 x_α 使得

$$P\{X>x_\alpha\}=\alpha,$$

则称 x_α 为此概率分布上 α 的分位数，简称为 α 分位数.

若不做特殊说明，则本书所用的 α 分位数都是上 α 分位数，针对不同分布，分别用如下符号表示.

（1）标准正态分布 $u\sim N(0,1)$ 的 α 分位数通常用 u_α 表示，根据 α 分位数的定义，有

$$P\{u>u_\alpha\}=\alpha.$$

如图 2.6 所示.

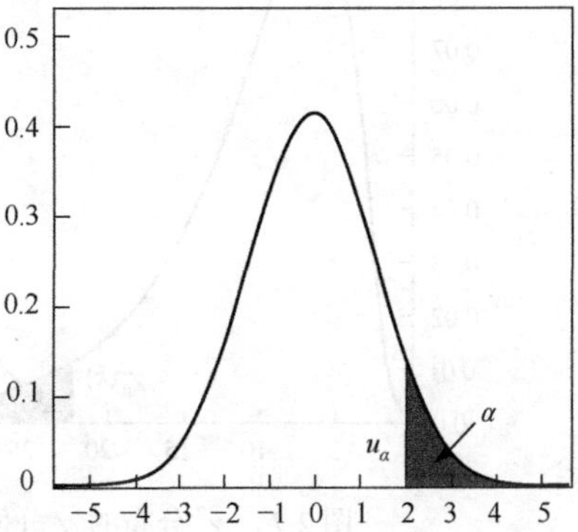

图 2.6　标准正态分布的 α 分位数

由于标准正态分布的概率密度函数曲线关于 y 轴对称，因此有

$$u_{1-\alpha}=-u_\alpha.$$

后面常用到以下两个公式

$$P\{|u|>u_{\alpha/2}\}=\alpha,$$
$$P\{|u|\le u_{\alpha/2}\}=1-\alpha.$$

标准正态分布的分位数可通过查附录所列的标准正态分布表得到. 本书附录列出了数理统计中常用的一些表，扫描对应的二维码即可查看，以后不再赘述.

【例 2.4.5】　查表求 $u_{0.05}$、$u_{0.025}$.

解　由分位数的定义有 $P\{u>u_{0.05}\}=0.05$，即

$$P\{u\le u_{0.05}\}=1-0.05=0.95,$$

查附录 A 得 $\Phi(1.69)=0.95$，所以

$$u_{0.05}=1.69.$$

同理 $P\{u>u_{0.025}\}=0.025$，即

$$P\{u\le u_{0.025}\}=1-0.025=0.975,$$

查附录 A 得 $\Phi(1.96)=0.975$，所以

$$u_{0.025}=1.96.$$

（2）χ^2 分布 $\chi^2(k)$ 的 α 分位数通常用 $\chi^2_\alpha(k)$ 表示. 根据 α 分位数的定义，有

$$P\{\chi^2>\chi^2_\alpha(k)\}=\alpha,$$

如图 2.7 所示.

后面常用到以下两个公式

$$P\{\chi^2>\chi^2_{\alpha/2}(k)\}+P\{\chi^2<\chi^2_{1-\alpha/2}(k)\}=\alpha,$$
$$P\{\chi^2_{1-\alpha/2}(k)\le\chi^2\le\chi^2_{\alpha/2}(k)\}=1-\alpha.$$

本书附录B对于不同的自由度 k 及不同的数 α，给出了 $\chi^2(k)$ 分布的 α 分位数 $\chi^2_\alpha(k)$ 的值. 例如，当 $k=10$、$\alpha=0.05$ 时可查附录 B，得 $\chi^2_{0.05}(10)=18.307$.

（3）t 分布 $t(k)$ 的 α 分位数通常用 $t_\alpha(k)$ 表示，根据 α 分位数的定义，有

$$P\{t > t_{\alpha}(k)\} = \alpha .$$

如图 2.8 所示.

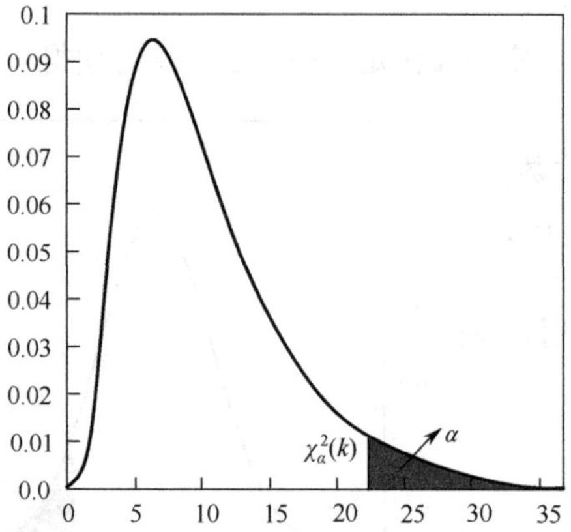

图 2.7 χ^2 分布的 α 分位数

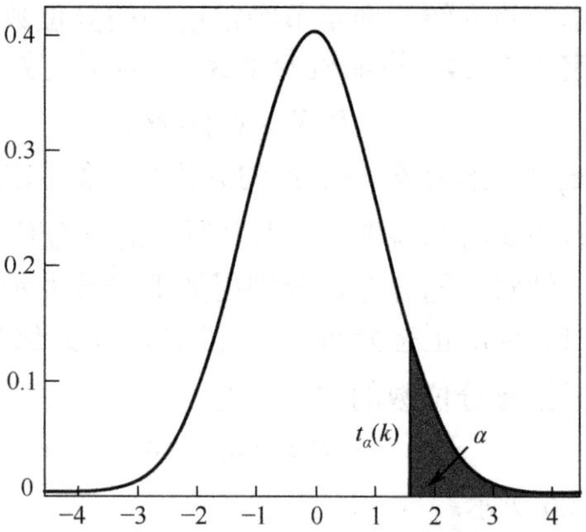

图 2.8 t 分布的 α 分位数

后面常用到以下两个公式

$$P\{|t| > t_{\alpha/2}(k)\} = \alpha ,$$
$$P\{|t| \le t_{\alpha/2}(k)\} = 1-\alpha .$$

由 t 分布的 α 分位数定义及概率密度函数曲线的对称性，有

$$t_{1-\alpha}(k) = -t_{\alpha}(k) ,$$

本书附录 C 对于不同的自由度 k 及不同的数 α，给出了 $t(k)$ 分布的 α 分位数 $t_{\alpha}(k)$ 的值. 例如，当 $k=10$、$\alpha=0.05$ 时，可查表得 $t_{0.05}(10)=1.8125$.

若 $t \sim t(n)$，则当 n 充分大时，$t(n)$ 与标准正态分布很接近，此时也可以用如下近似公式计算分位数

$$t_{\alpha}(n) \approx u_{\alpha} ,$$

式中，u_{α} 是标准正态分布的分位数.

【例 2.4.6】 查表求 $t_{0.025}(200)$.

解 $t_{0.025}(200) \approx u_{0.025}$，查附录 A 得 $u_{0.025}=1.96$，故

$$t_{0.025}(200) \approx u_{0.025} = 1.96 .$$

（4）F 分布 $F(k_1,k_2)$ 的 α 分位数通常用 $F_{\alpha}(k_1,k_2)$ 表示，根据 α 分位数的定义有

$$P\{F > F_{\alpha}(k_1,k_2)\} = \alpha .$$

如图 2.9 所示.

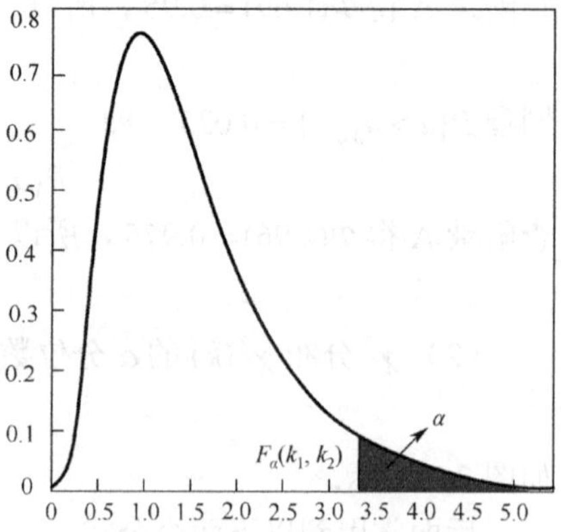

图 2.9 F 分布的 α 分位数

后面常用到以下两个公式

$$P\{F > F_{\alpha/2}(k_1,k_2)\} + P\{F < F_{1-\alpha/2}(k_1,k_2)\} = \alpha ,$$
$$P\{F_{1-\alpha/2}(k_1,k_2) \le F \le F_{\alpha/2}(k_1,k_2)\} = 1-\alpha .$$

【例 2.4.7】 设 $F \sim F(k_1,k_2)$，则

$$F_{1-\alpha}(k_1,k_2) = \frac{1}{F_{\alpha}(k_2,k_1)} .$$

证　前面已经指出，若 $F \sim F(k_1,k_2)$，则 $Y=\dfrac{1}{F} \sim F(k_2,k_1)$，根据 α 分位数的定义，可得

$$1-\alpha = P\{F > F_{1-\alpha}(k_1,k_2)\} = P\left\{\frac{1}{F} \le \frac{1}{F_{1-\alpha}(k_1,k_2)}\right\}$$

$$= P\left\{Y \le \frac{1}{F_{1-\alpha}(k_1,k_2)}\right\} = 1 - P\left\{Y > \frac{1}{F_{1-\alpha}(k_1,k_2)}\right\},$$

即

$$P\left\{Y > \frac{1}{F_{1-\alpha}(k_1,k_2)}\right\} = \alpha .$$

由于 $Y=\dfrac{1}{F} \sim F(k_2,k_1)$，因此 $F_{1-\alpha}(k_1,k_2)=\dfrac{1}{F_\alpha(k_2,k_1)}$.

通常，用 F 分布的 α 分位数表只能查到 $0<\alpha\le 0.5$ 的 $F_\alpha(k_1,k_2)$. 对于不同的 $0<\alpha\le 0.5$ 和 k_1、k_2，本书的附录 D 给出了 $F_\alpha(k_1,k_2)$ 的值. 对于更大的 α，可利用例 2.4.7 的结论求分位数.

【例 2.4.8】　查表计算 $F_{0.95}(12,9)$.

解　不能直接查表求得 $F_{0.95}(12,9)$，但查附录D可得到 $F_{0.05}(9,12)=2.80$，于是利用例2.4.7 的结论可得到

$$F_{0.95}(12,9)=\frac{1}{F_{0.05}(9,12)}=\frac{1}{2.80}\approx 0.357 .$$

2.5　抽样分布

统计量都是随机变量，统计量的分布称为**抽样分布**，求抽样分布是数理统计的基本问题. 但一般来说，统计量的分布比较难求，有的甚至不可能求得. 然而，对于总体 X 服从正态分布的情形已经有了详尽的研究，下面讨论服从正态分布的总体的某些统计量的分布.

2.5.1　单个正态总体的统计量的分布

定理 2.5.1　若总体 $X \sim N(\mu,\sigma^2)$，从总体 X 中抽取样本容量为 n 的样本 $X_1,X_2,\cdots,X_n$，样本均值 $\overline{X}=\dfrac{1}{n}\sum\limits_{i=1}^{n}X_i$，样本方差 $S^2=\dfrac{1}{n-1}\sum\limits_{i=1}^{n}\left(X_i-\overline{X}\right)^2$，则有：

（1）$\overline{X} \sim N(\mu,\sigma^2/n)$，进而有 $u=\dfrac{\overline{X}-\mu}{\sigma/\sqrt{n}} \sim N(0,1)$；

（2）$\dfrac{1}{\sigma^2}\sum\limits_{i=1}^{n}\left(X_i-\mu\right)^2 \sim \chi^2(n)$；

（3）$\overline{X}$ 与 S^2 相互独立，且 $\dfrac{(n-1)S^2}{\sigma^2} \sim \chi^2(n-1)$；

（4）$t=\dfrac{\overline{X}-\mu}{S/\sqrt{n}} \sim t(n-1)$.

证　（1）因为随机变量 $X_1,X_2,\cdots,X_n$ 相互独立，且与总体 X 服从相同的正态分布 $N(\mu,\sigma^2)$，所以，由第 1 章的定理 1.5.3 知，它们的线性组合

$$\overline{X}=\frac{1}{n}\sum_{i=1}^{n}X_i=\sum_{i=1}^{n}\frac{1}{n}X_i$$

服从正态分布 $N(\mu,\sigma^2/n)$．再将 $\bar{X}$ 标准化，即得 $u=\dfrac{\bar{X}-\mu}{\sigma/\sqrt{n}}\sim N(0,1)$．

（2）$X_i\sim N(\mu,\sigma^2)$，标准化后得 $\dfrac{X_i-\mu}{\sigma}\sim N(0,1)$．

由于 $X_1,X_2,\cdots,X_n$ 相互独立，因此 $\dfrac{X_1-\mu}{\sigma}$，$\dfrac{X_2-\mu}{\sigma}$，…，$\dfrac{X_n-\mu}{\sigma}$ 也相互独立，于是由 χ^2 分布的定义知 $\chi^2=\dfrac{1}{\sigma^2}\sum\limits_{i=1}^{n}\left(X_i-\mu\right)^2\sim\chi^2(n)$．

（3）由定理 2.4.2（柯赫伦分解定理）可得结论（具体证明见参考文献[6]）．

（4）由结论（1）得

$$u=\frac{\bar{X}-\mu}{\sigma/\sqrt{n}}\sim N\left(0,1\right),$$

又由结论（3）可得

$$\chi^2=\frac{(n-1)S^2}{\sigma^2}\sim\chi^2(n-1),$$

且 $\bar{X}$ 与 S^2 相互独立，于是 u 与 χ^2 也相互独立，根据 t 分布的定义知

$$t=\frac{u}{\sqrt{\chi^2/n-1}}=\frac{\bar{X}-\mu}{S/\sqrt{n}}\sim t(n-1).$$

【例 2.5.1】　设总体 X 服从正态分布 $N(\mu,16)$，从总体 X 中抽取容量为 9 的样本，求样本均值 $\bar{X}$ 与总体均值 μ 之差的绝对值小于 2 的概率.

解　已知 $\sigma^2=16$，由定理 2.5.1 的（1）知，样本函数

$$u=\frac{\bar{X}-\mu}{\sqrt{16/9}}\sim N(0,1),$$

所以有

$$\begin{aligned}P\{|\bar{X}-\mu|<2\}&=P\left\{\frac{|\bar{X}-\mu|}{\sqrt{16/9}}<\frac{2}{\sqrt{16/9}}\right\}\\&=P\{|u|<1.5\}=\Phi(1.5)-\Phi(-1.5)\\&=\Phi(1.5)-[1-\Phi(1.5)]=2\Phi(1.5)-1.\end{aligned}$$

查附录 A 得 $\Phi(1.5)=0.9332$，由此得所求概率

$$P\{|\bar{X}-\mu|<2\}=2\times0.9332-1=0.8664.$$

【例 2.5.2】　设总体 X 服从正态分布 $N(\mu,2^2)$，从总体 X 中抽取容量为 16 的样本 $X_1,X_2,\cdots,X_{16}$.

（1）已知 $\mu=0$，求 $\sum_{i=1}^{16} X_i^2<128$ 的概率；

（2）未知 μ，求 $\sum_{i=1}^{16}(X_i-\bar{X})^2<100$ 的概率.

解　（1）已知 $\mu=0$，由定理 2.5.1 的（2）知，统计量

$$\chi_1^2=\frac{1}{2^2}\sum_{i=1}^{16} X_i^2 \sim \chi^2(16),$$

所以有

$$P\left\{\sum_{i=1}^{16} X_i^2<128\right\}=P\left\{\frac{1}{2^2}\sum_{i=1}^{16} X_i^2<\frac{128}{2^2}\right\}$$

$$=P\left\{\chi_1^2<32\right\}=1-P\left\{\chi_1^2 \geq 32\right\},$$

查附录 B 得 $\chi_{0.01}^2(16)=32.0$，由此得所求概率

$$P\left\{\sum_{i=1}^{16} \chi_i^2<128\right\}=1-0.01=0.99 .$$

（2）未知 μ，由定理 2.5.1 的（3）知，统计量

$$\chi_2^2=\frac{(16-1) S^2}{2^2}=\frac{1}{2^2} \sum_{i=1}^{16}(X_i-\bar{X})^2 \sim \chi^2(15),$$

所以有

$$P\left\{\sum_{i=1}^{16}(X_i-\bar{X})^2<100\right\}=P\left\{\frac{1}{2^2} \sum_{i=1}^{16}(X_i-\bar{X})^2<\frac{100}{2^2}\right\}$$

$$=P\left\{\chi_2^2<25\right\}=1-P\left\{\chi_2^2 \geq 25\right\},$$

查附录 B 得 $\chi_{0.05}^2(15)=25.0$，由此得所求概率

$$P\left\{\sum_{i=1}^{16}(X_i-\bar{X})^2<100\right\}=1-0.05=0.95 .$$

2.5.2　双正态总体的统计量的分布

从总体 X 中抽取容量为 n_1 的样本 $X_1,X_2,\cdots,X_{n_1}$，从总体 Y 中抽取容量为 n_2 的样本 $Y_1,Y_2,\cdots,Y_{n_2}$，假设所有的抽样都是独立的，由此得到的样本 $X_1,X_2,\cdots,X_{n_1},Y_1,Y_2,\cdots,Y_{n_2}$ 也都是相互独立的随机变量. 总体 X 与 Y 的样本均值、样本方差分别为

$$\bar{X}=\frac{1}{n_1}\sum_{i=1}^{n_1} X_i,\quad S_1^2=\frac{1}{n_1-1}\sum_{i=1}^{n_1}\left(X_i-\bar{X}\right)^2 .$$

$$\bar{Y}=\frac{1}{n_2}\sum_{j=1}^{n_2} Y_j,\quad S_2^2=\frac{1}{n_2-1}\sum_{j=1}^{n_2}\left(Y_j-\bar{Y}\right)^2 .$$

定理 2.5.2　设总体 $X \sim N(\mu_1,\sigma_1^2)$，总体 $Y \sim N(\mu_2,\sigma_2^2)$，则

$$U=\frac{(\bar{X}-\bar{Y})-(\mu_1-\mu_2)}{\sqrt{\sigma_1^2/n_1+\sigma_2^2/n_2}} \sim N(0,1) .$$

证 由定理 2.5.1 的（1）可得

$$\bar{X} \sim N(\mu_1, \sigma_1^2 / n_1), \quad \bar{Y} \sim N(\mu_2, \sigma_2^2 / n_2),$$

由正态随机变量的线性特性及 $\bar{X}$ 与 $\bar{Y}$ 相互独立，可得

$$\bar{X} + \bar{Y} \sim N(\mu_1 + \mu_1, \sigma_1^2 / n_1 + \sigma_2^2 / n_2),$$

将上述随机变量标准化，即得结论.

推论 2.5.1 设总体 $X \sim N(\mu_1, \sigma^2)$，总体 $Y \sim N(\mu_2, \sigma^2)$，则

$$U = \frac{(\bar{X} - \bar{Y}) - (\mu_1 - \mu_2)}{\sigma\sqrt{1/n_1 + 1/n_2}} \sim N(0,1).$$

定理 2.5.3 设总体 $X \sim N(\mu_1, \sigma^2)$，总体 $Y \sim N(\mu_2, \sigma^2)$，则

$$T = \frac{(\bar{X} - \bar{Y}) - (\mu_1 - \mu_2)}{S_{\varpi}\sqrt{1/n_1 + 1/n_2}} \sim t(n_1 + n_2 - 2),$$

式中，$S_{\varpi} = \sqrt{\dfrac{(n_1 - 1)S_1^2 + (n_2 - 1)S_2^2}{n_1 + n_2 - 2}}$.

证 由定理 2.5.2 的推论知

$$U = \frac{(\bar{X} - \bar{Y}) - (\mu_1 - \mu_2)}{\sigma\sqrt{1/n_1 + 1/n_2}} \sim N(0,1),$$

又由定理 2.5.1 的（3）知

$$\chi_1^2 = \frac{(n_1 - 1)S_1^2}{\sigma^2} \sim \chi^2(n_1 - 1), \quad \chi_2^2 = \frac{(n_2 - 1)S_2^2}{\sigma^2} \sim \chi^2(n_2 - 1).$$

因为 S_1^2 与 S_2^2 独立，所以 χ_1^2 与 χ_2^2 也是独立的. 由 χ^2 分布的可加性可知

$$\chi^2 = \chi_1^2 + \chi_2^2 = \frac{(n_1 - 1)S_1^2 + (n_2 - 1)S_2^2}{\sigma^2} \sim \chi^2(n_1 + n_2 - 2),$$

由定理 2.5.1 的（3）知，$\bar{X}$ 与 S_1^2 独立，$\bar{Y}$ 与 S_2^2 独立，所以 U 与 χ^2 也是独立的，于是由 t 分布的定义知

$$T = \frac{U}{\sqrt{\dfrac{\chi^2}{n_1 + n_2 - 2}}} = \frac{(\bar{X} - \bar{Y}) - (\mu_1 - \mu_2)}{S_{\varpi}\sqrt{1/n_1 + 1/n_2}} \sim t(n_1 + n_2 - 2).$$

定理 2.5.4 设总体 $X \sim N(\mu_1, \sigma_1^2)$，总体 $Y \sim N(\mu_2, \sigma_2^2)$，则

$$F = \frac{\sum_{i=1}^{n_1}(X_i - \mu_1)^2 / (n_1\sigma_1^2)}{\sum_{j=1}^{n_2}(Y_j - \mu_2)^2 / (n_2\sigma_2^2)} \sim F(n_1, n_2).$$

证 由定理 2.5.1 的（2）知，

$$\chi_1^2 = \frac{1}{\sigma_1^2}\sum_{i=1}^{n_1}(X_i - \mu_1)^2 \sim \chi^2(n_1), \quad \chi_2^2 = \frac{1}{\sigma_2^2}\sum_{i=1}^{n_2}(Y_i - \mu_2)^2 \sim \chi^2(n_2),$$

因为所有的 $X_i(i = 1, 2, \cdots, n_1)$ 与 $Y_i(i = 1, 2, \cdots, n_2)$ 都是相互独立的，所以 χ_1^2 与 χ_2^2 也是独立的. 于是，由 F 分布的定义可知

$$F=\frac{\chi_1^2/n_1}{\chi_2^2/n_2}=\frac{\sum_{i=1}^{n_1}(X_i-\mu_1)^2\Big/(n_1\sigma_1^2)}{\sum_{j=1}^{n_2}(Y_j-\mu_2)^2\Big/(n_2\sigma_2^2)}\sim F(n_1,n_2).$$

定理 2.5.5　设总体 $X\sim N(\mu_1,\sigma_1^2)$，总体 $Y\sim N(\mu_2,\sigma_2^2)$，则

$$F=\frac{S_1^2/\sigma_1^2}{S_2^2/\sigma_2^2}\sim F(n_1-1,n_2-1).$$

证　由定理 2.5.1 的（3）可知

$$\chi_1^2=\frac{(n_1-1)S_1^2}{\sigma_1^2}\sim\chi^2(n_1-1),\quad \chi_2^2=\frac{(n_2-1)S_2^2}{\sigma_2^2}\sim\chi^2(n_2-1),$$

因为 S_1^2 与 S_2^2 独立，所以 χ_1^2 与 χ_2^2 也是独立的. 于是，由 F 分布的定义知

$$F=\frac{\chi_1^2/(n_1-1)}{\chi_2^2/(n_2-1)}=\frac{S_1^2/\sigma_1^2}{S_2^2/\sigma_2^2}\sim F(n_1-1,n_2-1).$$

【例 2.5.3】　设总体 X 服从正态分布 $N(20,5^2)$，总体 Y 服从正态分布 $N(10,2^2)$，从总体 X 与 Y 中分别抽取容量为 $n_1=10$ 和 $n_2=8$ 的样本，求：

（1）样本均值 $\bar{X}-\bar{Y}$ 大于 6 的概率；

（2）样本方差比 $\dfrac{S_1^2}{S_2^2}$ 小于 23 的概率.

解　（1）由定理 2.5.2 知，统计量

$$U=\frac{(\bar{X}-\bar{Y})-(20-10)}{\sqrt{\dfrac{5^2}{10}+\dfrac{2^2}{8}}}=\frac{\bar{X}-\bar{Y}-10}{\sqrt{3}}\sim N(0,1),$$

所以有

$$P\{\bar{X}-\bar{Y}>6\}=P\left\{\frac{\bar{X}-\bar{Y}-10}{\sqrt{3}}>\frac{6-10}{\sqrt{3}}\right\}=P\{U>-2.31\}$$
$$=1-P\{U\le -2.31\}=1-\Phi(-2.31)=\Phi(2.31).$$

查附录 A 得 $\Phi(2.31)=0.9896$，由此得所求概率

$$P\{\bar{X}-\bar{Y}>6\}=0.9896.$$

（2）由定理 2.5.5 知，统计量

$$F=\frac{S_1^2/5^2}{S_2^2/2^2}\sim F(9,7),$$

所以有

$$P\left\{\frac{S_1^2}{S_2^2}<23\right\}=P\left\{\frac{S_1^2/5^2}{S_2^2/2^2}<\frac{23/5^2}{1/2^2}\right\}=P\{F<3.68\}=1-P\{F\ge 3.68\},$$

查附录 D 得 $F_{0.05}(9,7)=3.68$，由此得所求概率

$$P\left\{\frac{S_1^2}{S_2^2}<23\right\}=1-0.05=0.95.$$

习题 2

2.1 设总体 X 的样本容量 $n=5$，写出在下列两种情况下样本的联合概率分布.

（1）$X\sim B(1,p)$；（2）$X\sim N(\mu,1)$.

2.2 为了研究玻璃产品在集装箱托运过程中的损坏情况，现随机抽取 20 个集装箱检测其产品损坏的件数，记录结果为：1，1，1，1，2，0，0，1，3，1，0，0，2，4，0，3，1，4，0，2. 写出样本频率分布、经验分布函数并画出其图形.

2.3 测量了某地区 100 位男性成年人的身高，得数据（单位：cm）如下：

组下限	165	167	169	171	173	175	177
组上限	167	169	171	173	175	177	179
人数	3	10	21	23	22	11	5

试画出身高直方图，它是否近似服从某个正态分布？

2.4 设 $X_1,X_2,\cdots,X_n$ 独立同分布，且 $X_1\sim N(\mu,\sigma^2)$，$\mu\in\mathbf{R}$，$\sigma>0$，其中 μ 已知，σ^2 未知，判断下列量哪些是统计量、哪些不是统计量.

$$\bar{X}=\frac{1}{n}\sum_{i=1}^{n}X_i,\quad \frac{1}{n-1}\sum_{i=1}^{n}(X_i-\bar{X})^2,\quad \frac{1}{\sigma^2}\sum_{i=1}^{n}X_i^2,\quad \frac{1}{n}\sum_{i=1}^{n}(X_i-\mu)^2,\quad \frac{1}{\sigma^2}\sum_{i=1}^{n}(X_i-\mu)^2 .$$

2.5 设总体 X 的方差为 4，均值为 μ，现抽取容量为 100 的样本，试确定常数 k，使得满足 $P\{|\bar{X}-\mu|<k\}=0.9$.

2.6 从总体 $X\sim N(52,6.3^2)$ 中抽取容量为 36 的样本，求样本均值落在 50.8～53.8 范围内的概率.

2.7 从总体 $X\sim N(20,3)$ 中分别抽取容量为 10 与 15 的独立的样本，求它们的均值之差绝对值大于 0.3 的概率.

2.8 设 $X_1,X_2,\cdots,X_{10}$ 是来自总体 $X\sim N(0,4)$ 的样本，试确定 c，使得

$$P\left\{\sum_{i=1}^{10}X_i^2>c\right\}=0.05 .$$

2.9 设总体 X 具有连续的分布函数 $F(x)$，$X_1,X_2,\cdots,X_n$ 是来自总体 X 的样本，且 $E(X_i)=\mu$，定义随机变量

$$Y_i=\begin{cases}1, & X_i>\mu,\\ 0, & X_i\le\mu.\end{cases}\quad i=1,2,\cdots,n.$$

试确定统计量 $\sum_{i=1}^{n}Y_i$ 的分布.

2.10 设 $X_1,X_2,\cdots,X_n$ 是来自总体 X 的样本，试求 $E(\bar{X})$、$D(\bar{X})$、$E(S^2)$. 假设总体分布为

（1）$X\sim B(N,p)$；（2）$X\sim P(\lambda)$；（3）$X\sim U[a,b]$；（4）$X\sim N(\mu,1)$.

2.11 设 $X_1,X_2,\cdots,X_n$ 是来自总体 $X\sim N(\mu,\sigma^2)$ 的样本，求 $E[\sum_{i=1}^{n}(X_i-\bar{X})^2]$ 与 $D[\sum_{i=1}^{n}(X_i-\bar{X})^2]$.

2.12 设 $X_1,X_2,\cdots,X_n$ 是来自正态总体 $N(0,1)$ 的样本，定义 $Y_1=|\bar{X}|$，$Y_2=\frac{1}{n}\sum_{i=1}^{n}|\bar{X}|$. 计算 $E(Y_1)$、$E(Y_2)$.

2.13 设 $X_1,X_2,\cdots,X_n$ 和 $Y_1,Y_2,\cdots,Y_n$ 是两个样本，且有 $Y_i=\frac{1}{b}(X_i-a)$（a、b 均为常数，$b\neq 0$），试求样本均值 $\bar{X}$ 和 $\bar{Y}$ 之间的关系，以及样本方差 S_X^2 和 S_Y^2 之间的关系.

2.14 设 $X_1,X_2,\cdots,X_n$ 是来自总体 $N(0,1)$ 的样本.

（1）试确定常数 c_1、d_1，使得 $c_1(X_1+X_2)^2+d_1(X_3+X_4+X_5)^2\sim\chi^2(n)$，并求出 n；

（2）试确定常数 c_2，使得 $c_2(X_1^2+X_2^2)/(X_3+X_4+X_5)^2\sim F(m,n)$，并求出 m 和 n.

2.15　设总体 X 为连续型随机变量，其分布函数为 $F(x)$，试证：

（1）$Y=F(X)\sim U(0,1)$；

（2）$U=-2\ln Y\sim\chi^2(2)$；

（3）设 $X_1,X_2,\cdots,X_n$ 为来自总体 X 的样本，则 $V=-2\sum\limits_{i=1}^{n}\ln Y_i\sim\chi^2(2n)$.

2.16　设 $t_\alpha(n)$、$F_\alpha(m,n)$ 分别是 t 分布和 F 分布的 α 分位数，试证：

$$[t_{\alpha/2}(n)]^2=F_\alpha(1,n).$$

2.17　设 X_1,X_2 是来自总体 $X\sim N(0,1)$ 的一个样本，求常数 c，使

$$P\left\{\frac{(X_1+X_2)^2}{(X_1+X_2)^2+(X_1-X_2)^2}>c\right\}=0.1.$$

2.18　设 $X_1,X_2,\cdots,X_n,X_{n+1}$ 为来自总体 $X\sim N(\mu,\sigma^2)$ 的容量为 $n+1$ 的样本，$\bar{X}$、S^2 为样本 $X_1,X_2,\cdots,X_n$ 的样本均值和样本方差，试证：

（1）$T=\sqrt{\dfrac{n}{n+1}}\dfrac{X_{n+1}-\bar{X}}{S}\sim t(n-1)$；

（2）$\bar{X}-X_{n+1}\sim N(0,\dfrac{n+1}{n}\sigma^2)$；

（3）$X_1-\bar{X}\sim N(0,\dfrac{n-1}{n}\sigma^2)$.

2.19　设 $X_1,X_2,\cdots,X_n$ 为来自总体 $X\sim N(\mu,\sigma^2)$ 的样本，$\bar{X}$ 为样本均值，求 n，使得

$$P\{|\bar{X}-\mu|\le 0.25\sigma\}\ge 0.95.$$

2.20　设 $X_1,X_2,\cdots,X_5$ 为来自总体 $X\sim N(12,4)$ 的样本，试求：

（1）$P\left\{X_{(1)}<10\right\}$；

（2）$P\left\{X_{(5)}<15\right\}$.

2.21　设 $X_1,X_2,\cdots,X_m,X_{m+1},\cdots,X_{m+n}$ 为来自总体 $X\sim N(0,\sigma^2)$ 的一个样本，试确定下列统计量的分布：

（1）$Y_1=\dfrac{\sqrt{n}\sum\limits_{i=1}^{m}X_i}{\sqrt{m}\sum\limits_{i=m+1}^{m+n}X_i^2}$；（2）$Y_2=\dfrac{n\sum\limits_{i=1}^{m}X_i^2}{m\sum\limits_{i=m+1}^{m+n}X_i^2}$；

（3）$Y_3=\dfrac{1}{m\sigma^2}(\sum\limits_{i=1}^{m}X_i)^2+\dfrac{1}{n\sigma^2}(\sum\limits_{i=m+1}^{m+n}X_i)^2$.

2.22　设总体 X 服从正态分布 $X\sim N(\mu,\sigma^2)$，样本 $X_1,X_2,\cdots,X_n$ 来自总体 X，S^2 是样本方差，问当样本容量 n 取多大时能满足 $P\left\{\dfrac{(n-1)S^2}{\sigma^2}\le 32.67\right\}=0.95$？

2.23　从两个正态总体中分别抽取样本容量为 20 和 15 的两个独立的样本，设总体方差相等，S_1^2、S_2^2 分别为两个总体的样本方差，求 $P\left\{\dfrac{S_1^2}{S_2^2}>2.39\right\}$.

第3章 参数估计

数理统计的基本任务是根据样本所提供的信息，对总体的分布或总体的数字特征做出推断，把这个过程称为统计推断. 最常见的统计推断问题是总体分布的类型已知，但它的某些参数未知，利用样本 $X_1,X_2,\cdots,X_n$ 提供的信息，对总体中的未知参数或参数的函数做出估计，这类问题称为参数估计问题. 参数估计分为点估计和区间估计两种. 本章主要介绍参数的点估计、估计量的评价标准及区间估计.

3.1 参数的点估计

设总体 X 的分布函数的形式已知，但它含有一个或多个未知参数，例如，总体 X 服从泊松分布 $P(\lambda)$（$\lambda>0$），其概率函数为 $p(x;\lambda)=\dfrac{\lambda^x}{x!}\mathrm{e}^{-\lambda}$（$x=0,1,2,\cdots$），它的分布中包含一个未知的参数 λ. 再例如，正态总体 $X\sim N(\mu,\sigma^2)$，$\mu\in\mathbf{R}$，$\sigma>0$，其概率密度函数为 $f(x;\mu,\sigma)=\dfrac{1}{\sqrt{2\pi}\sigma}\exp\{-\dfrac{1}{2\sigma^2}(x-\mu)^2\}$（$-\infty<x<+\infty$），它的分布包含两个未知参数 μ 和 σ. 参数的点估计问题就是要构建一个适当的统计量，用它的观测值来估计未知参数. 由于未知参数和统计量的观测值都是实数轴上的一点，相当于用一个点去估计另一个点，因此这样的估计称为参数的点估计.

定义 3.1.1 设 $X_1,X_2,\cdots,X_n$ 为来自总体 X 的样本，θ 是总体分布中的未知参数，构造适当的统计量 $\hat\theta(X_1,X_2,\cdots,X_n)$，对于样本观测值 $x_1,x_2,\cdots,x_n$，若将统计量的观测值 $\hat\theta(x_1,x_2,\cdots,x_n)$ 作为未知参数 θ 的值，则称 $\hat\theta(x_1,x_2,\cdots,x_n)$ 为参数 θ 的**点估计值**，而统计量 $\hat\theta(X_1,X_2,\cdots,X_n)$ 称为参数 θ 的**点估计量**. θ 的估计量和估计值常记为 $\hat\theta$，在不引起混淆的情况下统称为 θ 的点估计，这种估计法称为**参数的点估计**.

若总体分布中含有 k 个未知参数 $\theta_1,\theta_2,\cdots,\theta_k$，则要构造 k 个不含任何未知参数的统计量

$$\hat\theta_i(X_1,X_2,\cdots,X_n),\quad i=1,2,\cdots,k$$

将它们分别作为这 k 个未知参数 $\theta_1,\theta_2,\cdots,\theta_k$ 的估计量.

从定义可以看出，构造合适的统计量 $\hat\theta(X_1,X_2,\cdots,X_n)$ 是点估计问题的关键，但这并不是件容易的事，也没有绝对正确的方法，各种方法都有一定的使用范围并存在各自的缺陷，下面介绍两种常见的点估计方法，即矩估计法、最大似然估计法.

3.1.1 矩估计法

矩估计法是英国统计学家卡尔皮尔逊（K. Pearson）在 19 世纪末 20 世纪初的一系列文章中引进的，首先介绍矩估计法的基本思想.

根据大数定律，当样本容量 n 较大时，样本的 k 阶原点矩 $V_k=\frac{1}{n}\sum_{i=1}^{n}X_i^k$ 是总体矩 $\mu_k=E(X^k)$（$k=1,2,\cdots$）的近似，矩估计法的基本思想就是利用样本矩估计总体矩，用样本矩的连续函数来估计总体矩的连续函数.

一般地，矩估计的具体做法如下.

设 X 为连续型总体，其概率密度函数为 $f(x;\theta_1,\theta_2,\cdots,\theta_k)$，或 X 为离散型总体，其概率函数为 $P\{X=x\}=p(x;\theta_1,\theta_2,\cdots,\theta_k)$，其中 $\theta_1,\theta_2,\cdots,\theta_k$ 为待估参数，$X_1,X_2,\cdots,X_n$ 是来自总体 X 的一组样本.

假设总体 X 的前 k 阶矩

$$\mu_l=E(X^l)=\int_{-\infty}^{+\infty}x^l f(x;\theta_1,\theta_2,\cdots,\theta_k)\mathrm{d}x$$

或

$$\mu_l=E(X^l)=\sum_{x\in R_X}x^l p(x;\theta_1,\theta_2,\cdots,\theta_k)$$

存在（其中 R_x 是 X 可能取值的集合）（$l=1,2,\cdots,k$），且依赖于未知参数 $\theta_1,\theta_2,\cdots,\theta_k$.

令

$$\mu_l=V_l,\quad l=1,2,\cdots,k,$$

式中，V_l 为样本的 l 阶原点矩. 这是一个包含 k 个未知参数 $\theta_1,\theta_2,\cdots,\theta_k$ 的方程组，解出其中的 $\theta_1,\theta_2,\cdots,\theta_k$. 用方程组的解 $\hat{\theta}_1,\hat{\theta}_2,\cdots,\hat{\theta}_k$ 分别作为 $\theta_1,\theta_2,\cdots,\theta_k$ 的估计量，这个估计量称为**矩估计量**. 矩估计量的观测值称为**矩估计值**. 在不引起混淆的情况下，统称为**矩估计**.

若要估计的是参数 $\theta_1,\theta_2,\cdots,\theta_k$ 的某个连续函数 $g(\theta_1,\theta_2,\cdots,\theta_k)$，则用

$$\hat{g}=\hat{g}(X_1,X_2,\cdots,X_n)=g(\hat{\theta}_1,\hat{\theta}_2,\cdots,\hat{\theta}_k)$$

去估计，由此定出的估计量称为 $g(\theta_1,\theta_2,\cdots,\theta_k)$ 的**矩估计**.

【例 3.1.1】 设总体 X 在区间 $[0,\theta]$ 上服从均匀分布，其中 $\theta>0$ 且是未知参数，设取的样本观测值为 $x_1,x_2,\cdots,x_n$，求 θ 的矩估计值.

解 总体 X 的概率密度函数

$$f(x;\theta)=\begin{cases}\dfrac{1}{\theta}, & 0<x<\theta,\\ 0, & \text{其他}.\end{cases}$$

其中，只有一个未知参数 θ，所以只需要考虑总体 X 的一阶原点矩

$$\mu_1=E(X)=\int_0^\theta\frac{x}{\theta}\mathrm{d}x=\frac{\theta}{2},$$

用样本的一阶原点矩 $V_1=\frac{1}{n}\sum_{i=1}^{n}X_i$ 作为 μ_1 的估计量，有

$$\frac{\theta}{2}=\frac{1}{n}\sum_{i=1}^{n}X_i,$$

由此解得 θ 的矩估计量

$$\hat{\theta}=\frac{2}{n}\sum_{i=1}^{n}X_i=2\overline{X},$$

而 θ 的矩估计值就是

$$\hat{\theta}=\frac{2}{n}\sum_{i=1}^{n}x_i=2\bar{x}.$$

【例 3.1.2】 设总体 X 服从伽玛分布，其概率密度函数为

$$f(x;\alpha,\lambda)=\begin{cases}\dfrac{\lambda^{\alpha}}{\Gamma(\alpha)}x^{\alpha-1}\mathrm{e}^{-\lambda x}, & x>0,\\ 0, & x\le 0.\end{cases}$$

式中，$\alpha>0$，$\lambda>0$ 且为未知参数，$X_1,X_2,\cdots,X_n$ 为抽自总体 X 的一个样本，求 α 和 λ 的矩估计量.

解 总体的分布含两个未知参数，所以需要考虑总体 X 的一阶、二阶原点矩

$$\mu_1=E(X)=\int_0^{+\infty}x\frac{\lambda^{\alpha}}{\Gamma(\alpha)}x^{\alpha-1}\mathrm{e}^{-\lambda x}\mathrm{d}x=\frac{\lambda^{\alpha}}{\Gamma(\alpha)}\int_0^{+\infty}x^{(\alpha+1)-1}\mathrm{e}^{-\lambda x}\mathrm{d}x=\frac{\Gamma(\alpha+1)}{\Gamma(\alpha)\lambda}=\frac{\alpha}{\lambda},$$

$$\mu_2=E(X^2)=\int_0^{+\infty}x^2\frac{\lambda^{\alpha}}{\Gamma(\alpha)}x^{\alpha-1}\mathrm{e}^{-\lambda x}\mathrm{d}x=\frac{\Gamma(\alpha+2)}{\Gamma(\alpha)\lambda^2}=\frac{(a+1)\alpha}{\lambda^2}.$$

令

$$\begin{cases}\dfrac{\alpha}{\lambda}=V_1=\dfrac{1}{n}\displaystyle\sum_{i=1}^{n}X_i,\\ \dfrac{\alpha(\alpha+1)}{\lambda^2}=V_2=\dfrac{1}{n}\displaystyle\sum_{i=1}^{n}X_i^2.\end{cases}$$

解此方程组，得 α 和 λ 的矩估计量分别为

$$\hat{\alpha}=\frac{V_1^2}{V_2-V_1^2}=\frac{\bar{X}^2}{U_2},\quad \hat{\lambda}=\frac{V_1}{V_2-V_1^2}=\frac{\bar{X}}{U_2}.$$

式中，$U_2=V_2-V_1^2=\dfrac{1}{n}\displaystyle\sum_{i=1}^{n}X_i^2-\bar{X}^2=\dfrac{1}{n}\displaystyle\sum_{i=1}^{n}(X_i-\bar{X})^2$ 是样本的二阶中心矩.

【例 3.1.3】 设总体 X 的均值 μ 与方差 σ^2 都存在，且有 $\sigma>0$，但 μ 与 σ 都未知. 又设 $X_1,X_2,\cdots,X_n$ 是来自总体的一组样本，求 μ 与 σ^2 的矩估计量.

解 总体的分布含两个未知参数，所以需要考虑总体 X 的一阶、二阶原点矩

$$\mu_1=E(X)=\mu,\quad \mu_2=E(X^2)=D(X)+[E(X)]^2=\sigma^2+\mu^2,$$

令

$$\begin{cases}\mu_1=V_1\\ \mu_2=V_2\end{cases} \text{即} \begin{cases}\mu=V_1\\ \sigma^2+\mu^2=V_2\end{cases},$$

解得 μ 与 σ^2 的矩估计量分别为

$$\hat{\mu}=V_1=\bar{X},\quad \hat{\sigma}^2=V_2-V_1^2=U_2.$$

注意 （1）总体方差 σ^2 的矩估计不是样本方差 S^2，而是样本的二阶中心矩

$$\hat{\sigma}^2=\frac{n-1}{n}S^2=U_2.$$

（2）所得结果表明，总体均值与方差的矩估计量的表达式不因总体分布的不同而不同. 一般地，用样本均值 $\bar{X}=\dfrac{1}{n}\displaystyle\sum_{i=1}^{n}X_i$ 作为总体 X 的均值的矩估计，用样本的二阶中心矩

$U_2=\frac{1}{n}\sum_{i=1}^{n}(X_i-\bar{X})^2$ 作为总体 X 的方差的矩估计.

由例 3.1.3 可以推出如下几个结论.

（1）设总体 X 服从 0-1 分布 $B(1,p)$，其中 $p\,(0<p<1)$ 为未知参数，由于 $E(X)=p$，因此 p 的矩估计为 $\hat{p}=\bar{X}$.

（2）设总体 X 服从二项分布 $B(n,p)$，其中 n、$p\,(0<p<1)$ 为未知参数，因为

$$\begin{cases}E(X)=np\\ D(X)=np(1-p)\end{cases},$$

列方程组

$$\begin{cases}np=\bar{X}\\ np(1-p)=U_2\end{cases},$$

得 n、p 的矩估计量分别为

$$\hat{n}=\frac{\bar{X}^2}{\bar{X}-U_2},\ \hat{p}=1-\frac{U_2}{\bar{X}}.$$

（3）设总体 X 服从泊松分布 $P(\lambda)$，$\lambda>0$ 且为未知参数，由于

$$E(X)=\lambda,\ D(X)=\lambda,$$

因此 λ 的矩估计量为 $\hat{\lambda}=\bar{X}$ 或 $\hat{\lambda}=U_2$.

这样一个参数 λ 有两个不同的矩估计，实际中，一般选用阶数较低的样本矩. 本例中，选用 $\bar{X}$ 作为参数 λ 的矩估计量.

（4）设总体 X 服从均匀分布 $U(\theta_1,\theta_2)$，$\theta_1<\theta_2$ 且均为未知参数，由于

$$\begin{cases}E(X)=\dfrac{\theta_1+\theta_2}{2},\\ D(X)=\dfrac{(\theta_2-\theta_1)^2}{12}.\end{cases}$$

因此由方程组

$$\begin{cases}\dfrac{\theta_1+\theta_2}{2}=\bar{X},\\ \dfrac{(\theta_2-\theta_1)^2}{12}=U_2.\end{cases}$$

解得 θ_1、θ_2 的矩估计分别为

$$\hat{\theta}_1=\bar{X}-\sqrt{3U_2},\ \hat{\theta}_2=\bar{X}+\sqrt{3U_2}.$$

（5）设总体 $X\sim N(\mu,\sigma^2)$，$\mu\in\mathbf{R}$，$\sigma>0$ 且为未知参数，由于 $E(X)=\mu$，$D(X)=\sigma^2$，因此 μ、σ^2 的矩估计分别为

$$\hat{\mu}=\bar{X},\ \hat{\sigma}^2=U_2.$$

【例 3.1.4】 设 $(X_1,Y_1),(X_2,Y_2),\cdots,(X_n,Y_n)$ 为来自二维总体 (X,Y) 的样本，求 X 与 Y 的相关系数 $\rho(X,Y)$ 的矩估计.

解 记

$$\bar{X}=\frac{1}{n}\sum_{i=1}^{n}X_i,\ \bar{Y}=\frac{1}{n}\sum_{i=1}^{n}Y_i,\ U_{2X}=\frac{1}{n}\sum_{i=1}^{n}(X_i-\bar{X})^2,\ U_{2Y}=\frac{1}{n}\sum_{i=1}^{n}(Y_i-\bar{Y})^2,$$

$$U_{12}=\frac{1}{n}\sum_{i=1}^{n}(X_i-\bar{X})(Y_i-\bar{Y})=\frac{1}{n}\sum_{i=1}^{n}X_iY_i-\overline{XY}.$$

利用期望的性质易知
$$E(\frac{1}{n}\sum_{i=1}^{n}X_iY_i)=E(XY),$$

且由大数定律可得，当 $n\to\infty$ 时，有
$$\frac{1}{n}\sum_{i=1}^{n}X_iY_i\xrightarrow{\text{p}}E(XY),$$

所以 $\frac{1}{n}\sum_{i=1}^{n}X_iY_i$ 可作为 $E(XY)$ 的矩估计.

又因为
$$\rho(X,Y)=\frac{\operatorname{cov}(X,Y)}{\sqrt{D(X)}\sqrt{D(Y)}}=\frac{E(XY)-E(X)E(Y)}{\sqrt{D(X)}\sqrt{D(Y)}},$$

而 $\bar{X}$、$\bar{Y}$、U_{2X}、U_{2Y} 分别是 $E(X)$、$E(Y)$、$D(X)$、$D(Y)$ 的矩估计，因此 $\rho(X,Y)$ 的矩估计是
$$\hat{\rho}(X,Y)=\frac{U_{12}}{\sqrt{U_{2X}}\sqrt{U_{2Y}}}=\frac{\sum_{i=1}^{n}(X_i-\bar{X})(Y_i-\bar{Y})}{\sqrt{\sum_{i=1}^{n}(X_i-\bar{X})^2}\sqrt{\sum_{i=1}^{n}(Y_i-\bar{Y})^2}}.$$

矩估计法的优点是简单、直观，由例 3.1.3 可看出在对总体均值和总体方差进行估计时，不需要知道总体的分布. 但是矩估计要求总体的原点矩存在，而有些随机变量（如柯西分布）的原点矩不存在，因此不能用矩估计法进行参数估计；此外，矩估计有时不唯一（如例 3.1.3 的结论（3）中泊松分布的参数 λ 的矩估计不唯一），通常采取的原则是能用低阶矩处理的就不用高阶矩；由于样本矩的表达式同总体分布函数的表达式无关，因此矩估计常常没有充分利用总体分布函数对参数所提供的信息.

下面的最大似然估计法利用了总体分布函数对参数所提供的信息，是常用的参数估计方法.

3.1.2 最大似然估计法

最大似然估计法是统计中最重要、应用最广泛的方法之一，该方法最初是由德国的数学家高斯（Gauss）于 1821 年提出，但未得到重视，英国统计学家费歇尔（R. A. Fisher）在 1922 年再次提出了最大似然估计法的思想并探讨了它的性质，使之得到广泛的研究和应用.

下面通过例子说明用最大似然估计法确定未知参数估计的直观想法.

【例 3.1.5】 有甲、乙两个袋子，甲袋装有 99 个白球和 1 个黑球，乙袋装有 1 个白球和 99 个黑球. 现在从这两个袋子中任取一个袋子，要估计所取得的这个袋子中白球数与黑球数之比 θ 是 99 还是 1/99. 为了估计 θ，允许从这个袋子中任意抽取一个球，看看球的颜色，如果取出的是白球，那么应取 θ 的估计值 $\hat{\theta}$ 是多少？

解 设事件 A 表示取到白球，事件 B 表示取到甲袋子，从甲袋子中取得白球的概率为
$$P(A|B)=\frac{99}{100}=0.99,$$

从乙袋子中取得白球的概率为

$$P(A|\overline{B})=\frac{1}{100}=0.01.$$

由此可知，从甲袋子中取出白球的概率远大于从乙袋子中取出白球的概率. 现在在一次抽样中取得了白球，由于 0.01 相对于 0.99 来说是一个小概率，根据小概率事件的实际不可能原理，很自然地会认为白球是从取得白球概率大的甲袋子中取得的，也就是说，θ 的估计值应取为 $\hat{\theta}=99$.

根据同样的想法，若取得的球是黑球，则 θ 的估计值应取为 $\hat{\theta}=1/99$.

例 3.1.5 确定 $\hat{\theta}$ 的基本想法是：当试验中得到一个结果（例 3.1.5 指球的颜色，一般指从总体中抽取一组样本观测值 $x_1,x_2,\cdots,x_n$）时，哪个 θ 值使这个结果的出现具有最大概率，就应该取那个值作为 θ 的估计值. 这种“概率最大的事件最可能出现”的想法称为最大似然原理，将这种思想应用到点估计上就形成了最大似然估计.

这种方法可以推广到一般情形：虽然参数 θ 可取参数空间 Θ 中的所有值，但在给定样本观测值 $x_1,x_2,\cdots,x_n$ 后，不同的 θ 值对样本 $X_1,X_2,\cdots,X_n$ 落入 $x_1,x_2,\cdots,x_n$ 的邻域的概率大小也不同，既然在一次试验中观测到 $X_1,X_2,\cdots,X_n$ 的取值 $x_1,x_2,\cdots,x_n$，就有理由认为 $X_1,X_2,\cdots,X_n$ 落入 $x_1,x_2,\cdots,x_n$ 的邻域中的概率较其他地方大，哪个参数使得 $X_1,X_2,\cdots,X_n$ 落入 $x_1,x_2,\cdots,x_n$ 的邻域中的概率最大，就认为那个参数就是真正的参数，就用它作为参数的估计值.

下面分离散型和连续型两种情形讨论最大似然估计的求法.

设总体 X 为离散型，其概率函数为 $p(x,\theta)=P\{X=x\}$，其中 $\theta\in\Theta$，θ 为待估参数，Θ 是参数空间，即参数 θ 的取值范围（为了简便起见，先假设只含有一个未知参数 θ）.设 $X_1,X_2,\cdots,X_n$ 为来自总体 X 的样本，又设 $x_1,x_2,\cdots,x_n$ 是样本 $X_1,X_2,\cdots,X_n$ 的一组观测值，易知样本 $X_1,X_2,\cdots,X_n$ 取 $x_1,x_2,\cdots,x_n$ 的概率，即事件

$$\{X_1=x_1,X_2=x_2,\cdots,X_n=x_n\}$$

发生的概率为

$$L(\theta)=L(\theta;x_1,x_2,\cdots,x_n)=\prod_{i=1}^{n}p(x_i;\theta)\quad(\theta\in\Theta),$$

它是 θ 的函数，$L(\theta)$ 称为**似然函数**.

由最大似然原理，固定 $x_1,x_2,\cdots,x_n$，挑选使似然函数 $L(\theta)$ 达到最大的 $\hat{\theta}$ 作为 θ 的估计值，即取 $\hat{\theta}$ 使得

$$L(\hat{\theta};x_1,x_2,\cdots,x_n)=\max_{\theta\in\Theta}\prod_{i=1}^{n}p(x_i;\theta).$$

$\hat{\theta}$ 与 $x_1,x_2,\cdots,x_n$ 有关，记为 $\hat{\theta}(x_1,x_2,\cdots,x_n)$，称其为 θ 的**最大似然估计值**，$\hat{\theta}(X_1,X_2,\cdots,X_n)$ 称为参数 θ 的**最大似然估计量**.

设总体 X 为连续型，其概率密度为 $f(x;\theta)$，其中 $\theta\in\Theta$，θ 为待估参数，Θ 是参数空间. 设 $X_1,X_2,\cdots,X_n$ 为来自总体 X 的样本，又设 $x_1,x_2,\cdots,x_n$ 是样本 $X_1,X_2,\cdots,X_n$ 的一组观测值，则随机点 $(X_1,X_2,\cdots,X_n)$ 落在 $(x_1,x_2,\cdots,x_n)$ 的邻域（边长分别为 $\mathrm{d}x_1,\mathrm{d}x_2,\cdots,\mathrm{d}x_n$ 的 n 维立方体）中的概率近似为

$$\prod_{i=1}^{n}f(x_i;\theta)\mathrm{d}x_i.$$

根据最大似然原理，选取的θ的估计值$\hat{\theta}$使上式达到最大，但是$\prod_{i=1}^{n}\mathrm{d}x_i$不随$\theta$而改变，故只需考虑

$$L(\theta)=L(\theta;x_1,x_2,\cdots,x_n)=\prod_{i=1}^{n}f(x_i;\theta)\quad(\theta\in\Theta)$$

的最大值点. 同样，称$L(\theta)$称为**似然函数**.

若
$$L(\hat{\theta};x_1,x_2,\cdots,x_n)=\max_{\theta\in\Theta}\prod_{i=1}^{n}f(x_i;\theta),$$

则称$\hat{\theta}(x_1,x_2,\cdots,x_n)$为参数$\theta$的**最大似然估计值**，$\hat{\theta}(X_1,X_2,\cdots,X_n)$称为参数$\theta$的**最大似然估计量**.

下面针对离散型和连续性两种情形，总结给出最大似然估计的定义.

定义 3.1.2 如果似然函数$L(\theta;x_1,x_2,\cdots,x_n)$在$\hat{\theta}$处达到最大值，即

$$L(\hat{\theta};x_1,x_2,\cdots,x_n)=\max_{\theta\in\Theta}L(\theta;x_1,x_2,\cdots,x_n),$$

$\hat{\theta}$与$x_1,x_2,\cdots,x_n$有关，记为$\hat{\theta}(x_1,x_2,\cdots,x_n)$，那么称$\hat{\theta}(x_1,x_2,\cdots,x_n)$为参数$\theta$的**最大似然估计值**，$\hat{\theta}(X_1,X_2,\ \cdots,X_n)$为参数$\theta$的**最大似然估计量**，在不引起混淆的情况下，统称为最大似然估计（Maximum Likelihood Estimator，MLE）.

根据定义，求最大似然估计值就是求似然函数$L(\theta;x_1,x_2,\cdots,x_n)$的最大值点.

若$L(\theta;x_1,x_2,\cdots,x_n)$可微，通常可用求导数的方法解决. 由于似然函数通常是一些函数的乘积，为了简化求导数，可将似然函数取对数

$$\ln L(\theta)=\sum_{i=1}^{n}\ln p(x_i;\theta)\quad 或\quad \ln L(\theta)=\sum_{i=1}^{n}\ln f(x_i;\theta),$$

由于$\ln x$是x的单调增函数，因此$\ln L$与L有相同的最大值点. 因此，可以通过解方程

$$\frac{\mathrm{d}\ln L(\theta)}{\mathrm{d}\theta}=0$$

来求得，这个方程称为**对数似然方程**，它的解只是$L(\theta)$的驻点，不一定是最大值点，即不一定是最大似然估计值，需要检验，检验有时较烦琐. 今后，当对数似然方程有唯一的解时，就简单地把这个解作为最大似然估计值，而不再验证.

上述最大似然估计法也适用于分布中含有多个未知参数$\theta_i\ (i=1,2,\cdots,k)$的情况. 此时，似然函数是个多元函数，若似然函数存在偏导数，求最大似然估计值时只需令

$$\frac{\partial}{\partial\theta_i}\ln L=0,\qquad i=1,2,\cdots,k,$$

该方程组称为**对数似然方程组**. 解出这一由k个方程构成的方程组，即得各未知参数θ_i的最大似然估计值$\hat{\theta}_i\ (i=1,2,\cdots,k)$.

注意：当$L(\theta)$不是θ的可微函数时，需要用定义的方法或其他方法求最大似然估计，特殊问题需要特殊处理，如后面的例 3.1.10 和例 3.1.11.

【例 3.1.6】 设总体X服从泊松分布$P(\lambda)$，其中$\lambda>0$且为未知参数，$x_1,x_2,\cdots,x_n$是来自总体X的一组样本观测值，求参数λ的最大似然估计值.

解 泊松分布的概率函数为

$$p(x;\lambda)=\frac{\lambda^x}{x!}\mathrm{e}^{-\lambda},\quad x=0,1,2,\cdots,$$

似然函数为

$$L(\lambda)=\prod_{i=1}^{n}(\frac{\lambda^{x_i}}{x_i!}\mathrm{e}^{-\lambda})=\frac{\lambda^{\sum\limits_{i=1}^{n}x_i}}{\prod\limits_{i=1}^{n}(x_i!)}\mathrm{e}^{-n\lambda},$$

取对数，得

$$\ln L(\lambda)=(\sum_{i=1}^{n}x_i)\ln\lambda-\sum_{i=1}^{n}\ln(x_i!)-n\lambda,$$

对 λ 求导并令导数为零，即得对数似然方程为

$$\frac{\mathrm{d}\ln L(\lambda)}{\mathrm{d}\lambda}=\frac{1}{\lambda}\sum_{i=1}^{n}x_i-n=0,$$

由此解得 λ 的最大似然估计值为

$$\hat{\lambda}=\frac{1}{n}\sum_{i=1}^{n}x_i=\bar{x}.$$

由例 3.1.3 的结论（3）和例 3.1.6 知，泊松分布中参数 λ 的最大似然估计与矩估计一致.

【例 3.1.7】 设 $X_1,X_2,\cdots,X_n$ 为来自总体 $X\sim B(1,p)$ 的样本，其中 $p\,(0<p<1)$ 是未知参数，$x_1,x_2,\cdots,x_n$ 是样本的一组观测值，求参数 p 的最大似然估计量.

解 0-1 分布的概率函数为

$$p(x;p)=p^x(1-p)^{1-x},\ x=0,1.$$

似然函数为

$$L(p)=\prod_{i=1}^{n}p^{x_i}(1-p)^{1-x_i}=p^{\sum\limits_{i=1}^{n}x_i}(1-p)^{n-\sum\limits_{i=1}^{n}x_i},$$

取对数得

$$\ln L(p)=\sum_{i=1}^{n}x_i\ln p+(n-\sum_{i=1}^{n}x_i)\ln(1-p),$$

对 p 求导并令导数为零，即得对数似然方程为

$$\frac{\mathrm{d}\ln L(p)}{\mathrm{d}p}=\frac{1}{p}\sum_{i=1}^{n}x_i-\frac{1}{1-p}(n-\sum_{i=1}^{n}x_i)=0,$$

解得 p 的最大似然估计值为

$$\hat{p}=\frac{1}{n}\sum_{i=1}^{n}x_i=\bar{x}.$$

于是 p 的最大似然估计量为

$$\hat{p}=\frac{1}{n}\sum_{i=1}^{n}X_i=\bar{X}.$$

由例 3.1.3 的结论（1）和例 3.1.7 知，0-1 分布中参数 p 的最大似然估计与矩估计一致.

【例 3.1.8】 设 $X_1,X_2,\cdots,X_n$ 为来自总体 $X\sim e(\lambda)$ 的样本，其中 $\lambda>0$ 且是未知参数，$x_1,x_2,\cdots,x_n$ 是样本的一组观测值，求参数 λ 的最大似然估计值.

解 X 的概率密度函数为

$$f(x;\lambda)=\begin{cases}\lambda e^{-\lambda x}, & x>0,\\ 0, & x\le 0.\end{cases}$$

似然函数为

$$L(\lambda)=\prod_{i=1}^{n}\lambda e^{-\lambda x_i}=\lambda^n e^{-\lambda\sum_{i=1}^{n}x_i},$$

取对数得

$$\ln L(\lambda)=n\ln\lambda-\lambda\sum_{i=1}^{n}x_i,$$

对 λ 求导并令导数为零，即得对数似然方程为

$$\frac{d\ln L}{d\lambda}=\frac{n}{\lambda}-\sum_{i=1}^{n}x_i=0,$$

解得 λ 的最大似然估计值为

$$\hat{\lambda}=\frac{n}{\sum_{i=1}^{n}x_i}=\frac{1}{\bar{x}}.$$

【例 3.1.9】 设 $X_1,X_2,\cdots,X_n$ 为来自总体 $X\sim N(\mu,\sigma^2)$ 的样本，其中 $\mu\in\mathbf{R}$，$\sigma>0$ 且是未知参数，$x_1,x_2,\cdots,x_n$ 是样本的一个观测值，求参数 μ、σ^2 的最大似然估计量.

解 X 的概率密度函数为

$$f(x;\mu,\sigma^2)=\frac{1}{\sqrt{2\pi}\sigma}\exp\{-\frac{1}{2\sigma^2}(x-\mu)^2\}.$$

似然函数为

$$L(\mu,\sigma^2)=\prod_{i=1}^{n}\frac{1}{\sqrt{2\pi}\sigma}\exp\{-\frac{1}{2\sigma^2}(x_i-\mu)^2\}=\frac{1}{(2\pi\sigma^2)^{n/2}}\exp\{-\frac{1}{2\sigma^2}\sum_{i=1}^{n}(x_i-\mu)^2\},$$

取对数得

$$\ln L(\mu,\sigma^2)=-\frac{n}{2}\ln(2\pi)-\frac{n}{2}\ln(\sigma^2)-\frac{1}{2\sigma^2}\sum_{i=1}^{n}(x_i-\mu)^2,$$

对 μ、σ^2 分别求偏导并令其为零，即得对数似然方程组为

$$\begin{cases}\dfrac{\partial\ln L}{\partial\mu}=\dfrac{1}{\sigma^2}[\sum_{i=1}^{n}x_i-n\mu]=0,\\ \dfrac{\partial\ln L}{\partial\sigma^2}=-\dfrac{n}{2\sigma^2}+\dfrac{1}{2(\sigma^2)^2}\sum_{i=1}^{n}(x_i-\mu)^2=0.\end{cases}$$

解得 μ、σ^2 的最大似然估计值分别为

$$\hat{\mu}=\frac{1}{n}\sum_{i=1}^{n}x_i=\bar{x},\quad \hat{\sigma}^2=\frac{1}{n}\sum_{i=1}^{n}(x_i-\bar{x})^2,$$

μ、σ^2 的最大似然估计量分别为

$$\hat{\mu}=\frac{1}{n}\sum_{i=1}^{n}X_i=\bar{X},\quad \hat{\sigma}^2=\frac{1}{n}\sum_{i=1}^{n}(X_i-\bar{X})^2.$$

由例 3.1.3 的结论（5）和例 3.1.9 知，正态分布$N(\mu,\sigma^2)$中的参数μ、σ^2的最大似然估计与矩估计一致. 但是，若μ已知，则σ^2的最大似然估计量为

$$\hat{\sigma}^2=\frac{1}{n}\sum_{i=1}^{n}(X_i-\mu)^2\neq U_2\,.$$

这与σ^2的矩估计量是不相同的. 此时的最大似然估计量比矩估计量好，因为矩估计量抛弃了总体均值μ为已知这一重要信息，仍然用μ的估计量$\bar{X}$去代替μ. 一般来说，当总体的概率函数已知时，最大似然估计量优于矩估计量.

【例 3.1.10】 设$X_1,X_2,\cdots,X_n$为来自总体$X\sim U(\theta_1,\theta_2)$的样本，其中$\theta_1<\theta_2$且是未知参数，$x_1,x_2,\cdots,x_n$是样本的一个观测值，求参数$\theta_1$、$\theta_2$的最大似然估计量.

解 X的概率密度函数为

$$f(x;\theta_1,\theta_2)=\begin{cases}\dfrac{1}{\theta_2-\theta_1}, & \theta_1\le x\le\theta_2,\\ 0, & \text{其他}.\end{cases}$$

似然函数为

$$L(\theta_1,\theta_2)=\prod_{i=1}^{n}f(x_i;\theta_1,\theta_2)=\begin{cases}\dfrac{1}{(\theta_2-\theta_1)^n}, & \theta_1\le x_i\le\theta_2, i=1,2,\cdots,n,\\ 0, & \text{其他}.\end{cases}$$

易知$L(\theta_1,\theta_2)$在不为 0 处不存在驻点，因此不能通过解对数似然方程组的方法来求得最大似然估计量. 为此，用定义方法来求θ_1、θ_2的最大似然估计.

由于$\theta_1\le x_1,x_2,\cdots,x_n\le\theta_2$等价于$\theta_1\le x_{(1)}\le x_{(n)}\le\theta_2$，其中$x_{(1)}=\min\limits_{1\le i\le n}x_i$，$x_{(n)}=\max\limits_{1\le i\le n}x_i$，因此

$$L(\theta_1,\theta_2)=\begin{cases}\dfrac{1}{(\theta_2-\theta_1)^n}, & \theta_1\le x_{(1)}\le x_{(n)}\le\theta_2,\\ 0, & \text{其他}.\end{cases}$$

又由于$\dfrac{1}{(\theta_2-\theta_1)^n}\le\dfrac{1}{(x_{(n)}-x_{(1)})^n}$，即$L(\theta_1,\theta_2)\le L(x_{(1)},x_{(n)})$，$L(\theta_1,\ \theta_2)$在$\theta_1=x_{(1)}$、$\theta_2=x_{(n)}$处取最大值$(x_{(n)}-x_{(1)})^{-n}$，因此$\theta_1$、$\theta_2$的最大似然估计值分别为

$$\hat{\theta}_1=x_{(1)}=\min_{1\le i\le n}x_i\,,\quad \hat{\theta}_2=x_{(n)}=\max_{1\le i\le n}x_i\,.$$

θ_1、θ_2的最大似然估计量分别为

$$\hat{\theta}_1=X_{(1)}=\min_{1\le i\le n}X_i\,,\quad \hat{\theta}_2=X_{(n)}=\max_{1\le i\le n}X_i\,.$$

由例 3.1.3 的结论（4）和例 3.1.10 知，均匀分布$U(\theta_1,\theta_2)$中的参数θ_1、θ_2的最大似然估计与矩估计不一致.

【例 3.1.11】 为估计某湖泊中的鱼数N，从湖中捕出r条鱼，做上标记后都放回湖中，经过一段时间后再从湖中同时捕出s条鱼，结果发现其中的x条标有记号，试根据此信息估计鱼数N的值.

解 设捕出的s条鱼中有标记的鱼数为X，由于事前无法确定它将取哪个确定的数值，因此X是一个随机变量，且

$$P\{X=x\}=\frac{C_r^x C_{N-r}^{s-x}}{C_N^s},\quad \max\{0,s-(N-r)\}\le x\le \min\{r,s\}\text{，且}x\text{为整数}.$$

因为该问题只有一个样本观测值，所以似然函数为

$$L(N)=P\{X=x\}.$$

选取使 $L(N)$ 取最大值的 $\hat{N}$ 作为 N 的估计值，直接对 $L(N)$ 求导较困难，因此考虑比值

$$\frac{L(N)}{L(N-1)}=\frac{(N-r)(N-s)}{N\times[N-r-(s-x)]}=\frac{N^2-(r+s)N+rs}{N^2-(r+s)N+xN},$$

所以，当 $rs>xN$，即 $N<\frac{rs}{x}$ 时，$L(N)>L(N-1)$；当 $rs<xN$，即 $N>\frac{rs}{x}$ 时，$L(N)<L(N-1)$.
故似然函数 $L(N)$ 在 $N=\frac{rs}{x}$ 时取得最大值，注意到 N 取整数，因此 N 的最大似然估计为

$$\hat{N}=[\frac{rs}{x}].$$

最大似然估计具有许多优良的性质，其中最有用的性质是最大似然估计的不变性. 设总体 X 的分布类型已知，其分布中含 k 个未知参数 $\theta_1,\theta_2,\cdots,\theta_k$，$g(\theta_1,\theta_2,\cdots,\theta_k)$ 是参数 $\theta_1,\theta_2,\cdots,\theta_k$ 的连续函数. 若 $\hat{\theta}_1,\hat{\theta}_2,\cdots,\hat{\theta}_k$ 分别为 $\theta_1,\theta_2,\cdots,\theta_k$ 的最大似然估计，则 $g(\hat{\theta}_1,\hat{\theta}_2,\cdots,\hat{\theta}_k)$ 是 $g(\theta_1,\theta_2,\cdots,\theta_k)$ 的最大似然估计.

例如，在正态总体 $N(\mu,\sigma^2)$ 中，参数 σ^2 的最大似然估计量为 $\hat{\sigma}^2=\frac{1}{n}\sum_{i=1}^{n}(X_i-\bar{X})^2$，利用上述结论，则参数 σ 的最大似然估计量为 $\hat{\sigma}=\sqrt{\frac{1}{n}\sum_{i=1}^{n}(X_i-\bar{X})^2}$. 又例如，在 0-1 分布 $B(1,p)$ 中，参数 p 的最大似然估计量为 $\bar{X}$，则 $\sqrt{p(1-p)}$ 的最大似然估计量为 $\sqrt{\bar{X}(1-\bar{X})}$.

3.2 估计量的评价标准

在 3.1 节中主要讨论了寻找点估计量的常用方法. 对于同一个未知参数，用不同的估计方法可能得到不同的估计量，例如，对于均匀分布 $U(\theta_1,\theta_2)$ 中的参数 θ_1 和 θ_2，用矩估计法和最大似然估计法所得到的估计就不一样（参见例 3.1.3 的结论（4）和例 3.1.10），那么，究竟采用哪一个估计较好呢？用什么标准来评价估计量的优良性呢？本节主要给出评价估计量的优良性的三个标准.

3.2.1 无偏性

设总体 X 的分布函数 $F(x;\theta)$ 的形式已知，但其中 $\theta\in\Theta$ 且为未知参数，$\hat{\theta}(X_1,X_2,\cdots,X_n)$ 是 θ 的一个估计量，它是一个随机变量，对于不同的样本观测值 $x_1,x_2,\cdots,x_n$，它有不同的估计值，这些估计值对于待估参数 θ 的真值来说，一般都存在一定的偏差，或者 $\hat{\theta}(x_1,x_2,\cdots,x_n)>\theta$ 或者 $\hat{\theta}(x_1,x_2,\cdots,x_n)<\theta$，前者偏大，后者偏小. 要求不出现偏差是不可能的，当大量重复使用这个估计量 $\hat{\theta}$ 时，希望这些估计值的平均值接近或等于未知参数 θ 的真值，

这就是无偏估计的直观想法. 下面给出无偏估计的定义.

定义 3.2.1　设 $\hat{\theta}(X_1,X_2,\cdots,X_n)$ 为未知参数 θ 的估计量，若对一切 n 及任意的 $\theta\in\Theta$，Θ 为参数空间，都有

$$E(\hat{\theta}(X_1,X_2,\cdots,X_n))=\theta,$$

则称 $\hat{\theta}$ 为 θ 的**无偏估计**. 记

$$b_n=E(\hat{\theta}(X_1,X_2,\cdots,X_n))-\theta,$$

称 b_n 为估计 $\hat{\theta}(X_1,X_2,\cdots,X_n)$ 的**偏差**，若 $b_n\neq 0$，则称 $\hat{\theta}(X_1,X_2,\cdots,X_n)$ 为参数 θ 的**有偏估计**，若

$$\lim_{n\to\infty}b_n=\lim_{n\to\infty}[E(\hat{\theta}(X_1,X_2,\cdots,X_n))-\theta]=0$$

则称 $\hat{\theta}(X_1,X_2,\cdots,X_n)$ 为参数 θ 的**渐近无偏估计**.

【例 3.2.1】　设被估计的总体 X 的原点矩存在，试证：样本 k 阶原点矩 $\frac{1}{n}\sum_{i=1}^{n}X_i^k$ 是相应总体 k 阶原点矩 $E(X^k)$ 的无偏估计.

证

$$E(\frac{1}{n}\sum_{i=1}^{n}X_i^k)=\frac{1}{n}\sum_{i=1}^{n}E(X_i^k)=E(X_i^k)=E(X^k).$$

特别地，当 $k=1$ 时，即得样本均值 $\bar{X}$ 是总体均值 $E(X)$ 的无偏估计.

一般地，若 $\hat{\theta}$ 是未知参数 θ 的无偏估计量，则除 $g(\theta)$ 是 θ 的线性函数外，并不能推出 $g(\hat{\theta})$ 是 $g(\theta)$ 的无偏估计量. 例如，总体中心矩是总体原点矩的函数，但不能由例 3.2.1 的结论推出样本中心矩是相应的总体中心矩的无偏估计量. 恰好相反，二阶或二阶以上的样本中心矩是相应的总体中心矩的有偏估计量. 下面是一个具体例子.

【例 3.2.2】　$X_1,X_2,\cdots,X_n$ 为来自总体 X 的样本，总体方差 $D(X)=\sigma^2$ 存在，试证：样本二阶中心矩 $U_2=\frac{1}{n}\sum_{i=1}^{n}(X_i-\bar{X})^2$ 是总体方差 σ^2 的有偏估计，而样本方差 $S^2=\frac{1}{n-1}\sum_{i=1}^{n}(X_i-\bar{X})^2$ 是总体方差 σ^2 的无偏估计.

证　由第 2 章的例 2.2.1（2）可知，$E(S^2)=\sigma^2$，所以，样本方差 $S^2=\frac{1}{n-1}\sum_{i=1}^{n}(X_i-\bar{X})^2$ 是总体方差 σ^2 的无偏估计.

又

$$U_2=\frac{1}{n}\sum_{i=1}^{n}(X_i-\bar{X})^2=\frac{n-1}{n}S^2,$$

于是

$$E(U_2)=E(\frac{n-1}{n}S^2)=\frac{n-1}{n}\sigma^2\neq\sigma^2.$$

因此，样本二阶中心矩 U_2 是总体方差 σ^2 的有偏估计，而样本方差 S^2 是总体方差 σ^2 的无偏估计，这正是称 S^2 而不是称 U_2 为样本方差的原因，样本方差 S^2 是有偏估计样本二阶中心矩 U_2 的修正.

一般地，如果 $\hat{\theta}$ 是未知参数 θ 的有偏估计量，并且有 $E(\hat{\theta})=a\theta+b$，其中 a、b 是常数，

且$a \neq 0$，那么，可以通过纠偏得到θ的一个无偏估计量$\hat{\theta}^* = \dfrac{\hat{\theta} - b}{a}$.

虽然样本二阶中心矩U_2不是总体方差σ^2的无偏估计，但

$$\lim_{n\to\infty} E(U_2) = \lim_{n\to\infty} \frac{n-1}{n}\sigma^2 = \sigma^2,$$

即样本二阶中心矩U_2是总体方差σ^2的渐近无偏估计.

【例 3.2.3】 设总体$X \sim e(\lambda)$，$\lambda > 0$且为未知参数，其概率密度函数为

$$f(x;\lambda) = \begin{cases} \lambda \mathrm{e}^{-\lambda x}, & x > 0, \\ 0, & x \leq 0. \end{cases}$$

试证：$\bar{X}$是$\dfrac{1}{\lambda}$的无偏估计.

证 由于$E(X) = \dfrac{1}{\lambda}$，则

$$E(\bar{X}) = E(\frac{1}{n}\sum_{i=1}^{n} X_i) = \frac{1}{n}\sum_{i=1}^{n} E(X_i) = E(X) = \frac{1}{\lambda},$$

因此，$\bar{X}$是$\dfrac{1}{\lambda}$的无偏估计.

无偏估计的意义是当这个估计量经常重复使用时，它给出了在多次重复的平均意义下参数真值的估计，无偏性的要求只涉及一阶矩，在处理时很方便，但是无偏估计也存在一定的缺点.

（1）无偏估计不一定存在.

【例 3.2.4】 设$X \sim B(n, p)$，$0 < p < 1$，试根据样本容量为1的样本X_1求$g(p) = \dfrac{1}{p}$的无偏估计.

解 设$\hat{g}(X_1)$是$g(p) = \dfrac{1}{p}$的无偏估计，则对任意的$p\,(0 < p < 1)$，有

$$E[\hat{g}(X_1)] = g(p).$$

即

$$\sum_{k=0}^{n} \hat{g}(k) \mathrm{C}_n^k p^k (1-p)^{n-k} = \frac{1}{p},$$

因此

$$\sum_{k=0}^{n} \hat{g}(k) \mathrm{C}_n^k p^{k+1} (1-p)^{n-k} - 1 = 0.$$

上式的左端是p的$n+1$次多项式，无论取什么样的$\hat{g}$，它都不可能有无穷多个解，因此上式不成立，即$g(p) = \dfrac{1}{p}$的无偏估计不存在.

（2）对同一个参数，可以有很多无偏估计.

【例 3.2.5】 设$X_1, X_2, \cdots, X_n$为来自总体X的样本，总体均值为$\mu = E(X)$，则易见$\bar{X} = \dfrac{1}{n}\sum_{i=1}^{n} X_i$与$\bar{X}' = \sum_{i=1}^{n} \alpha_i X_i$，其中$\sum_{i=1}^{n} \alpha_i = 1$都是$\mu$的无偏估计.

（3）有时无偏估计不合理.

【例 3.2.6】　设总体 $X \sim P(\lambda)$，$\lambda > 0$ 且为未知参数，$X_1, X_2, \cdots, X_n$ 为来自总体 X 的样本，试证：$(-3)^{X_1}$ 是 $g(\lambda) = \mathrm{e}^{-4\lambda}$ 的无偏估计.

证　由于

$$E[(-3)^{X_1}] = \sum_{k=0}^{\infty}(-3)^k \frac{\lambda^k}{k!}\mathrm{e}^{-\lambda} = \mathrm{e}^{-4\lambda}\sum_{k=0}^{\infty}\frac{(-3\lambda)^k}{k!}\mathrm{e}^{3\lambda} = \mathrm{e}^{-4\lambda}.$$

因此，$(-3)^{X_1}$ 是 $g(\lambda) = \mathrm{e}^{-4\lambda}$ 的无偏估计，但这个估计明显是不合理的，因为当 X_1 是奇数时，$(-3)^{X_1} < 0$，而 $g(\lambda) = \mathrm{e}^{-4\lambda}$ 恒为正常数.

从以上 3 个例子可见，仅要求估计具有无偏性是不够的，无偏性反映的是估计量所取数值在未知参数真值 θ 周围波动的情况，但没有反映估计值波动的幅度，而方差是反映随机变量取值在它的均值邻域内分散或集中程度的一种度量，因此，一个好的估计量不仅应该是待估参数 θ 的无偏估计，而且应该有尽可能小的方差，这就是下面将给出的有效性.

3.2.2　有效性

定义 3.2.2　设 $\hat{\theta}_1$ 与 $\hat{\theta}_2$ 都是未知参数 θ 的无偏估计量，而且对于一切 $\theta \in \Theta$，Θ 为参数空间，均有

$$D(\hat{\theta}_1) \le D(\hat{\theta}_2),$$

且不等号至少对某个 $\theta \in \Theta$ 成立，则称估计 $\hat{\theta}_1$ 比估计 $\hat{\theta}_2$ **有效**，其中比值 $D(\hat{\theta}_1)/D(\hat{\theta}_2)$ 称为 $\hat{\theta}_2$ 相对于 $\hat{\theta}_1$ 的**效率**.

【例 3.2.7】　设 $X_1, X_2, \cdots, X_n$ 为来自总体 X 的样本，总体均值为 $E(X) = \mu$，总体方差为 $D(X) = \sigma^2$，试比较总体均值 μ 的两个无偏估计 $\bar{X} = \frac{1}{n}\sum_{i=1}^{n} X_i$ 与 $\bar{X}' = \sum_{i=1}^{n} \alpha_i X_i$（其中 $\sum_{i=1}^{n}\alpha_i = 1$）的有效性.

解　由例 3.2.5 知，$\bar{X}$ 与 $\bar{X}'$ 都是 μ 的无偏估计，由于

$$\sum_{i=1}^{n}\alpha_i^2 = \sum_{i=1}^{n}[(\alpha_i - \frac{1}{n}) + \frac{1}{n}]^2 \ge \sum_{i=1}^{n}[(\alpha_i - \frac{1}{n})^2 + \frac{1}{n^2}] = \sum_{i=1}^{n}(\alpha_i - \frac{1}{n})^2 + \frac{1}{n} \ge \frac{1}{n},$$

因此

$$D(\bar{X}') = \sum_{i=1}^{n}\alpha_i^2 D(X_i) = \sum_{i=1}^{n}\alpha_i^2\sigma^2 \ge \frac{\sigma^2}{n} = D(\bar{X}),$$

当且仅当 $\alpha_1 = \alpha_2 = \cdots \alpha_n = \frac{1}{n}$ 时等号成立，因此，$\bar{X}$ 比 $\bar{X}'$ 有效.

【例 3.2.8】　设总体 $X \sim U(0, \theta)$，$\theta > 0$，$X_1, X_2, \cdots, X_n$ 为来自总体 X 的样本，试证：θ 的矩估计 $\hat{\theta}_1 = 2\bar{X}$ 与由其最大似然估计 $X_{(n)}$ 修正得到的估计 $\hat{\theta}_2 = \frac{n+1}{n}X_{(n)}$ 都是 θ 的无偏估计，并判断估计 $\hat{\theta}_1$ 与 $\hat{\theta}_2$ 的有效性.

解　X 的概率密度函数为

$$f(x) = \begin{cases} \frac{1}{\theta}, & 0 < x < \theta, \\ 0, & \text{其他}. \end{cases}$$

由顺序统计量的分布，易得 $X_{(n)}$ 的概率密度函数为

$$f_{X_{(n)}}(x)=\begin{cases}\dfrac{n}{\theta^n}x^{n-1}, & 0<x<\theta,\\ 0, & 其他.\end{cases}$$

经计算易得 $E(\bar{X})=\dfrac{\theta}{2}$， $E(X_{(n)})=\dfrac{n}{n+1}\theta$，因此

$$E(\hat{\theta}_1)=E(2\bar{X})=\theta，\quad E(\hat{\theta}_2)=E(\frac{n+1}{n}X_{(n)})=\theta，$$

即 $\hat{\theta}_1$ 与 $\hat{\theta}_2$ 都是 θ 的无偏估计，又由于

$$D(\hat{\theta}_1)=D(2\bar{X})=4D(\bar{X})=\frac{4}{n}D(X)=\frac{4}{n}\times\frac{\theta^2}{12}=\frac{1}{3n}\theta^2，$$

$$E(X_{(n)}^2)=\int_0^\theta x^2\cdot\frac{n}{\theta^n}x^{n-1}\mathrm{d}x=\frac{n}{n+2}\theta^2，$$

$$\begin{aligned}D(\hat{\theta}_2)&=D(\frac{n+1}{n}X_{(n)})=\frac{(n+1)^2}{n^2}D(X_{(n)})=\frac{(n+1)^2}{n^2}\{E(X_{(n)}^2)-[E(X_{(n)})]^2\}\\&=\frac{(n+1)^2}{n^2}\left[\frac{n}{n+2}\theta^2-\frac{n^2}{(n+1)^2}\theta^2\right]=\frac{1}{n(n+2)}\theta^2，\end{aligned}$$

因此，当 $n\geq 2$ 时， $\hat{\theta}_2$ 比 $\hat{\theta}_1$ 有效.

既然一个无偏估计的方差越小越好，那么有没有最好的无偏估计量呢？为此引入如下的一致最小方差无偏估计的定义.

定义 3.2.3 设 $X_1,X_2,\cdots,X_n$ 为来自总体 X 的样本，总体分布中的未知参数 $\theta\in\Theta$， Θ 为参数空间， $\hat{g}(X_1,X_2,\cdots,X_n)$ 为待估参数 $g(\theta)$ 的一个无偏估计，若对 $g(\theta)$ 的任意一个无偏估计 $\tilde{g}(X_1,X_2,\cdots,X_n)$，均有

$$D(\hat{g}(X_1,X_2,\cdots,X_n))\leq D(\tilde{g}(X_1,X_2,\cdots,X_n))$$

则称 $\hat{g}(X_1,X_2,\cdots,X_n)$ 是 $g(\theta)$ 的**一致最小方差无偏估计**（Uniformly Minimum Variance Unbiased Estimator，UMVUE）.

上述定义的特殊情形为 $g(\theta)=\theta$.

待估函数 $g(\theta)$ 的无偏估计量可能有许多，甚至有无穷多个，它们的方差究竟能小到何种程度呢？由于它们的方差都大于零（因为 $D\hat{g}(\theta)=0\Leftrightarrow P\{\hat{g}(\theta)=c\}=1$， c 为常数），因此它们的方差应该有一个下确界. 下面的定理 3.2.1 给出了这个下确界，它有助于找一致最小方差无偏估计.

定理 3.2.1 设总体 X 的概率密度函数为 $f(x;\theta)$，一维未知参数 $\theta\in\Theta$，参数空间 Θ 为一个开区间， $X_1,X_2,\cdots,X_n$ 为 X 的样本， $\hat{g}(X_1,X_2,\cdots,X_n)$ 是待估函数 $g(\theta)$ 的任意一个无偏估计量. 假定：

（1）集合 $\{x:f(x;\theta)>0\}$ 与 θ 无关，即概率密度为正值的那些 x 组成的集合与 θ 值无关；

（2） $g'(\theta)$ 与 $\dfrac{\partial}{\partial\theta}f(x;\theta)$ 均存在，且对一切 $\theta\in\Theta$，有

$$\frac{\mathrm{d}}{\mathrm{d}\theta}\int_{-\infty}^{+\infty}f(x;\theta)\mathrm{d}x=\int_{-\infty}^{+\infty}\frac{\partial}{\partial\theta}f(x;\theta)\mathrm{d}x=0；$$

$$\frac{\mathrm{d}}{\mathrm{d}\theta}\int_{-\infty}^{+\infty}\cdots\int_{-\infty}^{+\infty}\hat{g}(x_1,x_2,\cdots,x_n)\prod_{i=1}^{n}f(x_i;\theta)\mathrm{d}x_1\mathrm{d}x_2\cdots\mathrm{d}x_n$$

$$=\int_{-\infty}^{+\infty}\cdots\int_{-\infty}^{+\infty}\hat{g}(x_1,x_2,\cdots,x_n)\frac{\partial}{\partial\theta}[\prod_{i=1}^{n}f(x;\theta)]\mathrm{d}x_1\mathrm{d}x_2\cdots\mathrm{d}x_n .$$

（3）记
$$I(\theta)=E[\frac{\partial}{\partial\theta}\ln f(X;\theta)]^2,$$
当 $I(\theta)>0$ 时，

$$D(\hat{g}(X_1,X_2,\cdots,X_n))\geq\frac{[g'(\theta)]^2}{nI(\theta)}.$$

特别地，当 $g(\theta)=\theta$ 时，上面的不等式变为

$$D(\hat{g}(X_1,X_2,\cdots,X_n))\geq\frac{1}{nI(\theta)}.$$

可以证明，$I(\theta)$ 有另一个易于计算的表达式

$$I(\theta)=-E\left[\frac{\partial^2}{\partial\theta^2}\ln f(X;\theta)\right].$$

上述定理称为 Rao-Cramér 定理，若把定理 3.2.1 中的概率密度函数改为概率函数，把积分改为求和，则定理的结论对离散型总体仍然是成立的. 定理的证明见参考文献[10].

定理 3.2.1 中的不等式称为 Rao-Cramér 不等式，简称为R－C不等式. 不等式的右端称为 $g(\theta)$ 的无偏估计量的方差下（确）界，也称为R－C不等式下界. $I(\theta)$ 称为信息量，“信息量”一词的统计思想是：总体分布参数的一致最小方差无偏估计的方差若能达到R－C不等式下界，则与 $I(\theta)$ 成反比. $I(\theta)$ 越大，则一致最小方差无偏估计的方差越小，就可以越精确地估计出来总体分布中的参数，因此说明样本中包含的关于总体分布参数的信息越多.

严格地说，达到R－C不等式下界的无偏估计量还不一定是一致最小方差无偏估计， 仅仅是满足定理条件的一切无偏估计量中的最小方差者. 但是，在本书涉及的问题中，定理的条件（2）、（3）总成立，只要定理的条件（1）得到满足，此时达到R－C不等式下界的无偏估计量就是一致最小方差无偏估计. 若条件（1）不满足（如均匀分布 $U(0,\theta)$，θ 为待估参数），则其无偏估计量的方差可小于R－C不等式下界.

定义 3.2.4　假定满足定理 3.2.1 的条件.

（1）设 $\hat{g}=\hat{g}(X_1,X_2,\cdots,X_n)$ 是 $g(\theta)$ 的一个无偏估计量，若有

$$D(\hat{g})=\frac{[g'(\theta)]^2}{nI(\theta)}$$

则称 $\hat{g}=\hat{g}(X_1,X_2,\cdots,X_n)$ 为 $g(\theta)$ 的**有效估计量**；

（2）若 $\hat{g}=\hat{g}(X_1,X_2,\cdots,X_n)$ 是 $g(\theta)$ 的一个无偏估计量，则 $\frac{[g'(\theta)]^2}{nI(\theta)}$ 与 $D(\hat{g})$ 之比

$$\frac{[g'(\theta)]^2}{nI(\theta)}\bigg/D(\hat{g})=\frac{[g'(\theta)]^2}{nI(\theta)D(\hat{g})}$$

称为无偏估计量 $\hat{g}(X_1,X_2,\cdots,X_n)$ 的**效率**，记为 $\rho_n(\theta,\hat{g})$；

（3）若 $\lim\limits_{n\to\infty}\rho_n(\theta,\hat{g})=\rho_0(\theta,\hat{g})$，则称 $\rho_0(\theta,\hat{g})$ 为无偏估计量 $\hat{g}(X_1,X_2,\cdots,X_n)$ 的**渐近效率**；若 $\rho_0(\theta,\hat{g})=1$，则称无偏估计量 $\hat{g}(X_1,X_2,\cdots,X_n)$ 为 $g(\theta)$ 的**渐近有效估计量**.

由R－C不等式可知效率 $\rho_n(\theta,\hat{g})$ 满足

$$0 \le \rho_n(\theta,\hat{g}) \le 1.$$

$\hat{g}(X_1,X_2,\cdots,X_n)$ 是有效估计量的充要条件为 $\rho_n(\theta,\hat{g})=1$；当样本容量 n 充分大时，渐近有效估计量的效率 $\rho_n(\theta,\hat{g})$ 接近1.

注意：有效估计量就是一致最小方差无偏估计，但 $g(\theta)$ 的有效估计量不一定存在，即使是 $g(\theta)$ 的一致最小方差无偏估计，也不一定是有效估计量. 对于很多重要的分布，未知参数的渐近有效估计量总是存在的.

【例 3.2.9】 设总体 $X \sim B(1,p)$，概率函数为

$$p(x;p)=\begin{cases} p^x(1-p)^{1-x}, & x=0,1, \\ 0, & \text{其他}. \end{cases} \quad (0<p<1)$$

$X_1,X_2,\cdots,X_n$ 为来自总体 X 的样本，试求参数 p 的无偏估计量的方差下界.

解 集合 $\{x: p(x;p)>0\}=\{0,1\}$ 与 p 无关，即定理 3.2.1 的条件（1）满足.

当 $x=0,1$ 时，有

$$\frac{\partial}{\partial p}\ln p(x;p)=\frac{\partial}{\partial p}[x\ln p+(1-x)\ln(1-p)]=\frac{x}{p}-\frac{1-x}{1-p},$$

$$\frac{\partial^2}{\partial p^2}\ln f(x;p)=-\frac{x}{p^2}-\frac{1-x}{(1-p)^2}.$$

信息量为

$$I(p)=-E[\frac{\partial^2}{\partial p^2}\ln f(X;p)]=-E[-\frac{X}{p^2}-\frac{1-X}{(1-p)^2}]$$

$$=\frac{E(X)}{p^2}+\frac{1-E(X)}{(1-p)^2}=\frac{1}{p(1-p)}.$$

于是所求为 $\dfrac{1}{nI(p)}=\dfrac{p(1-p)}{n}$.

根据R－C不等式可知，参数 p 的任何无偏估计量 $\hat{p}$ 都满足不等式

$$D(\hat{p}) \ge \frac{p(1-p)}{n}.$$

前面已求得参数 p 的矩估计量及最大似然估计量都是 $\hat{p}=\frac{1}{n}\sum_{i=1}^{n}X_i=\bar{X}$，且易知其为无偏估计量，易算得

$$D(\hat{p})=D(\bar{X})=\frac{1}{n}D(X)=\frac{p(1-p)}{n}.$$

就是说，当 $X \sim B(1,p)$ 时，参数 p 的无偏估计量 $\hat{p}=\bar{X}$ 是达到方差下界的无偏估计量，即为有效估计量，也就是一致最小方差无偏估计.

【例 3.2.10】 设总体 X 服从指数分布，其概率密度函数为

$$f(x;\lambda)=\begin{cases} \lambda e^{-\lambda x}, & x>0, \\ 0, & x \le 0. \end{cases}$$

式中，$\lambda>0$ 为未知参数，$X_1, X_2, \cdots, X_n$ 为来自总体 X 的样本，求待估函数 $g(\lambda)=\lambda^{-1}$ 的无偏估计量的方差下界，并验证 $g(\lambda)$ 的极大似然估计量是否为一致最小方差无偏估计.

解 集合$\{x: f(x;\lambda)>0\}=(0,+\infty)$与参数$\lambda$无关，即定理 3.2.1 的条件（1）满足. 当$x>0$时，有

$$\frac{\partial^2}{\partial\lambda^2}\ln f(x;\lambda)=\frac{\partial^2}{\partial\lambda^2}(\ln\lambda-\lambda x)=-\frac{1}{\lambda^2},$$

$$I(\lambda)=-E[\frac{\partial^2}{\partial\lambda^2}\ln f(X;\lambda)]=-E(-\frac{1}{\lambda^2})=\frac{1}{\lambda^2}.$$

于是，$g(\lambda)$的无偏估计量的方差下界为

$$\frac{[g'(\lambda)]^2}{nI(\lambda)}=\frac{[(\lambda^{-1})']^2}{n/\lambda^2}=\frac{1}{n\lambda^2}.$$

由例 3.1.8 知λ的最大似然估计量为$\hat{\lambda}=(\bar{X})^{-1}$，因此$g(\lambda)=\lambda^{-1}$的最大似然估计量为

$$\hat{g}(X_1,X_2,\cdots,X_n)=\hat{\lambda}^{-1}=\bar{X}.$$

易验证
$$E(\hat{\lambda}^{-1})=E(\bar{X})=E(X)=\lambda^{-1},$$

即$\hat{\lambda}^{-1}=\bar{X}$是$g(\lambda)=\lambda^{-1}$的无偏估计量. 又因为

$$D(\hat{\lambda}^{-1})=D(\bar{X})=\frac{1}{n}D(X)=\frac{1}{n\lambda^2},$$

所以，$g(\lambda)=\lambda^{-1}$的极大似然估计量$\hat{\lambda}^{-1}=\bar{X}$是一个达到方差下界的无偏估计量，即有效估计量，也就是一致最小方差无偏估计.

【例 3.2.11】 设总体$X\sim N(\mu,\sigma^2)$，μ与σ^2均未知，$X_1,X_2,\cdots,X_n$为取自总体X的样本，求μ与σ^2各自的无偏估计量的方差下界，并检验μ的无偏估计量$\hat{\mu}=\bar{X}$与σ^2的无偏估计量$\hat{\sigma}^2=S^2$是否为有效估计量.

解 集合$\{x: f(x;\mu,\sigma^2)>0\}=(-\infty,+\infty)$与$\mu$无关，也与$\sigma^2$无关，即定理 3.2.1 的条件（1）满足.

总体X的概率密度函数为

$$f(x;\mu,\sigma^2)=\frac{1}{\sqrt{2\pi}\sigma}\mathrm{e}^{-\frac{(x-\mu)^2}{2\sigma^2}},$$

得
$$\ln f(x;\mu,\sigma^2)=-\ln\sqrt{2\pi}-\frac{1}{2}\ln\sigma^2-\frac{(x-\mu)^2}{2\sigma^2},$$

易得
$$\frac{\partial^2}{\partial\mu^2}\ln f(x;\mu,\sigma^2)=-\frac{1}{\sigma^2}.$$

于是得信息量
$$I(\mu)=-E\left[\frac{\partial^2}{\partial\mu^2}\ln f(X;\mu,\sigma^2)\right]=\frac{1}{\sigma^2}.$$

所以，μ的无偏估计量的方差下界为

$$\frac{1}{nI(\mu)}=\frac{\sigma^2}{n}.$$

又
$$D(\hat{\mu})=D(\bar{X})=\frac{1}{n}D(X)=\frac{\sigma^2}{n}.$$

这表明，$\hat{\mu}=\bar{X}$是达到方差下界的无偏估计量，即有效估计量，也就是一致最小方差无偏估计.

下面来求σ^2的无偏估计量的方差下界. 不难算得

$$\frac{\partial^2}{\partial(\sigma^2)^2}\ln f(x;\mu,\sigma^2)=\frac{1}{2\sigma^4}-\frac{(x-\mu)^2}{\sigma^6}.$$

信息量为

$$I(\sigma^2)=-E[\frac{\partial^2}{\partial(\sigma^2)^2}\ln f(X;\mu,\sigma^2)]=-E[\frac{1}{2\sigma^4}-\frac{(X-\mu)^2}{\sigma^6}]$$
$$=-\frac{1}{2\sigma^4}+\frac{D(X)}{\sigma^6}=\frac{1}{2\sigma^4}.$$

于是σ^2的无偏估计量的方差下界为$\frac{1}{nI(\sigma^2)}=\frac{2\sigma^4}{n}$. 对于正态总体，由第 2 章的定理 2.5.1 的（3）知

$$\frac{(n-1)S^2}{\sigma^2}\sim\chi^2(n-1)$$

于是有

$$D(S^2)=D[\frac{\sigma^2}{n-1}\cdot\frac{(n-1)S^2}{\sigma^2}]=\frac{\sigma^4}{(n-1)^2}D[\frac{(n-1)S^2}{\sigma^2}]$$
$$=\frac{\sigma^4}{(n-1)^2}\cdot 2(n-1)=\frac{2\sigma^4}{n-1}.$$

所以，$\hat{\sigma}^2=S^2$的方差没有达到无偏估计量的方差下界，即不是有效估计量. 它的效率为

$$\rho_n(\hat{\sigma}^2,S^2)=\frac{2\sigma^4}{n}\bigg/\frac{2\sigma^4}{n-1}=\frac{n-1}{n}<1,$$

但

$$\lim_{n\to\infty}\rho_n(\hat{\sigma}^2,S^2)=\lim_{n\to\infty}\frac{n-1}{n}=1.$$

这表明，正态总体的样本方差S^2是总体方差σ^2的渐近有效估计量.

可以证明S^2是σ^2的一致最小方差无偏估计,但它没有达到σ^2的无偏估计量的方差下界，也就是说，$R-C$不等式下界不一定能够达到.

最后，不加证明地给出一个结论：当满足 Rao-Cramér 定理的条件时，若参数θ的有效估计量存在，则此有效估计量一定是θ的唯一的最大似然估计量.

3.2.3 相合性

总体参数θ的估计$\hat{\theta}(X_1,X_2,\cdots,X_n)$与样本容量$n$有关，当用$\hat{\theta}$去估计$\theta$时，自然要求当$n$越来越大时，估计量$\hat{\theta}$越来越接近$\theta$，这就是下面的相合性概念.

定义 3.2.5 设$\hat{\theta}_n(X_1,X_2,\cdots,X_n)$为总体分布中未知参数$\theta\in\Theta$的估计，$\Theta$为参数空间，若对任意的$\theta\in\Theta$，有

$$\lim_{n\to\infty}P\{|\hat{\theta}_n-\theta|\geq\varepsilon\}=0,$$

即

$$\hat{\theta}_n\xrightarrow{\text{P}}\theta\,(n\to\infty).$$

则称$\hat{\theta}_n$为θ的**相合估计**（或**一致估计**），也可说估计$\hat{\theta}_n$具有**相合性**（或**一致性**）.

【例 3.2.12】 由大数定律可知，样本k阶原点矩是相应总体k阶原点矩的相合估计（假定被估计的总体k阶原点矩存在），而且，样本k阶中心矩是相应总体k阶中心矩的相合估计

（假定被估计的总体k阶中心矩存在），特别地，样本均值$\bar{X}$与样本二阶中心矩U_2分别是总体均值$E(X)$与总体方差$D(X)$的相合估计.

一般地，矩估计量通常是相合估计量.

【例 3.2.13】 设总体$X \sim U(0,\theta)$，$\theta>0$且为未知参数，$X_1,X_2,\cdots,X_n$为来自总体X的样本，试证：$\hat{\theta}_n = X_{(n)}$是θ的有偏估计，但它是相合的.

证 由例 3.2.8 得$E(X_{(n)})=\dfrac{n}{n+1}\theta$，且对任意$\varepsilon>0$，有

$$\begin{aligned}\lim_{n\to\infty} P\{|\hat{\theta}_n-\theta|\geq\varepsilon\} &= \lim_{n\to\infty} P\{X_{(n)}\geq\theta+\varepsilon\text{或}X_{(n)}\leq\theta-\varepsilon\}\\ &= \lim_{n\to\infty} P\{X_{(n)}\leq\theta-\varepsilon\} = \lim_{n\to\infty}\int_0^{\theta-\varepsilon}\frac{n}{\theta^n}x^{n-1}\mathrm{d}x\\ &= \lim_{n\to\infty}\left(\frac{\theta-\varepsilon}{\theta}\right)^n = 0.\end{aligned}$$

因此$\hat{\theta}_n = X_{(n)}$是θ的有偏估计，但它是相合的.

相合性是对一个估计量的最基本的要求，如果一个估计量不是相合的，那么可以说它不是一个好的估计. 由于涉及随机变量的极限性质，因此在数学上，根据定义验证估计量的相合性有一定的难度，此时可使用如下的验证定理.

定理 3.2.2 设$\hat{\theta}_n$是未知参数θ的估计量，如果满足

$$\begin{cases}\lim\limits_{n\to\infty} E(\hat{\theta}_n)=\theta,\\ \lim\limits_{n\to\infty} D(\hat{\theta}_n)=0.\end{cases}$$

那么$\hat{\theta}_n$是θ的相合估计量.

证 由切比雪夫不等式知

$$P(\left|\hat{\theta}_n-\theta\right|\geq\varepsilon)\leq\frac{E[(\hat{\theta}_n-\theta)^2]}{\varepsilon^2}=\frac{1}{\varepsilon^2}\{D(\hat{\theta}_n)+[E(\hat{\theta}_n)-\theta]^2\}\to 0\ (n\to\infty).$$

【例 3.2.14】 总体$X\sim B(1,p)$，$X_1,X_2,\cdots,X_n$为来自总体X的样本，证明：$\bar{X}$是参数p的相合估计量.

证 易知$E(\bar{X})=p$，$D(\bar{X})=\dfrac{p(1-p)}{n}\to 0$，所以，由定理 3.2.2 知，$\bar{X}$是参数$p$的相合估计量.

【例 3.2.15】 设总体$X\sim N(\mu,\sigma^2)$，$X_1,X_2,\cdots,X_n$为来自总体X的样本，证明：估计量$S_1^2=\dfrac{1}{n+1}(X_i-\bar{X})^2$是$\sigma^2$的相合估计量.

证 因为

$$\frac{(n+1)S_1^2}{\sigma^2}=\frac{\sum\limits_{i=1}^{n}(X_i-\bar{X})^2}{\sigma^2}\sim\chi^2(n-1),$$

所以

$$E[\frac{(n+1)S_1^2}{\sigma^2}]=n-1,\ D[\frac{(n+1)S_1^2}{\sigma^2}]=2(n-1),$$

即

$$E(S_1^2)=\frac{n-1}{n+1}\sigma^2，D(S_1^2)=\frac{2(n-1)}{(n+1)^2}\sigma^4 .$$

显然，当$n\to\infty$时，$E(S_1^2)\to\sigma^2$，$D(S_1^2)\to 0$. 由定理 3.2.2 知，S_1^2是σ^2的相合估计量.

用定理 3.2.2 判断一个估计量具有相合性是常用的方法，前面例子中的许多估计量都具有相合性. 在一般条件下，最大似然估计量均具有相合性.

3.3 区间估计

3.3.1 区间估计的定义与枢轴量法

设$\hat{\theta}(X_1,X_2,\cdots,X_n)$是未知参数$\theta$的一个估计量，它是一个随机变量，对于一组样本观测值$x_1,x_2,\cdots,x_n$，算得一个估计值$\hat{\theta}(x_1,x_2,\cdots,x_n)$，点估计就是取$\theta\approx\hat{\theta}(x_1,x_2,\cdots,x_n)$.一般地，$\hat{\theta}(x_1,x_2,\cdots,x_n)$与$\theta$之间存在误差，点估计没能给出近似的精确程度或误差范围，这是点估计的缺陷，而区间估计在一定程度上弥补了这一不足. 区间估计给出了包含参数真值的范围及可靠程度，下面给出区间估计的定义.

定义 3.3.1 设总体X的分布函数为$F(x;\theta)$，其中θ为未知参数，$\theta\in\Theta$，Θ为参数空间，$X_1,X_2,\cdots,X_n$为来自总体X的一个样本，若对事先给定的一个数α $(0<\alpha<1)$，存在两个统计量

$$\hat{\theta}_1=\hat{\theta}_1(X_1,X_2,\cdots,X_n)，\hat{\theta}_2=\hat{\theta}_2(X_1,X_2,\cdots,X_n)，$$

使得对一切$\theta\in\Theta$，有

$$P\{\hat{\theta}_1<\theta<\hat{\theta}_2\}=1-\alpha ，$$

则称随机区间$(\hat{\theta}_1,\hat{\theta}_2)$为参数$\theta$的置信水平（或置信度）为$1-\alpha$的**区间估计**或**置信区间**，$\hat{\theta}_1$和$\hat{\theta}_2$分别称为**置信下限**和**置信上限**，$1-\alpha$称为**置信水平**或**置信度**. 通常$\alpha$取0.01、0.05、0.10等值.

从定义 3.3.1 可知，置信区间$(\hat{\theta}_1,\hat{\theta}_2)$是一个随机区间，它的两个端点和区间长度$\hat{\theta}_2-\hat{\theta}_1$都是样本$X_1,X_2,\cdots,X_n$的函数，而且都是随机变量.

区间估计的意义可解释为：每次抽取一组样本容量为n的样本，相应的样本观测值确定一个具体的区间，这个区间可能包含θ的真值，也可能不包含θ的真值，反复抽样 100 次，相应地得到 100 个区间. 在这 100 个区间中，包含θ真值的区间约占$(1-\alpha)\times100\%$，不包含θ真值的区间约占$\alpha\times100\%$. 例如，对置信水平为 0.95 的置信区间而言，粗略地说，在100次抽样得到的100个区间中，约有95个区间包含参数θ的真值.

置信水平是区间估计的可靠性度量，在给定的置信水平下，置信区间的长度越短，其估计精度越高，而可靠度和精度是相互矛盾的两个指标，可靠度要求越高，置信区间越长，此时精度越低. 理论上通常的原则是在保证可靠度的条件下，求精度尽可能高的置信区间. 一般的做法是，根据不同类型的问题，先确定一个较大的置信水平$1-\alpha$，使得$P\{\hat{\theta}_1<\theta<\hat{\theta}_2\}=1-\alpha$，此时$(\hat{\theta}_1,\hat{\theta}_2)$的取法仍然有很多种，之后从中选取一个平均长度最短的区间估计.

构造区间估计最常用的方法是**枢轴量法**，具体步骤如下.

第一步 找一个与被估计量（参数θ）有关的统计量$T(X)$，一般选取参数θ的一个优良的点估计；

第二步 构造统计量T和参数θ的一个函数$G(T,\theta)$，要求G的分布与参数θ无关，具有这种性质的函数$G(T,\theta)$称为**枢轴量**；

第三步 对给定的置信水平$1-\alpha$ $(0<\alpha<1)$，选取两个常数a和b（$a<b$），使得对任意的$\theta\in\Theta$，有

$$P\{a<G(T,\theta)<b\}=1-\alpha\,;$$

第四步 如果不等式$a<G(T,\theta)<b$可以等价变形为$\hat{\theta}_1<\theta<\hat{\theta}_2$，且对任意的$\theta\in\Theta$，有

$$P\{\hat{\theta}_1<\theta<\hat{\theta}_2\}=1-\alpha\,,$$

那么区间$(\hat{\theta}_1,\hat{\theta}_2)$就是参数$\alpha$的置信水平为$1-\alpha$的区间估计.

在枢轴量法中，枢轴量起了轴心的作用，只需求出一个区间，使得枢轴量落在这个区间中的概率为$1-\alpha$，再转化为参数的置信水平为$1-\alpha$的置信区间，这也是枢轴量这个名称的由来. 值得注意的是：

（1）当$G(T,\theta)$是θ的连续严格单调函数时，这两个不等式的等价变形总可以做到；

（2）若被估计量是参数θ的函数$g(\theta)$，此时把枢轴量$G(T,\theta)$换为$G(T,g(\theta))$，不等式$\hat{\theta}_1<\theta<\hat{\theta}_2$换为$\hat{g}_1(X_1,X_2,\cdots,X_n)<g(\theta)<\hat{g}_2(X_1,X_2,\cdots,X_n)$；

（3）当枢轴量是被估计量的单调函数时，经常选

$$P\{G(T,g(\theta))\ge b\}=\frac{\alpha}{2}\quad,\quad P\{G(T,g(\theta))\le a\}=\frac{\alpha}{2}.$$

这是一种习惯做法，此时置信区间可以不必最短.

3.3.2 单个正态总体均值和方差的区间估计

设总体$X\sim N(\mu,\sigma^2)$，$\mu\in\mathbf{R}$，$\sigma>0$，$X_1,X_2,\cdots,X_n$为来自总体X的样本，利用枢轴量法求参数μ的置信水平为$1-\alpha$的置信区间，以下分总体方差σ^2已知和总体方差σ^2未知两种情况来讨论.

（1）总体方差σ^2已知

参数μ的最大似然估计为$\bar{X}$，构造$\bar{X}$和μ的一个函数

$$u=\frac{\bar{X}-\mu}{\sigma/\sqrt{n}}\sim N(0,1)\,,$$

取u为枢轴量.

对给定α $(0<\alpha<1)$，取a和b（$a<b$）满足

$$P\{a<\frac{\bar{X}-\mu}{\sigma/\sqrt{n}}<b\}=1-\alpha\,,$$

由于标准正态分布是对称分布，因此要使区间的平均长度最短，应有$P\{u\le a\}=P\{u\ge b\}=\alpha/2$，故$a=-u_{\alpha/2}$，$b=u_{\alpha/2}$.

将不等式$a=-u_{\alpha/2}<\dfrac{\bar{X}-\mu}{\sigma/\sqrt{n}}<u_{\alpha/2}=b$等价变形为$\bar{X}-\dfrac{\sigma}{\sqrt{n}}u_{\alpha/2}<\mu<\bar{X}+\dfrac{\sigma}{\sqrt{n}}u_{\alpha/2}$，从而$\mu$的置信水平为$1-\alpha$的置信区间为

$$\left(\bar{X}-\frac{\sigma}{\sqrt{n}}u_{\alpha/2},\ \bar{X}+\frac{\sigma}{\sqrt{n}}u_{\alpha/2}\right). \tag{3.1}$$

（2）总体方差σ^2未知

参数μ的最大似然估计为$\bar{X}$，构造$\bar{X}$和μ的一个函数

$$t=\frac{\bar{X}-\mu}{S/\sqrt{n}}\sim t(n-1),$$

式中，$S=\sqrt{\frac{1}{n-1}\sum_{i=1}^{n}(X_i-\bar{X})^2}$，故取$t$为枢轴量.

对给定$\alpha\,(0<\alpha<1)$，取a和$b\,(a<b)$满足

$$P\{a<\frac{\bar{X}-\mu}{S/\sqrt{n}}<b\}=1-\alpha,$$

由于t分布是对称分布，因此要使区间的平均长度最短，应有

$$P\{t\le a\}=P\{t\ge b\}=\alpha/2,$$

故$a=-t_{\alpha/2}(n-1)$，$b=t_{\alpha/2}(n-1)$.

不等式$a=-t_{\alpha/2}(n-1)<\frac{\bar{X}-\mu}{S/\sqrt{n}}<t_{\alpha/2}(n-1)=b$等价变形为

$$\bar{X}-\frac{S}{\sqrt{n}}t_{\alpha/2}(n-1)<\mu<\bar{X}+\frac{S}{\sqrt{n}}t_{\alpha/2}(n-1).$$

从而μ的置信水平为$1-\alpha$的置信区间为

$$\left(\bar{X}-\frac{S}{\sqrt{n}}t_{\alpha/2}(n-1),\ \bar{X}+\frac{S}{\sqrt{n}}t_{\alpha/2}(n-1)\right). \tag{3.2}$$

设总体$X\sim N(\mu,\sigma^2)$，$\mu\in\mathbf{R}$，$\sigma>0$，$X_1,X_2,\cdots,X_n$为抽自总体X的样本，利用枢轴量法求参数σ^2的置信水平为$1-\alpha$的置信区间，以下分总体均值μ已知和总体均值μ未知两种情况来讨论.

（1）总体均值μ已知

当总体均值μ已知时，参数σ^2的无偏估计为$\hat{\sigma}^2=\frac{1}{n}\sum_{i=1}^{n}(X_i-\mu)^2$，构造$\hat{\sigma}^2$和$\sigma^2$的一个函数

$$\chi_1^2=\frac{n\hat{\sigma}^2}{\sigma^2}=\frac{1}{\sigma^2}\sum_{i=1}^{n}(X_i-\mu)^2\sim\chi^2(n),$$

取χ_1^2为枢轴量.

对给定$\alpha\,(0<\alpha<1)$，取a和$b\,(a<b)$满足

$$P\{a<\chi_1^2<b\}=1-\alpha,$$

即

$$P\{\chi_1^2\le a\}+P\{\chi_1^2\ge b\}=\alpha.$$

满足上式的a和b有很多，通常选取a和b，使得

$$P\{\chi_1^2\le a\}=P\{\chi_1^2\ge b\}=\alpha/2.$$

故$a=\chi_{1-\alpha/2}^2(n)$，$b=\chi_{\alpha/2}^2(n)$，于是有

$$P\{a<\chi_1^2<b\}=P\{\chi_{1-\alpha/2}^2(n)<\frac{1}{\sigma^2}\sum_{i=1}^n(X_i-\mu)^2\le\chi_{\alpha/2}^2(n)\}=1-\alpha,$$

将不等式 $\chi_{1-\alpha/2}^2(n)<\frac{1}{\sigma^2}\sum_{i=1}^n(X_i-\mu)^2<\chi_{\alpha/2}^2(n)$ 等价变形为

$$\frac{\sum_{i=1}^n(X_i-\mu)^2}{\chi_{\alpha/2}^2(n)}<\sigma^2<\frac{\sum_{i=1}^n(X_i-\mu)^2}{\chi_{1-\alpha/2}^2(n)},$$

从而 σ^2 的置信水平为 $1-\alpha$ 的置信区间为

$$\left(\frac{\sum_{i=1}^n(X_i-\mu)^2}{\chi_{\alpha/2}^2(n)},\ \frac{\sum_{i=1}^n(X_i-\mu)^2}{\chi_{1-\alpha/2}^2(n)}\right). \tag{3.3}$$

（2）总体均值 μ 未知

当总体均值 μ 未知时，参数 σ^2 的无偏估计为 $S^2=\frac{1}{n-1}\sum_{i=1}^n(X_i-\bar{X})^2$，构造 S^2 和 σ^2 的一个函数

$$\chi^2=\frac{(n-1)S^2}{\sigma^2}\sim\chi^2(n-1),$$

取 χ^2 为枢轴量.

类似于总体均值 μ 已知时的推导，得 σ^2 的置信水平为 $1-\alpha$ 的置信区间为

$$\left(\frac{(n-1)S^2}{\chi_{\alpha/2}^2(n-1)},\frac{(n-1)S^2}{\chi_{1-\alpha/2}^2(n-1)}\right). \tag{3.4}$$

单个正态总体未知参数的置信区间如表 3.1 所示.

表 3.1　单个正态总体未知参数的置信区间

待估参数	其他参数	枢轴量	分布	置信区间
μ	σ^2 已知	$\frac{\bar{X}-\mu}{\sigma/\sqrt{n}}$	$N(0,1)$	$\left(\bar{X}-\frac{\sigma}{\sqrt{n}}u_{\alpha/2},\ \bar{X}+\frac{\sigma}{\sqrt{n}}u_{\alpha/2}\right)$
	σ^2 未知	$\frac{\bar{X}-\mu}{S/\sqrt{n}}$	$t(n-1)$	$\left(\bar{X}-\frac{S}{\sqrt{n}}t_{\alpha/2}(n-1),\bar{X}+\frac{S}{\sqrt{n}}t_{\alpha/2}(n-1)\right)$
σ^2	μ 已知	$\frac{\sum_{i=1}^n(X_i-\mu)^2}{\sigma^2}$	$\chi^2(n)$	$\left(\frac{\sum_{i=1}^n(X_i-\mu)^2}{\chi_{\alpha/2}^2(n)},\ \frac{\sum_{i=1}^n(X_i-\mu)^2}{\chi_{1-\alpha/2}^2(n)}\right)$
	μ 未知	$\frac{(n-1)S^2}{\sigma^2}$	$\chi^2(n-1)$	$\left(\frac{(n-1)S^2}{\chi_{\alpha/2}^2(n-1)},\frac{(n-1)S^2}{\chi_{1-\alpha/2}^2(n-1)}\right)$

【例 3.3.1】　设某种电子元件的使用寿命 $X\sim N(\mu,\sigma^2)$，$\mu\in\mathbf{R}$，$\sigma>0$ 未知，现从中任取 20 个元件进行寿命（单位：kh）试验，得

9.6　9.8　10.1　10.5　11.0　11.2　11.4　11.7　12.0　12.1
12.3　12.5　12.8　12.9　13.0　13.1　13.2　13.4　13.5　13.8

试求μ和σ^2的置信水平为95%的置信区间.

解 经计算得 $\bar{x}=11.995$，$(n-1)s^2=\sum_{i=1}^{20}(x_i-\bar{x})^2=31.4495$，

由于$1-\alpha=0.95$，因此$\alpha=0.05$，又$n=20$，查附录B和附录C，得

$$t_{\alpha/2}(n-1)=t_{0.025}(19)\approx 2.09,$$

$$\chi^2_{\alpha/2}(n-1)=\chi^2_{0.025}(19)\approx 32.85,\quad \chi^2_{1-\alpha/2}(n-1)=\chi^2_{0.975}(19)\approx 8.91,$$

将数值代入μ的置信区间式（3.2），得μ的置信水平为95%的置信区间为$(11.39,\ 12.60)$.

将数值代入σ^2的置信区间式（3.4），得σ^2的置信水平为95%的置信区间为$(0.96,\ 3.53)$.

【例 3.3.2】 设总体X服从正态分布$N(\mu,\sigma_0^2)$，其中σ_0为已知数，需要抽取容量n为多大的样本，才能使总体均值μ的置信水平为$1-\alpha$的置信区间的长度不大于l？

解 当已知总体方差$\sigma^2=\sigma_0^2$时，总体均值μ的置信水平为$1-\alpha$的置信区间为式（3.1），置信区间的长度为$\frac{2\sigma_0}{\sqrt{n}}u_{\alpha/2}$，要使$\frac{2\sigma_0}{\sqrt{n}}u_{\alpha/2}\le l$，则有

$$n\ge\left(\frac{2\sigma_0}{l}u_{\alpha/2}\right)^2.$$

故当样本容量$n\ge\left[\left(\frac{2\sigma_0}{l}u_{\alpha/2}\right)^2\right]+1$时，置信区间的长度不大于$l$.

3.3.3 双正态总体均值差和方差比的区间估计

在实际问题中，常常需要考虑这样的问题，工艺、原料、设备和操作人员等因素发生变化会引起产品的某质量指标X发生变化，若X服从正态分布，则这时需要对两个正态总体的均值差和方差比进行区间估计.

设总体$X\sim N(\mu_1,\sigma_1^2)$，总体$Y\sim N(\mu_2,\sigma_2^2)$，$X_1,X_2,\cdots,X_{n_1}$为来自总体$X$的样本，$Y_1,Y_2,\cdots,Y_{n_2}$为来自总体$Y$的样本，而且这两组样本相互独立，记

$$\bar{X}=\frac{1}{n_1}\sum_{i=1}^{n_1}X_i,\quad S_1^2=\frac{1}{n_1-1}\sum_{i=1}^{n_1}(X_i-\bar{X})^2;$$

$$\bar{Y}=\frac{1}{n_2}\sum_{i=1}^{n_2}Y_i,\quad S_2^2=\frac{1}{n_2-1}\sum_{i=1}^{n_2}(Y_i-\bar{Y})^2.$$

下面分两种情况讨论$\mu_1-\mu_2$的区间估计.

（1）总体方差σ_1^2、σ_2^2均已知

参数$\mu_1-\mu_2$的无偏估计为$\bar{X}-\bar{Y}$，构造$\bar{X}-\bar{Y}$和参数$\mu_1-\mu_2$的一个函数

$$U=\frac{\bar{X}-\bar{Y}-(\mu_1-\mu_2)}{\sqrt{\sigma_1^2/n_1+\sigma_2^2/n_2}}\sim N(0,1),$$

取U为枢轴量.

类似于单个正态总体已知总体方差情形的讨论，得$\mu_1-\mu_2$的置信水平为$1-\alpha$的置信区间为

$$\left(\bar{X}-\bar{Y}-u_{\alpha/2}\sqrt{\sigma_1^2/n_1+\sigma_2^2/n_2},\ \bar{X}-\bar{Y}+u_{\alpha/2}\sqrt{\sigma_1^2/n_1+\sigma_2^2/n_2}\right).\tag{3.5}$$

（2）总体方差未知，但$\sigma_1^2=\sigma_2^2=\sigma^2$

参数$\mu_1-\mu_2$的无偏估计为$\bar{X}-\bar{Y}$，构造$\bar{X}-\bar{Y}$和参数$\mu_1-\mu_2$的一个函数

$$T=\frac{\bar{X}-\bar{Y}-(\mu_1-\mu_2)}{S_{\varpi}\sqrt{\dfrac{1}{n_1}+\dfrac{1}{n_2}}}\sim t(n_1+n_2-2),$$

式中，$S_{\varpi}=\sqrt{\dfrac{(n_1-1)S_1^2+(n_2-1)S_2^2}{n_1+n_2-2}}$，故取$T$为枢轴量.

类似于单个正态总体未知总体方差情形的讨论，得$\mu_1-\mu_2$的置信水平为$1-\alpha$的置信区间为

$$\left(\bar{X}-\bar{Y}-t_{\alpha/2}(n_1+n_2-2)S_{\varpi}\sqrt{\frac{1}{n_1}+\frac{1}{n_2}},\ \ \bar{X}-\bar{Y}+t_{\alpha/2}(n_1+n_2-2)S_{\varpi}\sqrt{\frac{1}{n_1}+\frac{1}{n_2}}\right).\tag{3.6}$$

下面讨论两个正态总体方差比σ_1^2/σ_2^2的区间估计，仍分两种情形来讨论.

（1）总体均值μ_1、μ_2均已知

用σ_1^2、σ_2^2的点估计$\hat{\sigma}_1^2=\dfrac{1}{n_1}\sum\limits_{i=1}^{n_1}(X_i-\mu_1)^2$、$\hat{\sigma}_2^2=\dfrac{1}{n_2}\sum\limits_{i=1}^{n_2}(Y_i-\mu_2)^2$来构造枢轴量

$$F_1=\frac{\dfrac{n_1\hat{\sigma}_1^2}{\sigma_1^2}\Big/n_1}{\dfrac{n_2\hat{\sigma}_2^2}{\sigma_2^2}\Big/n_2}=\frac{\hat{\sigma}_1^2/\hat{\sigma}_2^2}{\sigma_1^2/\sigma_2^2}\sim F(n_1,n_2).$$

对给定的$\alpha\ (0<\alpha<1)$，取a和b（$a<b$）满足

$$P\{a<F_1<b\}=1-\alpha,$$

即

$$P\{F_1\le a\}+P\{F_1\ge b\}=\alpha.$$

满足上式的a和b有很多，通常选取a和b，使得

$$P\{F_1\le a\}=P\{F_1\ge b\}=\alpha/2,$$

故$a=F_{1-\alpha/2}(n_1,n_2)$，$b=F_{\alpha/2}(n_1,n_2)$，于是有

$$P\{a<F_1<b\}=P\{F_{1-\alpha/2}(n_1,n_2)\le\frac{\hat{\sigma}_1^2/\hat{\sigma}_2^2}{\sigma_1^2/\sigma_2^2}\le F_{\alpha/2}(n_1,n_2)\}=1-\alpha,$$

从而σ_1^2/σ_2^2的置信水平为$1-\alpha$的置信区间为

$$\left(\frac{\hat{\sigma}_1^2}{\hat{\sigma}_2^2}\frac{1}{F_{\alpha/2}(n_1,n_2)},\ \frac{\hat{\sigma}_1^2}{\hat{\sigma}_2^2}\frac{1}{F_{1-\alpha/2}(n_1,n_2)}\right).\tag{3.7}$$

（2）总体均值μ_1、μ_2均未知

用σ_1^2、σ_2^2的点估计$\hat{\sigma}_1^2=S_1^2$、$\hat{\sigma}_2^2=S_2^2$来构造枢轴量

$$F=\frac{\dfrac{(n_1-1)S_1^2}{\sigma_1^2}\Big/(n_1-1)}{\dfrac{(n_2-1)S_2^2}{\sigma_2^2}\Big/(n_2-1)}=\frac{S_1^2/S_2^2}{\sigma_1^2/\sigma_2^2}\sim F(n_1-1,n_2-1),$$

类似于上面的推导，得σ_1^2/σ_2^2的置信水平为$1-\alpha$的置信区间为

$$\left(\frac{S_1^2}{S_2^2}\frac{1}{F_{\alpha/2}(n_1-1,n_2-1)},\ \frac{S_1^2}{S_2^2}\frac{1}{F_{1-\alpha/2}(n_1-1,n_2-1)}\right). \tag{3.8}$$

双正态总体均值差和方差比的置信区间如表 3.2 所示.

表 3.2 双正态总体均值差和方差比的置信区间

待估参数	其他参数	枢轴量	分布	置信区间
$\mu_1-\mu_2$	σ_1^2,σ_2^2 均已知	$\dfrac{\bar X-\bar Y-(\mu_1-\mu_2)}{\sqrt{\sigma_1^2/n_1+\sigma_2^2/n_2}}$	$N(0,1)$	$(\bar X-\bar Y-u_{\alpha/2}\sqrt{\sigma_1^2/n_1+\sigma_2^2/n_2}$, $\bar X-\bar Y+u_{\alpha/2}\sqrt{\sigma_1^2/n_1+\sigma_2^2/n_2})$
	$\sigma_1^2=\sigma_2^2=\sigma^2$ 但σ^2未知	$\dfrac{\bar X-\bar Y-(\mu_1-\mu_2)}{S_{\varpi}\sqrt{\frac{1}{n_1}+\frac{1}{n_2}}}$	$t(n_1+n_2-2)$	$(\bar X-\bar Y-t_{\alpha/2}(n_1+n_2-2)S_{\varpi}\sqrt{\frac{1}{n_1}+\frac{1}{n_2}}$, $\bar X-\bar Y+t_{\alpha/2}(n_1+n_2-2)S_{\varpi}\sqrt{\frac{1}{n_1}+\frac{1}{n_2}})$
$\dfrac{\sigma_1^2}{\sigma_2^2}$	μ_1,μ_2 均已知	$\dfrac{\hat\sigma_1^2/\hat\sigma_2^2}{\sigma_1^2/\sigma_2^2}$	$F(n_1,n_2)$	$(\frac{\hat\sigma_1^2}{\hat\sigma_2^2}\frac{1}{F_{\alpha/2}(n_1,n_2)}$, $\frac{\hat\sigma_1^2}{\hat\sigma_2^2}\frac{1}{F_{1-\alpha/2}(n_1,n_2)})$
	μ_1,μ_2 均未知	$\dfrac{S_1^2/S_2^2}{\sigma_1^2/\sigma_2^2}$	$F(n_1-1,n_2-1)$	$(\frac{S_1^2}{S_2^2}\frac{1}{F_{\alpha/2}(n_1-1,n_2-1)}$, $\frac{S_1^2}{S_2^2}\frac{1}{F_{1-\alpha/2}(n_1-1,n_2-1)})$

【例 3.3.3】 两台机床生产同一个型号的滚珠，从甲机床生产的滚珠中抽取8个，从乙机床生产的滚珠中抽取9个，测得这些滚珠的直径（单位：mm）如下

甲机床：15.0 14.8 15.2 15.4 14.9 15.1 15.2 14.8,

乙机床：15.2 15.0 14.8 15.1 15.0 14.6 14.8 15.1 14.5.

设两台机床生产的滚珠的直径服从正态分布，σ_1及σ_2未知，且假设$\sigma_1=\sigma_2$. 求这两台机床生产的滚珠直径的均值差$\mu_1-\mu_2$的置信水平为0.90的置信区间.

解 当σ_1及σ_2未知，但$\sigma_1=\sigma_2$时，$\mu_1-\mu_2$的置信水平为$1-\alpha$的置信区间为式（3.6）. 有

$$n_1=8,\quad \bar x=15.05,\quad s_1^2\approx 0.0457,$$
$$n_2=9,\quad \bar y=14.9,\quad s_2^2\approx 0.0575,$$

计算S_{ϖ}的观测值

$$s_{\varpi}=\sqrt{\frac{7\times 0.0457+8\times 0.0575}{8+9-2}}\approx 0.228,$$

已给置信水平$1-\alpha=0.90$，则$\alpha=0.10$；自由度$k=8+9-2=15$；查附录 C 得

$$t_{\alpha/2}(k)=t_{0.05}(15)=1.7531$$

由此得

$$s_{\varpi}\sqrt{\frac{1}{n_1}+\frac{1}{n_2}}\,t_{\alpha/2}(k)=0.228\times\sqrt{\frac{1}{8}+\frac{1}{9}}\times 1.753\approx 0.194,$$

将数据代入式（3.6），所求的置信区间为

$$(15.05-14.9-0.194, 15.05-14.9+0.194),$$

即

$$(-0.044, 0.344).$$

【例 3.3.4】 在例 3.3.3 中，未知 μ_1、μ_2 及 σ_1、σ_2，求两台机床生产的滚珠直径的方差比 $\dfrac{\sigma_1^2}{\sigma_2^2}$ 的置信水平为 0.90 的置信区间.

解 当 μ_1、μ_2 未知时，σ_1^2/σ_2^2 的置信水平为 $1-\alpha$ 的置信区间为式（3.8）.

有

$$s_1^2 = 0.0457,\quad s_2^2 = 0.0575,$$

已给置信水平 $1-\alpha = 0.90$，则 $\alpha = 0.10$；第一自由度 $k_1 = 8-1 = 7$，第二自由度 $k_2 = 9-1 = 8$；查附录 D 得

$$F_{\alpha/2}(k_1,k_2) = F_{0.05}(7,8) = 3.50,$$

$$F_{1-\alpha/2}(k_1,k_2) = F_{0.95}(7,8) = \frac{1}{F_{0.05}(8,7)} = \frac{1}{3.73} \approx 0.268,$$

将数据代入式（3.8），所求置信区间为

$$\left(\frac{0.0457}{0.0575\times 3.50}, \frac{0.0457}{0.0575\times 0.268}\right),$$

即

$$(0.227, 2.966).$$

3.3.4 非正态总体参数的区间估计

【例 3.3.5】 设总体 $X \sim U(0,\theta)$，$\theta > 0$ 且为未知参数，$X_1, X_2, \cdots, X_n$ 为来自总体 X 的样本，利用枢轴量法构造参数 θ 的置信水平为 $1-\alpha$ 的置信区间.

解 已知最大顺序统计量 $X_{(n)}$ 是 θ 的最大似然估计，利用最大顺序统计量 $X_{(n)}$ 的概率密度易求得 $\dfrac{X_{(n)}}{\theta}$ 的概率密度函数为

$$f(y) = \begin{cases} ny^{n-1}, & 0 \le y \le 1, \\ 0, & \text{其他}. \end{cases}$$

故取枢轴量

$$G(X_{(n)},\theta) = \frac{X_{(n)}}{\theta}.$$

对给定 α $(0<\alpha<1)$，只要取 a 和 b $(a<b)$ 满足

$$1-\alpha = P\{a < G(X_{(n)},\theta) < b\} = \int_a^b ny^{n-1}\mathrm{d}y = b^n - a^n,$$

即

$$b^n - a^n = 1-\alpha,$$

而 $a < \dfrac{X_{(n)}}{\theta} < b$ 等价变形为

$$\frac{X_{(n)}}{b} < \theta < \frac{X_{(n)}}{a},$$

考虑区间平均长度最短的精度要求，得到 $b=1$，$a=\sqrt[n]{\alpha}$，从而在形如 $(\dfrac{X_{(n)}}{b}, \dfrac{X_{(n)}}{a})$ 的置信

水平为$1-\alpha$的置信区间中，区间$(X_{(n)}, \frac{X_{(n)}}{\sqrt[n]{a}})$的平均长度最短.

【例 3.3.6】 设总体$X \sim e(\lambda)$，其概率密度函数为

$$f(x)=\begin{cases}\lambda \mathrm{e}^{-\lambda x}, & x>0, \\ 0, & x \leq 0.\end{cases}$$

式中，参数$\lambda>0$且为未知参数，$X_1, X_2, \cdots, X_n$为来自总体X的样本，利用枢轴量法构造参数λ的置信水平为$1-\alpha$的置信区间.

解 参数λ的最大似然估计为$\bar{X}$，由第 2 章的例 2.4.2 得到

$$G=2\lambda(X_1+X_2+\cdots+X_n)=2n\lambda\bar{X} \sim \chi^2(2n)$$

因此，构造枢轴量$G=2n\lambda\bar{X}$.

对给定α $(0<\alpha<1)$，取a和b $(a<b)$满足

$$P\{a<G<b\}=1-\alpha ,$$

类似于单个正态总体方差的区间估计的推导，得λ的置信水平为$1-\alpha$的置信区间为

$$\left(\frac{\chi_{1-\alpha/2}^2(2n)}{2n\bar{X}}, \frac{\chi_{\alpha/2}^2(2n)}{2n\bar{X}}\right).$$

由上式易得，总体均值$1/\lambda$的置信水平为$1-\alpha$的置信区间为

$$\left(\frac{2n\bar{X}}{\chi_{\alpha/2}^2(2n)}, \frac{2n\bar{X}}{\chi_{1-\alpha/2}^2(2n)}\right).$$

从上述两例非正态总体区间估计的求法中可看出，枢轴量的分布一般很难求，所以，对于非正态总体来说，常用大样本（一般要求样本容量$n>50$）进行近似的区间估计. 首先介绍在应用中很重要的 0-1 分布中参数p的近似区间估计.

设总体$X \sim B(1, p)$，其概率函数为$P\{X=x\}=p^x(1-p)^{1-x}$ $(x=0,1)$，$0<p<1$为未知参数，$X_1, X_2, \cdots, X_n$为来自总体X的样本，则参数p的置信水平为$1-\alpha$的近似置信区间为

$$(\hat{p}_1, \hat{p}_2)=\frac{n}{n+u_{\alpha/2}^2}\left(\bar{X}+\frac{1}{2n}u_{\alpha/2}^2 \pm u_{\alpha/2}\sqrt{\frac{\bar{X}(1-\bar{X})}{n}+\frac{u_{\alpha/2}^2}{4n^2}}\right).$$

事实上，0-1 分布的均值和方差分别为

$$E(X)=p, \quad D(X)=p(1-p).$$

由中心极限定理，当n充分大时，有

$$\frac{\sum_{i=1}^{n} X_i-np}{\sqrt{np(1-p)}}=\frac{\bar{X}-p}{\sqrt{p(1-p)/n}} \xrightarrow{\mathrm{d}} N(0,1),$$

于是有

$$P\{-u_{\alpha/2}<\frac{\bar{X}-p}{\sqrt{p(1-p)/n}}<u_{\alpha/2}\} \approx 1-\alpha .$$

而不等式$-u_{\alpha/2}<\frac{\bar{X}-p}{\sqrt{p(1-p)/n}}<u_{\alpha/2}$等价于

$$(n+u_{\alpha/2}^2)p^2-(2n\overline{X}+u_{\alpha/2}^2)p+n\overline{X}^2\le 0\,,$$

记

$$\hat{p}_1=\frac{1}{2a}(-b-\sqrt{b^2-4ac})\,,\quad \hat{p}_2=\frac{1}{2a}(-b+\sqrt{b^2-4ac})\,,$$

式中，$a=n+u_{\alpha/2}^2$，$b=-(2n\overline{X}+u_{\alpha/2}^2)$，$c=n\overline{X}^2$.

因此参数 p 的一个置信水平为 $1-\alpha$ 的近似置信区间为

$$(\hat{p}_1,\hat{p}_2)=\frac{n}{n+u_{\alpha/2}^2}\left(\overline{X}+\frac{1}{2n}u_{\alpha/2}^2\pm u_{\alpha/2}\sqrt{\frac{\overline{X}(1-\overline{X})}{n}+\frac{u_{\alpha/2}^2}{4n^2}}\right).$$

【例 3.3.7】 在某电视节目收视率的调查中，随机抽取了500个家庭，其中有200个家庭收看该电视节目. 试求收视率 p 的置信水平为0.95的置信区间.

解 总体 $X\sim B(1,p)$，令

$$X_i=\begin{cases}1,\ \text{抽取的第}i\text{个家庭收看该电视节目,}\\ 0,\ \text{抽取的第}i\text{个家庭没收看该电视节目.}\end{cases}$$

则 $X_1,X_2,\cdots,X_{500}$ 是来自0-1分布总体 $B(1,p)$ 的样本.

又

$$n=500\,,\quad \overline{x}=200/500=0.4\,,\quad 1-\alpha=0.95\,,$$

查附录A

$$u_{\alpha/2}=u_{0.025}=1.96\,,$$

计算得

$$a=n+u_{\alpha/2}^2=503.8416\,,\quad b=-(2n\overline{x}+u_{\alpha/2}^2)=-403.8416\,,\quad c=n\overline{x}^2=80\,.$$

于是

$$\hat{p}_1\approx 0.36\,,\quad \hat{p}_2\approx 0.44\,.$$

因此收视率 p 的置信水平为0.95的近似置信区间为 $(0.36,\ 0.44)$.

对于一般的非正态分布均值 μ 的近似区间估计，有如下的结论.

设总体 $X\sim F(x)$，其中 $F(x)$ 为未知分布函数，且总体均值 μ 和总体方差 σ^2 都存在但未知，这里总体 X 所服从的分布未知，设 $X_1,X_2,\cdots,X_n$ 为来自总体 X 的样本，则总体均值 μ 的置信水平为 $1-\alpha$ 的近似置信区间为

$$\left(\overline{X}-\frac{S}{\sqrt{n}}u_{\alpha/2}\,,\overline{X}+\frac{S}{\sqrt{n}}u_{\alpha/2}\right).$$

事实上，根据中心极限定理，当 n 充分大时，有

$$\frac{\overline{X}-\mu}{\sigma/\sqrt{n}}\xrightarrow{\ \mathrm{d}\ }N(0,1)\,,$$

由于 σ 是未知的，因此可用它的估计样本标准差 S 代替，可以证明，当 n 充分大时，仍有

$$\frac{\overline{X}-\mu}{S/\sqrt{n}}\xrightarrow{\ \mathrm{d}\ }N(0,1)\,.$$

与单个正态总体均值的置信区间推导类似，可求出总体均值 μ 的置信水平为 $1-\alpha$ 的近似置信区间为

$$\left(\bar{X}-\frac{S}{\sqrt{n}}u_{\alpha/2},\bar{X}+\frac{S}{\sqrt{n}}u_{\alpha/2}\right).$$

3.3.5 单侧置信限

上面讨论的置信区间都是双侧的，但对许多实际问题中，只需讨论置信上限或置信下限就可以了. 例如，对于设备、元件的使用寿命来说，平均寿命过长没有问题，平均寿命过短就有问题，对于这种情况，只需关注置信下限；又如对于产品的次品率，其平均值过小没有问题，平均值过大就有问题，对于这种情况，只需关注置信上限.

一般地，对于总体的未知参数θ，给出如下定义.

定义 3.3.2 设总体X的分布函数为$F(x;\theta)$，θ为未知参数，$\theta\in\Theta$，$X_1,X_2,\cdots,X_n$为X的一个样本，若对事先给定的$\alpha(0<\alpha<1)$，存在统计量$\hat{\theta}_l(X_1,X_2,\cdots,X_n)$，使得对任意的$\theta\in\Theta$，有

$$P\{\hat{\theta}_l(X_1,X_2,\cdots,X_n)<\theta\}=1-\alpha,$$

则称$\hat{\theta}_l(X_1,X_2,\cdots,X_n)$为$\theta$的置信水平为$1-\alpha$的**单侧置信下限**.

类似地，若存在统计量$\hat{\theta}_u(X_1,X_2,\cdots,X_n)$，使得对任意的$\theta\in\Theta$，有

$$P\{\theta<\hat{\theta}_u(X_1,X_2,\cdots,X_n)\}=1-\alpha,$$

则称$\hat{\theta}_u(X_1,X_2,\cdots,X_n)$为$\theta$的置信水平为$1-\alpha$的**单侧置信上限**.

【例 3.3.8】 从一批液晶显示器中随机抽取6个测试其使用寿命（$\times10^3$h），得到样本观测值为

15.6　　14.9　　16.0　　14.8　　15.3　　15.5

设液晶显示器的使用寿命X服从正态分布$N(\mu,\sigma^2)$，其中μ及σ^2都是未知的参数，求：

（1）均值μ的置信水平为0.95的单侧置信下限；

（2）方差σ^2的置信水平为0.90的单侧置信上限.

解 （1）由于σ^2未知，样本函数

$$t=\frac{\bar{X}-\mu}{S/\sqrt{n}}\sim t(n-1),$$

因此有

$$P\left\{t<t_\alpha(n-1)\right\}=1-P\left\{t\geq t_\alpha(n-1)\right\}=1-\alpha,$$

即

$$P\left\{\frac{\bar{X}-\mu}{S/\sqrt{n}}<t_\alpha(n-1)\right\}=1-\alpha,$$

即

$$P\left\{\mu>\bar{X}-\frac{S}{\sqrt{n}}t_\alpha(n-1)\right\}=1-\alpha.$$

上式表明，μ的置信水平为$1-\alpha$的单侧置信下限是

$$\hat{\mu}_l=\bar{X}-\frac{S}{\sqrt{n}}t_\alpha(n-1).$$

根据样本观测值计算样本均值及样本方差，得

$$\bar{x}=15.35,\ s^2=0.203.$$

已给置信水平$1-\alpha=0.95$，则$\alpha=0.05$；查附录 C 得

$$t_\alpha(n-1)=t_{0.05}(5)=2.015,$$

于是

$$\hat{\mu}_l=\bar{X}-\frac{S}{\sqrt{n}}t_\alpha(n-1)=15.35-\frac{\sqrt{0.203}}{\sqrt{6}}\times 2.015\approx 14.98$$

所以使用寿命均值μ的置信水平为 0.95 的单侧置信下限是14.98 .

（2）由于μ未知，样本函数

$$\chi^2=\frac{(n-1)S^2}{\sigma^2}\sim\chi^2(n-1),$$

因此有

$$P\{\chi^2>\chi^2_{1-\alpha}(n-1)\}=1-\alpha,$$

即

$$P\{\frac{(n-1)S^2}{\sigma^2}\geq\chi^2_{1-\alpha}(n-1)\}=1-\alpha,$$

即

$$P\{\sigma^2<\frac{(n-1)S^2}{\chi^2_{1-\alpha}(n-1)}\}=1-\alpha.$$

上式表明，σ^2的置信水平为$1-\alpha$的单侧置信上限是

$$\hat{\sigma}_u^2=\frac{(n-1)S^2}{\chi^2_{1-\alpha}(n-1)}.$$

已给置信水平$1-\alpha=0.90$，查附录 B 得

$$\chi^2_{1-\alpha}(n-1)=\chi^2_{0.90}(5)=1.6103,$$

于是
$$\hat{\sigma}_u^2=\frac{(n-1)S^2}{\chi^2_{1-\alpha}(n-1)}=\frac{5\times 0.203}{1.6103}\approx 0.63.$$

所以使用寿命方差σ^2的置信水平为 0.90 的单侧置信上限是 0.63 .

【例 3.3.9】 设总体X服从指数分布，其概率密度为

$$f(x)=\begin{cases}\lambda e,^{-\lambda x} & x>0,\\ 0, & x\leq 0.\end{cases}$$

式中，$\lambda>0$且为未知参数，从总体中抽取容量为n的样本$X_1,X_2,\cdots,X_n$，求参数λ的置信水平为$1-\alpha$的单侧置信上限.

解 由第 2 章的例 2.4.2 知

$$2n\lambda\bar{X}\sim\chi^2(2n),$$

于是有

$$P\{2n\lambda\bar{X}<\chi^2_\alpha(2n)\}=1-\alpha,$$

即

$$P\{\lambda<\frac{\chi^2_\alpha(2n)}{2n\bar{X}}\}=1-\alpha.$$

所以，$\dfrac{\chi_{\alpha}^2(2n)}{2n\bar{X}}$ 为 λ 的置信水平为 $1-\alpha$ 的单侧置信上限.

对一个非正态总体，要构造一个只含待估参数 θ 且精确服从某个已知分布的枢轴变量 $G(X_1, X_2, \cdots, X_n; \theta)$ 一般很困难（例 3.3.9 的困难之处在于发现 $2n\lambda\bar{X} \sim \chi^2(2n)$ ），若克服不了这个困难，则只能采用大样本进行近似的统计推断，这就是非正态总体常用大样本进行近似估计的原因.

习题 3

3.1 设 $X_1, X_2, \cdots, X_n$ 为抽自总体 X 的样本，X 的概率密度函数 $f(x)$ 如下，试求其中未知参数的矩估计和最大似然估计.

（1）$f(x;\theta)=\begin{cases}(\theta+1)x^{\theta}, & 0<x<1\\ 0, & 其他\end{cases}$，其中 $\theta>-1$ 且为未知参数；

（2）$f(x;\mu,\sigma^2)=\begin{cases}\dfrac{1}{\sqrt{2\pi}\sigma x}\mathrm{e}^{-\frac{(\ln x-\mu)^2}{2\sigma^2}}, & x>0\\ 0, & x\le 0\end{cases}$，其中 $\mu\in\mathbf{R}$，$\sigma>0$ 且为未知参数；

（3）$f(x;\mu,\lambda)=\begin{cases}\lambda\exp\{-\lambda(x-\mu)\}, & x>\mu\\ 0, & 其他\end{cases}$，其中 $\mu\in\mathbf{R}$，$\lambda>0$ 且为未知参数；

（4）$f(x;\theta)=\begin{cases}\dfrac{1}{2}, & \theta-1\le x\le\theta+1\\ 0, & 其他\end{cases}$，其中 θ 为未知参数；

（5）$f(x;\alpha)=\begin{cases}\dfrac{4x^2}{\alpha^3\sqrt{\pi}}\mathrm{e}^{-x^2/\alpha^2}, & x>0\\ 0, & x\le 0\end{cases}$，其中 α（$\alpha>0$）为未知参数；

（6）$f(x;\beta)=\dfrac{1}{\beta}\mathrm{e}^{-(x-\alpha)/\beta}$，$-\infty<\alpha\le x<+\infty$，$\beta>0$，其中 α 已知，β 为未知参数；

（7）$f(x;\alpha,\beta)=\dfrac{1}{\beta}\mathrm{e}^{-(x-\alpha)/\beta}$，$-\infty<\alpha\le x<+\infty$，$\beta>0$，其中 α、β 均为未知参数；

（8）$f(x;\theta)=\begin{cases}1, & \theta-\dfrac{1}{2}\le x\le\theta+\dfrac{1}{2}\\ 0, & 其他\end{cases}$，其中 θ 为未知参数.

3.2 设总体 $X\sim P(\lambda)$，$X_1, X_2, \cdots, X_n$ 为抽自总体 X 的样本，现测得样本观测值为 2,1,1,3,1,0,1,1,5,1,3,2，试求参数 λ 的矩估计值和最大似然估计值.

3.3 假设某种白炽灯泡的使用寿命服从正态分布 $N(\mu,\sigma^2)$，其中 $\mu\in\mathbf{R}$，$\sigma>0$，且二者均未知. 从生产的该种灯泡中随机抽取 10 只，测得其寿命（单位：kh）为

1.07 0.95 1.20 0.80 1.13 0.98 0.90 1.16 0.92 0.95

试用最大似然估计法估计所生产的灯泡能使用 1.2kh 以上的概率.

3.4 设 $X\sim N(\mu,\sigma^2)$，试用容量为 n 的样本，分别就以下两种情况，求出使 $P\{X>A\}=0.05$ 的点 A 的最大似然估计量.

（1）当 $\sigma=1$ 时；（2）当 μ、σ^2 均未知时.

3.5 设总体 $X\sim N(\mu,\sigma^2)$，现得其样本值为

14.7，　15.1，　14.8，　15.0，　15.2，　14.6.

求总体均值μ与方差σ^2的最大似然估计.

3.6　在对快艇的6次试验中，得到下列最大速度（单位：m/s）

27，38，30，37，35，31.

求快艇的最大速度的期望与方差的无偏估计.

3.7　设$X_1, X_2, \cdots, X_n$独立同分布，$X_1 \sim N(\mu, \sigma^2)$，求$c$使得$c\sum_{i=1}^{n-1}(X_{i+1}-X_i)^2$是$\sigma^2$的无偏估计.

3.8　设$X_1, X_2, \cdots, X_n$独立同分布，$X_1 \sim U(\theta_1, \theta_2)$，$\theta_1 < \theta_2$，求$\theta_1$、$\theta_2$的无偏估计.

3.9　设$\hat{\theta}$是参数θ的无偏估计量且有$D(\hat{\theta}) > 0$，试证：$\hat{\theta^2} = (\hat{\theta})^2$不是$\theta^2$的无偏估计量.

3.10　设总体X的概率密度函数为

$$f(x;\theta)=\begin{cases}\dfrac{1}{\theta}, & 0 < x \le \theta,\\ 0, & \text{其他}.\end{cases}$$

X_1, X_2, X_3是容量为3的样本，试证：$\dfrac{4}{3}\max\limits_{1\le i\le 3} X_i$与$4\min\limits_{1\le i\le 3} X_i$都是$\theta$的无偏估计量. 试问哪个更有效？

3.11　设某种白炽灯泡的使用寿命服从正态分布$N(\mu, \sigma^2)$，测试10只灯泡的寿命得到$\bar{x} = 1500\text{h}$，$s^2 = 400\text{h}$，试分别求μ、σ^2的置信水平为0.95的置信区间.

3.12　随机地从一批零件中抽取16个进行测量，测得其长度（单位：cm）为

2.14，	2.10，	2.13，	2.15，	2.13，	2.12，	2.13，	2.10，
2.15，	2.12，	2.14，	2.10，	2.13，	2.11，	2.14，	2.11

假定该零件的长度服从正态分布$N(\mu, \sigma^2)$.

（1）$\sigma^2 = 0.01^2$，试求μ的置信水平为0.95的置信区间；

（2）σ^2未知，试求μ的置信水平为0.95的置信区间；

（3）求σ^2的置信水平为0.95的置信区间.

3.13　甲、乙两组生产同种导线，随机地从甲组中抽取4根，随机地从乙组中抽取5根，测得它们的电阻值（单位：Ω）分别为

甲组导线：0.143，　0.142，　0.143，　0.137

乙组导线：0.140，　0.142，　0.136，　0.138，　0.140

设甲、乙两组生产的导线的电阻值分别服从正态分布$N(\mu_1, \sigma^2)$、$N(\mu_2, \sigma^2)$，其中μ_1、μ_2、σ^2均未知，并且它们相互独立，试求$\mu_1 - \mu_2$的置信水平为0.95的置信区间.

3.14　甲、乙两位化验员独立地对某种聚合物的含氯量用相同的方法各测了10次，得样本方差分别为$s_1^2 = 0.5419$和$s_2^2 = 0.6065$，设甲、乙两位化验员的测量数据分别服从正态分布$N(\mu_1, \sigma_1^2)$、$N(\mu_2, \sigma_2^2)$，求方差比σ_1^2/σ_2^2的置信水平为0.9的置信区间.

3.15　设$X_1, X_2, \cdots, X_n$为抽自总体X的样本，且$X \sim f(x;\theta)$，其中$f(x;\theta) = \dfrac{\theta}{x^2}(0 < \theta \le x)$，利用枢轴量法求$\theta$的置信水平为$1-\alpha$的置信区间.

3.16　设$X_1, X_2, \cdots, X_n$为抽自总体X的样本，且$X \sim E(\lambda_1)$，$\lambda_1 > 0$．设$Y_1, Y_2, \cdots, Y_n$为抽自总体Y的样本，且$Y \sim E(\lambda_2)$，$\lambda_2 > 0$，两个样本相互独立，试求λ_2/λ_1的置信水平为$1-\alpha$的置信区间.

3.17　某市随机抽取1000个家庭，调查得知其中有450个家庭拥有计算机，试根据该数据对该市拥有计算机的家庭比例p求出置信水平为0.95的置信区间.

3.18　设$X_1, X_2, \cdots, X_n$为抽自总体X的样本，且$X \sim P(\lambda)$（$\lambda > 0$），试用大样本方法求参数λ的置信水平为$1-\alpha$的近似置信区间.

第4章 假设检验

假设检验是统计推断的另一个重要的组成部分，它与参数估计一样，在数理统计的理论研究和实际应用中都占有重要的地位. 它分为参数假设检验和非参数假设检验. 所谓参数假设检验，指的是总体的分布类型已知，对总体分布中的未知参数提出某种假设，然后利用样本（数据）对假设进行检验，最后根据检验的结果对所提出的假设做出接受与否的判断. 非参数假设检验是对总体分布函数的形式提出某种假设并利用样本进行检验.

本章介绍假设检验的基本概念、正态总体参数的假设检验、非正态总体参数的假设检验及非参数假设检验.

4.1 假设检验的基本概念

在实际生活中，我们往往并不是对总体参数一无所知的，这时的问题是如何对参数的已有结果进行判断，出于和参数估计同样的原因，只能通过样本进行这样的判断工作，因而它是一个统计问题. 首先看几个具体例子.

【例 4.1.1】 某车间用一台包装机包装葡萄糖，袋装糖的净重服从正态分布，当包装机正常时，净重的均值为 $\mu = 0.5\text{kg}$，标准差为 $\sigma = 0.015\text{kg}$. 某日开工后为检验包装机是否正常，随机地抽取它所包装的葡萄糖9袋，称得净重（单位：kg）为

$$0.497 \quad 0.506 \quad 0.518 \quad 0.524 \quad 0.498 \quad 0.511 \quad 0.520 \quad 0.512 \quad 0.515 .$$

长期的实践表明标准差比较稳定，假设 $\sigma = 0.015$，于是总体 X 服从 $N(\mu, 0.015^2)$，包装机正常时，$\mu = 0.5$，包装机不正常时，$\mu \neq 0.5$，这样，所关心的问题是如何根据抽样结果判断 μ 是否等于 0.5.

【例 4.1.2】 按照国家标准，某产品的次品率不得超过 1%，现从这批产品中随机地抽取200件，经检查发现其中有3件次品. 试问：这批产品的次品率是否符合国家标准?

本例中，所关心的问题是如何根据抽样结果判断次品率 $p \leq 1\%$ 是否成立.

【例 4.1.3】 某电话交换台在一小时内接到用户呼叫的次数 X（按照每分钟记录）如表 4.1 所示.

表 4.1 一小时内接到用户呼叫的次数

呼叫次数	0	1	2	3	4	5	6	≥7
频数 n_k	8	16	17	10	6	2	1	0

试问能否认为这个分布是泊松分布?

本例中，所关心的问题是如何根据抽样提供的信息，判断 $X \sim P(\lambda)$ 是否成立.

这几个例子所代表的问题都是假设检验问题，它们有如下两个共同特点.

（1）先根据实际问题的要求提出一个关于总体的论断，称为假设，记为 H_0. 例如，以上

三例的假设分别为 $H_0:\mu=0.5$、$H_0:p\le 1\%$、$H_0:X\sim P(\lambda)$.

（2）然后抽取样本、集中样本的有关信息，对 H_0 的真伪进行判别，称为检验假设. 最后对所提出的假设 H_0 做出拒绝（认为 H_0 不真）或接受（认为 H_0 为真）的决策.

综上所述，**假设检验**就是根据样本对所提出的假设做出判断：是接受还是拒绝.

上面三例中，用 H_0 表示原来的假设，称为**原假设**或**零假设**，而把所考察问题的反面称为**备择假设**或**对立假设**，记为 H_1. 例 4.1.1 的原假设为 $H_0:\mu=0.5$，备择假设为 $H_1:\mu\ne 0.5$；例 4.1.2 的原假设为 $H_0:p\le 1\%$，备择假设为 $H_1:p>1\%$；例 4.1.3 的原假设为 $H_0:X\sim P(\lambda)$，备择假设为 $H_1:X$ 不服从泊松分布.

4.1.1 假设检验的基本原理与概念

根据实际问题的要求提出原假设与备择假设后，如何利用样本的信息来检验呢？其基本思想就是概率性质的反证法，其根据就是实际推断原理，也称为小概率事件的实际不可能原理，即概率很小的事件在一次试验中几乎不可能发生. 类似于数学推理中的反证法，先假定原假设 H_0 正确，然后在其成立的前提下，合理地构造一个小概率事件，若其在一次试验中竟然发生了，则这与实际推断原理相矛盾，说明原假设 H_0 正确的假定是错误的；若这个小概率事件在一次试验中没有发生，则无法拒绝原假设 H_0，通常就接受 H_0.

利用例 4.1.1 来进一步说明假设检验的基本原理与概念.

根据题意知，$X\sim N(\mu,\sigma^2)$，由于标准差比较稳定，因此可以认为 $\sigma=\sigma_0=0.015$ 为已知，记 $\mu_0=0.5$. 包装机正常时，$\mu=\mu_0$，包装机不正常时，$\mu\ne\mu_0$，于是根据实际问题的要求提出原假设与备择假设 $H_0:\mu=\mu_0$、$H_1:\mu\ne\mu_0$.

现利用样本提供的信息（数据）来检验原假设 $H_0:\mu=\mu_0$ 是否成立，先假定原假设 $H_0:\mu=\mu_0$ 成立，由于样本均值 $\bar{X}$ 是正态总体均值 μ 的无偏估计，若原假设 $H_0:\mu=\mu_0$ 成立，则样本均值 $\bar{X}$ 的观测值 $\bar{x}$ 应该在 μ_0 附近比较集中，即 $\bar{x}$ 与 μ_0 的差别不显著（由于存在随机因素的影响，因此 $\bar{x}$ 与 μ_0 有些小差别是不可避免的），也就是说 $|\bar{X}-\mu_0|$ 通常应很小，若 $|\bar{X}-\mu_0|$ 较大，则可认为是小概率事件. 而衡量 $|\bar{X}-\mu_0|$ 的大小等价于衡量 $\left|\dfrac{\bar{X}-\mu_0}{\sigma_0/\sqrt{n}}\right|$ 的大小，即 $\left|\dfrac{\bar{X}-\mu_0}{\sigma_0/\sqrt{n}}\right|>k$ 是小概率事件，这里 k 是一个待选定的常数. 因此在对 H_0 做判定时，若样本观测值 $\bar{x}$ 使 $\left|\dfrac{\bar{x}-\mu_0}{\sigma_0/\sqrt{n}}\right|>k$ 成立，则拒绝 H_0，否则接受 H_0.

现在关键的问题是如何选取常数 k，这与假设检验的两类错误有关.

拒绝原假设 H_0 的依据是在原假设 H_0 正确的基础上，出现了小概率事件，虽然小概率事件是几乎不会发生的，但并不是绝对不发生的，因此，如果事实是原假设 H_0 为真，但碰巧小概率事件发生了，那么根据实际推断原理，我们应拒绝原假设 H_0，显然这一决策是错误的，称这类错误为**第一类错误**（或**弃真错误**），其发生的概率称为**犯第一类错误的概率**（或**弃真概率**），记为 α，即

$$P\{\text{犯第一类错误}\}=P\{\text{拒绝}H_0\mid H_0\text{为真}\}=\alpha.$$

如果原假设H_0本来不真，但我们却接受了H_0，那么这类错误称为**第二类错误**（或**取伪错误**），其发生的概率称为**犯第二类错误的概率**（或**取伪概率**），记为β，即

$$P\{\text{犯第二类错误}\}=P\{\text{接受}H_0\mid H_0\text{不真}\}=\beta.$$

我们自然希望犯两类错误的概率α和β都越小越好，但是进一步的研究表明，当样本容量n固定时，减小其中一个，另一个就会增大，要使α和β同时减小，只有通过无限增大样本容量n才能实现，但实际上这是办不到的. 解决这个问题的一个原则是限定犯第一类错误的最大概率α，然后在此限定下根据对β的实际要求选取适当的样本容量，但具体实行这一原则还会有许多理论和实际的困难，因而有时把这一原则简化成只对犯第一类错误的最大概率α加以限制，而不考虑犯第二类错误的概率β，称这种检验为**显著性检验**，并称犯第一类错误的最大概率α为假设检验的**显著性水平**. α是事件给定的，常取一个较小的数，例如，取α为0.1、0.05、0.01等. 另外，α的选取依赖于关于假设的先验信息，也依赖于对犯第二类错误的要求，比如根据以往经验非常相信原假设是真的，而犯第二类错误又不会造成大的影响或后果，此时，α可取得小一些. 又比如，犯第二类错误带来的影响较大，需要严格控制犯第二类错误的概率，此时α可以取得适当大一些.

回到例 4.1.1，当样本容量n与犯第一类错误的概率α确定后，当原假设H_0为真时，根据第 2 章的定理 2.5.1 的结论（1）有

$$u=\frac{\bar{X}-\mu_0}{\sigma_0/\sqrt{n}}\sim N(0,1).$$

对于给定的显著性水平α，有

$$\alpha=P\{\text{拒绝}H_0\mid H_0\text{为真}\}=P\left\{\left|\frac{\bar{X}-\mu_0}{\sigma_0/\sqrt{n}}\right|>k\,\middle|\,H_0\text{为真}\right\}$$

$$=1-P\left\{\left|\frac{\bar{X}-\mu_0}{\sigma_0/\sqrt{n}}\right|\le k\,\middle|\,H_0\text{为真}\right\}=1-[\Phi(k)-\Phi(-k)]=2[1-\Phi(k)],$$

即

$$\Phi(k)=1-\frac{\alpha}{2}.$$

式中，$\Phi(x)$为标准正态分布函数，由于α为已知数，通过查标准正态分布表，有

$$\Phi(u_{\alpha/2})=1-\frac{\alpha}{2},$$

因此

$$k=u_{\alpha/2}.$$

综上所述，当原假设H_0成立时，$\{|u|>u_{\alpha/2}\}$是概率为α的小概率事件，而小概率事件在一次试验中是几乎不可能发生的，或者说在一次试验中观测到的事件不太可能是小概率事件，如果小概率事件居然在一次抽样试验中发生了，即出现了$\{|u|>u_{\alpha/2}\}$，那么这表明“原假设H_0为真”是错误的，因而拒绝H_0. 反之，如果在一次抽样中出现了$\{|u|\le u_{\alpha/2}\}$，那么就没有理由拒绝原假设H_0，从而只好接受H_0.

当由样本观测值计算得$\bar{X}$的观测值时，可得到如下的检验法则：若$\left\{\left|\frac{\bar{x}-\mu_0}{\sigma_0/\sqrt{n}}\right|>u_{\alpha/2}\right\}$，

则拒绝 H_0，即接受 H_1；若 $\left\{\left|\dfrac{\overline{x}-\mu_0}{\sigma_0/\sqrt{n}}\right| \le u_{\alpha/2}\right\}$，则接受 H_0，即拒绝 H_1.

对于例 4.1.1，$\mu_0 = 0.5$，$\sigma_0 = 0.015$，$n = 9$，经计算得 $\overline{x} = 0.511$，若取 $\alpha = 0.05$，则查附录 A 得 $k = u_{\alpha/2} = u_{0.025} = 1.96$，而

$$|u| = \left|\frac{\overline{x}-\mu_0}{\sigma_0/\sqrt{n}}\right| = \left|\frac{0.511-0.5}{0.015/\sqrt{9}}\right| = 2.2 .$$

由于 $|u| = 2.2 > 1.96$，因此拒绝 H_0，即认为包装机不正常.

综上所述，将假设检验的基本概念总结如下.

（1）假设：根据实际问题的要求，提出一个有关总体分布的论断，称为**统计假设**，简称为**原假设**，记为 H_0. 而把所考察问题的反面称为**备择假设**或**对立假设**，记为 H_1.

从数学上看，原假设 H_0 与备择假设 H_1 的地位是平等的，但在实际问题中，如果只限制犯第一类错误的最大概率 α，那么选用哪个假设作为原假设 H_0，就要视具体问题的目的和要求而定，视犯第一类错误将会带来的不同后果而定. 一般确定假设时应根据以下三条原则.

原则一：原假设 H_0 代表一种久已存在的状态（如一种已用多时的生产方法），而备择假设 H_1 反映一种改变（如一种未经实践充分验证的新的生产方法）.

原则二：样本观测值显示出所支持的结论，应该作为备择假设 H_1. 如例 4.1.2，通过样本值算得次品率为 1.5%，因此，可建立备择假设 $H_1: p > 1\%$，从而原假设为 $H_0: p \le 1\%$.

原则三：尽量使后果严重的错误成为第一类错误，例如，“有病当成无病”会危害病人健康；“无病当成有病”会浪费一些药物. 两种错误相比较，前者的后果更严重，因此应把它作为第一类错误. 据此所建立的假设应该是

$$H_0\text{:有病};\quad H_1\text{:无病}.$$

当然，作为参数的假设检验问题，应该把有病、无病与一个随机变量 X 的分布的某个参数联系起来.

（2）检验：根据从总体中抽取的样本和集中样本中的有关信息，对假设 H_0 的真伪进行判断，称为**检验**.

参数假设检验：在许多问题中，总体分布的类型已知，仅其中一个或几个参数未知，只要对这一个或几个参数的值做出假设并进行检验，就可完全确定总体的分布，这种仅涉及总体分布中未知参数的假设检验称为**参数假设检验**，如例 4.1.1 和例 4.1.2.

非参数假设检验：总体的分布类型未知，假设是针对总体的分布或分布的数字特征而提出的，并进行检验，这类问题的检验不依赖于总体的分布，称为非参数假设检验，如例 4.1.3.

假设检验问题就是要在原假设 H_0 和备择假设 H_1 中做出拒绝哪一个、接受哪一个的判断，即接受 H_0 还是拒绝 H_0（意味着接受 H_1），这类假设检验问题常称为 H_0 对 H_1 的假设检验问题，记为检验问题 (H_0, H_1).

（3）检验法则：在检验问题 (H_0, H_1) 中，所谓检验法则，就是设法把样本空间 χ 划分为两个互不相交的子集 W 和 $\overline{W}$，这种划分不依赖于未知参数，即

$$\chi = W + \overline{W},$$

当样本 $X_1, X_2, \cdots, X_n$ 的观测值 $x_1, x_2, \cdots, x_n \in W$ 时，就拒绝原假设 H_0，认为备择假设 H_1 成立；当样本 $X_1, X_2, \cdots, X_n$ 的观测值 $x_1, x_2, \cdots, x_n \in \overline{W}$ 时，就接受原假设 H_0. 这样的划分构成一个准

则，样本空间的子集W称为检验的**拒绝域**，$\overline{W}$称为检验的**接受域**. 例 4.1.1 的拒绝域是

$$W=\left\{(x_1,x_2,\cdots,x_n):\left|\frac{\overline{x}-\mu_0}{\sigma_0/\sqrt{n}}\right|>u_{\alpha/2}\right\}.$$

（4）两类错误：用样本推断总体，实际上是用部分推断总体，因此可能做出正确的判断，也可能做出错误的判断. 正确的判断是当原假设H_0为真时接受H_0，或当原假设H_0不真时拒绝H_0. 而错误的判断不外乎是下面两类.

第一类错误：当原假设H_0为真时，拒绝了H_0，这就犯了错误，这类错误称为**第一类错误**（或**弃真错误**），其发生的概率称为犯第一类错误的概率（或弃真概率），记为α，即

$$P\{犯第一类错误\}=P\{拒绝H_0\mid H_0为真\}=\alpha.$$

第二类错误：当原假设H_0不真时，接受了H_0，这类错误称为**第二类错误**（或**取伪错误**），其发生的概率称为犯第二类错误的概率（或取伪概率），记为β，即

$$P\{犯第二类错误\}=P\{接受H_0\mid H_0不真\}=\beta.$$

犯两类错误的可能情况如表 4.2 所示.

表 4.2 犯两类错误的可能情况

判 断	真实情况	
	H_0为真	H_0不为真
拒绝H_0	第一类错误	判断正确
接受H_0	判断正确	第二类错误

4.1.2 假设检验的基本步骤

根据例 4.1.1 可归纳出假设检验的基本步骤如下.

第一步：根据实际问题的要求和已知信息，提出原假设H_0和备择假设H_1.

参数θ的假设检验的原假设H_0用参数θ的等式、≤、≥来表示，而相应的备择假设H_1分别用参数θ的不等式、<、>来表示. 通常，等号只出现在H_0中.

第二步：构造检验统计量.

当总体的分布函数的表达式已知时，通常基于参数θ的最大似然估计$\hat{\theta}$构造一个检验统计量$T=T(X_1, X_2, \cdots, X_n)$，并在原假设$H_0$成立的条件下，确定$T$的精确分布或渐近分布，如例 4.1.1 中，检验统计量为$u=\dfrac{\overline{X}-\mu_0}{\sigma_0/\sqrt{n}}\sim N(0,1)$.

第三步：确定拒绝域的形式.

确定检验统计量后，根据原假设H_0和备择假设H_1的形式，分析并提出原假设H_0的拒绝域的形式. 一般拒绝域的形式有以下两种.

（1）单侧拒绝域

$$W=\{(x_1,x_2,\cdots,x_n):T(x_1,x_2,\cdots,x_n)<k\},$$

或

$$W=\{(x_1,x_2,\cdots,x_n):T(x_1,x_2,\cdots,x_n)>k\}.$$

（2）双侧拒绝域

$$W=\{(x_1,x_2,\cdots,x_n):T(x_1,x_2,\cdots,x_n)<k_1或T(x_1,x_2,\cdots,x_n)>k_2\},$$

或

$$W=\{(x_1,x_2,\cdots,x_n):|T(x_1,x_2,\cdots,x_n)|>k\},$$

式中，临界值k、k_1、k_2待定. 如例 4.1.1 中，拒绝域的形式为双侧拒绝域

$$W=\left\{(x_1,x_2,\cdots,x_n):\left|\frac{\overline{x}-\mu_0}{\sigma_0/\sqrt{n}}\right|>k\right\},$$

式中，k为临界值且待定.

拒绝域或接受域也可用检验统计量的值域来表示.

第四步：给定显著性水平α的值，确定临界值k.

由$P\{$犯第一类错误$\}=P\{$拒绝$H_0\mid H_0$为真$\}\le\alpha$出发，以此确定临界值，也就确定了拒绝域. 如例 4.1.1 中，临界值$k=u_{\alpha/2}$，因此拒绝域为

$$W=\left\{(x_1,x_2,\cdots,x_n):\left|\frac{\overline{x}-\mu_0}{\sigma_0/\sqrt{n}}\right|>u_{\alpha/2}\right\}.$$

第五步：根据样本观测值做出是否拒绝H_0的判断.

若样本观测值$x_1,x_2,\cdots,x_n$落入拒绝域，即$x_1,x_2,\cdots,x_n\in W$，则拒绝H_0；否则接受H_0. 判断的根据是实际推断原理.

4.2　单个正态总体的均值与方差的假设检验

由于实际问题中的大多数随机变量都服从或近似服从正态分布，因此正态分布是概率统计中最常用的分布. 本节介绍单个正态总体的均值μ和方差σ^2的假设检验问题. 设$X_1,X_2,\cdots,X_n$为抽自总体$X\sim N(\mu,\sigma^2)$的样本，记

$$\overline{X}=\sum_{i=1}^{n}X_i,\quad S^2=\frac{1}{n-1}\sum_{i=1}^{n}(X_i-\overline{X})^2.$$

此节讨论均值μ的检验问题，分方差σ^2已知和方差σ^2未知这两种情形进行讨论.

4.2.1　方差σ^2已知时均值μ的假设检验

当$\sigma^2=\sigma_0^2$已知时，对给定的显著性水平α关于正态总体的均值μ，可提出如下几种假设检验问题.

（1）$H_0:\mu=\mu_0$; $H_1:\mu\ne\mu_0$.

（2）$H_0:\mu=\mu_0$; $H_1:\mu>\mu_0$.

$H_0:\mu\le\mu_0$; $H_1:\mu>\mu_0$.

（3）$H_0:\mu=\mu_0$; $H_1:\mu<\mu_0$.

$H_0:\mu\ge\mu_0$; $H_1:\mu<\mu_0$.

式中，μ_0为已知常数.

关于假设检验问题（1），实际上在 4.1 节的例 4.1.1 中已经讨论过，不再重复. 它的检验法则为：若$\dfrac{|\overline{x}-\mu_0|}{\sigma_0/\sqrt{n}}>u_{\alpha/2}$，则拒绝原假设$H_0$；若$\dfrac{|\overline{x}-\mu_0|}{\sigma_0/\sqrt{n}}\le u_{\alpha/2}$，则接受原假设$H_0$.

下面来推导假设检验问题（2）的检验法则.

先讨论

$$H_0:\mu=\mu_0;\ \ H_1:\mu>\mu_0 .$$

对于正态总体，由于$\bar{X}$是μ的无偏估计，因此当H_0为真时，$\bar{X}$的观测值$\bar{x}$应该比较集中地分布在μ_0的附近且偏左侧，也就是说$\bar{X}-\mu_0$不应太大. 若$\bar{X}-\mu_0$较大，则可认为是小概率事件. 而衡量$\bar{X}-\mu_0$的大小等价于衡量$\dfrac{\bar{X}-\mu_0}{\sigma_0/\sqrt{n}}$的大小，即$\dfrac{\bar{X}-\mu_0}{\sigma_0/\sqrt{n}}>k$是小概率事件，这里$k$是一个待定的常数. 因此在对$H_0$做判定时，若样本观测值$\bar{x}$使$\dfrac{\bar{x}-\mu_0}{\sigma_0/\sqrt{n}}>k$成立，则拒绝$H_0$，否则接受$H_0$.

根据第 2 章的定理 2.5.1 的结论（1）有

$$u=\frac{\bar{X}-\mu_0}{\sigma_0/\sqrt{n}}\sim N(0,1).$$

对于给定的显著性水平α，有

$$\alpha=P\{拒绝H_0\mid H_0为真\}=P\left\{\frac{\bar{X}-\mu_0}{\sigma_0/\sqrt{n}}>k\,\middle|\,H_0为真\right\}$$

$$=1-P\left\{\frac{\bar{X}-\mu_0}{\sigma_0/\sqrt{n}}\leq k\,\middle|\,H_0为真\right\}=1-\Phi(k),$$

即

$$\Phi(k)=1-\alpha,$$

式中，$\Phi(x)$为标准正态分布函数，由于α为已知数，通过查标准正态分布表，有

$$\Phi(u_\alpha)=1-\alpha,$$

因此

$$k=u_\alpha .$$

于是，得到假设检验的拒绝域为

$$W=\left\{(x_1,x_2,\cdots,x_n):\frac{\bar{x}-\mu_0}{\sigma_0/\sqrt{n}}>u_\alpha\right\}.$$

此时犯第一类错误的概率$P\{拒绝H_0\mid H_0为真\}=\alpha$.

再讨论

$$H_0:\mu\leq\mu_0;\ \ H_1:\mu>\mu_0 .$$

当H_0为真时，有

$$\frac{\bar{X}-\mu}{\sigma_0/\sqrt{n}}\geq\frac{\bar{X}-\mu_0}{\sigma_0/\sqrt{n}},$$

设事件

$$A=\left\{\frac{\bar{X}-\mu}{\sigma_0/\sqrt{n}}>u_\alpha\right\},\ \ B=\left\{\frac{\bar{X}-\mu_0}{\sigma_0/\sqrt{n}}>u_\alpha\right\},$$

则易知$B\subset A$，由概率的性质知$P(A)\geq P(B)$，即

$$P\left\{\frac{\bar{X}-\mu}{\sigma_0/\sqrt{n}}>u_\alpha\right\}\geq P\left\{\frac{\bar{X}-\mu_0}{\sigma_0/\sqrt{n}}>u_\alpha\right\},$$

由于总体 $X\sim N(\mu,\sigma_0^2)$，因此 $u=\dfrac{\bar{X}-\mu}{\sigma_0/\sqrt{n}}\sim N(0,1)$，故有

$$\alpha=P\left\{\frac{\bar{X}-\mu}{\sigma_0/\sqrt{n}}>u_\alpha\right\}\geq P\left\{\frac{\bar{X}-\mu_0}{\sigma_0/\sqrt{n}}>u_\alpha\right\},$$

也就是说 $\left\{\dfrac{\bar{X}-\mu_0}{\sigma_0/\sqrt{n}}>u_\alpha\right\}$ 是当 H_0 为真时的小概率事件，所以得到假设检验的拒绝域为

$$W=\left\{(x_1,x_2,\cdots,x_n):\frac{\bar{x}-\mu_0}{\sigma_0/\sqrt{n}}>u_\alpha\right\}.$$

此时，犯第一类错误的概率 $P\{拒绝H_0\mid H_0为真\}\leq\alpha$.

综上所述，先后讨论的两个假设检验问题有相同的拒绝域. 因此，假设检验问题（2）的检验法则为：若 $\dfrac{\bar{X}-\mu_0}{\sigma_0/\sqrt{n}}>u_\alpha$，则拒绝原假设 H_0；若 $\dfrac{\bar{X}-\mu_0}{\sigma_0/\sqrt{n}}\leq u_\alpha$，则接受原假设 H_0.

关于假设检验问题（3），类似于假设检验问题（2）的讨论，可得到假设检验的拒绝域为

$$W=\left\{(x_1,x_2,\cdots,x_n):\frac{\bar{x}-\mu_0}{\sigma_0/\sqrt{n}}<-u_\alpha\right\}.$$

故假设检验问题（3）的检验法则为：若 $\dfrac{\bar{x}-\mu_0}{\sigma_0/\sqrt{n}}<-u_\alpha$，则拒绝原假设 H_0；若 $\dfrac{\bar{x}-\mu_0}{\sigma_0/\sqrt{n}}\geq-u_\alpha$，则接受原假设 H_0.

假设检验问题（1）的假设检验称为**双侧假设检验**，假设检验问题（2）与假设检验问题（3）的假设检验称为**单侧假设检验**. 假设检验问题（2）又称为**右侧假设检验**，假设检验问题（3）又称为**左侧假设检验**. 假设检验是双侧假设检验还是单侧假设检验，取决于备择假设 H_1. 双侧假设检验关注的是总体参数是否有明显变化，而不管是明显增大还是明显减小，而单侧假设检验关注总体参数明显变化的方向，左侧假设检验关注总体参数是否明显减小，右侧假设检验关注总体参数是否明显增大. 在单个正态总体均值的假设检验中，当方差 σ^2 已知时，无论是双侧假设检验还是单侧假设检验，所选的统计量都服从标准正态分布，这种用正态变量作为检验统计量的假设检验方法称为 **u 检验法**.

对原假设 H_0 所做的判断与所取的显著性水平 α 的大小有关，α 越小，越不容易拒绝 H_0. 所以，在做假设检验时，必须说明结论是在什么显著性水平下做出的.

【例 4.2.1】 设某种零件的寿命服从正态分布 $N(\mu,100^2)$，要求该种零件的平均寿命不低于 1000h. 从一批该种零件中随机抽取 25 件，测得平均寿命为 950h，试问这批零件是否合格（取显著性水平 $\alpha=0.05$）？

解 依题意，要检验的假设是

$$H_0:\mu\geq1000；\ H_1:\mu<1000.$$

已知 $\sigma=\sigma_0=100$，则检验统计量为

$$u=\frac{\overline{X}-\mu_0}{\sigma_0/\sqrt{n}}\sim N(0,1).$$

计算统计量u的观测值，得

$$u=\frac{\overline{x}-\mu_0}{\sigma_0/\sqrt{n}}=\frac{950-1000}{100/\sqrt{25}}=-2.5.$$

已给显著性水平$\alpha=0.05$，查附录A得临界值$u_{0.05}=1.645$，拒绝域为

$$W=\{(x_1,x_2,\cdots,x_n):\frac{\overline{x}-\mu_0}{\sigma_0/\sqrt{n}}<-1.645\}.$$

由于$-2.5<-1.645$，因此拒绝原假设，即在显著性水平$\alpha=0.05$下认为这批零件不合格.

4.2.2 方差σ^2未知时均值μ的假设检验

实际问题中，方差σ^2已知的情形比较少见，一般只知道总体服从$N(\mu,\sigma^2)$，其中σ^2未知. 当σ^2未知时，对给定的显著性水平α，关于正态总体均值μ的常见假设检验问题仍是4.2.1节中提出的那三类.

这些假设检验问题的检验法则的推导与当方差σ^2已知时总体均值μ的检验法则的推导类似，所不同的是，由于σ^2未知，因此不能再使用$u=\dfrac{\overline{X}-\mu_0}{\sigma/\sqrt{n}}\sim N(0,1)$作为检验统计量，而必须用$t=\dfrac{\overline{X}-\mu_0}{S/\sqrt{n}}\sim t(n-1)$作为检验统计量. 具体的检验法则的推导请读者自己完成.

在单个正态总体均值的假设检验中，当方差σ^2未知时，无论是双侧假设检验还是单侧假设检验，所选的统计量都服从t分布，这种用t变量作为检验统计量的假设检验方法称为t **检验法**.

现将单个正态总体均值μ的假设检验问题的检验法则总结在表4.3中.

表4.3 单个正态总体均值μ的假设检验问题的检验法则

检验问题	H_0	H_1	$\sigma^2=\sigma_0^2$已知	σ^2未知
			在显著性水平α下拒绝H_0，若	
1	$\mu=\mu_0$	$\mu\neq\mu_0$	$\dfrac{\lvert\overline{x}-\mu_0\rvert}{\sigma_0/\sqrt{n}}>u_{\alpha/2}$	$\dfrac{\lvert\overline{x}-\mu_0\rvert}{s/\sqrt{n}}>t_{\alpha/2}(n-1)$
2	$\mu=\mu_0$	$\mu>\mu_0$	$\dfrac{\overline{x}-\mu_0}{\sigma_0/\sqrt{n}}>u_\alpha$	$\dfrac{\overline{x}-\mu_0}{s/\sqrt{n}}>t_\alpha(n-1)$
	$\mu\le\mu_0$	$\mu>\mu_0$		
3	$\mu=\mu_0$	$\mu<\mu_0$	$\dfrac{\overline{x}-\mu_0}{\sigma_0/\sqrt{n}}<-u_\alpha$	$\dfrac{\overline{x}-\mu_0}{s/\sqrt{n}}<-t_\alpha(n-1)$
	$\mu\ge\mu_0$	$\mu<\mu_0$		

【例4.2.2】 已知电子工厂生产的某种电子元件的平均使用寿命为3000h，采用新技术试制一批这种电子元件，抽样检查20个，测得电子元件使用寿命的样本均值$\overline{x}=3100\text{h}$，样本标准差$s=170\text{h}$. 设电子元件的使用寿命服从正态分布，试制的这批电子元件的平均使用寿命是否有显著提高（取显著性水平$\alpha=0.01$）？

解 按题意，要检验的假设是

$$H_0:\mu=3000;\quad H_1:\mu>3000.$$

因为未知σ，所以应选取统计量

$$t=\frac{\overline{X}-\mu_0}{S/\sqrt{n}}\sim t(n-1),$$

计算统计量t的观测值得

$$t=\frac{3100-3000}{170/\sqrt{20}}\approx 2.63,$$

查附录C得临界值

$$t_\alpha(n-1)=t_{0.01}(19)=2.5395,$$

因为$t>t_{0.01}(19)$，所以在显著性水平$\alpha=0.01$下接受备择假设H_1，即认为电子元件的平均使用寿命有显著提高.

4.2.3 均值μ已知时方差σ^2的假设检验

当总体的均值μ已知时，对给定的显著性水平α，关于正态总体方差σ^2的常见假设检验问题有如下三种.

（1）$H_0:\sigma^2=\sigma_0^2$；$H_1:\sigma^2\neq\sigma_0^2$.　（双侧假设检验）

（2）$H_0:\sigma^2=\sigma_0^2$；$H_1:\sigma^2>\sigma_0^2$.

$H_0:\sigma^2\leq\sigma_0^2$；$H_1:\sigma^2>\sigma_0^2$.　（右侧假设检验）

（3）$H_0:\sigma^2=\sigma_0^2$；$H_1:\sigma^2<\sigma_0^2$.

$H_0:\sigma^2\geq\sigma_0^2$；$H_1:\sigma^2<\sigma_0^2$.　（左侧假设检验）

式中，σ_0为已知的正常数.

这些问题的检验法则如表4.4所示，下面来推导假设检验问题（1）的检验法则.

对于正态总体，当μ已知时，$\frac{1}{n}\sum_{i=1}^{n}(X_i-\mu)^2$是$\sigma^2$的无偏估计，因此当$H_0:\sigma^2=\sigma_0^2$为真时，比值$\frac{1}{n\sigma_0^2}\sum_{i=1}^{n}(X_i-\mu)^2$应该接近于1，如果比值较大或较小，那么应当拒绝原假设H_0. 于是，取拒绝域的形式为

$$W=\{\frac{1}{n\sigma_0^2}\sum_{i=1}^{n}(x_i-\mu)^2<k_1\text{或}\frac{1}{n\sigma_0^2}\sum_{i=1}^{n}(x_i-\mu)^2>k_2\},$$

式中，k_1为适当小的正数，k_2为适当大的正数，且$k_1<k_2$.

对于给定的显著性水平α，有

$$\begin{aligned}\alpha&=P\{\text{拒绝}H_0\mid H_0\text{为真}\}\\&=P\left\{\frac{1}{n\sigma_0^2}\sum_{i=1}^{n}(X_i-\mu)^2<k_1\text{或}\frac{1}{n\sigma_0^2}\sum_{i=1}^{n}(X_i-\mu)^2>k_2\middle|H_0\text{为真}\right\}\\&=P\left\{\frac{1}{n\sigma_0^2}\sum_{i=1}^{n}(X_i-\mu)^2<k_1\middle|H_0\text{为真}\right\}+P\left\{\frac{1}{n\sigma_0^2}\sum_{i=1}^{n}(X_i-\mu)^2>k_2\middle|H_0\text{为真}\right\}.\end{aligned}$$

为方便，取

$$P\left\{\frac{1}{n\sigma_0^2}\sum_{i=1}^{n}(X_i-\mu)^2<k_1\middle|H_0\text{为真}\right\}=P\left\{\frac{1}{n\sigma_0^2}\sum_{i=1}^{n}(X_i-\mu)^2>k_2\middle|H_0\text{为真}\right\}=\frac{\alpha}{2},$$

或写成

$$P\left\{\frac{1}{\sigma_0^2}\sum_{i=1}^{n}(X_i-\mu)^2<nk_1\middle|H_0\text{为真}\right\}=P\left\{\frac{1}{\sigma_0^2}\sum_{i=1}^{n}(X_i-\mu)^2>nk_2\middle|H_0\text{为真}\right\}=\frac{\alpha}{2}.$$

当 $H_0:\sigma^2=\sigma_0^2$ 成立时，由第 2 章的定理 2.5.1 的结论(2)知，$\chi^2=\frac{1}{\sigma_0^2}\sum_{i=1}^{n}(X_i-\mu)^2\sim\chi^2(n)$，根据 χ^2 分布的分位数，可将上式写成

$$P\left\{\frac{1}{\sigma_0^2}\sum_{i=1}^{n}(X_i-\mu)^2<\chi_{1-\alpha/2}(n)\right\}=P\left\{\frac{1}{\sigma_0^2}\sum_{i=1}^{n}(X_i-\mu)^2>\chi_{\alpha/2}(n)\right\}=\frac{\alpha}{2}.$$

由此得到假设检验问题（1）的拒绝域为

$$W=\left\{(x_1,x_2,\cdots,x_n):\frac{1}{\sigma_0^2}\sum_{i=1}^{n}(x_i-\mu)^2<\chi_{1-\alpha/2}^2(n)\text{或}\frac{1}{\sigma_0^2}\sum_{i=1}^{n}(x_i-\mu)^2>\chi_{\alpha/2}^2(n)\right\},$$

因此，假设检验问题（1）的检验法则为：若 $\frac{1}{\sigma_0^2}\sum_{i=1}^{n}(x_i-\mu)^2<\chi_{1-\alpha/2}^2(n)$ 或 $\frac{1}{\sigma_0^2}\sum_{i=1}^{n}(x_i-\mu)^2>\chi_{\alpha/2}^2(n)$，则拒绝原假设 H_0，即认为总体方差 σ^2 与 σ_0^2 之间有显著差异；否则接受 H_0，即认为总体方差 σ^2 与 σ_0^2 之间无显著差异.

当总体的均值 μ 已知时，正态总体的方差 σ^2 的单侧检验法则的推导可参考 4.2.4 节.

4.2.4 均值 μ 未知时方差 σ^2 的假设检验

实际问题中最常见的是在总体的均值 μ 未知的情形下，方差 σ^2 的假设检验问题.

当总体的均值 μ 未知时，对给定的显著性水平 α，关于正态总体的方差 σ^2 的常见假设检验问题，与均值 μ 已知时的情形一样，仍然是那三类问题. 下面来推导假设检验问题（3）的检验法则，即当总体的均值 μ 未知时，在显著性水平 α 下，检验假设

$$H_0:\sigma^2=\sigma_0^2;\ H_1:\sigma^2<\sigma_0^2.$$

$$H_0:\sigma^2\geq\sigma_0^2;\ H_1:\sigma^2<\sigma_0^2.$$

式中，σ_0 为已知的正常数.

先讨论

$$H_0:\sigma^2=\sigma_0^2;\ H_1:\sigma^2<\sigma_0^2.$$

因为 μ 未知，所以不能再取 $\chi^2=\frac{1}{\sigma_0^2}\sum_{i=1}^{n}(X_i-\mu)^2\sim\chi^2(n)$ 作为检验统计量. 由于样本方差 S^2 是总体方差 σ^2 的无偏估计，因此当 $H_0:\sigma^2=\sigma_0^2$ 为真时，比值 $\frac{S^2}{\sigma_0^2}$ 应该接近于1. 所以如果比值较小，那么应当拒绝原假设 H_0. 于是，取拒绝域的形式为

$$W=\left\{\frac{s^2}{\sigma_0^2}<k\right\},$$

或写成

$$W=\left\{\frac{(n-1)s^2}{\sigma_0^2}<(n-1)k\right\}.$$

由第 2 章的定理 2.5.1 的结论（3）知，当 H_0 为真时，

$$\chi^2=\frac{\sum_{i=1}^{n}(X_i-\bar{X})^2}{\sigma_0^2}=\frac{(n-1)S^2}{\sigma_0^2}\sim\chi^2(n-1).$$

根据 χ^2 分布的分位数，有

$$P\left\{\frac{(n-1)S^2}{\sigma_0^2}<\chi_{1-\alpha}^2(n-1)\right\}=\alpha,$$

于是，所讨论的假设检验的拒绝域为

$$W=\left\{(x_1,x_2,\cdots,x_n):\frac{(n-1)s^2}{\sigma_0^2}<\chi_{1-\alpha}^2(n-1)\right\}.$$

此时，犯第一类错误的概率 $P\{拒绝H_0\mid H_0为真\}=\alpha$.

再讨论

$$H_0:\sigma^2\geq\sigma_0^2;\ H_1:\sigma^2<\sigma_0^2.$$

当 H_0 为真时，有 $\sigma^2\geq\sigma_0^2$，从而有

$$\frac{(n-1)S^2}{\sigma_0^2}\geq\frac{(n-1)S^2}{\sigma^2},$$

设事件

$$A=\left\{\frac{(n-1)S^2}{\sigma_0^2}<\chi_{1-\alpha}^2(n-1)\right\},\quad B=\left\{\frac{(n-1)S^2}{\sigma^2}<\chi_{1-\alpha}^2(n-1)\right\},$$

则易知 $A\subset B$，由概率的性质知 $P(A)\leq P(B)$，即

$$P\left\{\frac{(n-1)S^2}{\sigma_0^2}<\chi_{1-\alpha}^2(n-1)\right\}\leq P\left\{\frac{(n-1)S^2}{\sigma^2}<\chi_{1-\alpha}^2(n-1)\right\},$$

由于总体 $X\sim N(\mu,\sigma^2)$，因此

$$\frac{(n-1)S^2}{\sigma^2}\sim\chi^2(n-1),$$

又由 χ^2 分布的分位数得

$$P\left\{\frac{(n-1)S^2}{\sigma^2}<\chi_{1-\alpha}^2(n-1)\right\}=\alpha,$$

故当 H_0 为真时，有

$$P\left\{\frac{(n-1)S^2}{\sigma_0^2}<\chi_{1-\alpha}^2(n-1)\right\}\leq P\left\{\frac{(n-1)S^2}{\sigma^2}<\chi_{1-\alpha}^2(n-1)\right\}=\alpha.$$

所以拒绝域可取为

$$W=\left\{(x_1,x_2,\cdots,x_n):\frac{(n-1)s^2}{\sigma_0^2}<\chi_{1-\alpha}^2(n-1)\right\}.$$

此时，犯第一类错误的概率 $P\{拒绝H_0\mid H_0为真\}\le\alpha$.

综上所述，先后讨论的两个假设检验问题有相同的拒绝域. 于是，当总体的均值 μ 未知时，正态总体的方差 σ^2 假设检验问题（3）的检验法则为：若 $\dfrac{(n-1)s^2}{\sigma_0^2}<\chi_{1-\alpha}^2(n-1)$，则拒绝原假设 H_0；若 $\dfrac{(n-1)s^2}{\sigma_0^2}\ge\chi_{1-\alpha}^2(n-1)$，则接受 H_0.

当总体的均值 μ 未知时，正态总体的方差 σ^2 的其他假设检验的检验法则如表 4.4 所示.

表 4.4 单个正态总体方差 σ^2 的假设检验问题的检验法则

检验问题	H_0	H_1	$\mu=\mu_0$ 已知	μ 未知
			在显著性水平 α 下拒绝 H_0，若	
1	$\sigma^2=\sigma_0^2$	$\sigma^2\ne\sigma_0^2$	$\frac{1}{\sigma_0^2}\sum_{i=1}^{n}(\bar{x}-\mu_0)^2<\chi_{1-\alpha/2}^2(n)$ 或 $\frac{1}{\sigma_0^2}\sum_{i=1}^{n}(\bar{x}-\mu_0)^2>\chi_{\alpha/2}^2(n)$	$\frac{(n-1)s^2}{\sigma_0^2}<\chi_{1-\alpha/2}^2(n-1)$ 或 $\frac{(n-1)s^2}{\sigma_0^2}>\chi_{\alpha/2}^2(n-1)$
2	$\sigma^2=\sigma_0^2$	$\sigma^2>\sigma_0^2$	$\frac{1}{\sigma_0^2}\sum_{i=1}^{n}(\bar{x}-\mu_0)^2>\chi_{\alpha}^2(n)$	$\frac{(n-1)s^2}{\sigma_0^2}>\chi_{\alpha}^2(n-1)$
	$\sigma^2\le\sigma_0^2$	$\sigma^2>\sigma_0^2$		
3	$\sigma^2=\sigma_0^2$	$\sigma^2<\sigma_0^2$	$\frac{1}{\sigma_0^2}\sum_{i=1}^{n}(\bar{x}-\mu_0)^2<\chi_{1-\alpha}^2(n)$	$\frac{(n-1)s^2}{\sigma_0^2}<\chi_{1-\alpha}^2(n-1)$
	$\sigma^2\ge\sigma_0^2$	$\sigma^2<\sigma_0^2$		

在单个正态总体方差的假设检验中，无论均值 μ 已知还是未知，不论是双侧假设检验还是单侧假设检验，所选统计量都服从 χ^2 分布，这种用 χ^2 变量作为检验统计量的假设检验方法称为 χ^2 **检验法**.

【例 4.2.3】 某车间生产的零件的长度服从正态分布，规定标准差是1.4（单位：mm）. 从某日生产的零件中随机抽取16件，测量得其样本标准差为 2.0，在显著性水平 $\alpha=0.05$ 下，零件的长度是否符合规定?

解 依题意，要检验的假设是

$$H_0:\sigma^2=1.4^2;\ H_1:\sigma^2\ne1.4^2.$$

μ 未知，应选取检验统计量

$$\frac{(n-1)S^2}{\sigma_0^2}\sim\chi^2(n-1),$$

计算检验统计量的观测值得

$$\frac{(n-1)s^2}{\sigma_0^2}=\frac{15\times2.0^2}{1.4^2}\approx30.61,$$

对于 $\alpha=0.05$，查附录 B 得 $\chi_{0.025}^2(15)=27.4884$， $\chi_{1-0.025}^2(15)=6.2621$，拒绝域为

$$W=\left\{\frac{(n-1)s^2}{\sigma_0^2}<6.2621或\frac{(n-1)s^2}{\sigma_0^2}>27.4884\right\},$$

由于 $30.61>27.4884$，因此在显著性水平 $\alpha=0.05$ 下拒绝原假设，认为零件的长度不符合

规定.

【例 4.2.4】 某种电子元件的电阻（单位：Ω）服从正态分布，按规定其标准差不得超过 0.06．现从一批电子元件中随机抽取 25 件并测量其电阻，得样本的标准差为 0.09．在显著性水平 $\alpha=0.01$ 下，这批电子元件是否合格?

解 依题意，要检验的假设是

$$H_0:\sigma^2\le 0.06^2;\ H_1:\sigma^2>0.06^2.$$

μ 未知，应选取检验统计量

$$\frac{(n-1)S^2}{\sigma_0^2}\sim\chi^2(n-1),$$

计算检验统计量的观测值得

$$\frac{(n-1)s^2}{\sigma_0^2}=\frac{24\times 0.09^2}{0.06^2}=54,$$

对于 $\alpha=0.01$，查附录 B 得 $\chi_{0.01}^2(24)=42.9798$，拒绝域为

$$W=\left\{\frac{(n-1)s^2}{\sigma_0^2}>42.9798\right\},$$

由于 $54>42.9798$，因此在显著性水平 $\alpha=0.01$ 下拒绝原假设，认为这批电子元件不合格.

4.3 双正态总体的均值与方差的假设检验

实际中，经常会遇到比较两个总体的问题，本节讨论两个正态总体的均值与方差的比较问题.

设总体 $X\sim N(\mu_1,\sigma_1^2)$，总体 $Y\sim N(\mu_2,\sigma_2^2)$，$X_1,X_2,\cdots,X_{n_1}$ 为抽自总体 X 的样本，$Y_1,Y_2,\cdots,Y_{n_2}$ 为抽自总体 Y 的样本，且两个样本相互独立，样本均值与样本方差分别是

$$\bar{X}=\frac{1}{n_1}\sum_{i=1}^{n_1}X_i,\quad \bar{Y}=\frac{1}{n_2}\sum_{i=1}^{n_2}X_i,$$

及

$$S_1^2=\frac{1}{n_1-1}\sum_{i=1}^{n_1}(X_i-\bar{X})^2,\quad S_2^2=\frac{1}{n_2-1}\sum_{i=1}^{n_2}(Y_i-\bar{Y})^2.$$

4.3.1 方差已知时双正态总体均值的假设检验

当 σ_1^2、σ_2^2 已知时，在给定的显著性水平 α 下，关于双正态总体 X、Y 的均值的比较，常见的假设检验问题有三类.

（1）$H_0:\mu_1=\mu_2;\ H_1:\mu_1\ne\mu_2$.　（双侧假设检验）

（2）$H_0:\mu_1=\mu_2;\ H_1:\mu_1>\mu_2$.

$H_0:\mu_1\le\mu_2;\ H_1:\mu_1>\mu_2$.　（右侧假设检验）

（3）$H_0:\mu_1=\mu_2;\ H_1:\mu_1<\mu_2$.

$H_0:\mu_1\ge\mu_2;\ H_1:\mu_1<\mu_2$.　（左侧假设检验）

这些假设检验问题的检验法则如表 4.5 所示.

下面来推导假设检验问题（1）的检验法则.

由于$\bar{X}-\bar{Y}$是$\mu_1-\mu_2$的无偏估计，因此当原假设H_0为真时，$|\bar{X}-\bar{Y}|$通常应该比较小，若$|\bar{X}-\bar{Y}|$较大，则应当拒绝原假设H_0. 当原假设H_0为真时，由第2章的定理2.5.2知

$$U=\frac{\bar{X}-\bar{Y}}{\sqrt{\sigma_1^2/n_1+\sigma_2^2/n_2}}\sim N(0,1),$$

所以，当原假设H_0为真时，$\{|U|>k\}$是一个小概率事件.

从而对给定的显著性水平α，有

$$\alpha=P\{|U|>k|H_0\text{为真}\}=2[1-\Phi(k)],$$

即

$$\Phi(k)=1-\frac{\alpha}{2}.$$

由标准正态分布表知$\Phi(u_{\alpha/2})=1-\dfrac{\alpha}{2}$，因此

$$k=u_{\alpha/2}.$$

由此得到在方差σ_1^2、σ_2^2均已知的情形下，假设检验问题（1）的拒绝域为

$$W=\left\{\frac{|\bar{x}-\bar{y}|}{\sqrt{\sigma_1^2/n_1+\sigma_2^2/n_2}}>u_{\alpha/2}\right\}.$$

于是，假设检验问题(1)的检验法则为：若$\dfrac{|\bar{x}-\bar{y}|}{\sqrt{\sigma_1^2/n_1+\sigma_2^2/n_2}}>u_{\alpha/2}$，则拒绝$H_0$；若$\dfrac{|\bar{x}-\bar{y}|}{\sqrt{\sigma_1^2/n_1+\sigma_2^2/n_2}}\le u_{\alpha/2}$，则接受$H_0$.

当方差σ_1^2、σ_2^2已知时，可类似地推导假设检验问题（2）、（3）的检验法则，所用的统计量也是$U=\dfrac{\bar{X}-\bar{Y}-(\mu_1-\mu_2)}{\sqrt{\sigma_1^2/n_1+\sigma_2^2/n_2}}\sim N(0,1)$. 因此，方差$\sigma_1^2$、$\sigma_2^2$已知时，均值的比较的检验法都是 ***u*检验法**.

【例 4.3.1】 设甲、乙两家工厂生产同种灯泡，其寿命分别服从正态分布$N(\mu_1,80^2)$与$N(\mu_2,86^2)$，现从两工厂生产的灯泡中随机地各取20只，测得甲工厂生产的灯泡的平均寿命为1250h，乙工厂生产的灯泡的平均寿命为1200h，对于给定的显著性水平$\alpha=0.05$，能否认为两家工厂生产的灯泡的平均寿命无显著差异?

解 根据题意，要检验的假设是

$$H_0:\mu_1=\mu_2;\ H_1:\mu_1\ne\mu_2.$$

已知σ_1^2、σ_2^2，应选取检验统计量为

$$U=\frac{\bar{X}-\bar{Y}}{\sqrt{\sigma_1^2/n_1+\sigma_2^2/n_2}}\sim N(0,1),$$

计算检验统计量的观测值为

$$\frac{\bar{x}-\bar{y}}{\sqrt{\sigma_1^2/n_1+\sigma_2^2/n_2}}=\frac{1250-1200}{\sqrt{80^2/20+86^2/20}}\approx 1.904,$$

对于$\alpha = 0.05$，查附录 A 得到$u_{0.025} = 1.96$，拒绝域为

$$W = \left\{ (x_1, x_2, \cdots, x_n): \frac{|\overline{x} - \overline{y}|}{\sqrt{\sigma_1^2/n_1 + \sigma_2^2/n_2}} > 1.96 \right\}.$$

由于$|1.904| < 1.96$，因此接受原假设，即认为两家工厂生产的灯泡的平均寿命无显著差异.

4.3.2　方差未知但相等时双正态总体均值的假设检验

当σ_1^2、σ_2^2未知但$\sigma_1^2 = \sigma_2^2$时，在给定的显著性水平α下，双正态总体X、Y均值比较的假设检验问题与σ_1^2、σ_2^2已知时的情形一样，仍然是那三类. 它们的检验法则如表 4.5 所示.

下面来推导当σ_1^2、σ_2^2未知但$\sigma_1^2 = \sigma_2^2$时，问题（2）的检验法则.

先讨论

$$H_0: \mu_1 = \mu_2;\ H_1: \mu_1 > \mu_2.$$

当原假设H_0为真时，$\overline{X} - \overline{Y}$比较大就应该认为是出现了小概率事件，从而应该拒绝$H_0$. 由于当$H_0$为真时，根据第 2 章的定理 2.5.3 有

$$T = \frac{\overline{X} - \overline{Y}}{S_{\varpi}\sqrt{1/n_1 + 1/n_2}} \sim t(n_1 + n_2 - 2),$$

式中

$$S_{\varpi}^2 = \frac{(n_1 - 1)S_1^2 + (n_2 - 1)S_2^2}{n_1 + n_2 - 2},\quad S_{\varpi} = \sqrt{S_{\varpi}^2}.$$

因此，当原假设H_0为真时，$\{T > k\}$是个小概率事件.

从而对给定的显著性水平α，有

$$\alpha = P\{T > k \mid H_0\text{为真}\}$$
$$= P\left\{ \frac{\overline{X} - \overline{Y}}{S_{\varpi}\sqrt{1/n_1 + 1/n_2}} > k \right\}.$$

由t分布的分位数知

$$k = t_{\alpha}(n_1 + n_2 - 2),$$

于是可得，当原假设H_0为真时，有

$$P\left\{ \frac{\overline{X} - \overline{Y}}{S_{\varpi}\sqrt{1/n_1 + 1/n_2}} > t_{\alpha}(n_1 + n_2 - 2) \right\} = \alpha.$$

再讨论

$$H_0: \mu_1 \le \mu_2;\ H_1: \mu_1 > \mu_2.$$

当原假设H_0为真时，有

$$\frac{\overline{X} - \overline{Y}}{S_{\varpi}\sqrt{1/n_1 + 1/n_2}} \le \frac{\overline{X} - \overline{Y} - (\mu_1 - \mu_2)}{S_{\varpi}\sqrt{1/n_1 + 1/n_2}},$$

设事件

$$A = \left\{ \frac{\overline{X} - \overline{Y}}{S_{\varpi}\sqrt{1/n_1 + 1/n_2}} > t_{\alpha}(n_1 + n_2 - 2) \right\},\quad B = \left\{ \frac{\overline{X} - \overline{Y} - (\mu_1 - \mu_2)}{S_{\varpi}\sqrt{1/n_1 + 1/n_2}} > t_{\alpha}(n_1 + n_2 - 2) \right\}.$$

则易知 $A\subset B$，由概率的性质知，$P(A)\le P(B)$，即

$$P\left\{\frac{\overline{X}-\overline{Y}}{S_{\varpi}\sqrt{1/n_1+1/n_2}}>t_{\alpha}(n_1+n_2-2)\right\}\le P\left\{\frac{\overline{X}-\overline{Y}-(\mu_1-\mu_2)}{S_{\varpi}\sqrt{1/n_1+1/n_2}}>t_{\alpha}(n_1+n_2-2)\right\}.$$

当原假设 H_0 为真时，根据第 2 章的定理 2.5.3 有

$$T=\frac{\overline{X}-\overline{Y}-(\mu_1-\mu_2)}{S_{\varpi}\sqrt{1/n_1+1/n_2}}\sim t(n_1+n_2-2),$$

由 t 分布的分位数知

$$P\left\{\frac{\overline{X}-\overline{Y}}{S_{\varpi}\sqrt{1/n_1+1/n_2}}>t_{\alpha}(n_1+n_2-2)\right\}\le P\left\{\frac{\overline{X}-\overline{Y}-(\mu_1-\mu_2)}{S_{\varpi}\sqrt{1/n_1+1/n_2}}>t_{\alpha}(n_1+n_2-2)\right\}=\alpha.$$

综上所述，先后讨论的两个假设检验问题有相同的拒绝域

$$W=\left\{\frac{\overline{x}-\overline{y}}{s_{\varpi}\sqrt{1/n_1+1/n_2}}>t_{\alpha}(n_1+n_2-2)\right\}.$$

于是，检验问题（2）的检验法则为：若 $\dfrac{\overline{x}-\overline{y}}{s_{\varpi}\sqrt{1/n_1+1/n_2}}>t_{\alpha}(n_1+n_2-2)$，则拒绝 H_0；否则接受 H_0.

当方差 $\sigma_1^2=\sigma_2^2=\sigma^2$ 且未知时，可类似地推导假设检验问题（1）、（3）的检验法则，所用的统计量也是

$$T=\frac{\overline{X}-\overline{Y}-(\mu_1-\mu_2)}{S_{\varpi}\sqrt{1/n_1+1/n_2}}\sim t(n_1+n_2-2).$$

因此，当方差 $\sigma_1^2=\sigma_2^2=\sigma^2$ 且未知时，均值的比较的检验法都是 **t 检验法**.

在实际应用中，抽样时常取 $n_1=n_2=n$，所用的统计量简化为

$$T=\frac{\overline{X}-\overline{Y}-(\mu_1-\mu_2)}{\sqrt{(S_1^2+S_2^2)/n}}\sim t(2n-2).$$

【例 4.3.2】 对某种物品在处理前与处理后分别抽样，其含脂率如下.

处理前 x_i：0.19　0.18　0.21　0.30　0.41　0.12　0.27，

处理后 y_j：0.15　0.13　0.07　0.24　0.19　0.06　0.08　0.12.

假设处理前与处理后的含脂率都服从正态分布，且标准差不变，处理后含脂率的均值是否显著降低（取显著性水平 $\alpha=0.01$）？

解 设该种物品在处理前的含脂率 $X\sim N(\mu_1,\sigma_1^2)$，在处理后的含脂率 $Y\sim N(\mu_2,\sigma_2^2)$.

要检验的假设是

$$H_0:\mu_1=\mu_2;\ H_1:\mu_1>\mu_2.$$

依题意，σ_1^2、σ_2^2 未知但 $\sigma_1^2=\sigma_2^2$，应选取统计量

$$T=\frac{\overline{X}-\overline{Y}}{S_{\varpi}\sqrt{1/n_1+1/n_2}}\sim t(n_1+n_2-2),$$

有

$$n_1=7,\quad \overline{x}=0.24,\quad s_1^2\approx 0.0091,$$
$$n_2=8,\quad \overline{y}=0.13,\quad s_2^2\approx 0.0039,$$

计算

$$s_{\varpi}=\sqrt{\frac{6\times 0.0091+7\times 0.0039}{7+8-2}}\approx 0.0794,$$

由此得到统计量T的观测值

$$T=\frac{0.24-0.13}{0.0794\times\sqrt{\frac{1}{7}+\frac{1}{8}}}\approx 2.68,$$

对于$\alpha=0.01$，查附录 C 得到$t_{\alpha}(n_1+n_2-2)=t_{0.01}(13)=2.6503$，拒绝域为

$$W=\left\{\frac{\overline{x}-\overline{y}}{s_{\varpi}\sqrt{1/n_1+1/n_2}}>2.6503\right\}.$$

因为$2.68>2.6503$，所以在显著性水平$\alpha=0.01$下，拒绝原假设H_0而接受备择假设H_1，即认为在处理后含脂率的均值显著降低了.

从例 4.3.1、例 4.3.2 可以看出，双正态总体均值比较的显著性检验，其实际是一种选优的统计方法，至于多个正态总体均值之间差异的显著性检验，在方差分析及正交试验设计内容中会进一步介绍.

表 4.5 双正态总体均值的假设检验问题的检验法则

检验问题	H_0	H_1	σ_1^2、σ_2^2 均已知	$\sigma_1^2=\sigma_2^2=\sigma^2$ 未知
			在显著性水平α下拒绝H_0，若	
1	$\mu_1=\mu_2$	$\mu_1\neq\mu_2$	$\frac{\lvert\overline{x}-\overline{y}\rvert}{\sqrt{\sigma_1^2/n_1+\sigma_2^2/n_2}}>u_{\alpha/2}$	$\frac{\lvert\overline{x}-\overline{y}\rvert}{s_{\varpi}\sqrt{1/n_1+1/n_2}}>t_{\alpha/2}(n_1+n_2-2)$
2	$\mu_1=\mu_2$	$\mu_1>\mu_2$	$\frac{\overline{x}-\overline{y}}{\sqrt{\sigma_1^2/n_1+\sigma_2^2/n_2}}>u_{\alpha}$	$\frac{\overline{x}-\overline{y}}{s_{\varpi}\sqrt{1/n_1+1/n_2}}>t_{\alpha}(n_1+n_2-2)$
	$\mu_1\leq\mu_2$	$\mu_1>\mu_2$		
3	$\mu_1=\mu_2$	$\mu_1<\mu_2$	$\frac{\overline{x}-\overline{y}}{\sqrt{\sigma_1^2/n_1+\sigma_2^2/n_2}}<-u_{\alpha}$	$\frac{\overline{x}-\overline{y}}{s_{\varpi}\sqrt{1/n_1+1/n_2}}<-t_{\alpha}(n_1+n_2-2)$
	$\mu_1\geq\mu_2$	$\mu_1<\mu_2$		

4.3.3 均值未知时双正态总体方差的假设检验

当均值μ_1、μ_2均未知时，在显著性水平α下，关于双正态总体X、Y的方差σ_1^2、σ_2^2，常见的假设检验问题有三类.

（1）$H_0:\sigma_1^2=\sigma_2^2$；$H_1:\sigma_1^2\neq\sigma_2^2$. （双侧检验）

（2）$H_0:\sigma_1^2=\sigma_2^2$；$H_1:\sigma_1^2>\sigma_2^2$.

$H_0:\sigma_1^2\leq\sigma_2^2$；$H_1:\sigma_1^2>\sigma_2^2$. （右侧检验）

（3）$H_0:\sigma_1^2=\sigma_2^2$；$H_1:\sigma_1^2<\sigma_2^2$.

$H_0:\sigma_1^2\geq\sigma_2^2$；$H_1:\sigma_1^2<\sigma_2^2$. （左侧检验）

下面来推导问题（1）的检验法则.

当$H_0:\sigma_1^2=\sigma_2^2$为真，即$\sigma_1^2/\sigma_2^2=1$时，由于样本方差$S_1^2$、$S_2^2$分别为总体方差$\sigma_1^2$、$\sigma_2^2$的无偏估计，因此比值$S_1^2/S_2^2$应该接近1，若比值$S_1^2/S_2^2$接近0或比1大得多，则应该拒绝$H_0$. 于是，假设检验问题（1）的拒绝域的形式为

$$W=\left\{\frac{s_1^2}{s_2^2}<k_1\text{或}\frac{s_1^2}{s_2^2}>k_2\right\}.$$

式中，常数k_1为适当小的正数，k_2为适当大的正数，且$k_1 < k_2$，它们均由显著性水平α确定，于是

$$P\left\{\frac{S_1^2}{S_2^2} < k_1 \text{或} \frac{S_1^2}{S_2^2} > k_2 \middle| H_0\text{为真}\right\} = \alpha,$$

即

$$P\left\{\frac{S_1^2}{S_2^2} < k_1 \middle| H_0\text{为真}\right\} + P\left\{\frac{S_1^2}{S_2^2} > k_2 \middle| H_0\text{为真}\right\} = \alpha.$$

为了方便，常取

$$P\left\{\frac{S_1^2}{S_2^2} < k_1 \middle| H_0\text{为真}\right\} = P\left\{\frac{S_1^2}{S_2^2} > k_2 \middle| H_0\text{为真}\right\} = \frac{\alpha}{2}.$$

根据第2章的定理2.5.5，得到

$$F = \frac{S_1^2/S_2^2}{\sigma_1^2/\sigma_2^2} \sim F(n_1-1, n_2-1).$$

当H_0为真时，有

$$\frac{S_1^2}{S_2^2} \sim F(n_1-1, n_2-1).$$

由F分布的分位数，有

$$P\left\{\frac{S_1^2}{S_2^2} < F_{1-\alpha/2}(n_1-1, n_2-1)\right\} = P\left\{\frac{S_1^2}{S_2^2} > F_{\alpha/2}(n_1-1, n_2-1)\right\} = \frac{\alpha}{2},$$

这表明假设检验问题（1）的拒绝域为

$$W = \left\{\frac{s_1^2}{s_2^2} < F_{1-\alpha/2}(n_1-1, n_2-1) \text{或} \frac{s_1^2}{s_2^2} > F_{\alpha/2}(n_1-1, n_2-1)\right\}.$$

于是，对给定的显著性水平α，问题（1）的检验法则为：若$\frac{s_1^2}{s_2^2} < F_{1-\alpha/2}(n_1-1, n_2-1)$或$\frac{s_1^2}{s_2^2} > F_{\alpha/2}(n_1-1, n_2-1)$，则拒绝$H_0$；否则接受$H_0$.

关于假设检验问题（2）、（3）的检验法则，可类似推导，所用的检验统计量仍是

$$F = \frac{S_1^2/S_2^2}{\sigma_1^2/\sigma_2^2} \sim F(n_1-1, n_2-1).$$

检验法则如表4.6所示，请读者自行推导.

【例4.3.3】 甲、乙两台机器加工同种零件，分别从两台机器加工的零件中随机抽取8个和9个并测量其直径（单位：mm），得样本均值分别为$\bar{x} = 14.5$、$\bar{y} = 15$，样本方差分别为$s_1^2 = 0.345$、$s_2^2 = 0.375$. 假定零件的直径分别服从正态分布$N(\mu_1, \sigma_1^2)$、$N(\mu_2, \sigma_2^2)$.

（1）这两台机器所生产的零件直径的方差是否相等（取显著性水平$\alpha = 0.10$）？

（2）这两台机器所生产的零件直径的均值是否相等（取显著性水平$\alpha = 0.10$）？

解 （1）依题意，要检验的假设是

$$H_0: \sigma_1^2 = \sigma_2^2; \quad H_1: \sigma_1^2 \neq \sigma_2^2.$$

均值未知，应选取检验统计量为

$$\frac{S_1^2}{S_2^2} \sim F(n_1-1, n_2-1),$$

计算统计量的观测值为

$$\frac{s_1^2}{s_2^2} = \frac{0.345}{0.375} = 0.92,$$

对于显著性水平 $\alpha = 0.10$，查附录 D 得到

$$F_{\alpha/2}(n_1-1, n_2-1) = F_{0.05}(7,8) = 3.50,\quad F_{1-\alpha/2}(n_1-1, n_2-1) = F_{0.95}(7,8) = \frac{1}{F_{0.05}(8,7)} = \frac{1}{3.73} \approx 0.27,$$

所以拒绝域为

$$W = \left\{\frac{s_1^2}{s_2^2} > 3.50 \text{或} \frac{s_1^2}{s_2^2} < 0.27\right\}.$$

由于 $0.27 < 0.92 < 3.50$，因此接受原假设，即认为两台机器生产的零件直径的方差相等.

（2）依题意，要检验的假设是

$$H_0: \mu_1 = \mu_2;\ H_1: \mu_1 \neq \mu_2.$$

根据（1）得到两台机器生产的零件直径的方差相等，故取检验统计量为

$$\frac{\overline{X} - \overline{Y}}{S_{\varpi}\sqrt{1/n_1 + 1/n_2}} \sim t(n_1 + n_2 - 2),$$

计算

$$s_{\varpi}^2 = \frac{(n_1-1)s_1^2 + (n_2-1)s_2^2}{n_1 + n_2 - 2} = 0.361,$$

$$\frac{\overline{x} - \overline{y}}{s_{\varpi}\sqrt{1/n_1 + 1/n_2}} = \frac{14.5 - 15}{\sqrt{0.361}\sqrt{1/8 + 1/9}} \approx -1.71,$$

对于显著性水平 $\alpha = 0.10$，查附录 C 得到 $t_{\alpha/2}(n_1 + n_2 - 2) = t_{0.05}(15) = 1.7531$，拒绝域为

$$W = \left\{\frac{|\overline{x} - \overline{y}|}{s_{\varpi}\sqrt{1/m + 1/n}} > 1.7531\right\}.$$

由于 $|-1.71| < 1.7531$，因此接受原假设，即认为两台机器生产的零件直径的均值相等.

例 4.3.3 表明，对方差完全未知的双正态总体的均值比较的检验问题，须先检验它们的方差相等（方差齐性），即先检验 $H_0: \sigma_1^2 = \sigma_2^2$.

4.3.4　均值已知时双正态总体方差的假设检验

当均值 μ_1、μ_2 均已知时，在显著性水平 α 下，关于双正态总体 X、Y 的方差 σ_1^2、σ_2^2，常见的假设检验问题与当均值 μ_1、μ_2 未知时的情形是一样的，仍然是那三类.

此时，采用检验统计量

$$\frac{\dfrac{1}{n_1\sigma_1^2}\sum_{i=1}^{n_1}(X_i - \mu_1)^2}{\dfrac{1}{n_2\sigma_2^2}\sum_{j=1}^{n_2}(Y_j - \mu_2)^2} \sim F(n_1, n_2).$$

所有三个假设检验问题的检验方法与当μ_1、μ_2未知时的检验方法完全类似，这里不再重复，只把结论列在表 4.6 中，在实际应用中，μ_1、μ_2已知的情形比较少见.

在双正态总体方差的假设检验中，不论均值μ_1、μ_2已知还是未知，不论是双侧假设检验还是单侧假设检验，所选统计量都服从F分布，这种用F变量作为检验统计量的假设检验方法称为F **检验法**.

表 4.6 双正态总体方差的假设检验问题的检验法则

检验问题	H_0	H_1	μ_1、μ_2已知	μ_1、μ_2未知
			在显著性水平α下拒绝H_0，若	
1	$\sigma^2=\sigma_0^2$	$\sigma^2\neq\sigma_0^2$	$\dfrac{\frac{1}{n_1}\sum_{i=1}^{n_1}(X_i-\mu_1)^2}{\frac{1}{n_2}\sum_{j=1}^{n_2}(Y_j-\mu_2)^2}>F_{\alpha/2}(n_1,n_2)$ 或 $\dfrac{\frac{1}{n_1}\sum_{i=1}^{n_1}(X_i-\mu_1)^2}{\frac{1}{n_2}\sum_{j=1}^{n_2}(Y_j-\mu_2)^2}<F_{1-\alpha/2}(n_1,n_2)$	$\dfrac{s_1^2}{s_2^2}>F_{\alpha/2}(n_1-1,n_2-1)$ 或 $\dfrac{s_1^2}{s_2^2}<F_{1-\alpha/2}(n_1-1,n_2-1)$
2	$\sigma^2=\sigma_0^2$ $\sigma^2\leq\sigma_0^2$	$\sigma^2>\sigma_0^2$ $\sigma^2>\sigma_0^2$	$\dfrac{\frac{1}{n_1}\sum_{i=1}^{n_1}(X_i-\mu_1)^2}{\frac{1}{n_2}\sum_{j=1}^{n_2}(Y_j-\mu_2)^2}>F_{\alpha}(n_1,n_2)$	$\dfrac{s_1^2}{s_2^2}>F_{\alpha}(n_1-1,n_2-1)$
3	$\sigma^2=\sigma_0^2$ $\sigma^2\geq\sigma_0^2$	$\sigma^2<\sigma_0^2$ $\sigma^2<\sigma_0^2$	$\dfrac{\frac{1}{n_1}\sum_{i=1}^{n_1}(X_i-\mu_1)^2}{\frac{1}{n_2}\sum_{j=1}^{n_2}(Y_j-\mu_2)^2}<F_{1-\alpha}(n_1,n_2)$	$\dfrac{s_1^2}{s_2^2}<F_{1-\alpha}(n_1-1,n_2-1)$

4.4 非正态总体参数的假设检验

4.4.1 指数分布参数λ的假设检验

设总体X服从参数为λ的指数分布，其概率密度为

$$f(x)=\begin{cases}\lambda e^{-\lambda x}, & x>0,\\ 0, & x\leq 0.\end{cases}$$

式中，$\lambda>0$为未知参数.

$X_1,X_2,\cdots,X_n$为来自总体X的样本，此时对参数λ也可提出如下三类假设检验问题.

（1）$H_0:\lambda=\lambda_0$；$H_1:\lambda\neq\lambda_0$. （双侧假设检验）

（2）$H_0:\lambda=\lambda_0$；$H_1:\lambda>\lambda_0$.

$H_0:\lambda\leq\lambda_0$；$H_1:\lambda>\lambda_0$. （右侧假设检验）

（3）$H_0:\lambda=\lambda_0$；$H_1:\lambda<\lambda_0$.

$H_0:\lambda\geq\lambda_0$；$H_1:\lambda<\lambda_0$. （左侧假设检验）

式中，λ_0为已知参数.

关于假设检验问题（1），由第 3 章的例 3.2.3 得到$\overline{X}$是$1/\lambda$的无偏估计，因此，

$$\frac{\overline{X}}{1/\lambda}=\lambda\overline{X}$$

应当接近1，故当原假设 $H_0:\lambda=\lambda_0$ 为真时，$\lambda_0\overline{X}$ 通常接近1，太大或太小都应该当成小概率事件，故假设检验问题（1）的拒绝域应取为

$$W=\left\{\lambda_0\overline{x}<k_1\text{或}\lambda_0\overline{x}>k_2\right\},$$

式中，k_1 为适当小的正数，k_2 为适当大的正数，且 $k_1<k_2$，由显著性水平 α 确定.

根据第 2 章的例 2.4.2 有

$$2n\lambda\overline{X}\sim\chi^2(2n),$$

因此当 $H_0:\lambda=\lambda_0$ 成立时，

$$2n\lambda_0\overline{X}\sim\chi^2(2n).$$

于是对给定的显著性水平 α，

$$\begin{aligned}\alpha&=P\{(\lambda_0\overline{X}<k_1\text{或}\lambda_0\overline{X}>k_2)\mid H_0\text{为真}\}\\&=P\{(2n\lambda_0\overline{X}<2nk_1\text{或}2n\lambda_0\overline{X}>2nk_2)\mid H_0\text{为真}\}\\&=P\{2n\lambda_0\overline{X}<2nk_1\mid H_0\text{为真}\}+P\{2n\lambda_0\overline{X}>2nk_2\mid H_0\text{为真}\}.\end{aligned}$$

为了方便，常取

$$P\{2n\lambda_0\overline{X}<2nk_1\mid H_0\text{为真}\}+P\{2n\lambda_0\overline{X}>2nk_2\mid H_0\text{为真}\}=\frac{\alpha}{2},$$

由 χ^2 分布的分位数知

$$2nk_1=\chi^2_{1-\alpha/2}(2n),\quad 2nk_2=\chi^2_{\alpha/2}(2n).$$

因此假设检验问题（1）的拒绝域为

$$W=\{2n\lambda_0\overline{x}<\chi^2_{1-\alpha/2}(2n)\text{ 或 }2n\lambda_0\overline{x}>\chi^2_{\alpha/2}(2n)\}.$$

于是，假设检验问题（1）的检验法则为：若 $2n\lambda_0\overline{x}<\chi^2_{1-\alpha/2}(2n)$ 或 $2n\lambda_0\overline{x}>\chi^2_{\alpha/2}(2n)$，则拒绝原假设 H_0；若 $\chi^2_{1-\alpha/2}(2n)\le 2n\lambda_0\overline{x}\le\chi^2_{\alpha/2}(2n)$，则接受原假设 H_0.

可类似地推导假设检验问题（2）、（3）的检验法则. 假设检验问题（2）的检验法则为：若 $2n\lambda_0\overline{x}>\chi^2_{\alpha}(2n)$，则拒绝原假设 H_0；否则，接受原假设 H_0.

假设检验问题（3）的检验法则为：若 $2n\lambda_0\overline{x}<\chi^2_{1-\alpha}(2n)$，则拒绝原假设 H_0；否则，接受原假设 H_0.

4.4.2　非正态总体均值检验的大样本法

由前面的讨论可知，假设检验涉及总体的抽样分布，对于非正态总体的抽样分布，一般不易求得，即使能够得到精确分布，也会由于相应的分位数难求，从而导致拒绝域难以确定. 此时，往往借助于 n 充分大时统计量的极限分布对总体参数做近似检验，而这种检验所用的样本必须是大样本，但是没有一个标准可用来决定样本容量多大就算是大样本，因为这与所采用的统计量趋于它的极限分布的速度有关，没有一个统一的答案. 一般地，n 越大，近似检验就越好，而且使用时至少要求 n 不小于30，最好大于50或100.

设 X 为任意一个总体，在显著性水平 α 下，关于总体均值 $E(X)$ 的常见假设检验问题也有如下三类.

（1）$H_0: E(X)=\mu_0$; $H_1: E(X)\neq\mu_0$. （双侧假设检验）

（2）$H_0: E(X)=\mu_0$; $H_1: E(X)>\mu_0$.

$H_0: E(X)\leq\mu_0$; $H_1: E(X)>\mu_0$. （右侧假设检验）

（3）$H_0: E(X)=\mu_0$; $H_1: E(X)<\mu_0$.

$H_0: E(X)\geq\mu_0$; $H_1: E(X)<\mu_0$. （左侧假设检验）

当总体方差已知时，由中心极限定理知

$$\frac{\bar{X}-E(X)}{\sqrt{D(X)/n}}\xrightarrow{\text{d}}N(0,1)\quad(n\to\infty),$$

以$\dfrac{\bar{X}-E(X)}{\sqrt{D(X)/n}}$做近似的$u$检验.

当总体方差未知时，用σ^2的无偏估计S^2代替，可以证明

$$\frac{\bar{X}-E(X)}{S/\sqrt{n}}\xrightarrow{\text{d}}N(0,1)\quad(n\to\infty),$$

以$\dfrac{\bar{X}-E(X)}{S/\sqrt{n}}$做近似的$u$检验.

无论总体方差已知还是未知，类似于 4.2 节中单个正态总体均值的讨论，就可得到上面列出的各个假设检验问题的近似检验法则. 下面以 0-1 分布为例进行讨论.

设总体X服从 0-1 分布，即$X\sim B(1,p)$，$0<p<1$，$X_1,X_2,\cdots,X_n$为来自总体X的样本，对给定的显著性水平α，假设检验问题

$$H_0: p=p_0;\quad H_1: p\neq p_0.$$

式中，p_0是已知常数，且$0<p_0<1$.

由于$\sum\limits_{i=1}^{n}X_i\sim B(n,p)$，由中心极限定理可得，当$H_0: p=p_0$为真时，统计量

$$u=\frac{\sum\limits_{i=1}^{n}X_i-np_0}{\sqrt{np_0(1-p_0)}}=\frac{\bar{X}-p_0}{\sqrt{p_0(1-p_0)/n}}\xrightarrow{\text{d}}N(0,1).$$

因此当H_0为真且n充分大（一般要求$n\geq 30$）时，近似有

$$P\left\{\frac{|\bar{X}-p_0|}{\sqrt{p_0(1-p_0)/n}}>u_{\alpha/2}\right\}=\alpha$$

故得该检验问题的检验法则为：若$\dfrac{|\bar{x}-p_0|}{\sqrt{p_0(1-p_0)/n}}>u_{\alpha/2}$，则拒绝原假设$H_0$；若$\dfrac{|\bar{x}-p_0|}{\sqrt{p_0(1-p_0)/n}}\leq u_{\alpha/2}$，则接受原假设$H_0$.

同理对于假设检验问题

$$H_0: p=p_0;\ H_1: p>p_0 \text{ 或 } H_0: p\leq p_0;\ H_1: p>p_0.$$

其检验法则为：若$\dfrac{\bar{x}-p_0}{\sqrt{p_0(1-p_0)/n}}>u_\alpha$，则拒绝原假设$H_0$；若$\dfrac{\bar{x}-p_0}{\sqrt{p_0(1-p_0)/n}}\leq u_\alpha$，则接受原假设$H_0$.

对于假设检验问题

$$H_0 : p = p_0;\ H_1 : p < p_0 \text{ 或 } H_0 : p \geq p_0;\ H_1 : p < p_0 .$$

其检验法则为：若 $\dfrac{\overline{x} - p_0}{\sqrt{p_0(1-p_0)/n}} < -u_\alpha$，则拒绝原假设 H_0；若 $\dfrac{\overline{x} - p_0}{\sqrt{p_0(1-p_0)/n}} \geq -u_\alpha$，则接受原假设 H_0.

【例 4.4.1】 在显著性水平 $\alpha = 0.05$ 下分析本章的例 4.1.2.

解 用 X 表示产品的质量指标

$$X = \begin{cases} 0, & \text{产品为正品,} \\ 1, & \text{产品为次品.} \end{cases}$$

于是，$X \sim B(1, p)$，其中参数 p 就是产品的次品率. 问题转化为：在显著性水平 $\alpha = 0.05$ 下的假设检验问题

$$H_0 : p \leq 1\%;\ H_1 : p > 1\% .$$

其检验法则为：若 $\dfrac{\overline{x} - p_0}{\sqrt{p_0(1-p_0)/n}} > u_{\alpha/2}$，则拒绝原假设 H_0. 这里 $n = 200$，$\overline{x} = 3/200 = 0.015$，$u_{\alpha/2} = u_{0.025} = 1.96$，计算得

$$\frac{\overline{x} - p_0}{\sqrt{p_0(1-p_0)/n}} = \frac{0.015 - 0.01}{\sqrt{0.01 \times 0.99/200}} \approx 0.71$$

由于 $0.71 < 1.96$，没有落入拒绝域，因此接受原假设，即在显著性水平 $\alpha = 0.05$ 下，认为这批产品的次品率符合国家标准.

4.5 非参数假设检验

前面讨论了已知总体分布类型对其参数的假设检验问题，而在实际中还会遇到下列类似的问题.

【例 4.5.1】 某消费者协会为了确定市场上消费者对 5 种品牌啤酒的喜好情况，随机抽取了 1000 名啤酒爱好者作为样本进行了如下试验：每个人得到 5 种品牌的啤酒各一瓶，但都未标明牌子. 这 5 瓶啤酒按分别写着 A、B、C、D、E 字母的 5 张纸片随机确定的顺序送给每个人. 如表 4.7 所示为根据样本资料整理得到的 5 种品牌啤酒爱好者的频数分布. 试根据这些数据判断消费者对这 5 种品牌啤酒的爱好有无明显差异.

表 4.7 5 种品牌啤酒爱好者的频数分布

最喜欢的品牌	人 数
A	210
B	312
C	170
D	85
E	223
合 计	1000

【例 4.5.2】 在对某城市家庭的社会经济特征调查中，美国某调查公司对由10000户家庭组成的简单随机样本进行了家庭的电话拥有量与汽车拥有量的调查，获得的资料如表 4.8 所示，试根据这些资料对家庭的电话拥有量与汽车拥有量是否独立做出判断.

表 4.8 电话拥有量与汽车拥有量

电话拥有量/部	汽车拥有量/辆			
	0	1	2	合 计
0	1000	900	100	2000
1	1500	2600	500	4600
2	500	2500	400	3400
合 计	3000	6000	1000	10000

【例 4.5.3】 对用甲、乙两种材料的灯丝制成的灯泡进行寿命试验，测得寿命数据（单位：h）如下.

用甲材料生产的灯泡寿命：1610, 1700, 1680, 1650, 1750, 1800, 1720；

用乙材料生产的灯泡寿命：1700, 1640, 1640, 1580, 1600.

试判断这两种材料对灯泡的寿命的影响有无显著的差异.

上述例子关心的不是总体的参数问题，而是总体的分布类型或分布的性质等，对这种问题的假设检验称为**非参数假设检验**，非参数假设检验涉及的范围很广，在此介绍应用中比较重要的三个检验：总体分布函数的拟合优度 χ^2 检验、两个总体独立性的假设检验、两个总体分布比较的假设检验.

4.5.1 总体分布函数的拟合优度 χ^2 检验

设总体 X 的分布函数为 $F(x)$，但未知. 设 $X_1,X_2,\cdots,X_n$ 为来自总体 X 的样本，而 $x_1,x_2,\cdots,x_n$ 是其样本观测值. $F_0(x)$ 为某个完全已知或类型已知但含有若干未知参数的分布函数，$F_0(x)$ 常称为理论分布，一般是根据总体的物理意义、样本的经验分布函数、直方图等得到启发而确定的.

考虑如下假设检验问题

$$H_0:F(x)=F_0(x)\text{；}\ H_1:F(x)\neq F_0(x).$$

针对 $F_0(x)$ 的不同类型有不同的检验方法，一般采用皮尔逊（K. Pearson）χ^2 检验法，也称为拟合优度 χ^2 检验法.

拟合优度 χ^2 检验的基本做法如下.

把数轴 $(-\infty,+\infty)$ 划分为互不相交的 k 个区间

$$I_1=(a_0,a_1],\ I_2=(a_1,a_2],\ \cdots,\ I_k=(a_{k-1},a_k].$$

式中，a_0 可取 $-\infty$，a_k 可取 $+\infty$.

设 $X_1,X_2,\cdots,X_n$ 为来自总体 X 的样本，而 $x_1,x_2,\cdots,x_n$ 是其样本观测值，以 n_j 表示样本观测值 $x_1,x_2,\cdots,x_n$ 落入区间 I_j 的个数，则 $\sum\limits_{j=1}^{k}n_j=n$.

设事件 $A_j=\{X\in I_j\}$，记 p_j 为随机变量 X 落入区间 I_j 的概率，即

$$p_j=P(A_j)=P\{X\in I_j\},\quad j=1,2,\cdots,k.$$

把 $x_1,x_2,\cdots,x_n$ 作为 n 重独立重复试验的结果，则在这 n 重独立重复试验中，事件 A_j 发生的频率为 n_j/n.

当原假设 $H_0:F(x)=F_0(x)$ 为真时，

$$p_j=P\{X\in I_j\}=F_0(a_j)-F_0(a_{j-1}),\quad j=1,2,\cdots,k.$$

根据伯努利大数定律，频率收敛于概率，所以当 H_0 为真且 n 充分大时，事件 A_j 发生的频率 n_j/n 与 A_j 发生的概率 $p_j\ (j=1,2,\cdots,k)$ 的差异应该比较小，因此

$$\sum_{j=1}^{k}(\frac{n_j}{n}-p_j)^2$$

也应该比较小.

若 $\sum_{j=1}^{k}(\frac{n_j}{n}-p_j)^2$ 比较大，则自然应该拒绝 H_0，由于频率 n_j/n 与概率 $p_j\ (j=1,2,\cdots,k)$ 本身的数值较小，基于这种想法，皮尔逊构造了一个检验统计量

$$\chi^2=\sum_{j=1}^{k}(\frac{n_j}{n}-p_j)^2\frac{n}{p_j}=\sum_{j=1}^{k}\frac{(n_j-np_j)^2}{np_j},$$

式中，n_j 称为实际频数，np_j 称为样本 $X_1,X_2,\cdots,X_n$ 落入区间 I_j 的理论频数. χ^2 统计量为实际频数与原假设成立下的理论频数差异平方的加权和，它反映了样本与假设的分布之间的拟合程度. 该统计量称为皮尔逊 χ^2 统计量.

该统计量能够较好地反映频率与概率之间的差异，有了样本观测值 $x_1,x_2,\cdots,x_n$，若统计量 χ^2 的观测值过大，即 $\chi^2>k$，其中 k 是一个正常数，则拒绝原假设 H_0，否则接受原假设 H_0. 此时，会提出另外一个问题——统计量 χ^2 服从什么分布呢？皮尔逊于 1900 年证明了如下重要结果.

定理 4.5.1　设 $F_0(x)$ 为总体的真实分布，则当 H_0 为真时，有

$$\chi^2=\sum_{j=1}^{k}\frac{(n_j-np_j)^2}{np_j}\xrightarrow{\mathrm{d}}\chi^2(k-1)\quad(n\to\infty).$$

其中，n_j、k、$p_j\ (j=1,2,\cdots,k)$ 如前面拟合优度 χ^2 检验的基本做法中所述.

进一步，如果 $F_0(x)$ 中含有未知参数，那么有如下的 K. Pearson-Fisher 定理.

定理 4.5.2　设 $F_0(x;\theta_1,\theta_2,\cdots,\theta_r)$ 为总体的真实分布，其中 $\theta_1,\theta_2,\cdots,\theta_r$ 为 r 个未知参数. 在 $F_0(x;\theta_1,\theta_2,\cdots,\theta_r)$ 中用 $\theta_1,\theta_2,\cdots,\theta_r$ 的最大似然估计量 $\hat{\theta}_1,\hat{\theta}_2,\cdots,\hat{\theta}_r$ 代替 $\theta_1,\theta_2,\cdots,\theta_r$ 得 $F_0(x;\hat{\theta}_1,\hat{\theta}_2,\cdots,\hat{\theta}_r)$，使得 $F_0(x)$ 中不含有任何未知参数，计算 $p_j\ (j=1,2,\cdots,k)$，得

$$\hat{p}_j=F_0(a_j;\hat{\theta}_1,\hat{\theta}_2,\cdots,\hat{\theta}_r)-F_0(a_{j-1};\hat{\theta}_1,\hat{\theta}_2,\cdots,\hat{\theta}_r),\quad j=1,2,\cdots,k.$$

当 $n\to\infty$ 时，有

$$\chi^2=\sum_{j=1}^{k}\frac{(n_j-n\hat{p}_j)^2}{n\hat{p}_j}\xrightarrow{\mathrm{d}}\chi^2(k-r-1).$$

其中，n_j、k 如前面拟合优度 χ^2 检验的基本做法中所述，r 表示 $F_0(x)$ 中所含未知参数的个数. 若 $F_0(x)$ 不含有任何未知参数，即 $r=0$，则 $\hat{p}_j$ 应记为 $p_j\ (j=1,2,\cdots,k)$，此时就是定理 4.5.1.

定理 4.5.1 和定理 4.5.2 的证明参见参考文献[9].

根据定理 4.5.2 确定临界值k，对于给定的显著性水平α，有

$$\alpha = P\{拒绝H_0 \mid H_0为真\} = P\{\chi^2 > k \mid H_0为真\}.$$

由于$P\{\chi^2 > \chi^2_\alpha(k-r-1)\} = \alpha$，从而$k = \chi^2_\alpha(k-r-1)$，因此，检验的拒绝域为

$$W = \left\{ \sum_{j=1}^{k} \frac{(n_j - n\hat{p}_j)^2}{n\hat{p}_j} > \chi^2_\alpha(k-r-1) \right\}.$$

所以，对于给定的显著性水平α，假设检验问题

$$H_0: F(x) = F_0(x);\ H_1: F(x) \neq F_0(x).$$

的检验法则为：若$\chi^2 = \sum_{j=1}^{k} \frac{(n_j - n\hat{p}_j)^2}{n\hat{p}_j} > \chi^2_\alpha(k-r-1)$，则拒绝原假设$H_0$；若$\chi^2 = \sum_{j=1}^{k} \frac{(n_j - n\hat{p}_j)^2}{n\hat{p}_j} \le \chi^2_\alpha(k-r-1)$，则接受原假设$H_0$.

综上所述，拟合优度χ^2检验的基本步骤如下.

（1）最大似然估计法求出$F_0(x;\theta_1,\theta_2,\cdots,\theta_r)$的所有未知参数$\theta_1,\theta_2,\cdots,\theta_r$的估计值$\hat{\theta}_1, \hat{\theta}_2,\cdots,\hat{\theta}_r$.

（2）把总体X的取值范围划分为k个互不相交的区间

$$I_1 = (a_0, a_1],\ I_2 = (a_1, a_2],\ \cdots,\ I_k = (a_{k-1}, a_k].$$

式中，a_0可取$-\infty$，a_k可取$+\infty$. k要取得合适，若k太小，则会使得检验粗糙，若k太大，则会增大随机误差. 通常样本容量n大，k可稍大一些，但一般应取$5 \le k \le 16$，而且每个区间应包含不少于 5 个数据，数据个数小于 5 的区间被并入相邻区间.

（3）当原假设H_0成立，即$F(x) = F_0(x)$时，计算

$$\hat{p}_j = F_0(a_j;\hat{\theta}_1,\hat{\theta}_2,\cdots,\hat{\theta}_r) - F_0(a_{j-1};\hat{\theta}_1,\hat{\theta}_2,\cdots,\hat{\theta}_r),\quad j = 1,2,\cdots,k.$$

（4）根据样本观测值$x_1, x_2, \cdots, x_n$，算出落入区间$(a_{j-1}, a_j]$的实际频数n_j.

（5）计算统计量χ^2的观测值

$$\chi^2 = \sum_{j=1}^{k} \frac{(n_j - n\hat{p}_j)^2}{n\hat{p}_j}.$$

（6）根据给定的显著性水平α，查分布的分位数表得$\chi^2_\alpha(k-r-1)$，其中k为分组个数，r为$F_0(x)$中所含未知参数的个数.

（7）若$\chi^2 = \sum_{j=1}^{k} \frac{(n_j - n\hat{p}_j)^2}{n\hat{p}_j} > \chi^2_\alpha(k-r-1)$，则拒绝原假设$H_0$，即认为总体分布与原假设的分布有显著差异；若$\chi^2 = \sum_{j=1}^{k} \frac{(n_j - n\hat{p}_j)^2}{n\hat{p}_j} \le \chi^2_\alpha(k-r-1)$，则接受原假设$H_0$，即认为总体分布与原假设的分布无显著差异.

拟合优度χ^2检验应用得很广泛，它可以用来检验总体服从任何已知分布的假设. 由于所用χ^2检验统计量渐近服从χ^2分布，因此一般要求$n \ge 50$.

【例 4.5.4】 在显著性水平$\alpha = 0.05$下，分析例 4.5.1.

解 如果消费者对 5 种品牌啤酒的喜好无明显差异，那么可认为喜好这 5 种品牌啤酒的

人数呈均匀分布，即5种品牌啤酒爱好者人数各占20%．依题意，要检验的假设是

H_0：喜好5种啤酒的人数分布均匀；

H_1：喜好5种啤酒的人数分布不均匀.

依题意，$n=1000$，$k=5$，$r=0$．在显著性水平$\alpha=0.05$下，选择检验统计量

$$\chi^2=\sum_{j=1}^{k}\frac{(n_j-np_j)^2}{np_j}.$$

拒绝域为

$$\{\chi^2>\chi^2_{0.05}(4)=9.49\}.$$

根据原假设，每种品牌的啤酒爱好者人数的理论频数为$np_j=1000\times 20\%=200$，χ^2的观测值为

$$\begin{aligned}\chi^2&=\sum_{j=1}^{5}\frac{(n_j-np_j)^2}{np_j}\\&=\frac{(210-200)^2}{200}+\frac{(312-200)^2}{200}+\frac{(170-200)^2}{200}+\frac{(85-200)^2}{200}+\frac{(223-200)^2}{200}\\&\approx 136.5.\end{aligned}$$

因为$136.5>\chi^2_{0.95}(4)=9.49$，所以拒绝$H_0$、接受$H_1$，认为消费者对5种品牌啤酒的喜好是有明显差异的.

【例 4.5.5】 在显著性水平$\alpha=0.05$下分析本章的例 4.1.3.

解 参数为λ的泊松分布的概率函数为

$$P\{X=i\}=\frac{\lambda^i}{i!}\mathrm{e}^{-\lambda},\ i=0,1,2,\cdots.$$

由表 4.1 中的数据算得λ的最大似然估计为

$$\hat{\lambda}=2.$$

将$\hat{\lambda}$代入可以算出$\hat{p}_i$为

$$\hat{p}_i=\frac{\hat{\lambda}^i}{i!}\mathrm{e}^{-\hat{\lambda}},\ i=0,1,2,\cdots,6\ ,\ \hat{p}_7=\sum_{i=7}^{\infty}\frac{\hat{\lambda}^i}{i!}\mathrm{e}^{-\hat{\lambda}}.$$

数据计算如表 4.9 所示.

表 4.9 数据计算

i	n_i	$\hat{p}_i$	$n\hat{p}_i$	$\frac{(n_i-n\hat{p}_i)^2}{n\hat{p}_i}$
0	8	0.13534	8.1201	0.0018
1	16	0.27067	16.2402	0.0036
2	17	0.27067	16.2402	0.0355
3	10	0.18045	10.8268	0.0631
4	6	0.09022	5.4134	0.0636
5	2	0.03609	2.1654	0.0126
6	1	0.01203	0.7218	0.1072
≥ 7	0	0.00453	0.2720	0.2720
合　计	60	1.0000	60	0.5595

查附录 B 得，$\chi^2_{0.05}(k-r-1)=\chi^2_{0.05}(6)=12.5916$，由于$0.5595<12.5916$，因此在显著性水平$\alpha=0.05$下接受原假设，即认为观测数据服从泊松分布.

下面再看一个总体X是连续型分布函数的拟合优度χ^2检验问题.

【例 4.5.6】 从某高校的 19 级本科生中随机抽取了 60 名学生，其英语结业考试成绩如表 4.10 所示. 试问 19 级本科生的英语结业成绩是否符合正态分布（$\alpha=0.10$）?

表 4.10 英语结业考试成绩

93	75	83	93	91	85	84	82	77	76	77	95	94	89	91
88	86	83	96	81	79	97	78	75	67	69	68	83	84	81
75	66	85	70	94	84	83	82	80	78	74	73	76	70	86
76	90	89	71	66	86	73	80	94	79	78	77	63	53	55

解 设X表示该校 19 级任意一位本科生的英语结业成绩，分布函数为$F(x)$，依题意，要检验的假设是

$$H_0:F(x)=\Phi\left(\frac{x-\mu}{\sigma}\right);\quad H_1:F(x)\neq\Phi\left(\frac{x-\mu}{\sigma}\right).$$

将X的取值划分为若干区间. 通常按成绩等级分为不及格（60 分以下）、及格（60～69 分）、中（70～79 分）、良（80～89 分）、优（90 分及以上），由于一般要求所划分的每个区间所含样本值的个数n_i至少是5，而不及格人数为2，因此需将不及格区间与及格区间合并，最后得到 4 个事件$A_1=\{X<70\}$，$A_2=\{70\le X<80\}$，$A_3=\{80\le X<90\}$，$A_4=\{90\le X\}$. 在H_0成立的条件下，计算参数μ、σ^2的最大似然估计值$\hat{\mu}$、$\hat{\sigma}^2$. 通过计算得

$$\hat{\mu}=\overline{x}=80,\quad \hat{\sigma}^2=s^2=9.6^2.$$

在H_0成立的条件下，A_i（$i=1,2,3,4$）的概率理论估计值为

$$\hat{p}_1=\Phi((70-80)/9.6)=\Phi(-1.04)=0.1492,$$
$$\hat{p}_2=\Phi((80-80)/9.6)-\Phi(-1.04)=\Phi(0)-\Phi(-1.04)=0.3508,$$
$$\hat{p}_3=\Phi((90-80)/9.6)-\Phi(0)=0.3508,$$
$$\hat{p}_4=1-\Phi((90-80)/9.6)=0.1492.$$

拒绝域为 $\{\chi^2>\chi^2_{0.10}(4-2-1)\chi^2_{0.10}(1)=2.7055\}$.

计算统计量的观测值，计算过程如表 4.11 所示.

表 4.11 计算过程

i	A_i	n_i	$\hat{p}_i$	$n\hat{p}_i$	$(n_i-n\hat{p}_i)^2/n\hat{p}_i$
1	$\{X<70\}$	8	0.1492	8.952	0.1012
2	$\{70\le X<80\}$	20	0.3508	21.048	0.0522
3	$\{80\le X<90\}$	21	0.3508	21.048	0.0001
4	$\{90\le X\}$	11	0.1492	8.952	0.4685
	Σ	60	1.0000	60	0.6220

由于统计量的观测值为0.622，落在接受域内，因此在显著性水平α=0.10 下接受H_0，即 19 级本科生的英语结业成绩符合正态分布.

4.5.2 两个总体独立性的假设检验

在例 4.5.2 中，设 X 表示某城市家庭中的电话拥有量，Y 表示汽车拥有量，则电话拥有量与汽车拥有量是否独立的问题可视为随机变量 X 与 Y 是否独立的问题. 下面介绍 X 与 Y 的独立性 χ^2 检验法.

设二维总体 (X,Y) 的分布函数为 $F(x,y)$，(X,Y) 的边缘分布函数分别为 $F_1(x)$、$F_2(y)$. X、Y 相互独立等价于对任意 $x\in\mathbf{R}$、$y\in\mathbf{R}$，有

$$F(x,y)=F_1(x)F_2(y).$$

因此检验 X、Y 相互独立等价于检验假设

$$H_0:F(x,y)=F_1(x)F_2(y);\ H_1:F(x,y)\neq F_1(x)F_2(y).$$

设 $(X_1,Y_1),(X_2,Y_2),\cdots,(X_n,Y_n)$ 为抽自二维总体 (X,Y) 的样本，相应的样本观测值为 $(x_1,y_1),(x_2,y_2),\cdots,(x_n,y_n)$，将 (X,Y) 可能取值的范围分成 r 个和 s 个互不相交的小区间 $A_1,A_2,\cdots,A_r$ 和 $B_1,B_2,\cdots,B_s$，用 d_{ik} 表示由横向第 $i\,(1\le i\le r)$ 个与纵向第 $k\,(1\le k\le s)$ 个小区间构成的小区域，用 n_{ik} 表示样本观测值 (x_i,y_j) 落入小区间 d_{ik} 的个数，记

$$n_{i\cdot}=\sum_{k=1}^{s}n_{ik}\quad,\quad n_{\cdot k}=\sum_{i=1}^{r}n_{ik}\ ,$$

则

$$\sum_{i=1}^{r}\sum_{k=1}^{s}n_{ik}=\sum_{i=1}^{r}n_{i\cdot}=\sum_{k=1}^{s}n_{\cdot k}=n.$$

于是，全部观察结果可列成二维 $r\times s$ 列联表，如表 4.12 所示.

表 4.12 二维 $r\times s$ 列联表

n_{ik}	$k=1$	$k=2$	…	$k=s$	$k=n_{i\cdot}$
$i=1$	n_{11}	n_{12}	…	n_{1s}	$n_{1\cdot}$
$i=2$	n_{21}	n_{22}	…	n_{2s}	$n_{2\cdot}$
⋮	⋮	⋮	⋮	⋮	⋮
$i=r$	n_{r1}	n_{r2}	…	n_{rs}	$n_{r\cdot}$
$i=n_{\cdot k}$	$n_{\cdot 1}$	$n_{\cdot 2}$	…	$n_{\cdot s}$	n

记样本 (X_i,Y_j) 落入小区域 d_{ik} 的概率为 p_{ik}，且记

$$p_{i\cdot}=\sum_{k=1}^{s}p_{ik}\quad,\quad p_{\cdot k}=\sum_{i=1}^{r}p_{ik}\ .$$

显然有

$$\sum_{i=1}^{r}\sum_{k=1}^{s}p_{ik}=1=\sum_{i=1}^{r}p_{i\cdot}=\sum_{k=1}^{s}p_{\cdot k}\ .$$

于是原假设与备择假设等价于

$$H_0:p_{ik}=p_{i\cdot}p_{\cdot k}\text{，对所有的}(i,k)\text{都成立；}$$

$$H_1: p_{ik} \neq p_{i\cdot}p_{\cdot k}\text{，至少对某个}(i,k)\text{成立.}$$

由于

$$p_{r\cdot} + \sum_{i=1}^{r-1} p_{i\cdot} = 1\text{，}p_{\cdot s} + \sum_{k=1}^{s-1} p_{\cdot k} = 1.$$

因此只需估计 $r+s-2$ 个独立的未知参数 $p_{1\cdot}, p_{2\cdot}, \cdots, p_{r-1\cdot}$ 与 $p_{\cdot 1}, p_{\cdot 2}, \cdots, p_{\cdot s-1}$，利用最大似然估计法估计这些未知参数，计算可得 $p_{1\cdot}, p_{2\cdot}, \cdots, p_{r\cdot}$ 与 $p_{\cdot 1}, p_{\cdot 2}, \cdots, p_{\cdot s}$ 最大似然估计分别为

$$\begin{cases} \hat{p}_{i\cdot} = \dfrac{n_{i\cdot}}{n}, & i = 1,2,\cdots,r, \\ \hat{p}_{\cdot k} = \dfrac{n_{\cdot k}}{n}, & k = 1,2,\cdots,s. \end{cases}$$

利用定理 4.5.2，可得当 $H_0: p_{ik} = p_{i\cdot}p_{\cdot k}$ 为真时，对于充分大的 n，有

$$\chi^2 = \sum_{i=1}^{r}\sum_{k=1}^{s}\frac{(n_{ik} - n\hat{p}_{ik})^2}{n\hat{p}_{ik}} = \sum_{i=1}^{r}\sum_{k=1}^{s}\frac{(n_{ik} - (n_{i\cdot}n_{\cdot k})/n)^2}{(n_{i\cdot}n_{\cdot k})/n}$$

$$= n\left(\sum_{i=1}^{r}\sum_{k=1}^{s}\frac{{n_{ik}}^2}{n_{i\cdot}n_{\cdot k}} - 1\right) \xrightarrow{\text{d}} \chi^2(rs-1-(r+s-2)) = \chi^2((r-1)(s-1)).$$

由于当 $H_0: p_{ik} = p_{i\cdot}p_{\cdot k}$ 成立时，χ^2 的值通常偏小，因此拒绝域的形式为

$$W = \{\chi^2 > k\}.$$

对给定的显著性水平 α，根据

$$\alpha = P\{\chi^2 > k \mid H_0\text{为真}\}$$

可得

$$k = \chi^2_\alpha((r-1)(s-1)).$$

于是，检验的拒绝域为

$$W = \left\{ n\left(\sum_{i=1}^{r}\sum_{k=1}^{s}\frac{(n_{ik})^2}{n_{i\cdot}n_{\cdot k}} - 1\right) > \chi^2_\alpha((r-1)(s-1)) \right\}.$$

因此，独立性检验的检验法则为

若 $n\left(\sum_{i=1}^{r}\sum_{k=1}^{s}\frac{(n_{ik})^2}{n_{i\cdot}n_{\cdot k}} - 1\right) > \chi^2_\alpha((r-1)(s-1))$，则拒绝 H_0，即认为 X 与 Y 不相互独立；

若 $n\left(\sum_{i=1}^{r}\sum_{k=1}^{s}\frac{(n_{ik})^2}{n_{i\cdot}n_{\cdot k}} - 1\right) \leq \chi^2_\alpha((r-1)(s-1))$，则接受 H_0，即认为 X 与 Y 相互独立.

【例 4.5.7】 在显著性水平 $\alpha = 0.01$ 下，讨论例 4.5.2.

解 设 X 表示某城市家庭中的电话拥有量，Y 表示汽车拥有量，依题意，要检验的假设是

$$H_0: X\text{ 与 }Y\text{ 相互独立；}\ H_1: X\text{ 与 }Y\text{ 不相互独立.}$$

由表 4.8 知，$n = 10000$，$r = s = 3$，检验统计量

$$\chi^2 = n\left(\sum_{i=1}^{r}\sum_{k=1}^{s}\frac{(n_{ik})^2}{n_{i\cdot}n_{\cdot k}} - 1\right) \xrightarrow{\text{d}} \chi^2(4).$$

对于显著性水平 $\alpha = 0.01$，查附录 B，得到 $\chi^2_{0.01}(4) = 13.2767$，所以，拒绝域为

$$W=\left\{n\left(\sum_{i=1}^{r}\sum_{k=1}^{s}\frac{(n_{ik})^2}{n_{i\cdot}n_{\cdot k}}-1\right)>13.2767\right\}.$$

由表 4.8 计算检验统计量的观察值，得

$$n\left(\sum_{i=1}^{r}\sum_{k=1}^{s}\frac{(n_{ik})^2}{n_{i\cdot}n_{\cdot k}}-1\right)=736.607\,.$$

因为 $736.607>13.2767$，所以在显著性水平 $\alpha=0.01$ 下拒绝原假设，即电话拥有量与汽车拥有量不相互独立.

【例 4.5.8】 将1000 人按照性别与色盲分类，分类情况如表 4.13 所示.

表 4.13 分类情况

	正 常	色 盲	合 计
男	442	38	480
女	514	6	520
合 计	956	44	1000

试在显著性水平 $\alpha=0.01$ 下检验色盲与性别是否相互独立.

解 依题意，要检验的假设是

$$H_0:\text{色盲与性别是相互独立的；}\ H_1:\text{色盲与性别不相互独立.}$$

因为 $r=s=2$，所以检验统计量

$$\chi^2=n\left(\sum_{i=1}^{r}\sum_{k=1}^{s}\frac{(n_{ik})^2}{n_{i\cdot}n_{\cdot k}}-1\right)\xrightarrow{\text{d}}\chi^2(1)\,.$$

对于显著性水平 $\alpha=0.01$，查附录 B，得到 $\chi^2_{0.01}(1)=6.6349$，所以，拒绝域为

$$W=\left\{n\left(\sum_{i=1}^{r}\sum_{k=1}^{s}\frac{(n_{ik})^2}{n_{i\cdot}n_{\cdot k}}-1\right)>6.6349\right\}.$$

这里 $n=1000$，计算得

$$\begin{aligned}n\left(\sum_{i=1}^{r}\sum_{k=1}^{s}\frac{(n_{ik})^2}{n_{i\cdot}n_{\cdot k}}-1\right)&=1000\times\left(\frac{(n_{11})^2}{n_{1\cdot}n_{\cdot 1}}+\frac{(n_{12})^2}{n_{1\cdot}n_{\cdot 2}}+\frac{(n_{21})^2}{n_{2\cdot}n_{\cdot 1}}+\frac{(n_{22})^2}{n_{2\cdot}n_{\cdot 2}}-1\right)\\&=1000\times\left(\frac{442^2}{480\times 956}+\frac{38^2}{480\times 44}+\frac{514^2}{520\times 956}+\frac{6^2}{520\times 44}-1\right)\\&\approx 1000\times(0.4257+0.0684+0.5315+0.0016-1)\\&=27.2\,.\end{aligned}$$

由于 $27.2>6.6349$，因此拒绝原假设，表明色盲与性别不相互独立.

4.5.3 两个总体分布比较的假设检验

在许多实际问题中，经常会要求比较两个总体的分布是否相等.

设 $F_1(x)$ 和 $F_2(x)$ 分别为总体 X 和总体 Y 的分布函数，现在要检验假设

$$H_0:F_1(x)=F_2(x)\,;\quad H_1:F_1(x)\neq F_2(x)\,.$$

如果 $F_1(x)$ 和 $F_2(x)$ 是同一种分布函数（如同为指数分布、正态分布、二项分布等），那么这个

问题可归结为两个总体参数是否相等的参数假设检验问题. 但是如果$F_1(x)$和$F_2(x)$完全未知，那么就只能用非参数方法检验，下面介绍两种常用的检验方法——符号检验法与秩和检验法.

首先介绍符号检验法. 符号检验法是以成对观察数据差的符号为基础进行检验的，设X与Y是两个连续型总体，分别具有分布函数$F_1(x)$和$F_2(x)$. 现从两个总体中分别抽取容量都为n的样本$X_1,X_2,\cdots,X_n$与$Y_1,Y_2,\cdots,Y_n$，且两个样本相互独立. 对给定的显著性水平α，检验假设

$$H_0: F_1(x)=F_2(x);\quad H_1: F_1(x)\neq F_2(x).$$

由于

$$P\{X_i=Y_i\}+P\{X_i>Y_i\}+P\{X_i<Y_i\}=1,$$

当H_0为真时，X_i、Y_i是独立同分布的连续型随机变量，于是

$$P\{X_i>Y_i\}=\iint\limits_{x>y}\mathrm{d}F_1(x)\mathrm{d}F_2(y)=\frac{1}{2},\quad P\{X_i<Y_i\}=\frac{1}{2},\quad P\{X_i=Y_i\}=0.$$

因此，不失一般性，可假定$x_i\neq y_i, i=1,2,\cdots, n$.

定义二元函数

$$z=f(x,y)=\begin{cases}1, & x>y,\\ 0, & x<y.\end{cases}$$

则随机变量$Z_i=f(X_i,Y_i)\sim B(1,\frac{1}{2})$，由两个样本的独立性可知，当原假设$H_0$为真时，$Z_1,Z_2,\cdots,Z_n$相互独立，且均服从0-1分布$B(1,\frac{1}{2})$，由于0-1分布具有可加性，因此

$$\sum_{i=1}^{n}Z_i\sim B(n,\frac{1}{2}),$$

则

$$E(\sum_{i=1}^{n}Z_i)=\frac{n}{2},\quad D(\sum_{i=1}^{n}Z_i)=\frac{n}{4}.$$

规定：$\{X_i>Y_i\}$记为“+”，而将“+”的个数记为n_+；$\{X_i<Y_i\}$记为“−”，而将“−”的个数记为n_-.

上面已经得到$P\{X_i=Y_i\}=0$，对于样本观测值来说，个别$x_i=y_i$的情况也可能出现，此时，把这些值从样本观测值中剔除，相应的样本容量n减小，记为$N=n_++n_-$. 当H_0成立时，$n_+=\sum_{i=1}^{N}Z_i\sim B(N,\frac{1}{2})$，同理$n_-\sim B(N,\frac{1}{2})$. 因此，当$H_0$为真时，$n_+$与$n_-$以很大的概率取$N/2$附近的整数值，如果$\min(n_+,n_-)$比$N/2$小得多，那么应该拒绝$H_0$，选取统计量$S=\min(n_+,n_-)$.

对于N和给定的显著性水平α，查符号检验表（见附录E），可得满足$P\{S\le S_\alpha(N)\}=\alpha$的数值$S_\alpha(N)$，于是得到符号检验法则：若$S=\min(n_+,n_-)\le S_\alpha(N)$，则拒绝$H_0$；若$S=\min(n_+,n_-)>S_\alpha(N)$，则接受$H_0$.

【例 4.5.9】 某工厂有A、B两个化验室，每天同时从工厂的冷却水中取样，测量水中的含氯量，11天的记录情况如表4.14所示，试问两个化验室的测量结果在显著性水平$\alpha=0.05$下是否有显著性差异？

表 4.14　11 天的记录情况

日　期	1	2	3	4	5	6	7	8	9	10	11
A	1.15	1.86	0.76	1.82	1.14	1.65	1.92	1.01	1.12	0.90	1.40
B	1.00	1.90	0.90	1.80	1.20	1.70	1.95	1.02	1.23	0.97	1.52
符　号	+	−	−	+	−	−	−	−	−	−	−

解　依题意，要检验的假设是

$$H_0: F_1(x) = F_2(x);\ \ H_1: F_1(x) \neq F_2(x).$$

由于 $n_+ = 2$，$n_- = 9$，$n_0 = 0$，$N = 11$，对于显著性水平 $\alpha = 0.05$，查附录 E 得 $S_{0.05}(11) = 1$，由于 $S = \min(n_+, n_-) = 2 > S_{0.05}(11)$，因此接受原假设 $H_0: F_1(x) = F_2(x)$，即认为两个化验室的测定结果在显著性水平 $\alpha = 0.05$ 下没有显著性差异.

符号检验法的最大优点是简单、直观，并且不要求知道被检验量所服从的分布，缺点是要求数据成对出现，而且由于遗弃了数据的真实数值而代之以符号，因此没有充分利用样本所提供的信息，使得检验的精度较低. 下面介绍的秩和检验法在一定程度上弥补了上述缺陷.

设 X 与 Y 是两个连续型总体，分别具有分布函数 $F_1(x)$ 和 $F_2(x)$，现从两个总体中各抽取容量分别为 n_1 和 n_2 的样本 $X_1, X_2, \cdots, X_{n_1}$ 与 $Y_1, Y_2, \cdots, Y_{n_2}$，且两个样本相互独立，在显著性水平 α 下，检验假设

$$H_0: F_1(x) = F_2(x)\ \ (-\infty < x < +\infty).$$

下面利用秩和检验法进行检验.

定义 4.5.1　设 $X_1, X_2, \cdots, X_n$ 为来自连续型总体 X 的一个样本，$x_1, x_2, \cdots, x_n$ 是相应的样本观测值，将 $x_1, x_2, \cdots, x_n$ 按照数值由小到大的顺序排列为

$$x_{(1)} < x_{(2)} < \cdots < x_{(n)},$$

若 $x_i = x_{(k)}$，则称 X_i 的**秩**为 k，记为 $R_i = k$，$i = 1, 2, \cdots, n$.

样本 X_i 的秩是该样本在全部样本中由小到大的顺序号. 最小的样本秩为 1，最大的样本秩为 n. 任何只与样本的秩有关的统计量称为**秩统计量**，基于秩统计量的统计推断方法称为**秩方法.**

由于 X_i 的秩就是按照观测值由小到大的顺序排列后 x_i 所占位置的顺序号，在重复抽样中，R_i 将取不同的数值，是一个随机变量. 若出现多个 x 相同的情形，则定义它们的秩为各秩的平均值. 例如，若样本依次排列为

$$1,\ 1,\ 2,\ 2,\ 2,\ 3,$$

则 2 个 1 的秩都是 $\dfrac{1+2}{2} = 1.5$，3 个 2 的秩都是 $\dfrac{3+4+5}{3} = 4$，3 的秩为 6.

秩和检验法的基本步骤与基本思想如下.

（1）将两个样本的观测值 $x_1, x_2, \cdots, x_{n_1}$ 与 $y_1, y_2, \cdots, y_{n_2}$ 混合，再按照由小到大的顺序排列，便可得到 $n_1 + n_2$ 个秩，X_i 的秩记为 $R_i(i = 1, 2, \cdots, n_1)$，$Y_j$ 的秩记为 $S_i(i = 1, 2, \cdots, n_2)$，用如此得到的秩代替原来的样本，于是得到两个新的样本为

$$R_1, R_2, \cdots, R_{n_1},\ \ S_1, S_2, \cdots, S_{n_2}.$$

（2）比较两个样本容量的大小，选出其中较小的，若 $n_1 = n_2$，则任选一个，不失一般性，

不妨假定 $n_1 \le n_2$. 取容量为 n_1 的那个样本，把该样本的秩加起来得到秩和

$$T=\sum_{i=1}^{n_1} R_i .$$

若 $R_1, R_2, \cdots, R_{n_1}$ 的取值为 $1,2,\cdots,n_1$，则秩和 $T=\frac{n_1(n_1+1)}{2}$；若 $R_1, R_2, \cdots, R_{n_1}$ 的取值为 $n_2+1, n_2+2, \cdots, n_2+n_1$，则秩和 $T=\frac{n_1(n_1+2n_2+1)}{2}=\frac{n_1(n_1+1)}{2}+n_1n_2$. 由此可知，秩和 T 是一个离散型随机变量，其取值范围为

$$\frac{n_1(n_1+1)}{2}, \frac{n_1(n_1+1)}{2}+1, \ \cdots, \frac{n_1(n_1+1)}{2}+n_1n_2.$$

下面用秩和 T 这个统计量来检验原假设 $H_0: F_1(x)=F_2(x)$ （$-\infty<x<+\infty$）.

由于当 $H_0: F_1(x)=F_2(x)$ 为真时，两个总体 X 与 Y 实际上是同一个总体，因此，第一个样本的秩一定随机地均匀分散在 n_1+n_2 个自然数中，而不会过度地集中在较小的或较大的数中，所以秩和不会太靠近取值范围两端的值. 若太靠近取值范围两端的值，则应该认为出现了小概率事件，故应拒绝 H_0，因此 H_0 的拒绝域为

$$W=\{T \le k_1 \text{或} T \ge k_2\},$$

式中，k_1 为适当小的正数，k_2 为适当大的正数，且 $k_1<k_2$，它们均由显著性水平 α 确定. 当 α 给定时，有

$$P\{T \le k_1 \text{或} T \ge k_2 \mid H_0 \text{为真}\}=\alpha .$$

一般按习惯，取 k_1、k_2 时应满足

$$P\{T \le k_1 \mid H_0 \text{为真}\}=P\{T \ge k_2 \mid H_0 \text{为真}\}=\frac{\alpha}{2}.$$

对于给定的 α，要确定 k_1、k_2，需要知道 T 的分布.

（3）由于混合样本的秩是按混合后的观测值由小到大排列成序后所占的位置的顺序号，因此 $T=\sum_{i=1}^{n_1} R_i$ 取决于 $R_1, R_2, \cdots, R_{n_1}$，从 $1,2,\cdots,n_1+n_2$ 这些数中任取 n_1 个数进行组合，这样的组合共有 $\mathrm{C}_{n_1+n_2}^{n_1}$ 种. 当 $H_0: F_1(x)=F_2(x)$ 为真时，$X_1, X_2, \cdots, X_{n_1}$ 和 $Y_1, Y_2, \cdots, Y_{n_2}$ 是 n_1+n_2 个独立同分布的随机变量. 它们中的每一个都处于相同的地位，因此，$R_1, R_2, \cdots, R_{n_1}$ 取 $1,2,\cdots,n_1+n_2$ 这些数中的所有可能组合数 $\mathrm{C}_{n_1+n_2}^{n_1}$ 中的任何一个，都有相等的可能性，即它们的概率都是 $\frac{1}{\mathrm{C}_{n_1+n_2}^{n_1}}$. 于是，当 $H_0: F_1(x)=F_2(x)$ 为真时，对于秩和 $T=\sum_{i=1}^{n_1} R_i$ 的取值范围中的任何一个数 t，都有

$$P\{T=t\}=\frac{K_t}{\mathrm{C}_{n_1+n_2}^{n_1}},$$

式中，K_t 为满足条件 $\sum_{i=1}^{n_1} R_i=\sum_{i=1}^{n_1} R_{(i)}=t$ （这里 $R_{(1)}<R_{(2)}<\cdots<R_{(n_1)}$）的不同向量 $(R_{(1)}, R_{(2)}, \cdots, R_{(n_1)})$ 的个数.

（4）有了 T 的分布，对于给定的 α，查秩和检验表（见附录 F），可得满足条件

$P\{T \le k_1 \mid H_0为真\} = P\{T \ge k_2 \mid H_0为真\} = \dfrac{\alpha}{2}$ 的 k_1、k_2，于是得到检验法则：若 $T \le k_1$ 或 $T \ge k_2$，则拒绝 H_0；若 $k_1 < T < k_2$，则接受 H_0.

【例 4.5.10】　甲、乙两组生产同种导线，随机地从甲组中抽取 4 根，随机地从乙组中抽取 5 根，测得它们的电阻值（单位为 Ω）分别为

甲组导线：0.140，0.142，0.143，0.137；

乙组导线：0.140，0.142，0.136，0.138，0.141.

试问在显著性水平 $\alpha = 0.05$ 下，甲、乙两组生产的导线的电阻值的分布有无显著差异?

解　依题意，要检验的假设是

$$H_0: F_1(x) = F_2(x);\ H_1: F_1(x) \ne F_2(x).$$

式中，$F_1(x)$、$F_2(x)$ 分别为甲、乙两组导线的电阻值的分布函数.

将两种数据混合，按由小到大的顺序排列，如表 4.15 所示.

表 4.15　例 4.5.10 数据按由小到大的顺序排列

秩	1	2	3	4,5	6	7,8	9
甲		0.137		0.140		0.142	0.143
乙	0.136		0.138	0.140	0.141	0.142	

取样本容量小的那一组数据的秩和，计算得

$$T = 2 + 4.5 + 7.5 + 9 = 23$$

$n_1 = 4$，$n_2 = 5$，$\alpha = 0.05$，查附表 F 得 $k_1 = 13$，$k_2 = 27$.

由于

$$k_1 = 13 < T = 23 < k_2 = 27\ .$$

因此接受原假设，即认为甲、乙两组生产的导线的电阻值的分布无显著差异.

【例 4.5.11】　在显著性水平 $\alpha = 0.05$ 下，讨论例 4.5.3.

解　设用甲、乙两种材料的灯丝制成的灯泡寿命（单位为 h）分别为 X、Y，问题转化为在显著性水平 $\alpha = 0.05$ 下，检验假设

$$H_0: F_X(x) = F_Y(x);\ H_1: F_X(x) \ne F_Y(x).$$

将两种数据混合，按由小到大的顺序排列，如表 4.16 所示.

表 4.16　例 4.5.11 数据按由小到大的顺序排列

秩	1	2	3	4	5	6	7	8	9	10	11	12
甲			1610			1650	1680	1700		1720	1750	1800
乙	1580	1600		1640	1640				1700			

取样本容量小的那一组数据的秩和，计算得

$$T = 1 + 2 + 4.5 + 4.5 + 8.5 = 20.5\ .$$

$n_1 = 5$，$n_2 = 7$，$\alpha = 0.05$，查附表 F 得 $k_1 = 22$，$k_2 = 43$.

由于

$$T = 20.5 < k_1 = 22$$

因此拒绝原假设，即认为用甲、乙两种材料的灯丝制成的灯泡寿命有显著差异.

习题 4

4.1 已知某炼铁厂的铁水含碳量 X（%）在正常情况下服从 $N(4.55, 0.108^2)$，现在测了 5 炉铁水，其含碳量分别为：

$$4.28, 4.40, 4.42, 4.35, 4.37 .$$

如果方差没有改变，问总体均值有无变化（取显著性水平 $\alpha = 0.05$）？

4.2 设某厂一台机器生产的纽扣，据经验其直径（单位：mm）服从 $N(\mu, \sigma^2)$，$\sigma = 0.52$．为检验这台机器生产是否正常，抽取容量 $n = 100$ 的样本，并由此算得样本均值 $\bar{x} = 26.56\text{mm}$，问该机器生产的纽扣的平均直径为 $\mu = 26\text{mm}$，这个结论是否成立（取显著性水平 $\alpha = 0.01$）？

4.3 在一批木材中抽出100根，测量其小头直径，得到样本均值 $\bar{x} = 11.6\text{cm}$．已知木材的小头直径服从正态分布，且方差 $\sigma^2 = 6.76\text{cm}^2$，问是否可认为该批木材的小头直径的均值小于12.00 cm（取显著性水平 $\alpha = 0.05$）？

4.4 有一种电子元件，要求其使用寿命不得低于 1000h，现抽 25 件，测得其均值为 950 h. 已知该种电子元件的使用寿命服从正态分布，且已知 $\sigma = 100$，问在 $\alpha = 0.05$ 下，这批元件合格否?

4.5 规定某种有强烈作用的药片的平均质量为 0.5mg，抽100片来检查，测得平均质量为 0.52mg，经反复试验预先确定药片的质量是服从均方差 $\sigma = 0.11\text{mg}$ 的正态分布. 问：药片的平均质量有无超过规定的范围（显著性水平 $\alpha = 0.01$、0.05）？

4.6 为了检验两台测量材料中含某种金属含量的光谱仪的质量有无显著差异（两台仪器有无系统误差），对该金属含量不同的 9 件材料样品进行测量，得到 9 对观察值如下表所示：

x_i/%	0.20	0.30	0.40	0.50	0.60	0.70	0.80	0.90	1.00
y_i/%	0.10	0.21	0.52	0.32	0.78	0.59	0.68	0.77	0.89

设两总体 X、Y，有 $X \sim N(\mu_1, \sigma_1^2)$，$Y \sim N(\mu_2, \sigma_2^2)$，且它们的样本相互独立. 试根据这些数据来确定这两台仪器的质量有无显著性差异（取显著性水平 $\alpha = 0.01$）.

4.7 经测定某批矿砂的 5 个样品的镍含量百分比为

$$x_i:\ 3.25\quad 3.27\quad 3.24\quad 3.26\quad 3.24$$

设测定值服从正态分布，问在 $\alpha = 0.01$ 下能否接受假设：这批矿砂的镍含量为 3.25%.

4.8 已知在用精料养鸡时，经若干天，鸡的平均质量为 2kg. 现对一批鸡改用粗料饲养，同时改善饲养方法，经过同样长的饲养期，随机抽测10只，得质量（单位为 kg）数据如下：

$$2.15\quad 1.85\quad 1.90\quad 2.05\quad 1.95\quad 2.30\quad 2.35\quad 2.50\quad 2.25\quad 1.90$$

经验表明，同一批鸡的质量服从正态分布，试判断这一批鸡的平均质量是否提高了（取显著性水平 $\alpha = 0.05$、0.10）.

4.9 按照规定，每 100g 罐头番茄汁的维生素 C 的含量不得少于 21 mg．现从某厂生产的一批罐头中抽取17 罐，测得维生素 C 的含量（单位为 mg）如下：

$$16\ 22\ 21\ 20\ 23\ 21\ 19\ 15\ 13\ 23\ 17\ 20\ 29\ 18\ 22\ 16\ 25$$

已知维生素 C 的含量服从正态分布，试以 0.025 的显著性水平检验该批罐头的维生素 C 的含量是否合格.

4.10 已知某厂生产的维尼纶的纤度（表示粗细程度的量）服从正态分布，标准差 $\sigma = 0.048$，抽取 5 根维尼纶，测得纤度为：1.32 1.55 1.36 1.40 1.44．问生产的维尼纶的纤度的均方差 σ 是否有显著变化（取显著性水平 $\alpha = 0.01$、0.05）？

4.11 某厂生产一批某种型号的汽车蓄电池，由以往经验知其寿命 X 近似服从正态分布，它的均方差

$\sigma = 0.80$ 年. 现从中任意抽取 13 个蓄电池，算得样本均方差 $s^2 = 0.92$ 年，取显著性水平 $\alpha = 0.10$，问该批蓄电池寿命的方差是否明显改变？

4.12　原有一台仪器，测量电阻值时误差相应的方差是 $0.06\,\Omega^2$，现有一台新仪器，对一个电阻测量了 10 次，测得的值（单位为 Ω）是：

1.101　1.103　1.105　1.098　1.099　1.101　1.104　1.095　1.100　1.100

取 $\alpha = 0.10$，问新仪器的精度是否比原有的仪器高？设测量所得的电阻值服从正态分布.

4.13　检查一批保险丝，抽取 10 根，在通过强电流后熔化所需的时间（s）为

42　65　75　78　59　71　57　68　54　55

可认为熔化所需时间服从正态分布. 问：

（1）能否认为这批保险丝的平均熔化时间不小于 65（取 $\alpha = 0.05$）？

（2）能否认为熔化时间的方差不超过 80（取 $\alpha = 0.05$）？

4.14　从两煤矿各取若干样品，得其含灰率（百分数）为

甲：24.3　20.8　23.7　21.3　17.4；　乙：18.2　16.9　20.2　16.7.

问甲、乙的平均含灰率有无显著差异？取 $\alpha = 0.05$，设含灰率服从正态分布且 $\sigma_1^2 = \sigma_2^2$.

4.15　设甲、乙两种零件彼此可以代替，但乙零件比甲零件制造更简单、造价更低. 根据经验获得它们的抗拉强度（单位为 kg/cm^2）分别为：

甲：88, 87, 92, 90, 91；　乙：89, 89, 90, 84, 88.

假定两种零件的抗拉强度都服从正态分布，且 $\sigma_1^2 = \sigma_2^2$. 问在显著性水平 $\alpha = 0.05$ 下可否认为甲零件的抗拉强度比乙零件高.

4.16　甲、乙两台车床生产同一种零件，现从这两台车床生产的产品中分别抽取 8 个和 9 个，测得其外径（单位为 mm）为

甲：15.0, 14.5, 15.2, 15.5, 14.8, 15.1, 15.2, 14.8；

乙：15.2, 15.0, 14.8, 15.2, 15.0, 15.0, 14.8, 15.1, 14.8.

假定其外径都服从正态分布，问在显著性水平 $\alpha = 0.05$ 下，可否认为乙车床的加工精度比甲车床的高？

4.17　在一次实验中，每隔一定时间观察一次由某种铀所放射到达计数器上的 α 粒子数 X，共观察了 100 次，得结果如下表所示：

i	0	1	2	3	4	5	6	7	8	9	10	11	$\sum$
v_i	1	5	16	17	26	11	9	9	2	1	2	1	100

其中 v_i 是观察到有 i 个 α 粒子的次数. 从理论上考虑可知，X 应服从泊松分布

$$P\{X = i\} = \frac{\lambda^i}{i!}\mathrm{e}^{-\lambda}\ (i = 0, 1, 2, \cdots).$$

问：这个理论考虑是否符合实际（$\alpha = 0.05$）？

4.18　在检查产品质量时，每次抽取 10 个产品并检查，共抽取 100 次，记录每 10 个产品中的次品数，如下：

次品数	0	1	2	3	4	5	6	7	8	9	10
频数	35	40	18	5	1	1	0	0	0	0	0

试问次品数是否服从二项分布（$\alpha = 0.05$）？

4.19 研究混凝土的抗压强度的分布，200件混凝土制件的抗压强度以分组的形式列出，数据如下表所示：

压强区间 (kg/cm^2)	频数 f_i
190～200	10
200～210	26
210～220	56
220～230	64
230～240	30
240～250	14

$n=\sum f_i=200$，要求在给定的显著性水平 $\alpha=0.05$ 下检验原假设

$$H_0:\ F(x)\in\{N(\mu,\sigma^2)\}.$$

式中，$F(x)$ 为抗压强度的分布函数.

4.20 下表为用某种药治疗感冒的效果的 3×3 列联表 .

疗效	年龄			$v_{i\cdot}$
	儿童	成年	老年	
显著	58	38	32	128
一般	28	44	45	117
较差	23	18	14	55
$v_{\cdot j}$	109	100	91	300

试问：疗效与年龄是否无关（$\alpha=0.05$）？

4.21 甲、乙两个车间生产同一种产品，要比较这种产品的某项指标波动的情况，从这两个车间连续15天取得反映波动大小的数据，如下表所示：

甲	1.13	1.26	1.16	1.41	0.86	1.39	1.21	1.22	1.20	0.62	1.18	1.34	1.57
乙	1.21	1.31	0.99	1.59	1.41	1.48	1.31	1.12	1.60	1.38	1.60	1.84	1.95

在 $\alpha=0.05$ 下，用符号检验法检验假设“这两个车间所生产的产品的该项指标的波动性情况的分布重合”.

4.22 请71人比较A、B两种电视机的画面好坏，认为A好者有23人，认为B好者有45人，拿不定主意者有3人，是否可断定B的画面比A的好（$\alpha=0.10$）？

4.23 容量 $n_1=9$、$n_2=10$ 的样本描述工厂中两个班的劳动生产率（单位为件/h）.

第一班：28, 33, 39, 40, 41, 42, 45, 46, 47；

第二班：24, 40, 41, 42, 43, 44, 46, 48, 49, 52 .

在显著性水平 $\alpha=0.05$ 下，两个班的劳动生产率是否相同?

第5章 回归分析

在现实世界中常常会遇到许多相互联系又相互制约的变量，变量之间的关系一般可分为两类，一类是**确定性关系**，另一类是**非确定性关系**（也称为**相关关系**）. 对确定性关系，可用函数来描述它们，例如，圆的面积 S 与半径 r 之间的关系（$S=\pi r^2$）即为一种确定性关系. 确定性关系的特点是：当一个或几个变量的值取定时，相应的另一个变量的值就能完全确定. 若当一个或几个变量的值取定时，相应的另一个变量的值不能完全确定，而是在一定范围内变化，则称变量之间的这种关系为**非确定性关系**或**相关关系**. 例如，人的体重与身高之间的关系，人的血压与年龄之间的关系，水稻的亩产量与其施肥量、播种量、种子之间的关系. 对于具有相关关系的变量，虽然它们之间的关系不能精确地用函数表示，但是通过观测大量的数据，可以发现它们之间存在一定的统计规律性. 数理统计中研究变量之间相关关系的一种有效方法就是回归分析. 本章主要介绍一元线性回归分析、多元线性回归分析、非线性回归分析等内容.

5.1 回归分析概述

将相关关系中作为影响因素的变量称为**自变量**或**解释变量**，用 x 表示，受 x 取值影响的变量称为**因变量**，用 Y 表示. 假设 x 为可控制变量，即它的取值是可以事先给定的，Y 是可观测的随机变量. 当 x 取定一个数值 x_0 时，因变量 Y 并不取固定的值与之对应，而是以一个依赖 x_0 的随机变量 Y_0 与 x_0 对应，Y_0 按其概率分布取值. 如果要用函数关系来近似表示 x 与 Y 的相关关系，那么很自然可以想到，应该以 $E(Y_0)$ 作为 Y 与 $x=x_0$ 相对应的数值，对于任意 x，以 $E(Y)$ 作为与 x 相对应的值. 令

$$E(Y)=\mu(x),$$

从而其他随机因素引起的偏差是

$$\varepsilon=Y-\mu(x).$$

这时 X 与 Y 的非确定性关系表示为

$$Y=E(Y)+\varepsilon=\mu(x)+\varepsilon, \tag{5.1}$$

其中 ε 满足

$$\begin{cases} E(\varepsilon)=0, \\ D(\varepsilon)=D(Y)=\sigma^2. \end{cases} \tag{5.2}$$

通常假定

$$\varepsilon \sim N(0,\sigma^2). \tag{5.3}$$

式（5.1）表示因变量 Y 的变化由两个原因所致，即自变量 x 和其他未考虑到的随机因素 ε. 记

$$y=\mu(x)=E(Y), \tag{5.4}$$

式（5.4）刻画了 Y 受 x 影响的主体部分（又称为系统性成分，剩下的是不含系统偏差的零均值随机误差）. 若知道了 $y=\mu(x)$，则可以从数量上掌握 x 与 Y 之间复杂关系的大趋势，就可

以利用这种趋势来研究对 Y 的预测问题和对 x 的控制问题，这就是回归分析处理非确定性关系的基本思想. 实际上，回归分析通过自变量 x 与因变量 Y 的均值之间的确定性关系 $y=\mu(x)$ 来研究 x 与 Y 之间的非确定性关系，虽然随机因素 ε 的干扰使得 x 与 Y 之间的关系不确定，但从平均性质看，非确定性关系有向确定性关系 $y=\mu(x)$ 回归的趋势，式（5.1）～式（5.3）称为**回归模型**，式（5.4）称为**理论回归函数**或**回归曲线**或**回归方程**.

在实际问题中，理论回归函数一般是未知的，回归分析的任务就是根据 x 的取值和 Y 的观测值去估计这个函数及讨论与此有关的种种统计推断问题，如假设检验问题和区间估计问题，所用方法在相当大的程度上取决于回归模型的假定，对 $y=\mu(x)$ 的数学形式无特殊假定的回归分析称为非参数回归；对已知 $y=\mu(x)$ 的数学形式，只是其中的若干参数未知的回归分析称为参数回归，这是目前研究最多、应用最广的情形. 根据 $y=\mu(x)$ 的不同数学形式，可将参数回归分为线性回归和非线性回归，线性回归又分为一元线性回归和多元线性回归. 线性回归分析是应用中最重要、理论上最完善的回归分析方法之一，本章以线性回归分析为主，非线性回归分析作为扩展内容.

回归分析需要解决的基本问题是：

（1）如何根据抽样信息确定回归函数的类型及其参数的估计量；

（2）如何判断 x 与 Y 的相关关系是否显著；

（3）如何应用回归分析进行预测或控制.

5.2 一元线性回归分析

5.2.1 一元线性回归模型

理论回归函数［式（5.4）］是线性函数的回归分析称为**线性回归分析**，只有一个自变量的线性回归称为**一元线性回归**，其回归函数为

$$y=\mu(x)=\beta_0+\beta_1 x.$$

若随机变量 Y 与自变量 x 满足

$$\begin{cases} Y=\beta_0+\beta_1 x+\varepsilon, \\ \varepsilon\sim N(0,\sigma^2). \end{cases} \tag{5.5}$$

式中，β_0、β_1、σ^2 为不依赖于 x 的未知参数，则称式（5.5）为**一元正态线性回归模型**，简称**一元线性回归模型**或**一元线性模型**. β_0、β_1 称为**回归系数**，ε 称为**随机误差**.

由于 β_0、β_1、σ^2 均是未知参数，因此回归模型也未知，需要对参数 β_0、β_1、σ^2 进行估计，为此进行若干次独立的试验. 由式（5.5）知 $Y\sim N(\beta_0+\beta_1 x,\sigma^2)$，当 x 取不同值时，可得到不同的正态变量. 设 $Y_1,Y_2,\cdots,Y_n$ 是 x 分别取固定值 $x_1,x_2,\cdots,x_n$ 时对 Y 做独立随机试验所得到的随机变量，当 $x_1,x_2,\cdots,x_n$ 两两不相等时，可假定得到

$$\begin{cases} Y_1=\beta_0+\beta_1 x_1+\varepsilon_1, \\ Y_2=\beta_0+\beta_1 x_2+\varepsilon_2, \\ \quad\vdots \\ Y_n=\beta_0+\beta_1 x_n+\varepsilon_n, \\ \varepsilon_1,\varepsilon_2,\cdots,\varepsilon_n\text{相互独立且}\varepsilon_i\sim N(0,\sigma^2). \end{cases} \tag{5.6}$$

式中，β_0、β_1、σ^2 为不依赖于 x 的未知参数.

与式（5.5）一样，式（5.6）也称为**一元正态线性回归模型**，简称**一元线性回归模型**或**一元线性模型**. 今后在谈到一元线性模型时，更多的是从式（5.6）出发，但在概念上常不加区分，需要区分时，不难从其上下文知道.

由 $\varepsilon_1,\varepsilon_2,\cdots,\varepsilon_n$ 独立可知 $Y_1,Y_2,\cdots,Y_n$ 也相互独立，且

$$Y_i \sim N(\beta_0+\beta_1 x_i,\sigma^2),\quad i=1,2,\cdots,n.$$

$Y_1,Y_2,\cdots,Y_n$ 称为来自 Y 的容量为 n 的一个**独立随机样本**，简称**独立样本**. 而

$$(x_1,y_1),(x_2,y_2),\cdots,(x_n,y_n).$$

称为独立样本 $Y_1,Y_2,\cdots,Y_n$ 的一个（或一组）**样本观测值**，其中 $y_i(i=1,2,\cdots,n)$ 为 x 取固定值 x_i 时对 Y_i 进行一次试验所得的样本观测值.

利用独立样本及其样本值可得 β_0、β_1、σ^2 的估计量及其对应的估计值 $\hat{\beta}_0$、$\hat{\beta}_1$、$\hat{\sigma}^2$（估计量与估计值此处记号不加区分，需要区别时视其上下文而定），从而得到回归函数 $y=\beta_0+\beta_1 x$ 的估计

$$\hat{y}=\hat{\beta}_0+\hat{\beta}_1 x,$$

称为 Y 对 x 的**经验回归方程**，简称为**回归方程**，它的图像称为**经验回归直线**，简称为**回归直线**.

是否能用一元正态线性回归模型来描述 Y 与 x 之间的关系呢？针对具体问题要根据有关专业知识来判断，也可以根据实际观测资料应用假设检验的方法进行检验. 另外，也可根据散点图来判别，把样本值

$$(x_1,y_1),(x_2,y_2),\cdots,(x_n,y_n)$$

作为平面直角坐标系的 n 个点并描出来，这 n 个点构成的图像称为**散点图**. 当 n 较大时，若散点图的 n 个点近似地在一条直线附近，就可粗略地认为 Y 与 x 之间的关系适合用一元线性模型来表示（如图 5.1 所示）.

一般地，对一元线性回归模型，需要研究如下几个问题：

（1）根据样本观测值 $(x_1,y_1),(x_2,y_2),\cdots,(x_n,y_n)$ 来估计未知参数 β_0、β_1、σ^2，从而建立 Y 与 x 立间的关系式；

（2）对建立的关系式进行假设检验；

（3）对变量 Y 进行预测和对自变量 x 进行控制.

下面将对这几个问题分别加以讨论.

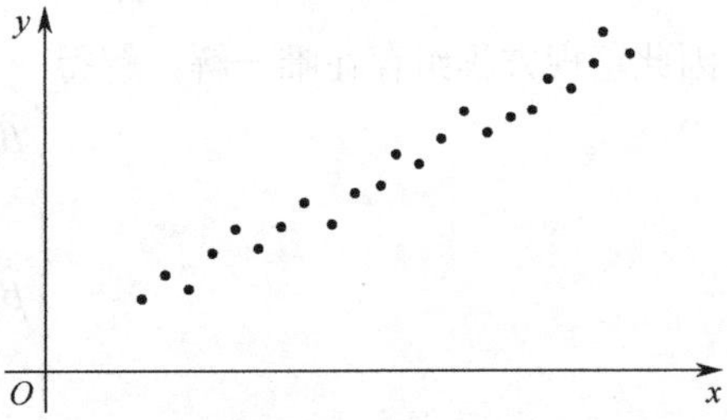

图 5.1 散点图

5.2.2 未知参数的估计

本节介绍估计未知参数 β_0、β_1、σ^2 的两种方法：最小二乘估计法和最大似然估计法.

首先介绍最小二乘估计法. 假定随机变量 Y 与自变量 x 满足线性回归模型［式（5.5）］，对每个样本观测值 $(x_i,y_i)(i=1,2,\cdots,n)$，最小二乘估计法的基本思想是考虑观测值 y_i 与其回归值 $E(Y_i)=\beta_0+\beta_1 x_i$ 的误差 $\varepsilon_i=y_i-(\beta_0+\beta_1 x_i)$ 越小越好. 综合考虑 n 个误差值，定义误差平方和

$$Q(\beta_0,\beta_1)=\sum_{i=1}^{n}\varepsilon_i^2=\sum_{i=1}^{n}[y_i-(\beta_0+\beta_1 x_i)]^2.$$

最小二乘估计法就是寻求参数 β_0 和 β_1 的估计值 $\hat{\beta}_0$ 和 $\hat{\beta}_1$，使 $Q(\beta_0,\beta_1)$ 达到最小，即求 $\hat{\beta}_0$ 和

$\hat{\beta}_1$，使得

$$Q(\hat{\beta}_0,\hat{\beta}_1)=\sum_{i=1}^{n}(y_i-\hat{\beta}_0-\hat{\beta}_1x_i)^2=\min_{\beta_0,\beta}\sum_{i=1}^{n}(y_i-\beta_0-\beta_1x_i)^2 .$$

求出的 $\hat{\beta}_0$、$\hat{\beta}_1$ 称为 β_0、β_1 的最小二乘估计（Least Square Estimator，LSE）.

选取 β_0、β_1 使 $Q(\beta_0,\beta_1)$ 达到最小，相当于在所有直线中找出一条直线，使得该直线在误差平方和 $Q(\beta_0,\beta_1)$ 的标准下与所有数据点在总体上拟合得最好.

利用微积分知识不难证明 $Q(\beta_0,\beta_1)$ 的最小值存在，为了求 $\hat{\beta}_0$、$\hat{\beta}_1$，将 $Q(\beta_0,\beta_1)$ 分别对 β_0、β_1 求导并令它们为零，得到如下方程组

$$\begin{cases}\dfrac{\partial Q}{\partial\beta_0}=-2\sum\limits_{i=1}^{n}(y_i-\beta_0-\beta_1x_i)=0,\\ \dfrac{\partial Q}{\partial\beta_1}=-2\sum\limits_{i=1}^{n}(y_i-\beta_0-\beta_1x_i)x_i=0.\end{cases}$$

整理得关于 β_0、β_1 的一个线性方程组

$$\begin{cases}\beta_0+\overline{x}\beta_1=\overline{y},\\ \overline{x}\beta_0+\dfrac{1}{n}(\sum\limits_{i=1}^{n}x_i^2)\beta_1=\dfrac{1}{n}\sum\limits_{i=1}^{n}x_iy_i.\end{cases}$$

式中，$\overline{x}=\dfrac{1}{n}\sum\limits_{i=1}^{n}x_i$，$\overline{y}=\dfrac{1}{n}\sum\limits_{i=1}^{n}y_i$，此方程组称为**正规方程组**.

由于 $x_1,x_2,\cdots,x_n$ 不全相等，正规方程组的系数行列式

$$\begin{vmatrix}1 & \overline{x}\\ \overline{x} & \dfrac{1}{n}\sum\limits_{i=1}^{n}x_i^2\end{vmatrix}=\frac{1}{n}\sum_{i=1}^{n}x_i^2-\overline{x}^2=\frac{1}{n}\sum_{i=1}^{n}(x_i-\overline{x})^2\neq 0,$$

因此正规方程组存在唯一解，解得

$$\begin{cases}\hat{\beta}_0=\overline{y}-\hat{\beta}_1\overline{x},\\ \hat{\beta}_1=\dfrac{\sum\limits_{i=1}^{n}(x_i-\overline{x})(y_i-\overline{y})}{\sum\limits_{i=1}^{n}(x_i-\overline{x})^2}.\end{cases}$$

$\hat{\beta}_0$、$\hat{\beta}_1$ 分别称为 β_0、β_1 的最小二乘估计（这里求参数估计所用的方法称为最小二乘估计法）.于是，得到 Y 对 x 的经验回归方程

$$\hat{y}=\hat{\beta}_0+\hat{\beta}_1x,$$

由 $\hat{\beta}_0=\overline{y}-\hat{\beta}_1\overline{x}$ 得 $\overline{y}=\hat{\beta}_0+\hat{\beta}_1\overline{x}$，可知回归直线 $\hat{y}=\hat{\beta}_0+\hat{\beta}_1x$ 过点 $(\overline{x},\overline{y})$. $(\overline{x},\overline{y})$ 是 n 个样本观测值 $(x_1,y_1),(x_2,y_2),\cdots,(x_n,y_n)$ 的重心，即回归直线通过样本的重心.

把 $x=x_i$ 代入经验回归方程，得

$$\hat{y}_i=\hat{\beta}_0+\hat{\beta}_1x_i,$$

$\hat{y}_i$ 为 $\beta_0+\beta_1x_i(i=1,2,\cdots,n)$ 的估计值，也称为拟合值，$\hat{\varepsilon}_i=y_i-\hat{y}_i=y_i-(\hat{\beta}_0+\hat{\beta}_1x_i)$ 为 x_i 处的观测值 y_i 与其拟合值 $\hat{y}_i(i=1,2,\cdots,n)$ 的差，称为残差，视为误差的估计，且 $\sum\limits_{i=1}^{n}\hat{\varepsilon}_i=0$.

误差 ε_i 的方差 σ^2 称为误差方差，它反映了模型误差的大小，通过极小化 $Q(\beta_0,\beta_1)$ 不能求得误差方差 σ^2 的估计，一般用

$$\hat{\sigma}^2=\frac{1}{n}\sum_{i=1}^{n}(y_i-\hat{\beta}_0-\hat{\beta}_1x_i)^2=\frac{1}{n}\sum_{i=1}^{n}\hat{\varepsilon}_i^2$$

作为 σ^2 的一个估计.

除了最小二乘估计法，也可用下面的最大似然估计法来估计 β_0、β_1、σ^2.

由回归模型知 $Y_i\sim N(\beta_0+\beta_1x_i,\sigma^2)$，且 $Y_1,Y_2,\cdots,Y_n$ 相互独立，因此样本观测值 $y_1,y_2,\cdots,y_n$ 的似然函数为

$$\begin{aligned}L(\beta_0,\beta_1,\sigma^2)&=\prod_{i=1}^{n}\frac{1}{\sqrt{2\pi}\sigma}\exp\left\{-\frac{1}{2\sigma^2}(y_i-\beta_0-\beta_1x_i)^2\right\}\\&=(2\pi\sigma^2)^{-\frac{n}{2}}\exp\left\{-\frac{1}{2\sigma^2}\sum_{i=1}^{n}(y_i-\beta_0-\beta_1x_i)^2\right\},\end{aligned}$$

对数似然函数为

$$\ln L(\beta_0,\beta_1,\sigma^2)=-\frac{n}{2}\ln(2\pi)-\frac{n}{2}\ln(\sigma^2)-\frac{1}{2\sigma^2}\sum_{i=1}^{n}(y_i-\beta_0-\beta_1x_i)^2,$$

分别对 β_0、β_1、σ^2 求偏导并令其为零，得

$$\begin{cases}\dfrac{\partial\ln L}{\partial\beta_0}=\dfrac{1}{\sigma^2}\sum\limits_{i=1}^{n}(y_i-\beta_0-\beta_1x_i)=0,\\\dfrac{\partial\ln L}{\partial\beta_1}=\dfrac{1}{\sigma^2}\sum\limits_{i=1}^{n}(y_i-\beta_0-\beta_1x_i)x_i=0,\\\dfrac{\partial\ln L}{\partial\sigma^2}=-\dfrac{n}{2\sigma^2}+\dfrac{1}{2\sigma^4}\sum\limits_{i=1}^{n}(y_i-\beta_0-\beta_1x_i)^2=0.\end{cases}$$

解得 β_0、β_1、σ^2 的最大似然估计分别为

$$\begin{cases}\hat{\beta}_0=\bar{y}-\hat{\beta}_1\bar{x},\\\hat{\beta}_1=\dfrac{\sum\limits_{i=1}^{n}(x_i-\bar{x})(y_i-\bar{y})}{\sum\limits_{i=1}^{n}(x_i-\bar{x})^2},\\\hat{\sigma}^2=\dfrac{1}{n}\sum\limits_{i=1}^{n}(y_i-\hat{\beta}_0-\hat{\beta}_1x_i)^2=\dfrac{1}{n}\sum\limits_{i=1}^{n}\hat{\varepsilon}_i^2.\end{cases}$$

式中，$\bar{x}=\frac{1}{n}\sum_{i=1}^{n}x_i$，$\bar{y}=\frac{1}{n}\sum_{i=1}^{n}y_i$.

从以上讨论可知，β_0、β_1 的最大似然估计与最小二乘估计是相等的.

为计算方便，引入以下几个常用的记号.

$$l_{xx}=\sum_{i=1}^{n}(x_i-\bar{x})^2=\sum_{i=1}^{n}x_i^2-n\bar{x}^2=\sum_{i=1}^{n}(x_i-\bar{x})x_i,$$

$$l_{xy}=\sum_{i=1}^{n}(x_i-\bar{x})(y_i-\bar{y})=\sum_{i=1}^{n}x_iy_i-n\bar{x}\cdot\bar{y}=\sum_{i=1}^{n}(x_i-\bar{x})y_i,$$

$$l_{yy}=\sum_{i=1}^{n}(y_i-\overline{y})^2=\sum_{i=1}^{n}y_i^2-n\overline{y}^2=\sum_{i=1}^{n}(y_i-\overline{y})y_i,$$

利用这些记号，β_0、β_1、σ^2 的估计可改写为

$$\begin{cases}\hat{\beta}_0=\overline{y}-\overline{\beta}_1\overline{x},\\ \hat{\beta}_1=\dfrac{l_{xy}}{l_{xx}}.\end{cases} \tag{5.7}$$

$$\begin{aligned}\hat{\sigma}^2&=\frac{1}{n}\sum_{i=1}^{n}(y_i-\hat{\beta}_0-\hat{\beta}_1x_i)^2=\frac{1}{n}\sum_{i=1}^{n}[y_i-\overline{y}-\hat{\beta}_1(x_i-\overline{x})]^2\\&=\frac{1}{n}\sum_{i=1}^{n}\left((y_i-\overline{y})^2-2\frac{l_{xy}}{l_{xx}}(x_i-\overline{x})(y_i-\overline{y})+\frac{l_{xy}^2}{l_{xx}^2}(x_i-\overline{x})^2\right)\\&=\frac{1}{n}\left(l_{yy}-2\frac{l_{xy}^2}{l_{xx}}+\frac{l_{xy}^2}{l_{xx}}\right)=\frac{1}{n}\left(l_{yy}-\frac{l_{xy}^2}{l_{xx}}\right).\end{aligned} \tag{5.8}$$

在 β_0、β_1、σ^2 的估计值的表达式中，将 y_i 和 $\overline{y}$ 分别换成 Y_i 和 $\overline{Y}$（$\overline{Y}=\frac{1}{n}\sum_{i=1}^{n}Y_i$），即得一元线性模型中 β_0、β_1、σ^2 的估计量

$$\hat{\beta}_0=\overline{Y}-\hat{\beta}_1\overline{x},$$

$$\hat{\beta}_1=\frac{l_{xY}}{l_{xx}}=\frac{\sum_{i=1}^{n}(x_i-\overline{x})(Y_i-\overline{Y})}{\sum_{i=1}^{n}(x_i-\overline{x})^2},$$

$$\hat{\sigma}^2=\frac{1}{n}\sum_{i=1}^{n}(Y_i-\hat{\beta}_0-\hat{\beta}_1x_i)^2=\frac{1}{n}\left(l_{YY}-\frac{l_{xY}^2}{l_{xx}}\right).$$

下面讨论参数估计量的性质. 估计量 $\hat{\beta}_0$、$\hat{\beta}_1$、$\hat{\sigma}^2$ 具有如下性质.

性质 5.2.1 估计量 $\hat{\beta}_0$、$\hat{\beta}_1$ 是随机变量 Y_i 的线性函数.

证 由于

$$\hat{\beta}_1=\frac{\sum_{i=1}^{n}(x_i-\overline{x})(Y_i-\overline{Y})}{\sum_{i=1}^{n}(x_i-\overline{x})^2}=\frac{\sum_{i=1}^{n}x_iY_i-n\overline{x}\overline{Y}}{\sum_{i=1}^{n}(x_i-\overline{x})^2}=\sum_{i=1}^{n}\frac{x_i-\overline{x}}{\sum_{i=1}^{n}(x_i-\overline{x})^2}Y_i,$$

上式表明 $\hat{\beta}_1$ 是 Y_i 的线性组合，又

$$\hat{\beta}_0=\overline{Y}-\overline{\beta}_1\overline{x}=\frac{1}{n}\sum_{i=1}^{n}Y_i-\sum_{i=1}^{n}\frac{(x_i-\overline{x})\overline{x}}{\sum_{i=1}^{n}(x_i-\overline{x})^2}Y_i=\sum_{i=1}^{n}\left(\frac{1}{n}-\frac{(x_i-\overline{x})\overline{x}}{\sum_{i=1}^{n}(x_i-\overline{x})^2}\right)Y_i.$$

因此 $\hat{\beta}_0$ 也是 Y_i 的线性组合.

性质 5.2.2 估计量 $\hat{\beta}_0$、$\hat{\beta}_1$ 分别是 β_0、β_1 的无偏估计.

证 由一元线性模型知

$$Y_i\sim N(\beta_0+\beta_1x_i,\sigma^2),$$

因此，

$$E(Y_i)=\beta_0+\beta_1 x_i,$$

而

$$E(\hat{\beta}_1)=\sum_{i=1}^{n}\frac{x_i-\overline{x}}{\sum_{i=1}^{n}(x_i-\overline{x})^2}E(Y_i)=\sum_{i=1}^{n}\frac{x_i-\overline{x}}{l_{xx}}(\beta_0+\beta_1 x_i)$$

$$=\frac{\beta_0\sum_{i=1}^{n}(x_i-\overline{x})+\beta_1\sum_{i=1}^{n}(x_i-\overline{x})x_i}{l_{xx}}=\beta_1,$$

又

$$E(\hat{\beta}_0)=E(\overline{Y})-\overline{x}E(\hat{\beta}_1)=\beta_0+\beta_1\overline{x}-\overline{x}\beta_1=\beta_0.$$

因此，$\hat{\beta}_0$、$\hat{\beta}_1$ 分别是 β_0、β_1 的无偏估计.

由性质 5.2.2 可知，一元线性回归方程 $\hat{y}=\hat{\beta}_0+\hat{\beta}_1 x$ 是回归函数 $y=\beta_0+\beta_1 x$ 的无偏估计.

性质 5.2.3

$$D(\hat{\beta}_0)=(\frac{1}{n}+\frac{\overline{x}^2}{l_{xx}})\sigma^2,$$

$$D(\hat{\beta}_1)=\frac{1}{l_{xx}}\sigma^2.$$

证 由一元线性模型知 $Y_i\sim N(\beta_0+\beta_1 x_i,\sigma^2)(i=1,2,\cdots,n)$ 且相互独立，$D(Y_i)=\sigma^2$，因此

$$D(\hat{\beta}_1)=D(\sum_{i=1}^{n}\frac{x_i-\overline{x}}{\sum_{i=1}^{n}(x_i-\overline{x})^2}Y_i)=\frac{1}{l_{xx}^2}l_{xx}D(Y_i)=\frac{1}{l_{xx}}\sigma^2,$$

$$D(\hat{\beta}_0)=D(\overline{Y}-\hat{\beta}_1\overline{x})=D(\overline{Y})+\overline{x}^2 D(\hat{\beta}_1)$$

$$=\frac{1}{n}\sigma^2+\frac{\overline{x}^2}{l_{xx}}\sigma^2=(\frac{1}{n}+\frac{\overline{x}^2}{l_{xx}})\sigma^2.$$

方差反映了随机变量取值的分散程度，因此 $D(\hat{\beta}_0)$ 和 $D(\hat{\beta}_1)$ 分别反映了估计量 $\hat{\beta}_0$、$\hat{\beta}_1$ 的分散程度和估计的精度. 由性质 5.2.3，$\hat{\beta}_0$ 和 $\hat{\beta}_1$ 的方差不仅与随机误差的方差 σ^2 有关，而且和自变量 x 取值的分散程度有关，另外，$\hat{\beta}_0$ 的方差还与样本数据的个数 n 有关，显然数据个数 n 越大，$D(\hat{\beta}_0)$ 越小.

综上所述，对可控变量 $x_1,x_2,\cdots,x_n$，在试验时应注意以下几点：

（1）当 $x_1,x_2,\cdots,x_n$ 可取正、负值时，应选取 $x_1,x_2,\cdots,x_n$ 使 $\overline{x}=0$，此时 $D(\hat{\beta}_0)$ 取得最小值 $\frac{\sigma^2}{n}$；

（2）$x_1,x_2,\cdots,x_n$ 越分散越好，即 l_{xx} 越大越好；

（3）试验次数 n 不应太小.

性质 5.2.4 $\frac{n}{n-2}\hat{\sigma}^2$ 是 σ^2 的无偏估计.

证 由于

$$\begin{aligned}\hat{\sigma}^2 &= \frac{1}{n}\sum_{i=1}^{n}(Y_i - \hat{\beta}_0 - \hat{\beta}_1 x_i)^2 \\ &= \frac{1}{n}(l_{YY} - \frac{l_{xY}^2}{l_{xx}}) = \frac{1}{n}(l_{YY} - \hat{\beta}_1^2 l_{xx}),\end{aligned}$$

因此

$$E(\hat{\sigma}^2) = \frac{1}{n}[E(l_{YY}) - E(\hat{\beta}_1^2 l_{xx})],$$

而

$$\begin{aligned}E(l_{YY}) &= E[\sum_{i=1}^{n}(Y_i - \overline{Y})^2] = E(\sum_{i=1}^{n}Y_i^2 - n\overline{Y}^2) \\ &= \sum_{i=1}^{n}[D(Y_i) + E^2(Y_i)] - n[D(\overline{Y}) + E^2(\overline{Y})] \\ &= \sum_{i=1}^{n}[\sigma^2 + (\beta_0 + \beta_1 x_i)^2] - n[\frac{\sigma^2}{n} + (\beta_0 + \beta_1 \overline{x})^2] \\ &= (n-1)\sigma^2 + \beta_1^2 l_{xx},\end{aligned}$$

$$E(\hat{\beta}_1^2 l_{xx}) = l_{xx}[D(\hat{\beta}_1) + (E\hat{\beta}_1)^2] = l_{xx}(\frac{\sigma^2}{l_{xx}} + \beta_1^2) = \sigma^2 + \beta_1^2 l_{xx},$$

于是有

$$E(\hat{\sigma}^2) = \frac{1}{n}[(n-1)\sigma^2 + \beta_1^2 l_{xx} - \sigma^2 - \beta_1^2 l_{xx}] = \frac{n-2}{n}\sigma^2.$$

所以，$\frac{n}{n-2}\hat{\sigma}^2$ 是 σ^2 的无偏估计.

性质 5.2.5

$$\hat{\beta}_0 \sim N(\hat{\beta}_0, (\frac{1}{n} + \frac{\overline{x}^2}{l_{xx}})\sigma^2),$$

$$\hat{\beta}_1 \sim N(\hat{\beta}_1, \frac{1}{l_{xx}}\sigma^2).$$

证 由一元线性模型知 $Y_i \sim N(\beta_0 + \beta_1 x_i, \sigma^2)(i = 1, 2, \cdots, n)$ 且相互独立，又由性质 5.2.1 可知 $\hat{\beta}_0$、$\hat{\beta}_1$ 是 $Y_1, Y_2, \cdots, Y_n$ 的线性组合，因此 $\hat{\beta}_0$、$\hat{\beta}_1$ 也是正态变量，由性质 5.2.2 知其均值分别为 $E(\hat{\beta}_0) = \beta_0$、$E(\hat{\beta}_1) = \beta_1$，由性质 5.2.3 知其方差分别为

$$D(\hat{\beta}_0) = (\frac{1}{n} + \frac{\overline{x}^2}{l_{xx}})\sigma^2, \quad D(\hat{\beta}_1) = \frac{1}{l_{xx}}\sigma^2,$$

因此，结论成立.

性质 5.2.6 $\frac{n\hat{\sigma}^2}{\sigma^2} \sim \chi^2(n-2)$，且 $\hat{\sigma}^2$ 与 $\hat{\beta}_0$、$\hat{\beta}_1$ 相互独立.

证 参见参考文献[6].

【例 5.2.1】 测量12名成年女子的身高 x（单位：cm）和体重 Y（单位：kg），所得数据如表 5.1 所示.

表 5.1　身高和体重数据

身高 x_i	153	155	156	157	159	159	160	160	162	163	164	166
体重 y_i	47	49	50	53	52	53	52	54	55	56	57	58

以身高 x 作为横坐标，以体重 Y 作为纵坐标，将这些数据点 (x_i, y_i) 描在直角坐标系上，如图 5.2 所示. 由图 5.2 可以看出，这些数据点大致落在一条直线的附近，因此，可以假定体重 Y 和身高 x 之间具有线性关系. 试求体重 Y 关于身高 x 的回归方程.

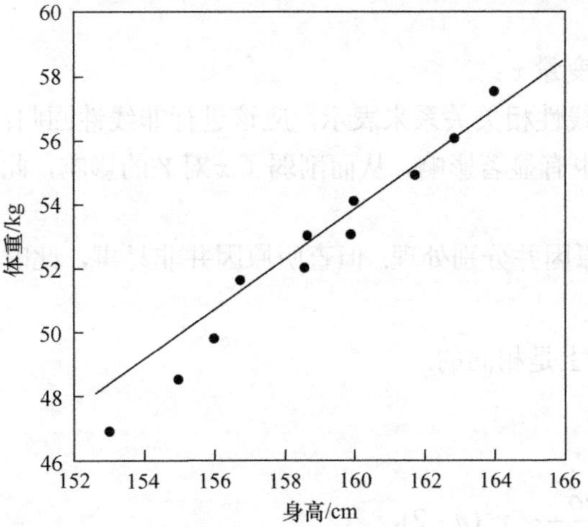

图 5.2　身高和体重数据点

解　根据数据计算得

$$\sum_{i=1}^{12} x_i = 1914,\ \sum_{i=1}^{12} x_i^2 = 305446,$$

$$\sum_{i=1}^{12} y_i = 636,\ \sum_{i=1}^{12} y_i^2 = 33826,$$

$$\sum_{i=1}^{12} x_i y_i = 101576,$$

$$l_{xx} = \sum_{i=1}^{12} x_i^2 - n\bar{x}^2 = 163,$$

$$l_{xy} = \sum_{i=1}^{12} x_i y_i - n\bar{x}\cdot\bar{y} = 134,$$

$$l_{yy} = \sum_{i=1}^{12} y_i^2 - n\bar{y}^2 = 118,$$

代入式（5.7），得

$$\begin{cases} \hat{\beta}_0 \approx -77.99, \\ \hat{\beta}_1 \approx 0.82. \end{cases}$$

所以，回归方程为

$$\hat{y} = -77.99 + 0.82x.$$

5.2.3　线性回归效果的显著性检验

由式（5.7），不管 Y 与 x 之间是否存在线性相关关系，只要给定一组不完全相同的数据 $(x_1, y_1), (x_2, y_2), \cdots, (x_n, y_n)$，就能得到一条回归直线. 显然，如果 Y 与 x 之间不存在线性相关关系，那么寻求回归直线就失去了实际意义. 因此，在求 Y 对 x 的线性回归之前，必须判断 Y 与 x 的关系是否满足一元线性回归模型. 从理论上讲，这要求检验：

（1）当 x 取任一固定值时，Y 都服从正态分布，而且方差相同；

（2）当 x 在某一范围内取值时，$E(Y)$ 是 x 的线性函数；

（3）当 x 取各个不同值时，对应的 Y 是相互独立的.

但是要检验这三条，不仅需要进行大量的试验，而且要进行大量的计算，实际中很难做到.

在处理具体问题时，判断 Y 与 x 的关系是否满足一元线性回归模型，专业知识是很重要的. 在数学上，作出散点图是一种粗略判断. 下面介绍根据试验数据 $(x_1, y_1), (x_2, y_2), \cdots, (x_n, y_n)$ 进行统计检验的一般做法.

由线性回归模型可知，$|\beta_1|$越大，Y随着x的变化而变化的趋势就越明显；$|\beta_1|$越小，Y随着x的变化而变化的趋势就越不明显. 特别地，当$\beta_1=0$时，认为Y与x之间不存在线性相关关系. 这样，判断Y与x的关系是否满足一元线性回归模型的问题就转化为在显著性水平α下，检验假设

$$H_0:\beta_1=0;\quad H_1:\beta_1\neq 0.$$

若拒绝H_0，则认为Y与x之间存在线性相关关系，所求的线性回归方程有意义；若接受H_0，则认为Y与x的关系不能用一元线性回归模型来表示，所求的线性回归方程无意义，此时可能有如下几种情况：

（1）x对Y没有显著影响，此时应该丢掉自变量x；

（2）x对Y有显著影响，但这种影响不能用线性相关关系来表示，应该进行非线性回归；

（3）除x外，还有其他不可忽略的变量对Y也有显著影响，从而削弱了x对Y的影响，此时应该考虑用多元线性回归.

因此，在接受H_0的同时，需要进一步查明原因并分别处理. 但查明原因并非易事，此时对该问题的专业知识的了解往往起着重要的作用.

下面介绍三种常用的检验方法，它们在本质上是相同的.

（1）t检验法

利用性质 5.2.5 和性质 5.2.6，得到

$$\hat{\beta}_1\sim N\left(\beta_1,\frac{1}{l_{xx}}\sigma^2\right),\ \frac{n\hat{\sigma}^2}{\sigma^2}\sim\chi^2(n-2),$$

且二者相互独立，由t分布的定义知

$$t=\frac{\dfrac{\hat{\beta}_1-\beta_1}{\sigma/\sqrt{l_{xx}}}}{\sqrt{\dfrac{n\hat{\sigma}^2/\sigma^2}{n-2}}}=\frac{(\hat{\beta}_1-\beta_1)\sqrt{l_{xx}}}{\sqrt{\hat{\sigma}^2}}\sqrt{\frac{n-2}{n}}\sim t(n-2),$$

于是当原假设$H_0:\beta_1=0$为真时，有

$$t=\frac{\hat{\beta}_1\sqrt{l_{xx}}}{\sqrt{\hat{\sigma}^2}}\sqrt{\frac{n-2}{n}}\sim t(n-2),$$

对于给定的显著性水平α，当$|t|>t_{\alpha/2}(n-2)$时，拒绝$H_0:\beta_1=0$，认为线性回归效果显著，即Y与x之间存在显著的线性相关关系；当$|t|\leq t_{\alpha/2}(n-2)$时，接受$H_0:\beta_1=0$，认为线性回归效果不显著，即$Y$与$x$之间不存在显著的线性相关关系.

（2）F检验法

考虑平方和分解

$$\begin{aligned}S_{\mathrm{T}}&=\sum_{i=1}^{n}(y_i-\bar{y})^2=\sum_{i=1}^{n}[(y_i-\hat{y}_i)-(\hat{y}_i-\bar{y})]^2\\&=\sum_{i=1}^{n}(y_i-\hat{y}_i)^2+\sum_{i=1}^{n}(\hat{y}_i-\bar{y})^2+2\sum_{i=1}^{n}(y_i-\hat{y}_i)(\hat{y}_i-\bar{y}),\end{aligned}$$

而其中的交叉项

$$\sum_{i=1}^{n}(y_i-\hat{y}_i)(\hat{y}_i-\overline{y})=\sum_{i=1}^{n}(y_i-\hat{\beta}_0-\hat{\beta}_1x_i)(\hat{\beta}_0+\hat{\beta}_1x_i-\overline{y})$$

$$=(\hat{\beta}_0-\overline{y})\sum_{i=1}^{n}(y_i-\hat{\beta}_0-\hat{\beta}_1x_i)+\hat{\beta}_1\sum_{i=1}^{n}(y_i-\hat{\beta}_0-\hat{\beta}_1x_i)x_i$$

$$=0,$$

于是，

$$S_{\mathrm{T}}=\sum_{i=1}^{n}(y_i-\hat{y}_i)^2+\sum_{i=1}^{n}(\hat{y}_i-\overline{y})^2 .$$

记$\sum_{i=1}^{n}(y_i-\hat{y}_i)^2=S_{\mathrm{e}}$，$\sum_{i=1}^{n}(\hat{y}_i-\overline{y})^2=S_{\mathrm{R}}$，则

$$S_{\mathrm{T}}=S_{\mathrm{e}}+S_{\mathrm{R}} .$$

下面对S_{T}、S_{e}、S_{R}的含义进行说明.

S_{T}称为总偏差（离差）平方和，表示$y_1,y_2,\cdots,y_n$与它们的平均值$\overline{y}$的偏差平方和，S_{T}越大，表明n个观测值$y_1,y_2,\cdots,y_n$的数值波动越大，即y_i之间越分散，反之，S_{T}越小，表明$y_1,y_2,\cdots,y_n$的数值波动越小，即y_i之间越接近.

$S_{\mathrm{e}}=\sum_{i=1}^{n}(y_i-\hat{y}_i)^2=n\hat{\sigma}^2$称为残差平方和，反映了由$x$之外的未加控制的因素引起的波动，即随机因素引起的波动.

$S_{\mathrm{R}}=\sum_{i=1}^{n}(\hat{y}_i-\overline{y})^2$ 称为回归平方和，由于$\frac{1}{n}\sum_{i=1}^{n}\hat{y}_i=\frac{1}{n}\sum_{i=1}^{n}(\hat{\beta}_0+\hat{\beta}_1x_i)=\hat{\beta}_0+\hat{\beta}_1\overline{x}=\overline{y}$，即$\hat{y}_1,\hat{y}_2,\cdots,\hat{y}_n$的平均值也是$\overline{y}$，因此回归平方和$S_{\mathrm{R}}$表示$\hat{y}_1,\hat{y}_2,\cdots,\hat{y}_n$与它们的平均值$\overline{y}$的偏差平方和，反映了$\hat{y}_1,\hat{y}_2,\cdots,\hat{y}_n$的分散程度. 又

$$S_{\mathrm{R}}=\sum_{i=1}^{n}(\hat{y}_i-\overline{y})^2=\sum_{i=1}^{n}(\hat{\beta}_0+\hat{\beta}_1x_i-\overline{y})^2$$

$$=\sum_{i=1}^{n}(\overline{y}-\hat{\beta}_1\overline{x}+\hat{\beta}_1x_i-\overline{y})^2=\sum_{i=1}^{n}\hat{\beta}_1^2(x_i-\overline{x})^2$$

$$=\hat{\beta}_1^2 l_{xx} .$$

这表明S_{R}与回归直线斜率的平方成正比，反映了在回归方程确定后，$\hat{y}_1,\hat{y}_2,\cdots,\hat{y}_n$的分散性是由自变量$x_1,x_2,\cdots,x_n$的分散性引起的.

通常称$S_{\mathrm{T}}=S_{\mathrm{e}}+S_{\mathrm{R}}$为平方和分解公式，该公式表明，引起$y_1,y_2,\cdots,y_n$的分散性（$S_{\mathrm{T}}$）的原因可以分解成两部分，其中一部分是由于$x$对$Y$的线性相关关系而引起的$Y$的分散性（回归平方和$S_{\mathrm{R}}$），另一部分是随机因素引起的$Y$的分散性（残差平方和$S_{\mathrm{e}}$）.

当S_{T}给定时，S_{R}越大，S_{e}越小，x对Y的线性影响越显著；而S_{R}越小，S_{e}越大，x对Y的线性影响越不显著，因此，比值$\frac{S_{\mathrm{R}}}{S_{\mathrm{e}}}$反映了$x$对$Y$的线性影响的显著性.

由$S_{\mathrm{R}}=\hat{\beta}_1^2 l_{xx}$及性质5.2.5，当$H_0:\beta_1=0$为真时

$$\hat{\beta}_1\sim N\left(0,\frac{1}{l_{xx}}\sigma^2\right),$$

因此

$$\frac{S_{\mathrm{R}}}{\sigma^2} \sim \chi^2(1) .$$

利用性质 5.2.6 及 $S_{\mathrm{e}} = \sum_{i=1}^{n}(Y_i - \hat{y}_i)^2 = n\hat{\sigma}^2$，得

$$\frac{S_{\mathrm{e}}}{\sigma^2} \sim \chi^2(n-2) ,$$

且 $\frac{S_{\mathrm{R}}}{\sigma^2}$ 与 $\frac{S_{\mathrm{e}}}{\sigma^2}$ 相互独立，因此，当 $H_0:\beta_1 = 0$ 为真时

$$F = \frac{S_{\mathrm{R}}}{S_{\mathrm{e}}/(n-2)} \sim F(1,n-2) .$$

对于给定的显著性水平 α，当 $F > F_\alpha(1,n-2)$ 时，拒绝 $H_0:\beta_1 = 0$，认为线性回归效果显著，即 Y 与 x 之间存在显著的线性相关关系；当 $F \le F_\alpha(1,n-2)$ 时，接受 $H_0:\beta_1 = 0$，认为线性回归效果不显著，即 Y 与 x 之间不存在显著的线性相关关系.

上述分析方法称为方差分析法，在第 6 章中会进行详细介绍.

（3）r 检验法

由于一元线性回归模型讨论的是变量 x 与变量 Y 之间的线性关系，因此也可以用变量 x 与变量 Y 之间的相关系数

$$r = \frac{\sum_{i=1}^{n}(x_i - \overline{x})(Y_i - \overline{Y})}{\sqrt{\sum_{i=1}^{n}(x_i - \overline{x})^2 \sum_{i=1}^{n}(Y_i - \overline{Y})^2}}$$

来检验回归方程的显著性.

设 $(x_1, y_1),(x_2, y_2),\cdots,(x_n, y_n)$ 是 (x,Y) 的 n 组样本观测值，r 的观测值仍然用 r 表示，则

$$r = \frac{\sum_{i=1}^{n}(x_i - \overline{x})(y_i - \overline{y})}{\sqrt{\sum_{i=1}^{n}(x_i - \overline{x})^2 \sum_{i=1}^{n}(y_i - \overline{y})^2}} = \frac{l_{xy}}{\sqrt{l_{xx}l_{yy}}} = \hat{\beta}_1\sqrt{\frac{l_{xx}}{l_{yy}}} .$$

于是

$$r^2 = \hat{\beta}_1^2 \frac{l_{xx}}{l_{yy}} = \frac{S_{\mathrm{R}}}{S_{\mathrm{T}}} = 1 - \frac{S_{\mathrm{e}}}{S_{\mathrm{T}}} ,$$

于是得到

$$S_{\mathrm{R}} = r^2 l_{yy},\ S_{\mathrm{e}} = l_{yy} - S_{\mathrm{R}} = l_{yy}(1-r^2),\quad |r| \le 1.$$

下面对 r 的不同取值进行解释.

（1）当 $r = 0$，即 $\hat{\beta}_1 = 0$ 时，此时回归直线平行于 x 轴，说明 x 与 Y 之间不存在线性相关关系.

（2）$0 < |r| < 1$ 为大多数情形，此时 x 与 Y 之间存在一定的线性相关关系；当 $r > 0$，即 $\hat{\beta}_1 > 0$ 时，散点图上点的纵坐标呈递增趋势，称 x 与 Y 正相关；当 $r < 0$，即 $\hat{\beta}_1 < 0$ 时，散点图上点的纵坐标呈递减趋势，称 x 与 Y 负相关.

（3）$|r|$越接近1，散点图上的点越靠近回归直线，即x与Y之间的线性相关关系越密切；当$|r|=1$时，有$S_e=0$及$S_R=S_T$，表明x与Y之间存在确定的线性关系，称x与Y之间完全相关. $r=1$，称x与Y之间完全正相关；$r=-1$，称x与Y之间完全负相关.

综上所述，当S_T固定时，$|r|$越大，说明S_R越大，S_e越小，从而说明x与Y之间的线性相关程度越强；$|r|$越小，说明S_R越小，S_e越大，从而说明x与Y之间的线性相关程度越弱，对于给定的显著性水平α，有相关系数的临界值表（附录G），可用其检验x与Y之间的线性相关关系，此检验法称为r检验法，检验法则如下.

当$|r|>r_\alpha$时，拒绝$H_0:\beta_1=0$，认为线性回归效果显著；

当$|r|\le r_\alpha$时，接受$H_0:\beta_1=0$，认为线性回归效果不显著.

【例 5.2.2】 在显著性水平$\alpha=0.05$下，试用上述 3 种检验方法检验例 5.2.1 中回归方程的显著性.

解 依题意，要检验的假设是

$$H_0:\beta_1=0;\quad H_1:\beta_1\neq 0.$$

（1）t检验法

检验统计量为

$$t=\frac{\hat{\beta}_1\sqrt{l_{xx}}}{\sqrt{\hat{\sigma}^2}}\sqrt{\frac{n-2}{n}}\sim t(n-2),$$

由式（5.8）知$\hat{\sigma}^2=\frac{1}{n}\left(l_{yy}-\frac{l_{xy}^2}{l_{xx}}\right)=0.65$，因此，计算检验统计量的观测值得

$$t=11.85.$$

给定显著性水平$\alpha=0.05$，查附录 C 得$t_{0.025}(10)=2.2281$，由于$11.85>2.2281$，因此拒绝$H_0:\beta_1=0$，即认为线性回归效果显著.

（2）F检验法

检验统计量为

$$F=\frac{S_R}{S_e/(n-2)}\sim F(1,n-2),$$

由于$S_R=\hat{\beta}_1^2 l_{xx}=110.16$，$S_e=n\hat{\sigma}^2=7.84$，因此统计量的观测值为

$$F=140.51.$$

给定显著性水平$\alpha=0.05$，查附录 D 得$F_{0.05}(1,10)=4.96$，由于$140.51>4.96$，因此拒绝$H_0:\beta_1=0$，即认为线性回归效果显著.

（3）r检验法

检验统计量为

$$r=\hat{\beta}_1\sqrt{\frac{l_{xx}}{l_{yy}}},$$

计算得

$$|r|=0.97.$$

给定显著性水平$\alpha=0.05$，查附录G得，$r_{0.05}=0.5760$，由于$0.97>0.5760$，因此拒绝$H_0:\beta_1=0$，即认为线性回归效果显著.

通过例题发现，以上三种检验方法得到的结论一致，这不是一种特殊现象，事实上，对于一元线性回归模型，这三种检验之间存在一定的关系.

由第2章的性质2.4.8可知，若 $t \sim t(n-2)$，则

$$t^2(n) = F(1, n-2),$$

从而 t 检验与 F 检验是完全一致的

另外，r 检验与 F 检验也是一致的，事实上

$$F = \frac{S_{\mathrm{R}}}{S_{\mathrm{e}}/(n-2)} = \frac{r^2 S_{\mathrm{T}}}{(1-r^2)S_{\mathrm{T}}/(n-2)} = (n-2)\frac{r^2}{1-r^2},$$

由此得 $F > F_\alpha(1, n-2)$ 等价于 $(n-2)\dfrac{r^2}{1-r^2} > F_\alpha(1, n-2)$，即

$$|r| > \sqrt{\frac{1}{1+(n-2)/F_\alpha(1, n-2)}}.$$

上式的右端即为相关系数的临界值 r_α，因此 F 检验法与 r 检验法的拒绝域是一样的.

5.2.4 预测和控制

预测和控制是回归分析的重要应用. 若在回归方程的显著性检验中得到的结论是拒绝 $H_0: \beta_1 = 0$，则表明回归方程 $\hat{y} = \hat{\beta}_0 + \hat{\beta}_1 x$ 确实能够刻画 x 与 Y 之间的相关关系，下一步就是如何利用回归方程 $\hat{y} = \hat{\beta}_0 + \hat{\beta}_1 x$ 进行预测和控制了.

预测就是对给定的 x 值（$x = x_0$）预测它所对应的 Y_0 的估计值及它的取值范围；而控制就是当 Y 在某一范围 $[y_1, y_2]$ 内取值时，如何控制 x 的取值范围.

首先讨论预测问题. 预测分两种情况：点预测和区间预测.

（1）点预测. 假定在 $x = x_0$ 处，理论回归方程 $y = \beta_0 + \beta_1 x + \varepsilon$ 成立，于是在 $x = x_0$ 处因变量 Y 的对应值 Y_0 满足

$$Y_0 = \beta_0 + \beta_1 x_0 + \varepsilon_0.$$

现在估计 Y_0.

预测中的估计问题与第3章中的参数估计不同，现在被估计的 Y_0 是一个随机变量. 点预测就是根据观测值 $(x_1, y_1), (x_2, y_2), \cdots, (x_n, y_n)$ 来预测当 x 取任意值 x_0 时对应的 Y_0 的取值，方法是用

$$\hat{y}_0 = \hat{\beta}_0 + \hat{\beta}_1 x_0$$

作为 $Y_0 = \beta_0 + \beta_1 x_0 + \varepsilon_0$ 的预测值，即 $\hat{Y}_0 = \hat{y}_0$. 也就是说，以 Y_0 的期望 $E(Y_0) = \beta_0 + \beta_1 x_0$ 的点估计 $\hat{y}_0 = \hat{\beta}_0 + \hat{\beta}_1 x_0$ 作为 Y_0 的点预测，这样做是合理的，因为

$$E(\hat{y}_0) = E(\hat{\beta}_0 + \hat{\beta}_1 x_0) = \beta_0 + \beta_1 x_0 = E(Y_0),$$

从此式可知这种预测是无偏的.

（2）区间预测. 区间预测就是求 Y_0 的区间估计，即求以一定的置信水平预测与 x_0 对应的 Y_0 的取值范围. 先证明一个定理.

定理 5.2.1 在一元线性回归模型中，假定当 $x = x_0$ 时，Y 的取值为 $Y_0 = \beta_0 + \beta_1 x_0 + \varepsilon_0$，$\varepsilon_0 \sim N(0, \sigma^2)$，则

$$\frac{Y_0-\hat{y}_0}{\hat{\sigma}\sqrt{1+\frac{1}{n}+\frac{(x_0-\overline{x})^2}{l_{xx}}}}\sqrt{\frac{n-2}{n}}\sim t(n-2).$$

证　由于

$$\hat{y}_0=\hat{\beta}_0+\hat{\beta}_1x_0=\overline{Y}+\hat{\beta}_1(x_0-\overline{x})=\sum_{i=1}^{n}\left(\frac{1}{n}+\frac{(x_i-\overline{x})(x_0-\overline{x})}{l_{xx}}\right)Y_i,$$

因此 $\hat{y}_0$ 是相互独立正态随机变量 $Y_1,Y_2,\cdots,Y_n$ 的线性组合，所以 $\hat{y}_0$ 也服从正态分布. 因为 $Y_0,Y_1,Y_2,\cdots,Y_n$ 是相互独立的正态随机变量，且 $\hat{y}_0$ 是 $Y_1,Y_2,\cdots,Y_n$ 的函数，所以 $Y_0-\hat{y}_0$ 也服从正态分布，且有

$$E(Y_0-\hat{y}_0)=E(Y_0)-E(\hat{y}_0)=E(Y_0)-E(Y_0)=0,$$

$$\begin{aligned}D(Y_0-\hat{y}_0)&=D(Y_0)+D(\hat{y}_0)=\sigma^2+D[\overline{Y}+\hat{\beta}_1(x_0-\overline{x})]\\&=\sigma^2+D(\overline{Y})+(x_0-\overline{x})^2D(\hat{\beta}_1)\\&=\sigma^2+\frac{1}{n}\sigma^2+\frac{(x_0-\overline{x})^2}{l_{xx}}\sigma^2\\&=\left[1+\frac{1}{n}+\frac{(x_0-\overline{x})^2}{l_{xx}}\right]\sigma^2.\end{aligned}$$

因此

$$Y_0-\hat{y}_0\sim N\left(0,\left[1+\frac{1}{n}+\frac{(x_0-\overline{x})^2}{l_{xx}}\right]\sigma^2\right).$$

由性质 5.2.6 可知 $\frac{n\hat{\sigma}^2}{\sigma^2}\sim\chi^2(n-2)$，且 $\hat{\sigma}^2$ 与 $\hat{\beta}_0$、$\hat{\beta}_1$ 相互独立，因此 $\hat{\sigma}^2$ 与 $\hat{y}_0$ 也相互独立，又因为 $\hat{\sigma}^2$ 是 $Y_1,Y_2,\cdots,Y_n$ 的函数，所以 $\hat{\sigma}^2$ 也与 Y_0 相互独立，于是，$\hat{\sigma}^2$ 与 $Y_0-\hat{y}_0$ 相互独立. 根据 t 分布的定义，可得到

$$\frac{Y_0-\hat{y}_0}{\hat{\sigma}\sqrt{1+\frac{1}{n}+\frac{(x_0-\overline{x})^2}{l_{xx}}}}\sqrt{\frac{n-2}{n}}\sim t(n-2).$$

根据定理 5.2.1 及 t 分布的分位数，对于给定的显著性水平 α $(0<\alpha<1)$，有

$$P\left\{\frac{|Y_0-\hat{y}_0|}{\hat{\sigma}\sqrt{1+\frac{1}{n}+\frac{(x_0-\overline{x})^2}{l_{xx}}}}\sqrt{\frac{n-2}{n}}<t_{\alpha/2}(n-2)\right\}=1-\alpha,$$

即

$$P\{\hat{y}_0-\delta(x_0)<Y_0<\hat{y}_0+\delta(x_0)\}=1-\alpha,$$

其中

$$\delta(x_0)=t_{\alpha/2}(n-2)\hat{\sigma}\sqrt{1+\frac{1}{n}+\frac{(x_0-\overline{x})^2}{l_{xx}}}\sqrt{\frac{n}{n-2}},$$

于是，Y_0 的置信水平为 $1-\alpha$ 的预测区间为

$$\left(\hat{y}_0 - t_{\alpha/2}(n-2)\hat{\sigma}\sqrt{1+\frac{1}{n}+\frac{(x_0-\overline{x})^2}{l_{xx}}}\sqrt{\frac{n}{n-2}}, \hat{y}_0 + t_{\alpha/2}(n-2)\hat{\sigma}\sqrt{1+\frac{1}{n}+\frac{(x_0-\overline{x})^2}{l_{xx}}}\sqrt{\frac{n}{n-2}}\right). \quad (5.9)$$

由式（5.9）可知，这个预测区间是区间长度为 $2t_{\alpha/2}(n-2)\hat{\sigma}\sqrt{1+\frac{1}{n}+\frac{(x_0-\overline{x})^2}{l_{xx}}}\sqrt{\frac{n}{n-2}}$ 的以点预测 $\hat{y}_0 = \hat{\beta}_0 + \hat{\beta}_1 x_0$ 为中心的一个区间.

对于给定的样本观测值及 $1-\alpha$，l_{xx} 越大或 x_0 越靠近 $\overline{x}$，预测区间的长度越短，预测精度越高；否则，预测精度越低.

因 x_0 是任意给定的，故对任意的 x，它所对应的 $Y = \beta_0 + \beta_1 x + \varepsilon$ 的置信水平为 $1-\alpha$ 的预测区间为

$$\left(\hat{y} - \delta(x), \hat{y} + \delta(x)\right),$$

其中

$$\hat{y} = \hat{\beta}_0 + \hat{\beta}_1 x,$$

$$\delta(x) = t_{\alpha/2}(n-2)\hat{\sigma}\sqrt{1+\frac{1}{n}+\frac{(x-\overline{x})^2}{l_{xx}}}\sqrt{\frac{n}{n-2}}.$$

也就是说，夹在两条曲线

$$\hat{y}_*(x) = \hat{y} - \delta(x) = \hat{\beta}_0 + \hat{\beta}_1 x - \delta(x), \quad \hat{y}^*(x) = \hat{y} + \delta(x) = \hat{\beta}_0 + \hat{\beta}_1 x + \delta(x)$$

之间的部分是 $Y = \beta_0 + \beta_1 x + \varepsilon$ 的 $1-\alpha$ 预测带，回归直线 $\hat{y} = \hat{\beta}_0 + \hat{\beta}_1 x$ 夹在这个喇叭形的预测带之间（如图 5.3 所示）. 这个预测带以概率 $1-\alpha$ 包含 Y 的值.

当 x 离 $\overline{x}$ 不太远且 n 较大时，$t_{\alpha/2}(n-2) \approx u_{\alpha/2}$，而 $\sqrt{1+\frac{1}{n}+\frac{(x_0-\overline{x})^2}{l_{xx}}} \approx 1$，于是 Y 的 $1-\alpha$ 的预测区间近似为

$$\left(\hat{y} - u_{\alpha/2}\hat{\sigma}\sqrt{\frac{n}{n-2}}, \hat{y} + u_{\alpha/2}\hat{\sigma}\sqrt{\frac{n}{n-2}}\right).$$

这时的预测带为平行于回归直线的两条平行直线之间的部分（如图 5.4 所示），这种近似处理使得预测工作得到了很大的简化. 特别地，在应用中，有时做如下的简单近似.

当 $\alpha = 0.05$ 时，$u_{\alpha/2} = u_{0.025} = 1.96 \approx 2$，当 $\alpha = 0.01$ 时，$u_{\alpha/2} = u_{0.005} = 2.58 \approx 3$，所以 Y 的置信水平为 0.95 的预测区间和置信水平为 0.99 的预测区间分别近似为

$$\left(\hat{y} - 2\hat{\sigma}\sqrt{\frac{n}{n-2}}, \hat{y} + 2\hat{\sigma}\sqrt{\frac{n}{n-2}}\right) \quad 与 \quad \left(\hat{y} - 3\hat{\sigma}\sqrt{\frac{n}{n-2}}, \hat{y} + 3\hat{\sigma}\sqrt{\frac{n}{n-2}}\right).$$

预测有内插法与外推法两种. 所谓内插法，就是所给的 $x_0 \in [x_{(1)}, x_{(n)}]$，其中 $x_{(1)} = \min\{x_1, x_2, \cdots, x_n\}$，$x_{(n)} = \max\{x_1, x_2, \cdots, x_n\}$. 这种方法能够保证预测精度，是经常采用的方法. 此外，出于解决实际问题的需要，有时所给的 $x_0 \notin [x_{(1)}, x_{(n)}]$，此时的预测称为外推法. 采用外推法可能存在两种危险：第一种是数学上的危险，x_0 离 $\overline{x}$ 越远，预测区间就越宽，由外推所造成的置信度就会降低；第二种是实际上的危险，Y 与 x 的线性相关关系可能只在一定范围内适用，超过这个范围，Y 与 x 的线性相关关系就可能转为非线性相关关系，此时不能用所得的线性回归方程进行外推.

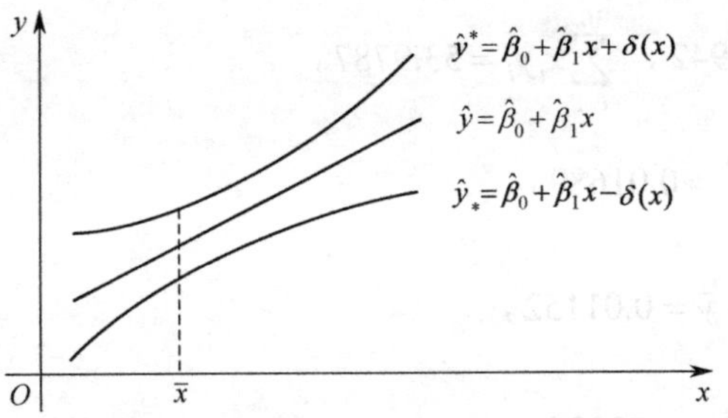

图 5.3　预测带

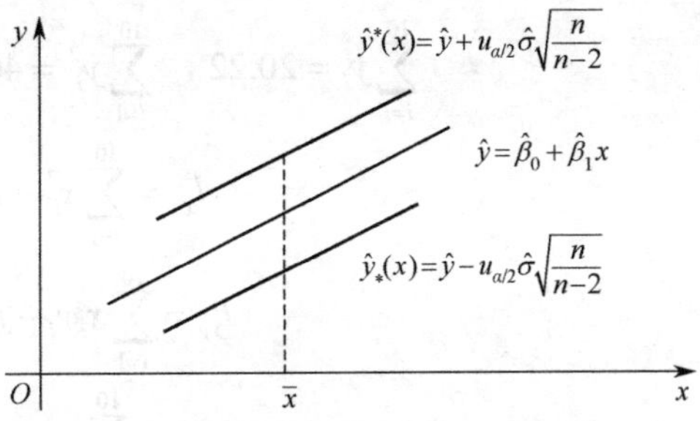

图 5.4　预测带与预测区间

【例 5.2.3】　在例 5.2.1 中取 $\alpha=0.05$，$x_0=160$，试求 y_0 的预测区间.

解　根据数据计算得

$$\hat{y}_0=\hat{\beta}_0+\hat{\beta}_1x_0=53.41,\quad \hat{\sigma}^2=0.65,\quad l_{xx}=163,$$

查表得 $t_{0.025}(10)=2.2281$，将所得数据代入式（5.9）中，得 y_0 的预测区间为

$$(53.41-2.05, 53.41+2.05)=(51.36, 55.46).$$

下面讨论控制问题. 控制问题相当于预测的反问题，控制问题是：若要使 $Y=\beta_0+\beta_1x+\varepsilon$ 的取值以不小于 $1-\alpha$ 的置信水平落在指定的区间 (y',y'') 内，自变量 x 应控制在什么范围，即求出自变量 x 的取值区间 (x',x'')，使得对应的随机变量 Y 以不小于 $1-\alpha$ 的置信水平落在 (y',y'') 内.

通常用近似的预测区间来确定 x 的近似控制域，令

$$\begin{cases}\hat{y}-u_{\alpha/2}\hat{\sigma}\sqrt{n/(n-2)}=\hat{\beta}_0+\hat{\beta}_1x-u_{\alpha/2}\hat{\sigma}\sqrt{n/(n-2)}\geq y',\\ \hat{y}+u_{\alpha/2}\hat{\sigma}\sqrt{n/(n-2)}=\hat{\beta}_0+\hat{\beta}_1x+u_{\alpha/2}\hat{\sigma}\sqrt{n/(n-2)}\leq y''.\end{cases}$$

当 $\hat{\beta}_1>0$ 时，得

$$\frac{y'-\hat{\beta}_0+u_{\alpha/2}\hat{\sigma}\sqrt{n/(n-2)}}{\hat{\beta}_1}\leq x\leq\frac{y''-\hat{\beta}_0-u_{\alpha/2}\hat{\sigma}\sqrt{n/(n-2)}}{\hat{\beta}_1},$$

当 $\hat{\beta}_1<0$ 时，得

$$\frac{y''-\hat{\beta}_0-u_{\alpha/2}\hat{\sigma}\sqrt{n/(n-2)}}{\hat{\beta}_1}\leq x\leq\frac{y'-\hat{\beta}_0+u_{\alpha/2}\hat{\sigma}\sqrt{n/(n-2)}}{\hat{\beta}_1}.$$

【例 5.2.4】　某研究获得的数据如表 5.2 所示：

（1）建立 y 关于 x 的回归方程，并求误差方差的估计 $\hat{\sigma}^2$.

（2）在显著性水平 $\alpha=0.05$ 下，用 t 检验法对 y 和 x 做线性假设显著性检验.

（3）当 $x=2.71$ 时，求 y 的置信水平为 0.95 的预测区间.

表 5.2　某研究获得的数据

x	2.75	2.70	2.69	2.68	2.68	2.67	2.66	2.64	2.63	2.59
y	2.08	2.05	2.05	2.00	2.03	2.03	2.02	1.99	1.99	1.98

解　（1）根据数据计算得

$$\sum_{i=1}^{10}x_i=26.69,\quad \sum_{i=1}^{10}x_i^2=71.2525,$$

$$\sum_{i=1}^{10} y_i = 20.22 , \quad \sum_{i=1}^{10} y_i^2 = 40.8942 , \quad \sum_{i=1}^{10} x_i y_i = 53.9787 ,$$

$$l_{xx} = \sum_{i=1}^{10} x_i^2 - n\overline{x}^2 = 0.01689 ,$$

$$l_{xy} = \sum_{i=1}^{10} x_i y_i - n\overline{x} \cdot \overline{y} = 0.01152 ,$$

$$l_{yy} = \sum_{i=1}^{10} y_i^2 - n\overline{y}^2 = 0.00936 ,$$

代入式（5.7），得

$$\begin{cases} \hat{\beta}_0 = 0.20, \\ \hat{\beta}_1 = 0.68. \end{cases}$$

所求回归方程为

$$\hat{y} = 0.20 + 0.68x .$$

由式（5.8）可得σ^2的估计为

$$\hat{\sigma}^2 = \frac{1}{n}\left(l_{yy} - \frac{l_{xy}^2}{l_{xx}} \right) = 0.00015 .$$

（2）采用t检验法，检验统计量为

$$t = \frac{\hat{\beta}_1 \sqrt{l_{xx}}}{\sqrt{\hat{\sigma}^2}} \sqrt{\frac{n-2}{n}} \sim t(n-2) ,$$

计算检验统计量的观测值，得

$$t = 6.47 .$$

查附录 C 得 $t_{0.025}(8) = 2.306$ ，由于 $6.47 > 2.306$ ，因此拒绝 $H_0 : \beta_1 = 0$ ，即认为线性回归效果显著.

（3）根据数据计算得

$$\hat{y}_0 = \hat{\beta}_0 + \hat{\beta}_1 x_0 = 2.04 , \quad \hat{\sigma}^2 = 0.00015 , \quad l_{xx} = 0.01689 ,$$

查附录 C 得 $t_{0.025}(8) = 2.306$ ，将所得数据代入 y_0 的预测区间［式（5.9）］得

$$(2.04 - 0.03 , 2.04 + 0.03) = (2.01 , 2.07) .$$

5.3 多元线性回归分析

一元线性回归是最简单的线性回归，模型仅含一个自变量，但在实际问题中，影响因变量的自变量往往不止一个，如家庭的消费水平与家庭收入、家庭人员数、年龄结构、消费习惯、地理位置等因素有关，此时需要考虑多个自变量的回归分析问题. 本节讨论最简单而又最具普遍性的多元线性回归分析问题. 多元线性回归分析的原理与一元线性回归分析的原理相同，但是其计算量大得多，手工计算不太现实且费时费力，建议使用相关的统计软件进行计算（参见参考文献[5]、[15]）.

5.3.1 多元线性回归模型

设随机变量 Y 与 k 个可控变量 $x_1, x_2, \cdots, x_k$ 满足关系式

$$\begin{cases} Y = \beta_0 + \beta_1 x_1 + \beta_2 x_2 + \cdots + \beta_k x_k + \varepsilon, \\ \varepsilon \sim N(0, \sigma^2), \end{cases} \tag{5.10}$$

式中，$\beta_0, \beta_1, \cdots, \beta_k$ 和 σ^2 均为未知参数，且 $k \geq 2$，则称 Y 与 $x_1, x_2, \cdots, x_k$ 之间有**线性相关关系**，称式（5.10）为 k **元正态线性回归模型**，简称为 k **元线性回归模型**或 k **元线性模型**. 可控变量 $x_1, x_2, \cdots, x_k$ 也称为**自变量**，是已知的确定性变量，$\beta_0, \beta_1, \beta_2, \cdots, \beta_k$ 称为**回归系数**，Y 是随机变量，称为**解释变量**或**因变量**.

$$y = E(Y) = \beta_0 + \beta_1 x_1 + \beta_2 x_2 + \cdots + \beta_k x_k,$$

称为 Y 对 $x_1, x_2, \cdots, x_k$ 的**理论回归函数**或**回归函数**.

由式（5.10）知，$Y \sim N(\beta_0 + \beta_1 x_1 + \beta_2 x_2 + \cdots + \beta_k x_k, \sigma^2)$，当 $x_1, x_2, \cdots, x_k$ 取不同的值时，可得到不同的正态变量. 设 $Y_1, Y_2, \cdots, Y_n$ 是当 $x_1, x_2, \cdots, x_k$ 取固定值［分别为 $x_{i1}, x_{i2}, \cdots, x_{ik} (i = 1, 2, \cdots, n)$］时，对 Y 做独立随机试验所得到的随机变量，当这 n 个固定值都不相同时，可假定得到

$$\begin{cases} Y_1 = \beta_0 + \beta_1 x_{11} + \beta_2 x_{12} + \cdots + \beta_k x_{1k} + \varepsilon_1, \\ Y_2 = \beta_0 + \beta_1 x_{21} + \beta_2 x_{22} + \cdots + \beta_k x_{2k} + \varepsilon_2, \\ \qquad \vdots \\ Y_n = \beta_0 + \beta_1 x_{n1} + \beta_2 x_{n2} + \cdots + \beta_k x_{nk} + \varepsilon_n, \\ \varepsilon_1, \varepsilon_2, \cdots, \varepsilon_n \text{独立同分布且} \varepsilon_i \sim N(0, \sigma^2). \end{cases} \tag{5.11}$$

式中，$\beta_0, \beta_1, \cdots, \beta_k$ 和 σ^2 均为未知参数，则式（5.11）也称为 k **元正态线性回归模型**，简称为 k **元线性回归模型**或 k **元线性模型**. $Y_1, Y_2, \cdots, Y_n$ 称为取自 Y 的容量为 n 的独立样本.

$$x_{i1}, x_{i2}, \cdots, x_{ik}; y_i \quad i = 1, 2, \cdots, n$$

称为 $Y_1, Y_2, \cdots, Y_n$ 的容量为 n 的样本值，其中 $y_i (i = 1, 2, \cdots, n)$ 为 $x_1, x_2, \cdots, x_k$ 取固定值 $x_{i1}, x_{i2}, \cdots, x_{ik}$ 时对 Y_i 进行一次试验所得到的观测值.

令

$$\boldsymbol{Y} = \begin{bmatrix} Y_1 \\ Y_2 \\ \vdots \\ Y_n \end{bmatrix} \quad \boldsymbol{X} = \begin{bmatrix} 1 & x_{11} & x_{12} & \cdots & x_{1k} \\ 1 & x_{21} & x_{22} & \cdots & x_{2k} \\ \vdots & \vdots & \vdots & \ddots & \vdots \\ 1 & x_{n1} & x_{n2} & \cdots & x_{nk} \end{bmatrix}_{n \times (k+1)} \quad \boldsymbol{\beta} = \begin{bmatrix} \beta_0 \\ \beta_1 \\ \vdots \\ \beta_k \end{bmatrix} \quad \boldsymbol{\varepsilon} = \begin{bmatrix} \varepsilon_1 \\ \varepsilon_2 \\ \vdots \\ \varepsilon_n \end{bmatrix},$$

则式（5.11）也可表示成如下的矩阵形式

$$\begin{cases} \boldsymbol{Y} = \boldsymbol{X\beta} + \boldsymbol{\varepsilon}, \\ \boldsymbol{\varepsilon} \sim N(0, \sigma^2 \boldsymbol{I}_n). \end{cases} \tag{5.12}$$

式中，$\boldsymbol{I}_n$ 是 n 阶单位矩阵. 矩阵 $\boldsymbol{X}$ 是 $n \times (k+1)$ 矩阵，称其为**设计矩阵**. 一般要求观测次数 n 大于需估计参数的个数，即 $n > k+1$，并且假定 $\boldsymbol{X}$ 是列满秩，即 $\text{rank}(\boldsymbol{X}) = k+1$. 在实际问题中，$\boldsymbol{X}$ 的元素是预先设定并可以控制的，人的主观因素可作用于其中，故称其为设计矩阵.

5.3.2 未知参数的估计

多元线性回归模型中的未知参数 $\beta_0, \beta_1, \cdots, \beta_k$ 和 σ^2 的估计与一元线性回归模型中参数估

计的原理一样，仍然可以采用最小二乘估计法和最大似然估计法.

首先用最小二乘估计法来估计未知参数. 假定随机变量Y与k个自变量$x_1, x_2, \cdots, x_k$之间存在线性相关关系，即满足k元线性回归模型［式（5.10）］，所谓最小二乘估计法，就是根据n组样本观测值$(x_{i1}, x_{i2}, \cdots, x_{ik}; y_i)$（$i=1,2,\cdots,n$），求参数$\beta_0, \beta_1, \cdots, \beta_k$的估计值$\hat{\beta}_0, \hat{\beta}_1, \cdots, \hat{\beta}_k$，使得误差平方和

$$Q(\beta_0, \beta_1, \cdots, \beta_k) = \sum_{i=1}^{n}(y_i - \beta_0 - \beta_1 x_{i1} - \beta_2 x_{i1} - \cdots - \beta_k x_{ik})^2 ,$$

达到最小，即寻求$\hat{\beta}_0, \hat{\beta}_1, \cdots, \hat{\beta}_k$，使满足

$$\begin{aligned} Q(\hat{\beta}_0, \hat{\beta}_1, \cdots, \hat{\beta}_k) &= \sum_{i=1}^{n}(y_i - \hat{\beta}_0 - \hat{\beta}_1 x_{i1} - \hat{\beta}_2 x_{i2} - \cdots - \hat{\beta}_k x_{ik})^2 \\ &= \min_{\beta_0, \beta_1, \cdots, \beta_k} \sum_{i=1}^{n}(y_i - \beta_0 - \beta_1 x_{i1} - \beta_2 x_{i2} - \cdots - \beta_k x_{ik})^2 . \end{aligned}$$

依照此式求出的$\hat{\beta}_0, \hat{\beta}_1, \cdots, \hat{\beta}_k$称为参数$\beta_0, \beta_1, \cdots, \beta_k$的最小二乘估计.

由于Q是关于$\beta_0, \beta_1, \cdots, \beta_k$的非负二次函数，因此它的最小值总存在，根据微积分学中求极值的原理，$\hat{\beta}_0, \hat{\beta}_1, \cdots, \hat{\beta}_k$应满足下列方程组

$$\begin{cases} \dfrac{\partial Q}{\partial \beta_0} = -2\sum\limits_{i=1}^{n}(y_i - \beta_0 - \beta_1 x_{i1} - \beta_2 x_{i2} - \cdots - \beta_k x_{ik}) = 0, \\ \dfrac{\partial Q}{\partial \beta_1} = -2\sum\limits_{i=1}^{n}(y_i - \beta_0 - \beta_1 x_{i1} - \beta_2 x_{i2} - \cdots - \beta_k x_{ik})x_{i1} = 0, \\ \dfrac{\partial Q}{\partial \beta_2} = -2\sum\limits_{i=1}^{n}(y_i - \beta_0 - \beta_1 x_{i1} - \beta_2 x_{i2} - \cdots - \beta_k x_{ik})x_{i2} = 0, \\ \qquad \vdots \\ \dfrac{\partial Q}{\partial \beta_k} = -2\sum\limits_{i=1}^{n}(y_i - \beta_0 - \beta_1 x_{i1} - \beta_2 x_{i2} - \cdots - \beta_k x_{ik})x_{ik} = 0. \end{cases}$$

经过整理得到如下的正规方程组

$$\begin{cases} n\beta_0 + \beta_1 \sum\limits_{i=1}^{n} x_{i1} + \beta_2 \sum\limits_{i=1}^{n} x_{i2} + \cdots + \beta_k \sum\limits_{i=1}^{n} x_{ik} = \sum\limits_{i=1}^{n} y_i, \\ \beta_0 \sum\limits_{i=1}^{n} x_{i1} + \beta_1 \sum\limits_{i=1}^{n} x_{i1}^2 + \beta_2 \sum\limits_{i=1}^{n} x_{i1}x_{i2} + \cdots + \beta_k \sum\limits_{i=1}^{n} x_{i1}x_{ik} = \sum\limits_{i=1}^{n} x_{i1} y_i, \\ \beta_0 \sum\limits_{i=1}^{n} x_{i2} + \beta_1 \sum\limits_{i=1}^{n} x_{i1}x_{i2} + \beta_2 \sum\limits_{i=1}^{n} x_{i2}^2 + \cdots + \beta_k \sum\limits_{i=1}^{n} x_{i2}x_{ik} = \sum\limits_{i=1}^{n} x_{i2} y_i, \\ \qquad \vdots \\ \beta_0 \sum\limits_{i=1}^{n} x_{ik} + \beta_1 \sum\limits_{i=1}^{n} x_{i1}x_{ik} + \beta_2 \sum\limits_{i=1}^{n} x_{i2}x_{ik} + \cdots + \beta_k \sum\limits_{i=1}^{n} x_{ik}^2 = \sum\limits_{i=1}^{n} x_{ik} y_i. \end{cases}$$

正规方程组的解$\hat{\beta}_0, \hat{\beta}_1, \cdots, \hat{\beta}_k$就是$\beta_0, \beta_1, \cdots, \beta_k$的最小二乘估计.

下面将正规方程组用矩阵形式表示

$$\boldsymbol{X}^{\mathrm{T}}\boldsymbol{X}=\begin{bmatrix} n & \sum_{i=1}^{n}x_{i1} & \sum_{i=1}^{n}x_{i2} & \cdots & \sum_{i=1}^{n}x_{ik} \\ \sum_{i=1}^{n}x_{i1} & \sum_{i=1}^{n}x_{i1}^2 & \sum_{i=1}^{n}x_{i1}x_{i2} & \cdots & \sum_{i=1}^{n}x_{i1}x_{ik} \\ \vdots & \vdots & \vdots & \ddots & \vdots \\ \sum_{i=1}^{n}x_{ik} & \sum_{i=1}^{n}x_{ik}x_{i1} & \sum_{i=1}^{n}x_{ik}x_{i2} & \cdots & \sum_{i=1}^{n}x_{ik}^2 \end{bmatrix},$$

$$\boldsymbol{X}^{\mathrm{T}}\boldsymbol{Y}=\begin{bmatrix} 1 & 1 & 1 & \cdots & 1 \\ x_{11} & x_{21} & x_{31} & \cdots & x_{n1} \\ \vdots & \vdots & \vdots & \ddots & \vdots \\ x_{1k} & x_{2k} & x_{3k} & \cdots & x_{nk} \end{bmatrix}\begin{bmatrix} y_1 \\ y_2 \\ \vdots \\ y_n \end{bmatrix}=\begin{bmatrix} \sum_{i=1}^{n}y_i \\ \sum_{i=1}^{n}x_{i1}y_i \\ \vdots \\ \sum_{i=1}^{n}x_{ik}y_i \end{bmatrix},$$

因此，正规方程组可用矩阵表示为

$$\boldsymbol{X}^{\mathrm{T}}\boldsymbol{X}\boldsymbol{\beta}=\boldsymbol{X}^{\mathrm{T}}\boldsymbol{Y}.$$

由于 $\mathrm{rank}(\boldsymbol{X})=k+1$，因此 $\boldsymbol{X}^{\mathrm{T}}\boldsymbol{X}$ 的逆矩阵 $(\boldsymbol{X}^{\mathrm{T}}\boldsymbol{X})^{-1}$ 存在，由此得 $\beta_0,\beta_1,\cdots,\beta_k$ 的唯一解为

$$\hat{\boldsymbol{\beta}}=(\boldsymbol{X}^{\mathrm{T}}\boldsymbol{X})^{-1}\boldsymbol{X}^{\mathrm{T}}\boldsymbol{Y}. \tag{5.13}$$

可以证明式（5.13）所确定的 $\hat{\boldsymbol{\beta}}$ 确实是 $Q(\beta_0,\beta_1,\cdots,\beta_k)$ 的最小值点，因此 $\hat{\boldsymbol{\beta}}$ 是 $\boldsymbol{\beta}$ 的最小二乘估计. 称 $\hat{y}=\hat{\beta}_0+\hat{\beta}_1x_1+\cdots+\hat{\beta}_kx_k$ 为回归方程.

下面讨论用最大似然估计法来估计参数. 多元线性回归系数的最大似然估计与一元线性回归系数的最大似然估计的求解思路一样，由多元线性回归模型［式(5.12)］知，$\boldsymbol{Y}\sim N(\boldsymbol{X\beta},\sigma^2\boldsymbol{I}_n)$.

似然函数为

$$L(\beta_0,\beta_1,\cdots,\beta_k,\sigma^2)=\left(\frac{1}{2\pi\sigma^2}\right)^{n/2}\exp\left\{-\frac{1}{2\sigma^2}(\boldsymbol{Y}-\boldsymbol{X\beta})^{\mathrm{T}}(\boldsymbol{Y}-\boldsymbol{X\beta})\right\},$$

对数似然函数为

$$\ln L(\beta_0,\beta_1,\cdots,\beta_k,\sigma^2)=-\frac{n}{2}\ln(2\pi)-\frac{n}{2}\ln(\sigma^2)-\frac{1}{2\sigma^2}(\boldsymbol{Y}-\boldsymbol{X\beta})^{\mathrm{T}}(\boldsymbol{Y}-\boldsymbol{X\beta}),$$

只有最后一项含有参数 $\boldsymbol{\beta}=(\beta_0,\beta_1,\cdots,\beta_k)^{\mathrm{T}}$，使上式最大等价于使 $(\boldsymbol{Y}-\boldsymbol{X\beta})^{\mathrm{T}}(\boldsymbol{Y}-\boldsymbol{X\beta})$ 最小，这与最小二乘估计一样，因此 $\boldsymbol{\beta}=(\beta_0,\beta_1,\cdots,\beta_k)^{\mathrm{T}}$ 的最大似然估计与最小二乘估计完全相同，即

$$\hat{\boldsymbol{\beta}}=(\boldsymbol{X}^{\mathrm{T}}\boldsymbol{X})^{-1}\boldsymbol{X}^{\mathrm{T}}\boldsymbol{Y}.$$

误差方差 σ^2 的最大似然估计为

$$\hat{\sigma}^2=\frac{1}{n}(\boldsymbol{Y}-\hat{\boldsymbol{Y}})^{\mathrm{T}}(\boldsymbol{Y}-\hat{\boldsymbol{Y}}).$$

把求得的 $\hat{\beta}_0,\hat{\beta}_1,\cdots,\hat{\beta}_k,\hat{\sigma}^2$ 的表达式中包含的 y_i、$\bar{y}$ 分别换成 Y_i、$\bar{Y}(i=1,2,\cdots,n)$，便得到未知参数 $\beta_0,\beta_1,\cdots,\beta_k,\sigma^2$ 的估计量 $\hat{\beta}_0,\hat{\beta}_1,\cdots,\hat{\beta}_k,\hat{\sigma}^2$（与估计值的记号相同），多元线性回归系数的估计量有如下性质.

性质 5.3.1　估计量 $\hat{\boldsymbol{\beta}}$ 为随机变量 $\boldsymbol{Y}$ 的线性变换.

证　由于 $\hat{\boldsymbol{\beta}}=(\boldsymbol{X}^{\mathrm{T}}\boldsymbol{X})^{-1}\boldsymbol{X}^{\mathrm{T}}\boldsymbol{Y}$，而 $\boldsymbol{X}$ 是固定的设计矩阵，因此 $\hat{\boldsymbol{\beta}}$ 为随机变量 $\boldsymbol{Y}$ 的线性变换.

性质 5.3.2　估计量 $\hat{\boldsymbol{\beta}}$ 是 $\boldsymbol{\beta}$ 的无偏估计.

证　由于

$$\begin{aligned}E(\hat{\boldsymbol{\beta}})&=E[(\boldsymbol{X}^{\mathrm{T}}\boldsymbol{X})^{-1}\boldsymbol{X}^{\mathrm{T}}\boldsymbol{Y}]=(\boldsymbol{X}^{\mathrm{T}}\boldsymbol{X})^{-1}\boldsymbol{X}^{\mathrm{T}}E(\boldsymbol{Y})\\&=(\boldsymbol{X}^{t}\boldsymbol{X})^{-1}\boldsymbol{X}^{\mathrm{T}}E(\boldsymbol{X}\boldsymbol{\beta}+\boldsymbol{\varepsilon})=(\boldsymbol{X}^{\mathrm{T}}\boldsymbol{X})^{-1}\boldsymbol{X}^{\mathrm{T}}\boldsymbol{X}\boldsymbol{\beta}=\boldsymbol{\beta}.\end{aligned}$$

因此 $\hat{\boldsymbol{\beta}}$ 是 $\boldsymbol{\beta}$ 的无偏估计.

这两条性质与一元线性回归模型中估计 $\hat{\beta}_0$ 和 $\hat{\beta}_1$ 的线性性质与无偏性质完全相同.

性质 5.3.3　$D(\hat{\boldsymbol{\beta}})=(\boldsymbol{X}^{\mathrm{T}}\boldsymbol{X})^{-1}\sigma^2$.

证

$$\begin{aligned}D(\hat{\boldsymbol{\beta}})&=\mathrm{Cov}(\hat{\boldsymbol{\beta}},\hat{\boldsymbol{\beta}})=\mathrm{Cov}((\boldsymbol{X}^{\mathrm{T}}\boldsymbol{X})^{-1}\boldsymbol{X}^{\mathrm{T}}\boldsymbol{Y},(\boldsymbol{X}^{\mathrm{T}}\boldsymbol{X})^{-1}\boldsymbol{X}^{\mathrm{T}}\boldsymbol{Y})\\&=(\boldsymbol{X}^{\mathrm{T}}\boldsymbol{X})^{-1}\boldsymbol{X}^{\mathrm{T}}\mathrm{Cov}(\boldsymbol{Y},\boldsymbol{Y})\boldsymbol{X}(\boldsymbol{X}^{\mathrm{T}}\boldsymbol{X})^{-1}\\&=(\boldsymbol{X}^{\mathrm{T}}\boldsymbol{X})^{-1}\boldsymbol{X}^{\mathrm{T}}\sigma^2\boldsymbol{X}(\boldsymbol{X}^{\mathrm{T}}\boldsymbol{X})^{-1}\\&=(\boldsymbol{X}^{\mathrm{T}}\boldsymbol{X})^{-1}\sigma^2.\end{aligned}$$

性质 5.3.4　$\hat{\boldsymbol{\beta}}\sim N(\boldsymbol{\beta},(\boldsymbol{X}^{\mathrm{T}}\boldsymbol{X})^{-1}\sigma^2)$，$\hat{\beta}_i\sim N(\beta_i,c_{ii}\sigma^2)$，其中 $c_{ii}(i=1,2,\cdots,k)$ 是矩阵 $(\boldsymbol{X}^{\mathrm{T}}\boldsymbol{X})^{-1}$ 的对角线上的第 $i+1$ 个元素.

证　参见参考文献[11].

性质 5.3.5　$\dfrac{n\hat{\sigma}^2}{\sigma^2}\sim\chi^2(n-k-1)$，且 $\hat{\sigma}^2$ 与 $\hat{\boldsymbol{\beta}}=(\hat{\beta}_0,\hat{\beta}_1,\cdots,\hat{\beta}_k)^{\mathrm{T}}$ 相互独立.

证　参见参考文献[11].

5.3.3　多元线性回归的显著性检验

多元线性回归不仅需要对整个自变量 $x_1,x_2,\cdots,x_k$ 与 Y 之间是否有密切的线性相关关系进行检验，即线性回归模型的显著性进行检验，而且必须检验每个变量 $x_i(i=1,2,\cdots,k)$ 对 Y 的影响是否显著. 因为即使 $x_1,x_2,\cdots,x_k$ 与 Y 之间有着密切的线性关系，也不意味着每个变量 $x_i(i=1,2,\cdots,k)$ 对 Y 都有显著的影响，所以，还需对回归系数进行显著性检验. 对那些影响不显著的自变量，应从模型中将其逐个剔除，重新建立只包含对 Y 有显著影响的自变量的回归方程.

首先讨论线性回归模型的显著性检验.

与一元线性回归分析类似，在求回归方程之前必须先解决 Y 与 k 个自变量 $x_1,x_2,\cdots,x_k$ 之间是否存在线性相关关系的问题，即检验它们是否满足模型［式（5.10)］，这个问题可以归结为自变量 $x_1,x_2,\cdots,x_k$ 从整体上对随机变量 Y 是否有明显的线性影响，也就是检验 k 个回归系数 $\beta_1,\beta_2,\cdots,\beta_k$ 是否全为0. 若全为0，则认为线性关系不显著；若不全为0，则认为线性关系显著. 为此，考虑假设检验问题

$$H_0:\beta_1=\beta_2=\cdots=\beta_k=0,$$

现在通过平方和分解方法来检验假设 H_0.

考虑平方和分解

$$S_{\mathrm{T}}=\sum_{i=1}^{n}(y_i-\bar{y})^2=\sum_{i=1}^{n}(y_i-\hat{y}_i)^2+\sum_{i=1}^{n}(\hat{y}_i-\bar{y})^2=S_{\mathrm{e}}+S_{\mathrm{R}},$$

式中，$S_T=\sum_{i=1}^{n}(y_i-\overline{y})^2$ 称为总偏差平方和，它反映了数据 $y_1,y_2,\cdots,y_n$ 的波动性，即这些数据的分散程度. $S_e=\sum_{i=1}^{n}(y_i-\hat{y}_i)^2$ 称为残差平方和，它表示除 $x_1,x_2,\cdots,x_k$ 对 Y 的影响外的剩余因素对 $y_1,y_2,\cdots,y_n$ 分散程度的作用. $S_R=\sum_{i=1}^{n}(\hat{y}_i-\overline{y})^2$ 称为回归平方和，反映了 $\hat{y}_1,\hat{y}_2,\cdots,\hat{y}_n$ 的波动程度.

通过上述平方和分解式，把引起 $y_1,y_2,\cdots,y_n$ 之间波动程度的原因在数值上基本分开了. 与一元线性回归分析类似，可以考虑利用比值 S_R/S_e 来检验假设 H_0.

定理 5.3.1　在 k 元线性回归模型下，当 H_0 为真时，

$$\frac{S_R}{\sigma^2}\sim\chi^2(k),$$

且 S_R 与 S_e 相互独立.

证明　参见参考文献[11].

根据性质 5.3.5 及定理 5.3.1，构造 F 检验统计量

$$F=\frac{S_R/k}{S_e/(n-k-1)},$$

当 $H_0:\beta_1=\beta_2=\cdots=\beta_k=0$ 为真时，$F\sim F(k,n-k-1)$. 当 H_0 不成立时，F 有偏大的趋势.

于是，由样本值计算统计量 F 的观测值，对于给定的显著性水平 α，检验法则如下.

当 $F>F_\alpha(k,n-k-1)$ 时，拒绝 H_0，认为在显著性水平 α 下，Y 与 $x_1,x_2,\cdots,x_k$ 之间存在显著的线性相关关系；

当 $F\le F_\alpha(k,n-k-1)$ 时，接受 H_0，认为在显著性水平 α 下，Y 与 $x_1,x_2,\cdots,x_k$ 之间不存在显著的线性相关关系. 但不能认为这些自变量对因变量都没有显著的线性影响，因为可能这些自变量之间的相互影响会使得整个回归效果不显著.

下面讨论回归系数的显著性检验问题.

当 Y 与 $x_1,x_2,\cdots,x_k$ 之间存在显著的线性相关关系时，还必须检验每个变量 x_i $(i=1,2,\cdots,k)$ 的显著性. 如果 x_i 对 Y 的作用不显著，那么 β_i 应为零，也就是要对

$$H_{0i}:\beta_i=0\quad i=1,2,\cdots,k,$$

进行检验.

由性质 5.3.4 知，$\hat{\beta}_i\sim N(\beta_i,c_{ii}\sigma^2)$，其中 c_{ii}（$i=1,2,\cdots,k$）是矩阵 $(\boldsymbol{X}^{\mathrm{T}}\boldsymbol{X})^{-1}$ 的对角线上的第 $i+1$ 个元素，于是有

$$\frac{(\hat{\beta}_i-\beta_i)^2}{c_{ii}\sigma^2}\sim\chi^2(1),$$

由性质 5.3.5 知，$\dfrac{n\hat{\sigma}^2}{\sigma^2}\sim\chi^2(n-k-1)$，且 $\hat{\sigma}^2$ 与 $\hat{\beta}_i$ 相互独立. 根据 F 分布的定义，有

$$F_i=\frac{\dfrac{(\hat{\beta}_i-\beta_i)^2}{c_{ii}\sigma^2}}{\dfrac{n\hat{\sigma}^2}{\sigma^2}\Big/(n-k-1)}\sim F(1,n-k-1),$$

即

$$F_i = \frac{(n-k-1)(\hat{\beta}_i - \beta_i)^2}{nc_{ii}\hat{\sigma}^2} \sim F(1, n-k-1),$$

当 $H_{0i}: \beta_i = 0$ 为真时，有

$$F_i = \frac{(n-k-1)\hat{\beta}_i^2}{nc_{ii}\hat{\sigma}^2} \sim F(1, n-k-1),$$

当 H_{0i} 不成立时，F_i 有偏大的趋势.

于是，由样本值计算统计量 F_i 的观测值，对于给定的显著性水平 α，检验法则如下.

当 $F_i > F_\alpha(1, n-k-1)$ 时，拒绝 H_{0i}，认为在显著性水平 α 下，变量 x_i 对 Y 的线性影响显著；

当 $F_i \le F_\alpha(1, n-k-1)$ 时，接受 H_{0i}，认为在显著性水平 α 下，变量 x_i 对 Y 的线性影响不显著.

若存在不显著的变量，则取 F_i（$i=1,2,\cdots,k$）中的最小者，设 $F_j = \min\limits_{1\le i\le k} F_i$，从回归方程中剔除自变量 x_j，重新建立回归方程. 对于重新建立的回归方程，必须对余下的变量再次进行检验. 检验后若还存在不显著变量，则按上述方法再剔除一个变量，直到余下的变量全部显著为止. 在剔除不显著变量时每次只剔除一个不显著变量，是考虑了自变量之间的交互作用对 Y 的影响.

5.4 非线性回归分析

前面讨论了描述不确定关系中线性相关关系的线性回归模型，在实际问题中，变量之间的关系往往是比较复杂的非线性相关关系，对这类问题不能直接应用线性回归模型，但大部分可以通过适当的变量变换，将其转化为线性回归问题来研究.

下面列举一些常见的非线性回归模型及其线性化的方法.

（1）双曲线模型

$$\frac{1}{Y} = \beta_0 + \frac{\beta_1}{x} + \varepsilon, \quad \varepsilon \sim N(0, \sigma^2).$$

式中，β_0、β_1、σ^2 是与 x 无关的未知参数. 其回归函数为 $\frac{1}{y} = \beta_0 + \frac{\beta_1}{x}$，对应的图形如图 5.5 所示.

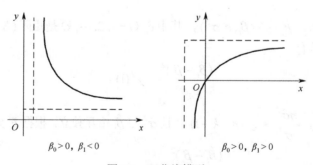

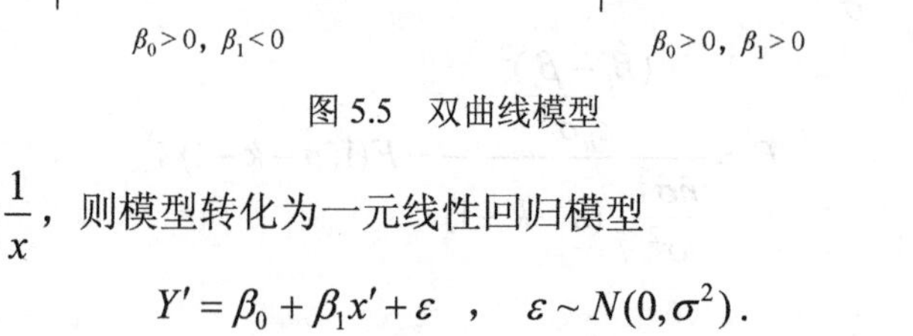

图 5.5 双曲线模型

令 $Y' = \frac{1}{Y}$，$x' = \frac{1}{x}$，则模型转化为一元线性回归模型

$$Y' = \beta_0 + \beta_1 x' + \varepsilon, \quad \varepsilon \sim N(0, \sigma^2).$$

（2）幂函数模型

$$Y=\alpha x^{\beta}\cdot\varepsilon,\quad \ln\varepsilon\sim N(0,\sigma^2).$$

式中，α、β、σ^2 是与 x 无关的未知参数. 其回归函数为 $y=\alpha x^{\beta}$，对应的图形如图 5.6 所示.

将 $Y=\alpha x^{\beta}\cdot\varepsilon$ 两边取对数，得

$$\ln Y=\ln\alpha+\beta\ln x+\ln\varepsilon.$$

令 $\ln Y=Y'$，$\ln\alpha=a$，$\beta=b$，$\ln x=x'$，$\ln\varepsilon=\varepsilon'$，则模型转化为一元线性回归模型

$$Y'=a+bx'+\varepsilon',\quad \varepsilon'\sim N(0,\sigma^2).$$

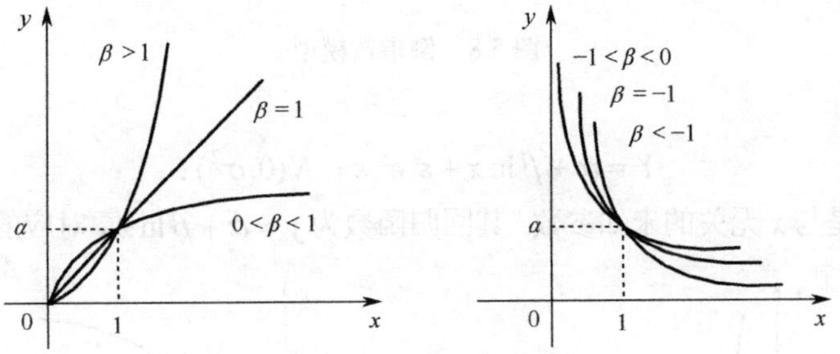

图 5.6 幂函数模型

（3）指数模型

$$Y=\alpha e^{\beta x}\cdot\varepsilon,\quad \ln\varepsilon\sim N(0,\sigma^2).$$

式中，α、β、σ^2 是与 x 无关的未知参数. 其回归函数为 $y=\alpha e^{\beta x}$，对应的图形如图 5.7 所示.

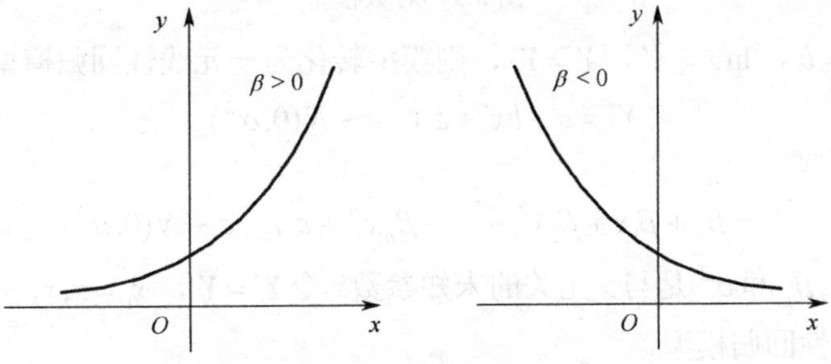

图 5.7 指数模型

将 $Y=\alpha e^{\beta x}\cdot\varepsilon$ 两边取对数，得

$$\ln Y=\ln\alpha+\beta x+\ln\varepsilon.$$

令 $\ln Y=Y'$，$\ln\alpha=a$，$\beta=b$，$x=x'$，$\ln\varepsilon=\varepsilon'$，则模型转化为一元线性回归模型

$$Y'=a+bx'+\varepsilon',\quad \varepsilon'\sim N(0,\sigma^2).$$

（4）倒指数模型

$$Y=\alpha e^{\beta/x}\cdot\varepsilon,\quad \ln\varepsilon\sim N(0,\sigma^2).$$

式中，α、β、σ^2 是与 x 无关的未知参数. 其回归函数为 $y=\alpha e^{\beta/x}$，对应的图形如图 5.8 所示.

将 $Y=\alpha e^{\beta/x}\cdot\varepsilon$ 两边取对数，得

$$\ln Y=\ln\alpha+\frac{\beta}{x}+\ln\varepsilon.$$

令 $\ln Y=Y'$，$\ln\alpha=a$，$\beta=b$，$\frac{1}{x}=x'$，$\ln\varepsilon=\varepsilon'$，则模型转化为一元线性回归模型

$$Y'=a+bx'+\varepsilon',\quad \varepsilon'\sim N(0,\sigma^2).$$

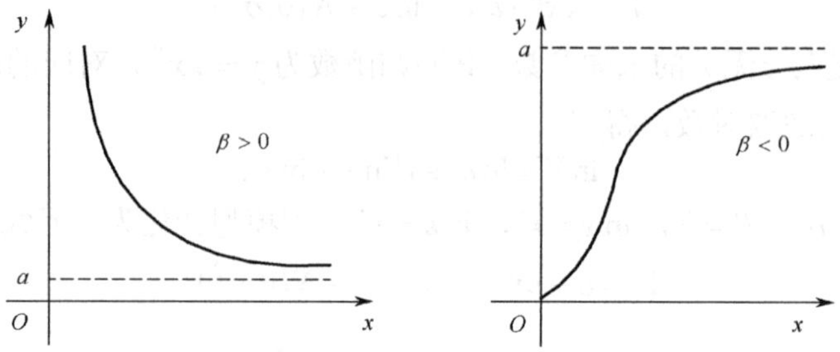

图 5.8 倒指数模型

（5）对数模型

$$Y=\alpha+\beta\ln x+\varepsilon,\quad \varepsilon\sim N(0,\sigma^2).$$

式中，α、β、σ^2 是与 x 无关的未知参数. 其回归函数为 $y=\alpha+\beta\ln x$，对应的图形如图 5.9 所示.

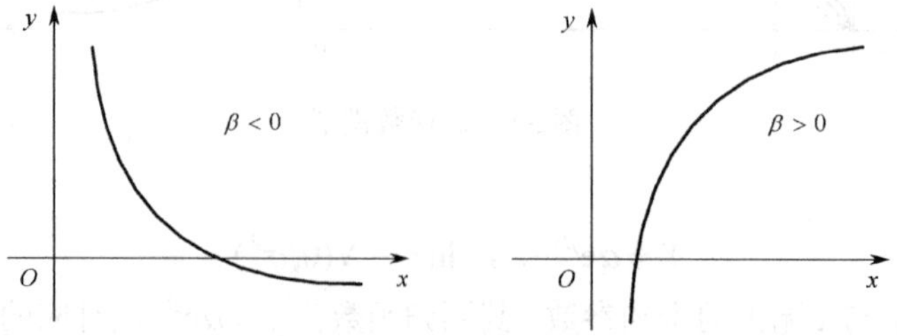

图 5.9 对数模型

令 $\alpha=a$，$\beta=b$，$\ln x=x'$，$Y=Y'$，则模型转化为一元线性回归模型

$$Y'=a+bx'+\varepsilon,\quad \varepsilon\sim N(0,\sigma^2).$$

（6）多项式模型

$$Y=\beta_0+\beta_1x+\beta_2x^2+\cdots+\beta_px^p+\varepsilon,\quad \varepsilon\sim N(0,\sigma^2).$$

式中，$\beta_0,\beta_1,\beta_2,\cdots,\beta_p$ 和 σ^2 是与 x 无关的未知参数. 令 $Y'=Y$，$x_1=x,x_2=x^2,\cdots,x_p=x^p$，则模型转化为多元线性回归模型

$$Y'=\beta_0+\beta_1x_1+\beta_2x_2+\cdots+\beta_px_p+\varepsilon,\quad \varepsilon\sim N(0,\sigma^2).$$

对于一个实际的非线性回归问题，选择合适的曲线类型不是一件容易的事，多数要靠专业知识. 若对专业知识不熟悉，则对于一个一元回归分析问题，可根据散点图选择几种形状相近的曲线类型进行回归，从这些回归方程中择其优者.

习题 5

5.1 假设 x 是一可控制变量，Y 是服从正态分布的随机变量，现在不同的 x 值下分别对 Y 进行观测，得如下数据

x_i	0.25	0.37	0.44	0.55	0.60	0.62	0.68	0.70	0.73
y_i	2.57	2.31	2.12	1.92	1.75	1.71	1.60	1.51	1.50
x_i	0.75	0.82	0.84	0.87	0.88	0.90	0.95	1.00	
y_i	1.41	1.33	1.31	1.25	1.20	1.19	1.15	1.00	

（1）假设 x 与 Y 有线性相关关系，求 Y 对 x 的样本回归直线方程，并求 $D(Y)=\sigma^2$ 的无偏估计；

（2）求回归系数 β_0、β_1、σ^2 的置信水平为 0.95 的置信区间；

（3）检验 Y 和 x 之间的线性关系是否显著（$\alpha=0.05$）；

（4）求 Y 的置信水平为 0.95 的预测区间；

（5）为了把 Y 的观测值限制在 $(1.08, 1.68)$ 范围内，需把 x 的值限制在什么范围（$\alpha=0.05$）？

5.2 合成纤维的强度 Y（单位为 kg/mm^2）与其拉伸倍数 x 有关，测得试验数据如下

x_i	2.0	2.5	2.7	3.5	4.0	4.5	5.2	6.3	7.1	8.0	9.0	10.0
y_i	1.3	2.5	2.5	2.7	3.5	4.2	5.0	6.4	6.3	7.0	8.0	8.1

（1）求 Y 对 x 的回归直线；

（2）检验回归直线的显著性（$\alpha=0.05$）；

（3）当 $x_0=6$ 时，求 Y_0 的预测值及预测区间（置信水平为 0.95）.

5.3 在做陶粒混凝土强度试验中，某建材实验室考察每立方米混凝土的水泥用量 x（单位为 kg）对 28 天后的混凝土抗压强度 Y（单位为 kg/mm^2）的影响，测得数据如下

x_i	150	160	170	180	190	200	210	220	230	240	250	260
y_i	56.9	58.3	61.6	64.6	68.1	71.3	74.1	77.4	80.2	82.6	86.4	89.7

（1）求 Y 对 x 的线性回归方程，并问：每立方米混凝土中增加 1kg 水泥，可提高的抗压强度是多少？

（2）检验线性回归效果的显著性（$\alpha=0.05$）；

（3）求回归系数 β_1 的区间估计（$\alpha=0.05$）；

（4）当 $x_0=225\text{kg}$ 时，求 Y_0 的预测值及预测区间.

5.4 证明一元线性回归系数估计量 $\hat{\beta}_0$、$\hat{\beta}_1$ 相互独立的充分必要条件是 $\bar{x}=0$.

5.5 设 n 组观测值 (x_i, y_i)（$i=1,2,\cdots,n$）之间有关系式

$$y_i=\beta_0+\beta_1(x-\bar{x})+\varepsilon_i,$$

其中 $\varepsilon_i \sim N(0,\sigma^2)$（$i=1,2,\cdots,n$），$\bar{x}=\frac{1}{n}\sum_{i=1}^{n}x_i$ 且 $\varepsilon_1,\varepsilon_2,\cdots,\varepsilon_n$ 相互独立.

（1）求系数 β_0、β_1 的最小二乘估计量 $\hat{\beta}_0$、$\hat{\beta}_1$；

（2）证明 $\sum_{i=1}^{n}(y_i-\bar{y})^2=\sum_{i=1}^{n}(y_i-\hat{y}_i)^2+\sum_{i=1}^{n}(\hat{y}_i-\bar{y})^2$，其中 $\bar{y}=\sum_{i=1}^{n}y_i$；

（3）求 $\hat{\beta}_0$、$\hat{\beta}_1$ 的分布.

5.6 某种商品的需求量 Y、消费者的平均收入 x_1 及商品价格 x_2 的统计数据如下

x_{i1}	1000	600	1200	500	300	400	1300	1100	1300	300
x_{i2}	5	7	6	6	8	7	5	4	3	9
Y_i	100	75	80	70	50	65	90	100	110	60

求 Y 对 x_1、x_2 的回归平面方程.

5.7 设 n 组观测值 (x_i, y_i)（$i=1,2,\cdots,n$）之间有如下关系：$y_i=\beta_0+\beta_1 x_i+\beta_2 x_i^2+\varepsilon_i$，$\varepsilon_i \sim N(0,\sigma^2)$（$i=1,2,\cdots,n$）且 $\varepsilon_1,\varepsilon_2,\cdots,\varepsilon_n$ 相互独立. 求系数 β_0,β_1,β_2 的最小二乘估计量 $\hat{\beta}_0,\hat{\beta}_1,\hat{\beta}_2$.

第 6 章　方差分析与正交试验设计

方差分析是数理统计中应用最广泛的研究方向之一，也是社会实践和科学研究中分析数据的重要工具.

方差分析主要研究自变量（因素）与因变量（随机变量）之间的相关关系，其与回归分析的不同之处在于其主要研究某个因素对随机变量是否有显著的影响，例如，在气候、水利、土壤等条件相同时，要验证几种不同的水稻优良品种对水稻的单位面积产量是否有显著的影响，从中选出对某地区来说最优的水稻品种，这就是一个典型的方差分析问题. 方差分析法就是通过对试验获得的数据之间的差异进行分析，从而推断试验中各个因素所起作用的一种统计方法.

按照影响试验指标的因素的个数进行分类，方差分析可分为单因素方差分析、双因素方差分析和多因素方差分析. 本章只介绍单因素方差分析和双因素方差分析，同时还简单介绍正交试验设计.

6.1　单因素方差分析

6.1.1　单因素试验

一般来说，在试验中影响试验结果的条件（或原因）有很多. 我们所关心的试验结果称为**试验指标**，试验中需要考察的、可以控制的条件称为**因素**或**因子**，因素可以是定量的，也可以是定性的，通常用大写字母 $A, B, C, \cdots$ 表示. 因素所处的不同状态称为**水平**，通常用 $A_1, A_2, \cdots, A_r$ 表示因素 A 的 r 个水平. 因素对试验结果的影响主要表现在当因素所处的水平发生改变时，试验结果也随之改变. 为了考察某个因素对试验指标的影响，往往把影响试验指标的其他因素固定，而把要考察的那个因素严格控制在几个不同的状态（水平）上进行试验，这样的试验称为**单因素试验**. 处理单因素试验的统计推断称为**单因素方差分析**.

【例 6.1.1】 某灯泡厂用 4 种不同的工艺生产灯泡. 从用不同工艺生产的灯泡中分别随机地抽取若干灯泡，并测量其使用寿命（单位：h)，所得数据如表 6.1 所示.

表 6.1　灯泡使用寿命数据表

寿命	工艺 A_1	工艺 A_2	工艺 A_3	工艺 A_4
灯泡 1	1620	1580	1460	1500
灯泡 2	1670	1600	1540	1550
灯泡 3	1700	1640	1620	1610
灯泡 4	1750	1720		1680
灯泡 5	1620			

试问工艺对灯泡的使用寿命是否有显著影响?

此例中试验指标是灯泡的使用寿命，工艺是影响灯泡寿命的因素. 试验中，除生产工艺外，其他条件相同. 4 种不同的工艺就是这个因素的四个不同水平，分别记为 A_1, A_2, A_3, A_4，因此例 6.1.1 就是四水平的单因素试验. 试验的目的是考察不同工艺对灯泡的使用寿命是否有显著影响.

例 6.1.1 中，在因素的每个水平下进行独立试验，其结果是一个随机变量，把每个水平下的灯泡寿命视为一个总体，用 X_1, X_2, X_3, X_4 分别表示用这 4 种不同工艺生产的灯泡的使用寿命，从总体 X_i 中抽取样本容量为 n_i 的样本 $X_{i1}, X_{i2}, \cdots, X_{in_i}$（$i=1,2,3,4$）. 表 6.1 中的数据就是来自 4 个不同的总体 X_1, X_2, X_3, X_4 的样本观测值. 进一步假设各个总体相互独立，有相等的方差，且

$$X_i \sim N(\mu_i, \sigma^2), \quad i=1,2,3,4.$$

如果工艺对灯泡的使用寿命没有显著影响，那么这 4 个总体就可以视为同一个总体，所以，需要检验假设

$$H_0: \mu_1 = \mu_2 = \mu_3 = \mu_4; \quad H_1: \mu_1, \mu_2, \mu_3, \mu_4 \text{不全相等}.$$

这是一个具有方差齐性的4个正态总体均值的假设检验问题. 我们很自然地联想到在第4章中曾经讨论过双正态总体均值的比较问题，在方差相等的假定下对双正态总体构造 t 统计量进行均值差的检验. 若使用第 4 章中的方法，则需要两两检验，这样做不但复杂，而且更严重的是有很大的可能性导致结论错误. 那么对于多于两个的正态总体，能否构造一个统一的检验统计量呢？统计学家费歇尔（Fisher）在进行农业试验时，给出了解决上述问题的方法，称为方差分析法. 后来该方法被用于其他领域，尤其是在工业试验数据分析中取得了很大的成功. 下面把例 6.1.1 的问题推广到一般情形.

6.1.2　数学模型

在 r 个水平的单因素试验中，设因素 A 的 r 个水平分别为 $A_1, A_2, \cdots, A_r$，在水平 A_i 下进行试验，得到一个随机变量

$$X_i \sim N(\mu_i, \sigma^2), i=1,2,\cdots,r,$$

并且假定 $X_1, X_2, \cdots, X_r$ 相互独立. 在水平 A_i 下做了 n_i 次试验，获得 n_i 个试验结果

$$X_{i1}, X_{i2}, \cdots, X_{in_i}, i=1,2,\cdots,r.$$

把这些试验结果视为总体 X_i 的容量为 n_i 的样本 $X_{i1}, X_{i2}, \cdots, X_{in_i}$（注意，今后样本与其观测值、统计量与其观测值在记号上往往不予区别），试验结果如表 6.2 所示.

表 6.2　单因素试验结果

试验结果	水平 A_1	水平 A_2	…	水平 A_i	…	水平 A_r
重复1	X_{11}	X_{21}	…	X_{i1}	…	X_{r1}
重复2	X_{12}	X_{22}	…	X_{i2}	…	X_{r2}
⋮	⋮	⋮	⋮	⋮	⋮	⋮
重复n_i	X_{1n_1}	X_{2n_2}	…	X_{in_i}	…	X_{rn_r}

由样本的定义，可知

$$X_{ij} \sim N(\mu_i, \sigma^2), j=1,2,\cdots,n_i.$$

令

$$\varepsilon_{ij}=X_{ij}-\mu_i,\ i=1,2,\cdots,r\ ,$$

则ε_{ij}也是随机变量，有$\varepsilon_{ij}\sim N(0,\sigma^2)$且$\varepsilon_{ij}$相互独立. 它们是由某些不可控制或不可预知的随机因素引起的随机误差，是不可观测的随机变量. 于是X_{ij}可表示为总体X_i的均值μ_i与随机误差ε_{ij}之和，即

$$X_{ij}=\mu_i+\varepsilon_{ij}, j=1,2,\cdots,n_i, i=1,2,\cdots,r.$$

为方便，对μ_i做形式上的变换，记

$$n=\sum_{i=1}^{r}n_i\ , \mu=\frac{1}{n}\sum_{i=1}^{r}n_i\mu_i,\ \ \alpha_i=\mu_i-\mu,\ \ i=1,2,\cdots,r.$$

称μ为理论总均值，称α_i为第i个水平A_i对试验结果的效应，它反映水平A_i对试验指标纯作用的大小. 易见$\sum_{i=1}^{r}n_i\alpha_i=\sum_{i=1}^{r}n_i(\mu_i-\mu)=\sum_{i=1}^{r}n_i\mu_i-n\mu=0$，于是，可把$X_{ij}$表示成效应分解形式

$$X_{ij}=\mu+\alpha_i+\varepsilon_{ij}, j=1,2,\cdots,n_i, i=1,2,\cdots,r.$$

综上所述，对表6.2的试验结果做了如下假定：

$$\begin{cases}X_{ij}=\mu+\alpha_i+\varepsilon_{ij},\\ \varepsilon_{ij}\text{独立同分布}, \varepsilon_{ij}\sim N(0,\sigma^2),\\ \sum_{i=1}^{r}n_i\alpha_i=0,\ j=1,2,\cdots,n_i,\ \ i=1,2,\cdots,r.\end{cases}\tag{6.1}$$

称式（6.1）为**单因素多水平不等重复试验的方差分析的数学模型**，简称为**单因素方差分析模型**，其中μ和$\alpha_1,\alpha_2,\cdots,\alpha_r$为未知参数.

方差分析的任务是通过试验获得的数据X_{ij}，检验r个总体

$$N(\mu_1,\sigma^2), N(\mu_2,\sigma^2),\cdots, N(\mu_r,\sigma^2)$$

的均值是否相等，即对模型式（6.1），检验假设

$$H_0:\alpha_1=\alpha_2=\cdots=\alpha_r=0;\ H_1:\text{至少有一个}\ \alpha_i\neq 0.$$

或者检验与它等价的假设

$$H_0:\mu_1=\mu_2=\cdots=\mu_r;\ H_1:\text{至少有两个均值不相等}.$$

今后，备择假设H_1常常略写.

6.1.3 统计分析

为推导出检验假设$H_0:\alpha_1=\alpha_2=\cdots=\alpha_r=0$的检验统计量，首先分析各$X_{ij}$为什么不相等，即引起数据$X_{ij}$波动(差异)的原因. 这里有两个原因：一个是当$H_0$为真时，有$X_{ij}\sim N(\mu,\sigma^2)$，$j=1,2,\cdots,n_i,\ i=1,2,\cdots,r$，此时引起$X_{ij}$不同的原因完全是重复试验中的随机误差；另一个是当$H_0$不成立时，有$X_{ij}\sim N(\mu_i,\sigma^2)$，各$X_{ij}$的均值不同，当然其取值也不一样，即引起$X_{ij}$不同的原因是因素$A$取不同水平. 我们希望用一个量来刻画各$X_{ij}$之间的波动程度，并且把引起$X_{ij}$波动的两个不同原因区分开，这就是方差分析的总偏差平方和分解法，并由此构造出检验用的统计量.

令

$$\overline{X}_i = \frac{1}{n_i}\sum_{j=1}^{n_i} X_{ij}\,,\ i=1,2,\cdots,r\,,$$

$\overline{X}_i$ 称为第 i 个总体 X_i 的样本均值.

令

$$\overline{X} = \frac{1}{n}\sum_{i=1}^{r}\sum_{j=1}^{n_i} X_{ij}\,,$$

式中，$n=\sum_{i=1}^{r} n_i$，$\overline{X}$ 称为全体样本的均值，简称为样本总均值.

记

$$S_{\mathrm{T}} = \sum_{i=1}^{r}\sum_{j=1}^{n_i}(X_{ij}-\overline{X})^2 = \sum_{i=1}^{r}\sum_{j=1}^{n_i}X_{ij}^2 - n\overline{X}^2\,,$$

称 S_{T} 为总偏差平方和（简称为总平方和），S_{T} 的大小反映了全部数据 X_{ij} 的波动程度的大小.

记

$$S_{\mathrm{A}} = \sum_{i=1}^{r}\sum_{j=1}^{n_i}(\overline{X}_i-\overline{X})^2 = \sum_{i=1}^{r} n_i(\overline{X}_i-\overline{X})^2 = \sum_{i=1}^{r} n_i\overline{X}_i^2 - n\overline{X}^2\,,$$

称 S_{A} 为因素 A 的偏差平方和或组间偏差平方和（简称为组间平方和），S_{A} 反映了因素 A 的各个水平的不同作用在数据 X_{ij} 中所引起的波动，S_{A} 的大小主要反映了因素 A 的各水平所对应的总体均值 μ_i（$i=1,2,\cdots,r$）之间的差异程度.

记

$$S_{\mathrm{e}} = \sum_{i=1}^{r}\sum_{j=1}^{n_i}(X_{ij}-\overline{X}_i)^2\,,$$

称 S_{e} 为试验误差平方和或组内偏差平方和（简称为组内平方和），S_{e} 反映了随机误差的作用所引起数据 X_{ij} 的波动，S_{e} 的大小反映了重复试验中随机误差的大小.

定理 6.1.1（平方和分解定理）　在单因素方差分析模型中，平方和有如下恒等式

$$S_{\mathrm{T}} = S_{\mathrm{e}} + S_{\mathrm{A}}\,.$$

证

$$\begin{aligned}
S_{\mathrm{T}} &= \sum_{i=1}^{r}\sum_{j=1}^{n_i}(X_{ij}-\overline{X})^2 = \sum_{i=1}^{r}\sum_{j=1}^{n_i}(X_{ij}-\overline{X}_i+\overline{X}_i-\overline{X})^2 \\
&= \sum_{i=1}^{r}\sum_{j=1}^{n_i}[(X_{ij}-\overline{X}_i)^2 + 2(X_{ij}-\overline{X}_i)(\overline{X}_i-\overline{X}) + (\overline{X}_i-\overline{X})^2] \\
&= \sum_{i=1}^{r}\sum_{j=1}^{n_i}(X_{ij}-\overline{X}_i)^2 + 2\sum_{i=1}^{r}\sum_{j=1}^{n_i}(X_{ij}-\overline{X}_i)(\overline{X}_i-\overline{X}) + \sum_{i=1}^{r}\sum_{j=1}^{n_i}(X_i-\overline{X})^2 \\
&= S_{\mathrm{e}} + 2\sum_{i=1}^{r}\sum_{j=1}^{n_i}(X_{ij}-\overline{X}_i)(\overline{X}_i-\overline{X}) + S_{\mathrm{A}}\,,
\end{aligned}$$

其中交叉项

$$2\sum_{i=1}^{r}\sum_{j=1}^{n_i}(X_{ij}-\overline{X}_i)(\overline{X}_i-\overline{X}) = 2\sum_{i=1}^{r}\left[(X_i-\overline{X})\left(\sum_{j=1}^{n_i}X_{ij} - n_i\overline{X}_i\right)\right] = 0\,,$$

于是得

$$S_{\mathrm{T}} = S_{\mathrm{e}} + S_{\mathrm{A}}\,.$$

定理 6.1.1 表明试验中的总偏差平方和可分解为试验误差平方和与因素 A 的偏差平方和.

定理 6.1.2 在单因素方差分析模型中，有

$$E(S_{\mathrm{A}})=(r-1)\sigma^2+\sum_{i=1}^{r}n_i\alpha_i^2,$$

$$E(S_{\mathrm{e}})=(n-r)\sigma^2.$$

证 由模型式（6.1）知 $X_{ij}\sim N(\mu_i,\sigma^2)$，且 X_{ij}（$j=1,2,\cdots,n_i,\ i=1,2,\cdots,r$）相互独立，由此易得

$$\bar{X}_i\sim N(\mu_i,\frac{\sigma^2}{n_i}),\ i=1,2,\cdots,r,\ \bar{X}\sim N(\mu,\frac{\sigma^2}{n}).$$

又

$$S_{\mathrm{A}}=\sum_{i=1}^{r}n_i(\bar{X}_i-\bar{X})^2=\sum_{i=1}^{r}n_i\bar{X}_i^2-n\bar{X}^2,$$

故

$$\begin{aligned}E(S_{\mathrm{A}})&=\sum_{i=1}^{r}n_iE(\bar{X}_i^2)-nE(\bar{X}^2)=\sum_{i=1}^{r}n_i[D(\bar{X}_i)+E^2(\bar{X}_i)]-n[D(\bar{X}_i)+E^2(\bar{X}_i)]\\&=\sum_{i=1}^{r}n_i(\frac{\sigma^2}{n_i}+\mu_i^2)-n(\frac{\sigma^2}{n}+\mu^2)=r\sigma^2+\sum_{i=1}^{r}n_i\mu_i^2-\sigma^2-n\mu^2\\&=(r-1)\sigma^2+\sum_{i=1}^{r}n_i\mu_i^2-n\mu^2=(r-1)\sigma^2+\sum_{i=1}^{r}n_i(\mu_i-\mu)^2\\&=(r-1)\sigma^2+\sum_{i=1}^{r}n_i\alpha_i^2.\end{aligned}$$

而

$$E(S_{\mathrm{e}})=E[\sum_{i=1}^{r}\sum_{j=1}^{n_i}(X_{ij}-\bar{X}_i)^2]=E[\sum_{i=1}^{r}\sum_{j=1}^{n_i}X_{ij}^2-\sum_{i=1}^{r}n_i\bar{X}_i^2],$$

类似于求 $E(S_{\mathrm{A}})$ 的方法，可得

$$E(S_{\mathrm{e}})=(n-r)\sigma^2.$$

由定理 6.1.2 可知，$\hat{\sigma}^2=\dfrac{S_{\mathrm{e}}}{n-r}$ 是 σ^2 的无偏估计量.

定理 6.1.3 在单因素方差分析模型中，有

$$\frac{S_{\mathrm{e}}}{\sigma^2}\sim\chi^2(n-r),$$

且 S_{e} 与 $\bar{X}_i(i=1,2,\cdots,r)$，即 $\bar{X}$ 中的每一个均相互独立.

证 由于

$$X_{ij}\sim N(\mu_i,\sigma^2),\quad j=1,2,\cdots,n_i,\ i=1,2,\cdots,r,$$

因此根据第 2 章定理 2.5.1 的结论（3），有

$$\frac{1}{\sigma^2}\sum_{j=1}^{n_i}(X_{ij}-\bar{X}_i)^2\sim\chi^2(n_i-1)\text{，且}\sum_{j=1}^{n_i}(X_{ij}-\bar{X}_i)^2\text{ 与 }\bar{X}_i\text{ 相互独立}(i=1,2,\cdots,r).$$

又由 X_{ij}（$j=1,2,\cdots,n_i,\ i=1,2,\cdots,r$）相互独立及 χ^2 分布的可加性，得

$$\frac{S_{\mathrm{e}}}{\sigma^2}=\frac{1}{\sigma^2}\sum_{i=1}^{r}\sum_{j=1}^{n_i}(X_{ij}-\bar{X}_i)^2\sim\chi^2(\sum_{i=1}^{r}(n_i-1))=\chi^2(n-r).$$

再根据第 1 章的 1.2 节的随机变量函数独立的充分条件，可得 S_{e} 与 $\bar{X}_i(i=1,2,\cdots,r)$，即 $\bar{X}$ 中

的每一个均相互独立.

注意：定理 6.1.3 的证明过程中没有用到假设 H_0，因此，无论假设 H_0 是否为真，定理 6.1.3 总是成立的. 又由 χ^2 分布的期望，利用此定理可以非常方便地证明定理 6.1.2 的结论 $E(S_e)=(n-r)\sigma^2$.

定理 6.1.4　在单因素方差分析模型中，当假设 H_0 为真时，有

$$\frac{S_A}{\sigma^2}\sim\chi^2(r-1),$$

且 S_e 与 S_A 相互独立，因而

$$F=\frac{S_A/(r-1)}{S_e/(n-r)}\sim F(r-1,n-r).$$

证　当 $H_0:\mu_1=\mu_2=\cdots=\mu_r$，即 $H_0:\alpha_1=\alpha_2=\cdots=\alpha_r=0$ 为真时，有

$$X_{ij}\sim N(\mu,\sigma^2)\ (j=1,2,\cdots,n_i,\ i=1,2,\cdots,r),$$

标准化得 $\dfrac{X_{ij}-\mu}{\sigma}\sim N(0,1)$，且 $\dfrac{X_{ij}-\mu}{\sigma}$ $(j=1,2,\cdots,n_i,\ i=1,2,\cdots,r)$ 相互独立.

与定理 6.1.1 的证法类似，不难得到下面的分解式

$$\begin{aligned}\sum_{i=1}^{r}\sum_{j=1}^{n_i}(X_{ij}-\mu)^2&=\sum_{i=1}^{r}\sum_{j=1}^{n_i}[(X_{ij}-\bar{X}_i)+(\bar{X}_i-\bar{X})+(\bar{X}-\mu)]^2\\&=\sum_{i=1}^{r}\sum_{j=1}^{n_i}(X_{ij}-\bar{X}_i)^2+\sum_{i=1}^{r}\sum_{j=1}^{n_i}(\bar{X}_i-\bar{X})^2+\sum_{i=1}^{r}\sum_{j=1}^{n_i}(\bar{X}-\mu)^2\\&=S_e+S_A+n(\bar{X}-\mu)^2,\end{aligned}$$

上式的两边同时除以 σ^2，得

$$\sum_{i=1}^{r}\sum_{j=1}^{n_i}\left(\frac{X_{ij}-\mu}{\sigma}\right)^2=\frac{S_e}{\sigma^2}+\frac{S_A}{\sigma^2}+n\left(\frac{\bar{X}-\mu}{\sigma}\right)^2.$$

当 H_0 为真时，上式的左边恰好是 n 个相互独立的标准正态变量的平方和，根据 χ^2 分布的定义，有

$$\sum_{i=1}^{r}\sum_{j=1}^{n_i}\left(\frac{X_{ij}-\mu}{\sigma}\right)^2\sim\chi^2(n)$$

由定理 6.1.3 知，$\dfrac{S_e}{\sigma^2}\sim\chi^2(n-r)$，所以 $\dfrac{S_e}{\sigma^2}$ 的秩为 $n-r$.

$\dfrac{S_A}{\sigma^2}=\sum\limits_{i=1}^{r}n_i\left(\dfrac{\bar{X}_i-\bar{X}}{\sigma}\right)^2$ 共有 r 项平方和，至少有一个线性约束方程

$$\sum_{i=1}^{r}\sqrt{n_i}\left[\sqrt{n_i}\left(\frac{\bar{X}_i-\bar{X}}{\sigma}\right)\right]=0,$$

所以，$\dfrac{S_A}{\sigma^2}$ 的秩不超过 $r-1$.

又从 $X_{ij}\sim N(\mu,\sigma^2)$ 可知，$\bar{X}\sim N\left(\mu,\dfrac{\sigma^2}{n}\right)$，于是标准化得 $\dfrac{\bar{X}-\mu}{\sigma/\sqrt{n}}\sim N(0,1)$.

根据 χ^2 分布的定义，有 $(\frac{\overline{X}-\mu}{\sigma/\sqrt{n}})^2 = n(\frac{\overline{X}-\mu}{\sigma})^2 \sim \chi^2(1)$，即 $(\frac{\overline{X}-\mu}{\sigma})^2$ 的秩为1.

注意到分解式的右边三项有 $(n-r)+(r-1)+1=n$，再根据第 2 章的 2.4 节的柯赫伦分解定理及其使用说明，可得到当假设 H_0 为真时，有

$$\frac{S_{\text{A}}}{\sigma^2} \sim \chi^2(r-1),$$

且 S_{e} 与 S_{A} 相互独立.

由 F 分布的定义，可得

$$F = \frac{S_{\text{A}}/(r-1)}{S_{\text{e}}/(n-r)} \sim F(r-1, n-r).$$

根据定理 6.1.4，构造检验统计量

$$F = \frac{S_{\text{A}}/(r-1)}{S_{\text{e}}/(n-r)},$$

当假设 H_0 为真时，有 $F \sim F(r-1,n-r)$. 当假设 H_0 为不成立时，根据定理 6.1.2，有

$$E\left(\frac{S_{\text{A}}}{r-1}\right) > E\left(\frac{S_{\text{e}}}{n-r}\right).$$

也就是说，当 H_0 不成立时，$\frac{S_{\text{A}}/(r-1)}{S_{\text{e}}/(n-r)}$ 有大于1的趋势. 因此，H_0 为真时的小概率事件应该取在 F 值大的一侧，即

$$P\{F > F_\alpha(r-1,n-r)\} = \alpha.$$

于是，在给定的显著性水平 α 下，检验假设

$$H_0: \alpha_1 = \alpha_2 = \cdots = \alpha_r = 0 \text{ 或 } H_0: \mu_1 = \mu_2 = \cdots = \mu_r$$

的检验法则为

当 $F > F_\alpha(r-1, n-r)$ 时，拒绝 H_0，即认为因素 A 对试验结果有显著影响；

当 $F \le F_\alpha(r-1, n-r)$ 时，接受 H_0，即认为因素 A 对试验结果没有显著影响.

在实际进行方差分析时，通常将有关统计量和分析结果列在一张表中，如表 6.3 所示，以便使分析结果一目了然.

表 6.3　单因素方差分析表

方差来源	平方和	自由度	均方和	F 值	显著性
因素 A	S_{A}	$r-1$	$S_{\text{A}}/(r-1)$	$F = \frac{S_{\text{A}}/(r-1)}{S_{\text{e}}/(n-r)}$	
误差 e	S_{e}	$n-r$	$S_{\text{e}}/(n-r)$		
总和 T	$S_{\text{T}} = S_{\text{e}} + S_{\text{A}}$	$n-1$			

在方差分析表中，一般做如下规定：当显著性水平 $\alpha = 0.01$ 时，若拒绝 H_0，即 $F > F_{0.01}(r-1, n-r)$，则称因素 A 的影响高度显著，记作“**”；若取 $\alpha = 0.01$ 时不拒绝 H_0，但取 $\alpha = 0.05$ 时拒绝 H_0，即 $F_{0.01}(r-1, n-r) \ge F > F_{0.05}(r-1, n-r)$，则称因素 A 的影响显著，记作“*”.

【例 6.1.1（续）】　根据例 6.1.1 的数据，计算得到表 6.4.

表 6.4　例 6.1.1 的计算表

使用寿命	工艺 A_1	工艺 A_2	工艺 A_3	工艺 A_4	
灯泡 1	1620	1580	1460	1500	
灯泡 2	1670	1600	1540	1550	
灯泡 3	1700	1640	1620	1610	
灯泡 4	1750	1720		1680	
灯泡 5	1620				
总和 T_i	8360	6540	4620	6340	$T=25860$
平均 $\overline{X}_i$	1672	1635	1540	1585	$\overline{X}=1616.25$

计算得

$$r=4,\ n_1=5,\ n_2=4,\ n_3=3,\ n_4=4,\ n=16,\quad S_{\rm T}=\sum_{i=1}^{r}\sum_{j=1}^{n_i}X_{ij}^2-n\overline{X}^2=92975,$$

$$S_{\rm A}=\sum_{i=1}^{r}n_i\overline{X}_i^2-n\overline{X}^2=38295,\quad S_{\rm e}=S_{\rm T}-S_{\rm A}=54680,$$

$$F=\frac{S_{\rm A}/(r-1)}{S_{\rm e}/(n-r)}\approx 2.8.$$

对显著性水平 $\alpha=0.05$，查附录 D 得到 $F_{0.05}(3,12)=3.49$，由于 $2.8<3.49$，因此接受原假设，即认为工艺对灯泡的使用寿命无显著影响.

上述计算结果整理成如表 6.5 所示的方差分析表.

表 6.5　例 6.1.1 的方差分析表

方差来源	平方和	自由度	均方和	F 值	显著性
因素 A	38295	3	12765	2.8	无显著影响
误差 e	54680	12	4556.67		
总和	92975	15			

【例 6.1.2】　为考察用来处理水稻种子的 4 种不同药剂对水稻生长的影响，选择一块各种条件（如气候、水利、土壤等）基本均匀的土地，将其分成16块，在每 4 块试验地里种下用一种药剂处理过的水稻种子，不同药剂处理的苗高如表 6.6 所示.

表 6.6　不同药剂处理的苗高

苗高	药剂 A_1	药剂 A_2	药剂 A_3	药剂 A_4
土地 1	20	21	20	22
土地 2	19	24	18	25
土地 3	16	26	19	27
土地 4	13	25	15	26

问药剂对苗高是否有显著影响?

解　由表 6.6 的数据计算得到表 6.7.

表 6.7　例 6.1.2 的计算表

苗高	药剂 A_1	药剂 A_2	药剂 A_3	药剂 A_4	
土地 1	20	21	20	22	
土地 2	19	24	18	25	
土地 3	16	26	19	27	
土地 4	13	25	15	26	
总和 T_i	68	96	72	100	$T=336$
平均 $\overline{X}_i$	17	24	18	25	$\overline{X}=21$

计算得 $r=4,\ n_i=4$（$i=1,2,3,4$），$n=16$，$S_{\mathrm{T}}=\sum_{i=1}^{r}\sum_{j=1}^{n_i}X_{ij}^2-n\overline{X}^2=272$，$S_{\mathrm{A}}=\sum_{i=1}^{r}n_i\overline{X}_i^2-n\overline{X}^2=200$，$S_{\mathrm{e}}=S_{\mathrm{T}}-S_{\mathrm{A}}=72$.

$$F=\frac{S_{\mathrm{A}}/(r-1)}{S_{\mathrm{e}}/(n-r)}\approx 11.11.$$

对显著性水平 $\alpha=0.01$，$\alpha=0.05$，查附录 D 得到 $F_{0.01}(3,12)=5.95$，$F_{0.05}(3,12)=3.49$，由于 $11.11>5.95>3.49$，因此拒绝原假设，认为因素 A（药剂）对苗高有高度显著影响，即认为不同药剂对水稻生长有高度显著影响.

上述计算结果可整理成如表 6.8 所示的方差分析表.

表 6.8　例 6.1.2 的方差分析表

方差来源	平方和	自由度	均方和	F 值	显著性
因素 A	200	3	66.67	11.11	**
误差 e	72	12	6		
总和	272	15			

最后，对单因素方差分析，做如下几点说明.

第一，对一个问题进行方差分析，必须要求该问题满足方差分析模型的三个条件：

（1）被检验的各总体均服从正态分布；

（2）各总体的方差相等，即方差齐性；

（3）各次试验相互独立.

关于条件（3）试验的独立性，很容易做到；关于条件（1），被检验的各总体是否服从正态分布，可利用第 4 章中的非参数检验法进行检验；关于条件（2）方差齐性的检验，可参阅参考文献[12]中的相关内容.

第二，若在方差分析中否定了原假设 H_0，如例 6.1.2，出于选择最优水平的需要，往往需要知道哪些水平的均值差异显著，哪些不显著，则需要进行多重比较，多重比较的方法很多，可参阅参考文献[13].

第三，在单因素方差分析模型中，若取

$$n_i=k,\ i=1,2,\cdots,r,$$

则称该模型为单因素等重复试验的方差分析模型，不难得到相应的计算公式及定理. 当总试验次数 n 一定时，等重复试验的有关计算精度比不等重复试验的高，对于多重比较及方差齐性的检验尤其如此，因此，应该提倡尽可能进行等重复试验.

6.2 双因素方差分析

在很多实际问题中，影响试验结果的因素可能不止一个，而是两个或更多. 例如，经济学家致力于研究性别与种族对个人收入是否有显著影响，要分析因素所起的作用，就要用到多因素方差分析. 本节主要介绍双因素方差分析，多因素方差分析问题的计算较复杂，但是利用下一节的正交试验设计方法会方便得多.

在双因素的试验中，不仅每个因素单独对试验结果起作用，而且两个因素会联合起作用，这种作用称为两个因素的交互作用. 例如，农业中只施氮肥增产 10kg，只施磷肥增产 5kg，但是同时施氮肥和磷肥会增产 40kg，大大超过了单独施氮肥和磷肥之和 15kg，这表明两种肥料同时使用产生了交互作用，使得产量增加.

6.2.1 数学模型

设在某试验中，有两个因素 A 和 B 影响试验结果，为考察因素 A 和因素 B 对试验结果的影响是否显著，取因素 A 的 r 个水平 $A_1, A_2, \cdots, A_r$，因素 B 的 s 个水平 $B_1, B_2, \cdots, B_s$，$r \times s$ 个不同水平的组合记为 A_iB_j($i=1,2,\cdots,r,\ j=1,2,\cdots,s$)，在水平组合 A_iB_j 下的试验结果用 X_{ij} 表示，假定 X_{ij} 相互独立且服从正态分布 $N(\mu_{ij}, \sigma^2)$. 此外，也假定在每个水平组合 A_iB_j 下进行了 t 次独立重复试验，每次试验结果用 X_{ijk}($i=1,2,\cdots,r,\ j=1,2,\cdots,s,\ k=1,2,\cdots,t$)表示，可以把 X_{ijk} 视为从总体 X_{ij} 中抽取的容量为 t 的样本. 所有试验结果如表 6.9 所示.

表 6.9 双因素等重复试验结果

X_{ijk}	因素 A_1	…	因素 A_i	…	因素 A_r
因素 B_1	$X_{111}, X_{112}, \cdots, X_{11t}$	…	$X_{i11}, X_{i12}, \cdots, X_{i1t}$	…	$X_{r11}, X_{r12}, \cdots, X_{r1t}$
⋮	⋮	⋮	⋮	⋮	⋮
因素 B_j	$X_{1j1}, X_{1j2}, \cdots, X_{1jt}$	…	$X_{ij1}, X_{ij2}, \cdots, X_{ijt}$	…	$X_{rj1}, X_{rj2}, \cdots, X_{rjt}$
⋮	⋮	⋮	⋮	⋮	⋮
因素 B_s	$X_{1s1}, X_{1s2}, \cdots, X_{1st}$	…	$X_{is1}, X_{is2}, \cdots, X_{ist}$	…	$X_{rs1}, X_{rs2}, \cdots, X_{rst}$

其中 X_{ijk} 表示在水平组合 A_iB_j 下第 k 次试验的结果.

在上述假定下 X_{ijk} 取自总体 X_{ij}，故

$$X_{ijk} \sim N(\mu_{ij}, \sigma^2)\ \ (i=1,2,\cdots,r,\ j=1,2,\cdots,s,\ k=1,2,\cdots,t),$$

且各 X_{ijk} 相互独立.

令

$$X_{ijk} - \mu_{ij} = \varepsilon_{ijk},$$

易知 ε_{ijk} 相互独立，且均服从 $N(0, \sigma^2)$，它们由重复试验中的随机误差所产生，是不可观测的随机变量.

此时，X_{ijk} 可表示为

$$X_{ijk} = \mu_{ij} + \varepsilon_{ijk}.$$

对这个问题，首要的任务是检验假设

$$H_0: \mu_{ij}\text{全相等}, \ i=1,2,\cdots,r, \ j=1,2,\cdots,s.$$

与单因素方差分析一样，为今后讨论的方便，对 μ_{ij} 做一些形式上的改变，记

$$\mu=\frac{1}{rs}\sum_{i=1}^{r}\sum_{j=1}^{s}\mu_{ij},$$

$$\mu_{i\cdot}=\frac{1}{s}\sum_{j=1}^{s}\mu_{ij}, \quad \alpha_i=\mu_{i\cdot}-\mu \quad (i=1,2,\cdots,r),$$

$$\mu_{\cdot j}=\frac{1}{r}\sum_{i=1}^{r}\mu_{ij}, \quad \beta_j=\mu_{\cdot j}-\mu \quad (j=1,2,\cdots,s).$$

称 μ 为理论总均值，它表示所考虑的 rs 个总体的数学期望的总平均；称 α_i 为因素 A 的第 i 个水平 A_i 对试验结果的效应，即反映水平 A_i 对试验结果作用的大小；称 β_j 为因素 B 的第 j 个水平 B_j 对试验结果的效应，即反映水平 B_j 对试验结果作用的大小.

易证

$$\sum_{i=1}^{r}\alpha_i=0, \quad \sum_{j=1}^{s}\beta_j=0,$$

记

$$\gamma_{ij}=(\mu_{ij}-\mu)-(\mu_{i\cdot}-\mu)-(\mu_{\cdot j}-\mu),$$

即

$$\gamma_{ij}=(\mu_{ij}-\mu)-\alpha_i-\beta_j.$$

易验证

$$\sum_{i=1}^{r}\gamma_{ij}=0, \ j=1,2,\cdots,s, \quad \sum_{j=1}^{s}\gamma_{ij}=0, \ i=1,2,\cdots,r.$$

称 γ_{ij} 为因素 A 的第 i 个水平与因素 B 的第 j 个水平的**交互效应**，式中，$\mu_{ij}-\mu$ 表示水平组合 A_iB_j 对试验结果的总效应，而总效应减去 A_i 的效应 α_i 及 B_j 的效应 β_j，所得 γ_{ij} 就是水平组合 A_iB_j 对试验结果的交互效应. 通常把因素 A 与因素 B 对试验结果的交互效应设想为某个新因素的效应，这个新因素记作 $A\times B$，称它为 A 与 B 对试验结果的交互作用.

下面分两种情况进行讨论.

若 $\gamma_{ij}=0$（$i=1,2,\cdots,r, \ j=1,2,\cdots,s$），即因素 A 与因素 B 不存在交互作用，则对于无交互作用的情形，仅仅为分析因素 A 与因素 B 各自对试验结果的影响是否显著而设计的试验可以是无重复试验，即各种水平组合只进行一次试验，各获得一个数据就够了. 对水平 A_i 与 B_j 进行一次试验，记其结果为 X_{ij}（$i=1,2,\cdots,r, \ j=1,2,\cdots,s$），则

$$\begin{cases} X_{ij}=\mu+\alpha_i+\beta_j+\varepsilon_{ij}, \\ \varepsilon_{ij}\text{独立同分布}, \varepsilon_{ij}\sim N(0,\sigma^2), \\ \sum_{i=1}^{r}\alpha_i=0, \sum_{j=1}^{s}\beta_j=0, \\ i=1,2,\cdots,r, \ j=1,2,\cdots,s. \end{cases} \tag{6.2}$$

式中，μ、α_i、β_j（$i=1,2,\cdots,r, j=1,2,\cdots,s$）为未知参数，这种模型称为**无交互作用的双因素方差分析模型**.

若 $\gamma_{ij}\neq 0$（$i=1,2,\cdots,r, j=1,2,\cdots,s$），此时对 A_i 与 B_j 的每种水平组合都进行 t 次重复试

验. 将每次试验的结果记为 X_{ijk}（$i=1,2,\cdots,r,\ j=1,2,\cdots,s,\ k=1,2,\cdots,t$），则称

$$\begin{cases} X_{ijk}=\mu+\alpha_i+\beta_j+\gamma_{ij}+\varepsilon_{ijk}, \\ \varepsilon_{ijk}\text{独立同分布}, \varepsilon_{ijk}\sim N(0,\sigma^2), \\ \sum_{i=1}^{r}\alpha_i=0, \sum_{j=1}^{s}\beta_j=0, \sum_{i=1}^{r}\gamma_{ij}=\sum_{j=1}^{s}\gamma_{ij}=0, \\ i=1,2,\cdots,r,\ j=1,2,\cdots,s,\ k=1,2,\cdots,t. \end{cases} \tag{6.3}$$

为**有交互作用的双因素方差分析模型**.

6.2.2　无交互作用的双因素方差分析

对无交互作用的双因素方差分析模型［式（6.2）］，与单因素方差分析模型类似，要检验的假设为

$$H_{01}:\alpha_1=\alpha_2=\cdots=\alpha_r=0,$$
$$H_{02}:\beta_1=\beta_2=\cdots=\beta_s=0.$$

等价于检验假设

$$H_0:\mu_{ij}\text{全相等}, i=1,2,\cdots,r,\ j=1,2,\cdots,s.$$

若检验结果拒绝 H_{01} 或拒绝 H_{02}，则认为因素 A 或因素 B 对试验结果有显著影响；若检验结果对 H_{01} 与 H_{02} 均不拒绝，则认为因素 A 与因素 B 对试验结果无显著影响.

与单因素方差分析类似，仍然利用平方和分解法进行检验.

记

$$\bar{X}=\frac{1}{rs}\sum_{i=1}^{r}\sum_{j=1}^{s}X_{ij}\text{，}\quad \bar{\varepsilon}=\frac{1}{rs}\sum_{i=1}^{r}\sum_{j=1}^{s}\varepsilon_{ij}\text{，}$$

$$\bar{X}_{i\cdot}=\frac{1}{s}\sum_{j=1}^{s}X_{ij}\text{，}\quad \bar{\varepsilon}_{i\cdot}=\frac{1}{s}\sum_{j=1}^{s}\varepsilon_{ij}\quad (i=1,2,\cdots,r)\text{，}$$

$$\bar{X}_{\cdot j}=\frac{1}{r}\sum_{i=1}^{r}X_{ij}\text{，}\quad \bar{\varepsilon}_{\cdot j}=\frac{1}{r}\sum_{i=1}^{r}\varepsilon_{ij}\quad (j=1,2,\cdots,s).$$

称 $S_{\mathrm{T}}=\sum_{i=1}^{r}\sum_{j=1}^{s}(X_{ij}-\bar{X})^2$ 为总偏差平方和，反映了全部数据的波动.

称 $S_{\mathrm{e}}=\sum_{i=1}^{r}\sum_{j=1}^{s}(X_{ij}-\bar{X}_{i\cdot}-\bar{X}_{\cdot j}+\bar{X})^2=\sum_{i=1}^{r}\sum_{j=1}^{s}(\varepsilon_{ij}-\bar{\varepsilon}_{i\cdot}-\bar{\varepsilon}_{\cdot j}+\bar{\varepsilon})^2$ 为误差平方和，反映了随机误差所引起的数据的波动程度.

称 $S_{\mathrm{A}}=s\sum_{i=1}^{r}(\bar{X}_{i\cdot}-\bar{X})^2=s\sum_{i=1}^{r}(\alpha_i+\bar{\varepsilon}_{i\cdot}-\bar{\varepsilon})^2$ 为因素 A 的偏差平方和，反映了因素 A 取各不同水平所引起的数据的波动.

称 $S_{\mathrm{B}}=r\sum_{j=1}^{s}(\bar{X}_{\cdot j}-\bar{X})^2=r\sum_{j=1}^{s}(\beta_j+\bar{\varepsilon}_{\cdot j}-\bar{\varepsilon})^2$ 为因素 B 的偏差平方和，反映了因素 B 取各不同水平所引起的数据的波动.

定理 6.2.1（**平方和分解定理**） 在无交互作用的双因素方差分析模型［式（6.2）］中，平方和有如下恒等式

$$S_{\mathrm{T}} = S_{\mathrm{e}} + S_{\mathrm{A}} + S_{\mathrm{B}}.$$

证
$$\begin{aligned}S_{\mathrm{T}} &= \sum_{i=1}^{r}\sum_{j=1}^{s}(X_{ij}-\bar{X})^2 = \sum_{i=1}^{r}\sum_{j=1}^{s}[(X_{ij}-\bar{X}_{i\cdot}-\bar{X}_{\cdot j}+\bar{X})+(\bar{X}_{i\cdot}-\bar{X})+(\bar{X}_{\cdot j}-\bar{X})]^2\\ &= \sum_{i=1}^{r}\sum_{j=1}^{s}(X_{ij}-\bar{X}_{i\cdot}-\bar{X}_{\cdot j}+\bar{X})^2 + s\sum_{i=1}^{r}(\bar{X}_{i\cdot}-\bar{X})^2 + r\sum_{j=1}^{s}(\bar{X}_{\cdot j}-\bar{X})^2\\ &= S_{\mathrm{e}} + S_{\mathrm{A}} + S_{\mathrm{B}}\end{aligned}$$

其中所有交叉项均为0，事实上

$$\sum_{i=1}^{r}\sum_{j=1}^{s}(X_{ij}-\bar{X}_{i\cdot}-\bar{X}_{\cdot j}+\bar{X})(\bar{X}_{i\cdot}-\bar{X}) = \sum_{i=1}^{r}\{(\bar{X}_{i\cdot}-\bar{X})[\sum_{j=1}^{s}(X_{ij}-s\bar{X}_{i\cdot}-\sum_{j=1}^{s}\bar{X}_{\cdot j}+s\bar{X})]\} = 0,$$

$$\sum_{i=1}^{r}\sum_{j=1}^{s}(X_{ij}-\bar{X}_{i\cdot}-\bar{X}_{\cdot j}+\bar{X})(\bar{X}_{\cdot j}-\bar{X}) = \sum_{j=1}^{s}\{(\bar{X}_{\cdot j}-\bar{X})[\sum_{i=1}^{r}X_{ij}-\sum_{i=1}^{r}\bar{X}_{i\cdot}-r\bar{X}_{\cdot j}+r\bar{X})]\} = 0,$$

$$\sum_{i=1}^{r}\sum_{j=1}^{s}(\bar{X}_{i\cdot}-\bar{X})(\bar{X}_{\cdot j}-\bar{X}) = \sum_{i=1}^{r}[(\bar{X}_{i\cdot}-\bar{X})(\sum_{j=1}^{s}\bar{X}_{\cdot j}-s\bar{X})] = 0.$$

定理 6.2.2 在无交互作用的双因素方差分析模型［式（6.2）］中，有

$$E(S_{\mathrm{e}}) = (r-1)(s-1)\sigma^2;$$

$$E(S_{\mathrm{A}}) = (r-1)\sigma^2 + s\sum_{i=1}^{r}\alpha_i^2;$$

$$E(S_{\mathrm{B}}) = (s-1)\sigma^2 + r\sum_{i=1}^{r}\beta_i^2.$$

定理 6.2.3 在无交互作用的双因素方差分析模型［式（6.2）］中，有

$$\frac{S_{\mathrm{e}}}{\sigma^2} \sim \chi^2((r-1)(s-1)),$$

且S_{e}与$\bar{X}_{i\cdot}$、$\bar{X}_{\cdot j}$、$\bar{X}(i=1,2,\cdots,r,\ j=1,2,\cdots,s)$中的每一个均相互独立.

定理 6.2.4 在无交互作用的双因素方差分析模型［式（6.2）］中，

（1）H_{01}成立时，$\dfrac{S_{\mathrm{A}}}{\sigma^2} \sim \chi^2(r-1)$，且$S_{\mathrm{A}}$与$S_{\mathrm{e}}$相互独立，从而

$$F_{\mathrm{A}} = \frac{S_{\mathrm{A}}/(r-1)}{S_{\mathrm{e}}/(r-1)(s-1)} \sim F(r-1,(r-1)(s-1));$$

（2）H_{02}成立时，$\dfrac{S_{\mathrm{B}}}{\sigma^2} \sim \chi^2(s-1)$，且$S_{\mathrm{B}}$与$S_{\mathrm{e}}$相互独立，从而

$$F_{\mathrm{B}} = \frac{S_{\mathrm{B}}/(s-1)}{S_{\mathrm{e}}/(r-1)(s-1)} \sim F(s-1,(r-1)(s-1)).$$

上面三个定理的证明分别与定理 6.1.2、定理 6.1.3、定理 6.1.4 的证明过程类似，请读者自己证明.

根据定理 6.2.4，构造检验统计量

$$F_A=\frac{S_A}{S_e/(s-1)}\sim F(r-1,(r-1)(s-1))\ ;$$

$$F_B=\frac{S_B}{S_e/(r-1)}\sim F(s-1,(r-1)(s-1))\ ,$$

分别检验假设 H_{01} 与 H_{02}. 对给定的显著性水平 α，根据定理 6.2.2，检验法则为

当 $F_A>F_\alpha(r-1,(r-1)(s-1))$ 时，拒绝 H_{01}，即认为因素 A 对试验结果有显著的影响，否则接受 H_{01}；

当 $F_B>F_\alpha(s-1,(r-1)(s-1))$ 时，拒绝 H_{02}，即认为因素 B 对试验结果有显著的影响，否则接受 H_{02}.

综上所述，无交互作用的双因素方差分析表如表 6.10 所示.

表 6.10　无交互作用的双因素方差分析表

方差来源	平方和	自由度	均方和	F 值	显著性
因素 A	$S_A=s\sum_{i=1}^{r}(\bar{X}_{i\cdot}-\bar{X})^2$	$r-1$	$S_A/(r-1)$	$F_A=\frac{S_A}{S_e/(s-1)}$	
因素 B	$S_B=r\sum_{j=1}^{s}(\bar{X}_{\cdot j}-\bar{X})^2$	$s-1$	$S_B/(s-1)$	$F_B=\frac{S_B}{S_e/(r-1)}$	
误差 e	$S_e=\sum_{i=1}^{r}\sum_{j=1}^{s}(X_{ij}-\bar{X}_{i\cdot}-\bar{X}_{\cdot j}+\bar{X})^2$	$(r-1)(s-1)$	$S_e/(r-1)(s-1)$		
总和 T	$S_T=\sum_{i=1}^{r}\sum_{j=1}^{s}(X_{ij}-\bar{X})^2$ $S_T=S_e+S_A+S_B$	$rs-1$			

【例 6.2.1】　设甲、乙、丙、丁 4 位工人操作机器Ⅰ、Ⅱ、Ⅲ各一天，其日产量如表 6.11 所示. 试问不同工人和机器对产品的日产量是否有显著影响（$\alpha=0.05$）？

表 6.11　例 6.2.1 的数据

日产量	甲	乙	丙	丁	$\sum_{i=1}^{4}X_{ij}$	$\bar{X}_{\cdot j}$
Ⅰ	50	48	49	53	200	50
Ⅱ	63	54	57	58	232	58
Ⅲ	52	43	41	48	184	46
$\sum_{j=1}^{3}X_{ij}$	165	145	147	159	$T=616$	
$\bar{X}_{i\cdot}$	55	48.3	49	53		$\bar{X}=51.3$

解　这里视工人为因素 A，机器为因素 B，则

$$r=4,\ s=3,\ S_T=\sum_{i=1}^{r}\sum_{j=1}^{s}X_{ij}^2-rs\bar{X}^2=428.67\ ,\quad S_A=s\sum_{i=1}^{r}(\bar{X}_{i\cdot}-\bar{X})^2=92\ ,$$

$$S_B=r\sum_{j=1}^{s}(\bar{X}_{\cdot j}-\bar{X})^2=298.67\ ,\quad S_e=S_T-S_A-S_B=38\ .$$

查附录 D 得 $F_{0.05}(3,6)=4.76$，$F_{0.05}(2,6)=5.14$，得方差分析如表 6.12 所示.

表 6.12 例 6.2.1 的方差分析表

方差来源	平方和	自由度	均方和	F 值	显著性
因素 A	92	3	30.67	4.85	*
因素 B	298.67	2	149.34	23.59	**
误差 e	38	6	6.33		
总和 T	428.67	11			

由于 $F_A = 4.85 > F_{0.05}(3, 6) = 4.76$， $F_B = 23.59 > F_{0.05}(2, 6) = 5.14$，因此因素 A 和因素 B 对试验结果的影响都是显著的，即使取 $\alpha = 0.01$， $F_{0.01}(2, 6) = 10.92$，因素 B 的影响也是高度显著的，该结果说明工人与机器对产品的日产量都有显著影响，特别是机器对产品的日产量有高度显著的影响.

6.2.3 有交互作用的双因素方差分析

更一般的情况是因素 A 与因素 B 之间有交互作用，即两个因素对试验结果的效应不是简单的叠加. 对有交互作用的双因素方差分析模型［式（6.3）］，要检验的假设为

$$H_{01}: \alpha_1 = \alpha_2 = \cdots = \alpha_r = 0;$$
$$H_{02}: \beta_1 = \beta_2 = \cdots = \beta_s = 0;$$
$$H_{03}: \gamma_{ij} = 0,\ i = 1, 2, \cdots, r,\ j = 1, 2, \cdots, s.$$

等价于

$$H_0: \mu_{ij}\text{全相等},\ i = 1, 2, \cdots, r,\ j = 1, 2, \cdots, s .$$

记

$$\overline{X} = \frac{1}{rst}\sum_{i=1}^{r}\sum_{j=1}^{s}\sum_{k=1}^{t} X_{ijk}, \quad \overline{\varepsilon} = \frac{1}{rst}\sum_{i=1}^{r}\sum_{j=1}^{s}\sum_{k=1}^{t} \varepsilon_{ijk},$$

$$\overline{X}_{ij\cdot} = \frac{1}{t}\sum_{k=1}^{t} X_{ijk}, \quad \overline{\varepsilon}_{ij\cdot} = \frac{1}{t}\sum_{k=1}^{t} \varepsilon_{ijk}, \quad i = 1, 2, \cdots, r, \quad j = 1, 2, \cdots, s,$$

$$\overline{X}_{i\cdot\cdot} = \frac{1}{st}\sum_{j=1}^{s}\sum_{k=1}^{t} X_{ijk}, \quad \overline{\varepsilon}_{i\cdot\cdot} = \frac{1}{st}\sum_{j=1}^{s}\sum_{k=1}^{t} \varepsilon_{ijk}, \quad i = 1, 2, \cdots, r,$$

$$\overline{X}_{\cdot j\cdot} = \frac{1}{rt}\sum_{i=1}^{r}\sum_{k=1}^{t} X_{ijk}, \quad \overline{\varepsilon}_{\cdot j\cdot} = \frac{1}{rt}\sum_{i=1}^{r}\sum_{k=1}^{t} \varepsilon_{ijk}, \quad j = 1, 2, \cdots, s.$$

称 $S_T = \sum_{i=1}^{r}\sum_{j=1}^{s}\sum_{k=1}^{t}(X_{ijk} - \overline{X})^2$ 为总偏差平方和，反映了全部数据的波动.

称 $S_e = \sum_{i=1}^{r}\sum_{j=1}^{s}\sum_{k=1}^{t}(X_{ijk} - \overline{X}_{ij\cdot})^2 = \sum_{i=1}^{r}\sum_{j=1}^{s}\sum_{k=1}^{t}(\varepsilon_{ijk} - \overline{\varepsilon}_{ij\cdot})^2$ 为误差平方和，反映了随机误差所引起的数据的波动.

称 $S_A = st\sum_{i=1}^{r}(X_{i\cdot\cdot} - \overline{X})^2 = st\sum_{i=1}^{r}(\alpha_i + \overline{\varepsilon}_{i\cdot\cdot} - \overline{\varepsilon})^2$ 为因素 A 的偏差平方和，主要反映了因素 A 的各不同的水平所引起的数据的波动，常数 st 代表每个水平 A_i 在各个水平搭配中出现 st 次.

称 $S_B = rt\sum_{j=1}^{s}(X_{\cdot j\cdot} - \overline{X})^2 = rt\sum_{j=1}^{s}(\beta_j + \varepsilon_{\cdot j\cdot} - \overline{\varepsilon})^2$ 为因素 B 的偏差平方和，主要反映了因素 B 的

各不同的水平所引起的数据的波动，常数 rt 代表每个水平 B_j 在各个水平搭配中出现 rt 次.

称 $S_{A\times B}=t\sum_{i=1}^{r}\sum_{j=1}^{s}(\bar{X}_{ij\cdot}-X_{i\cdot\cdot}-X_{\cdot j\cdot}+\bar{X})^2=t\sum_{i=1}^{r}\sum_{j=1}^{s}(\gamma_{ij}+\bar{\varepsilon}_{ij\cdot}-\bar{\varepsilon}_{i\cdot\cdot}-\bar{\varepsilon}_{\cdot j\cdot}+\bar{\varepsilon})^2$ 为交互作用的偏差平方和，主要反映了因素 A 与因素 B 的交互作用所引起的数据的波动.

定理 6.2.5（**平方和分解定理**）　在有交互作用的双因素方差分析模型［式（6.3）］中，平方和有如下恒等式

$$S_T=S_e+S_A+S_B+S_{A\times B}.$$

证

$$\begin{aligned}S_T&=\sum_{i=1}^{r}\sum_{j=1}^{s}\sum_{k=1}^{t}(X_{ijk}-\bar{X})^2\\&=\sum_{i=1}^{r}\sum_{j=1}^{s}\sum_{k=1}^{t}[(X_{ijk}-\bar{X}_{ij\cdot})+(X_{i\cdot\cdot}-\bar{X})+(X_{\cdot j\cdot}-\bar{X})+(\bar{X}_{ij\cdot}-X_{i\cdot\cdot}-X_{\cdot j\cdot}+\bar{X})]^2\\&=\sum_{i=1}^{r}\sum_{j=1}^{s}\sum_{k=1}^{t}(X_{ijk}-\bar{X}_{ij\cdot})^2+st\sum_{i=1}^{r}(X_{i\cdot\cdot}-\bar{X})^2+rt\sum_{j=1}^{s}(X_{\cdot j\cdot}-\bar{X})^2\\&\quad+t\sum_{i=1}^{r}\sum_{j=1}^{s}(\bar{X}_{ij\cdot}-\bar{X}_{i\cdot\cdot}-\bar{X}_{\cdot j\cdot}+\bar{X})^2\\&=S_e+S_A+S_B+S_{A\times B}\end{aligned}$$

其中所有交叉项均为 0，请读者自己证明.

同无交互作用的双因素方差分析一样，下面不加证明地给出如下定理.

定理 6.2.6　在有交互作用的双因素方差分析模型［式（6.3）］中，有

$$E(S_e)=rs(t-1)\sigma^2;\quad E(S_A)=(r-1)\sigma^2+st\sum_{i=1}^{r}\alpha_i^2;$$

$$E(S_B)=(s-1)\sigma^2+rt\sum_{i=1}^{r}\beta_i^2;\quad E(S_{A\times B})=(r-1)(s-1)\sigma^2+t\sum_{i=1}^{r}\sum_{j=1}^{s}\gamma_{ij}^2.$$

定理 6.2.7　在有交互作用的双因素方差分析模型［式（6.3）］中，有

$$\frac{S_e}{\sigma^2}\sim\chi^2(rs(t-1))$$

且 S_e 与 $\bar{X}_{ij\cdot}$、$\bar{X}_{i\cdot\cdot}$、$\bar{X}_{\cdot j\cdot}$、$\bar{X}(i=1,2,\cdots,r,\ j=1,2,\cdots,s)$ 中的每一个均相互独立.

定理 6.2.8　在有交互作用的双因素方差分析模型［式（6.3）］中，

（1）当 H_{01} 成立时，$\frac{S_A}{\sigma^2}\sim\chi^2(r-1)$，且 S_A 与 S_e 相互独立，从而

$$F_A=\frac{S_A/(r-1)}{S_e/rs(t-1)}\sim F(r-1,rs(t-1));$$

（2）当 H_{02} 成立时，$\frac{S_B}{\sigma^2}\sim\chi^2(s-1)$，且 S_B 与 S_e 相互独立，从而

$$F_B=\frac{S_B/(s-1)}{S_e/rs(t-1)}\sim F(s-1,rs(t-1));$$

（3）当 H_{03} 成立时，$\frac{S_{A\times B}}{\sigma^2}\sim\chi^2((r-1)(s-1))$，且 $S_{A\times B}$ 与 S_e 相互独立，从而

$$F_{A\times B}=\frac{S_{A\times B}/(r-1)(s-1)}{S_e/rs(t-1)}\sim F((r-1)(s-1),rs(t-1)).$$

根据定理 6.2.8，构造检验统计量

$$F_A=\frac{S_A/(r-1)}{S_e/rs(t-1)}\sim F(r-1,rs(t-1));$$

$$F_B=\frac{S_B/(s-1)}{S_e/rs(t-1)}\sim F(s-1,rs(t-1));$$

$$F_{A\times B}=\frac{S_{A\times B}/(r-1)(s-1)}{S_e/rs(t-1)}\sim F((r-1)(s-1),rs(t-1)).$$

分别检验假设 H_{01}、H_{02} 与 H_{03}，对于给定的显著性水平 α，根据定理 6.2.6，检验法则为

当 $F_A>F_\alpha(r-1,rs(t-1))$ 时，拒绝 H_{01}，即认为因素 A 对试验结果有显著的影响，否则接受 H_{01}；

当 $F_B>F_\alpha(s-1,rs(t-1))$ 时，拒绝 H_{02}，即认为因素 B 对试验结果有显著的影响，否则接受 H_{02}；

当 $F_{A\times B}>F_\alpha((r-1)(s-1),rs(t-1))$ 时，拒绝 H_{03}，即认为交互作用 $A\times B$ 对试验结果有显著的影响，否则接受 H_{03}，认为交互作用的影响不显著.

综上所述，有交互作用的双因素方差分析表如表 6.13 所示.

表 6.13 有交互作用的双因素方差分析表

方差来源	平方和	自由度	均方和	F 值	显著性
因素 A	S_A	$r-1$	$S_A/(r-1)$	$F_A=\frac{S_A/(r-1)}{S_e/rs(t-1)}$	
因素 B	S_B	$s-1$	$S_B/(s-1)$	$F_B=\frac{S_B/(s-1)}{S_e/rs(t-1)}$	
$A\times B$	$S_{A\times B}$	$(r-1)(s-1)$	$S_{A\times B}/(r-1)(s-1)$	$F_{A\times B}=\frac{S_{A\times B}/(r-1)(s-1)}{S_e/rs(t-1)}$	
误差 e	S_e	$rs(t-1)$	$S_e/rs(t-1)$		
总和 T	S_T	$rst-1$			

【例 6.2.2】 一化工厂为提高某化工产品的转化率，在 3 种不同浓度和 4 种不同温度条下做试验，为考虑浓度与温度的交互作用，在浓度与温度的每种水平组合下各做 3 次试验，得转化率如表 6.14 所示.

表 6.14 例 6.2.2 的数据

转化率	浓度 A_1	浓度 A_2	浓度 A_3
温度 B_1	90, 85, 85	85, 82, 80	80, 86, 83
温度 B_2	86, 86, 86	83, 82, 80	90, 85, 80
温度 B_3	88, 86, 85	85, 80, 80	80, 80, 80
温度 B_4	86, 85, 82	80, 82, 80	80, 85, 90

对给定的显著性水平 $\alpha=0.05$，问：

（1）不同的浓度对转化率是否有显著影响?

（2）不同的温度对转化率是否有显著影响?

（3）浓度和温度之间的交互作用对转化率是否有显著影响?

解　这里视浓度为因素 A，温度为因素 B，则

$$r=3,\ s=4,\ t=3,\ \bar{X}_{ij\cdot}=\frac{1}{t}\sum_{k=1}^{t}X_{ijk}\ (\ i=1,2,\cdots,r,\ j=1,2,\cdots,s),$$

$$\bar{X}_{i\cdot\cdot}=\frac{1}{st}\sum_{j=1}^{s}\sum_{k=1}^{t}X_{ijk}\ (\ i=1,2,\cdots,r),\quad \bar{X}_{\cdot j\cdot}=\frac{1}{rt}\sum_{i=1}^{r}\sum_{k=1}^{t}X_{ijk}\ (\ j=1,2,\cdots,s),$$

$$S_{\mathrm{T}}=\sum_{i=1}^{r}\sum_{j=1}^{s}\sum_{k=1}^{t}X_{ijk}^{2}-rst\bar{X}^{2}=358.89,\quad S_{\mathrm{A}}=st\sum_{i=1}^{r}(X_{i\cdot\cdot}-\bar{X})^{2}=110.06,$$

$$S_{\mathrm{B}}=rt\sum_{j=1}^{s}(X_{\cdot j\cdot}-\bar{X})^{2}=13.33,\quad S_{\mathrm{A\times B}}=t\sum_{i=1}^{r}\sum_{j=1}^{s}(\bar{X}_{ij\cdot}-X_{i\cdot\cdot}-X_{\cdot j\cdot}+\bar{X})^{2}=50.83,$$

$$S_{\mathrm{e}}=S_{\mathrm{T}}-S_{\mathrm{A}}-S_{\mathrm{B}}-S_{\mathrm{A\times B}}=358.89-110.06-13.33-50.83=184.67.$$

方差分析表如表 6.15 所示.

表 6.15　例 6.2.2 的方差分析表

方差来源	平方和	自由度	均方和	F 值	显著性
因素 A	110.06	2	55.03	7.16	*
因素 B	13.33	3	4.44	0.58	无
$A\times B$	50.83	6	8.47	1.10	无
误差 e	184.67	24	7.69		
总和 T	358.89	35			

查附录 D 得，$F_{0.05}(2,24)=3.40$，$F_{0.05}(3,24)=3.01$，$F_{0.05}(6,24)=2.51$.

由于 $F_{\mathrm{A}}=7.16>F_{0.05}(2,24)=3.40$，$F_{\mathrm{B}}=0.58<F_{0.05}(3,24)=3.01$，$F_{\mathrm{A\times B}}=1.10<F_{0.05}(6,24)=2.51$，因此不同的浓度对转化率有显著影响，不同的温度对转化率没有显著影响，浓度和温度之间的交互作用对转化率没有显著影响.

6.3　正交试验设计

试验设计是数理统计的一个分支，它主要研究如何收集数据以供统计推断之用. 正交试验设计是最常用的一类试验设计方法. 在方差分析问题中，当因素及水平数较多（如在一个试验中考虑 $s=6$ 个因素，每个因素取 $q=5$ 个水平）时，若对每个水平搭配都做一次试验，就要做 $q^{s}=5^{6}=15625$ 次试验，工作量相当大，进行统计分析工作也相当麻烦，此时，可以用正交试验设计的方法，即只要从中选取一部分有代表性的试验来做，试验次数会大幅减少，进行统计分析也很简单，正交试验设计是利用现成的表——正交表科学地安排试验，其优点是能从很多试验方案中挑选出代表性较强的少数试验方案，并通过对少数试验方案的试验结果进行统计分析，推断出最优方案，同时进一步分析. 对于多因素多水平试验，可利用正交试验设计的方法来做.

本节主要讨论如何使用正交表来合理安排试验和进行统计分析.

6.3.1 正交表

正交表是在正交试验设计中安排试验并对试验结果进行统计分析的重要工具. 正交表用符号 $L_p(n^m)$ 表示，其含义如下.

L：表示正交表；

p：表示试验的次数；

n：表示因素的水平数；

m：表示表中的列数，即最多可安排的因素数.

m、n、p 满足关系式

$$m(n-1)=p-1.$$

列出几个常用的正交表，它们的具体形式如表 6.16 所示.

表 6.16 $L_8(2^7)$

水平		列号						
		1	2	3	4	5	6	7
试验号	1	1	1	1	1	1	1	1
	2	1	1	1	2	2	2	2
	3	1	2	2	1	1	2	2
	4	1	2	2	2	2	1	1
	5	2	1	2	1	2	1	2
	6	2	1	2	2	1	2	1
	7	2	2	1	1	2	2	1
	8	2	2	1	2	1	1	2

表 6.16 给出的 $L_8(2^7)$ 表示该正交表最多可安排 7 个因素，每个因素均有 2 个水平，共要做 8 次试验. 如果要做全面搭配试验，那么应该做 $2^7=128$ 次，若用正交表，则只需做 8 次试验，大大减少了试验次数.

正交表具有如下两条性质：

（1）表中任意一列中，不同数字出现的次数相同，即任何一列对应的因素水平都出现，且出现的次数相同；

（2）表中任意两列中，在把同一行的两个数字视为有序数对时，所有可能的数对出现的次数相同，即任意两列中各种水平搭配对都出现，且出现次数都相同.

凡满足上述两条性质的表都称为正交表，这两条性质也称为正交表的均衡性.

例如，表 6.17 中，$L_4(2^3)$ 中的不同数字有“1”“2”，在每列中它们都出现 2 次；$L_4(2^3)$ 中的任意两列，所有可能的有序数对为 $(1,1)$、$(1,2)$、$(2,1)$、$(2,2)$，共有 4 种，它们各出现一次.

表 6.17 $L_4(2^3)$

水平		列号		
		1	2	3
试验号	1	1	1	1
	2	1	2	2

（续表）

水　平		列　号		
		1	2	3
试验号	3	2	1	2
	4	2	2	1

表 6.18 中，$L_9(3^4)$ 中的不同数字有“1”“2”“3”，在每列中它们都出现 3 次；$L_9(3^4)$ 中的任意两列，所有可能的有序数对为 $(1,1)$、$(1,2)$、$(1,3)$、$(2,1)$、$(2,2)$、$(2,3)$、$(3,1)$、$(3,2)$、$(3,3)$，共有 9 种，它们各出现一次.

表 6.18　$L_9(3^4)$

水　平		列　号			
		1	2	3	4
试验号	1	1	1	1	1
	2	1	2	2	2
	3	1	3	3	3
	4	2	1	2	3
	5	2	2	3	1
	6	2	3	1	2
	7	3	1	3	2
	8	3	2	1	3
	9	3	3	2	1

常用的正交表有 $L_4(2^3)$、$L_8(2^7)$、$L_{16}(2^{15})$、$L_{32}(2^{31})$，它们是二水平正交表；$L_9(3^4)$、$L_{27}(3^{13})$ 是三水平正交表，具体形式参见附录 H.

有时，各因素的水平不完全相同，这样的试验可选用混合正交表，如表 6.19 所示.

表 6.19　$L_8(4^1 \times 2^4)$

水　平		列　号				
		1	2	3	4	5
试验号	1	1	1	1	1	1
	2	1	2	2	2	2
	3	2	1	1	2	2
	4	2	2	2	1	1
	5	3	1	2	1	2
	6	3	2	1	2	1
	7	4	1	2	2	1
	8	4	2	1	1	2

正交表还具有下列性质：

（1）将正交表中的任意两行互换位置，均衡性不变；

（2）将正交表中的任意两列互换位置，均衡性不变；

（3）将正交表中的任意一列的两字码互换，均衡性不变.

其含义是：

（1）试验号的编号可以随意；

（2）因素的编号可以随意；

（3）水平的编号可以随意.

因此，同一个正交表可有不同的形式.

6.3.2　正交试验设计

【例 6.3.1】 某种化工产品的转化率可能与反应温度 A、反应时间 B、某两种原料的配比 C、真空度 D 有关. 为寻找最优的生产条件，以提高该化工产品的转化率，考虑对 A、B、C、D 这 4 个因素进行试验，根据以往经验，确定每个因素只需考虑 3 个水平，数据如表 6.20 所示.

表 6.20　例 6.3.1 的数据

	水平 1	水平 2	水平 3
A:反应温度/℃	60	70	80
B:反应时间/h	2.5	3.0	3.5
C: 原料配比	1.1:1	1.15:1	1.2:1
D:真空度/mmHg	500	550	600

例 6.3.1 的试验中有 4 个因素，每个因素考虑 3 个水平，理想的做法是各种因素在所有水平的搭配下都做试验，需要进行 $3\times3\times3\times3=81$ 次试验. 下面通过例 6.3.1 来说明如何利用正交表来安排无交互作用的试验，以及如何对试验结果进行统计分析.

首先安排试验.

第一步，确定试验目的.

例 6.3.1 中的试验目的是提高化工产品的转化率，即确认在什么条件下，产品的转化率最高.

第二步，定因素.

确定哪些因素会影响试验的指标，要求这些因素是可以控制的，否则无法观测到因素对指标的影响. 如果看不清楚某些因素的作用，那么不妨也列上，因为对正交试验设计而言，增加一个因素不会增加很多工作量. 相反，若少考虑一个有影响的因素，等发现后再补数，则需要重新做试验，非常耗时、耗力. 例 6.3.1 中，表 6.20 已经列出了 4 个有影响的因素.

第三步，选水平.

每个因素选择 n 个水平，水平数可相等，也可不相等. 例 6.3.1 中，表 6.20 已经列出了每个因素有 3 个水平.

第四步，选正交表.

若试验中各因素的水平数都是 n，则选正交表 $L_p(n^m)$，其中要求 m 不小于试验要求的因素数，例 6.3.1 中有 4 个因素，每个因素有 3 个水平，因此选用正交表 $L_9(3^4)$ 来安排试验. 对因素、水平数不等的试验，可以选用混合正交表.

第五步，表头设计.

选定正交表后，只需将各因素分别填写在所选正交表的上方与列号相对应的位置，一个占一列，不同因素占不同的列，这就是表头设计. 由于在选用正交表时，要求表中的列数不小于因素的个数，因此可能会出现空列，这些空列可以作为交互列或误差列来安排，如表 6.21 所示.

表 6.21　例 6.3.1 的表头设计

水　平		列　号			
		A 1	B 2	C 3	D 4
试验号	1	1	1	1	1
	2	1	2	2	2
	3	1	3	3	3
	4	2	1	2	3
	5	2	2	3	1
	6	2	3	1	2
	7	3	1	3	2
	8	3	2	1	3
	9	3	3	2	1

第六步，明确试验方案.

为表头上各因素的水平任意分配一个水平号，并将各因素的诸水平所表示的实际状态或条件填入正交表中，正交表的每一行就代表一个试验方案，于是得到了 9 个试验方案，如表 6.22 所示.

表 6.22　试验方案

水　平		列　号			
		A 1	B 2	C 3	D 4
试验号	1	1(60)	1(2.5)	1(1.1 : 1)	1(500)
	2	1	2(3.0)	2(1.15 : 1)	2(550)
	3	1	3(3.5)	3(1.2 : 1)	3(600)
	4	2(70)	1	2	3
	5	2	2	3	1
	6	2	3	1	2
	7	3(80)	1	3	2
	8	3	2	1	3
	9	3	3	2	1

例如，第一号试验方案 $A_1B_1C_1D_1$：就是在反应温度 60 ℃、反应时间 2.5h 、原料配比1.1:1，

真空度500mmHg这4种水平组合下进行试验的.

因素和水平可以任意排，但一经排定，试验条件就完全确定了.

第七步，试验实施.

按正交表安排试验，并记录下各次试验的结果，试验结果依次记于表的最后一列，例6.3.1的试验结果如表6.23所示.

表6.23　试验结果

水平		列号				试验结果（%）
		A 1	B 2	C 3	D 4	
试验号	1	1(60)	1(2.5)	1(1.1:1)	1(500)	38
	2	1	2(3.0)	2(1.15:1)	2(550)	37
	3	1	3(3.5)	3(1.2:1)	3(600)	76
	4	2(70)	1	2	3	51
	5	2	2	3	1	50
	6	2	3	1	2	82
	7	3(80)	1	3	2	44
	8	3	2	1	3	55
	9	3	3	2	1	86

例6.3.1的试验目的是找出产品的最高转化率和最优生产条件，由表6.23可以看出，第9次试验的试验结果（86%）最高，其生产条件是$A_3B_3C_2D_1$. 由于全面搭配试验需要做81次，现在只做了9次试验，因此会出现这样一个问题：9次试验中最好的结果是否一定是全面搭配试验中最好的结果呢？还需要用统计方法进一步分析.

下面先利用极差分析进行直观分析.

第一步，极差计算.

引入如下记号.

T_{ij}：第j列中水平i对应的试验结果之和；

$T=\sum T_{ij}$：所有试验结果之和；

$R_j=\max\limits_i T_{ij}-\min\limits_i T_{ij}$：第$j$列的极差.

对于例6.3.1，有$T_{11}=38+37+76=151$，T_{11}的值是由因素A取水平“1”，因素B、C、D分别取水平“1”“2”“3”各一次的第1、2、3号试验结果相加而成，由于因素B、C、D的3个水平均衡地各取了一次，因此，T_{11}大致反映了A_1的影响.

同理，T_{21}大致反映了A_2的影响；T_{31}大致反映了A_3的影响. T_{12}、T_{22}和T_{32}大致反映了B_1、B_2和B_3的影响；T_{13}、T_{23}和T_{33}大致反映了C_1、C_2和C_3的影响；T_{14}、T_{24}和T_{34}大致反映了D_1、D_2和D_3的影响.

它们的计算结果列在表6.24中.

表 6.24　计算结果

水　平		列号 A 1	B 2	C 3	D 4	试验结果（%）
试验号	1	1(60)	1(2.5)	1(1.1:1)	1(500)	38
	2	1	2(3.0)	2(1.15:1)	2(550)	37
	3	1	3(3.5)	3(1.2:1)	3(600)	76
	4	2(70)	1	2	3	51
	5	2	2	3	1	50
	6	2	3	1	2	82
	7	3(80)	1	3	2	44
	8	3	2	1	3	55
	9	3	3	2	1	86
	T_{1j} T_{2j} T_{3j}	151 183 185	133 142 244	175 174 170	174 163 182	$T=519$
	R_j	34	111	5	19	

第二步，极差分析.

一般来说，各列的极差 R_j 是不相等的，说明各因素的水平改变对试验结果的影响不同，极差 R_j 越大，说明第 j 列上因素水平的改变对试验结果的影响也越大，极差最大的那一列因素，就是因素的水平改变对试验结果影响最大的因素，也就是最主要的因素，因此根据极差大小排列出因素的主次顺序：

$$\text{主} \quad \rightarrow \quad \text{次}$$
$$B \quad A \quad D \quad C$$

最优的因素、水平搭配与所要求的指标有关系. 若指标要求越大越好，则应该挑选使指标最大的水平，即各列 T_{1j}、T_{2j}、T_{3j} 中最大的那个水平；反之，若指标要求越小越好，则应该挑选使指标最小的水平，即各列 T_{1j}、T_{2j}、T_{3j} 中最小的那个水平. 例 6.3.1 中，希望转化率越高越好，由于

$$T_{31} > T_{21} > T_{11},$$
$$T_{32} > T_{22} > T_{12},$$
$$T_{13} > T_{23} > T_{33},$$
$$T_{34} > T_{14} > T_{24}.$$

因此，最优方案是 $A_3B_3C_1D_3$，即反应温度是 80 ℃，反应时间是 3.5h，原料配比是 1.1:1，真空度是 600mmHg .

注意：通过极差分析得到的最优方案 $A_3B_3C_1D_3$，并不包含在正交表中已经做过的 9 个试验方案之中. 因此，在这个试验方案下，试验结果可能比 $A_3B_3C_2D_1$ 下的试验结果（86%）还要高. 在实际生产时，较好的因素、水平搭配不等于实际生产时的最好条件，还得考虑经济效益等实际情况，加以综合从而得到最好的生产条件，也可以做进一步的理论计算来验证.

极差分析方法简单易行、计算量小，而且比较直观，但精度较差，下面的方差分析方法

弥补了这一不足.

利用正交表对试验结果进行方差分析的基本思想与双因素方差分析的思想类似：首先将数据的总偏差平方和分解为各因素的偏差平方和与误差平方和，然后给出检验统计量——F 统计量，计算出 F 值，最后进行判断.

利用正交表 $L_p(n^m)$ 安排试验，得到的试验结果为 $y_1, y_2, \cdots, y_p$，则这些试验结果的总偏差平方和为

$$S_{\mathrm{T}} = \sum_{k=1}^{p}(y_k - \overline{y})^2 = \sum_{k=1}^{p} y_k^2 - p\overline{y}^2 = \sum_{k=1}^{p} y_k^2 - \frac{T^2}{p},$$

式中，$\overline{y} = \frac{1}{p}\sum_{k=1}^{p} y_k$，$T = \sum_{k=1}^{p} y_k$.

第 j 列上的水平 i 对应的试验结果有 $r = \frac{p}{n}$ 个，r 个数据之和为 T_{ij}，r 个结果的均值为 T_{ij}/r（$i = 1, 2, \cdots, n$），则 n 个均值的平均值为

$$\frac{1}{n}\sum_{i=1}^{n}\frac{T_{ij}}{r} = \frac{T}{p}, j = 1, 2, \cdots, m.$$

于是，定义第 j 列的偏差平方和为

$$S_j = r\sum_{i=1}^{n}(\frac{T_{ij}}{r} - \frac{T}{p})^2 = \frac{1}{r}\sum_{i=1}^{n} T_{ij}^2 - \frac{T^2}{p}.$$

若用正交表 $L_p(n^m)$ 安排试验，则可以证明有如下的平方和分解公式

$$S_{\mathrm{T}} = \sum_{j=1}^{m} S_j.$$

也就是说，利用正交表将总偏差平方和 S_{T} 分解为各列偏差平方和 S_j，而且 S_{T} 的自由度为 $f_{\mathrm{T}} = p - 1$，S_j 的自由度为 $f_j = n - 1$.

类似于双因素方差分析，在检验因素 j 的作用时，可用统计量

$$F_j = \frac{S_j/f_j}{S_{\mathrm{e}}/f_{\mathrm{e}}},$$

当因素 j 作用不显著时，由上式确定的统计量服从分布 $F(f_j, f_{\mathrm{e}})$.

于是出现了一个问题，在使用正交表 $L_p(n^m)$ 的正交试验方差分析中，如何确定 S_{e} 呢？当正交表有空列时，所有空列的偏差平方和 S_j 之和是误差的偏差平方和 S_{e}. S_{e} 的自由度 f_{e} 为这些空列的自由度之和. 当正交表无空列时，常常取 S_j 中的最小值作为误差的偏差平方和 S_{e}. 有了 S_{e} 后，可对正交表所安排的因素进行 F 检验，此时 $f_j = n - 1$，$f_{\mathrm{e}} = (m - k)(n - 1)$，$k$ 是因素的个数，若 $k = m$，则 $f_{\mathrm{e}} = 0$，这时用 $S_1, S_2, \cdots, S_m$ 中最小的一个或几个作为 S_{e}，一般地，$S_{\mathrm{e}}^{\Delta} = S_{\mathrm{e}} + \{S_1, S_2, \cdots, S_m$中较小的几个$\}$，$f_{\mathrm{e}}^{\Delta}$ 是相应的自由度，于是，用统计量

$$F_j = \frac{S_j/f_j}{S_{\mathrm{e}}^{\Delta}/f_{\mathrm{e}}^{\Delta}} \sim F(f_j, f_{\mathrm{e}}^{\Delta}).$$

检验因素 j 的作用，对给定的显著性水平 α，检验法则为

若 $F_j > F_\alpha(f_j, f_e^\Delta)$，则认为因素 j 的作用显著；

若 $F_j \le F_\alpha(f_j, f_e^\Delta)$，则认为因素 j 的作用不显著.

【例 6.3.2】 某试验被考察的因素有 3 个：A、B、C，每个因素有 3 个水平，不考虑交互作用，选用正交表 $L_9(3^4)$ 安排试验，试验结果如表 6.25 所示（这里只给出简表）.

表 6.25 例 6.3.2 的数据表

	A	B	C	
T_{1j}	120	147	138	147
T_{2j}	147	159	171	150
T_{3j}	183	144	141	153

（1）试进行极差分析，给出满意的水平搭配（指标小为好）.

（2）试进行方差分析，并给出方差分析表（$\alpha = 0.05$）.

（3）对以上两种分析结果进行比较.

解 这里 $p=9$，$n=3$，$r=\dfrac{p}{n}=3$，$R_j=\max\limits_i T_{ij}-\min\limits_i T_{ij}$，$T=\sum\limits_i T_{ij}$，$S_j=\dfrac{1}{r}\sum\limits_{i=1}^{n}T_{ij}^2-\dfrac{T^2}{p}$，计算表如表 6.26 所示.

表 6.26 例 6.3.2 的计算表

	A	B	C	
T_{1j}	120	147	138	147
T_{2j}	147	159	171	150
T_{3j}	183	144	141	153
R_j	63	15	33	6
S_j	666	42	222	6

（1）极差分析.

$$\begin{matrix} \text{主} & \rightarrow & \text{次} \\ A & C & B \end{matrix}$$

较好的因素水平搭配为 $A_1C_1B_3$.

（2）方差分析表如表 6.27 所示.

表 6.27 例 6.3.2 的方差分析表

方差来源	平方和 S_j	自由度 f_j	S_j/f_j	$F_j=\dfrac{S_j/f_j}{S_e^\Delta/f_e^\Delta}$	显著性
A	666	2	333	111	**
B	42	2	21	7	不显著
C	222	2	111	37	*
e	6	2	3		

查附录 D 得 $F_{0.05}(2,2)=19$，$F_{0.01}(2,2)=99$，因此因素 A 的作用高度显著，因素 C 的作用显著，而因素 B 的作用不显著.

（3）对比极差分析和方差分析的结果，是一致的.

若因素之间存在交互作用，则在应用正交表解决具有交互作用的试验设计问题时，需要使用和它相对应的一张交互作用表.

在正交试验设计中，将交互作用 $A\times B$ 作为单独的因素安排一列——交互作用列上. A、B 和 $A\times B$ 作为三因素安排，先安排 A、B，再查表找对应 $A\times B$ 的交互作用列. 交互作用列不能随便安排在任意一列上，必须通过查交互作用表来安排，如表 6.28 所示.

表 6.28　$L_8(2^7)$ 两列间的交互作用表

1	2	3	4	5	6	7
(1)	3	2	5	4	7	6
	(2)	1	6	7	4	5
		(3)	7	6	5	4
			(4)	1	2	3
				(5)	3	2
					(6)	1
						(7)

从交互作用表上可以查出正交表中任意两列的交互作用列. 例如，$L_8(2^7)$ 中的第 1 列和第 2 列的交互作用列是第 3 列，就是说如果因素 A 被安排在第 1 列，因素 B 被安排在第 2 列，那么第 3 列就由 $A\times B$ 占用，此时，第 3 列不得再安排其他因素，也不允许混杂其他交互作用.

根据正交表的构造，二水平正交表中任何两列的交互作用列占用表中另外的某一列；三水平正交表中任何两列的交互作用列占用表中另外的某两列；四水平正交表中任何两列的交互作用列占用表中另外的某三列. 各正交表的交互作用表参见附录 H.

正交试验设计中只考虑两因素的交互作用，不考虑两个以上因素的交互作用，例如 $A\times B\times C$.

有交互作用的表头设计需要注意如下几个问题，假设有交互作用 $A\times B$ 需要考虑.

（1）$A\times B$ 作为单独因素被安排，无水平，但不影响试验过程，仍可以计算极差和偏差平方和.

（2）$A\times B$ 必须被安排在因素 A 和因素 B 两列的交互作用列上，可以通过查交互作用表来获得.

（3）已经安排交互作用 $A\times B$ 的列不能再安排其他因素，否则该列就会发生混杂.

（4）若交互作用因素多而安排不开，则可以选同样水平数但因素数较多（m 较大）的正交表，以避免引起混杂.

关于交互作用的正交试验设计及其结果的统计分析可参阅相关文献，如参考文献[12]和[14].

习题 6

6.1　试述回归分析和方差分析的不同之处.

6.2　4 台机器 A_1, A_2, A_3, A_4 生产同种产品，对每台机器观察 5 天的日产量，如下表所示.

日产量	机器 A_1	机器 A_2	机器 A_3	机器 A_4
第 1 天	41	65	42	40
第 2 天	48	67	48	50
第 3 天	42	64	50	52
第 4 天	57	70	51	51
第 5 天	49	68	46	46

试分析 4 台机器生产的产品的日产量是否存在显著性差异（$\alpha = 0.05$）.

6.3　4 个工厂生产某种产品 A，为研究各工厂生产的产品的特征值是否存在差异，从每个工厂的产品中各取了 3 个产品测定其特征值，如下表所示.

特征值	工厂 A_1	工厂 A_2	工厂 A_3	工厂 A_4
产品 1	25.5	25.5	27.5	28.0
产品 2	26.5	24.5	25.5	28.5
产品 3	27.0	23.5	26.5	29.0

试分析 4 个工厂生产的产品是否存在显著性差异（$\alpha = 0.05$）.

6.4　3 个工人 A_1, A_2, A_3 分别在 4 台不同的机器 B_1, B_2, B_3, B_4 上生产同种产品，得到 3 天的日产量如下表所示.

日 产 量	工人 A_1	工人 A_2	工人 A_3
机器 B_1	15, 15, 17	19, 19, 15	16, 18, 21
机器 B_2	16, 16, 17	15, 15, 16	19, 22, 22
机器 B_3	15, 16, 17	16, 17, 19	18, 19, 19
机器 B_4	18, 20, 23	18, 17, 19	17, 17, 17

试分析：

（1）工人之间是否有显著性差异.

（2）机器之间是否有显著性差异.

（3）工人和机器之间的交互作用是否有显著性差异（$\alpha = 0.05$）.

6.5　某试验中被考察的因素有 3 个：A、B、C，每个因素有 3 个水平，不考虑交互作用，选用正交表 $L_9(3^4)$ 来安排试验，试验结果如下表所示.

	A	B	C	
T_{1j}	123	141	135	144
T_{2j}	144	165	171	153
T_{3j}	183	144	144	153

（1）试进行极差分析，给出满意的水平搭配（指标大为好）.

（2）试进行方差分析，并给出方差分析表（$\alpha=0.10$）.

（3）对以上两种分析结果进行比较.

6.6 某五因素二水平试验选用正交试验表 $L_8(2^7)$，将因素 A、B、C、D、E 分别安排在第 1, 2, 4, 5, 6 列上，得试验结果分别为 $y_1=83$，$y_2=84$，$y_3=87$，$y_4=85$，$y_5=86$，$y_6=88$，$y_7=91$，$y_8=92$. 试用方差分析法确定最优工艺条件（$\alpha=0.10$）.

第 二 篇

随机过程部分

在生产和生活实际中有许多随机现象，通常用一个或有限多个随机变量来描述就可以了.但还有另外一类随机现象，仅用一个或有限多个随机变量来描述不能完全揭示这些随机现象的全部统计规律.因为在研究这些现象时，必须考虑其随时间而发展、变化的过程，不得不用无穷多个随机变量来加以描述，具有某种属性的无穷多个随机变量的集合就构成一个随机过程.因此，随机过程是研究随时间演变的随机现象的一门学科，它以概率论为基础，是概率论的深入和发展.随着科学技术的发展，随机过程已被广泛地应用于雷达与通信、动态可靠性、自动控制、生物工程、金融工程、社会科学及其他工程科学领域，并且在这些领域中发挥十分重要的作用.

第 7 章　随机过程的基本概念及类型

第 1 章中在介绍概率论的基础知识时，研究的主要对象是一个或有限个随机变量（或随机向量），虽然有时也讨论了随机变量序列，但假定序列之间是相互独立的. 然而，在客观世界中，许多随机现象都表现为带随机性的变化过程，它不能用一个或几个随机变量来刻画，这时必须考虑无穷多个随机变量；而且解决问题的出发点不是随机变量的一次具体观测的若干独立样本，而是无穷多个随机变量的一次具体观测. 这时，必须用一族随机变量才能刻画这种随机现象的全部统计规律性，通常这种随机变量族就是随机过程. 本章介绍随机过程及其相关的基本概念、几种重要的随机过程.

7.1　随机过程的基本概念

随机过程理论是概率论的继续和发展，被认为是概率论的“运动学”部分，即它的研究对象是随时间演变的随机现象. 从运动的观点来说，一方面，对事物变化的全过程进行观察，得到的结果是时间 t 的函数；另一方面，对事物的变化过程独立地重复进行多次观测，所得的结果是不相同的，而且每次观察之前不能预知试验结果，也就是说，事物变化的过程不能用一个（或几个）时间 t 的确定的函数来描绘. 本节通过几个常见的例子，引出随机过程的数学定义，并对随机过程进行分类.

7.1.1　随机过程实例

【例 7.1.1】（伯努利过程）　考虑抛掷一颗骰子的试验. 设 X_n 是第 n $(n \ge 1)$ 次抛掷的点数，对于 $n=1,2,\cdots$ 的不同值，X_n 是不同的随机变量. 若 n 取遍所有正整数，则可得到一族随机变量 $\{X_n, n \ge 1\}$，构成一个随机过程，称为伯努利过程. 每做一次试验，记录第 $n=1,2,\cdots$ 次抛掷的点数，便可得到数列 x_n. 这个数列的每一项是不可能预先确知的，只有观测实验结果才能得到. 若在相同条件下独立地再进行若干次试验，则每次得到的记录是不同的. 事实上，由于抛出点数具有随机性，因此在相同条件下，每次试验都产生不同的数列，图 7.1 所示为伯努利过程中的 3 种可能出现的实验结果.

【例 7.1.2】（泊松过程）　某电话交换台在时间段 $[0,t]$ 内接到的呼唤次数是与 t 有关的随机变量，记为 $X(t)$. 由概率论的知识可知，对于固定的 $t \ge 0$，$X(t)$ 是一个取非负整数值的随机变量，服从参数为 λt 的泊松分布，其中 $\lambda > 0$ 是单位时间内平均收到的呼叫次数. t 从 0 变化到 $+\infty$，就可得到一族随机变量 $\{X(t), t \in [0,+\infty)\}$. 因此，该随机现象就是一个随机过程，可以用随机变量族 $\{X(t), t \in [0,+\infty)\}$ 来表示这一随机过程. 对电话交换台做一次试验，便可得到一个呼叫次数 x 关于时间 t 的函数 $x = x(t)$. 这个函数是不可能预先确知的，只有通过观测才能得到. 若在相同条件下独立地再进行若干次观测，则每次得到的观测记录是不同的. 事实上，由于呼叫具有随机性，因此在相同的条件下每次测量都会产生不同的呼叫次数与时间的函数，如图 7.2 所示. 有关泊松过程的深入讨论将在第 8 章进行.

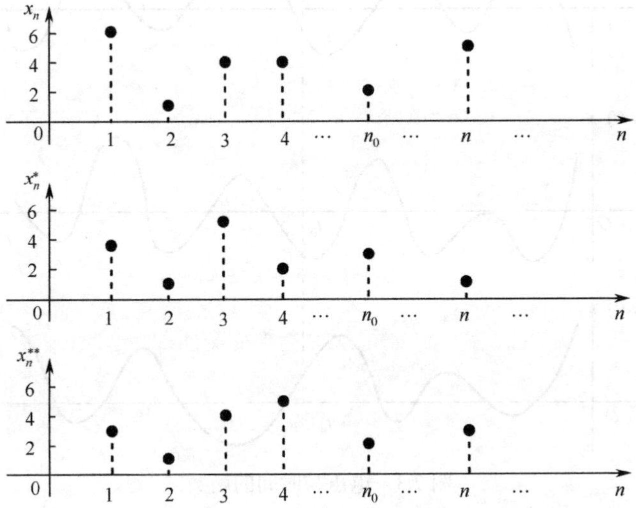

图 7.1　伯努利过程中的 3 种可能出现的实验结果

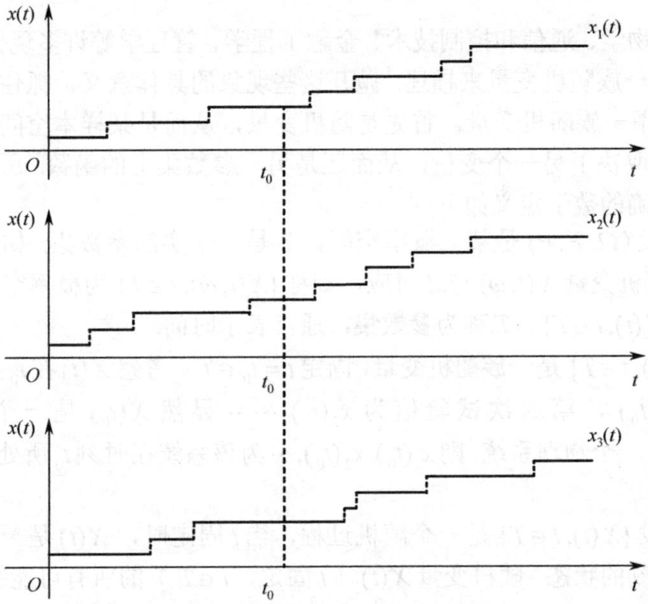

图 7.2　呼叫次数与时间的函数

【例 7.1.3】 在电子元件或器件中，由其内部微观粒子（如电子）的随机热骚动所引起的端电压称为热噪声电压，它在任一确定时刻的值是随机变量，记为 $V(t)$. 当 t 从 0 变到 $+\infty$ 时，热噪声电压需要用一族随机变量 $\{V(t), t\in[0,+\infty)\}$ 来表示，因此该随机现象就是一个随机过程，可以用随机变量族 $\{V(t), t\in[0,+\infty)\}$ 来表示这一随机过程. 对某种装置做一次试验，可得到一个电压 v 关于时间 t 的函数 $v=v(t)$. 这个电压与时间的函数是不可能预先确知的，只有通过测量才能得到. 若在相同的条件下独立地再进行多次测量，则得到的记录是不同的，如图 7.3 所示.

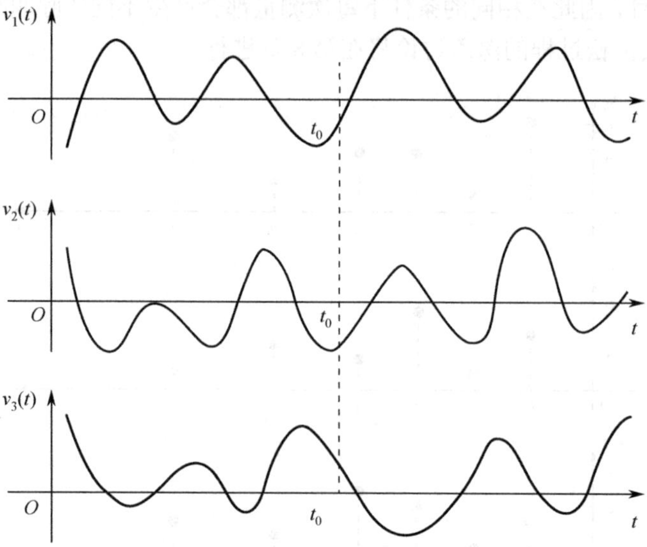

图 7.3　电压与时间的函数

7.1.2　随机过程的定义

在物理学、生物学、通信和控制技术、金融工程学、管理学等许多现代科学技术领域内，还有许多现象要用一族随机变量来描述. 抛开这些现象的具体意义，抓住它们在数量关系上的共性来分析. 所谓一族随机变量，首先是随机变量，从而是某样本空间上的函数；其次形成了一族，即它还取决于另一个变量，从而还是另一参数集上的函数. 所以随机过程就是一族二元函数，其精确的数学定义如下.

定义 7.1.1　设 $(\Omega,\mathcal{F},P)$ 是某一概率空间，T 是一个实的参数集. 如果对于任意固定的 $t\in T$，存在一个随机变量 $X(t,\omega)$ 与之对应，则称 $\{X(t,\omega),t\in T\}$ 为概率空间 $(\Omega,\mathcal{F},P)$ 上的**随机过程**，简记为 $\{X(t),t\in T\}$. T 称为**参数集**，通常表示时间.

为了理解 $\{X(t),t\in T\}$ 是一族随机变量，固定 $t=t_0\in T$，考察 $X(t)$ 在 t_0 处的数值 $X(t_0)$. 第一次试验值为 $x_1(t_0)$，第二次试验值为 $x_2(t_0)$ …… 显然 $X(t_0)$ 是一个随机变量. 若将 $\{X(t),t\in T\}$ 解释为一个物理系统，则 $x_1(t_0),x_2(t_0),\cdots$ 为该系统在时刻 t_0 所处的各种可能的状态. 为此，有如下定义.

定义 7.1.2　设 $\{X(t),t\in T\}$ 是一个随机过程，当 t 固定时，$X(t)$ 是一个随机变量，称为 $\{X(t),t\in T\}$ 在 t 时刻的**状态**. 随机变量 $X(t)$（t 固定，$t\in T$）的所有可能的取值构成的集合，称为随机过程的**状态空间**，记为 I.

另外，由例 7.1.1、例 7.1.2、例 7.1.3 可知，对随机过程做一次试验，即固定样本点 ω，便可得到一个自变量为参数 t 的普通函数. 因此，有如下定义.

定义 7.1.3　设 $\{X(t),t\in T\}$ 是一个随机过程，当 $\omega\in\Omega$ 固定时，$X(t)$ 是定义在 T 上不具有随机性的普通函数，记为 $x(t)$，称为随机过程的一个**样本函数**，其图像称为随机过程的一条**样本曲线（轨道或实现）**.

【例 7.1.4】　设 $X(t)=V\sin t,\ 0\le t<+\infty$，其中 V 服从区间 $[0,1]$ 上的均匀分布，即 V 的概率密度函数为

$$f_V(v)=\begin{cases}1, & 0\le v\le 1,\\ 0, & \text{其他}.\end{cases}$$

（1）画出 $\{X(t), 0\le t<+\infty\}$ 在 $V=0,\dfrac{1}{2},1$ 时相应的样本曲线；

（2）求 $t=\dfrac{\pi}{4},\dfrac{\pi}{2},\dfrac{3\pi}{2}$ 时随机变量 $X(t)$ 的概率密度函数；

（3）求 $t=\pi$ 时 $X(t)$ 的分布函数.

解　（1）取 $V=0$，则 $x(t)=0$；取 $V=\dfrac{1}{2}$，则 $x(t)=\dfrac{1}{2}\sin t$；取 $V=1$，则 $x(t)=\sin t$. 所得的结果都是关于变量 t 的确定性函数，即为随机过程 $\{X(t), 0\le t<+\infty\}$ 的几个样本函数，它们对应的样本曲线如图 7.4 所示.

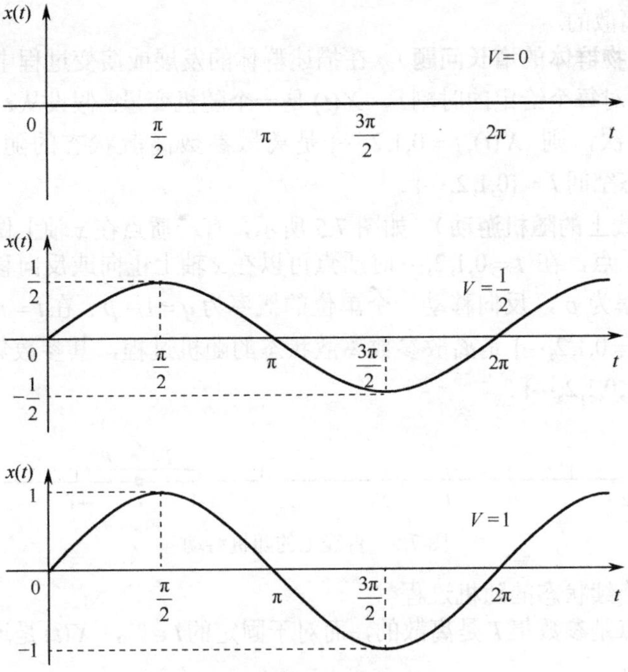

图 7.4　样本曲线

（2）当 $t=\dfrac{\pi}{4}$ 时，$X(\dfrac{\pi}{4})=V\sin\dfrac{\pi}{4}=\dfrac{\sqrt{2}}{2}V$，故 $X(\dfrac{\pi}{4})$ 的概率密度函数为

$$f_{X(\frac{\pi}{4})}(x)=\begin{cases}\sqrt{2}, & 0\le x\le \dfrac{\sqrt{2}}{2},\\ 0, & \text{其他}.\end{cases}$$

当 $t=\dfrac{\pi}{2}$ 时，$X(\dfrac{\pi}{2})=V\sin\dfrac{\pi}{2}=V$，故 $X(\dfrac{\pi}{2})$ 的概率密度函数就是为 V 的概率密度函数，即

$$f_{X(\frac{\pi}{2})}(x)=\begin{cases}1, & 0\le x\le 1,\\ 0, & \text{其他}.\end{cases}$$

当 $t=\dfrac{3\pi}{2}$ 时，$X(\dfrac{3\pi}{2})=V\sin\dfrac{3\pi}{2}=-V$，故 $X(\dfrac{3\pi}{2})$ 的概率密度函数为

$$f_{X(\frac{3\pi}{2})}(x)=\begin{cases}1, & -1\le x\le 0,\\ 0, & 其他.\end{cases}$$

（3）当$t=\pi$时，$X(\pi)=V\sin\pi=0$，不论V取何值，都有$X(\pi)=0$，因此，$P(X(\pi)=0)=1$，从而$X(\pi)$的分布函数为

$$F_{X(\pi)}(x)=P(X(\pi)\le x)=\begin{cases}0, & x<0,\\ 1, & x\ge 0.\end{cases}$$

7.1.3 随机过程的分类

根据参数集T和状态空间I是离散集还是连续集，可以把随机过程分为以下 4 种类型.

（1）离散参数离散状态的随机过程

这类过程的特点是参数集T是离散的，同时对于固定的$t\in T$，$X(t)$是离散型随机变量，即状态空间I也是离散的.

【例 7.1.5】（生物群体的增长问题） 在描述群体的发展或演变过程中，以$X(t)$表示在时刻t群体的个数，则对每个给定的时刻t，$X(t)$是一个随机变量. 假设从$t=0$开始每隔 24h 对群体的个数观测一次，则$\{X(t),t=0,1,2,\cdots\}$是离散参数离散状态的随机过程，其参数集$T=\{0,1,2,\cdots\}$，状态空间$I=\{0,1,2,\cdots\}$.

【例 7.1.6】（直线上的随机游动） 如图 7.5 所示，有一质点在x轴上做随机游动，在$t=0$时质点处于x轴的原点，在$t=0,1,2,\cdots$时质点可以在x轴上正向或反向移动一个单位，正向移动一个单位的概率为p，反向移动一个单位的概率为$q=1-p$. 在$t=n$时，质点所处的位置为X_n，则$\{X_n,n=0,1,2,\cdots\}$是离散参数离散状态的随机过程，其参数集$T=\{0,1,2,\cdots\}$，状态空间$I=\{\cdots,-2,-1,0,1,2,\cdots\}$.

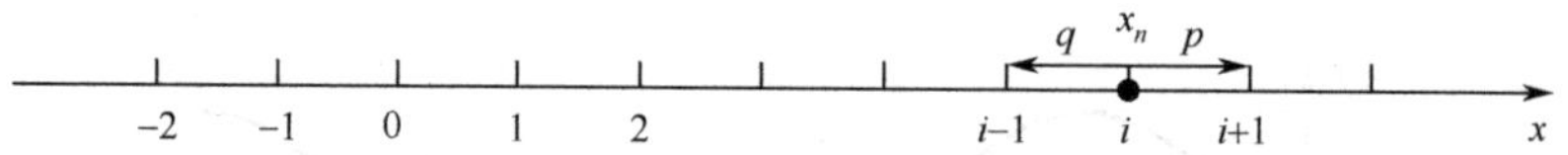

图 7.5 直线上的随机游动

（2）离散参数连续状态的随机过程

这类过程的特点是参数集T是离散的，而对于固定的$t\in T$，$X(t)$是连续型随机变量，即状态空间I是连续的.

【例 7.1.7】 设X_n（$n=\cdots,-2,-1,0,1,2,\cdots$）是相互独立且都服从标准正态分布$N(0,1)$的随机变量，则$\{X_n,n=\cdots,-2,-1,0,1,2,\cdots\}$是离散参数连续状态的随机过程，其参数集$I=\{\cdots,-2,-1,0,1,2,\cdots\}$，状态空间$I=(-\infty,+\infty)$.

（3）连续参数离散状态的随机过程

这类过程的特点是参数集T是连续的，而对于任意固定的$t\in T$，$X(t)$是离散型随机变量，即状态空间I是离散的.

【例 7.1.8】（排队问题） 在某些服务系统，如银行服务、财务报销中，若用$X(t)$表示在时刻t排队等候服务的人数，则$X(t)$是随机变量. 为了提高服务的效率，需要研究随机过程$\{X(t),t\in(0,+\infty)\}$的统计规律性. 这里参数集$T=(0,+\infty)$，状态空间$I=\{0,1,2,\cdots\}$，$\{X(t),t\in(0,+\infty)\}$就是连续参数离散状态的随机过程.

（4）连续参数连续状态的随机过程

这类过程的特点是参数集T是连续的，同时对于固定的$t\in T$，$X(t)$是连续型随机变量，

即状态空间 I 也是连续的.

【例 7.1.9】 在海浪分析中，需要观测某固定点处海平面的垂直振动. 设 $X(t)$ $(0 \le t < +\infty)$ 表示在时刻 t 该处的海平面相对于平均海平面的高度，则 $X(t)$ 是随机变量，而 $\{X(t), t \in [0,+\infty)\}$ 是连续参数连续状态的随机过程. 这里参数集 $T = [0, +\infty)$，状态空间 $I = [-A, A]$，其中 A 为某充分大的正实数.

在上述（1）、（2）两种情形中，参数集是离散的，这种随机过程也称为**随机序列**或**时间序列**，一般用 $\{X_n, n = 0, \pm 1, \pm 2, \cdots\}$ 表示. 在上述（1）、（3）两种情形中，状态空间是离散的，这种随机过程也称为**可列过程**.

随机过程的分类，除可根据参数集 T 与状态空间 I 是否可列外，还可以进一步根据 $X(t)$（$t \in T$）之间的概率特征进行分类，如独立增量过程、马尔可夫过程、平稳过程等，详细讨论将会在后续章节中陆续展开.

7.2 随机过程的有限维分布函数族与数字特征

研究随机现象，主要是研究它的统计规律. 我们知道，有限个随机变量的统计规律由它们的联合分布函数完整地确定. 由于随机过程一般是由无穷多个随机变量所构成的随机变量族，因此试图用无限维的联合分布来刻画其统计特性变得不切实际，一种可行的办法就是采用有限维分布函数族来刻画随机过程的统计规律性.

7.2.1 随机过程的有限维分布

定义 7.2.1 设 $\{X(t), t \in T\}$ 是概率空间 $(\Omega, \mathcal{F}, P)$ 上的随机过程. 对任意固定的 $t \in T$，$X(t)$ 是一个随机变量，称

$$F(t; x) = P\{X(t) \le x\},\ x \in \mathbf{R},\ t \in T$$

为随机过程 $\{X(t), t \in T\}$ 的**一维分布函数**；对任意固定的 $t_1, t_2 \in T$，$(X(t_1), X(t_2))$ 是一个二维随机向量，称

$$F(t_1, t_2; x_1, x_2) = P\{X(t_1) \le x_1, X(t_2) \le x_2\},\ x_1, x_2 \in \mathbf{R},\ t_1, t_2 \in T$$

为随机过程 $\{X(t), t \in T\}$ 的**二维分布函数**；一般地，对任意固定的 $t_1, t_2, \cdots, t_n \in T$，$(X(t_1), X(t_2), \cdots, X(t_n))$ 是一个 n 维随机向量，称

$$F(t_1, t_2, \cdots, t_n; x_1, x_2, \cdots, x_n) = P\{X(t_1) \le x_1, X(t_2) \le x_2, \cdots, X(t_n) \le x_n\},$$
$$x_1, x_2, \cdots, x_n \in \mathbf{R},\ t_1, t_2, \cdots, t_n \in T$$

为随机过程 $\{X(t), t \in T\}$ 的 **n 维分布函数**.

定义 7.2.2 设 $\{X(t), t \in T\}$ 是概率空间 $(\Omega, \mathcal{F}, P)$ 上的随机过程，其一维分布函数，二维分布函数,…, n 维分布函数,…的全体

$$F = \{F(t_1, t_2, \cdots, t_n; x_1, x_2, \cdots, x_n),\ x_i \in \mathbf{R},\ t_i \in T,\ i = 1, 2, \cdots, n,\ n \in \mathbf{N}\}$$

称为随机过程 $\{X(t), t \in T\}$ 的**有限维分布函数族**.

根据上述定义，如果知道了随机过程 $\{X(t), t \in T\}$ 的有限维分布函数族，那么随机过程 $\{X(t), t \in T\}$ 中任意有限个随机变量的联合分布也就完全知道了，进而可以完全确定其中任意有限个随机变量之间的相互关系.

容易看出，随机过程的有限维分布函数族具有对称性和相容性.

（1）对称性

设$i_1,i_2,\cdots,i_n$是$1,2,\cdots,n$的任意排列，则

$$F(t_{i_1},t_{i_2},\cdots,t_{i_n};x_{i_1},x_{i_2},\cdots,x_{i_n})=F(t_1,t_2,\cdots,t_n;x_1,x_2,\cdots,x_n).$$

事实上，由交事件的概率性质，有

$$\begin{aligned}F(t_{i_1},t_{i_2},\cdots,t_{i_n};x_{i_1},x_{i_2},\cdots,x_{i_n})&=P\{X(t_{i_1})\le x_{i_1},X(t_{i_2})\le x_{i_2},\cdots,X(t_{i_n})\le x_{i_n}\}\\&=P\{X(t_1)\le x_1,X(t_2)\le x_2,\cdots,X(t_n)\le x_n)\\&=F(t_1,t_2,\cdots,t_n;x_1,x_2,\cdots,x_n).\end{aligned}$$

（2）相容性

设$m<n$，则

$$F(t_1,t_2,\cdots,t_m;x_1,x_2,\cdots,x_m)=F(t_1,t_2,\cdots,t_m,t_{m+1}\cdots,t_n;x_1,x_2,\cdots,x_m,+\infty,\cdots,+\infty\}.$$

事实上，由概率的性质，有

$$\begin{aligned}F(t_1,t_2,\cdots,t_m;x_1,x_2,\cdots,x_m)&=P\{X(t_1)\le x_1,X(t_2)\le x_2,\cdots,X(t_m)\le x_m\}\\&=P\{X(t_1)\le x_1,X(t_2)\le x_2,\cdots,X(t_m)\le x_m,\\&\quad X(t_{m+1})\le +\infty,\cdots,X(t_n)\le +\infty\}\\&=F(t_1,t_2,\cdots,t_m,t_{m+1}\cdots,t_n;x_1,x_2,\cdots,x_m,+\infty,\cdots,+\infty).\end{aligned}$$

反之，对给定的满足对称性和相容性条件的分布函数族F，是否一定存在一个以F作为有限维分布函数族的随机过程呢？下述的柯尔莫哥洛夫（Kolmogorov）存在定理对这一问题给出了肯定的回答.

定理 7.2.1（柯尔莫哥洛夫存在定理） 设参数集T给定，若分布函数族F满足对称性和相容性条件，则必存在概率空间$(\Omega,\mathcal{F},P)$及在其上定义的随机过程$\{X(t),t\in T\}$，它的有限维分布函数族是F.

柯尔莫哥洛夫存在定理是随机过程理论的基本定理，它是证明随机过程存在性的有力工具，其证明已超出本书的范围，有兴趣的读者可以参看文献[22]. 值得注意的是，存在定理中的概率空间$(\Omega,\mathcal{F},P)$和随机过程$\{X(t),t\in T\}$的构造并不唯一.

柯尔莫哥洛夫存在定理说明，随机过程的有限维分布函数族是随机过程概率特征的完整描述. 由于随机变量的分布函数和特征函数存在一一对应关系，因此随机过程的概率特征也可以使用随机过程的有限维特征函数族来完整地描述.

定义 7.2.3 设$\{X(t),t\in T\}$是概率空间$(\Omega,\mathcal{F},P)$上的随机过程，对任意固定的$t_1,t_2,\cdots,t_n\in T$，$(X(t_1),X(t_2),\cdots,X(t_n))$是一个$n$维随机向量，称

$$\begin{aligned}\varphi(t_1,t_2,\cdots,t_n;u_1,u_2,\cdots,u_n)&=E\{\exp[\mathrm{i}(u_1X(t_1)+u_2X(t_2)+\cdots+u_nX(t_n))]\}\\&=\int_{-\infty}^{+\infty}\int_{-\infty}^{+\infty}\cdots\int_{-\infty}^{+\infty}\exp[\mathrm{i}(u_1x_1+u_2x_2+\cdots+u_nx_n)]\mathrm{d}F(t_1,t_2,\cdots,t_n;x_1,x_2,\cdots,x_n)\end{aligned}$$

为随机过程$\{X(t),t\in T\}$的n**维特征函数**. 称

$$\Phi=\{\varphi(t_1,t_2,\cdots,t_n;u_1,u_2,\cdots,u_n),\ u_i\in\mathbf{R},\ t_i\in T,\ i=1,2,\cdots,n,\ n\in\mathbf{N}\}$$

为随机过程$\{X(t),t\in T\}$的**有限维特征函数族**.

【例 7.2.1】 设盒子中有 2 个红球和 3 个白球，每次从盒子中取出一球后放回，定义随机过程

$$X(n)=\begin{cases}2n, & 第n次取出的是红球,\\ n, & 第n次取出的是白球.\end{cases}$$

其中 $n=1,2,\cdots$，试求：

（1）$X(n)$ 的一维分布函数族 $\{F(n;x),n\ge 1\}$；

（2）$X(n)$ 的二维联合分布 $F(1,2;x_1,x_2)$.

解　（1）根据 $X(n)$ 的定义不难得到

$$F(n;x)=P\{X(n)\le x\}=\begin{cases}0, & x<n,\\ \dfrac{3}{5}, & n\le x<2n,\\ 1, & x\ge 2n.\end{cases}$$

（2）由于在不同时刻取球是相互独立的，因此

$$\begin{aligned}F(1,2;x_1,x_2)&=P\{X(1)\le x_1,X(2)\le x_2\}\\&=P\{X(1)\le x_1\}P\{X(2)\le x_2\}\\&=\begin{cases}0, & x_1<1\text{或}x_2<2,\\ \dfrac{9}{25}, & 1\le x_1<2\text{且}2\le x_2<4,\\ \dfrac{3}{5}, & 1\le x_1<2\text{且}x_2\ge 4\text{或}x_1\ge 2\text{且}2\le x_2<4,\\ 1, & x_1\ge 2\text{且}x_2\ge 4.\end{cases}\end{aligned}$$

【例 7.2.2】 设 $X(t)=A+Bt$，其中 A 和 B 是相互独立且都服从正态分布 $N(0,1)$ 的随机变量. 求随机过程 $\{X(t),t\ge 0\}$ 的一维和二维分布.

解　先求一维分布. 对任意 $t\ge 0$，由于 $X(t)=A+Bt$ 是正态随机变量 A 和 B 的线性组合，因此其也是正态随机变量. 因为

$$E[X(t_1)]=E[A+Bt]=E(A)+tE(B)=0\text{，}$$

$$D[X(t_1)]=D(A+Bt)=D(A)+t^2D(B)=1+t^2\text{，}$$

所以 $X(t)$ 服从正态分布 $N(0,1+t^2)$，从而 $\{X(t),t\ge 0\}$ 的一维分布为

$$X(t)\sim N(0,1+t^2),\quad t\ge 0\text{.}$$

再求二维分布. 对任意 $t_1,t_2\ge 0$，$X(t_1)=A+Bt_1$，$X(t_2)=A+Bt_2$，从而

$$(X(t_1),X(t_2))=[A,B]\begin{bmatrix}1 & 1\\ t_1 & t_2\end{bmatrix},$$

即 $(X(t_1),X(t_2))$ 是 (A,B) 的线性变换. 又因 A 和 B 相互独立且都服从正态分布，故 (A,B) 服从二维正态分布，从而 $(X(t_1),X(t_2))$ 也服从二维正态分布. 又因

$$E[X(t_1)]=0\text{，}\quad E[X(t_1)]=0\text{；}$$

$$D[X(t_1)]=1+t_1^2\text{，}\quad D[X(t_1)]=1+t_2^2\text{；}$$

$$\begin{aligned}\operatorname{cov}(X(t_1),X(t_2))&=E[X(t_1)X(t_2)]-E[X(t_1)]E[X(t_2)]\\&=E[(A+Bt_1)(A+Bt_2)]=1+t_1t_2\text{，}\end{aligned}$$

故 $(X(t_1),X(t_2))$ 的均值向量为 $\mathbf{0}=[0,0]$，协方差矩阵为

$$\boldsymbol{B}=\begin{bmatrix}1+t_1^2 & 1+t_1t_2\\ 1+t_1t_2 & 1+t_2^2\end{bmatrix},$$

所以随机过程 $\{X(t),t\ge 0\}$ 的二维分布为

$$(X(t_1), X(t_2)) \sim N(\mathbf{0}, \boldsymbol{B}),\ \ t_1, t_2 \geq 0 .$$

7.2.2 随机过程的数字特征

随机过程的有限维分布函数族虽然是对随机过程的概率特征的完整描述，但是在实际中很难求得. 另外，对某些随机过程，为了表征它的概率特征，不一定需要求出它的有限维分布函数族，只需要求出随机过程的几个表征值就够了. 为此，我们也像研究随机变量那样，给出随机过程的数字特征. 在概率论中，随机变量的主要数字特征是数学期望、方差、协方差等，随机过程的数字特征是利用随机变量的数字特征来定义的.

定义 7.2.4 设 $\{X(t), t \in T\}$ 是一个随机过程. 对任意 $t \in T$ ，若随机变量 $X(t)$ 的数学期望 $E[X(t)]$ 存在，则称

$$m_X(t) = E[X(t)], t \in T$$

为随机过程 $\{X(t), t \in T\}$ 的**均值函数**.

如果 $\{X(t), t \in T\}$ 的一维分布函数为 $F(t;x)$ ，那么

$$m_X(t) = E[X(t)] = \int_{-\infty}^{+\infty} x \mathrm{d}F(t;x) .$$

随机过程的均值函数 $m_X(t)$ 在 t 时刻的值表示随机过程在 t 时刻所处状态取值的理论平均值. 当 $t \in T$ 时， $m_X(t)$ 是一个普通函数，在几何上表示一条固定的曲线，如图 7.6 所示.

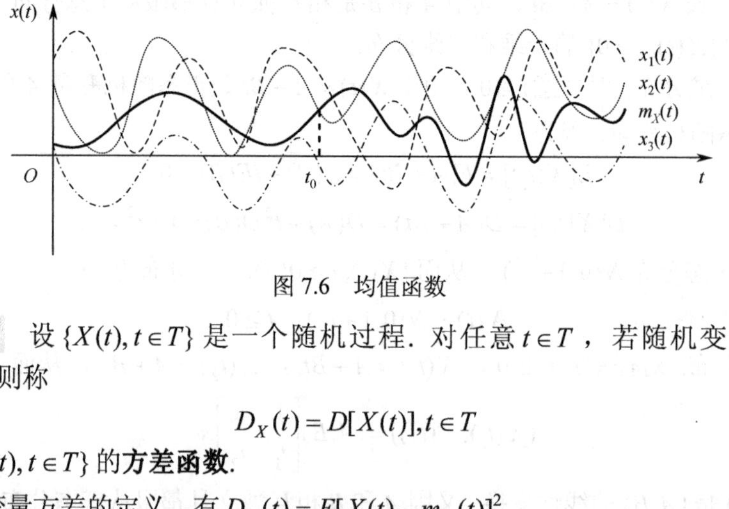

图 7.6 均值函数

定义 7.2.5 设 $\{X(t), t \in T\}$ 是一个随机过程. 对任意 $t \in T$ ，若随机变量 $X(t)$ 的方差 $D[X(t)]$ 存在，则称

$$D_X(t) = D[X(t)], t \in T$$

为随机过程 $\{X(t), t \in T\}$ 的**方差函数**.

根据随机变量方差的定义，有 $D_X(t) = E[X(t) - m_X(t)]^2$.

随机过程的方差函数 $D_X(t)$ 在 t 时刻的值反映了 $X(t)$ 在 t 时刻所处状态取值偏离均值的程度. 当 $t \in T$ 时， $D_X(t)$ 是一个普通的函数.

定义 7.2.6 设 $\{X(t), t \in T\}$ 是一个随机过程. 对任意 $s, t \in T$ ，若随机变量 $X(s)$ 和 $X(t)$ 的协方差 $\operatorname{cov}(X(s), X(t))$ 存在，则称

$$C_X(s,t) = \operatorname{cov}(X(s), X(t)), s, t \in T$$

为随机过程 $\{X(t), t \in T\}$ 的**协方差函数**.

根据随机变量协方差的定义，显然有

$$\begin{aligned} C_X(s,t) &= E[(X(s) - m_X(s))(X(t) - m_X(t))] \\ &= E[(X(s)X(t)] - m_X(s)m_X(t), s, t \in T . \end{aligned}$$

随机过程的协方差函数 $C_X(s,t)$ 在 $s,t\in T$ 时刻的绝对值表示随机过程 $X(t)$ 在时刻 s,t 所处状态的线性联系的密切程度，若 $C_X(s,t)$ 的绝对值较大，则在两个时刻 s,t 的状态 $X(s),X(t)$ 的线性联系较密切，若 $C_X(s,t)$ 的绝对值较小，则在两个时刻 s,t 的状态 $X(s),X(t)$ 的线性联系不密切.

定义 7.2.7　设 $\{X(t),t\in T\}$ 是一个随机过程. 对任意 $s,t\in T$，若 $E[X(s)X(t)]$ 存在，则称

$$R_X(s,t)=E[X(s)X(t)],\ s,t\in T$$

为随机过程 $\{X(t),t\in T\}$ 的**相关函数**.

同样，相关函数 $R_X(s,t)$ 反映了随机过程 $X(t)$ 在时刻 s,t 所处状态的线性相关程度.

定义 7.2.8　设 $\{X(t),t\in T\}$ 是一个随机过程. 对任意 $t\in T$，若 $E[X(t)]^2$ 存在，则称

$$\Phi_X(t)=E[X(t)]^2,\ t\in T$$

为随机过程 $\{X(t),t\in T\}$ 的**均方值函数**.

下面的定理给出了随机过程数字特征之间的关系.

定理 7.2.2　随机过程 $\{X(t),t\in T\}$ 的协方差函数 $C_X(s,t)$、方差函数 $D_X(t)$ 及均方值函数 $\Phi_X(t)$ 与其均值函数 $m_X(t)$ 和相关函数 $R_X(s,t)$ 具有以下关系：

（1）$C_X(s,t)=R_X(s,t)-m_X(s)m_X(t),\ s,t\in T$；

（2）$D_X(t)=C_X(t,t)=R_X(t,t)-[m_X(t)]^2,\ t\in T$；

（3）$\Phi_X(t)=R_X(t,t),\quad t\in T$.

上述定理不难由定义 7.2.4 至定义 7.2.8 推出. 从上述关系可以看出，均值函数和相关函数是随机过程的两个本质的数字特征，其他数字特征可以由这两个数字特征获得. 另外，随机过程的均值函数称为随机过程的**一阶矩**，均方值函数称为随机过程的**二阶矩**. 显然，相关函数、协方差函数、方差函数也是随机过程的不同形式的二阶矩.

定义 7.2.9　若随机过程 $\{X(t),t\in T\}$ 的一、二阶矩存在（有限），则称 $\{X(t),t\in T\}$ 是**二阶矩过程**. 从二阶矩过程的均值函数和相关函数出发（可以不涉及它的有限维分布）研究随机过程的性质，得到的理论称为随机过程的**相关理论**.

由二阶矩过程的定义知，二阶矩过程的均值函数和相关函数总是存在的，进而它的其他数字特征也都存在.

【例 7.2.3】　设 $X(t)=Y\cos(\omega t)+Z\sin(\omega t),\ t>0$，其中 ω 是实常数，Y,Z 是相互独立的随机变量，且 $E(Y)=E(Z)=0$，$D(Y)=D(Z)=\sigma^2$，求随机过程 $\{X(t),t>0\}$ 的均值函数 $m_X(t)$ 和协方差函数 $C_X(s,t)$.

解　根据定义 7.2.4，均值函数

$$\begin{aligned}m_X(t)&=E[X(t)]=E[Y\cos(\omega t)+Z\sin(\omega t)]\\&=\cos(\omega t)E(Y)+\sin(\omega t)E(Z)=0.\end{aligned}$$

再根据定理 7.2.2 及定义 7.2.7 可得

$$\begin{aligned}C_X(s,t)&=R_X(s,t)-m_X(s)m_X(t)=R_X(s,t)=E[X(s)X(t)]\\&=E[(Y\cos(\omega s)+Z\sin(\omega s))(Y\cos(\omega t)+Z\sin(\omega t))]\\&=\cos(\omega s)\cos(\omega t)E(Y^2)+\sin(\omega s)\sin(\omega t)E(Z^2)\\&=\sigma^2\cos[(s-t)\omega],\quad s,t>0.\end{aligned}$$

【例 7.2.4】　设随机过程 $\{X(t),0\le t<+\infty\}$ 只有两条样本曲线，如图 7.7 所示，

$$\begin{cases} x(\omega_1,t)=a\sin t, & 0\le t<+\infty, \\ x(\omega_2,t)=a\sin(t+\pi)=-a\sin t, & 0\le t<+\infty. \end{cases}$$

其中 $a>0$，且 $p(\omega_1)=\dfrac{2}{3}$，$p(\omega_2)=\dfrac{1}{3}$．求 $\{X(t),0\le t<+\infty\}$ 的数字特征.

解

$$m_X(t)=E[X(t)]=\frac{2}{3}a\sin t-\frac{1}{3}a\sin t=\frac{1}{3}a\sin t,\quad 0\le t<+\infty.$$

$$\begin{aligned} R_X(s,t)&=E[X(s)X(t)] \\ &=(a\sin s)(a\sin t)\cdot\frac{2}{3}+(-a\sin s)(-a\sin t)\cdot\frac{1}{3} \\ &=a^2\sin s\sin t,\quad 0\le s,t<+\infty. \end{aligned}$$

$$\begin{aligned} C_X(s,t)&=R_X(s,t)-m_X(s)m_X(t) \\ &=a^2\sin s\sin t-\frac{1}{3}a\sin s\cdot\frac{1}{3}a\sin t \\ &=\frac{8}{9}a^2\sin s\sin t,\quad 0\le s,t<+\infty. \end{aligned}$$

$$D_X(t)=C_X(t,t)=\frac{8}{9}(a\sin t)^2,\quad 0\le t<+\infty.$$

$$\Phi_X(t)=R_X(t,t)=(a\sin t)^2,\quad 0\le t<+\infty.$$

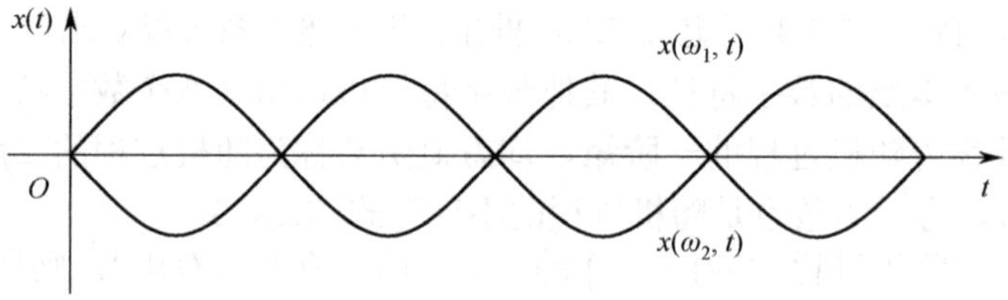

图 7.7　随机过程的样本曲线

7.2.3　二维随机过程的数字特征

在工程技术中，有时需要同时考虑两个或多个随机过程之间的关系. 例如，通信系统中的输入信号是一个随机过程 $\{X(t),t\in T\}$，干扰是一个随机过程 $\{G(t),t\in T\}$，输出信号 $\{Y(t),t\in T\}$ 也是一个随机过程，在信号与系统的分析中，往往需要讨论它们之间的关系. 这里仅考虑两个随机过程的情形，此时，采用互协方差函数和互相关函数来描述两个随机过程之间的线性关系.

定义 7.2.10　设 $\{X(t),t\in T\}$ 和 $\{Y(t),t\in T\}$ 是两个二阶矩过程，则称

$$C_{XY}(s,t)=\mathrm{cov}(X(s),Y(t))=E[(X(s)-m_X(s))(Y(t)-m_Y(t))],\ s,t\in T$$

为 $\{X(t),t\in T\}$ 与 $\{Y(t),t\in T\}$ 的**互协方差函数**. 称

$$R_{XY}(s,t)=E[X(s)Y(t)],\ s,t\in T$$

为 $\{X(t),t\in T\}$ 与 $\{Y(t),t\in T\}$ 的**互相关函数**.

显然

$$C_{XY}(s,t)=R_{XY}(s,t)-m_X(s)m_Y(t),\ s,t\in T.$$

定义 7.2.11　设 $\{X(t),t\in T\}$ 和 $\{Y(t),t\in T\}$ 是两个二阶矩过程，若

$$C_{XY}(s,t)=0 \text{ 或 } R_{XY}(s,t)=m_X(s)m_Y(t)$$

则称 $\{X(t),t\in T\}$ 与 $\{Y(t),t\in T\}$ **互不相关**.

由上述定义，可得如下定理.

定理 7.2.3 如果随机过程 $\{X(t),t\in T\}$ 与 $\{Y(t),t\in T\}$ 相互独立，那么 $\{X(t),t\in T\}$ 与 $\{Y(t),t\in T\}$ 互不相关.

【例 7.2.5】 设 $X(t)=g_1(t+\varepsilon)$，$Y(t)=g_2(t+\varepsilon)$，其中 $g_1(t)$ 和 $g_2(t)$ 都是周期为 L 的周期函数，若 ε 是在 $[0,L]$ 上服从均匀分布的随机变量，则 $\{X(t),\ t\in \mathbf{R}\}$ 与 $\{Y(t),\ t\in \mathbf{R}\}$ 是两个随机过程. 求它们的互相关函数 $R_{XY}(t,t+\tau)$ 的表达式，其中 τ 为任意实数.

解 由定义

$$\begin{aligned}R_{XY}(t,t+\tau)&=E[X(t)Y(t+\tau)]=E[g_1(t+\varepsilon)g_2(t+\tau+\varepsilon)]\\&=\int_{-\infty}^{+\infty}g_1(t+x)g_2(t+\tau+x)f_\varepsilon(x)\mathrm{d}x=\frac{1}{L}\int_0^L g_1(t+x)g_2(t+\tau+x)\mathrm{d}x.\end{aligned}$$

令 $v=t+x$，再利用 $g_1(t)$ 和 $g_2(t)$ 的周期性，有

$$\begin{aligned}R_{XY}(t,t+\tau)&=\frac{1}{L}\int_t^{t+L}g_1(v)g_2(v+\tau)\mathrm{d}x\\&=\frac{1}{L}\left[\int_t^L g_1(v)g_2(v+\tau)\mathrm{d}v+\int_L^{t+L}g_1(v-L)g_2(v-L+\tau)\mathrm{d}(v-L)\right]\\&=\frac{1}{L}\left[\int_t^L g_1(v)g_2(v+\tau)\mathrm{d}v+\int_0^t g_1(u)g_2(u+\tau)\mathrm{d}u\right]\\&=\frac{1}{L}\int_0^L g_1(v)g_2(v+\tau)\mathrm{d}v.\end{aligned}$$

【例 7.2.6】 如图 7.8 所示，$\{X(t),t\in[0,+\infty)\}$ 为信号过程，$\{Y(t),t\in[0,+\infty)\}$ 为噪声过程，假设它们都是二阶矩过程. 经加性噪声干扰后的信号为 $W(t)=X(t)+Y(t)$，求随机过程 $\{W(t),t\in[0,+\infty)\}$ 的均值函数和相关函数.

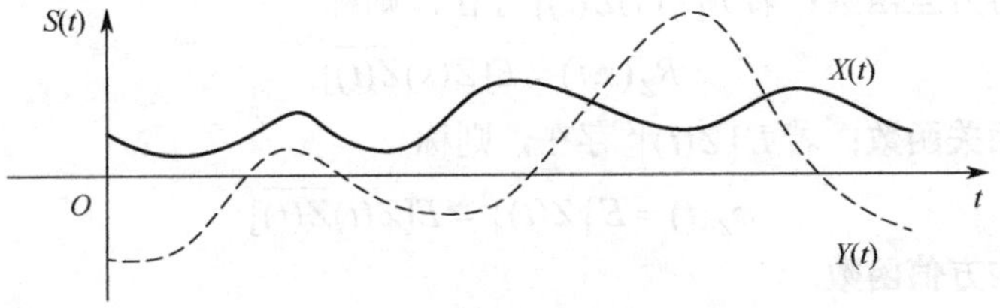

图 7.8　信号过程与噪声过程

解 均值函数为

$$m_W(t)=E[W(t)]=E[X(t)+Y(t)]=E[X(t)]+E[Y(t)]=m_X(t)+m_Y(t).$$

相关函数为

$$\begin{aligned}R_W(s,t)&=E[W(s)W(t)]=E[(X(s)+Y(s))(X(t)+Y(t))]\\&=E[X(s)X(t)+X(s)Y(t)+Y(s)X(t)+Y(s)Y(t)]\\&=E[X(s)X(t)]+E[X(s)Y(t)]+E[Y(s)X(t)]+E[Y(s)Y(t)]\\&=R_X(s,t)+R_{XY}(s,t)+R_{YX}(s,t)+R_Y(s,t).\end{aligned}$$

上式表明两个随机过程之和的相关函数可以表示为各个随机过程的相关函数与它们的互相关函数之和. 特别地，当两个过程均值恒为零且互不相关时，有

$$R_W(s,t)=R_X(s,t)+R_Y(s,t);$$
$$C_W(s,t)=C_X(s,t)+C_Y(s,t).$$

7.3 复随机过程

为了工程应用中的方便，常把随机过程表示成复数形式来进行研究. 本节讨论复随机过程的概念和数字特征.

定义 7.3.1 设 $\{X(t),t\in T\}$ 和 $\{Y(t),t\in T\}$ 是定义在同一概率空间 $(\Omega,\mathcal{F},P)$ 上的两个实随机过程，令

$$Z(t)=X(t)+\mathrm{i}Y(t),\quad t\in T,$$

其中 $\mathrm{i}=\sqrt{-1}$，是虚数单位，则称 $\{Z(t),t\in T\}$ 为**复随机过程**.

显然，当 $Y(t)\equiv 0$ 时，$Z(t)=X(t)$ 为实随机过程. 因此，实随机过程是复随机过程的特殊情形，本节所介绍的复随机过程的性质对实随机过程自然成立.

下面给出复随机过程 $\{Z(t),t\in T\}$ 的数字特征的定义.

定义 7.3.2 设 $\{Z(t),t\in T\}$ 为定义在概率空间 $(\Omega,\mathcal{F},P)$ 上的复随机过程. 对任意的 $s,t\in T$，若 $E[Z(t)]$ 存在，则称

$$m_Z(t)=E[Z(t)]$$

为 $\{Z(t),t\in T\}$ 的**均值函数**；若 $E|Z(t)-m_Z(t)|^2$ 存在，则称

$$D_Z(t)=E|Z(t)-m_Z(t)|^2=E[(Z(t)-m_Z(t))\overline{(Z(t)-m_Z(t))}]$$

为 $\{Z(t),t\in T\}$ 的**方差函数**；若 $E[(Z(s)-m_Z(s))\overline{(Z(t)-m_Z(t))}]$ 存在，则称

$$C_Z(s,t)=E[(Z(s)-m_Z(s))\overline{(Z(t)-m_Z(t))}]$$

为 $\{Z(t),t\in T\}$ 的**协方差函数**；若 $E[Z(s)\overline{Z(t)}]$ 存在，则称

$$R_Z(s,t)=E[Z(s)\overline{Z(t)}]$$

为 $\{Z(t),t\in T\}$ 的**相关函数**；若 $E|Z(t)|^2$ 存在，则称

$$\varphi_Z(t)=E|Z(t)|^2=E[Z(t)\overline{Z(t)}]$$

为 $\{Z(t),t\in T\}$ 的**均方值函数**.

设 $Z(t)=X(t)+\mathrm{i}Y(t)$，其中 $\{X(t),t\in T\}$ 和 $\{Y(t),t\in T\}$ 为定义在概率空间 $(\Omega,\mathcal{F},P)$ 上的实二阶矩过程，此时称 $\{Z(t),t\in T\}$ 为**复二阶矩过程**.

对于复二阶矩过程，不难证明定义 7.3.2 中的数字特征都存在且有以下关系：

（1）$m_Z(t)=m_X(t)+\mathrm{i}m_Y(t)$，$t\in T$；

（2）$D_Z(t)=D_X(t)+D_Y(t)$，$t\in T$；

（3）$D_Z(t)=C_Z(t,t)$，$t\in T$；

（4）$C_Z(s,t)=R_Z(s,t)-m_Z(s)\overline{m_Z(t)}$，$s,t\in T$；

（5）$\varphi_Z(t)=R_Z(t,t)$，$t\in T$.

定理 7.3.1 设 $\{Z(t),t\in T\}$ 为复二阶矩过程，则它的协方差函数 $C_Z(s,t)$ 具有以下性质.

（1）共轭对称性：对任意的 $s,t\in T$，$C_Z(s,t)=\overline{C_Z(t,s)}$；

（2）非负定性：对任意的$t_i \in T$及复数a_i，$i=1,2,\cdots,n$，$n \ge 1$，有

$$\sum_{i,j=1}^{n} C_Z(t_i,t_j)a_i\overline{a_j} \ge 0 .$$

证　（1）根据协方差函数的定义，有

$$\begin{aligned} C_Z(s,t) &= E[(Z(s)-m_Z(s))\overline{(Z(t)-m_Z(t))}] \\ &= \overline{E[\overline{(Z(s)-m_Z(s))}(Z(t)-m_Z(t))]} \\ &= \overline{E[(Z(t)-m_Z(t))\overline{(Z(s)-m_Z(s))}]} = \overline{C_Z(t,s)} . \end{aligned}$$

（2）对任意的$t_i \in T$及复数a_i，$i=1,2,\cdots,n$，$n \ge 1$，有

$$\begin{aligned} \sum_{i,j=1}^{n} C_Z(t_i,t_j)a_i\overline{a_j} &= E\left\{\sum_{i,j=1}^{n}(Z(t_i)-m_Z(t_i))\overline{(Z(t_j)-m_Z(t_j))a_j}a_i\right\} \\ &= E\left\{\left[\sum_{i=1}^{n}(Z(t_i)-m_Z(t_i))a_i\right]\left[\overline{\sum_{j=1}^{n}(Z(t_j)-m_Z(t_j))a_j}\right]\right\} \\ &= E\left[\left|\sum_{i=1}^{n}(Z(t_i)-m(t_i))a_i\right|^2\right] \ge 0 . \end{aligned}$$

【例 7.3.1】 设$Z(t)=X\mathrm{e}^{\mathrm{i}\lambda t}$，其中$\lambda>0$是常数，$X$是实随机变量，且$E(X)=0$，$D(X)=\sigma^2$．试求$\{Z(t), t\in \mathbf{R}\}$的数字特征.

解　根据各种数字特征的定义，不难得到

$$\begin{aligned} m_Z(t) &= E[Z(t)] = E[X\mathrm{e}^{\mathrm{i}\lambda t}] = \mathrm{e}^{\mathrm{i}\lambda t}E(X) = 0,\quad t\in\mathbf{R}; \\ R_Z(s,t) &= E[Z(s)\overline{Z(t)}] \\ &= E[X\mathrm{e}^{\mathrm{i}\lambda s}\overline{X\mathrm{e}^{\mathrm{i}\lambda t}}] = E[X^2]\mathrm{e}^{\mathrm{i}\lambda s}\mathrm{e}^{-\mathrm{i}\lambda t} = \sigma^2\mathrm{e}^{\mathrm{i}\lambda(s-t)},\quad s,t\in\mathbf{R}; \\ C_Z(s,t) &= R_Z(s,t)-m_Z(s)\overline{m_Z(t)} = \sigma^2\mathrm{e}^{\mathrm{i}\lambda(s-t)},\quad s,t\in\mathbf{R}; \\ D_Z(t) &= C_Z(t,t) = \sigma^2\mathrm{e}^{\mathrm{i}\lambda(t-t)} = \sigma^2,\quad t\in\mathbf{R}; \\ \varphi_Z(t) &= R_Z(t,t) = \sigma^2\mathrm{e}^{\mathrm{i}\lambda(t-t)} = \sigma^2,\quad t\in\mathbf{R}. \end{aligned}$$

【例 7.3.2】 设复随机过程$Z(t)=\sum_{k=1}^{n}X_k\mathrm{e}^{\mathrm{i}\omega_k t}$，其中$t\ge 0$，$n$为固定的正整数，随机变量$X_1,X_2,\cdots,X_n$相互独立，且$X_k \sim N(0,\sigma_k^2)(k=1,2,\cdots,n)$，$\omega_1,\omega_2,\cdots,\omega_n$为参数，求$\{Z(t), 0\le t<+\infty\}$的均值函数$m_Z(t)$和相关函数$R_Z(s,t)$.

解

$$m_Z(t) = E[Z(t)] = E[\sum_{k=1}^{n}X_k\mathrm{e}^{\mathrm{i}\omega_k t}] = \sum_{k=1}^{n}\mathrm{e}^{\mathrm{i}\omega_k t}E(X_k) = 0,\ 0\le t<+\infty;$$

$$\begin{aligned} R_Z(s,t) &= E[Z(s)\overline{Z(t)}] = E\left[\sum_{k=1}^{n}X_k\mathrm{e}^{\mathrm{i}\omega_k s}\overline{\sum_{k=1}^{n}X_k\mathrm{e}^{\mathrm{i}\omega_k t}}\right] \\ &= \sum_{k,l=1}^{n}E[X_kX_l]\mathrm{e}^{\mathrm{i}(\omega_k s-\omega_l t)} = \sum_{k=1}^{n}E[X_k^2]\mathrm{e}^{\mathrm{i}\omega_k(s-t)} \\ &= \sum_{k=1}^{n}\sigma_k^2\mathrm{e}^{\mathrm{i}\omega_k(s-t)},\ 0\le s,t<+\infty . \end{aligned}$$

最后给出两个复随机过程的互协方差函数和互相关函数的定义.

定义 7.3.3 设 $\{Z_1(t), t\in T\}$ 和 $\{Z_2(t), t\in T\}$ 为定义在概率空间 $(\Omega,\mathcal{F},P)$ 上的两个复二阶矩过程，称

$$C_{Z_1Z_2}(s,t)=\text{cov}(Z_1(s),Z_2(t))=E[(Z_1(s)-m_{Z_1}(s))\overline{(Z_2(t)-m_{Z_2}(t))}],\quad s,t\in T$$

为复随机过程 $\{Z_1(t), t\in T\}$ 和 $\{Z_2(t), t\in T\}$ 的**互协方差函数**；称

$$R_{Z_1Z_2}(s,t)=E[Z_1(s)\overline{Z_2(t)}],\quad s,t\in T$$

为复随机过程 $\{Z_1(t), t\in T\}$ 和 $\{Z_2(t), t\in T\}$ 的**互相关函数**.

7.4 几种重要的随机过程

如 7.1.3 节中所述，随机过程可以根据参数空间、状态空间是离散的还是非离散的进行分类，也可以根据随机过程的概率特性进行分类. 本节从概率特性的角度简单介绍几种重要的随机过程.

7.4.1 正交增量过程

定义 7.4.1 设 $\{X(t), t\in T\}$ 是二阶矩过程，若对任意的 $t_1<t_2\le t_3<t_4\in T$，有

$$E[(X(t_2)-X(t_1))\overline{(X(t_4)-X(t_3))}]=0,$$

则称 $\{X(t), t\in T\}$ 为**正交增量过程**.

上述定义表明，正交增量过程在互不重叠的区间上的增量互不相关，如图 7.9 所示.

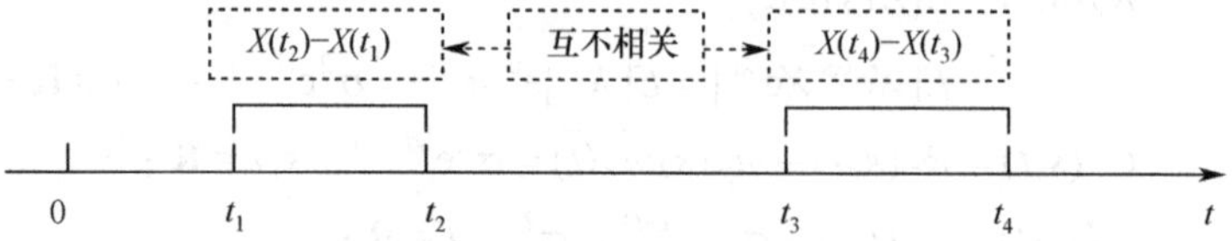

图 7.9 正交增量过程

对于正交增量过程 $\{X(t), t\in T\}$，若 $T=[a,+\infty)$，则对任意 $a\le s<t<+\infty$，有

$$E[(X(s)-X(a))\overline{(X(t)-X(s))}]=0.$$

特别地，当 $X(a)=0$ 时，有

$$E[X(s)\overline{(X(t)-X(s))}]=0.$$

定理 7.4.1 设 $\{X(t), t\in[a,+\infty)\}$ 为零均值的正交增量过程，且 $X(a)=0$，则

（1）$C_X(s,t)=R_X(s,t)=\varphi_X(\min(s,t))$，$s,t\in[a,+\infty)$；

（2）均方值函数 $\varphi_X(t)$ 单调不减.

证 （1）对于 $a\le s<t<+\infty$，有

$$\begin{aligned}C_X(s,t)&=R_X(s,t)-m_X(s)\overline{m_X(t)}=R_X(s,t)\\&=E[X(s)\overline{X(t)}]=E[X(s)\overline{(X(t)-X(s)+X(s))}]\\&=E[X(s)\overline{(X(t)-X(s))}+X(s)\overline{X(s)}]\\&=0+E|X(s)|^2=\varphi_X(s).\end{aligned}$$

同理，对于 $a \le t < s < +\infty$，有 $C_X(s,t) = R_X(s,t) = \varphi_X(t)$. 于是，有

$$C_X(s,t) = R_X(s,t) = \varphi_X(\min(s,t)),\ \ s,t \in [a,+\infty).$$

（2）设 $a \le s < t < +\infty$，因为

$$\begin{aligned}0 \le E\,|X(t)-X(s)|^2 &= E[(X(t)-X(s))\overline{(X(t)-X(s))}]\\ &= E[X(t)\overline{X(t)} - X(t)\overline{X(s)} - X(s)\overline{X(t)} + X(s)\overline{X(s)}]\\ &= E\,|X(t)|^2 - R_X(t,s) - R_X(s,t) + E\,|X(s)|^2\\ &= \varphi_X(t) - \varphi_X(\min(s,t)) - \varphi_X(\min(s,t)) + \varphi_X(s) = \varphi_X(t) - \varphi_X(s),\end{aligned}$$

所以 $\varphi_X(t) \ge \varphi_X(s)$，即 $\varphi_X(t)$ 单调不减.

7.4.2　独立增量过程

定义 7.4.2　设 $\{X(t), t \in T\}$ 是一个随机过程，若对任意的整数 $n>2$ 和任意的 $t_1 < t_2 < \cdots < t_n \in T$，随机变量

$$X(t_2)-X(t_1), X(t_3)-X(t_2), \cdots, X(t_n)-X(t_{n-1})$$

相互独立，则称 $\{X(t), t \in T\}$ 为**独立增量过程**，又称为**可加过程**；设 $\{X(t), t \in T\}$ 是独立增量过程，若对于任意的 $s<t$，$X(t)-X(s)$ 的分布仅依赖于 $t-s$，而与 s,t 本身的取值无关，则称 $\{X(t), t \in T\}$ 为**平稳独立增量过程**.

独立增量过程的特点是：它在任意一个时间间隔上状态的改变，不影响任意一个与它不相重叠的时间间隔上状态的改变，如图 7.10 所示. 实际中，如服务系统在某段时间间隔内的“顾客”数、电话传呼站电话的“呼叫”数等均可用这种过程来描述，因为在不相重叠的时间间隔内，“顾客”数、“呼叫”数都是相互独立的.

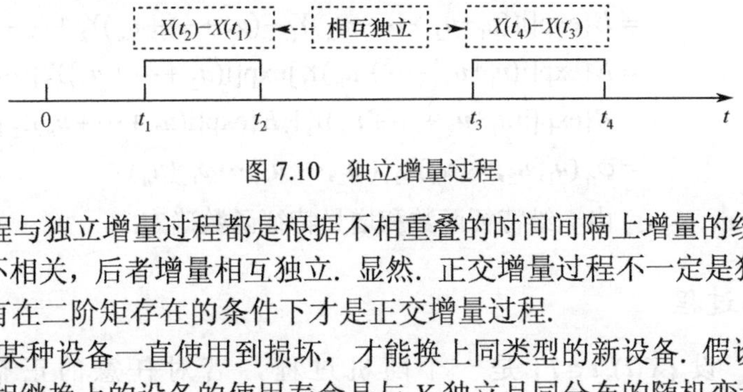

图 7.10　独立增量过程

正交增量过程与独立增量过程都是根据不相重叠的时间间隔上增量的统计相依性来定义的，前者增量互不相关，后者增量相互独立. 显然. 正交增量过程不一定是独立增量过程，而独立增量过程只有在二阶矩存在的条件下才是正交增量过程.

【例 7.4.1】　某种设备一直使用到损坏，才能换上同类型的新设备. 假设设备的使用寿命为随机变量 X，相继换上的设备的使用寿命是与 X 独立且同分布的随机变量

$$X_1, X_2, \cdots, X_k, \cdots,$$

其中 X_k 是第 k 个设备的使用寿命. 设 $N(t)$ 为时间段 $[0,t]$ 内更换的设备数，则 $\{N(t), t \ge 0\}$ 为随机过程. 对任意的 $0 \le t_1 < t_2 < \cdots < t_n$，随机变量

$$N(t_1), N(t_2)-N(t_1), \cdots, N(t_n)-N(t_{n-1})$$

相互独立，且对任意的 $s<t$，$N(t)-N(s)$ 的分布仅依赖于时间间隔 $t-s$，而与 s,t 本身的取值无关. 因此，$\{N(t), t \ge 0\}$ 是平稳独立增量过程.

【例 7.4.2】　在独立重复试验中，设一次试验中随机事件 A 出现的概率为 p（$0<p<1$），$X(n)$ 表示试验进行到 n（$n=1,2,\cdots$）次为止随机事件 A 出现的次数，即对任意的 n，$X(n)$ 表示 n 重伯努利试验中随机事件 A 出现的次数，且 $P(A)=p$（$0<p<1$）. 证明 $\{X(n), n=1,2,\cdots\}$

是平稳独立增量过程.

证 对任意的$m\geq 1$和任意的$1\leq n_1<n_2<\cdots<n_m\in\mathbf{N}$，由于

$$X(n_2)-X(n_1),X(n_3)-X(n_2),\cdots,X(n_m)-X(n_{m-1})$$

分别表示第n_1次到第n_2次，第n_2次到第n_3次，…，第n_{m-1}次到第n_m次试验中随机事件A出现的次数，因此相互独立，从而$\{X(n),n=1,2,\cdots\}$是独立增量过程.

又因对任意的$m,n\geq 1$，$X(n+m)-X(n)$为m重伯努利试验中随机事件A出现的次数，故$X(n+m)-X(n)$服从二项分布，即$X(n+m)-X(n)\sim B(m,p)$，该分布仅与m有关而与n无关，所以$\{X(n),n=1,2,\cdots\}$是平稳增量过程，从而是平稳独立增量过程.

随机过程的有限维分布函数族可以对其概率特征做出完整的描绘，但是对于独立增量过程的有限维分布函数，具有如下结论.

定理 7.4.2 独立增量过程的有限维分布函数由其一维分布函数和增量分布函数确定.

证 由于随机变量的分布函数和特征函数一一对应，为证此定理，只需证明独立增量过程的有限维特征函数由其一维特征函数和增量特征函数确定. 对于任意的整数$n\geq 1$和任意的$t_1<t_2<\cdots<t_n$，$(X(t_1),X(t_2),\cdots,X(t_n))$的特征函数为

$$\varphi(t_1,t_2,\cdots,t_n;u_1,u_2,\cdots,u_n)=E\{\exp[\mathrm{i}(u_1X(t_1)+u_2X(t_2)+\cdots+u_nX(t_n))]\}.$$

做变换

$$Y_1=X(t_1),\ Y_2=X(t_2)-X(t_1),\ \cdots,\ Y_n=X(t_n)-X(t_{n-1}),$$

则$Y_1,Y_2,\cdots,Y_n$相互独立. 再做反变换

$$X(t_1)=Y_1,\ X(t_2)=Y_1+Y_2,\ \cdots,\ X(t_n)=Y_1+Y_2+\cdots+Y_n,$$

于是

$$\begin{aligned}\varphi(t_1,t_2,\cdots,t_n;u_1,u_2,\cdots,u_n)&=E\{\exp[\mathrm{i}(u_1Y_1+u_2(Y_1+Y_2)+\cdots+u_n(Y_1+Y_2+\cdots+Y_n))]\}\\&=E\{\exp[\mathrm{i}((u_1+u_2+\cdots+u_n)Y_1+(u_2+\cdots+u_n)Y_2+\cdots+u_nY_n)]\}\\&=E\{\exp[\mathrm{i}(u_1+u_2+\cdots+u_n)Y_1]\exp[\mathrm{i}(u_2+\cdots+u_n)Y_2]\cdots\exp[\mathrm{i}u_nY_n]\}\\&=E\{\exp[\mathrm{i}(u_1+u_2+\cdots+u_n)Y_1]\}E\{\exp[\mathrm{i}(u_2+\cdots+u_n)Y_2]\}\cdots E\{\exp[\mathrm{i}u_nY_n]\}\\&=\varphi_{Y_1}(u_1,u_2,\cdots,u_n)\varphi_{Y_2}(u_2,\cdots,u_n)\cdots\varphi_{Y_n}(u_n),\end{aligned}$$

即$\varphi(t_1,t_2,\cdots,t_n;u_1,u_2,\cdots,u_n)$由一维特征函数和增量特征函数确定.

7.4.3 正态过程

定义 7.4.3 设$\{X(t),t\in T\}$是一个随机过程，若对任意的正整数n和任意的$t_1,t_2,\cdots,t_n\in T$，$(X(t_1),X(t_2),\cdots,X(t_n))$都是$n$维正态随机变量，则称$\{X(t),t\in T\}$是**正态过程**或**高斯过程**.

由于正态过程的一阶矩和二阶矩存在，因此正态过程是二阶矩过程.

显然，只要知道正态过程的均值函数$m_X(t)$和协方差函数$C_X(s,t)$或相关函数$R_X(s,t)$，即可确定其有限维分布. 正态过程在随机过程中的重要性，类似于正态随机变量在概率论中的重要性. 这是因为在实际问题中，尤其是在电信技术中，正态过程有着广泛的应用.

【例 7.4.3】 设$X(t)=A\cos\omega t+B\sin\omega t,\ t\in\mathbf{R}$，其中$A,B$为相互独立且服从正态分布$N(0,\sigma^2)$的随机变量，$\omega$是实常数. 试证明$\{X(t),t\in\mathbf{R}\}$是正态过程，并求它的有限维分布.

证 由于A,B相互独立，且都服从正态分布$N(0,\sigma^2)$，因此$(A,B)\sim N(\mathbf{0},\sigma^2\mathbf{E})$（$\boldsymbol{E}$是二

阶单位矩阵）. 对于任意整数 $n\geq 1$ 和任意的 $t_1, t_2, \cdots, t_n \in T$，因

$$X(t_1)=A\cos\omega t_1+B\sin\omega t_1,$$
$$X(t_2)=A\cos\omega t_2+B\sin\omega t_2,$$
$$\vdots$$
$$X(t_n)=A\cos\omega t_n+B\sin\omega t_n,$$

若记

$$\boldsymbol{C}=\begin{bmatrix}\cos\omega t_1 & \cos\omega t_2 & \cdots & \cos\omega t_n\\ \sin\omega t_1 & \sin\omega t_2 & \cdots & \sin\omega t_n\end{bmatrix},$$

则有

$$\begin{aligned}(X(t_1),X(t_2),\cdots,X(t_n))&=[A,B]\begin{bmatrix}\cos\omega t_1 & \cos\omega t_2 & \cdots & \cos\omega t_n\\ \sin\omega t_1 & \sin\omega t_2 & \cdots & \sin\omega t_n\end{bmatrix}\\ &=[A,B]\boldsymbol{C}.\end{aligned}$$

故 $(X(t_1), X(t_2), \cdots, X(t_n))$ 是二维正态随机变量 (A, B) 的线性变换，所以 $(X(t_1), X(t_2), \cdots, X(t_n))$ 是 n 维正态随机变量，故 $\{X(t), t\in\mathbf{R}\}$ 是正态过程.

由于 $\{X(t), t\in\mathbf{R}\}$ 是正态过程，且 $E[X(t)]=0$，因此 $(X(t_1), X(t_2), \cdots, X(t_n))\sim N(\mathbf{0}, \sigma^2\boldsymbol{B})$，$t_1, t_2, \cdots, t_n \in T$. 其中

$$\boldsymbol{B}=\boldsymbol{C}^{\mathrm{T}}\sigma^2\boldsymbol{E}\boldsymbol{C}=\sigma^2\begin{bmatrix}1 & \cos\omega(t_1-t_2) & \cdots & \cos\omega(t_1-t_n)\\ \cos\omega(t_2-t_1) & 1 & \cdots & \cos\omega(t_2-t_n)\\ \vdots & \vdots & \ddots & \vdots\\ \cos\omega(t_n-t_1) & \cos\omega(t_n-t_2) & \cdots & 1\end{bmatrix}.$$

7.4.4　维纳过程

定义 7.4.4　设 $\{W(t), t\geq 0\}$ 是一个随机过程，若：

（1）$W(0)=0$；

（2）$\{W(t), t\geq 0\}$ 是平稳独立增量过程；

（3）对任意 $0\leq s<t$，增量 $W(t)-W(s)\sim N(0, \sigma^2(t-s)),\ \sigma^2>0$，

则称 $\{W(t), t\geq 0\}$ 是参数为 σ^2 的**维纳（Wiener）过程**或**布朗运动过程.**

布朗运动（Brownian Motion）是指微小粒子表现出的无规则运动. 1827 年，英国植物学家 R.布朗在花粉颗粒的水溶液中观察到花粉不停顿地进行无规则运动. 进一步的实验证实，除花粉颗粒外，其他悬浮在流体中的微粒也表现出这种无规则的运动，如悬浮在空气中的尘埃，后人把这种微粒的运动称为布朗运动.

维纳过程常用来描述布朗运动，是随机噪声的数学模型.

定理 7.4.3　设 $\{W(t), t\geq 0\}$ 是参数为 σ^2 维纳过程，则：

（1）对任意 $t\geq 0$，$W(t)\sim N(0, \sigma^2 t)$，$m_W(t)=0$，$D_W(t)=\sigma^2 t$；

（2）对任意 $s, t\geq 0$，$R_W(s,t)=C_W(s,t)=\sigma^2\min(s,t)$.

证　（1）由定义 7.4.4，显然可证.

（2）不妨设 $s\leq t$，则

$$\begin{aligned}R_W(s,t) &= E[W(s)W(t)]\\ &= E[(W(s)-W(0))\ (W(t)-W(0))]\\ &= E[(W(s)-W(0))\ (W(t)-W(s)+W(s)-W(0))]\\ &= E[(W(s)-W(0))\ (W(t)-W(s))]+E[(W(s)-W(0))^2]\\ &= E[W(s)-W(0)]E[W(t)-W(s)]+D[W(s)-W(0)]\\ &= \sigma^2 s = \sigma^2\min(s,t),\quad s,t\ge 0.\end{aligned}$$

显然有

$$C_W(s,t)=R_W(s,t)-m_W(s)m_W(t)=\sigma^2\min(s,t),\quad s,t\ge 0.$$

定理 7.4.4 维纳过程是正态过程.

证 设 $\{W(t),t\ge 0\}$ 是参数为 σ^2 维纳过程. 对于任意的整数 $n\ge 1$ 和任意的 $0\le t_1<t_2<\cdots<t_n$，$W(t_1),W(t_2)-W(t_1),\cdots,W(t_n)-W(t_{n-1})$ 相互独立，且

$$W(t_k)-W(t_{k-1})\sim N(0,\sigma^2(t_k-t_{k-1}))$$

其中 $k=1,2,\cdots,n$，$W(t_0)=W(0)=0$. 因此

$$(W(t_1),W(t_2)-W(t_1),\cdots,W(t_n)-W(t_{n-1}))$$

是 n 维正态随机变量. 又由于

$$(W(t_1),W(t_2),\cdots,W(t_n))=(W(t_1),W(t_2)-W(t_1),\cdots,W(t_n)-W(t_{n-1}))\begin{bmatrix}1&1&\cdots&1\\0&1&\cdots&1\\\vdots&\vdots&\ddots&\vdots\\0&0&\cdots&1\end{bmatrix},$$

即 $(W(t_1),W(t_2),\cdots,W(t_n))$ 为 $(W(t_1),W(t_2)-W(t_1),\cdots,W(t_n)-W(t_{n-1}))$ 的线性变换，因此其也是 n 维正态随机变量，所以 $\{W(t),t\ge 0\}$ 是正态过程.

7.4.5 马尔可夫过程

当随机过程 $\{X(t),t\in T\}$ 在时刻 t_0 所处的状态为已知时，它在时刻 $t(t>t_0)$ 所处状态的条件分布与其在时刻 t_0 之前所处的状态无关，则称 $\{X(t),t\in T\}$ 具有**马尔可夫（Markov）性**，也称为**无后效性**. 马尔可夫性表明，在知道过程“现在”的条件下，其“将来”的条件分布不依赖于“过去”.

定义 7.4.5 设随机过程 $\{X(t),t\in T\}$ 的状态空间为 S，若对任意的 $n\ge 2$ 及任意的 $t_1<t_2<\cdots<t_n\in T$，在条件 $X(t)=x_i$，$x_i\in S$，$i=1,2,\cdots,n-1$ 下，$X(t_n)$ 的条件分布函数恰好等于在条件 $X(t_{n-1})=x_{n-1}$ 下的条件分布函数，即

$$\begin{aligned}&P\{X(t_n)\le x_n|X(t_1)=x_1,X(t_2)=x_2,\cdots,X(t_{n-1})=x_{n-1}\}\\&=P\{X(t_n)\le x_n|P(X(t_{n-1}))=x_{n-1}\},\ x\in\mathbf{R},\end{aligned}$$

则称 $\{X(t),t\in T\}$ 为**马尔可夫过程**.

马尔可夫过程是具有无后效性的随机过程，现已成为内容十分丰富、理论相当完整、应用非常广泛的数学分支. 马尔可夫过程的理论在近代物理学、生物学、管理科学、信息处理学、数字计算方法学等领域都有着重要的应用. 马尔可夫过程按其状态和时间参数是连续的或离散的，可分为三类：

（1）时间、状态都是离散的马尔可夫过程，称为马尔可夫链.

（2）时间连续、状态离散的马尔可夫过程，称为连续时间马尔可夫链.

（3）时间、状态都连续的马尔可夫过程.

马尔可夫链和连续时间马尔可夫链将在本书的第 9、10 章中专门讨论.

习题 7

7.1　设 X_k（$k=1,2,\cdots,n$）是相互独立的随机变量，且 $P\{X_k=-1\}=P\{X_k=1\}=1/2$．令 $Y_0=0$，$Y_n=\sum\limits_{k=1}^{n}X_k$，试求：

（1）随机序列 $\{Y_n, n=0,1,2,\cdots\}$ 的任意一个样本函数；

（2）当 $n=1,2,\cdots,m$ 时，Y_n 的概率分布；

（3）随机序列 $\{Y_n, n=0,1,2,\cdots\}$ 的均值函数和相关函数.

7.2　设 $X(t)=Yt+b$，$t\in(0,+\infty)$，b 为常数，Y 为服从正态分布 $N(0,1)$ 的随机变量. 求随机过程 $\{X(t), t>0\}$ 的一维概率密度函数、均值函数和相关函数.

7.3　设随机变量 Y 具有概率密度 $f(y)$，令

$$X(t)=\mathrm{e}^{-Yt},\ t>0,$$

求随机过程 $\{X(t),\ t>0\}$ 的一维概率密度函数、均值函数和相关函数.

7.4　若从 $t=0$ 开始每隔一秒抛掷一枚均匀的硬币进行试验，定义

$$X(t)=\begin{cases}\cos\pi t, & t\text{时刻抛得正面},\\ 2t, & t\text{时刻抛得反面}.\end{cases}$$

则 $\{X(t), t\in[0,+\infty)\}$ 为一个随机过程，试求：

（1）$\{X(t), t\geq 0\}$ 的一维分布函数 $F(1/2;x)$、$F(1;x)$；

（2）$\{X(t),\ t\geq 0\}$ 的二维分布函数 $F(1/2,1;x_1,x_2)$；

（3）$\{X(t),\ t\geq 0\}$ 的均值函数 $m_X(t)$ 和方差函数 $D_X(t)$.

7.5　已知随机过程 $\{X(t), t\in T\}$ 的均值函数 $m_X(t)$ 和协方差函数 $C_X(s,t)$，$\varphi(t)$ 为普通函数，令 $Y(t)=X(t)+\varphi(t)$，求随机过程 $\{Y(t), t\in T\}$ 的均值函数 $m_Y(t)$ 和协方差函数 $C_Y(s,t)$.

7.6　随机过程 $\{X(t), t\in\mathbf{R}\}$ 只有三个样本函数 $x_1(t,\omega_1)=1, x_2(t,\omega_2)=\sin t,\ x_3(t,\omega_3)=\cos t$，且 $P\{\omega_1\}=P\{\omega_2\}=P\{\omega_3\}=\dfrac{1}{3}$，求 $\{X(t), t\in\mathbf{R}\}$ 的均值函数和相关函数.

7.7　设 $X(t)=A+Bt+Ct^2$，$t\in\mathbf{R}$，其中 A、B、C 是相互独立的随机变量，且其均值为零，方差为 1，求随机过程 $\{X(t), t\in\mathbf{R}\}$ 的协方差函数.

7.8　设 $\{X(t), t\in T\}$ 为实随机过程，x 为任意实数，令

$$Y(t)=\begin{cases}1, & X(t)\leq x,\\ 0, & X(t)>x.\end{cases}$$

证明随机过程 $\{Y(t), t\in T\}$ 的均值函数和相关函数分别为 $X(t)$ 的一维分布函数和二维分布函数.

7.9　设 $f(t)$ 是周期为 T 的周期函数，随机变量 Y 服从 $[0,T]$ 上的均匀分布. 令 $X(t)=f(t-Y)$，求证

$$E[X(t)X(t+\tau)]=\frac{1}{T}\int_0^T f(t)f(t+\tau)\mathrm{d}t.$$

7.10　设随机过程 $\{X(t), t\in T\}$ 的协方差函数为 $C_X(s,t)$，方差函数为 $D_X(t)$，试证：

（1）$|C_X(s,t)|\leq\sqrt{D_X(s)D_X(t)}$；

（2）$|C_X(s,t)|\le\frac{1}{2}[D_X(s)+D_X(t)]$.

7.11 设随机过程 $\{X(t),t\in T\}$ 和 $\{Y(t),t\in T\}$ 的互协方差函数为 $C_{XY}(s,t)$，试证

$$|C_X(s,t)|\le\sqrt{D_X(s)D_X(t)}.$$

7.12 设 $X(t)=\sum_{k=1}^{N}A_k\mathrm{e}^{\mathrm{i}(\omega t+\varPhi_k)}$，其中 ω 为实常数，A_k 为第 k 个信号的随机振幅，$\varPhi_k$ 为在 $[0,2\pi]$ 上服从均匀分布的随机相位. 所有随机变量 A_k、$\varPhi_k$（$k=1,2,\cdots,N$）及它们之间都是相互独立的. 求随机过程 $\{X(t),t\in\mathbf{R}\}$ 的均值函数和协方差函数.

7.13 设 $\{X(t),t\ge0\}$ 是实正交增量过程，$X(0)=0$，A 是标准正态随机变量. 对任意的 $t\ge0$，$X(t)$ 与 A 相互独立. 令 $Y(t)=X(t)+A$，求随机过程 $\{Y(t),t\ge0\}$ 的协方差函数.

7.14 设 $X(t)=A+Bt$，$t\in\mathbf{R}$，其中 A 和 B 是相互独立的随机变量，都服从正态分布 $N(0,\sigma^2)$. 证明随机过程 $\{X(t),t\in\mathbf{R}\}$ 为正态过程，并求出它的相关函数.

7.15 设 $\{W(t),t\ge0\}$ 为参数为 σ^2 的维纳过程，求下列过程的协方差函数：

（1）$\{At+W(t),t\ge0\}$，其中 A 为常数；

（2）$\{Xt+W(t),t\ge0\}$，其中 $X\sim N(0,\sigma^2)$，且与 $\{W(t),t\ge0\}$ 相互独立；

（3）$\{aW(t/a^2),t\ge0\}$，其中 $a>0$ 且为常数；

（4）$\{tW(1/t),t>0\}$，其中 $a>0$ 且为常数.

第8章 泊 松 过 程

泊松（Poisson）过程是一类简单而重要的连续参数离散状态的随机过程，其直观意义明确，应用范围广泛. 泊松过程在物理学、生物学、金融工程学、医学、生物学、电子通信工程、公共服务等诸多领域都可以找到其应用场景. 一般来说，考虑一个来到某“服务点”要求服务的“顾客流”，顾客到服务点的到达过程可认为是泊松过程. 当赋予“服务点”和“顾客流”不同的含义时，便可得到不同的泊松过程. 本章介绍泊松过程的定义、数字特征及与泊松过程密切相关的常用分布.

8.1 泊松过程的定义及数字特征

8.1.1 泊松过程的定义及实例

比泊松过程更直观、更广泛的一类过程称为计数过程. 在正式讨论泊松过程之前，先给出计数过程的定义.

定义 8.1.1 设 $N(t)(t \ge 0)$ 表示到时刻 t 为止已发生的事件 A 的总数，若 $N(t)$ 满足下列条件：

（1） $N(t)$ 取非负整数；

（2）当 $s<t$ 时， $N(s) \le N(t)$；

（3）当 $s<t$ 时， $N(t)-N(s)$ 等于时间间隔 $(s,t]$ 中发生的事件 A 的次数，

则称 $\{N(t), t \ge 0\}$ 为**计数过程**.

若计数过程 $\{N(t), t \ge 0\}$ 在不重叠的时间间隔内，事件 A 发生的次数是相互独立的，即对任意的正整数 n 和任意的时间点 $0 \le t_1 < t_2 < \cdots < t_n$，有

$$N(t_2)-N(t_1), N(t_3)-N(t_2), \cdots, N(t_n)-N(t_{n-1})$$

相互独立，则称 $\{N(t), t \ge 0\}$ 是**独立增量计数过程**.

若计数过程 $\{N(t), t \ge 0\}$ 在 $(t, t+s](s>0)$ 内，事件 A 发生的次数 $N(t+s)-N(t)$ 仅与时间间隔 s 有关，而与起始时刻 t 无关，则称 $\{N(t), t \ge 0\}$ 是**平稳增量计数过程**.

定义 8.1.2 设计数过程 $\{X(t), t \ge 0\}$ 满足下列条件：

（1） $X(0)=0$；

（2） $\{X(t), t \ge 0\}$ 是独立增量计数过程；

（3）在任一长度为 t 的区间中，事件 A 发生的次数都服从参数为 $\lambda t>0$ 的泊松分布，即对任意的 $s,t>0$，有

$$P\{X(t+s)-X(s)=n\} = \frac{(\lambda t)^n}{n!}\mathrm{e}^{-\lambda t},\ n=0,1,2,\cdots \tag{8.1}$$

则称 $\{X(t), t \ge 0\}$ 为具有参数 λ 的**泊松过程**.

若在式（8.1）中取 $s=0$，可得 $X(t)$ 的分布为

$$P\{X(t)=n\}=\frac{(\lambda t)^n}{n!}\mathrm{e}^{-\lambda t},\ n=0,1,2,\cdots.$$

即随机变量 $X(t)$ 服从参数为 λt 的泊松分布.

显然，泊松过程是平稳增量计数过程且 $E[X(t)]=\lambda t$. 由于 $\lambda=\dfrac{E[X(t)]}{t}$ 表示单位时间内事件 A 发生的平均次数，因此称 λ 为此过程的**速率**或**强度**.

从定义 8.1.2 中可以看到，为了判断一个计数过程是泊松过程，必须证明它满足条件（1）、（2）及（3）. 条件（1）只说明事件 A 的计数是从 $t=0$ 时开始的，条件（2）通常可通过对过程实际情况的了解来判定，然而条件（3）的检验是非常困难的. 为了方便判定，下面给出泊松过程的另一个定义.

定义 8.1.3 设计数过程 $\{X(t),t\geq 0\}$ 满足下列条件：

（1） $X(0)=0$ ；

（2） $\{X(t),t\geq 0\}$ 是平稳独立增量计数过程；

（3）对充分小的 h ， $\{X(t),t\geq 0\}$ 满足

$$\begin{cases}P\{X(t+h)-X(t)=1\}=\lambda h+o(h),\\ P\{X(t+h)-X(t)\geq 2\}=o(h).\end{cases}\tag{8.2}$$

则称 $\{X(t),t\geq 0\}$ 为具有参数 λ 的**泊松过程**.

定义 8.1.2 和定义 8.1.3 的区别主要体现在条件（3）中，它们的等价性证明可参见文献[19]. 定义 8.1.3 的条件（3）表明，在充分小的时间间隔内，最多有一个事件发生，而不能有两个或两个以上事件同时发生. 这种假设对于许多随机现象较容易得到满足，方便用于判定一个随机过程是否为泊松过程.

【例 8.1.1】 考虑某一电话交换台在某段时间内接到的呼叫. 令 $X(t)$ 表示电话交换台在 $(0,t]$ 内收到的呼叫次数，则由直观经验可知 $\{X(t),t\geq 0\}$ 满足定义 8.1.3 的条件，故 $\{X(t),t\geq 0\}$ 是一个泊松过程.

【例 8.1.2】 考虑来到某火车站的售票窗口购买车票的旅客. 若记 $X(t)$ 为在时间 $(0,t]$ 内到达售票窗口的旅客数，则 $\{X(t),t\geq 0\}$ 是一个泊松过程.

【例 8.1.3】 考虑机器在 $(t,t+h]$ 内发生故障这一事件. 若机器发生故障，立即修理后继续工作，则在 $(t,t+h]$ 内机器发生故障而停止工作的事件数构成一个随机过程，不难看出它满足定义 8.1.3 的条件，因此可以用泊松过程进行描述.

8.1.2 泊松过程的数字特征

定理 8.1.1 设 $\{X(t),t\geq 0\}$ 是参数为 λ 的泊松过程，则对任意的 $s,t\geq 0$ ，有：

（1） $m_X(t)=D_X(t)=\lambda t$ ， $R_X(s,t)=\lambda^2 st+\lambda\min(s,t)$ ， $C_X(s,t)=\lambda\min(s,t)$ ；

（2） $\{X(t),t\geq 0\}$ 的特征函数为 $g_X(u)=\exp\{\lambda t(\mathrm{e}^{\mathrm{i}u}-1)\}$.

证 （1）由于随机变量 $X(t)$ 服从参数为 λt 的泊松分布，因此有

$$m_X(t)=E[X(t)]=\lambda t\ ,\quad D_X(t)=D[X(t)]=\lambda t\ .$$

下面证明 $R_X(s,t)=\lambda^2 st+\lambda\min(s,t)$. 当 $s<t$ 时，有

$$\begin{aligned}R_X(s,t) &= E[X(s)X(t)] \\ &= E[X(s)(X(t)-X(s)+X(s))] \\ &= E[X(s)(X(t)-X(s))]+E[(X(s))^2] \\ &= E[X(s)]E[X(t)-X(s)]+D[X(s)]+\{E[X(s)]\}^2 \\ &= \lambda s\lambda(t-s)+\lambda s+(\lambda s)^2=\lambda^2 st+\lambda s .\end{aligned}$$

同理可得，当$t<s$时，$R_X(s,t)=\lambda^2 st+\lambda t$，故有

$$R_X(s,t)=\lambda^2 st+\lambda\min(s,t) .$$

从而

$$\begin{aligned}C_X(s,t) &= R_X(s,t)-m_X(s)m_X(t) \\ &= \lambda^2 st+\lambda\min(s,t)-\lambda s\cdot\lambda t=\lambda\min(s,t)\end{aligned}$$

（2）根据特征函数的定义，可得$\{X(t),t\geq 0\}$的特征函数为

$$\begin{aligned}g_X(u) &= E[\mathrm{e}^{\mathrm{i}uX(t)}]=\sum_{n=0}^{\infty}\mathrm{e}^{\mathrm{i}un}P\{X(t)=n\} \\ &= \sum_{n=0}^{\infty}\mathrm{e}^{\mathrm{i}un}\mathrm{e}^{-\lambda t}\frac{(\lambda t)^n}{n!}=\mathrm{e}^{-\lambda t}\sum_{n=0}^{\infty}\frac{(\lambda t\mathrm{e}^{\mathrm{i}u})^n}{n!} \\ &= \mathrm{e}^{-\lambda t}\exp\{\lambda t\mathrm{e}^{\mathrm{i}u}\}=\exp\{\lambda t(\mathrm{e}^{\mathrm{i}u}-1)\}.\end{aligned}$$

【例 8.1.4】 设$\{X_1(t),t\geq 0\}$和$\{X_2(t),t\geq 0\}$是分别具有参数λ_1和λ_2的相互独立的泊松过程，证明：

（1）设$Y(t)=X_1(t)+X_2(t)$，则$\{Y(t),t\geq 0\}$是具有参数$\lambda_1+\lambda_2$的泊松过程；

（2）设$Z(t)=X_1(t)-X_2(t)$，则$\{Z(t),t\geq 0\}$不是泊松过程.

证 （1）由于$\{X_1(t),t\geq 0\}$和$\{X_2(t),t\geq 0\}$是泊松过程，因此不难看出$Y(0)=0$且$\{Y(t),t\geq 0\}$为独立增量过程. 又因为

$$\begin{aligned}P\{Y(t+s)-Y(s)=n\} &= P\{X_1(t+s)+X_2(t+s)-X_1(s)-X_2(s)=n\} \\ &= P\{X_1(t+s)-X_1(s)+X_2(t+s)-X_2(s)=n\} \\ &= \sum_{i=0}^{n}P\{X_1(t+s)-X_1(s)=i,X_2(t+s)-X_2(s)=n-i\} \\ &= \sum_{i=0}^{n}P\{X_1(t+s)-X_1(s)=i\}\cdot P\{X_2(t+s)-X_2(s)=n-i\} \\ &= \sum_{i=0}^{n}\frac{(\lambda_1 s)^i}{i!}\mathrm{e}^{-\lambda_1 s}\cdot\frac{(\lambda_2 s)^{n-i}}{(n-i)!}\mathrm{e}^{-\lambda_2 s} \\ &= \frac{1}{n!}\mathrm{e}^{-(\lambda_1+\lambda_2)s}\sum_{i=0}^{n}\frac{n!}{i!(n-i)!}\cdot(\lambda_1 s)^i\cdot(\lambda_2 s)^{n-i} \\ &= \frac{1}{n!}\mathrm{e}^{-(\lambda_1+\lambda_2)s}(\lambda_1 s+\lambda_2 s)^n=\frac{[(\lambda_1+\lambda_2)s]^n}{n!}\mathrm{e}^{-(\lambda_1+\lambda_2)s},\quad n=0,1,2,\cdots,\end{aligned}$$

所以$\{Y(t),t\geq 0\}$是具有参数$\lambda_1+\lambda_2$的泊松过程.

（2）由于$\{X_1(t),t\geq 0\}$和$\{X_2(t),t\geq 0\}$是相互独立的，因此

$$E[Z(t)]=E[X_1(t)-X_2(t)]=E[X_1(t)]-E[X_2(t)]=(\lambda_1-\lambda_2)t ,$$

$$D[Z(t)]=D[X_1(t)-X_2(t)]=D[X_1(t)]+D[X_2(t)]=(\lambda_1+\lambda_2)t .$$

因为 $E[Z(t)]\neq D[Z(t)]$，即 $m_Z(t)\neq D_Z(t)$，所以 $\{Z(t),t\geq 0\}$ 不是泊松过程.

8.2 泊松过程相关的常用分布

若用泊松过程来描述服务系统中接受服务的顾客数，则对顾客到来接受服务的到达时间、顾客的到达时间间隔等的分布问题都需要进行研究. 本节对泊松过程中与时间特征有关的重用分布进行较为详细的讨论.

设 $\{X(t),t\geq 0\}$ 是泊松过程，令 $X(t)$ 表示到 t 时刻为止事件 A 发生（顾客到达）的次数，$W_1,W_2,\cdots,W_n,\cdots$ 分别表示第 1 次, 第 2 次, …, 第 n 次, …事件 A 发生的时间，$T_n(n\geq 1)$ 表示第 $n-1$ 次事件 A 发生到第 n 次事件 A 发生的时间间隔，如图 8.1 所示.

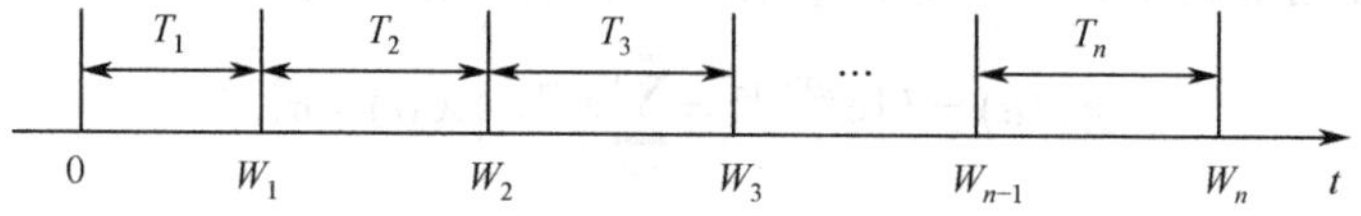

图 8.1 时间间隔

通常，称 $W_n(n=1,2,\cdots)$ 为第 n 次事件 A 出现的时刻或第 n 次事件 A 的到达时间，$T_n(n=1,2,\cdots)$ 是第 n 个到达时间间隔. 显然，它们都是随机变量. 利用泊松过程中事件 A 发生的概率特征，可以研究各事件的到达时间间隔和到达时间的分布.

8.2.1 到达时间间隔的分布

定理 8.2.1 设 $\{X(t),t\geq 0\}$ 是参数为 λ 的泊松过程，$\{T_n,n=1,2,\cdots\}$ 是相应第 $n-1$ 次事件 A 到达到第 n 次事件 A 到达的时间间隔序列，则随机变量 $T_1,T_2,\cdots,T_n,\cdots$ 相互独立且都服从参数为 λ 的指数分布，即 T_n 的分布函数为

$$F_{T_n}(t)=P\{T_n\leq t\}=\begin{cases}1-\mathrm{e}^{-\lambda t}, & t\geq 0,\\ 0, & t<0.\end{cases}$$

证 由于泊松过程是平稳独立增量过程，因此相邻两次事件到达时间间隔是相互独立的，即 $T_1,T_2,\cdots,T_n,\cdots$ 相互独立. 再证 $T_1,T_2,\cdots,T_n,\cdots$ 都服从参数为 λ 的指数分布.

先考虑 T_1 的分布，如图 8.2 所示. 当 $t<0$ 时，显然有

$$F_{T_1}(t)=P\{T_1\leq t\}=0\ .$$

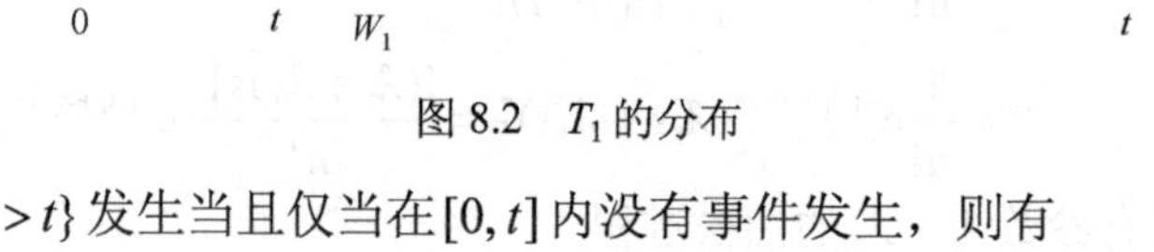

图 8.2 T_1 的分布

当 $t\geq 0$ 时，事件 $\{T_1>t\}$ 发生当且仅当在 $[0,t]$ 内没有事件发生，则有

$$\begin{aligned}F_{T_1}(t)&=P\{T_1\leq t\}=1-P\{T_1>t\}\\&=1-P\{X(t)=0\}=1-P\{X(t)-X(0)=0\}\\&=1-\mathrm{e}^{-\lambda t}.\end{aligned}$$

因此 T_1 服从参数为 λ 的指数分布.

再考虑 T_2 的分布，如图 8.3 所示，当 $t<0$ 时，显然有

$$F_{T_2}(t)=P\{T_2\le t\}=0.$$

当 $t\ge 0$ 时，由于 T_1,T_2 相互独立，因此事件 $\{T_2>t\}$ 发生当且仅当在 $(s,s+t]$ 内没有事件发生，则有

$$\begin{aligned}F_{T_2}(t)&=P\{T_2\le t\}=1-P\{T_2>t\}\\&=1-P\{T_2>t\mid T_1=s\}\\&=1-P\{在(s,s+t]内没有事件发生\mid T_1=s\}\\&=1-P\{X(s+t)-X(s)=0\mid X(s)-X(0)=1\}\\&=1-P\{X(s+t)-X(s)=0\}=1-\mathrm{e}^{-\lambda t}.\end{aligned}$$

因此 T_2 服从参数为 λ 的指数分布.

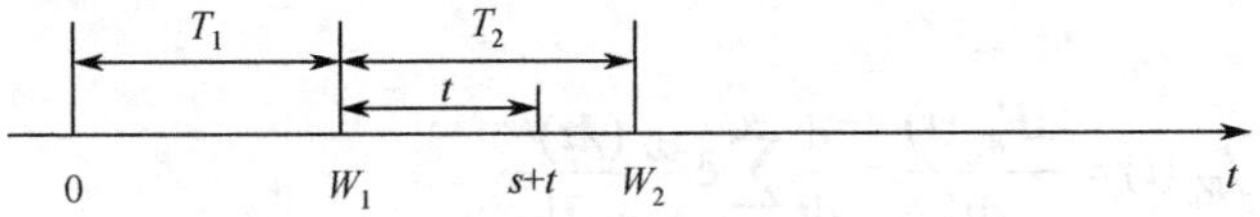

图 8.3　T_2 的分布

最后考虑一般的 $T_n(n\ge 1)$ 的分布，如图 8.4 所示. 和前两种情形类似，当 $t<0$ 时，有

$$F_{T_n}(x)=P\{T_n\le t\}=0.$$

当 $t\ge 0$ 时，由于 $T_1,T_2,\cdots,T_n$ 相互独立，则有

$$\begin{aligned}F_{T_n}(x)&=P\{T_n\le t\}=1-P\{T_n>t\}\\&=1-P\{T_n>t\mid T_1=s_1,\cdots,T_{n-1}=s_{n-1}\}\\&=1-P\{X(s_1+\cdots+s_{n-1}+t)-X(s_1+\cdots+s_{n-1})=0\}\\&=1-\mathrm{e}^{-\lambda t}.\end{aligned}$$

因此 T_n 服从参数为 λ 的指数分布.

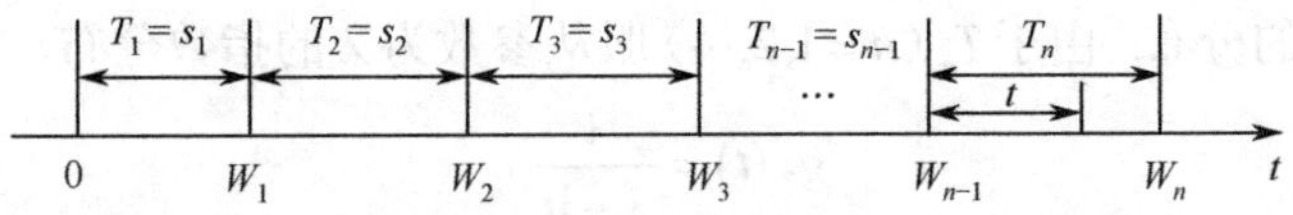

图 8.4　T_n 的分布

值得注意的是，定理 8.2.1 的结论是在平稳独立增量过程的假设前提下得到的，该假设的概率意义是指过程在任何时刻都从头开始，即从任何时刻起过程独立于先前已发生的一切（由独立增量可知），且有与原过程完全一样的分布（由平稳增量可知）. 由于指数分布具有无记忆性，因此到达时间间隔的指数分布是预料之中的.

8.2.2　到达时间的分布

定理 8.2.2　设 $\{X(t),t\ge 0\}$ 是参数为 λ 的泊松过程，$\{W_n,n=1,2,\cdots\}$ 是第 n 次事件 A 的到达时间序列，则随机变量 W_n 服从参数为 λ 与 n 的 Γ 分布，即 W_n 的概率密度函数为

$$f_{W_n}(t)=\begin{cases}\lambda e^{-\lambda t}\dfrac{(\lambda t)^{n-1}}{(n-1)!}, & t\ge 0,\\ 0, & t<0.\end{cases} \tag{8.3}$$

证 当$t<0$时，显然有

$$F_{W_n}(t)=P\{W_n\le t\}=0,$$

于是

$$f_{W_n}(t)=F'_{W_n}(t)=0.$$

当$t\ge 0$时，注意到第n个事件在时刻t或之前发生当且仅当到时间t时，已发生的事件数目至少是n，即事件$\{W_n\le t\}$发生当且仅当事件$\{X(t)\ge n\}$发生，有

$$\begin{aligned}F_{W_n}(t)&=P\{W_n\le t\}=P\{X(t)\ge n\}\\&=P\left\{\sum_{j=n}^{\infty}X(t)=j\right\}=\sum_{j=n}^{\infty}P\{X(t)=j\}=\sum_{j=n}^{\infty}e^{-\lambda t}\frac{(\lambda t)^j}{j!},\end{aligned}$$

于是有

$$\begin{aligned}f_{W_n}(t)&=\frac{dF_{W_n}(t)}{dt}=\frac{d}{dt}\sum_{j=n}^{\infty}e^{-\lambda t}\frac{(\lambda t)^j}{j!}\\&=\sum_{j=n}^{\infty}(-\lambda)e^{-\lambda t}\frac{(\lambda t)^j}{j!}+\sum_{j=n}^{\infty}e^{-\lambda t}j\frac{(\lambda t)^{j-1}}{j!}\lambda\\&=-\sum_{j=n}^{\infty}\lambda e^{-\lambda t}\frac{(\lambda t)^j}{j!}+\sum_{j=n}^{\infty}\lambda e^{-\lambda t}\frac{(\lambda t)^{j-1}}{(j-1)!}=\lambda e^{-\lambda t}\frac{(\lambda t)^{n-1}}{(n-1)!}.\end{aligned}$$

综上，即得$W_n(n=1,2,\cdots)$的概率密度函数为

$$f_{W_n}(t)=\begin{cases}\lambda e^{-\lambda t}\dfrac{(\lambda t)^{n-1}}{(n-1)!}, & t\ge 0,\\ 0, & t<0.\end{cases}$$

由式（8.3）所确定的Γ分布又称为**爱尔兰分布**. 由于$W_n=T_1+T_2+\cdots+T_n(n\ge 1)$，$T_1,T_2,\cdots,T_n$相互独立且都服从指数分布，因此$\Gamma$分布可以视为$n$个相互独立且都服从指数分布的随机变量之和的分布. 由于T_n（$n=1,2,\cdots$）服从参数为λ的指数分布，其特征函数为

$$g_T(t)=\frac{\lambda}{\lambda-it},$$

因此$W_n(n=1,2,\cdots)$的特征函数为

$$g_{W_n}(t)=[g_{T_n}(t)]^n=\left(\frac{\lambda}{\lambda-it}\right)^n.$$

8.2.3 到达时间的条件分布

设$\{X(t),t\ge 0\}$是参数为λ的泊松过程，假设已知在$[0,t]$内事件A已经发生了1次，如图 8.5 所示，下面确定这一事件的到达时间W_1的条件分布.

为此，求分布函数

$$F_{W_1|X(t)}(s\mid X(t)=1)=P(W_1\le s\mid X(t)=1).$$

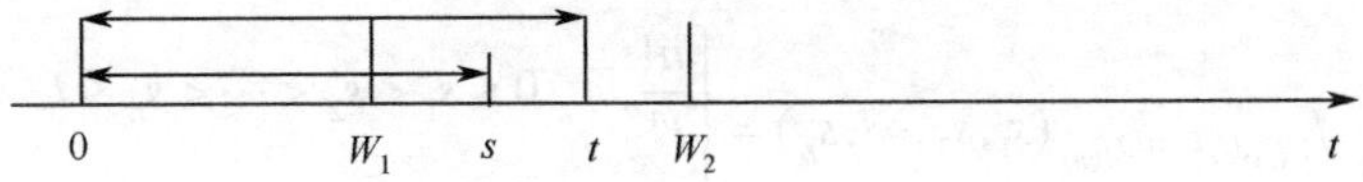

图 8.5　[0, t]内事件 A 已经发生了 1 次

当 $s<0$ 时，有

$$F_{W_1|X(t)}(s \mid X(t)=1)=P(W_1 \le s \mid X(t)=1)=0;$$

当 $s \ge t$ 时，有

$$F_{W_1|X(t)}(s \mid X(t)=1)=P(W_1 \le s \mid X(t)=1)=1;$$

当 $0 \le s < t$ 时，有

$$\begin{aligned}F_{W_1|X(t)}(s \mid X(t)=1)=P(W_1 \le s \mid X(t)=1)&=\frac{P\{W_1 \le s, X(t)=1\}}{P\{X(t)=1\}}\\&=\frac{P\{X(s)-X(0)=1, X(t)-X(s)=0\}}{P\{X(t)=1\}}\\&=\frac{P\{X(s)-X(0)=1\}P\{X(t)-X(s)=0\}}{P\{X(t)=1\}}\\&=\frac{\lambda s \mathrm{e}^{-\lambda s}\mathrm{e}^{-\lambda(t-s)}}{\lambda t \mathrm{e}^{-\lambda t}}=\frac{s}{t}.\end{aligned}$$

从而 W_1 的条件分布函数为

$$F_{W_1|X(t)}(s \mid X(t)=1)=\begin{cases}0, & s<0,\\ \dfrac{s}{t}, & 0 \le s < t,\\ 1, & s \ge t.\end{cases}$$

条件概率密度函数为

$$f_{W_1|X(t)}(s \mid X(t)=1)=\begin{cases}\dfrac{1}{t}, & 0 \le s < t,\\ 0, & 其他.\end{cases}$$

上述结果表明，在已知 $[0,t]$ 内事件 A 已经发生 1 次的条件下，这一事件的到达时间 W_1 服从 $[0,t]$ 上的均匀分布. 另外，因为泊松过程是平稳独立增量过程，所以有理由认为 $[0,t]$ 内长度相等的区间包含这个事件的概率应该相同，这一直观感受和上述数学推导的结果完全一致.

这一结果可以推广到一般情形.

定理 8.2.3　设 $\{X(t), t \ge 0\}$ 是参数为 λ 的泊松过程，已知在 $[0,t]$ 内事件 A 发生了 n 次，则这 n 次事件的到达时间 $W_1 < W_2 < \cdots < W_n$ 与 n 个相互独立且都服从 $[0,t]$ 上的均匀分布的随机变量 $U_1, U_2, \cdots, U_n$ 的顺序统计量 $U_{(1)}, U_{(2)}, \cdots, U_{(n)}$ 具有相同的分布.

证　因为 $U_1, U_2, \cdots, U_n$ 相互独立，都服从 $[0,t]$ 上的均匀分布，所以 $(U_1, U_2, \cdots, U_n)$ 的联合概率密度函数为

$$f_{U_1,U_2,\cdots,U_n}(s_1, s_2, \cdots, s_n)=\begin{cases}\dfrac{1}{t^n}, & 0 \le s_1, s_2, \cdots, s_n \le t,\\ 0, & 其他.\end{cases}$$

从而 $U_{(1)}, U_{(2)}, \cdots, U_{(n)}$ 的联合概率密度函数为

$$f_{U_{(1)},U_{(2)},\cdots,U_{(n)}}(s_1,s_2,\cdots,s_n)=\begin{cases}\dfrac{n!}{t^n}, & 0\le s_1<s_2<\cdots<s_n\le t,\\ 0, & \text{其他}.\end{cases}$$

又 $X(t)=n$，取充分小的 $h_k(k=1,2,\cdots,n)$ 使 $s_k<W_k\le s_k+h_k$ 且 (s_k,s_k+h_k) 互不相交，则当 $0\le s_1<s_2<\cdots<s_n\le t$ 时，有

$$\begin{aligned}&P(s_1\le W_1\le s_1+h_1,s_2\le W_2\le s_2+h_2,\cdots,s_n\le W_n\le s_n+h_n\mid X(t)=n)\\
&=\frac{P(s_1\le W_1\le s_1+h_1,s_2\le W_2\le s_2+h_2,\cdots,s_n\le W_n\le s_n+h_n,X(t)=n)}{P(X(t)=n)}\\
&=\frac{P(X(h_1)=1,X(h_2)=1,\cdots,X(h_n)=1,X(t-h_1-h_2\cdots-h_n)=0)}{P(X(t)=n)}\\
&=\frac{P(X(h_1)=1)P(X(h_2)=1)\cdots P(X(h_n)=1)P(X(t-h_1-h_2\cdots-h_n)=0)}{P(X(t)=n)}\\
&=\frac{\lambda h_1\mathrm{e}^{-\lambda h_1}\lambda h_2\mathrm{e}^{-\lambda h_2}\cdots\lambda h_n\mathrm{e}^{-\lambda h_n}\mathrm{e}^{-\lambda(t-h_1-h_2\cdots-h_n)}}{\dfrac{(\lambda t)^n}{n!}\mathrm{e}^{-\lambda t}}=\frac{n!}{t^n}h_1h_2\cdots h_n.\end{aligned}$$

因此

$$\frac{P(s_1\le W_1\le s_1+h_1,s_2\le W_2\le s_2+h_2,\cdots,s_n\le W_n\le s_n+h_n\mid X(t)=n)}{h_1h_2\cdots h_n}=\frac{n!}{t^n}.$$

令 $h_k\to 0(k=1,2,\cdots,n)$，可得到 $W_1,W_2,\cdots,W_n$ 在已知 $X(t)=n$ 的条件下的条件概率密度函数

$$f_{W_1,W_2,\cdots,W_n|X(t)}(s_1,s_2,\cdots,s_n\mid X(t)=n)=\begin{cases}\dfrac{n!}{t^n}, & 0\le s_1<s_2<\cdots<s_n\le t,\\ 0, & \text{其他}.\end{cases}$$

即 $W_1,W_2,\cdots,W_n$ 在已知 $X(t)=n$ 的条件下与 $U_{(1)},U_{(2)},\cdots,U_{(n)}$ 具有相同的分布.

8.2.4 泊松分布相关问题举例

在本节最后，再给出一些与泊松分布相关的例子.

【例 8.2.1】 设 $\{X_1(t),t\ge 0\}$ 和 $\{X_2(t),t\ge 0\}$ 是两个相互独立的泊松过程，它们在单位时间内平均出现的事件数分别为 λ_1 和 λ_2. 记 $W_k^{(1)}$ 为过程 $\{X_1(t),t\ge 0\}$ 的第 k 次事件的到达时间，记 $W_1^{(2)}$ 为过程 $\{X_2(t),t\ge 0\}$ 的第1次事件的到达时间，求第一个泊松过程第 k 次事件发生比第二个泊松过程第1次事件发生早的概率 $P\{W_k^{(1)}<W_1^{(2)}\}$.

解 设 $W_k^{(1)}$ 的取值为 x，$W_1^{(2)}$ 的取值为 y. 根据定理 8.2.2，有 $W_k^{(1)}$ 和 $W_1^{(2)}$ 的概率密度函数分别为

$$f_{W_k^{(1)}}(x)=\begin{cases}\lambda_1\mathrm{e}^{-\lambda_1 x}\dfrac{(\lambda_1 x)^{k-1}}{(k-1)!}, & x\ge 0,\\ 0, & x<0.\end{cases}$$

$$f_{W_1^{(2)}}(y)=\begin{cases}\lambda_2\mathrm{e}^{-\lambda_2 y}, & y\ge 0,\\ 0, & y<0.\end{cases}$$

由于 $\{X_1(t),t\ge 0\}$ 和 $\{X_2(t),t\ge 0\}$ 是相互独立的，因此 $W_k^{(1)}$ 和 $W_1^{(2)}$ 也相互独立，故 $W_k^{(1)}$ 和

$W_1^{(2)}$ 的联合概率密度函数为

$$f(x,y)=f_{W_k^{(1)}}(x)f_{W_1^{(2)}}(y)=\begin{cases}\lambda_1 e^{-\lambda_1 x}\dfrac{(\lambda_1 x)^{k-1}}{(k-1)!}\lambda_2 e^{-\lambda_2 y}, & x\ge 0, y\ge 0,\\ 0, & \text{其他}.\end{cases}$$

设平面区域 D 如图 8.6 所示，则

$$\begin{aligned}P\{W_k^{(1)}<W_1^{(2)}\}&=\iint_D f(x,y)\mathrm{d}x\mathrm{d}y\\&=\int_0^{+\infty}\int_x^{+\infty}\lambda_1 e^{-\lambda_1 x}\frac{(\lambda_1 x)^{k-1}}{(k-1)!}\lambda_2 e^{-\lambda_2 y}\mathrm{d}y\mathrm{d}x\\&=\frac{\lambda_1^k}{(k-1)!}\int_0^{+\infty}x^{k-1}e^{-\lambda_1 x}[\int_x^{+\infty}\lambda_2 e^{-\lambda_2 y}\mathrm{d}y]\,\mathrm{d}x\\&=\frac{\lambda_1^k}{(k-1)!}\int_0^{+\infty}x^{k-1}e^{-(\lambda_1+\lambda_2)x}\mathrm{d}x\\&=\frac{\lambda_1^k}{(k-1)!}\frac{\Gamma(k)}{(\lambda_1+\lambda_2)^k}=(\frac{\lambda_1}{\lambda_1+\lambda_2})^k.\end{aligned}$$

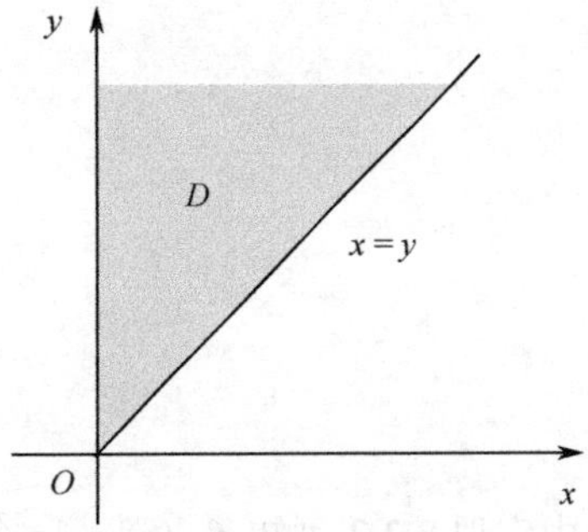

图 8.6 平面区域 D

式中用到了微积分中的 Γ 函数的定义和性质.

【例 8.2.2】 设 $\{X(t),t\ge 0\}$ 是参数为 λ 的泊松过程，已知在 $[0,t]$ 内事件 A 发生了 n 次，且 $0<s<t$. 对于正整数 $k(k<n)$，求 $P\{X(s)=k\mid X(t)=n\}$.

解 根据条件概率的定义及泊松过程的性质，有

$$\begin{aligned}P\{X(s)=k\mid X(t)=n\}&=\frac{P\{X(s)=k,X(t)=n\}}{P\{X(t)=n\}}\\&=\frac{P\{X(s)=k,X(t)-X(s)=n-k\}}{P\{X(t)=n\}}\\&=\frac{P\{X(s)=k\}P\{X(t)-X(s)=n-k\}}{P\{X(t)=n\}}\\&=\frac{e^{-\lambda s}\dfrac{(\lambda s)^k}{k!}e^{-\lambda(t-s)}\dfrac{[\lambda(t-s)]^{n-k}}{(n-k)!}}{e^{-\lambda t}\dfrac{(\lambda t)^n}{n!}}=C_n^k\left(\frac{s}{t}\right)^k\left(1-\frac{s}{t}\right)^{n-k}.\end{aligned}$$

这是一个参数为 n 和 $\dfrac{s}{t}$ 的二项分布，若用 B 表示 A 发生在时间 $[0,s]$ 内这一事件，则这一事实可以从图 8.7 中得到直观的解释.

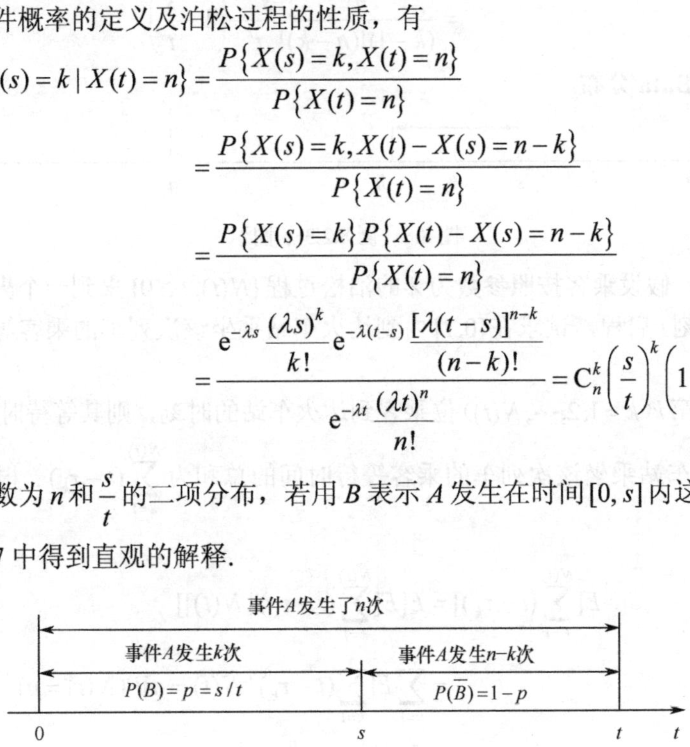

图 8.7 例 8.2.2 中的结果的直观解释

【例 8.2.3】 设 $\{X(t),t\ge 0\}$ 是参数为 λ 的泊松过程，已知在 $[0,t]$ 内事件 A 发生了 n 次. 求

第 $k(k<n)$ 次事件 A 的到达时间 W_k 的条件概率密度函数.

解 如图 8.8 所示，对充分小的 h，所求概率密度函数为

$$
\begin{aligned}
f_{W_k|X(t)}(s\,|\,n)&=\lim_{h\to 0}\frac{P\{s<W_k\le s+h\,|\,X(t)=n\}}{h}\\
&=\lim_{h\to 0}\frac{P\{s<W_k\le s+h,X(t)=n\}}{hP\{X(t)=n\}}\\
&=\lim_{h\to 0}\frac{P\{s<W_k\le s+h,X(t)-X(s+h)=n-k\}}{hP\{X(t)=n\}}\\
&=\lim_{h\to 0}\frac{P\{s<W_k\le s+h\}}{h}\frac{P\{X(t)-X(s+h)=n-k\}}{P\{X(t)=n\}}\\
&=f_{W_k}(s)\frac{P\{X(t)-X(s)=n-k\}}{P\{X(t)=n\}}.
\end{aligned}
$$

由定理 8.2.2 可知 $f_{W_k}(s)=\lambda\mathrm{e}^{-\lambda s}\dfrac{(\lambda s)^{k-1}}{(k-1)!}$（$s>0$），故

$$
\begin{aligned}
f_{W_k|X(t)}(s\,|\,n)&=\lambda\mathrm{e}^{-\lambda s}\frac{(\lambda s)^{k-1}}{(k-1)!}\frac{\mathrm{e}^{-\lambda(t-s)}\dfrac{[\lambda(t-s)]^{n-k}}{(n-k)!}}{\mathrm{e}^{-\lambda t}\dfrac{(\lambda t)^n}{n!}}\\
&=\frac{n!}{(k-1)!(n-k)!}\frac{s^{k-1}}{t^k}\left(1-\frac{s}{t}\right)^{n-k}.
\end{aligned}
$$

该分布称为 **Bata 分布**.

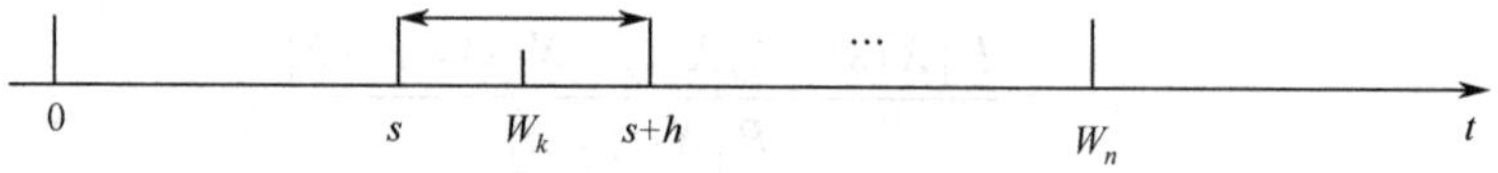

图 8.8 例 8.2.3 的图示

【例 8.2.4】 假设乘客按照参数为 λ 的泊松过程 $\{N(t),t\ge 0\}$ 来到一个火车站乘坐某次火车，设火车在时刻 t 启程，试求在 $[0,t]$ 内到达火车站乘坐该次列车的乘客等待时间的总和的数学期望.

解 设 τ_k 是第 $k(k=1,2,\cdots,N(t))$ 位乘客到达火车站的时刻，则其等待时间为 $t-\tau_k$，从而在 $[0,t]$ 内到达火车站乘坐该次列车的乘客等待时间的总和为 $\sum\limits_{k=1}^{N(t)}(t-\tau_k)$. 根据条件期望的性质，有

$$
\begin{aligned}
E[\sum_{k=1}^{N(t)}(t-\tau_k)]&=E[E[\sum_{k=1}^{N(t)}(t-\tau_k)\,|\,N(t)]]\\
&=\sum_{n=1}^{\infty}E[\sum_{k=1}^{n}(t-\tau_k)\,|\,N(t)=n]P(N(t)=n)\\
&=\sum_{n=1}^{\infty}(nt-E(\sum_{k=1}^{n}\tau_k\,|\,N(t)=n))P(N(t)=n)
\end{aligned}
$$

根据定理 8.2.3 可知，在 $N(t)$=n 的条件下，τ_k 与服从 $[0,t]$ 上的均匀分布的相互独立的随机变

量 $U_k(k=1,2,\cdots,n)$ 的顺序统计量 $U_{(k)}$ 具有相同的分布，故

$$
\begin{aligned}
E[\sum_{k=1}^{N(t)}(t-\tau_k)] &= \sum_{n=1}^{\infty}(nt-\sum_{k=1}^{n}E(U_{(k)}))P(N(t)=n) \\
&= \sum_{n=1}^{\infty}(nt-\sum_{k=1}^{n}E(U_k))P(N(t)=n) \\
&= \sum_{n=1}^{\infty}(nt-\frac{nt}{2})\frac{(\lambda t)^n}{n!}\mathrm{e}^{-\lambda t} = \frac{\lambda t^2}{2}(\sum_{n=1}^{\infty}\frac{(\lambda t)^{n-1}}{(n-1)!})\mathrm{e}^{-\lambda t} \\
&= \frac{\lambda t^2}{2}(\sum_{n=0}^{\infty}\frac{(\lambda t)^n}{(n)!})\mathrm{e}^{-\lambda t} = \frac{\lambda t^2}{2}.
\end{aligned}
$$

【例 8.2.5】 仪器受到震动会引起损伤. 设震动按强度为 λ 的泊松过程 $\{N(t), t\ge 0\}$ 发生，$N(t)$ 表示 $[0,t]$ 内仪器受到震动的次数. 第 k 次震动引起的损伤为 A_k，$A_1, A_2, \cdots$ 是独立同分布的随机变量序列，且和 $N(t)$ 独立. 又假设仪器受到震动而引起的损伤随时间按指数规律减小，即若震动的初始损伤为 A，则震动之后经过时间 t 后损伤减小为 $A\mathrm{e}^{-\alpha t}$（$\alpha>0$）. 假设损伤是可叠加的，即时刻 t 的损伤可表示为 $A(t)=\sum_{k=1}^{N(t)}A_k\mathrm{e}^{-\alpha(t-\tau_k)}$，其中 τ_k 为第 k 次震动所发生的时刻，求 $E[A(t)]$.

解 根据条件期望的性质，有

$$
\begin{aligned}
E[A(t)] &= E[\sum_{k=1}^{N(t)}A_k\mathrm{e}^{-\alpha(t-\tau_k)}] = E\{E[\sum_{k=1}^{N(t)}A_k\mathrm{e}^{-\alpha(t-\tau_k)} \mid N(t)]\} \\
&= \sum_{n=1}^{\infty}E[\sum_{k=1}^{n}A_k\mathrm{e}^{-\alpha(t-\tau_k)} \mid N(t)=n]P(N(t)=n) \\
&= E(A_1)\mathrm{e}^{-\alpha t}\sum_{n=1}^{\infty}E[\sum_{k=1}^{n}\mathrm{e}^{\alpha\tau_k} \mid N(t)=n]P(N(t)=n).
\end{aligned}
$$

由于在 $N(t)=n$ 的条件下，τ_k 与服从 $[0,t]$ 上的均匀分布的相互独立的随机变量 $U_k(k=1,2,\cdots,n)$ 的顺序统计量 $U_{(k)}$ 具有相同的分布，因此

$$
\begin{aligned}
E[A(t)] &= E(A_1)\mathrm{e}^{-\alpha t}\sum_{n=1}^{\infty}P(N(t)=n)E[\sum_{k=1}^{n}\mathrm{e}^{\alpha U_{(k)}}] \\
&= E(A_1)\mathrm{e}^{-\alpha t}\sum_{n=1}^{\infty}P(N(t)=n)\sum_{k=1}^{n}E\mathrm{e}^{\alpha U_k} \\
&= E(A_1)\mathrm{e}^{-\alpha t}\sum_{n=1}^{\infty}P(N(t)=n)\sum_{k=1}^{n}\frac{1}{t}\int_0^t \mathrm{e}^{\alpha x}\mathrm{d}x \\
&= E(A_1)\frac{1-\mathrm{e}^{-\alpha t}}{\alpha t}\sum_{n=1}^{\infty}nP(N(t)=n) \\
&= E(A_1)\frac{1-\mathrm{e}^{-\alpha t}}{\alpha t}\sum_{n=1}^{\infty}n\frac{(\lambda t)^n}{n!}\mathrm{e}^{-\lambda t} \\
&= E(A_1)\lambda t\frac{1-\mathrm{e}^{-\alpha t}}{\alpha t}\sum_{n=1}^{\infty}\frac{(\lambda t)^{n-1}}{(n-1)!}\mathrm{e}^{-\lambda t} = \frac{\lambda}{\alpha}E(A_1)(1-\mathrm{e}^{-\alpha t}).
\end{aligned}
$$

8.3 复合泊松过程

本节介绍复合泊松过程，它在工程实际中有着广泛的应用.

定义 8.3.1 设$\{N(t), t \geq 0\}$是参数为λ的泊松过程，$\{Y_n, n=1,2,\cdots\}$是一列独立同分布的随机变量，且与$\{N(t), t \geq 0\}$独立，令

$$X(t)=\sum_{n=1}^{N(t)} Y_n, \quad t \geq 0,$$

则称$\{X(t), t \geq 0\}$为复合泊松过程.

【例 8.3.1】 设$N(t)$是在时间$(0,t]$内来到某商店的顾客人数，$\{N(t), t \geq 0\}$是泊松过程. 若Y_n是第n个顾客在商店所花的钱数，则$\{Y_n, n=1,2,\cdots\}$是独立同分布的随机变量序列，且与$\{N(t), t \geq 0\}$独立. 记$X(t)$为该商店在$(0,t]$内的营业额，则$\{X(t), t \geq 0\}$是一个复合泊松过程.

定理 8.3.1 设$\{X(t), t \geq 0\}$是复合泊松过程，其中$X(t)=\sum_{n=1}^{N(t)} Y_n$，$\{N(t), t \geq 0\}$是参数为$\lambda$的泊松过程，则：

（1）$\{X(t), t \geq 0\}$是独立增量过程；

（2）$X(t)$的特征函数$g_{X(t)}(u)=\exp\{\lambda t[g_Y(u)-1]\}$，其中$g_Y(u)$是随机变量$Y_n(n=1,2,\cdots)$的特征函数；

（3）若$E(Y_n^2)<+\infty$（$n=1,2,\cdots$），则$E[X(t)]=\lambda t E[Y_n]$，$D[X(t)]=\lambda t E[Y_n^2]$.

证 （1）对任意的正整数m，令$0 \leq t_0 < t_1 < \cdots < t_m$，则

$$\begin{aligned} X(t_k)-X(t_{k-1}) &= \sum_{n=1}^{N(t_k)} Y_n - \sum_{n=1}^{N(t_{k-1})} Y_n \\ &= \sum_{n=N(t_{k-1})+1}^{N(t_k)} Y_n, \quad k=1,2,\cdots,m. \end{aligned}$$

根据条件，对任意的$k=1,2,\cdots,m$，式中被加的项数$N(t_k)-N(t_{k-1})$和被加的每一项均相互独立，故$X(t_k)-X(t_{k-1})$（$k=1,2,\cdots,m$）相互独立，因此$\{X(t), t \geq 0\}$是独立增量过程.

（2）根据特征函数的定义和条件期望的性质，有

$$\begin{aligned} g_{X(t)}(u) &= E\left[\mathrm{e}^{\mathrm{i}uX(t)}\right]=E\{E\left[\mathrm{e}^{\mathrm{i}uX(t)} \middle| N(t)\right]\} \\ &= \sum_{j=0}^{\infty} E\left[\mathrm{e}^{\mathrm{i}uX(t)} \middle| N(t)=j\right] P\{N(t)=j\} \\ &= \sum_{j=0}^{\infty} E\left[\mathrm{e}^{\mathrm{i}u\sum_{n=1}^{N(t)} Y_n} \middle| N(t)=j\right] \mathrm{e}^{-\lambda t} \frac{(\lambda t)^j}{j!} \\ &= \sum_{j=0}^{\infty} E\left[\mathrm{e}^{\mathrm{i}u\sum_{n=1}^{j} Y_n}\right] \mathrm{e}^{-\lambda t} \frac{(\lambda t)^j}{j!} = \sum_{j=0}^{\infty} [g_Y(u)]^j \mathrm{e}^{-\lambda t} \frac{(\lambda t)^j}{j!} \end{aligned}$$

$$= \mathrm{e}^{-\lambda t}\sum_{j=0}^{\infty}\frac{(\lambda t g_Y(u))^j}{j!} = \exp\{\lambda t[g_Y(u)-1]\}.$$

（3）根据特征函数与矩的关系，有

$$E[X(t)] = \left.\frac{g'_{X(t)}(u)}{\mathrm{i}}\right|_{u=0} = \left.\frac{\lambda t g'_Y(u)\exp\{\lambda t[g_Y(u)-1]\}}{\mathrm{i}}\right|_{u=0}$$

$$= \lambda t\frac{g'_Y(0)}{\mathrm{i}}\exp\{\lambda t[g_Y(0)-1]\} = \lambda t E[Y_n].$$

又因为

$$E[(X(t))^2] = \left.\frac{g''_{X(t)}(u)}{\mathrm{i}^2}\right|_{u=0}$$

$$= \left.\left\{\frac{\lambda t g''_Y(u)\exp\{\lambda t[g_Y(u)-1]\}}{\mathrm{i}^2} + \frac{[\lambda t g'_Y(u)]^2\exp\{\lambda t[g_Y(u)-1]\}}{\mathrm{i}^2}\right\}\right|_{u=0}$$

$$= \lambda t\frac{g''_Y(0)}{\mathrm{i}^2} + (\lambda t)^2\left[\frac{g'_Y(0)}{\mathrm{i}}\right]^2 = \lambda t E[Y_n^2] + \{\lambda t E[Y_n]\}^2,$$

所以

$$D[X(t)] = E[(X(t))^2] - [EX(t)]^2$$

$$= \lambda t E[Y_n^2] + \{\lambda t E[Y_n]\}^2 - \{\lambda t E[Y_n]\}^2 = \lambda t E[Y_n^2].$$

【例 8.3.2】 设移民到某地区定居的户数是一个泊松过程，平均每周有 2 户定居，即 $\lambda = 2$. 设每户的人口数是一个随机变量，一户 4 人的概率为 1/6，一户 3 人的概率为 1/3，一户 2 人的概率为 1/3，一户 1 人的概率为 1/6，并且每户的人口数是相互独立的随机变量. 求在 5 周内移民到该地区定居的人口数的数学期望和方差.

解 用 $\{N(t), t\ge 0\}$ 表示移民到该地区定居的户数所形成的泊松过程，则其参数为 $\lambda = 2$. 用 Y_n 表示第 n 户的人口数，用 $X(t)$ 表示移民的总人口数，则 $X(t) = \sum_{n=1}^{N(t)} Y_n$，从而 $\{X(t), t\ge 0\}$ 是复合的泊松过程. 因为

$$E[Y_n] = 4\times\frac{1}{6} + 3\times\frac{1}{3} + 2\times\frac{1}{3} + 1\times\frac{1}{6} = \frac{5}{2},$$

$$E[Y_n^2] = 4^2\times\frac{1}{6} + 3^2\times\frac{1}{3} + 2^2\times\frac{1}{3} + 1^2\times\frac{1}{6} = \frac{43}{6},$$

所以

$$E[X(5)] = 2\times 5\times\frac{5}{2} = 25,\qquad D[X(5)] = 2\times 5\times\frac{43}{6} = \frac{215}{3}.$$

【例 8.3.3】 设投保人的死亡服从参数为 λ 的泊松过程，用随机变量 Y_n 描述第 n 个死亡的投保人，同时也表示该投保人的价值，假定 $\{Y_n, n=1,2,\cdots\}$ 相互独立且都服从参数为 α（$\alpha>0$）的指数分布. 令 $X(t)$ 表示 $(0,t]$ 内保险公司必须付出的全部赔偿，求 $E[X(t)]$ 和 $D[X(t)]$.

解 用 $\{N(t), t\ge 0\}$ 表示 $(0,t]$ 内死亡的投保人数所形成的泊松过程，其参数为 λ，则 $X(t) = \sum_{n=1}^{N(t)} Y_n$，从而 $\{X(t), t\ge 0\}$ 是复合泊松过程. 由于

$$E[Y_n]=\frac{1}{\alpha}, \quad D[Y_n]=\frac{1}{\alpha^2},$$

从而

$$E[Y_n^2]=D[Y_n]+\{E[Y_n]\}^2=\frac{2}{\alpha^2}.$$

因此

$$E[X(t)]=\lambda tE[Y_n]=\frac{\lambda t}{\alpha}, \qquad D[X(t)]=\lambda tE[Y_n^2]=\frac{2\lambda t}{\alpha^2}.$$

8.4 非齐次泊松过程

在 8.1.1 节中定义的泊松过程是平稳独立增量过程，其分布仅与时间增量有关，而与起始时刻无关. 在任意时刻t，事件A的到来强度λ都为常数，这种泊松过程也称为齐次泊松过程. 但在某些实际问题中，事件A的到来强度往往并不是常数，而是时刻t的函数$\lambda(t)$. 为了研究这类过程，本节引入非齐次泊松过程.

定义 8.4.1 设计数过程$\{X(t), t\geq 0\}$满足下列条件：

（1）$X(0)=0$；

（2）$\{X(t), t\geq 0\}$是独立增量过程；

（3）对充分小的h，$\{X(t), t\geq 0\}$满足

$$\begin{cases} P\{X(t+h)-X(t)=1\}=\lambda(t)h+o(h), \\ P\{X(t+h)-X(t)\geq 2\}=o(h). \end{cases} \tag{8.4}$$

则称$\{X(t), t\geq 0\}$为具有跳跃强度$\lambda(t)$的**非齐次泊松过程**.

对于非齐次泊松过程，其概率分布由下面的定理给出.

定理 8.4.1 设$\{X(t), t\geq 0\}$为具有跳跃强度$\lambda(t)$的非齐次泊松过程，对任意的$s,t\geq 0$，记$m(t)=\int_0^t \lambda(u)\,\mathrm{d}u$，则有

$$P\{X(t+s)-X(s)=n\}=\frac{[m(t+s)-m(t)]^n}{n!}\exp\{-[m(t+s)-m(t)]\},\ n=0,1,2,\cdots \tag{8.5}$$

或

$$P\{X(t)=n\}=\frac{[m(t)]^n}{n!}\exp\{-m(t)\},\ n=0,1,2,\cdots. \tag{8.6}$$

证 对固定的$t\geq 0$，定义

$$P_n(s)=P\{X(t+s)-X(t)=n\},$$

则由定义 8.4.1 的条件（2）和条件（3），有

$$\begin{aligned} P_0(s+h)&=P\{X(t+s+h)-X(t)=0\} \\ &=P\{X(t+s)-X(t)=0, X(t+s+h)-X(t+s)=0\} \\ &=P\{X(t+s)-X(t)=0\}P\{X(t+s+h)-X(t+s)=0\} \\ &=P_0(s)[1-\lambda(t+s)h+o(h)]. \end{aligned}$$

因此

$$\frac{P_0(s+h)-P_0(s)}{h}=-\lambda(t+s)P_0(s)+\frac{o(h)}{h}.$$

令 $h\to 0$，取极限得

$$P_0'(s)=-\lambda(t+s)P_0(s) \text{ 或 } \frac{P_0'(s)}{P_0(s)}=-\lambda(t+s).$$

两端积分，并考虑初始条件 $P_0(0)=1$ 及 $m(t)=\int_0^t \lambda(u)\,\mathrm{d}u$，可得

$$\begin{aligned}\ln P_0(s)&=-\int_0^s \lambda(t+u)\,\mathrm{d}u\\&=-\int_t^{s+t}\lambda(u)\,\mathrm{d}u=-[m(t+s)-m(t)].\end{aligned}$$

于是

$$P_0(s)=\exp\{-[m(t+s)-m(t)]\}.$$

同理，当 $n\ge 1$ 时，有

$$\begin{aligned}P_n(s+h)&=P\{X(t+s+h)-X(t)=n\}\\&=\sum_{j=0}^{n}P\{X(t+s)-X(t)=n-j,X(t+s+h)-X(t+s)=j\}\\&=\sum_{j=0}^{n}P\{[X(t+s)-X(t)]=n-j\}P\{X(t+s+h)-X(t+s)=j\}\\&=\sum_{j=0}^{n}P_{n-j}(s)P\{X(t+s+h)-X(t+s)=j\}\\&=P_n(s)P\{X(t+s+h)-X(t+s)=0\}+P_{n-1}(s)P\{X(t+s+h)-X(t+s)=1\}+\\&\quad\sum_{j=2}^{n}P_{n-j}(s)P\{X(t+s+h)-X(t+s)=j\}.\end{aligned}$$

因为

$$\begin{aligned}\sum_{j=2}^{n}P_{n-j}(t)P\{X(t+s+h)-X(t+s)=j\}&\le\sum_{j=2}^{n}P\{X(t+s+h)-X(t+s)=j\}\\&=P\{X(t+s+h)-X(t+s)\ge 2\}=o(h),\end{aligned}$$

所以

$$P_n(s+h)=P_n(s)[1-\lambda(t+s)h+o(h)]+P_{n-1}(s)[\lambda(t+s)h]+o(h).$$

因此

$$\frac{P_n(s+h)-P_n(s)}{h}=-\lambda(t+s)P_n(s)+\lambda(t+s)P_{n-1}(s)+\frac{o(h)}{h}.$$

令 $h\to 0$，取极限得

$$P_n'(s)=-\lambda(t+s)P_n(s)+\lambda(t+s)P_{n-1}(s).$$

当 $n=1$ 时，有

$$\begin{aligned}P_1'(s)&=-\lambda(t+s)P_1(s)+\lambda(t+s)P_0(s)\\&=-\lambda(t+s)P_1(s)+\lambda(t+s)\exp\{-[m(t+s)-m(t)]\}.\end{aligned}$$

此式是关于 $P_1(s)$ 的一阶线性微分方程，利用初始条件 $P_1(0)=0$，可解得

$$P_1(s)=[m(t+s)-m(t)]\exp\{-[m(t+s)-m(t)]\}.$$

再用数学归纳法即可证得式（8.5）.

由式（8.6）易知，若 $\{X(t),t\ge 0\}$ 为具有跳跃强度 $\lambda(t)$ 的非齐次泊松过程，则 $X(t)$ 的均值函数和方差函数为

$$m_X(t)=D_X(t)=m(t)=\int_0^t\lambda(u)\,\mathrm{d}u. \tag{8.7}$$

【例 8.4.1】 设 $\{X(t),t\ge 0\}$ 为具有跳跃强度 $\lambda(t)=\frac{1}{2}(1+\cos\omega t)$（$\omega\ne 0$）的非齐次泊松过程，求 $\{X(t),t\ge 0\}$ 的均值函数和方差函数.

解 由式（8.7）可得

$$\begin{aligned}m_X(t)=D_X(t)&=\int_0^t\frac{1}{2}(1+\cos\omega u)\,\mathrm{d}u\\&=\frac{1}{2}\left(t+\frac{\sin\omega t}{\omega}\right).\end{aligned}$$

【例 8.4.2】 某设备的使用期限为 10 年，在前 5 年内，平均 2.5 年需要维修一次，后 5 年内，平均 2 年需要维修一次，求在使用期内只维修过一次的概率.

解 用 $N(t)$ $(0\le t\le 10)$ 表示设备在使用期内直到 t 时刻维修的次数. 因为维修次数与使用时间有关，所以 $\{N(t),0\le t\le 10\}$ 是非齐次泊松过程，其跳跃强度为

$$\lambda(t)=\begin{cases}\dfrac{2}{5}, & 0\le t\le 5,\\[2mm]\dfrac{1}{2}, & 5<t\le 10.\end{cases}$$

则

$$m(10)=\int_0^{10}\lambda(u)\,\mathrm{d}u=\int_0^5\frac{2}{5}\mathrm{d}u+\int_5^{10}\frac{1}{2}\mathrm{d}u=\frac{9}{2}.$$

故所求概率为

$$P\{N(10)=1\}=m(10)\exp\{-m(10)\}=\frac{9}{2}\times \mathrm{e}^{-\frac{9}{2}}.$$

【例 8.4.3】 某路公共汽车从 5 时到 21 时有车发出，乘客流量如下：5 时按乘客平均到达率为 200 人/h 计算；5 时至 8 时乘客平均到达率线性增加，8 时乘客平均到达率为 1400 人/h；8 时至 18 时保持不变；18 时到 21 时乘客平均到达率线性下降，到 21 时为 200 人/h，假定乘客数在不重叠的区间内是相互独立的，求 12 时至 14 时有 2000 人乘车的概率，并求这 2h 内来站乘车人数的数学期望.

解 设 $t=0$ 为 5 时，$t=16$ 为 21 时，用 $N(t)$ $(0\le t\le 16)$ 表示这一天内直到 t 时刻来站乘车的人数，乘客平均到达率如图 8.9 所示. 显然该过程与时间有关，因此 $\{N(t),0\le t\le 16\}$ 是非齐次泊松过程，其跳跃强度为

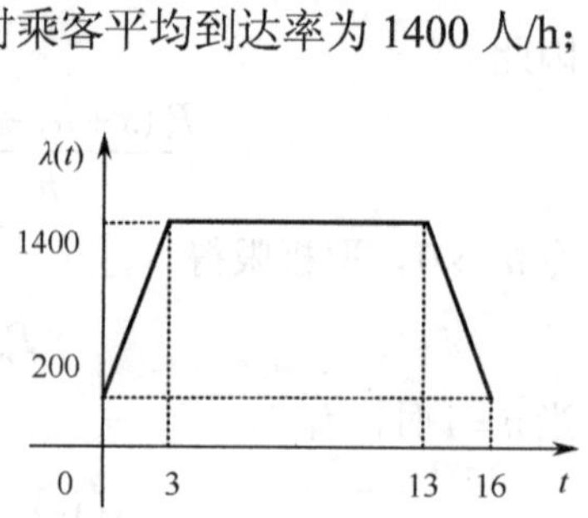

图 8.9 乘客平均到达率

$$\lambda(t)=\begin{cases}200+400t, & 0\le t\le 3,\\1400, & 3<t\le 13,\\1400-400(t-13), & 13<t\le 16.\end{cases}$$

12 时至 14 时乘车人数的数学期望为

$$\begin{aligned}E[N(9)-N(7)]&=m_N(9)-m_N(7)\\&=\int_7^9\lambda(u)\mathrm{d}u=\int_7^9 1400\mathrm{d}u\\&=2800.\end{aligned}$$

12 时至 14 时有 2000 人来站乘车的概率为

$$P\{X(9)-X(7)=2000\}=\frac{(2800)^{2000}}{2000!}\mathrm{e}^{-2800}.$$

习题 8

8.1　设到达某商店的顾客流形成强度为 λ 的泊松过程，每个顾客购买商品的概率为 p，且与其他顾客是否购买商品无关，若用 $X(t)$ 表示到时刻 t（$t\ge 0$）时购买商品的顾客总数，证明 $\{X(t),t\ge 0\}$ 为泊松过程.

8.2　设电话总机在 $(0,t]$ 内接到的电话呼叫数 $X(t)$ 是强度（每分钟）为 λ 的泊松过程，求：

（1）两分钟内接到 3 次呼叫的概率；

（2）“第二分钟内收到第三次呼叫”的概率.

8.3　设 $\{X(t),t\ge 0\}$ 是具有参数 λ 的泊松过程，假定 S 是相邻事件的时间间隔，证明：

$$P\{S>s_1+s_2\mid S>s_1\}=P\{S>s_2\},$$

即假定预先知道最近一次到达发生在 s_1 秒，下一次到达至少发生在将来 s_2 秒的概率等于在将来 s_2 秒出现下一次事件的无条件概率（这一性质称为“泊松过程无记忆性”）.

8.4　设到达某路口的绿色、黑色、灰色的汽车的到达率分别为 $\lambda_1,\lambda_2,\lambda_3$，且均为泊松过程，它们相互独立. 若把这些汽车合并成单个输出过程（假定无长度、无延时），求：

（1）相邻绿色汽车之间的不同到达时间间隔的概率密度函数；

（2）汽车之间的不同到达时刻的间隔的概率密度函数.

8.5　设 $\{X(t),t\ge 0\}$ 为具有参数 λ 的泊松过程，$W_n(n=1,2,\cdots)$ 为第 n 次事件的到达时间，证明：

（1）$E[W_n]=\dfrac{n}{\lambda}$；　　（2）$D[W_n]=\dfrac{n}{\lambda^2}$.

8.6　某商店顾客的到来服从强度为 4 人/h 的泊松过程，已知商店 9:00 开门，试求：

（1）在开门半小时内，无顾客到来的概率；

（2）若已知开门半小时内无顾客到来，则在未来半小时内仍无顾客到来的概率；

（3）该商店到 9:30 仅到来一位顾客，且到 11:30 总计已到来 5 位顾客的概率；

（4）在已知到 11:30 已到来 5 位顾客的条件下，在 9:30 仅有一位顾客到来的概率.

8.7　设 $\{X(t),t\ge 0\}$ 和 $\{Y(t),t\ge 0\}$ 分别是具有参数 λ_1 和 λ_2 的相互独立的泊松过程. 令 W 和 W' 是 $X(t)$ 的两个相继事件出现的时间，且 $W<W'$. 对于 $W<t<W'$，有 $X(t)=X(W)$ 和 $X(W')=X(W)+1$，定义 $N=Y(W')-Y(W)$，求 N 的概率分布.

8.8　一位家庭主妇用邮寄订阅来销售杂志，她的顾客每天按参数 $\lambda=6$ 的泊松过程来订阅，他们分别以

1/2、1/3 和 1/6 的概率订阅一年、二年或三年，每个人的选择是相互独立的. 对于每次订阅，在安排了订阅后，订阅一年，她将得到 1 元的手续费. 令 $X(t)$ 表示她在 $[0,t]$ 内得到的总手续费，试求 $E[X(t)]$ 和 $D[X(t)]$.

8.9 设脉冲到达计数器的规律服从到达率为 λ 的泊松过程，记录每个脉冲的概率为 p，记录不同脉冲的概率是相互独立的. 令 $X(t)$ 表示已被记录的脉冲数.

（1）证明 $\{X(t), t\geq 0\}$ 是否为泊松过程；

（2）求 $P\{X(t)=k\}, k=1,2,\cdots$.

8.10 某商店 8:00 开始营业，8:00 到 11:00 顾客平均到达率线性增加，8:00 顾客平均到达率为每小时 5 人，11:00 顾客平均到达率达到峰值，为每小时 20 人. 11:00 至 13:00 顾客平均到达率不变，13:00 至 17:00 顾客平均到达率线性减小，17:00 顾客平均到达率为每小时 12 人. 假设在互不相交的时间间隔内到达商店的顾客数相互独立，试求：

（1）8:30 至 9:30 无顾客到达商店的概率；

（2）8:30 至 9:30 到达商店顾客数的数学期望.

8.11 设 $\{X(t), t\geq 0\}$ 为具有跳跃强度 $\lambda(t)$ 的非齐次泊松过程，$\{W_n, n=1,2,\cdots\}$ 是其等待时间序列，求 W_n 的概率密度.

8.12 设 $\{X(t), t\geq 0\}$ 为具有跳跃强度 $\lambda(t)$ 的非齐次泊松过程，证明在 $X(t)=n$ 的条件下，n 次事件到达时间 $W_1<W_2<\cdots<W_n$ 的条件概率密度为

$$f_{W_1<W_2<\cdots<W_n|X(t)}(t_1,t_2,\cdots,t_n \mid X(t)=n)=\begin{cases} n!\prod_{i=1}^{n}\dfrac{\lambda(t_i)}{m(t)}, & 0<t_1<t_2<\cdots<t_n<t, \\ 0, & \text{其他}. \end{cases}$$

其中 $m(t)=\int_0^t \lambda(u)\mathrm{d}u$.

第 9 章　马尔可夫链

在第 7 章中已经介绍了马尔可夫过程的概念，而参数集和状态空间都离散马尔可夫过程就是马尔可夫链. 本章将详细介绍马尔可夫链的定义、转移概率、状态分类、状态空间的分解、转移概率的极限与平稳分布等.

9.1　马尔可夫链的基本概念及性质

9.1.1　马尔可夫链的定义

定义 9.1.1　假设随机过程 $\{X(n), n\in T\}$ 的参数集 $T=\{0,1,2,\cdots\}$ 是离散的时间集合，其相应的 $X(n)$ 可能取值的全体所组成的状态空间 $I=\{i_0,i_1,i_2,\cdots\}$ 也是离散的集合（可以是有限的，也可以是无限可列的）. 若对于任意的非负整数 $n\in T$ 和任意的 $i_0,i_1,\cdots,i_{n+1}\in I$，条件概率满足

$$\begin{aligned}&P\{X(n+1)=i_{n+1}\mid X(0)=i_0,X(1)=i_1,\cdots,X(n)=i_n\}\\&=P\{X(n+1)=i_{n+1}\mid X(n)=i_n\}.\end{aligned}\tag{9.1}$$

则称 $\{X(n), n\in T\}$ 为**马尔可夫链**.

上述定义中的式（9.1）是马尔可夫链的无后效性（或马尔可夫性）的数学表达式. 若将马尔可夫链 $\{X(n), n\in T\}$ 视为一个系统，则式（9.1）表明，系统在时刻 $n+1$ 所处的状态只与系统在时刻 n 所处的状态有关，而与之前经历什么样的过程到达时刻 n 的状态无关.

通常也将马尔可夫链 $\{X(n), n\in T\}$ 记为 $\{X_n, n\geq 0\}$，这时式（9.1）具有如下形式

$$\begin{aligned}&P\{X_{n+1}=i_{n+1}\mid X_0=i_0,X_1=i_1,\cdots,X_n=i_n\}\\&=P\{X_{n+1}=i_{n+1}\mid X_n=i_n\}.\end{aligned}\tag{9.2}$$

9.1.2　转移概率

对于马尔可夫链 $\{X_n, n\geq 0\}$，不妨将其状态空间表示为 $I=\{1,2,\cdots\}$. 此时，条件概率 $P\{X_{n+1}=j\mid X_n=i\}$ 的直观含义为在时刻 n 处于状态 i 的条件下，在下一时刻 $n+1$ 系统处于状态 j 的概率，也就是系统在时刻 n 处于状态 i 的条件下，下一步转移到状态 j 的概率. 记此条件概率为 $p_{ij}(n)$，其严格定义如下.

定义 9.1.2　设 $\{X_n, n\geq 0\}$ 为马尔可夫链，其状态空间为 I. 称条件概率

$$p_{ij}(n)=P\{X_{n+1}=j\mid X_n=i\},\quad i,j\in I$$

为马尔可夫链 $\{X_n, n\geq 0\}$ 在时刻 n 的**一步转移概率**，简称为**转移概率**.

一般来说，转移概率 $p_{ij}(n)$ 不仅与状态 i,j 有关，而且与时刻 n 有关. 当 $p_{ij}(n)$ 不依赖于时刻 n 时，表示马尔可夫链具有平稳转移概率.

定义 9.1.3　设 $\{X_n, n\geq 0\}$ 为马尔可夫链，其状态空间为 I. 若对任意的 $i,j\in I$，转移概率

$p_{ij}(n)$ 与 n 无关，则称马尔可夫链 $\{X_n, n\ge 0\}$ 是**齐次马尔可夫链**，或称马尔可夫链 $\{X_n, n\ge 0\}$ 是**齐次的**，并记 $p_{ij}(n)$ 为 p_{ij}.

下面只讨论齐次马尔可夫链，通常可将“齐次”两字省略.

定义 9.1.4　设 $\{X_n, n\ge 0\}$ 为马尔可夫链，其状态空间 $I=\{1,2,\cdots\}$，$p_{ij}(i,j=1,2,\cdots)$ 为一步转移概率，称以 p_{ij} 为第 i 行、第 j 列元素的矩阵

$$\boldsymbol{P}=\begin{bmatrix} p_{11} & p_{12} & \cdots & p_{1n} & \cdots \\ p_{21} & p_{22} & \cdots & p_{2n} & \cdots \\ \vdots & \vdots & \vdots & \vdots & \vdots \end{bmatrix}$$

为 $\{X_n, n\ge 0\}$ 的**一步转移概率矩阵**，简称为**转移矩阵**.

显然，马尔可夫链的一步状态转移矩阵具有以下性质：

（1）$p_{ij}\ge 0,\ i,j=1,2,\cdots$，即矩阵 $\boldsymbol{P}$ 的元素非负；

（2）$\sum\limits_j p_{ij}=1,\ i\in I$，即矩阵 $\boldsymbol{P}$ 的每一行的元素之和为1.

定义 9.1.5　设 $\boldsymbol{P}=(p_{ij})\ (i,j=1,2,\cdots)$ 为有限或可数维的矩阵. 若 $p_{ij}\ge 0$，且对任意的 $i=1,2,\cdots$，$\sum\limits_j p_{ij}=1$，则称 $\boldsymbol{P}$ 为**随机矩阵**.

显然马尔可夫链的一步转移概率矩阵为随机矩阵.

类似地，可以定义马尔可夫链的 k 步转移概率和 k 步转移概率矩阵.

定义 9.1.6　设 $\{X_n, n\ge 0\}$ 是马尔可夫链，其状态空间为 I. 称 $\{X_n, n\ge 0\}$ 在时刻 n 处于状态 i 的条件下经过 k 步转移，于时刻 $n+k$ 到达状态 j 的条件概率

$$p_{ij}^{(k)}=P(X_{n+k}=j\mid X_n=i),\ i,j\in I,\ k\ge 1$$

为 $\{X_n, n\ge 0\}$ 的 k **步转移概率**；称以 $p_{ij}^{(k)}$ 为第 i 行、第 j 列元素的矩阵

$$\boldsymbol{P}^{(k)}=\begin{bmatrix} p_{11}^{(k)} & p_{12}^{(k)} & \cdots & p_{1n}^{(k)} & \cdots \\ p_{21}^{(k)} & p_{22}^{(k)} & \cdots & p_{2n}^{(k)} & \cdots \\ \vdots & \vdots & \vdots & \vdots & \vdots \end{bmatrix}$$

为 $\{X_n, n\ge 0\}$ 的 k **步转移概率矩阵**，简称为 k **步转移矩阵**.

不难看出，矩阵 $\boldsymbol{P}^{(k)}$ 也是随机矩阵. 事实上，显然有 $p_{ij}^{(k)}\ge 0,\ i,j\in I$，且对任意 $i\in I$，有

$$\begin{aligned}\sum_j p_{ij}^{(k)}&=\sum_j P(X_{n+k}=j\mid X_n=i)\\&=P(\bigcup_j (X_{n+k}=j\mid X_n=i))=P(\Omega\mid X_n=i)=1.\end{aligned}$$

当 $k=1$ 时，$p_{ij}^{(1)}=p_{ij}$，此时一步转移矩阵 $\boldsymbol{P}^{(1)}=\boldsymbol{P}$. 此外，为了方便，进一步约定

$$p_{ij}^{(0)}=\delta_{ij}=\begin{cases}1, & i=j,\\ 0, & i\ne j.\end{cases}$$

则有 $\boldsymbol{P}^{(0)}=\boldsymbol{I}$ 为单位矩阵.

定理 9.1.1　设 $\{X_n, n\ge 0\}$ 为马尔可夫链，其状态空间为 I，则对任意的整数 $k\ge 0$、$0\le l<k$ 和 $i,j\in I$，k 步转移概率 $p_{ij}^{(k)}$ 具有以下性质：

（1）$p_{ij}^{(k)}=\sum_{m\in I}p_{im}^{(l)}p_{mj}^{(k-l)}$；（9.3）

（2）$p_{ij}^{(k)}=\sum_{m_1\in I}\sum_{m_2\in I}\cdots\sum_{m_{k-1}\in I}p_{im_1}p_{m_1m_2}\cdots p_{m_{k-1}j}$；（9.4）

（3）$\boldsymbol{P}^{(k)}=\boldsymbol{P}\boldsymbol{P}^{(k-1)}$；

（4）$\boldsymbol{P}^{(k)}=\boldsymbol{P}^{k}$.

证　（1）由全概率公式及马尔可夫性，有

$$
\begin{aligned}
p_{ij}^{(k)}&=P\{X_{n+k}=j\mid X_n=i\}=\frac{P\{X_n=i,X_{n+k}=j\}}{P\{X_n=i\}}\\
&=\sum_{m\in I}\frac{P\{X_n=i,X_{n+l}=m\}}{P\{X_n=i\}}\cdot\frac{P\{X_n=i,X_{n+l}=m,X_{n+k}=j\}}{P\{X_n=i,X_{n+l}=m\}}\\
&=\sum_{m\in I}P\{X_{n+l}=m\mid X_n=i\}P\{X_{n+k}=j\mid X_n=i,X_{n+l}=m\}\\
&=\sum_{m\in I}P\{X_{n+l}=m\mid X_n=i\}P\{X_{n+k}=j\mid X_{n+l}=m\}=\sum_{m\in I}p_{im}^{(l)}p_{mj}^{(k-l)}.
\end{aligned}
$$

（2）在（1）中，令 $l=1$，$m=m_1$，得

$$p_{ij}^{(k)}=\sum_{m_1\in I}p_{im_1}p_{m_1j}^{(k-1)}.$$

这是一个递推公式，递推得到

$$p_{ij}^{(k)}=\sum_{m_1\in I}\sum_{m_2\in I}\cdots\sum_{m_{k-1}\in I}p_{im_1}p_{m_1m_2}\cdots p_{m_{k-1}j}.$$

（3）在（1）中，令 $l=1$，利用矩阵乘法可证.

（4）由（3），利用归纳法可证.

定理 9.1.1 中的式（9.3）称为**切普曼–柯尔莫哥洛夫（Chapman-Kolmogorov）**方程，简称为 **C-K 方程**. $\{X_n,n\geq 0\}$ 在处于状态 i 的条件下经过 k 步转移到达状态 j，可以先从状态 i 出发，经过 l 步到达某种中间状态 m，再从中间状态 m 出发，经过 $k-l$ 步转移到最终状态 j，而中间状态 m 要取遍整个状态空间. 同时，由式（9.4）可以看出马尔可夫链的 k 步转移概率由其一步转移概率所完全确定.

9.1.3　初始分布与绝对分布

定义 9.1.7　设 $\{X_n,n\geq 0\}$ 为马尔可夫链，其状态空间为 I，分别称

$$p_j(0)=P(X_0=j)\text{ 和 }p_j(n)=P(X_n=j),\ j\in I$$

为马尔可夫链 $\{X_n,n\geq 0\}$ 的**初始概率**和在时刻 n 状态 j 的**绝对概率**. 相应地，分别称 $\{p_j(0),j\in I\}$ 和 $\{p_j(n),j\in I\}$ 为 $\{X_n,n\geq 0\}$ 的**初始分布**和在时刻 n 的**绝对分布**，并分别称概率向量

$$\boldsymbol{p}(0)=(p_1(0),p_2(0),\cdots)\text{ 和 }\boldsymbol{p}(n)=(p_1(n),p_2(n),\cdots),\ \ n>0$$

为**初始概率向量**和**绝对概率向量**.

定理 9.1.2　设 $\{X_n,n\geq 0\}$ 为马尔可夫链，其状态空间为 I，则对任意的 $j\in I$ 和 $n\geq 1$，绝对概率 $p_j(n)$ 具有以下性质：

（1）$p_j(n)=\sum_{i\in I}p_i(0)p_{ij}^{(n)}$；（9.5）

（2）$p_j(n)=\sum_{i\in I}p_i(n-1)p_{ij}$； （9.6）

（3）$\boldsymbol{p}(n)=\boldsymbol{p}(0)\boldsymbol{P}^{(n)}$；

（4）$\boldsymbol{p}(n)=\boldsymbol{p}(n-1)\boldsymbol{P}$.

证 （1）根据绝对概率、初始概率及转移概率的概念，再利用全概率公式，有

$$p_j(n)=P\{X_n=j\}=\sum_{i\in I}P\{X_0=i,X_n=j\}$$
$$=\sum_{i\in I}P\{X_n=j\mid X_0=i\}P\{X_0=i\}=\sum_{i\in I}p_i(0)p_{ij}^{(n)}.$$

（2）同上，有

$$p_j(n)=P\{X_n=j\}=\sum_{i\in I}P\{X_{n-1}=i,X_n=j\}$$
$$=\sum_{i\in I}P\{X_n=j\mid X_{n-1}=i\}P\{X_{n-1}=i\}=\sum_{i\in I}p_i(n-1)p_{ij}$$

（3）和（4）中的结论分别为式（9.5）与式（9.6）的矩阵表示.

马尔可夫链的初始概率、绝对概率和转移概率的概念可以通过图 9.1 直观展示.

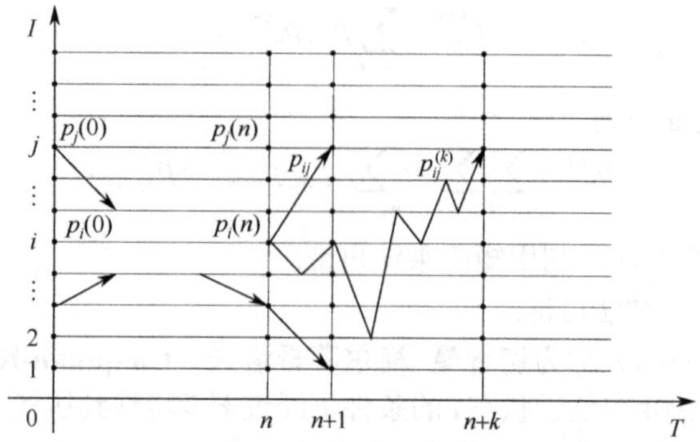

图 9.1 初始概率、绝对概率和转移概率

定理 9.1.3 设$\{X_n,\ n\geq 0\}$为马尔可夫链，其状态空间为I，$0\leq t_1<t_2<\cdots<t_n$为任意整数，$i_1,i_2,\cdots,i_n\in I$，$n\geq 1$，则有

$$P\{X_{t_1}=i_1,X_{t_2}=i_2,\cdots,X_{t_n}=i_n\}=\sum_{i\in I}p_i(0)p_{ii_1}^{(t_1)}p_{i_1i_2}^{(t_2-t_1)}\cdots p_{i_{n-1}i_n}^{(t_n-t_{n-1})},$$

进而马尔可夫链$\{X_n,\ n\geq 0\}$的有限维分布由其初始分布和一步转移概率所完全确定.

证 由全概率公式、概率乘法公式及马尔可夫性，有

$$P\{X_{t_1}=i_1,X_{t_2}=i_2,\cdots,X_{t_n}=i_n\}$$
$$=P\{\bigcup_{i\in I}(X_0=i,X_{t_1}=i_1,X_{t_2}=i_2,\cdots,X_{t_n}=i_n)\}$$
$$=\sum_{i\in I}P\{X_0=i,X_{t_1}=i_1,X_{t_2}=i_2,\cdots,X_{t_n}=i_n\}$$
$$=\sum_{i\in I}P\{X_0=i\}P\{X_{t_1}=i_1\mid X_0=i\}P\{X_{t_2}=i_2\mid X_0=i,X_{t_1}=i_1\}\cdots$$
$$\cdot P\{X_{t_n}=i_n\mid X_0=i,X_{t_1}=i_1,\cdots,X_{t_{n-1}}=i_{n-1}\}$$
$$=\sum_{i\in I}P\{X_0=i\}P\{X_{t_1}=i_1\mid X_0=i\}P\{X_{t_2}=i_2\mid X_{t_1}=i_1\}\cdots$$

$$\cdot P\{X_{t_n}=i_n \mid X_{t_{n-1}}=i_{n-1}\}$$
$$=\sum_{i\in I} p_i(0) p_{ii_1}^{(t_1)} p_{i_1i_2}^{(t_2-t_1)} \cdots p_{i_{n-1}i_n}^{(t_n-t_{n-1})}.$$

再由定理 9.1.2 可知，此式中的 $t_k-t_{k-1}(k=1,2,\cdots,n,\ t_0=0)$ 步转移概率由一步转移概率确定，因而马尔可夫链的有限维分布由其初始分布和一步转移概率所完全确定.

由定理 9.1.3 可知，只要知道了初始概率和一步转移概率，就可以完整地描述马尔可夫链的统计特性.

9.1.4　马尔可夫链的实例

【例 9.1.1】（天气预报问题）　假设明天是否有雨仅与今天的天气（是否有雨）有关，而与过去的天气无关，并设今天下雨且明天有雨的概率为 α，今天无雨而明天有雨的概率为 β. 又假定把有雨称为 0 状态天气，把无雨称为 1 状态天气，X_n 表示第 n 天的状态天气，则 $\{X_n, n\ge 0\}$ 是以 $I=\{0,1\}$ 为状态空间的齐次马尔可夫链，其一步转移概率矩阵为

$$\boldsymbol{P}=\begin{bmatrix}\alpha & 1-\alpha\\ \beta & 1-\beta\end{bmatrix}.$$

【例 9.1.2】（有限制随机游动问题）　设有一质点只能在 $\{0,1,2,\cdots,a\}$ 中的各点上进行随机游动. 移动规则如下：移动前若在点 $i\in\{1,2,\cdots,a-1\}$ 上，则以概率 p 向右移动一格到 $i+1$ 处，以概率 q 向左移动一格到 $i-1$ 处，而以概率 r 停留在 i 处，其中 $p,q,r\ge 0$，$p+q+r=1$；移动前若在 0 处，则以概率 p_0 向右移动一格到 1 处，而以概率 r_0 停留在 0 处，其中 $p_0,r_0\ge 0$，$p_0+r_0=1$；移动前若在 a 处，则以概率 q_a 向左移动一格到 $a-1$ 处，而以概率 r_a 停留在 a 处，其中 $q_a,r_a\ge 0$，$q_a+r_a=1$. 设 X_n 表示质点在时刻 n 所处的位置，则 $\{X_n, n\ge 0\}$ 是以 $I=\{0,1,2,\cdots,a\}$ 为状态空间的齐次马尔可夫链，其一步转移概率矩阵为

$$\boldsymbol{P}=\begin{bmatrix}r_0 & p_0 & 0 & 0 & \cdots & 0 & 0 & 0\\ q & r & p & 0 & \cdots & 0 & 0 & 0\\ 0 & q & r & p & \cdots & 0 & 0 & 0\\ \vdots & \vdots & \vdots & \vdots & \ddots & \vdots & \vdots & \vdots\\ 0 & 0 & 0 & 0 & \cdots & q & r & p\\ 0 & 0 & 0 & 0 & \cdots & 0 & q_a & r_a\end{bmatrix}.$$

其中，0 和 a 是限制质点游动的两道墙壁. 当 $r_0=1$、$p_0=0$ 时，称 0 为吸收壁；当 $r_0=0$、$p_0=1$ 时，称 0 为完全反射壁；当 $0<r_0<1$、$0<p_0<1$ 时，称 0 为部分吸收壁或部分反射壁. 对于 a，也有类似的含义.

【例 9.1.3】（赌徒输光问题）　有甲、乙两个赌徒进行一系列赌博. 在每一局中甲获胜的概率为 p，乙获胜的概率为 q，$p+q=1$. 每一局后，负者要付 1 元给胜者. 如果起始时甲有资本 a 元，乙有资本 b 元，$a+b=c$. 两人赌博直到甲输光或乙输光为止，求甲先输光的概率.

解　根据题设，这个问题可视为以 $I=\{0,1,2,\cdots,c\}$ 为状态空间带吸收壁的随机游动 $\{X_n, n\ge 0\}$. 质点从 a 点出发到达 0 状态先于到达 c 状态的概率就是甲先输光的概率. 设 $u_j(0<j<c)$ 为质点从 j 出发到达 0 状态先于到达 c 状态的概率，由全概率公式有

$$u_j=u_{j+1}p+u_{j-1}q.$$

此式的含义是，甲从有 j 元开始赌到输光的概率等于“他接下来赢一局（概率为 p），处于状态

$j+1$后再输光”和“他接下来输一局（概率为q），处于状态$j-1$后再输光”这两个事件的和事件. 显然$u_0=1$，$u_c=0$，从而得到了一个具有边界条件的差分方程. 由于$p+q=1$，因此有

$$(p+q)u_j=u_{j+1}p+u_{j-1}q\text{，}$$

即有

$$p(u_j-u_{j+1})=q(u_{j-1}-u_j)\text{.}$$

设$r=\dfrac{q}{p}$，$d_j=u_j-u_{j+1}$，则可得到两个相邻差分间的递推关系$d_j=rd_{j-1}$，于是有

$$d_j=rd_{j-1}=r^2d_{j-2}=\cdots=r^jd_0\text{.}$$

且有

$$u_0-u_c=\sum_{j=0}^{c-1}(u_j-u_{j+1})=\sum_{j=0}^{c-1}d_j=\sum_{j=0}^{c-1}r^jd_0\text{；}$$

$$u_j=u_j-u_c=\sum_{k=j}^{c-1}(u_k-u_{k+1})=\sum_{k=j}^{c-1}d_k=\sum_{k=j}^{c-1}r^kd_0=r^j(1+r+\cdots+r^{c-j-1})d_0\text{.}$$

故当$r=1$时，有$1=u_0-u_c=cd_0$，即有$d_0=\dfrac{1}{c}$，从而

$$u_j=(c-j)d_0\text{，}$$

故甲先输光的概率为

$$u_{\mathrm{a}}=\frac{c-a}{c}=\frac{b}{c}\text{；}$$

当$r\neq1$时，有$1=u_0-u_c=\dfrac{1-r^c}{1-r}d_0$，即有$d_0=\dfrac{1-r}{1-r^c}$，从而

$$u_j=\frac{r^j-r^c}{1-r}d_0=\frac{r^j-r^c}{1-r^c}\text{，}$$

故甲先输光的概率为

$$u_{\mathrm{a}}=\frac{r^a-r^c}{1-r^c}=\frac{(\frac{q}{p})^a-(\frac{q}{p})^c}{1-(\frac{q}{p})^c}\text{.}$$

【例 9.1.4】（生灭链） 观察某种生物群体，以X_n表示在时刻n群体的数目，设其为i个数量单位，如在时刻$n+1$增生到$i+1$个数量单位的概率为b_i，减灭到$i-1$个数量单位的概率为$a_i(a_0=0)$，保持不变的概率为$r_i=1-(a_i+b_i)$，则$\{X_n,n\geq0\}$为齐次马尔可夫链，$I=\{0,1,2,\cdots\}$，称此马尔可夫链为生灭链，其转移概率为

$$p_{ij}=\begin{cases}b_i, & j=i+1,\\ r_i, & j=i,\\ a_i, & j=i-1.\end{cases}$$

【例 9.1.5】 设$\{X_n,n\geq0\}$是具有三个状态$0,1,2$的齐次马尔可夫链，其一步转移概率矩阵为

$$\boldsymbol{P}=\begin{bmatrix}3/4 & 1/4 & 0\\ 1/4 & 1/2 & 1/4\\ 0 & 3/4 & 1/4\end{bmatrix}\text{，}$$

初始分布 $p_i(0)=\dfrac{1}{3},\ i=0,1,2$．试求：

（1）$P(X_0=0,X_2=1)$；

（2）$P(X_2=1)$．

解　由定理 9.1.1，$\{X_n,n\geq 0\}$ 的 2 步转移概率矩阵

$$\boldsymbol{P}^{(2)}=\boldsymbol{P}^2=\begin{bmatrix}5/8 & 5/16 & 1/16\\ 5/16 & 1/2 & 3/16\\ 3/16 & 9/16 & 1/4\end{bmatrix},$$

于是，有

（1）$P(X_0=0,X_2=1)=P(X_0=0)P(X_2=1\mid X_0=0)$

$$=p_0(0)p_{01}^{(2)}=\frac{1}{3}\times\frac{5}{16}=\frac{5}{48}.$$

（2）$P(X_2=1)=p_1(2)=\sum\limits_{i=0}^{2}p_i(0)p_{i1}^{(2)}=\dfrac{1}{3}\times(\dfrac{5}{16}+\dfrac{1}{2}+\dfrac{9}{16})=\dfrac{11}{24}$.

【例 9.1.6】　有一多级传输系统只传输数字 0 和 1，设每一级的传真率为 p，误码率为 $q=1-p$，且一个单位时间传输一级．设 X_0 是第一级的输入，X_n 是第 n 级的输出，则 $\{X_n,n\geq 0\}$ 是以 $I=\{0,1\}$ 为状态空间的齐次马尔可夫链，其一步转移概率矩阵为

$$\boldsymbol{P}=\begin{bmatrix}p & q\\ q & p\end{bmatrix}.$$

（1）设 $p=0.9$，求系统二级传输后的传真率与三级传输后的误码率；

（2）设初始分布 $p_1(0)=\alpha,\ p_0(0)=1-\alpha$，又已知系统经 n 级传输后输出为 1，求原输入数字也是 1 的概率.

解　为了方便地求解 n 步转移概率矩阵 $\boldsymbol{P}^{(n)}=\boldsymbol{P}^n$，先将 $\boldsymbol{P}$ 对角化．由于

$$\boldsymbol{P}=\begin{bmatrix}p & q\\ q & p\end{bmatrix}$$

有相异的特征值 $\lambda_1=1,\ \lambda_2=p-q$，因此 $\boldsymbol{P}$ 可表示成对角阵

$$\boldsymbol{\Lambda}=\begin{bmatrix}\lambda_1 & 0\\ 0 & \lambda_2\end{bmatrix}=\begin{bmatrix}1 & 0\\ 0 & p-q\end{bmatrix}$$

的相似矩阵.

又 λ_1 和 λ_2 对应的特征向量分别为

$$\xi_1=\begin{bmatrix}1/\sqrt{2}\\ 1/\sqrt{2}\end{bmatrix},\quad \xi_2=\begin{bmatrix}-1/\sqrt{2}\\ 1/\sqrt{2}\end{bmatrix}.$$

令

$$\boldsymbol{H}=\begin{bmatrix}1/\sqrt{2} & -1/\sqrt{2}\\ 1/\sqrt{2} & 1/\sqrt{2}\end{bmatrix},$$

则

$$\boldsymbol{P}=\boldsymbol{H}\boldsymbol{\Lambda}\boldsymbol{H}^{-1}.$$

从而

$$P^n = (H\Lambda H^{-1})^n = H\Lambda^n H^{-1}$$
$$= \begin{bmatrix} \frac{1}{2}+\frac{1}{2}(p-q)^n & \frac{1}{2}-\frac{1}{2}(p-q)^n \\ \frac{1}{2}-\frac{1}{2}(p-q)^n & \frac{1}{2}+\frac{1}{2}(p-q)^n \end{bmatrix}.$$

（1）当 $p=0.9$ 时，系统二级传输后的传真率与三级传输后的误码率分别为

$$p_{11}^{(2)} = p_{00}^{(2)} = \frac{1}{2}+\frac{1}{2}\times(0.9-0.1)^2 = 0.820\text{；}$$
$$p_{10}^{(3)} = p_{01}^{(3)} = \frac{1}{2}-\frac{1}{2}\times(0.9-0.1)^3 = 0.244.$$

（2）根据贝叶斯公式，当已知系统经 n 级传输后输出为1时，原输入数字也是1的概率为

$$P(X_0=1|X_n=1) = \frac{P(X_0=1)P(X_n=1|X_0=1)}{P(X_n=1)}$$
$$= \frac{p_1(0)p_{11}^{(n)}}{p_0(0)p_{01}^{(n)}+p_1(0)p_{11}^{(n)}}$$
$$= \frac{\alpha(\frac{1}{2}+\frac{1}{2}(p-q)^n)}{(1-\alpha)(\frac{1}{2}-\frac{1}{2}(p-q)^n)+\alpha(\frac{1}{2}+\frac{1}{2}(p-q)^n)}$$
$$= \frac{\alpha+\alpha(p-q)^n}{1+(2\alpha-1)(p-q)^n}.$$

9.2 马尔可夫链的状态分类

本节将从齐次马尔可夫链的转移概率出发，建立若干有特定意义的数字特征，用它们来表征各个状态的属性，以便将所有状态按其概率特性加以区别，并最终从整体上对其状态进行分类.

在本节的讨论中，假设 $\{X_n, n\geq 0\}$ 是齐次马尔可夫链，其状态空间 $I=\{1,2,\cdots\}$，转移概率为 $p_{ij}^{(n)}$，$i,j\in I$，$n=1,2,\cdots$.

9.2.1 状态的周期性

【例 9.2.1】 设马尔可夫链的状态空间 $I=\{1,2,\cdots,9\}$，状态间的转移概率如图 9.2 所示. 这种图称为**状态转移图**，图中圆圈内的数字表示状态，箭线旁的数字表示转移概率. 由图 9.2 可见，自状态1出发再返回状态1的可能步数（时刻）为 $T=\{4,6,8,10,\cdots\}$，即 $T=\{n|n\geq 1, p_{11}^{(n)}>0\}$. 由于 T 中元素的最大公约数（GCD）为2，因此从第4步开始每经过2步皆有可能返回到状态1. 受机械运动周期性的启发，把2定义为状态1的周期.

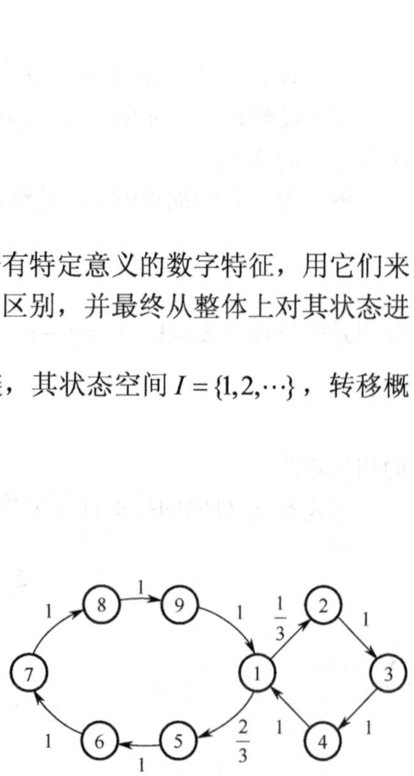

图 9.2 状态间的转移概率

定义 9.2.1　若集合$\{n\,|\,n\ge 1, p_{ii}^{(n)}>0\}$非空，则称其中元素的最大公约数为状态$i\in I$的**周期**，记为$d_i$，即

$$d_i=\mathrm{GCD}\{n\,|\,n\ge 1, p_{ii}^{(n)}>0\}.$$

若状态i的周期$d_i>1$，则称状态i为**周期状态**；若$d_i=1$，则称状态i为**非周期状态**.

由周期的定义可知，若i有周期d_i，则对一切不能被d_i整除的数n，均有$p_{ii}^{(n)}=0$. 但这不等于对任意的nd_i均有$p_{ii}^{(nd_i)}>0$，如例9.2.1中的状态1的周期$d_1=2$，但$p_{11}^{(2)}=0$. 对于马尔可夫链的状态的周期性，有如下定理.

定理 9.2.1　对任意的$i,j\in I$，有：

（1）若存在正整数n，使得$p_{ii}^{(n)}>0,\ p_{ii}^{(n+1)}>0$，则$i$非周期；

（2）若存在正整数m，使得m步转移概率矩阵$\boldsymbol{P}^{(m)}$中相应于状态j的那列元素全不为零，则j非周期；

（3）设状态i的周期为d_i，则必存在正整数N_0，使得当$N\ge N_0$时，有$p_{ii}^{(Nd_i)}>0$.

证　（1）显然.

（2）对任意$i\in I$，由随机矩阵的性质知，存在$i_1\in I$，使得$p_{ii_1}>0$. 再由条件$p_{i_1 j}^{(m)}>0$并利用C-K方程得

$$p_{ij}^{(m+1)}\ge p_{ii_1}p_{i_1 j}^{(m)}>0,$$

特别地，取$i=j$，有

$$p_{jj}^{(m)}>0,\ p_{jj}^{(m+1)}>0.$$

由（1）得j非周期.

（3）略.

9.2.2　状态的常返性

【例 9.2.2】　设$I=\{1,2,3,4\}$，状态转移图如图9.3所示，易见状态2与状态3有相同的周期$d=2$. 由状态3出发经两步必定返回到3，而状态2则不然，当2转移到3后，它再也不能返回到2. 为区别这样两种状态，此处引入常返性的概念.

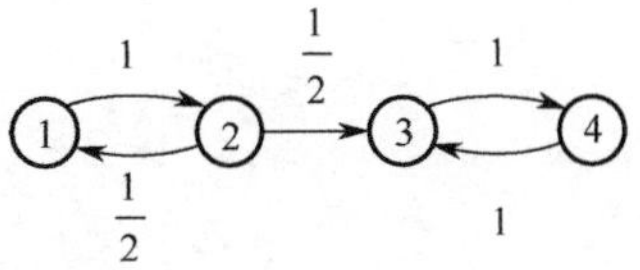

图9.3　例9.2.2的状态转移图

定义 9.2.2　设$\{X_n,\ n\ge 0\}$为马尔可夫链，其状态空间为I，对任意$i,j\in I$，称

$$f_{ij}^{(n)}=P(X_n=j,X_k\ne j,k=1,2,\cdots,n-1\,|\,X_0=i)$$

为系统在0时从状态i出发经过n步转移后首次到达状态j的概率，简称为**首达概率**. 称

$$f_{ij}=\sum_{n=1}^{\infty}f_{ij}^{(n)}=P(\bigcup_{n=1}^{\infty}(X_n=j,X_k\ne j,k=1,2,\cdots,n-1)\,|\,X_0=i)$$

为系统在0时从状态i出发经过有限步转移后迟早到达状态j的概率，简称为**迟早概率**.

【例 9.2.3】　设马尔可夫链的状态空间$I=\{1,2,3\}$，转移概率矩阵为

$$\boldsymbol{P}=\begin{bmatrix}0 & p_1 & q_1\\ q_2 & 0 & p_2\\ p_3 & q_3 & 0\end{bmatrix},$$

求从状态1出发经n步转移首次到达各状态的概率.

解 此马尔可夫链的状态转移图如图 9.4 所示. 状态1到状态2的首达概率为

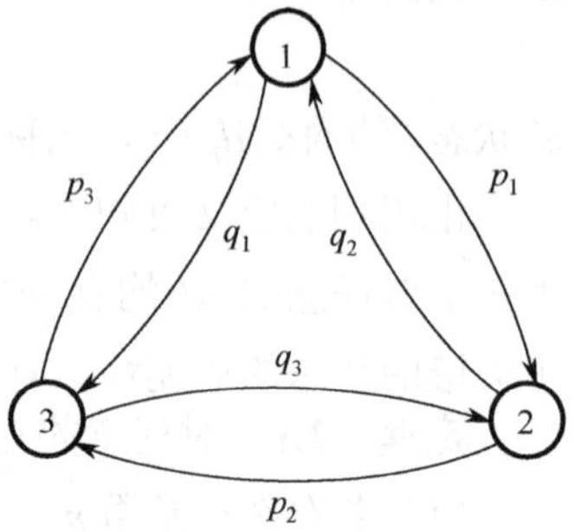

图 9.4 例 9.2.3 的状态转移图

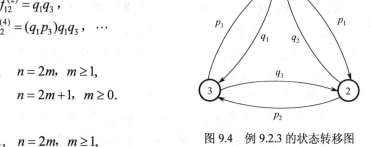

$$f_{12}^{(1)}=p_1,\quad f_{12}^{(2)}=q_1q_3,$$

$$f_{12}^{(3)}=(q_1p_3)p_1,\quad f_{12}^{(4)}=(q_1p_3)q_1q_3,\quad \cdots$$

一般地，有

$$f_{12}^{(n)}=\begin{cases}(q_1p_3)^{m-1}q_1q_3, & n=2m,\ m\ge 1,\\ (q_1p_3)^m p_1, & n=2m+1,\ m\ge 0.\end{cases}$$

同理可得

$$f_{13}^{(n)}=\begin{cases}(p_1q_2)^{m-1}p_1p_2, & n=2m,\ m\ge 1,\\ (p_1q_2)^m q_1, & n=2m+1,\ m\ge 0.\end{cases}$$

$$f_{11}^{(n)}=\begin{cases}0, & n=1,\\ p_1(p_2q_3)^{m-1}q_2+q_1(q_3p_2)^{m-1}p_3, & n=2m,\ m\ge 1,\\ p_1(p_2q_3)^{m-1}p_2p_3+q_1(q_3p_2)^{m-1}q_3q_2, & n=2m+1,\ m\ge 0.\end{cases}$$

定理 9.2.2 对任意$i,j\in I$，$p_{ij}^{(n)}$、$f_{ij}^{(n)}$和f_{ij}有如下关系：

（1）$0\le f_{ij}^{(n)}\le p_{ij}^{(n)}\le f_{ij}\le 1$；

（2）$f_{ij}^{(n)}=\sum\limits_{i_1\ne j}\sum\limits_{i_2\ne j}\cdots\sum\limits_{i_{n-1}\ne j}p_{ii_1}p_{i_1i_2}\cdots p_{i_{n-1}j}$；

（3）$p_{ij}^{(n)}=\sum\limits_{l=1}^{n}f_{ij}^{(l)}p_{jj}^{(n-l)}$. （9.7）

证 （1）根据$p_{ij}^{(n)}$、$f_{ij}^{(n)}$和f_{ij}的定义，有

$$\begin{aligned}0\le f_{ij}^{(n)}&=P(X_n=j,X_k\ne j,k=1,2,\cdots,n-1\mid X_0=i)\\&\le P(X_n=j\mid X_0=i)=p_{ij}^{(n)}\\&\le P(\bigcup_{n=1}^{\infty}(X_n=j,X_k\ne j,k=1,2,\cdots,n-1)\mid X_0=i)\\&=f_{ij}\le 1.\end{aligned}$$

（2）利用全概率公式、概率乘法公式及马尔可夫性，有

$$\begin{aligned}f_{ij}^{(n)}&=P(X_n=j,X_k\ne j,k=1,2,\cdots,n-1\mid X_0=i)\\&=P(X_n=j,\bigcup_{i_k\ne j}(X_k=i_k),k=1,2,\cdots,n-1\mid X_0=i)\\&=P(\bigcup_{i_k\ne j}(X_n=j,X_k=i_k),k=1,2,\cdots,n-1\mid X_0=i)\\&=P(\bigcup_{i_1\ne j}\bigcup_{i_2\ne j}\cdots\bigcup_{i_{n-1}\ne j}(X_1=i_1,X_2=i_2,\cdots,X_{n-1}=i_{n-1},X_n=j\mid X_0=i)\\&=\sum_{i_1\ne j}\sum_{i_2\ne j}\cdots\sum_{i_{n-1}\ne j}P(X_1=i_1,X_2=i_2,\cdots,X_{n-1}=i_{n-1},X_n=j\mid X_0=i)\\&=\sum_{i_1\ne j}\sum_{i_2\ne j}\cdots\sum_{i_{n-1}\ne j}P(X_1=i_1\mid X_0=i)P(X_2=i_2\mid X_0=i,X_1=i_1)\cdots\\&\quad\cdot P(X_n=j\mid X_0=i,X_1=i_1,\cdots,X_{n-1}=i_{n-1})\end{aligned}$$

$$= \sum_{i_1 \neq j} \sum_{i_2 \neq j} \cdots \sum_{i_{n-1} \neq j} P(X_1 = i_1 \mid X_0 = i) P(X_2 = i_2 \mid X_1 = i_1) \cdots \cdot P(X_n = j \mid X_{n-1} = i_{n-1})$$

$$= \sum_{i_1 \neq j} \sum_{i_2 \neq j} \cdots \sum_{i_{n-1} \neq j} p_{ii_1} p_{i_1 i_2} \cdots p_{i_{n-1} j} .$$

（3）类似可证.

【例 9.2.4】 图 9.5 所示为某马尔可夫链的状态转移图，求从状态 1 出发再返回状态 1 的 4 步转移概率.

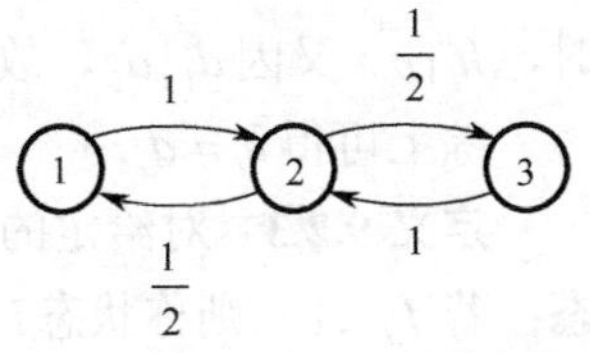

图 9.5　例 9.2.4 的状态转移图

解　从图 9.5 不难看出

$$f_{11}^{(1)} = 0 ，\ f_{11}^{(2)} = \frac{1}{2} ，\ f_{11}^{(3)} = 0 ，\ f_{11}^{(4)} = \frac{1}{4} .$$

由于 $p_{11}^{(0)} = 1$，因此反复利用式（9.7），依次可得

$$p_{11}^{(1)} = f_{11}^{(1)} p_{11}^{(0)} = 0 ;$$

$$p_{11}^{(2)} = f_{11}^{(1)} p_{11}^{(1)} + f_{11}^{(2)} p_{11}^{(0)} = \frac{1}{2} ;$$

$$p_{11}^{(3)} = f_{11}^{(1)} p_{11}^{(2)} + f_{11}^{(2)} p_{11}^{(1)} + f_{11}^{(3)} p_{11}^{(0)} = 0 ;$$

$$p_{11}^{(4)} = f_{11}^{(1)} p_{11}^{(3)} + f_{11}^{(2)} p_{11}^{(2)} + f_{11}^{(3)} p_{11}^{(1)} + f_{11}^{(4)} p_{11}^{(0)} = \frac{1}{2} \cdot \frac{1}{2} + \frac{1}{4} = \frac{1}{2} .$$

定理 9.2.3（周期的等价定义）　设 d_i 为状态 $i \in I$ 的周期，$\{n \mid n \geq 1, f_{ii}^{(n)} > 0\}$ 非空，令 $h_i = \mathrm{GCD}\{n \mid n \geq 1, f_{ii}^{(n)} > 0\}$. 若 d_i 和 h_i 中的一个存在，则另一个也存在，且有 $d_i = h_i$.

证　首先，对任意的 $i \in I$，令 $N_1 = \{n \mid n \geq 1, p_{ii}^{(n)} > 0\}$，$N_2 = \{n \mid n \geq 1, f_{ii}^{(n)} > 0\}$，则 N_1 和 N_2 中一个非空，另一个也非空. 事实上，若 $N_1 \neq \varnothing$，则存在 $n \geq 1$，$p_{ii}^{(n)} > 0$，即

$$p_{ii}^{(n)} = \sum_{l=1}^{n} f_{ii}^{(l)} p_{ii}^{(n-l)} > 0$$

从而存在 $1 \leq m \leq n$，使 $f_{ii}^{(m)} > 0$，否则 $p_{ii}^{(n)} = 0$，故 $m \in N_2$，即 $N_2 \neq \varnothing$. 反之，由于

$$f_{ii}^{(n)} \leq p_{ii}^{(n)} ,$$

因此当 $N_2 \neq \varnothing$ 时，必有 $N_1 \neq \varnothing$. 所以，若 d_i 和 h_i 中的一个存在，则另一个也存在.

其次，由于 $f_{ii}^{(n)} \leq p_{ii}^{(n)}$，因此 $N_2 \subset N_1$，从而 $d_i \leq h_i$.

当 $h_i = 1$ 时，$d_i = 1$，从而 $d_i = h_i$.

当 $h_i > 1$ 且 $n = 1,2,\cdots,h_i - 1$ 时，$f_{ii}^{(n)} = 0$，由 $p_{ii}^{(n)} = \sum_{l=1}^{n} f_{ii}^{(l)} p_{ii}^{(n-l)}$ 得 $p_{ii}^{(n)} = 0$.

当 $n = h_i + l,\ l = 1,2,\cdots,h_i - 1$ 时，$f_{ii}^{(n)} = 0$，再由 $p_{ii}^{(n)} = \sum_{m=1}^{n} f_{ii}^{(m)} p_{ii}^{(n-m)}$ 及 $p_{ii}^{(l)} = 0$，得

$$\begin{aligned} p_{ii}^{(n)} &= f_{ii}^{(1)} p_{ii}^{(h_i+l-1)} + \cdots + f_{ii}^{(h_i-1)} p_{ii}^{(l+1)} + f_{ii}^{(h_i)} p_{ii}^{(l)} + \\ &\qquad f_{ii}^{(h_i+1)} p_{ii}^{(l-1)} + \cdots + f_{ii}^{(h_i+l)} p_{ii}^{(0)} \\ &= f_{ii}^{(h_i)} p_{ii}^{(l)} = 0 . \end{aligned}$$

假设对于 $l = 1,2,\cdots,h_i - 1$，当 $n = l, n = h_i + l, \cdots, n = (k-1)h_i + l$ 时，由 $f_{ii}^{(n)} = 0$ 得 $p_{ii}^{(n)} = 0$，则当 $n = kh_i + l\ (l = 1,2,\cdots,h_i - 1)$ 时，因 $f_{ii}^{(n)} = 0$ 及 $p_{ii} = \sum_{l'=1}^{n} f_{ii}^{(l')} p_{ii}^{(n-l')}$，故得

$$p_{ii}^{(n)} = p_{ii}^{(kh_i+l)} = f_{ii}^{(l)} p_{ii}^{(kh_i+l-1)} + \cdots + f_{ii}^{(h_i-1)} p_{ii}^{((k-1)h_i+l+1)} + f_{ii}^{(h_i)} p_{ii}^{((k-1)h_i+l)} +$$

$$f_{ii}^{(h_i+1)}p_{ii}^{((k-1)h_i+l-1)}+\cdots+f_{ii}^{(2h_i-1)}p_{ii}^{((k-2)h_i+l+1)}+f_{ii}^{(2h_i)}p_{ii}^{((k-2)h_i+l)}+$$
$$f_{ii}^{(2h_i+1)}p_{ii}^{((k-2)h_i+l-1)}+\cdots+f_{ii}^{(kh_i-1)}p_{ii}^{(l+1)}+f_{ii}^{(kh_i)}p_{ii}^{(l)}+$$
$$f_{ii}^{(kh_i+1)}p_{ii}^{(l-1)}+\cdots+f_{ii}^{(kh_i+l)}p_{ii}^{(0)}$$
$$=f_{ii}^{(h_i)}p_{ii}^{((k-1)h_i+l)}+f_{ii}^{(2h_i)}p_{ii}^{((k-2)h_i+l)}+\cdots+f_{ii}^{(kh_i)}p_{ii}^{(l)}=0.$$

由数学归纳法得，对任意$n\geq 1$，当$f_{ii}^{(n)}=0$时，$p_{ii}^{(n)}=0$，即当$h_i\nmid n$时，$d_i\nmid n$. 从而当$d_i\mid n$时，$h_i\mid n$. 又因$d_i\mid d_i$，故$h_i\mid d_i$，于是$h_i\leq d_i$.

综上可得$h_i=d_i$.

定义 9.2.3 对给定的状态$i\in I$，若$f_{ii}=1$，则称状态i为**常返状态**，或称状态i为**返回状态**；若$f_{ii}<1$，则称状态i为**非常返状态**，或称状态i为**滑过状态**.

定义 9.2.4 设$i,j\in I$，系统首次到达状态j的时间$T_j=\min\{n\mid n\geq 1, X_n=j\}$是一个随机变量，简称为**首达时**. 若$E(T_j\mid X_0=i)$存在，则称$\mu_{ij}=E(T_j\mid X_0=i)$为系统从状态$i$出发首次到达状态$j$的**平均转移时间**，称$\mu_j=\mu_{jj}$为从状态$j$出发首次返回状态$j$的**平均返回时间**.

若系统在有限时间内不可能到达状态j，即$\{n\mid n\geq 1, X_n=j\}=\varnothing$，则记$T_j=+\infty$.

定理 9.2.4 对任意$i,j\in I$，有：

（1）$f_{ij}^{(n)}=P(T_j=n\mid X_0=i)$；

（2）$f_{ij}=P(T_j<+\infty\mid X_0=i)$；

（3）$\mu_{ij}=\sum\limits_{n=1}^{\infty}nf_{ij}^{(n)}$，特别地，有$\mu_i=\mu_{ii}=\sum\limits_{n=1}^{\infty}nf_{ii}^{(n)}$.

证 （1）$P(T_j=n\mid X_0=i)=P(X_n=j,X_k\neq j,k=1,2,\cdots,n-1\mid X_0=i)=f_{ij}^{(n)}$.

（2）
$$P(T_j<+\infty\mid X_0=i)=P(\bigcup_{n=1}^{\infty}T_j=n\mid X_0=i)$$
$$=\sum_{n=1}^{\infty}P(T_j=n\mid X_0=i)=\sum_{n=1}^{\infty}f_{ij}^{(n)}=f_{ij}.$$

（3）$\mu_{ij}=E(T_j\mid X_0=i)=\sum\limits_{n=1}^{\infty}nP(T_j=n\mid X_0=i)=\sum\limits_{n=1}^{\infty}nf_{ij}^{(n)}$.

定义 9.2.5 若$i\in I$是常返状态且平均返回时间$\mu_i<+\infty$，则称状态i为**正常返状态**；若i是常返状态且平均返回时间$\mu_i=+\infty$，则称状态i为**零常返状态**，或称状态i为**消极常返状态**. 若状态i是正常返的非周期状态，则称状态i为**遍历状态**.

【例 9.2.5】 设马尔可夫链$\{X_n,n\geq 0\}$的状态空间为$I=\{1,2,3,4,5\}$，转移概率矩阵为

$$\boldsymbol{P}=\begin{bmatrix}1/2 & 0 & 0 & 1/2 & 0\\ 1/2 & 0 & 1/2 & 0 & 0\\ 0 & 0 & 1 & 0 & 0\\ 1 & 0 & 0 & 0 & 0\\ 0 & 1 & 0 & 0 & 0\end{bmatrix},$$

判断该马尔可夫链各状态的类型.

解 先考察状态1. 如图 9.6 所示，显然

$$f_{11}^{(1)}=\frac{1}{2},\quad f_{11}^{(2)}=\frac{1}{2},\quad f_{11}^{(n)}=0,\quad n\geq 3,$$

故有

$$f_{11}=\sum_{n=1}^{+\infty}f_{11}^{(n)}=\frac{1}{2}+\frac{1}{2}=1,$$

$$d_i=h_i=\mathrm{GCD}\{n\mid n\geq 1, f_{ii}^{(n)}>0\}=\mathrm{GCD}\{1,2\}=1,$$

从而状态1为常返非周期状态. 又

$$\mu_1=\sum_{n=1}^{\infty}nf_{11}^{(n)}=1\times\frac{1}{2}+2\times\frac{1}{2}=\frac{3}{2}<+\infty,$$

故状态1为正常返的非周期状态，即为遍历状态.

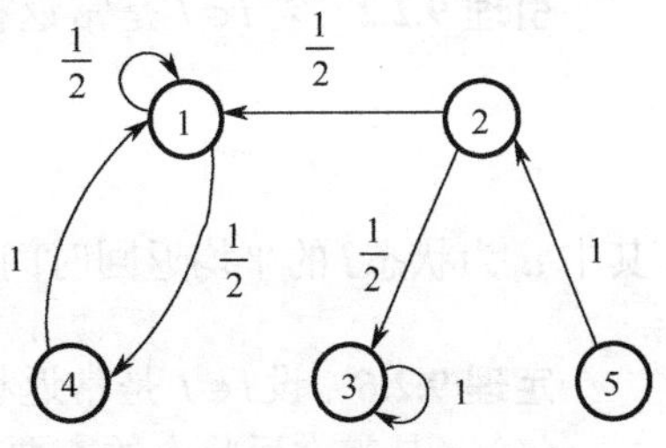

图 9.6 例 9.2.5 的状态转移图

类似分析可得，状态2和状态5皆为非常返状态，而状态3和状态4皆为遍历状态.

对于齐次马尔可夫链，现在可以根据它们在常返性、平均返回时间及周期性上的各种不同表现加以区分. 但是，仅仅依据上述定义来判别一个状态是否具有某种属性，往往是困难或麻烦的，因此需要建立一些简便而有效的判定依据.

9.2.3 状态属性的判定

首先，不加证明地给出如下引理，有兴趣的读者可参看文献[18].

引理 9.2.1［杜柏林（Doeblin）公式］ 设$\{X_n, n\geq 0\}$为马尔可夫链，其状态空间为I，对任意$i,j\in I$，有

$$f_{ij}=\lim_{N\to\infty}\frac{\sum_{n=1}^{N}p_{ij}^{(n)}}{1+\sum_{n=1}^{N}p_{jj}^{(n)}}.$$

推论 9.2.1 对任意的状态$i\in I$，有：

（1）$f_{ii}=1-\lim_{N\to\infty}\dfrac{1}{1+\sum_{n=1}^{N}p_{ii}^{(n)}}$；

（2）$\sum_{n=1}^{\infty}p_{ii}^{(n)}=+\infty$当且仅当$f_{ii}=1$；

（3）$\sum_{n=1}^{\infty}p_{ii}^{(n)}<+\infty$当且仅当$f_{ii}<1$.

由推论 9.2.1 及定理 9.2.4 直接可得如下定理.

定理 9.2.5 状态i是常返状态，即$f_{ii}=1$的充要条件是满足以下两个条件之一：

（1）$P(T_i<+\infty\mid X_0=i)=1$；

（2）$\sum_{n=1}^{\infty}p_{ii}^{(n)}=+\infty$.

相应地，状态i是非常返状态，即$f_{ii}<1$的充要条件是满足以下两个条件之一：

（1）$P(T_i<+\infty\mid X_0=i)<1$；

（2）$\sum_{n=1}^{\infty}p_{ii}^{(n)}<+\infty$.

对于常返状态i，为判别它是正常返还是零常返，此处不加证明地给出如下引理，有兴趣

的读者可参看文献[18].

引理 9.2.2 若$i\in I$是常返状态且周期为d_i，则存在极限

$$\lim_{n\to\infty} p_{ii}^{(nd_i)}=\frac{d_i}{\mu_i},$$

其中μ_i为状态i的平均返回时间. 当$\mu_i=+\infty$时，规定$\frac{1}{\mu_i}=0$.

定理 9.2.6 设$i\in I$是常返状态，则:

（1）i是零常返状态的充要条件是$\lim\limits_{n\to\infty} p_{ii}^{(n)}=0$；

（2）i是遍历状态的充要条件是$\lim\limits_{n\to\infty} p_{ii}^{(n)}=\frac{1}{\mu_i}>0$；

（3）i是正常返周期状态的充要条件是$\lim\limits_{n\to\infty} p_{ii}^{(n)}$不存在，但存在一收敛于某正数的子列.

证 （1）设i是零常返状态，则由引理 9.2.2 知，$\lim\limits_{n\to\infty} p_{ii}^{(nd_i)}=0$. 又当$d_i\nmid n$时，$p_{ii}^{(n)}=0$，故$\lim\limits_{n\to\infty} p_{ii}^{(n)}=0$. 反之，若$\lim\limits_{n\to\infty} p_{ii}^{(n)}=0$，则$i$是零常返状态. 否则，由引理 9.2.2 知

$$\lim_{n\to\infty} p_{ii}^{(nd_i)}=\frac{d_i}{\mu_i}>0,$$

这与$\lim\limits_{n\to\infty} p_{ii}^{(n)}=0$矛盾.

（2）设i是遍历状态，则$d_i=1$. 由引理 9.2.2，有

$$\lim_{n\to\infty} p_{ii}^{(n)}=\lim_{n\to\infty} p_{ii}^{(nd_i)}=\frac{d_i}{\mu_i}=\frac{1}{\mu_i}>0.$$

反之，设$\lim\limits_{n\to\infty} p_{ii}^{(n)}=1/\mu_i>0$，则由（1）知$i$是正常返状态，且由极限的保号性知，存在$N\geq 1$，当$n>N$时，$p_{ii}^{(n)}>0,\ p_{ii}^{(n+1)}>0$，因此$i$非周期，从而$i$是遍历状态.

（3）设i是正常返周期状态，假设$\lim\limits_{n\to\infty} p_{ii}^{(n)}$存在. 由$p_{ii}^{(n)}\geq 0$及极限的不等式性质可知$\lim\limits_{n\to\infty} p_{ii}^{(n)}\geq 0$. 若$\lim\limits_{n\to\infty} p_{ii}^{(n)}=0$，则由（1）知$i$是零常返状态，这与$i$是正常返状态矛盾；若$\lim\limits_{n\to\infty} p_{ii}^{(n)}>0$，则由（2）知$i$是遍历状态，这与$i$有周期矛盾，故$\lim\limits_{n\to\infty} p_{ii}^{(n)}$不存在. 但此时由引理 9.2.2 知，$\lim\limits_{n\to\infty} p_{ii}^{(nd_i)}=d_i/u_i$，从而子列$\{p_{ii}^{(nd_i)}\}$收敛于正数$d_i/u_i$. 反之，若$\lim\limits_{n\to\infty} p_{ii}^{(n)}$不存在，则由（1）知$i$不是零常返状态，由（2）知$i$不是遍历状态，但$i$是常返状态，故$i$是正常返周期状态.

推论 9.2.2 设$j\in I$是非常返状态或零常返状态，则对任意$i\in I$，有$\lim\limits_{n\to\infty} p_{ij}^{(n)}=0$.

证 当$i=j$时，若$j\in I$是非常返状态，则由定理 9.2.5 知，$\lim\limits_{n\to\infty} p_{ij}^{(n)}=0$；若$j\in I$是零常返状态，则由定理 9.2.6 知，$\lim\limits_{n\to\infty} p_{ij}^{(n)}=0$.

当$i\neq j$时，对任意$1<m<n$，由于

$$p_{ij}^{(n)}=\sum_{l=1}^{n} f_{ij}^{(l)} p_{jj}^{(n-l)}\leq\sum_{l=1}^{m} f_{ij}^{(l)} p_{jj}^{(n-l)}+\sum_{l=m+1}^{n} f_{ij}^{(l)},$$

对于任意固定的m，让$n\to\infty$，得

$$\overline{\lim_{n\to\infty}} p_{ij}^{(n)} \le \sum_{l=1}^{m} f_{ij}^{(l)} \lim_{n\to\infty} p_{jj}^{(n-l)} + \sum_{l=m+1}^{\infty} f_{ij}^{(l)} = \sum_{l=m+1}^{\infty} f_{ij}^{(l)}\;;$$

再让 $m\to\infty$，得 $\overline{\lim_{n\to\infty}} p_{ij}^{(n)} \le 0$. 又 $p_{ij}^{(n)} \ge 0$，故 $\lim_{n\to\infty} p_{ij}^{(n)} \ge 0$. 因此

$$\lim_{n\to\infty} p_{ij}^{(n)} = 0\,.$$

综上所述，可将马尔可夫链的状态属性的分类及其判定依据通过图 9.7 展示出来.

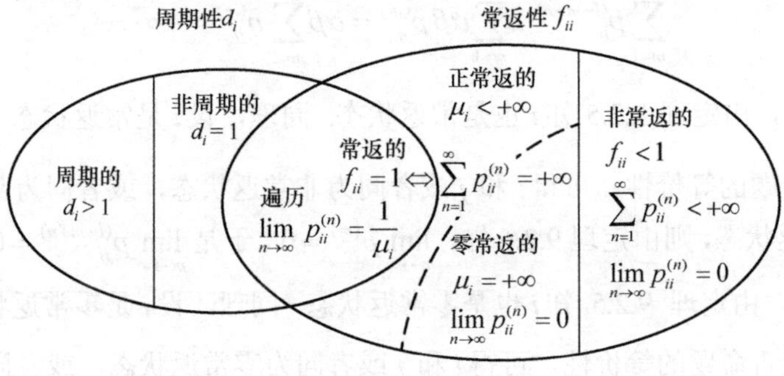

图 9.7　马尔可夫链的状态属性的分类及其判定依据

9.3　马尔可夫链状态空间的分解

9.3.1　状态的可达与互通

定义 9.3.1　设 $\{X_n, n\ge 0\}$ 为马尔可夫链，其状态空间为 I，$i,j\in I$. 若存在 $n\ge 1$，使 $p_{ij}^{(n)}>0$，则称状态 i **可达**状态 j，记为 $i\to j$；若 $i\to j$ 且 $j\to i$，则称状态 i 与状态 j **互通**，记为 $i\leftrightarrow j$.

引理 9.3.1　设马尔可夫链的状态空间为 I，$i,j\in I$.

（1）可达具有传递性：若 $i\to j$，$j\to k$，则 $i\to k$；

（2）互通具有自反性：$i\leftrightarrow i$；

（3）互通具有对称性：若 $i\leftrightarrow j$，则 $j\leftrightarrow i$；

（4）互通具有传递性：若 $i\leftrightarrow j$，$j\leftrightarrow k$，则 $i\leftrightarrow k$；

证　只需证明（1）、（2）、（3）和（4）显然或类似可证.

设 $i\to j$，$j\to k$，则存在 $n_1,n_2\ge 1$，使得

$$p_{ij}^{(n_1)}>0,\quad p_{jk}^{(n_2)}>0\,.$$

又

$$p_{ij}^{(n_1+n_2)} = \sum_{l} p_{il}^{(n_1)} p_{lk}^{(n_2)} \ge p_{ij}^{(n_1)} p_{jk}^{(n_2)} > 0\,,$$

故 $i\to k$.

定理 9.3.1　设 $i,j\in I$，且 $i\leftrightarrow j$，则 i 和 j 或者同为非常返状态，或者同为零常返状态，或者同为正常返非周期状态，或者同为正常返周期状态且周期相同. 简言之，马尔可夫链的互通的两个状态有相同的状态类型.

证　设 $i\leftrightarrow j$，则存在正整数 l 和 n，使得 $\alpha = p_{ij}^{(l)}>0$，$\beta = p_{ji}^{(n)}>0$. 由 C-K 方程，对于

任何正整数m，有

$$p_{ii}^{(l+m+n)}=\sum_k\sum_s p_{ik}^{(l)}p_{ks}^{(m)}p_{si}^{(n)}\geq p_{ij}^{(l)}p_{jj}^{(m)}p_{ji}^{(n)}=\alpha\beta p_{jj}^{(m)}. \tag{9.8}$$

同理

$$p_{jj}^{(l+m+n)}\geq\alpha\beta p_{ii}^{(m)}. \tag{9.9}$$

设j是常返状态，则由定理 9.2.5 知$\sum\limits_{m=1}^{\infty}p_{jj}^{(m)}=+\infty$，从而由式（9.8）知

$$\sum_{m=1}^{\infty}p_{ii}^{(l+m+n)}\geq\sum_{m=1}^{\infty}\alpha\beta p_{jj}^{(m)}=\alpha\beta\sum_{m=1}^{\infty}p_{jj}^{(m)}=+\infty.$$

于是$\sum\limits_{m=1}^{\infty}p_{ii}^{(m)}=+\infty$，由定理 9.2.5 知$i$也是常返状态. 同理，设$i$是常返状态，则$j$也是常返状态. 再结合逆否命题的等价性，可得$i$和$j$或者同为非常返状态，或者同为常返状态.

设j是零常返状态，则由定理 9.2.6 知，$\lim\limits_{m\to\infty}p_{jj}^{(m)}=0$，于是$\lim\limits_{m\to\infty}p_{jj}^{(l+m+n)}=0$，从而由式(9.9)知，$\lim\limits_{m\to\infty}p_{ii}^{(m)}=0$，由定理 9.2.5 知$i$也是零常返状态. 同理，设$i$是零常返状态，则$j$也是零常返状态. 结合逆否命题的等价性，可得$i$和$j$或者同为零常返状态，或者同为正常返状态.

设i和j都是正常返状态，其周期分别为d_i和d_j，只需证明$d_i=d_j$. 由 C-K 方程，有

$$p_{jj}^{(n+l)}=\sum_k p_{jk}^{(n)}p_{kj}^{(l)}\geq p_{ji}^{(n)}p_{ij}^{(l)}=\alpha\beta>0.$$

故$d_j\mid n+l$. 另外，对任意的$m\in\{m\mid m\geq1,p_{ii}^{(m)}>0\}$，由式（9.9）有

$$p_{jj}^{(l+m+n)}\geq\alpha\beta p_{ii}^{(m)}>0,$$

所以$d_j\mid l+m+n$，于是$d_j\mid m$，从而$d_j\mid d_i$. 对称地，可证$d_i\mid d_j$，故$d_i=d_j$. 因此i和j或者同为正常返非周期状态，或者同为正常返周期状态且周期相同.

【例 9.3.1】 设马尔可夫链$\{X_n,n\geq0\}$的状态空间为$I=\{0,1,2,\cdots\}$，转移概率为

$$p_{00}=\frac{1}{2},\quad p_{i\,i+1}=\frac{1}{2},\quad p_{i0}=\frac{1}{2},\quad i\in I,$$

试讨论各个状态的属性.

解 该马尔可夫链的状态转移图如图 9.8 所示，先考察状态0. 由图 9.8 易知

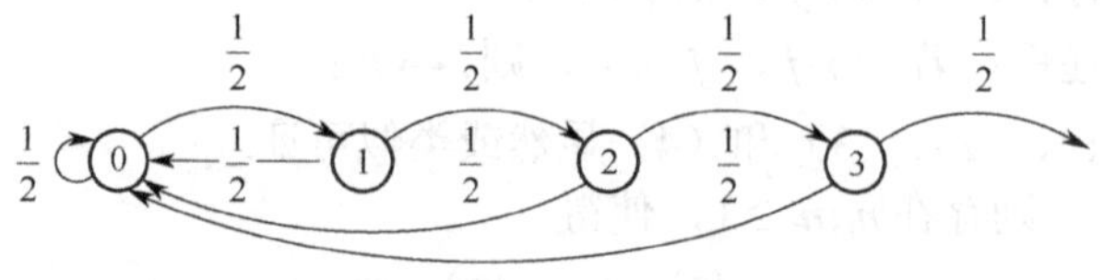

图 9.8 例 9.3.1 的状态转移图

$$f_{00}^{(1)}=\frac{1}{2},\ f_{00}^{(2)}=\frac{1}{2}\cdot\frac{1}{2}=\frac{1}{2^2},\ f_{00}^{(3)}=\frac{1}{2}\cdot\frac{1}{2}\cdot\frac{1}{2}=\frac{1}{2^3},\ \cdots,\ f_{00}^{(n)}=\frac{1}{2^n},$$

故

$$f_{00}=\sum_{n=1}^{\infty}\frac{1}{2^n}=1,\quad \mu_0=\sum_{n=1}^{\infty}nf_{00}^{(n)}=\sum_{n=1}^{\infty}n\cdot\frac{1}{2^n}=2<+\infty.$$

可见0为正常返状态. 又因为$p_{00}^{(1)}=\dfrac{1}{2}>0$，所以状态$0$是非周期的，因而是遍历状态. 对于其

他状态i，因$i\leftrightarrow 0$，利用定理 9.3.1 知，也都是遍历的.

9.3.2　状态空间的闭集

定义 9.3.2　设C为状态空间I的一个非空子集，若对任意$i\in C$及$j\notin C$，有$p_{ij}=0$，则称C为**闭集**. 若闭集C中不再含有真闭子集，则称C是**不可约闭集**. 如果马尔可夫链的状态空间I是不可约的闭集，那么称该链为**不可约马尔可夫链**，或称该链是**不可约的**.

对于状态$i\in I$，若$p_{ii}=1$，则称i为**吸收状态**.

闭集的含义是自C的内部不能到达C的外部，这意味着一旦质点进入闭集C中，它就会永远留在C中运动. 关于闭集，显然有以下结论成立：

（1）状态空间I是闭集；

（2）C是闭集的充要条件是对任意$i\in C$，有$\sum\limits_{j\in C}p_{ij}=1$；

（3）状态i为吸收状态的充要条件为单点集$\{i\}$是闭集.

【例 9.3.2】　设马尔可夫链$\{X_n,n\geq 0\}$的状态空间为$I=\{1,2,3,4\}$，转移概率矩阵为

$$\boldsymbol{P}=\begin{bmatrix}1/2 & 1/2 & 0 & 0\\ 1/2 & 1/2 & 0 & 0\\ 1/4 & 1/4 & 1/4 & 1/4\\ 0 & 0 & 0 & 1\end{bmatrix}.$$

试指出该链的吸收状态和所有闭集，并指出这些闭集中哪些是不可约的，该链是否为不可约马尔可夫链.

解　由图 9.9 知状态 4 是吸收的，故$\{4\}$为闭集. 除此以外，$\{1,2\}$、$\{1,2,4\}$及$\{1,2,3,4\}$都是闭集，其中$\{4\}$和$\{1,2\}$是不可约的. 因为$I=\{1,2,3,4\}$含有闭子集，所以此链不是不可约马尔可夫链.

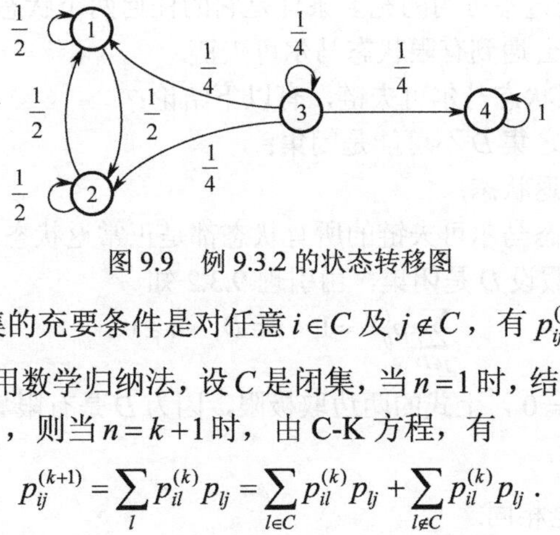

图 9.9　例 9.3.2 的状态转移图

引理 9.3.2　C是闭集的充要条件是对任意$i\in C$及$j\notin C$，有$p_{ij}^{(n)}=0$，$n\geq 1$.

证　只需证必要性. 用数学归纳法，设C是闭集，当$n=1$时，结论显然成立. 现设当$n=k$时，$p_{ij}^{(k)}=0,\ i\in C,\ j\notin C$，则当$n=k+1$时，由 C-K 方程，有

$$p_{ij}^{(k+1)}=\sum_{l}p_{il}^{(k)}p_{lj}=\sum_{l\in C}p_{il}^{(k)}p_{lj}+\sum_{l\notin C}p_{il}^{(k)}p_{lj}.$$

当$l\in C$时，$p_{lj}=0$；当$l\notin C$时，由归纳假设知$p_{il}^{(k)}=0$，从而$p_{ij}^{(k+1)}=0$. 由数学归纳法知，对任意$i\in C$及$j\notin C$，$p_{ij}^{(n)}=0$，$n\geq 1$.

由引理 9.3.2 不难得出：C是闭集的充要条件是对任意$i\in C$，有$\sum\limits_{j\in C}p_{ij}^{(n)}=1$.

如前所述，状态的互通关系具有自返性、对称性和传递性，因此互通是一种等价关系. 利用互通这种等价关系，可将状态空间I划分成有限个或无限可列个互不相交的子集$I_1, I_2,\cdots$之并，即

$$I=\bigcup_n I_n,\ I_m\bigcap I_n=\varnothing,\ m\neq n,\ m,n=1,2,\cdots.$$

显然，同一子集I_n中的所有状态都互通，不同子集I_m和$I_n(m\neq n)$中的状态不互通（但可以是单向可达的）. 通常称I_n为一个**等价类**，包含i的等价类I_n也常记为$I(i)$，称为**状态i的等价类**. 关于等价类，显然有：

（1）$I(i)=\{i\}\bigcup\{j\mid j\leftrightarrow i\}$；

（2）$I(i)=I(j)$当且仅当$i\leftrightarrow j$；

（3）$I(i)=I_n$当且仅当$i\in I_n$.

引理 9.3.3 若等价类$I(i)$是闭集，则$I(i)$是不可约的.

证 设$C\subset I(i)$是非空闭集. 对任意$l\in I(i)$及$j\in C\subset I(i)$，由于$I(i)$是等价类，因此$j\leftrightarrow l$，从而$j\to l$. 由于C为闭集，而$j\in C$，因此$l\in C$，从而$I(i)\subset C$，所以$C=I(i)$，即$I(i)$是不可约的.

引理 9.3.4 设C是闭集，当且仅当C中的任何两个状态都互通时，C是不可约的.

证 设闭集C中的任何两个状态互通，类似引理 9.3.3，可证得C是不可约的.

反过来，设C是不可约的，对任意$i,j\in C,\ i\neq j$，先证$i\to j$. 否则，若i不可达j，令

$$D=\{i\}\bigcup\{l:i\neq l\in C,i\to l\},$$

则$D\subset C$是非空闭集. 事实上，非空显然. 若D不是闭集，则由闭集的定义必有状态$l\in D$，$k\notin D$，使得$l\to k$. 依D的定义知$i\neq l$且$i\to l$，再由可达的传递性得$i\to k$，从而$k\in D$，这与$k\notin D$矛盾. 所以D是不含j的C的非空真闭子集，这与C是不可约的矛盾，所以$i\to j$. 对称地，也有$j\to i$，从而$i\leftrightarrow j$.

由于马尔可夫链的状态空间是闭集，因此由引理 9.3.4 可得如下推论.

推论 9.3.1 马尔可夫链不可约的充要条件是它的任何两个状态都互通.

在实际应用中，经常会遇到有限状态马尔可夫链.

定理 9.3.2 对于有限状态马尔可夫链，有以下结论：

（1）所有非常返状态之集D不可能是闭集；

（2）不可能存在零常返状态；

（3）不可约的有限状态马尔可夫链的所有状态都是正常返状态.

证 （1）用反证法. 假设D是闭集，由引理 9.3.2 知

$$\sum_{j\in D}p_{ij}^{(n)}=1,\quad i\in D,\quad n\geq 0.$$

再由推论 9.2.2 有$\lim\limits_{n\to\infty}p_{ij}^{(n)}=0$，上式的两边取极限，因为$D$是有限集，所以得出$0=1$，矛盾，因此$D$不可能是闭集.

（2）证明与（1）完全相同.

（3）由（1）、（2）可直接推得.

此定理表明，在有限个非常返状态中的转移步数总是有限的，从而不可约的有限状态马尔可夫链的所有状态都是正常返状态. 此事实也说明，等价类不一定是闭集，但当等价类含有常返状态时，有如下结果.

定理 9.3.3 设$i\in I$是常返状态，则包含i的等价类$I(i)$是闭集，从而是不可约的.

证 对任意$j\in I(i)$和$k\in I$，若$j\to k$，则$j\leftrightarrow k$，否则与j为常返状态的假设相矛盾. 从而$k\in I(i)$，所以$I(i)$是闭集. 再由引理 9.3.3 知，$I(i)$是不可约的.

【例 9.3.3】 设马尔可夫链的状态空间$I=\{1,2,3,4\}$，其一步转移概率矩阵为

$$\boldsymbol{P}=\begin{bmatrix}0 & 0 & 1/2 & 1/2\\ 1 & 0 & 0 & 0\\ 0 & 1 & 0 & 0\\ 0 & 1 & 0 & 0\end{bmatrix},$$

试对其状态进行分类.

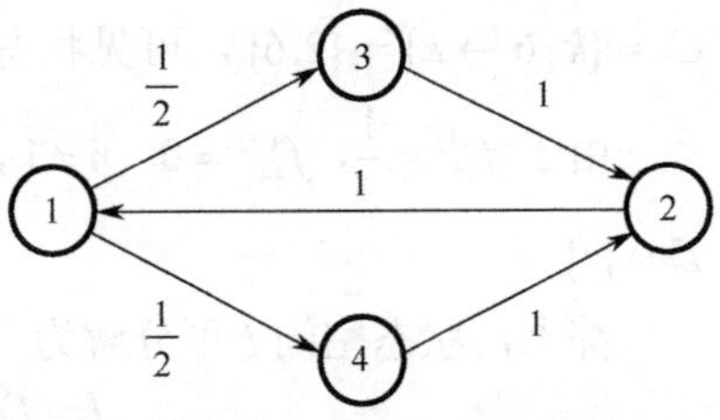

图 9.10 例 9.3.3 的状态转移图

解 状态转移图如图 9.10 所示. 它是一个有限状态马尔可夫链，所有状态都是互通的，所以所有状态均为常返状态，整个状态空间$I=\{1,2,3,4\}$构成一个不可约闭集.

9.3.3 状态空间分解定理

综合以上分析，可以得到以下关于状态空间的分解定理.

定理 9.3.4 任意马尔可夫链的状态空间I可唯一地分解成有限个或无限可列个互不相交的状态子集$D,C_1,C_2,\cdots$之和，即$I=D\cup C_1\cup C_2\cup\cdots$，其中：

（1）每个C_n（$n=1,2,\cdots$）都是由常返状态构成的不可约闭集；

（2）C_n（$n=1,2,\cdots$）中的状态有着相同的状态类型，即或者全是正常返，或者全是零常返，它们有相同的周期，且$f_{ij}=1$，$i,j\in C_n$；

（3）D是所有非常返状态构成的状态子集，自C_n中的状态不能到达D中的状态.

证 记C为由全体常返状态所构成的集合，$D=I-C$为非常返状态全体. 将C按互通关系进行分解，则

$$I=D\cup C_1\cup C_2\cup\cdots.$$

其中每个$C_n(n=1,2,\cdots)$是由常返状态组成的不可约的闭集，且由定理 9.3.1 知C_n中的状态类型相同. 显然，自C_n中的状态不能到达D中的状态.

称C_n为基本常返闭集. 分解定理中的集D不一定是闭集，但若I为有限集，则由定理 9.3.2 知D一定是非闭集. 因此，若最初质点自某一非常返状态出发，则它可能就一直在D中运动，也可能在某一时刻离开D转移到某一基本常返闭集C_n中. 一旦质点进入C_n，它就会永远在此C_n中运动.

【例 9.3.4】 设状态空间$I=\{1,2,\cdots,6\}$，转移概率矩阵为

$$\boldsymbol{P}=\begin{bmatrix}0 & 0 & 1 & 0 & 0 & 0\\ 0 & 0 & 0 & 0 & 0 & 1\\ 0 & 0 & 0 & 0 & 1 & 0\\ 1/3 & 1/3 & 0 & 1/3 & 0 & 0\\ 1 & 0 & 0 & 0 & 0 & 0\\ 0 & 1/2 & 0 & 0 & 0 & 1/2\end{bmatrix}$$

分解此链并指出各状态的常返性及周期性.

解 由状态转移图（图 9.11）知 $f_{11}^{(3)}=1$，$f_{11}^{(n)}=0$，$n\neq 3$，故 $\mu_1=\sum_{n=1}^{\infty}nf_{11}^{(n)}=3$，于是状态1为正常返状态且周期为3．含状态1的基本常返闭集为 $C_1=\{k\,|\,1\to k\}=\{1,3,5\}$．从而，状态3及状态5也为正常返状态且周期为3．

同理可知，状态6为正常返状态，且 $\mu_6=3/2$，周期为1．含状态6的基本常返闭集为 $C_2=\{k\,|\,6\to k\}=\{2,6\}$，可见状态2和状态6为遍历状态.

由于 $f_{44}^{(1)}=\dfrac{1}{3}$，$f_{44}^{(n)}=0$，$n\neq 1$，因此状态4为非常返状态，周期为1，非常返状态子集为 $D=\{4\}$．

综上，状态空间 I 可分解为

$$I=D\cup C_1\cup C_2=\{4\}\cup\{1,3,5\}\cup\{2,6\}.$$

为了进一步揭示质点在不可约闭集 C_n 中的运动规律，给出如下引理.

引理 9.3.5 设 C 是周期为 d 的不可约闭集，若 $p_{ij}^{(n_1)}>0$，$p_{ij}^{(n_2)}>0$，$i,j\in C$，则有 $d\,|\,(n_2-n_1)$．

证 设 C 是不可约闭集，则由引理 9.3.4 知，$i\leftrightarrow j$，$i,j\in C$，从而存在 $n\geq 0$，使得 $p_{ji}^{(n)}>0$．由 C-K 方程，有

$$p_{ii}^{(n_1+n)}\geq p_{ij}^{(n_1)}p_{ji}^{(n)}>0 \quad 及 \quad p_{ii}^{(n_2+n)}\geq p_{ij}^{(n_2)}p_{ji}^{(n)}>0,$$

从而 $d\,|\,(n_1+n)$ 且 $d\,|\,(n_2+n)$，故 $d\,|\,(n_2-n_1)$．

定理 9.3.5 设 C 是周期为 d 的不可约闭集，则 C 可唯一地分解为 d 个互不相交的状态子集 $J_1,J_2,\cdots,J_d$，即

$$C=\bigcup_{m=1}^{d}J_m,\ J_r\cap J_s=\varnothing,\ r\neq s,\ r,s=1,2,\cdots,n,$$

且使得自 J_m 中的任一状态出发，经一步转移必进入 $J_{m+1}(m=1,2,\cdots,d)$ 中，其中 $J_{d+1}=J_1$（如图 9.12 所示）．

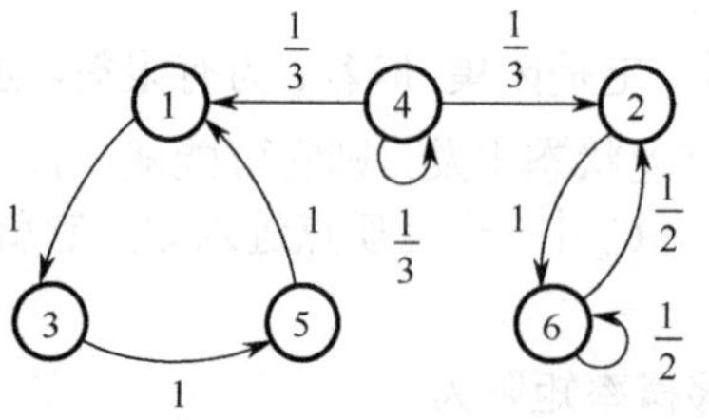

图 9.11 例 9.3.4 的状态转移图

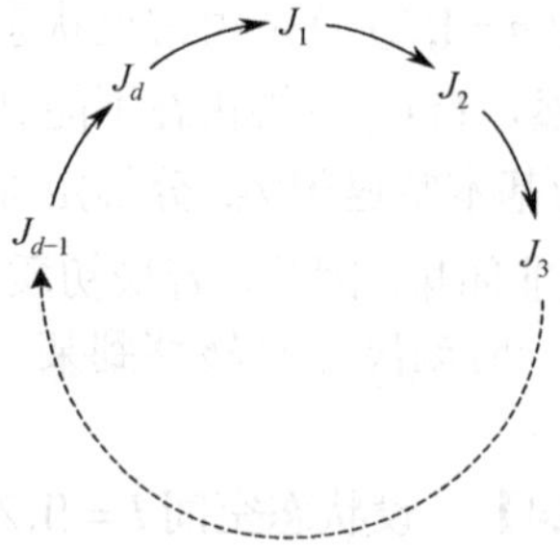

图 9.12 状态转移

证 首先，证明分解式的存在性. 对任一确定状态 $i\in C$，对 $m=1,2,\cdots,d$，定义集

$$J_m=\{j:存在\,n\geq 0,\ p_{ij}^{(nd+m)}>0\}.$$

因为 C 是不可约闭集，所以 $C=\bigcup_{m=1}^{d}J_m$．现在来证当 $r\neq s$ 时，$J_r\cap J_s=\varnothing$．若 $j\in J_r\cap J_s$，则由 J_m 的定义可知，存在 $n_1,n_2\geq 0$，使得 $p_{ij}^{(n_1d+r)}>0$，$p_{ij}^{(n_2d+s)}>0$．由引理 9.3.5 知，$d\,|\,(s-r)$，但 $1\leq r,s\leq d$，因此 $s-r=0$，即 $r=s$，这与 $r\neq s$ 相矛盾. 故当 $r\neq s$ 时，$J_r\cap J_s=\varnothing$．

其次，证明对任意$k\in J_m$，有$\sum\limits_{j\in J_{m+1}} p_{kj}=1$，$m=1,2,\cdots,d$. 因$C$是闭集，故有

$$1=\sum_{j\in C}p_{kj}=\sum_{j\in J_{m+1}}p_{kj}+\sum_{j\in C-J_{m+1}}p_{kj}.$$

由J_m与J_{m+1}的定义知，存在$n\geq 0$，$p_{ik}^{(nd+m)}>0$，对上述的n及$j\in C-J_{m+1}$，有

$$0=p_{ij}^{(nd+m+1)}\geq p_{ik}^{(nd+m)}p_{kj},$$

从而$p_{ik}^{(nd+m)}p_{kj}=0$，但$p_{ik}^{(nd+m)}>0$，故$p_{kj}=0$，从而有$\sum\limits_{j\in J_{m+1}}p_{kj}=1$.

最后，证明分解式的唯一性，即要证$J_1,J_2,\cdots,J_d$与最初i的选择无关. 假设对状态i，C分解为$\bigcup\limits_{m=1}^{d}J_m$，而对另一个状态$i'$，$C$分解为$\bigcup\limits_{r=1}^{d}J'_r$. 只要证明对任意状态$j,k\in J_m$，也有$j,k\in J'_r$即可，其中$m$与$r$未必相同. 不妨设$i'\in J_l$，那么，当$m\geq l$时，从$i'$出发，能也只能在第$m-l,m-l+d,\ m-l+2d,\cdots$等步上到达$j$或$k$，故依定义有$j,k\in J'_{m-l}$；当$m<l$时，从$i'$出发，也只能在第$d-(l-m)=m-l+d,\ m-l+2d,\cdots$等步上到达$j$或$k$，故$j,k\in J'_{m-l+d}$，所以分解式是唯一的.

【例 9.3.5】 设不可约马尔可夫链的状态空间为$C=\{1,2,\cdots,6\}$，转移矩阵为

$$\boldsymbol{P}=\begin{bmatrix}0&0&1/2&0&1/2&0\\1/3&0&0&1/3&0&1/3\\0&1&0&0&0&0\\0&0&1&0&0&0\\0&1&0&0&0&0\\0&0&1/4&0&3/4&0\end{bmatrix}.$$

研究该链的周期性并将状态空间按周期分解为互不相交的子集.

解 由状态转移图 9.13 可知各状态的周期$d=3$. 固定状态$i=1$，令

$$J_1=\{j:存在n\geq 0,\ p_{1j}^{(3n)}>0\}=\{1,4,6\};$$

$$J_2=\{j:存在n\geq 0,\ p_{1j}^{(3n+1)}>0\}=\{3,5\};$$

$$J_3=\{j:存在n\geq 0,\ p_{1j}^{(3n+2)}>0\}=\{2\}.$$

故状态空间按周期可分解为

$$C=J_1\cup J_2\cup J_3=\{1,4,6\}\cup\{3,5\}\cup\{2\}.$$

此链在C中的运动如图 9.14 所示.

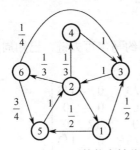

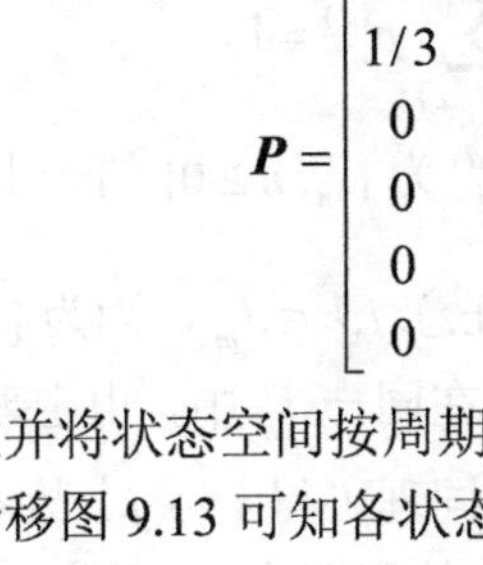

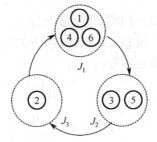

图 9.13 例 9.3.5 的状态转移图

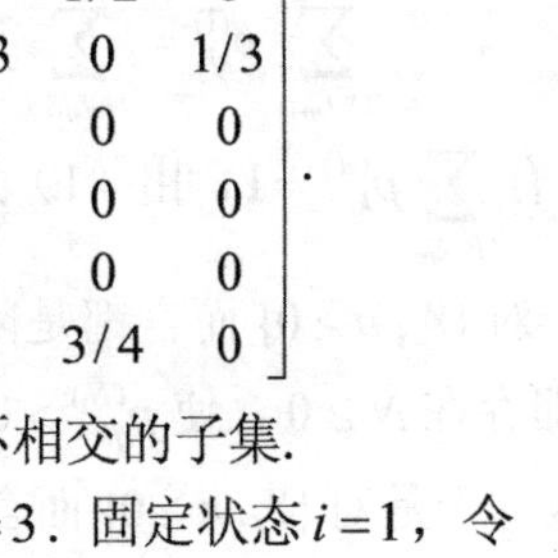

图 9.14 例 9.3.5 的链在C中的运动

定理 9.3.6 设$\{X_n,n\geq 0\}$是周期为d的不可约马尔可夫链，其状态空间I已被唯一地分

解为 d 个互不相交的状态子集 $J_1,J_2,\cdots,J_d$，现仅在时刻 $0,d,2d,\cdots$ 上考虑 $\{X_n,n\ge 0\}$，即令 $Y_n=X_{nd}$，$n=0,1,2,\cdots$，则：

（1）$\{Y_n,n\ge 0\}$ 是以 $\boldsymbol{P}^{(d)}=(p_{ij}^{(d)})$ 为一步转移概率矩阵的新马尔可夫链；

（2）对 $\{Y_n,n\ge 0\}$ 而言，每个 J_m（$m=0,1,2,\cdots,d$）都是不可约闭集，而且 J_m 中的状态都是非周期的；

（3）如果 $\{X_n,n\ge 0\}$ 的所有状态皆为常返状态，那么 $\{Y_n,n\ge 0\}$ 的所有状态也都是常返状态.

证明 （1）对任意 $i_0,i_1,\cdots,i_{n-1},i,j\in I$ 和 $n\ge 0$，由 $\{X_n,n\ge 0\}$ 的马尔可夫性，有

$$\begin{aligned}&P(Y_{n+1}=j\mid Y_0=i_0,Y_1=i_1,\cdots,Y_{n-1}=i_{n-1},Y_n=i)\\&=P(X_{(n+1)d}=j\mid X_0=i_0,X_d=i_1,\cdots,X_{(n-1)d}=i_{n-1},X_{nd}=i)\\&=P(X_{(n+1)d}=j\mid X_{nd}=i)=P(Y_{n+1}=j\mid Y_n=i),\end{aligned}$$

故 $\{Y_n,n\ge 0\}$ 是马尔可夫链. 又由 $\{X_n,n\ge 0\}$ 的齐次性，有

$$\begin{aligned}P(Y_{n+1}=j\mid Y_n=i)&=P(X_{(n+1)d}=j\mid X_{nd}=i)\\&=P(X_d=j\mid X_0=i)=p_{ij}^{(d)},\end{aligned}$$

故 $\{Y_n,n\ge 0\}$ 的一步转移概率矩阵为 $\boldsymbol{P}^{(d)}=(p_{ij}^{(d)})$.

（2）由定理 9.3.5 知，对任意 $k\in J_m(m=0,1,2,\cdots,d)$，有

$$\sum_{j\in J_{m+1}}p_{kj}^{(1)}=\sum_{j\in J_{m+2}}p_{kj}^{(2)}=\cdots=\sum_{j\in J_{m+d}}p_{kj}^{(d)}=1,$$

又 $J_{m+d}=J_m$，从而有 $\sum\limits_{j\in J_m}p_{kj}^{(d)}=1$，由（1）知其中的 $p_{kj}^{(d)}$ 为 $\{Y_n,n\ge 0\}$ 的一步转移概率. 根据闭集的定义可知，J_m 对 $\{Y_n,n\ge 0\}$ 而言都是闭集. 又对任意 $j,k\in J_m$，因为 $\{X_n,n\ge 0\}$ 是不可约的，所以 $j\leftrightarrow k$，即存在 $N\ge 0$，使 $p_{jk}^{(N)}>0$. 又因 j,k 在同一 J_m 中，由定理 9.3.5 知，N 只能为形如 nd 的正整数，于是对 $\{Y_n,n\ge 0\}$ 而言，$j\to k$. 同理可得 $k\to j$. 故对 $\{Y_n,n\ge 0\}$ 而言，$j\leftrightarrow k$，从而 J_m 对 $\{Y_n,n\ge 0\}$ 而言也是不可约的. 由于 i 的周期为 d，因此存在 $N>0$，当 $n\ge N$ 时，$p_{ii}^{(nd)}>0$，$p_{ii}^{((n+1)d)}>0$，即 $P(Y_n=i\mid Y_0=i)>0$，$P(Y_{n+1}=i\mid Y_0=i)>0$. 故对 $\{Y_n,n\ge 0\}$ 而言，状态 i 是非周期的.

（3）设 $\{X_n,n\ge 0\}$ 的状态全为常返的，对任意 $j\in J_m$，由周期的定义知，当 $d\nmid n$ 时，$p_{jj}^{(n)}=0$，从而 $f_{jj}^{(n)}=0$，故

$$1=f_{jj}=\sum_{n=1}^{\infty}f_{jj}^{(n)}=\sum_{n=1}^{\infty}f_{jj}^{(nd)}$$

即 j 对 $\{Y_n,n=0,1,2,\cdots\}$ 而言也是常返的.

【例 9.3.6】 设 $\{X_n,n\ge 0\}$ 为例 9.3.5 中的不可约马尔可夫链，已知周期 $d=3$，则子链 $\{X_{nd},n\ge 0\}$ 的转移矩阵为

$$\boldsymbol{P}^{(3)}=\boldsymbol{P}^3=\begin{bmatrix}1/3&0&0&1/3&0&1/3\\0&1&0&0&0&0\\0&0&7/12&0&5/12&0\\1/3&0&0&1/3&0&1/3\\0&0&7/12&0&5/12&0\\1/3&0&0&1/3&0&1/3\end{bmatrix}.$$

由子链$\{X_{nd}, n\ge 0\}$的状态转移图（图 9.15）可知$J_1=\{1,4,6\}, J_2=\{3,5\}, J_3=\{2\}$各形成不可约闭集，周期为 1.

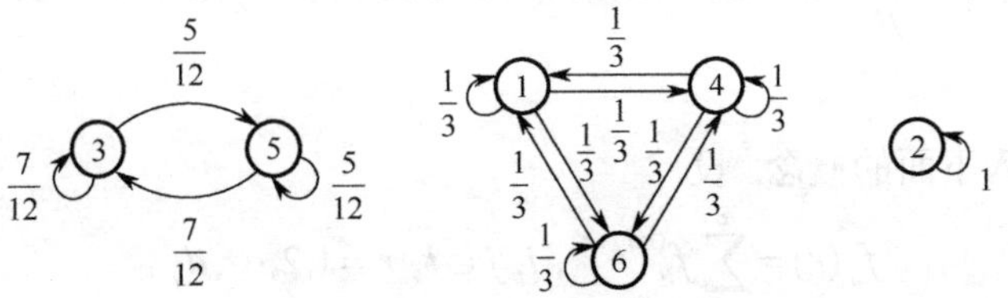

图 9.15 例 9.3.6 的状态转移图

9.4 转移概率的极限与平稳分布

为了讨论马尔可夫链是否具有统计意义下的稳定性，需要研究下列重要的数学问题.

（1）对任意$i,j\in I$，当$n\to\infty$时，转移概率数列$\{p_{ij}^{(n)}\}$是否收敛？

（2）对任意$i,j\in I$，若$\lim\limits_{n\to\infty} p_{ij}^{(n)}$存在，则此极限值是否与初始状态$i$无关？

（3）在什么条件下才能保证$\lim\limits_{n\to\infty} p_{ij}^{(n)}$存在且与初始状态$i$无关？

9.4.1 转移概率的极限

推论 9.2.2 告诉我们，若j是非常返状态或零常返状态，则对任意$i\in I$，总有

$$\lim_{n\to\infty} p_{ij}^{(n)}=0 .$$

据此在下面的讨论中假定j是正常返状态. 但当j为正常返状态时，由定理 9.2.6 知，$\{p_{ij}^{(n)}\}$的极限不一定存在. 即使极限存在，此极限值也可能依赖于初始状态i.

【例 9.4.1】 设马尔可夫链$\{X_n, n\ge 0\}$的状态空间$I=\{1,2,3\}$，状态转移矩阵

$$\boldsymbol{P}=\begin{bmatrix}0 & 1 & 0\\ 1/2 & 0 & 1/2\\ 0 & 1 & 0\end{bmatrix}.$$

从状态转移图（图 9.16）不难看出，此链的所有状态之间是互通的. 又因$\{X_n, n\ge 0\}$是有限状态马尔可夫链，故所有状态均为正常返. 通过简单计算可得

$$\boldsymbol{P}^2=\begin{bmatrix}0 & 1 & 0\\ 1/2 & 0 & 1/2\\ 0 & 1 & 0\end{bmatrix}\begin{bmatrix}0 & 1 & 0\\ 1/2 & 0 & 1/2\\ 0 & 1 & 0\end{bmatrix}=\begin{bmatrix}1/2 & 0 & 1/2\\ 0 & 1 & 0\\ 1/2 & 0 & 1/2\end{bmatrix},$$

$$\boldsymbol{P}^3=\boldsymbol{P}^2\boldsymbol{P}=\begin{bmatrix}1/2 & 0 & 1/2\\ 0 & 1 & 0\\ 1/2 & 0 & 1/2\end{bmatrix}\begin{bmatrix}0 & 1 & 0\\ 1/2 & 0 & 1/2\\ 0 & 1 & 0\end{bmatrix}=\begin{bmatrix}0 & 1 & 0\\ 1/2 & 0 & 1/2\\ 0 & 1 & 0\end{bmatrix}.$$

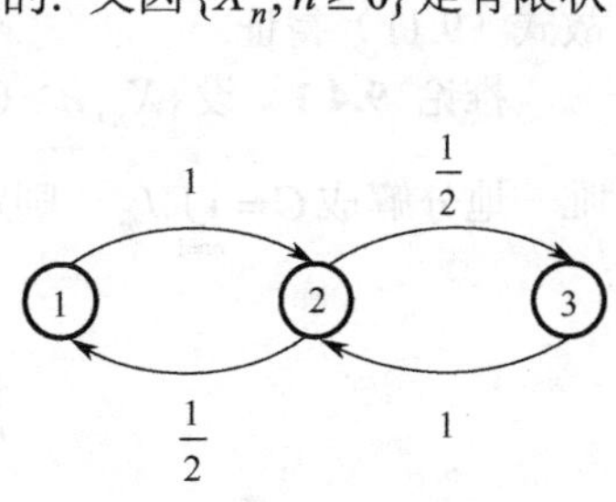

图 9.16 例 9.4.1 的状态转移图

由此归纳可得

$$\boldsymbol{P}^{2n+1}=\boldsymbol{P},\quad \boldsymbol{P}^{2n}=\boldsymbol{P}^2 .$$

由于$\boldsymbol{P}\ne\boldsymbol{P}^2$，因此$\lim\limits_{n\to\infty} p_{ij}^{(n)}(i,j=1,2,3)$不存在.

由此例可见，对于正常返状态，不宜仅局限在讨论极限 $\lim\limits_{n\to+\infty} p_{ij}^{(n)}$ 的存在性问题上. 回顾引理 9.2.2，受 $\lim\limits_{n\to\infty} p_{ii}^{(nd_i)}=\dfrac{d_i}{\mu_i}$ 的启发，我们转而讨论 $p_{ij}^{(nd_j+r)}$ 在 $n\to\infty$ 时的极限问题，其中 $r=1,2,\cdots,d_j$.

为此，需要引入下面的概念. 设

$$f_{ij}(r)=\sum_{n=0}^{\infty} f_{ij}^{(nd_j+r)},\ i,j\in I,\ r=1,2,\cdots,d_j\,, \tag{9.10}$$

则 $f_{ij}(r)$ 表示系统从状态 i 出发，在某时刻 $m=nd_j+r$ 首次到达状态 j 的概率，且

$$\sum_{r=1}^{d_j} f_{ij}(r)=\sum_{r=1}^{d_j}(\sum_{n=0}^{\infty} f_{ij}^{(nd_j+r)})=\sum_{n=0}^{\infty}(\sum_{r=1}^{d_j} f_{ij}^{(nd_j+r)})=\sum_{m=1}^{\infty} f_{ij}^{(m)}=f_{ij}\,.$$

定理 9.4.1 设 j 是正常返状态，则

$$\lim_{n\to\infty} p_{ij}^{(nd_j+r)}=f_{ij}(r)\frac{d_j}{\mu_j},\ i\in I,\ r=1,2,\cdots,d_j\,, \tag{9.11}$$

其中 μ_j 是 j 的平均返回时间.

证 由于当 $d_j\nmid n$ 时，$p_{jj}^{(n)}=0$，因此仅当 $v=ld_j+r(l=0,1,\cdots,n)$ 时，$p_{jj}^{(nd_j+r-v)}>0$，从而

$$p_{ij}^{(nd_j+r)}=\sum_{v=1}^{nd_j+r} f_{ij}^{(v)} p_{jj}^{(nd_j+r-v)}=\sum_{l=0}^{n} f_{ij}^{(ld_j+r)} p_{jj}^{((n-l)d_j)}\,.$$

于是，对 $1\le N<n$，有

$$\sum_{l=0}^{N} f_{ij}^{(ld_j+r)} p_{jj}^{((n-l)d_j)}\le p_{ij}^{(nd_j+r)}\le\sum_{l=0}^{N} f_{ij}^{(ld_j+r)} p_{jj}^{((n-l)d_j)}+\sum_{l=N+1}^{n} f_{ij}^{(ld_j+r)}\,.$$

固定 N，让 $n\to\infty$，由引理 9.2.2 得

$$\sum_{l=0}^{N} f_{ij}^{(ld_j+r)}\frac{d_j}{\mu_j}\le\lim_{n\to\infty} p_{ij}^{(nd_j+r)}\le\sum_{l=0}^{N} f_{ij}^{(ld_j+r)}\frac{d_j}{\mu_j}+\sum_{l=N+1}^{\infty} f_{ij}^{(ld_j+r)}\,.$$

再让 $N\to\infty$，得

$$f_{ij}(r)\frac{d_j}{\mu_j}\le\lim_{n\to\infty} p_{ij}^{(nd_j+r)}\le f_{ij}(r)\frac{d_j}{\mu_j}\,.$$

故式（9.11）得证.

推论 9.4.1 设 $\{X_n,n\ge0\}$ 是不可约、正常返、周期为 d 的马尔可夫链，状态空间 C 已被唯一地分解成 $C=\bigcup\limits_{m=1}^{d} J_m$，则对任意 $i,j\in C$，有

$$\lim_{n\to\infty} p_{ij}^{(nd)}=\begin{cases}\dfrac{d}{\mu_j}, & 若 i,j 属于同一个 J_m,\\ 0, & 其他.\end{cases}$$

特别地，若 $d=1$，则对任意 $i,j\in C$，有

$$\lim_{n\to\infty} p_{ij}^{(n)}=\frac{1}{\mu_j}.$$

证 在定理 9.4.1 中取 $r=d$，则存在极限

$$\lim_{n\to\infty} p_{ij}^{(nd)} = f_{ij}(d)\frac{d}{\mu_j}, \tag{9.12}$$

其中 $f_{ij}(d)=\sum_{n=0}^{\infty} f_{ij}^{(nd+d)}=\sum_{n=1}^{\infty} f_{ij}^{(nd)}$. 如果 i 与 j 不属于同一个 J_m，那么由定理 9.3.5 知，$p_{ij}^{(nd)}=0, n=0,1,2,\cdots$. 又因 $0\le f_{ij}^{(nd)}\le p_{ij}^{(nd)}$，故 $f_{ij}^{(nd)}=0, n=0,1,2,\cdots$，于是 $f_{ij}(d)=0$. 若 i 与 j 属于同一个 J_m，则仍由定理 9.3.5 知，若 $d\nmid n$，则 $p_{ij}^{(n)}=0$，从而 $f_{ij}^{(n)}=0$，于是

$$f_{ij}(d)=\sum_{n=1}^{\infty} f_{ij}^{(nd)}=\sum_{m=1}^{\infty} f_{ij}^{(m)}=f_{ij}=1.$$

将 $f_{ij}(d)$ 代入式（9.12）即证得推论.

顺便指出，由上述推论的证明过程可知，看起来式（9.10）中的概率 $f_{ij}(r)$ 似乎与 j 有关，但实际上 $f_{ij}(r)$ 只依赖于 j 所在的子集 J_m，即对任意的 $j,k\in J_m$，都有 $f_{ij}(r)=f_{ik}(r)$.

由推论 9.4.1 可知，对于非周期、正常返、不可约的马尔可夫过程，$\lim_{n\to\infty} p_{ij}^{(n)}$ 与初始状态 i 无关.

【例 9.4.2】 设具有两个状态的马尔可夫链的状态转移矩阵为

$$\boldsymbol{P}=\begin{bmatrix}0.3 & 0.7\\ 0.6 & 0.4\end{bmatrix}.$$

不难验证该链是不可约、正常返、非周期的马尔可夫链，且有 $\mu_1=13/6$，$\mu_2=13/7$. 根据上述推论有

$$\lim_{n\to\infty}\boldsymbol{P}^{(n)}=\begin{bmatrix}6/13 & 7/13\\ 6/13 & 7/13\end{bmatrix}\approx\begin{bmatrix}0.4615 & 0.5385\\ 0.4615 & 0.5385\end{bmatrix}.$$

另外，通过矩阵乘法不难算出

$$\boldsymbol{P}^{(2)}=\begin{bmatrix}0.5100 & 0.4900\\ 0.4200 & 0.5800\end{bmatrix},\quad \boldsymbol{P}^{(3)}=\begin{bmatrix}0.4470 & 0.5530\\ 0.4740 & 0.5260\end{bmatrix},$$

$$\boldsymbol{P}^{(4)}=\begin{bmatrix}0.4659 & 0.5341\\ 0.4578 & 0.5422\end{bmatrix},\quad \boldsymbol{P}^{(8)}=\begin{bmatrix}0.4616 & 0.5384\\ 0.4615 & 0.5485\end{bmatrix}.$$

这从另一个侧面反映了推论 9.1.1 的正确性.

对于正常返状态 j，尽管 $\lim_{n\to\infty} p_{ij}^{(n)}$ 不一定存在，但 $\lim_{n\to\infty}\frac{1}{n}\sum_{k=1}^{n} p_{ij}^{(k)}$ 可能存在，接下来讨论这一极限.

我们知道 $\sum_{k=1}^{n} p_{jj}^{(k)}$ 表示自 j 出发，在 n 步之内返回到 j 的平均次数，故 $\frac{1}{n}\sum_{k=1}^{n} p_{jj}^{(k)}$ 表示单位时间内再回到 j 的平均次数，而 $1/\mu_j$ 也表示自 j 出发单位时间内回到 j 的平均次数，所以应有

$$\frac{1}{n}\sum_{k=1}^{n} p_{jj}^{(k)}\approx\frac{1}{\mu_j}.$$

若质点由 i 出发，则要考虑自 i 出发能否到达 j 的情况，即要考虑 f_{ij} 的大小.

定理 9.4.2 对马尔可夫链 $\{X_n, n\ge 0\}$ 的状态 i,j，有

$$\lim_{n\to\infty}\frac{1}{n}\sum_{k=1}^{n}p_{ij}^{(k)}=\begin{cases}0, & 若 j 为非常返或零常返,\\ \dfrac{f_{ij}}{\mu_j}, & 若 j 为正常返.\end{cases}$$

证 若 j 为非常返或零常返，由推论 9.2.2 知 $\lim_{n\to\infty}p_{ij}^{(n)}=0$，所以

$$\lim_{n\to\infty}\frac{1}{n}\sum_{k=1}^{n}p_{ij}^{(k)}=0.$$

若 j 为正常返，有周期 d，应用以下事实：假设有 d 个数列 $\{a_{nd+s}\},s=1,2,\cdots,d$，若对每个 s，都存在 $\lim_{n\to\infty}a_{nd+s}=b_s$，则必有

$$\lim_{n\to\infty}\frac{1}{n}\sum_{k=1}^{n}a_k=\frac{1}{d}\sum_{s=1}^{d}b_s.$$

在此式中令 $a_{nd+s}=p_{ij}^{(nd+s)}$，由定理 9.4.1 知 $b_s=f_{ij}(r)\dfrac{d}{\mu_j}$，于是得

$$\lim_{n\to\infty}\frac{1}{n}\sum_{k=1}^{n}p_{ij}^{(k)}=\frac{1}{d}\sum_{s=1}^{d}f_{ij}(s)\frac{d}{\mu_j}=\frac{1}{\mu_j}\sum_{s=1}^{d}f_{ij}(s)=\frac{f_{ij}}{\mu_j}.$$

推论 9.4.2 若 $\{X_n,n\geq 0\}$ 为不可约的常返马尔可夫链，则对任意状态 i,j，有

$$\lim_{n\to\infty}\frac{1}{n}\sum_{k=1}^{n}p_{ij}^{(k)}=\frac{1}{\mu_j}.$$

当 $\mu_j=+\infty$ 时，规定 $\dfrac{1}{\mu_j}=0$.

定理 9.4.2 及其推论指出，当 j 正常返时，尽管 $\lim_{n\to\infty}p_{ij}^{(n)}$ 不一定存在，但其平均值极限存在，特别是当链不可约时，其极限与 i 无关.

各类状态的极限特征如表 9.1 所示.

表 9.1 各类状态的极限特征

j 常返		j 非常返
零常返	正常返	
$p_{jj}^{(n)}\to 0$	$p_{ij}^{(nd)}\to\dfrac{d}{\mu_j}$	$p_{jj}^{(n)}\to 0$
$p_{ij}^{(n)}\to 0$	$p_{ij}^{(nd+r)}\to f_{ij}(r)\dfrac{d}{\mu_j}$	$p_{ij}^{(n)}\to 0$
$\dfrac{1}{n}\sum_{k=1}^{n}p_{ij}^{(k)}\to 0$	$\dfrac{1}{n}\sum_{k=1}^{n}p_{ij}^{(k)}\to\dfrac{f_{ij}}{\mu_j}$	$\dfrac{1}{n}\sum_{k=1}^{n}p_{ij}^{(k)}\to 0$

9.4.2 平稳分布

在马尔可夫链理论中，状态 j 的平均返回时间 μ_j 是一个重要的量，其定义及推论 9.4.1 和推论 9.4.2 都给出了 μ_j 的计算公式，下面通过平稳分布给出另外一种计算 μ_j 的方法.

定义 9.4.1 设 $\{X_n,n\geq 0\}$ 为马尔可夫链，状态空间为 I，转移概率为 p_{ij}. 若存在概率分布 $\boldsymbol{\pi}=\{\pi_j,j\in I\}$，满足

$$\pi_j = \sum_{i \in I} \pi_i p_{ij} \,, \tag{9.13}$$

则称 $\boldsymbol{\pi} = \{\pi_j, j \in I\}$ 为 $\{X_n, n \geq 0\}$ 的**平稳分布**.

平稳分布 $\boldsymbol{\pi} = \{\pi_j, j \in I\}$ 具有以下性质：

（1）$\pi_j \geq 0$ 且 $\sum_{j \in I} \pi_j = 1$；

（2）$\pi_j = \sum_{i \in I} \pi_i p_{ij}^{(n)}$.　　(9.14)

因为平稳分布是概率分布，所以性质（1）显然成立. 下面推导性质（2）.

事实上，利用式（9.13）可得

$$\begin{aligned}\pi_j &= \sum_{i \in I} \pi_i p_{ij} = \sum_{i \in I} (\sum_{k \in I} \pi_k p_{ki}) p_{ij} \\ &= \sum_{k \in I} \pi_k (\sum_{i \in I} p_{ki} p_{ij}) = \sum_{k \in I} \pi_k p_{kj}^{(2)} \,,\end{aligned}$$

以此类推，即可得到式（9.14）.

定理 9.4.3　若齐次马尔可夫链的初始分布 $\{p_j(0), j \in I\}$ 为平稳分布，则绝对概率 $p_j(n) = p_j(0), n = 1, 2, \cdots$，进而绝对概率分布 $\{p_j(n), j \in I\}$ 也是平稳分布.

证　由定理 9.1.2，有

$$p_j(1) = P\{X_1 = j\} = \sum_{i \in I} p_i(0) p_{ij} = p_j(0) \,,$$

$$p_j(2) = P\{X_2 = j\} = \sum_{i \in I} p_i(1) p_{ij} = \sum_{i \in I} p_i(0) p_{ij} = p_j(0) .$$

由归纳法可得

$$p_j(n) = P\{X_n = j\} = \sum_{i \in I} p_i(n-1) p_{ij} = \sum_{i \in I} p_i(0) p_{ij} = p_j(0) .$$

综上可得

$$p_j(0) = p_j(1) = p_j(2) = \cdots = p_j(n) = \cdots .$$

从而绝对概率分布 $\{p_j(n), j \in I\}$ 也是平稳分布.

定理 9.4.4　不可约非周期马尔可夫链是正常返的充要条件是存在平稳分布，且此平稳分布就是极限分布

$$\{\frac{1}{\mu_j}, j \in I\} \,,$$

其中，μ_j 为状态 j 的平均返回时间.

证　先证充分性. 设 $\{\pi_j, j \in I\}$ 为不可约非周期马尔可夫链 $\{X_n, n \geq 0\}$ 的平稳分布，由式（9.14）有

$$\pi_j = \sum_{i \in I} \pi_i p_{ij}^{(n)} .$$

由于 $\pi_j \geq 0$ 且 $\sum_{j \in I} \pi_j = 1$，因此可交换极限与求和顺序，得

$$\pi_j = \lim_{n \to \infty} \sum_{i \in I} \pi_i p_{ij}^{(n)} = \sum_{i \in I} \pi_i (\lim_{n \to \infty} p_{ij}^{(n)}) = \sum_{i \in I} \pi_i \frac{1}{\mu_j} = \frac{1}{\mu_j} .$$

因为$\pi_j \ge 0$且$\sum_{j\in I}\pi_j = 1$，所以至少存在一个$\pi_k > 0$，即$\frac{1}{\mu_k} > 0$. 于是

$$\lim_{n\to\infty} p_{ik}^{(n)} = \frac{1}{\mu_k} > 0,$$

由推论 9.2.2 知k为正常返状态. 又由于$\{X_n, n\ge 0\}$不可约，因此该马尔可夫链是正常返的.

再证必要性. 设$\{X_n, n\ge 0\}$是正常返的不可约非周期马尔可夫链，于是

$$\lim_{n\to\infty} p_{ij}^{(n)} = \frac{1}{\mu_j} > 0.$$

由 C-K 方程，对任意正整数N，有

$$p_{ij}^{(n+m)} = \sum_{k\in I} p_{ik}^{(m)} p_{kj}^{(n)} \ge \sum_{k=0}^{N} p_{ik}^{(m)} p_{kj}^{(n)}.$$

先令$m\to\infty$，再令$N\to\infty$，取极限得

$$\frac{1}{\mu_j} \ge \lim_{N\to\infty}\sum_{k=0}^{N}\frac{1}{\mu_k} p_{kj}^{(n)} = \sum_{k=0}^{\infty}\frac{1}{\mu_k} p_{kj}^{(n)} = \sum_{k\in I}\frac{1}{\mu_k} p_{kj}^{(n)}. \tag{9.15}$$

下面证明等号成立，由

$$1 = \sum_{k\in I} p_{kj}^{(n)} \ge \sum_{k=0}^{N} p_{kj}^{(n)},$$

先令$n\to\infty$，再令$N\to\infty$，取极限得

$$1 \ge \lim_{N\to\infty}\sum_{k=0}^{N}\frac{1}{\mu_k} = \sum_{k\in I}\frac{1}{\mu_k}.$$

将式（9.15）对j求和，并假定对某个j，式（9.15）为严格大于成立，则

$$1 \ge \sum_{j\in I}\frac{1}{\mu_j} > \sum_{j\in I}\Big(\sum_{k\in I}\frac{1}{\mu_k} p_{kj}^{(n)}\Big) = \sum_{k\in I}\Big(\frac{1}{\mu_k}\sum_{j\in I} p_{kj}^{(n)}\Big) = \sum_{k\in I}\frac{1}{\mu_k},$$

于是得到自相矛盾的结果

$$\sum_{j\in I}\frac{1}{\mu_j} > \sum_{k\in I}\frac{1}{\mu_k}.$$

故式（9.15）对所有的j，严格大于均不成立，于是有

$$\frac{1}{\mu_j} = \sum_{k\in I}\frac{1}{\mu_k} p_{kj}^{(n)}. \tag{9.16}$$

再令$n\to\infty$，取极限得

$$\frac{1}{\mu_j} = \sum_{k\in I}\frac{1}{\mu_k}\big(\lim_{n\to\infty} p_{kj}^{(n)}\big) = \frac{1}{\mu_j}\sum_{k\in I}\frac{1}{\mu_k},$$

故有$\sum_{k\in I}\frac{1}{\mu_k} = 1$. 再由$\frac{1}{\mu_k} > 0$及式（9.16）知概率分布$\{\frac{1}{\mu_j}, j\in I\}$为平稳分布.

推论 9.4.3 有限状态的不可约非周期马尔可夫链必存在平稳分布.

证 由定理 9.3.2 知，不可约有限状态马尔可夫链只有正常返状态，再由定理 9.4.4 知，必存在平稳分布.

推论 9.4.4 若不可约马尔可夫链的所有状态是非常返或零常返的，则不存在平稳分布.

证 用反证法. 假设存在平稳分布$\{\pi_j, j\in I\}$，则由式（9.14），有

$$\pi_j = \sum_{i \in I} \pi_i p_{ij}^{(n)} .$$

但是，根据推论 9.2.2 有 $\lim\limits_{n\to\infty} p_{ij}^{(n)} = 0$. 对上式两端求极限可得 $\pi_j = 0, j \in I$，这与 $\sum\limits_{j\in I} \pi_j = 1$ 相矛盾.

推论 9.4.5　若 $\{\pi_j, j \in I\}$ 是不可约非周期马尔可夫链的平稳分布，则

$$\lim_{n\to\infty} p_j(n) = \frac{1}{\mu_j} = \pi_j .$$

证　由

$$p_j(n) = \sum_{i\in I} p_i(0) p_{ij}^{(n)} \text{ 及 } \lim_{n\to\infty} p_{ij}^{(n)} = \frac{1}{\mu_j},$$

可得

$$\lim_{n\to\infty} p_j(n) = \sum_{i\in I} p_i(0) \lim_{n\to\infty} p_{ij}^{(n)} = \frac{1}{\mu_j} \sum_{i\in I} p_i(0) = \frac{1}{\mu_j},$$

再由定理 9.4.3 知，$\dfrac{1}{\mu_j} = \pi_j$.

【例 9.4.3】　设有状态空间 $I = \{1,2,3\}$ 的齐次马尔可夫链，它的一步转移概率矩阵为

$$\boldsymbol{P} = \begin{bmatrix} 0.5 & 0.4 & 0.1 \\ 0.3 & 0.4 & 0.3 \\ 0.2 & 0.3 & 0.5 \end{bmatrix},$$

试求它的极限分布.

解　由状态转移图（图 9.17）不难看出，此齐次马尔可夫链是不可约的遍历链. 根据定理 9.4.4，它的平稳分布就是极限分布. 设平稳分布为 $\boldsymbol{\pi} = \{\pi_1, \pi_2, \pi_3\}$，得方程组

$$\begin{cases} \pi_1 = 0.5\pi_1 + 0.3\pi_2 + 0.2\pi_3, \\ \pi_2 = 0.4\pi_1 + 0.4\pi_2 + 0.3\pi_3, \\ \pi_3 = 0.1\pi_1 + 0.3\pi_2 + 0.5\pi_3, \\ \pi_0 + \pi_1 + \pi_2 = 1. \end{cases}$$

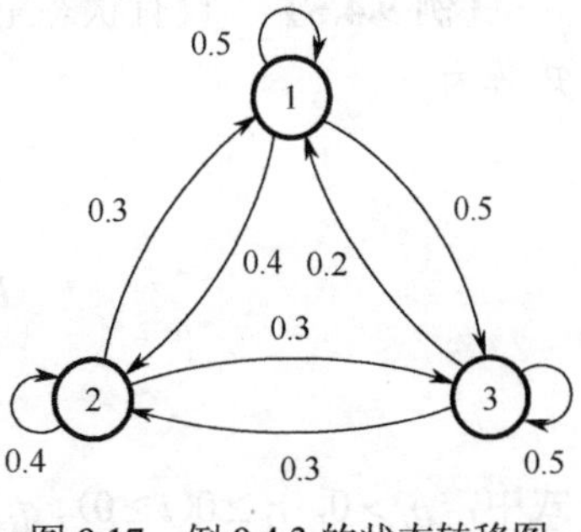

图 9.17　例 9.4.3 的状态转移图

解此方程组，得

$$\pi_1 = \frac{21}{62}, \pi_2 = \frac{23}{62}, \pi_3 = \frac{18}{62} .$$

所以此马尔可夫链的极限分布为

$$\left\{ \frac{21}{62}, \frac{23}{62}, \frac{18}{62} \right\}.$$

【例 9.4.4】　设齐次马尔可夫链的状态空间 $I = \{1,2,3,4,5\}$，其一步转移概率矩阵为

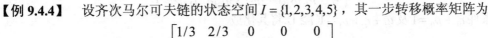

$$\boldsymbol{P} = \begin{bmatrix} 1/3 & 2/3 & 0 & 0 & 0 \\ 1/3 & 0 & 2/3 & 0 & 0 \\ 0 & 1/3 & 0 & 2/3 & 0 \\ 0 & 0 & 1/3 & 0 & 2/3 \\ 0 & 0 & 0 & 1/3 & 2/3 \end{bmatrix},$$

求它的平稳分布.

解 由状态转移图（图 9.18）不难看出，该齐次马尔可夫链是不可约遍历链，故其平稳分布存在. 设平稳分布 $\boldsymbol{\pi}=\{\pi_1,\pi_2,\pi_3,\pi_4,\pi_5\}$，得方程组

$$\begin{cases}\pi_1=\dfrac{1}{3}\pi_1+\dfrac{1}{3}\pi_2, & \pi_2=\dfrac{2}{3}\pi_1+\dfrac{1}{3}\pi_3,\\ \pi_3=\dfrac{2}{3}\pi_2+\dfrac{1}{3}\pi_4, & \pi_4=\dfrac{2}{3}\pi_3+\dfrac{1}{3}\pi_5,\\ \pi_5=\dfrac{2}{3}\pi_4+\dfrac{2}{3}\pi_5, & \pi_1+\pi_2+\pi_3+\pi_4+\pi_5=1.\end{cases}$$

解此方程组，得

$$\pi_1=\frac{1}{31},\pi_2=\frac{2}{31},\pi_3=\frac{4}{31},\pi_4=\frac{8}{31},\pi_5=\frac{16}{31}.$$

所以此马尔可夫链的平稳分布为

$$\boldsymbol{\pi}=\left\{\frac{1}{31},\frac{2}{31},\frac{4}{31},\frac{8}{31},\frac{16}{31}\right\}.$$

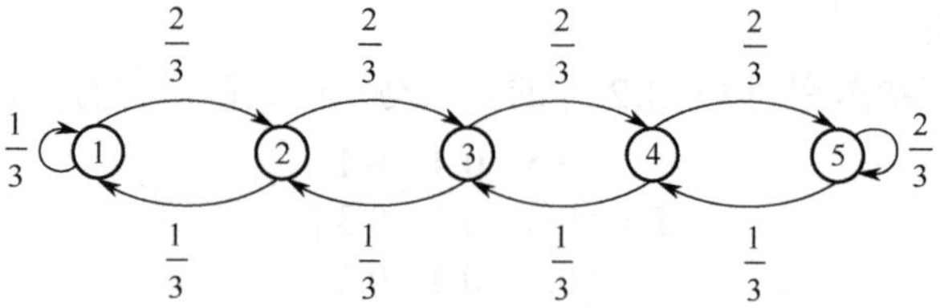

图 9.18 例 9.4.4 的状态转移图

【例 9.4.5】 设有状态空间 $I=\{0,1,2,\cdots\}$ 的齐次马尔可夫链 $\{X_n,n\ge 0\}$，其一步转移概率矩阵为

$$\boldsymbol{P}=\begin{bmatrix} r_0 & p_0 & 0 & 0 & 0 & 0 & \cdots\\ q_1 & r_1 & p_1 & 0 & 0 & 0 & \cdots\\ 0 & q_2 & r_2 & p_2 & 0 & 0 & \cdots\\ 0 & 0 & q_3 & r_3 & p_3 & 0 & \cdots\\ \vdots & \vdots & \vdots & \vdots & \vdots & \vdots & \ddots\end{bmatrix},$$

式中，$p_i>0$，$r_i\ge 0(i\ge 0)$，$q_i>0(i\ge 1)$，$r_0+p_0=1$，$q_i+r_i+p_i=1(i\ge 1)$，这种马尔可夫链称为**生灭链**，试研究此马尔可夫链的平稳分布.

解 由于对任意 $i\in I$，都有 $i\leftrightarrow i+1$，从而 I 中的任何两个状态互通，因此 $\{X_n,n\ge 0\}$ 是不可约的. 讨论相应于式（9.13）的方程组

$$\begin{cases}\pi_0=r_0\pi_0+q_1\pi_1,\\ \pi_i=p_{i-1}\pi_{i-1}+r_i\pi_i+q_{i+1}\pi_{i+1}, \quad i\ge 1.\end{cases} \tag{9.17}$$

利用条件 $r_0+p_0=1$ 及 $q_i+r_i+p_i=1(i\ge 1)$ 将其化成

$$\begin{cases}q_1\pi_1-p_0\pi_0=0,\\ q_{i+1}\pi_{i+1}-p_i\pi_i=q_i\pi_i-p_{i-1}\pi_{i-1}, \quad i\ge 1.\end{cases}$$

由此可见

$$q_{i+1}\pi_{i+1}-p_i\pi_i=0, \quad i\ge 0.$$

所以

$$\pi_{i+1}=\frac{p_i}{q_{i+1}}\pi_i=\cdots=\frac{p_i\cdots p_0}{q_{i+1}\cdots q_1}\pi_0=\frac{p_0}{p_{i+1}}\cdot\frac{1}{\rho_{i+1}}\pi_0, i\ge 0\,, \tag{9.18}$$

其中 $\rho_i=\dfrac{q_1\cdots q_i}{p_1\cdots p_i}, i=1,2,\cdots$. 上式两端对 i 求和可得

$$\sum_{i=1}^{\infty}\pi_i=p_0\pi_0\sum_{i=1}^{\infty}\frac{1}{p_i\rho_i}.$$

至此，$\{X_n, n\ge 0\}$ 存在平稳分布的充要条件是 $\sum\limits_{i=0}^{\infty}\pi_i=1$，即要有

$$\pi_0+p_0\pi_0\sum_{i=1}^{\infty}\frac{1}{p_i\rho_i}=1.$$

若令 $\rho_0=1$，上式可表示为

$$p_0\pi_0\sum_{i=0}^{\infty}\frac{1}{p_i\rho_i}=1. \tag{9.19}$$

从而，$\{X_n, n\ge 0\}$ 存在平稳分布的充要条件是上式左边的级数收敛，即

$$\sum_{i=0}^{\infty}\frac{1}{p_i\rho_i}<+\infty.$$

此时，由式（9.19）和式（9.18）知

$$\pi_0=\frac{1}{p_0}\left(\sum_{i=0}^{\infty}\frac{1}{p_i\rho_i}\right)^{-1},\ \pi_i=\frac{p_0\pi_0}{p_i\rho_i},\ i=1,2,\cdots \tag{9.20}$$

是 $\{X_n, n\ge 0\}$ 的平稳分布.

特别地，当 $p_i=p,\ q_i=q,\ i=1,2,\cdots$ 时，有

$$\sum_{i=1}^{\infty}\frac{1}{p_i\rho_i}=\frac{1}{p}\sum_{i=1}^{\infty}\left(\frac{p}{q}\right)^i.$$

于是 $\{X_n, n\ge 0\}$ 有平稳分布的充要条件是 $p<q$，而且这时 $\{X_n, n\ge 0\}$ 的平稳分布为

$$\pi_0=\frac{q-p}{q-p+p_0},\ \ \pi_i=\frac{p_0(q-p)}{p(q-p+p_0)}\left(\frac{p}{q}\right)^i,\ i=1,2,\cdots.$$

再进一步，若 $p_0=p$，则 $\{X_n, n\ge 0\}$ 的平稳分布为

$$\pi_i=\left(1-\frac{p}{q}\right)\left(\frac{p}{q}\right)^i,\ i=0,1,2,\cdots,$$

即 $\{X_n, n\ge 0\}$ 的平稳分布为几何分布.

【例 9.4.6】　设马尔可夫链的状态空间为 $I=\{1,2,\cdots,7\}$，转移概率矩阵为

$$\boldsymbol{P}=\begin{bmatrix}0.1&0.1&0.2&0.2&0.4&0&0\\0&0&0.5&0.5&0&0&0\\0&0&0&1&0&0&0\\0&1&0&0&0&0&0\\0&0&0&0&0.5&0.5&0\\0&0&0&0&0.5&0&0.5\\0&0&0&0&0&0.5&0.5\end{bmatrix},$$

分解此链并求每个不可约闭子集的平稳分布.

解　从状态转移图（图 9.19）不难看出，状态空间 $I=\{1,2,\cdots,7\}$ 可分解为两个不可约常返闭子集 $C_1=\{2,3,4\}$ 和 $C_2=\{5,6,7\}$，以及一个非常返集 $D=\{1\}$. 下面在两个常返闭子集上求平稳分布.

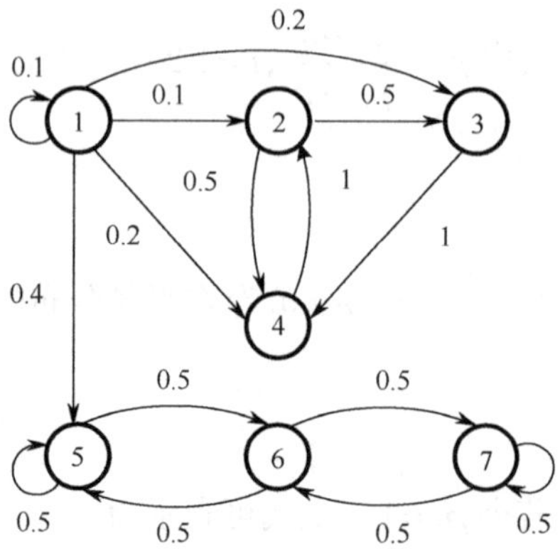

图 9.19　例 9.4.6 的状态转移图

在闭子集 C_1 上，对应的转移概率矩阵为

$$P=\begin{bmatrix}0 & 0.5 & 0.5\\ 0 & 0 & 1\\ 1 & 0 & 0\end{bmatrix}.$$

设其平稳分布为 $\boldsymbol{\pi}_{C_1}=\{\pi_2,\pi_3,\pi_4\}$，得方程组

$$\begin{cases}\pi_2=\pi_4,\\ \pi_3=0.5\pi_2,\\ \pi_4=0.5\pi_2+\pi_3,\\ \pi_2+\pi_3+\pi_4=1.\end{cases}$$

解此方程组，可得

$$\pi_2=\frac{2}{5},\pi_3=\frac{1}{5},\pi_4=\frac{2}{5}.$$

故 $\boldsymbol{\pi}_{C_1}=\left\{\frac{2}{5},\frac{1}{5},\frac{2}{5}\right\}$. 由此可以得到原马尔可夫链的一个平稳分布

$$\boldsymbol{\pi}_1=\left\{0,\frac{2}{5},\frac{1}{5},\frac{2}{5},0,0,0\right\}.$$

类似地，可得在闭子集 C_2 上的平稳分布为 $\boldsymbol{\pi}_{C_2}=\left\{\frac{1}{3},\frac{1}{3},\frac{1}{3}\right\}$. 由此可以得到原马尔可夫链的一个平稳分布

$$\boldsymbol{\pi}_2=\left\{0,0,0,0,\frac{1}{3},\frac{1}{3},\frac{1}{3}\right\}.$$

由此可见，一般的马尔可夫链的平稳分布并不唯一.

【例 9.4.7】　设河流每天的 BOD（生物耗氧量）浓度为齐次马尔可夫链，状态空间 $I=\{1,2,3,4\}$，分别表示 BOD 浓度的极低、低、中、高 4 种状态. 其一步转移概率矩阵（以一天为单位）为

$$P=\begin{bmatrix}0.5 & 0.4 & 0.1 & 0\\ 0.2 & 0.5 & 0.2 & 0.1\\ 0.1 & 0.2 & 0.6 & 0.1\\ 0 & 0.2 & 0.4 & 0.4\end{bmatrix},$$

若 BOD 浓度为高，则称河流处于污染状态.

（1）证明该链是遍历链；

（2）求该链的平稳分布；

（3）求河流再次达到污染的平均时间 μ_4.

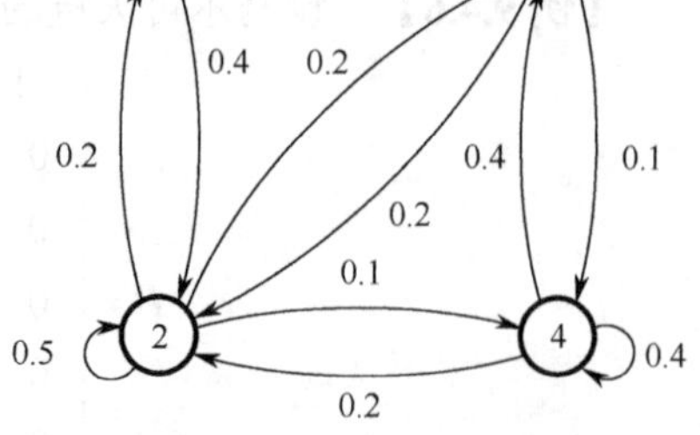

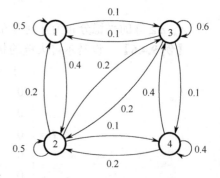

图 9.20　例 9.4.7 的状态转移图

解　（1）从状态转移图（图 9.20）不难看出该链是互通的有限状态马尔可夫链，因而所有状态都是正常返

的；又因为 $p_{ii} \neq 0(i=1,2,3,4)$，所有状态都是非周期的，所以该链为遍历链.

（2）由（1）知，此链具有平稳分布. 设其平稳分布为 $\boldsymbol{\pi}=\{\pi_1,\pi_2,\pi_3,\pi_4\}$，则有

$$\begin{cases}\pi_1 = 0.5\pi_1 + 0.2\pi_2 + 0.1\pi_3,\\ \pi_2 = 0.4\pi_1 + 0.5\pi_2 + 0.2\pi_3 + 0.2\pi_4,\\ \pi_3 = 0.1\pi_1 + 0.2\pi_2 + 0.6\pi_3 + 0.4\pi_4,\\ \pi_4 = 0.1\pi_2 + 0.1\pi_3 + 0.4\pi_4,\\ \pi_1+\pi_2+\pi_3+\pi_4 = 0.\end{cases}$$

解之得 $\pi_1 = 0.2112,\ \pi_2 = 0.3028,\ \pi_3 = 0.3236,\ \pi_4 = 0.1044$，即得平稳分布

$$\boldsymbol{\pi}=\{0.2112, 0.3028, 0.3236, 0.1044\}.$$

（3）河流再次达到污染的平均时间

$$\mu_4 = \frac{1}{\pi_4} = \frac{1}{0.1044} \approx 9.5785 \approx 9\text{天}.$$

习题 9

9.1 有 3 个黑球和 3 个白球，把这 6 个球任意等分给甲、乙两个袋中，并把甲袋中的白球数定义为该过程的状态，则有 4 种状态：$0,1,2,3$. 现每次从甲、乙两袋中各取一球，然后相互交换，即把从甲袋取出的球放入乙袋，把从乙袋取出的球放入甲袋，经过 n 次交换，过程的状态为 $X_n,\ n=1,2,\cdots$.

（1）该过程是否为齐次马尔可夫链？

（2）试计算它的一步转移概率矩阵.

9.2 设 X_1 在 $1,2,\cdots,6$ 中等可能地取值，$X_n(n=1,2,\cdots)$ 在 $1,2,\cdots,X_{n-1}$ 中等可能地取值，试说明 $\{X_n, n=1,2,\cdots\}$ 是齐次马尔可夫链并求其状态空间和一步转移概率矩阵.

9.3 设齐次马尔可夫链 $\{X_n, n=0,1,2,\cdots\}$ 的状态空间 $I=\{1,2,3\}$，初始分布 $p_1(0)=1/4$，$p_2(0)=1/2$，$p_3(0)=1/4$，其一步转移概率矩阵为

$$\boldsymbol{P}=\begin{bmatrix}1/4 & 3/4 & 0\\ 1/3 & 1/3 & 1/3\\ 0 & 1/4 & 3/1\end{bmatrix}.$$

（1）计算概率 $P(X_0=1, X_1=2, X_2=3)$；

（2）计算条件概率 $P(X_{n+2}=2 \mid X_n=1)$.

9.4 设 $\{X_t, t\in T\}$ 为随机过程，且

$$X_1 = X(t_1), X_2 = X(t_2), \cdots, X_n = X(t_n), \cdots$$

为独立同分布的随机变量序列，令

$$Y_0 = 0, Y_1 = Y(t_1) = X_1, Y_n + cY_{n-1} = X_n, n \geq 2,$$

其中 c 为常数. 试证 $\{Y_n, n\geq 0\}$ 是马尔可夫链.

9.5 已知马尔可夫链的状态空间为 $I=\{1,2,3\}$，初始概率分布为 $p(0)=\{0,0,1\}$，一步转移概率矩阵为

$$\boldsymbol{P}=\begin{bmatrix}0.5 & 0.5 & 0\\ 0 & 0.5 & 0.5\\ 0.5 & 0 & 0.5\end{bmatrix},$$

求三步转移概率矩阵 $\boldsymbol{P}^{(3)}$ 及经三步转移后处于状态 3 的概率.

9.6　设马尔可夫链的状态空间 $I=\{1,2,3\}$，一步转移概率矩阵为

$$P=\begin{bmatrix}0 & 1 & 0\\ 1-p & 0 & p\\ 0 & 1 & 0\end{bmatrix}.$$

（1）试求 $P^{(2)}$，并证明 $P^{(2)}=P^{(4)}$；

（2）求 $P^{(n)}, n\geq 1$.

9.7　（**天气预报问题**）假设今天是否下雨依赖于前三天是否有雨（即一连三天有雨；前面两天有雨，第三天是晴天……）. 问能否把这个问题归结为一齐次马尔可夫链？若可以，则该过程的状态有几个？如果过去一连三天有雨，那么今天有雨的概率为 0.8；如果过去三天都为晴天，那么今天有雨的概率为 0.2；在其他天气情况时，今天的天气和昨天的天气相同的概率为 0.6. 求这个齐次马尔可夫链的转移概率矩阵.

9.8　某商品 6 年共 24 个季度的销售记录如表 9.2 所示，其中销售状态 1 表示该商品畅销，销售状态 2 表示该商品滞销. 现以频率估计概率，求：

（1）销售状态的初始分布；

（2）三步转移概率矩阵及三步转移后的销售状态分布.

表 9.2　某商品的销售记录

季　节	1	2	3	4	5	6	7	8	9	10	11	12
销售状态	1	1	2	1	2	2	1	1	1	2	1	2
季　节	13	14	15	16	17	18	19	20	21	22	23	14
销售状态	1	1	2	2	1	1	2	1	2	1	1	1

9.9　设齐次马尔可夫链的状态空间 $I=\{1,2\}$，一步转移概率矩阵为

$$P=\begin{bmatrix}1/2 & 1/2\\ 1/3 & 2/3\end{bmatrix},$$

试求 $f_{ij}^{(n)}(i,j=1,2,\ n=1,2,3)$.

9.10　设齐次马尔可夫链的状态空间 $I=\{1,2,3\}$，一步转移概率矩阵为

$$P=\begin{bmatrix}p_1 & 1-p_1 & 0\\ 0 & p_2 & 1-p_2\\ 1-p_3 & 1 & p_3\end{bmatrix},$$

其中 $0<p_i<1, i=1,2,3$. 试求 $f_{ij}^{(n)}(i,j=1,2,3,\ n=1,2,3)$.

9.11　讨论下列转移概率矩阵的马尔可夫链的状态分类，确定哪些状态是常返状态并确定其周期：

（1）$P=\begin{bmatrix}1/2 & 1/2 & 0 & 0\\ 1 & 0 & 0 & 0\\ 0 & 1/3 & 2/3 & 0\\ 1/2 & 0 & 1/2 & 0\end{bmatrix}$；　　（2）$P=\begin{bmatrix}0.2 & 0.3 & 0.5 & 0 & 0\\ 0.7 & 0.3 & 0 & 0 & 0\\ 0 & 1 & 0 & 0 & 0\\ 0 & 0 & 0 & 0.4 & 0.6\\ 0 & 0 & 0 & 1 & 0\end{bmatrix}$；

（3）$P=\begin{bmatrix}1 & 0 & \cdots & \cdots & \cdots & \cdots & \cdots & 0\\ q & r & p & 0 & \cdots & \cdots & \cdots & 0\\ 0 & q & r & p & 0 & \cdots & \cdots & 0\\ \vdots & \vdots & \vdots & \vdots & \vdots & \ddots & \vdots & \vdots\\ 0 & \cdots & \cdots & \cdots & q & r & p & 0\\ 0 & \cdots & \cdots & \cdots & \cdots & \cdots & 0 & 1\end{bmatrix}$.

9.12　设齐次马尔可夫链 $\{X_n, n=0,1,2,\cdots\}$ 的状态空间为 $I=\{1,2,3,4,5\}$，一步转移概率矩阵为

$$P=\begin{bmatrix} 1/2 & 0 & 1/2 & 0 & 0 \\ 0 & 1/4 & 0 & 3/4 & 0 \\ 0 & 0 & 1/3 & 0 & 2/3 \\ 1/4 & 1/2 & 0 & 1/4 & 0 \\ 1/3 & 0 & 1/3 & 0 & 1/3 \end{bmatrix},$$

求其闭集及不可约闭集所对应的转移概率矩阵.

9.13　设马尔可夫链的状态空间为 $I=\{1,2,3,4,5,6\}$，一步转移概率矩阵为

$$P=\begin{bmatrix} 0 & 0 & 1 & 0 & 0 & 0 \\ 0 & 0 & 0 & 0 & 0 & 1 \\ 0 & 0 & 0 & 0 & 1 & 0 \\ 1/3 & 1/3 & 0 & 1/3 & 0 & 0 \\ 1 & 0 & 0 & 0 & 0 & 0 \\ 0 & 1/2 & 0 & 0 & 0 & 1/2 \end{bmatrix},$$

试对其状态空间进行分解并求各状态的周期.

9.14　将小白鼠放在如图 9.21 所示的迷宫中，假设小白鼠在其中进行随机移动，即当它处于某一格子中，而此格子又有 k 条路通入别的格子时，小白鼠以概率 $1/k$ 选择任意一条路. 假设小白鼠每次移动一个格子，并以 X_n 表示经 n 次移动后它所在格子的号码.

（1）说明 $\{X_n, n\geq 0\}$ 是齐次马尔可夫链；

（2）计算其转移概率矩阵；

（3）分解它的状态空间.

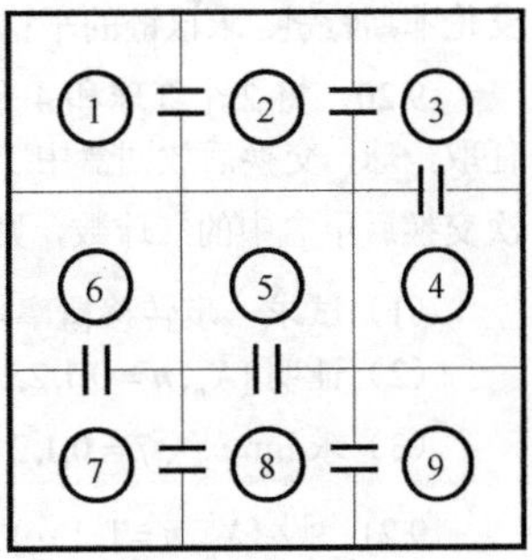

图 9.21　迷宫

9.15　在一个计算系统中，每一循环具有误差的概率取决于先前一个循环是否有误差. 以 0 表示有误差状态，以 1 表示无误差状态. 设状态的一步转移概率矩阵为

$$P=\begin{bmatrix} 0.75 & 0.25 \\ 0.5 & 0.5 \end{bmatrix},$$

试说明相应马尔可夫链是遍历的，并求其极限分布.

9.16　设齐次马尔可夫链的一步转移概率矩阵为

$$P=\begin{bmatrix} 1/2 & 1/2 & 0 \\ 1/4 & 0 & 3/4 \\ 0 & 1/3 & 2/3 \end{bmatrix},$$

试求其极限分布.

9.17　求下列一步转移概率矩阵的马尔可夫链的平稳分布：

（1）$P=\begin{bmatrix} 0 & 1 & 0 \\ 1/4 & 1/2 & 1/4 \\ 0 & 1 & 0 \end{bmatrix}$；　（2）$P=\begin{bmatrix} 1/2 & 1/2 & 0 \\ 1/3 & 1/3 & 1/3 \\ 0 & 1/2 & 1/2 \end{bmatrix}$；

（3）$P=\begin{bmatrix} 1/4 & 0 & 1/4 & 1/2 \\ 1/4 & 1/4 & 1/4 & 1/4 \\ 0 & 0 & 1/2 & 1/2 \\ 1/2 & 0 & 1/2 & 0 \end{bmatrix}$；　（4）$P=\begin{bmatrix} 1/2 & 1/2 & 0 & 0 \\ 1/3 & 1/3 & 1/3 & 0 \\ 1/4 & 1/4 & 1/4 & 1/4 \\ 1/4 & 1/4 & 1/4 & 1/4 \end{bmatrix}$；

（5）$\boldsymbol{P}=\begin{bmatrix} 0 & 1 & 0 & \cdots & \cdots & \cdots \\ q_1 & 0 & p_1 & \ddots & \cdots & \cdots \\ 0 & q_2 & 0 & p_2 & 0 & \cdots \\ \vdots & \vdots & \vdots & \vdots & \vdots & \vdots \end{bmatrix}$，其中 $p_i+q_i=1\,(i=1,2,\cdots)$.

9.18 设马尔可夫链的状态空间为 $I=\{1,2,\cdots,7\}$，一步转移概率矩阵为

$$\boldsymbol{P}=\begin{bmatrix} 0.4 & 0.2 & 0.1 & 0 & 0.1 & 0.1 & 0.1 \\ 0.1 & 0.2 & 0.2 & 0.2 & 0.1 & 0.1 & 0.1 \\ 0 & 0 & 0.6 & 0.4 & 0 & 0 & 0 \\ 0 & 0 & 0.4 & 0 & 0.6 & 0 & 0 \\ 0 & 0 & 0.2 & 0.5 & 0.3 & 0 & 0 \\ 0 & 0 & 0 & 0 & 0 & 0.3 & 0.7 \\ 0 & 0 & 0 & 0 & 0 & 0.8 & 0.2 \end{bmatrix},$$

试对此链进行状态分解并求各常返闭集的平稳分布.

9.19 ［**艾伦菲斯特（Erenfest）链**］ 设甲、乙两个容器共有 $2N$ 个球，每隔单位时间从这 $2N$ 个球中任取一球放入另一容器中，记 X_n 为在时刻 n 甲容器中球的个数，则 $\{X_n, n=0,1,2,\cdots\}$ 是齐次马尔可夫链，称为艾伦菲斯特链. 求该链的平稳分布.

9.20 将 2 个红球和 4 个白球任意地分别放入甲、乙两个盒子中，每个盒子放 3 个. 现从每个盒子中各任取一球，交换后放回盒中（甲盒内取出的球放入乙盒中，乙盒内取出的球放入甲盒中）. 用 X_n 表示经过 n 次交换后甲盒中的红球数，则 $\{X_n, n=0,1,2,\cdots\}$ 为齐次马尔可关链.

（1）试求一步转移概率矩阵 $\boldsymbol{P}$；

（2）证明 $\{X_n, n=0,1,2,\cdots\}$ 是遍历链；

（3）求 $\lim\limits_{n\to\infty} p_{ij}^{(n)},\ j=0,1,2$.

9.21 设 $\{X_n, n=1,2,\cdots\}$ 为非周期不可约马尔可夫链，状态空间为 I. 对一切 $j\in I$，其一步转移概率矩阵满足条件 $\sum\limits_{i\in I} p_{ij}=1$，试证：

（1）对一切 $j\in I$，$\sum\limits_{i\in I} p_{ij}^{(n)}=1$；

（2）设状态空间 $I=\{1,2,\cdots,m\}$，计算各状态的平均返回时间.

第 10 章　连续时间马尔可夫链

第 9 章中已经介绍了马尔可夫链，它是一种参数集和状态空间均离散的马尔可夫过程. 本章将介绍另一种应用广泛的特殊类型的马尔可夫过程，其状态空间是离散的，而参数集是连续的，称之为连续时间马尔可夫链.

10.1　连续时间马尔可夫链的转移概率及其性质

10.1.1　连续时间马尔可夫链及其转移概率

定义 10.1.1　设 $\{X(t),t\geq 0\}$ 是概率空间 $(\Omega,\mathcal{F},P)$ 上的随机过程，其状态空间 $I=\{i_n,n\geq 1\}$ 为有限集或无限可列集. 若对任意正整数 $n\geq 1$ 和任意非负实数 $0\leq t_1<t_2<\cdots<t_n<t_{n+1}$ 及任意 $i_1,i_2,\cdots,i_{n+1}\in I$，当 $P\{X(t_1)=i_1,X(t_2)=i_2,\cdots,X(t_n)=i_n\}>0$ 时，总有

$$\begin{aligned}&P\{X(t_{n+1})=i_{n+1}\mid X(t_1)=i_1,X(t_2)=i_2,\cdots,X(t_n)\}\\&=P\{X(t_{n+1})=i_{n+1}\mid X(t_n)=i_n\},\end{aligned}\tag{10.1}$$

则称 $\{X(t),t\geq 0\}$ 为**连续时间马尔可夫链**.

式(10.1)称为马尔可夫性，即过程在已知现在时刻 t_n 及一切过去时刻所处状态的条件下，将来时刻 t_{n+1} 的状态只依赖于现在的状态而与过去无关. 由此可知，连续时间马尔可夫链是具有马尔可夫性的随机过程.

研究连续时间马尔可夫链的主要问题是描述和探讨它的状态转移的统计规律与性质. 为此，需要引入转移概率与转移概率矩阵的概念. 一般地，对任意的 $0\leq s<t$ 及 $i,j\in I$，当 $P\{X(s)=i\}>0$ 时，称

$$p_{ij}(s,t)=P\{X(t)=j\mid X(s)=i\}\tag{10.2}$$

为 $\{X(t),t\geq 0\}$ 在 s 时处于状态 i 的条件下，经过时间 t 后到达状态 j 的转移概率.

定义 10.1.2　对任意 $i,j\in I$，若连续时间马尔可夫链 $\{X(t),t\geq 0\}$ 的转移概率 $p_{ij}(s,t)$ $(0\leq s<t)$ 只依赖于 $t-s$，而与起始时间 s 的具体取值无关，即

$$p_{ij}(s,t)=p_{ij}(t-s),$$

则称 $\{X(t),t\geq 0\}$ 是**连续时间齐次马尔可夫链**. 此时转移概率 $p_{ij}(s,t)$ 可以简记为 $p_{ij}(t)$，表示从状态 i 经过时间 t 转移到状态 j 的概率. 以 $p_{ij}(t)$ 为元素的矩阵

$$\boldsymbol{P}(t)=(p_{ij}(t)),\ i,j\in I,\ t\geq 0$$

称为连续时间马尔可夫链的**转移概率矩阵**.

以下的讨论均假定我们所考虑的连续时间马尔可夫链都具有齐次转移概率. 为方便起见，有时简称连续时间齐次马尔可夫链为**齐次马尔可夫过程**.

定理 10.1.1　设 $\{X(t),t\geq 0\}$ 是状态空间为 I 的齐次马尔可夫过程，若 τ_i 为过程在状态转移

之前停留在状态i的时间，则：

（1）随机变量τ_i具有无记忆性，即对任意$s,t\ge 0$，有

$$P\{\tau_i > s+t \mid \tau_i > s\} = P\{\tau_i > t\}.$$

（2）τ_i服从指数分布.

证 （1）由于事件$\{\tau_i > s\}$发生当且仅当事件$\{X(u)=i, 0<u\le s \mid X(0)=i\}$发生，而事件$\{\tau_i > s+t\}$发生当且仅当事件$\{X(u)=i, 0<u\le s, X(v)=i, s<v\le s+t \mid X(0)=i\}$发生，因此

$$\begin{aligned}P\{\tau_i > s+t \mid \tau_i > s\} &= P\{X(u)=i, 0<u\le s, X(v)=i, s<v\le s+t \mid X(u)=i, 0\le u\le s\}\\ &= P\{X(v)=i, s<v\le s+t \mid X(u)=i, 0\le u\le s\}\\ &= P\{X(v)=i, s<v\le s+t \mid X(s)=i\}\\ &= P\{X(u)=i, 0<u\le t \mid X(0)=i\} = P\{\tau_i > t\}.\end{aligned}$$

（2）设$G(t)=P\{\tau_i > t\}(t\ge 0)$，由

$$\begin{aligned}P\{\tau_i > t\} &= P\{\tau_i > s+t \mid \tau_i > s\}\\ &= \frac{P\{\tau_i > s+t, \tau_i > s\}}{P\{\tau_i > s\}} = \frac{P\{\tau_i > s+t\}}{P\{\tau_i > s\}},\end{aligned}$$

可得

$$P\{\tau_i > s+t\} = P\{\tau_i > s\}\cdot P\{\tau_i > t\},$$

即有

$$G(s+t) = G(s)G(t).$$

由此可推得$G(t)$为指数函数，设为$G(t)=\mathrm{e}^{-\lambda_i t}$. 设$\tau_i$的分布函数为$F(t)$，则有

$$F(t) = 1 - G(t) = 1 - \mathrm{e}^{-\lambda_i t}, \quad t\ge 0.$$

即τ_i服从参数为λ_i的指数分布.

定理 10.1.2 设$p_{ij}(t)(t\ge 0,\ i,j\in I)$为齐次马尔可夫过程的转移概率，则

（1）$0\le p_{ij}(t)\le 1$；

（2）$\sum\limits_{j\in I} p_{ij}(t) = 1$；

（3）$p_{ij}(t+s) = \sum\limits_{k\in I} p_{ik}(t)p_{kj}(s),\ s\ge 0$. （10.3）

证 （1）、（2）由概率的定义及$p_{ij}(t)$的定义易知，下面只证（3）. 由全概率公式及马尔可夫性可得

$$\begin{aligned}p_{ij}(t+s) &= P\{X(t+s)=j \mid X(0)=i\}\\ &= \sum_{k\in I} P\{X(t+s)=j, X(t)=k \mid X(0)=i\}\\ &= \sum_{k\in I} P\{X(t+s)=j \mid X(t)=k, X(0)=i\}\cdot P\{X(t)=k \mid X(0)=i\}\\ &= \sum_{k\in I} P\{X(t+s)=j \mid X(t)=k\} P\{X(t)=k \mid X(0)=i\}\\ &= \sum_{k\in I} p_{kj}(s)p_{ik}(t) = \sum_{k\in I} p_{ik}(t)p_{kj}(s).\end{aligned}$$

上述定理中的式(10.3)称为连续时间马尔可夫链的**切普曼–柯尔莫哥洛夫微分方程**（**C-K方程**）.

对于转移概率$p_{ij}(t)$，一般还假定它满足

$$\lim_{t\to 0} p_{ij}(t)=\delta_{ij}=\begin{cases}1, & i=j,\\ 0, & i\neq j.\end{cases} \tag{10.4}$$

称式（10.4）为转移概率 $p_{ij}(t)$ 的**正则性条件**. 正则性条件说明，过程刚进入某状态不可能立即又跳跃到另一状态，这一假设与物理现象和工程实际都是相符的.

定义 10.1.3　设 $\{X(t),t\geq 0\}$ 为齐次马尔可夫过程，其状态空间为 I，分别称 $p_j(0)=P\{X(0)=j\}$ 和 $p_j(t)=P\{X(t)=j\},\ t>0,\ j\in I$ 为 $\{X(t),t\geq 0\}$ 的**初始概率**和时刻 t 的**绝对概率**. 相应地，分别称 $\{p_j(0),j\in I\}$ 和 $\{p_j(t),j\in I\}$ 为 $\{X(t),t\geq 0\}$ 的**初始分布**和**绝对分布**.

定理 10.1.3　设 $\{p_j(0),j\in I\}$ 与 $\{p_j(t),j\in I\}$ 分别为齐次马尔可夫过程的初始分布和绝对分布，$p_{ij}(t)(t\geq 0,\ i,j\in I)$ 为转移概率，则有：

（1）$p_j(t)\geq 0,\ t\geq 0$；

（2）$\sum_{j\in I} p_j(t)=1$；

（3）$p_j(t)=\sum_{i\in I} p_i(0)p_{ij}(t)$；

（4）$p_j(t+\tau)=\sum_{i\in I} p_i(t)p_{ij}(\tau)$；

（5）$P\{X(t_1)=i_1,\cdots,X(t_n)=i_n\}=\sum_{i\in I} p_i(0)p_{ii_1}(t_1)p_{i_1i_2}(t_2-t_1)\cdots p_{i_{n-1}i_n}(t_n-t_{n-1})$.

定理中的（1）、（2）是显然的，（3）、（4）、（5）可用类似于定理 9.1.2 和定理 9.1.3 的方法加以证明.

【例 10.1.1】　证明泊松过程 $\{X(t),t\geq 0\}$ 为连续时间齐次马尔可夫链.

证　先证泊松过程的马尔可夫性. 根据泊松过程的定义知，$\{X(t),t\geq 0\}$ 是独立增量过程，状态空间 $I=\{0,1,2,\cdots\}$，且 $X(0)=0$. 对任意非负实数 $0\leq t_1<t_2<\cdots<t_n<t_{n+1}$ 及任意 $i_1,i_2,\cdots,i_{n+1}\in I$，有

$$\begin{aligned}
&P\{X(t_{n+1})=i_{n+1}\mid X(t_1)=i_1,\cdots,X(t_n)=i_n\}\\
&=P\{X(t_{n+1})-X(t_n)=i_{n+1}-i_n\mid X(t_1)-X(0)=i_1,\\
&\qquad X(t_2)-X(t_1)=i_2-i_1,\cdots,X(t_n)-X(t_{n-1})=i_n-i_{n-1}\}\\
&=P\{X(t_{n+1})-X(t_n)=i_{n+1}-i_n\}.
\end{aligned}$$

又因为

$$\begin{aligned}
&P\{X(t_{n+1})=i_{n+1}\mid X(t_n)=i_n\}\\
&=P\{X(t_{n+1})-X(t_n)=i_{n+1}-i_n\mid X(t_n)-X(0)=i_n\}\\
&=P\{X(t_{n+1})-X(t_n)=i_{n+1}-i_n\}.
\end{aligned}$$

所以

$$P\{X(t_{n+1})=i_{n+1}\mid X(t_1)=i_1,\cdots,X(t_n)=i_n\}=P\{X(t_{n+1})=i_{n+1}\mid X(t_n)=i_n\},$$

即泊松过程是一个连续时间马尔可夫链.

再证齐次性. 对任意 $s,t\geq 0$，当 $j\geq i$ 时，由泊松过程的定义可得

$$\begin{aligned}
p_{ij}(s,t)&=P\{X(s+t)=j\mid X(s)=i\}\\
&=P\{X(s+t)-X(s)=j-i\}=\mathrm{e}^{-\lambda t}\frac{(\lambda t)^{j-i}}{(j-i)!}.
\end{aligned}$$

当 $j<i$ 时，因过程的增量只取非负整数值，故 $p_{ij}(s,t)=0$. 所以

$$p_{ij}(s,t)=p_{ij}(t)=\begin{cases} \mathrm{e}^{-\lambda t}\dfrac{(\lambda t)^{j-i}}{(j-i)!}, & j\ge i, \\ 0, & j<i. \end{cases}$$

转移概率与 s 无关，泊松过程具有齐次性.

10.1.2 转移概率的连续性与可微性

对于离散时间齐次马尔可夫链，如果已知其一步转移概率矩阵 $\boldsymbol{P}=(p_{ij})(i,j\in I)$，那么 k 步转移概率矩阵由一步转移概率矩阵的 k 次方即可得到. 但是，对于连续时间齐次马尔可夫链，转移概率 $p_{ij}(t)(t\ge 0,\ i,j\in I)$ 的求解一般较为复杂. 在研究转移概率的求解方法之前，先来讨论 $p_{ij}(t)$ 的连续性与可微性.

定理 10.1.4 设齐次马尔可夫过程 $\{X(t),t\ge 0\}$ 的状态空间为 I，若对任意固定的 $i,j\in I$，转移概率 $p_{ij}(t)$ 都满足正则性条件，则 $p_{ij}(t)$ 是 t 的一致连续函数.

证 对任意 $t\ge 0$，设 $h>0$，由齐次马尔可夫过程的 C-K 方程得

$$\begin{aligned} p_{ij}(t+h)-p_{ij}(t) &= \sum_{k\in I}p_{ik}(h)p_{kj}(t)-p_{ij}(t) \\ &= p_{ii}(h)p_{ij}(t)-p_{ij}(t)+\sum_{k\ne i}p_{ik}(h)p_{kj}(t) \\ &= -(1-p_{ii}(h))p_{ij}(t)+\sum_{k\ne i}p_{ik}(h)p_{kj}(t), \end{aligned}$$

故有

$$p_{ij}(t+h)-p_{ij}(t)\ge -(1-p_{ii}(h))p_{ij}(t)\ge -(1-p_{ii}(h)),$$

$$p_{ij}(t+h)-p_{ij}(t)\le \sum_{k\ne i}p_{ik}(h)p_{kj}(t)\le \sum_{k\ne i}p_{ik}(h)=1-p_{ii}(h),$$

因此

$$|p_{ij}(t+h)-p_{ij}(t)|\le 1-p_{ii}(h).$$

对于 $h<0$，同样有

$$\begin{aligned} p_{ij}(t)-p_{ij}(t+h) &= \sum_{k\in I}p_{ik}(-h)p_{kj}(t+h)-p_{ij}(t+h) \\ &= p_{ii}(-h)p_{ij}(t+h)-p_{ij}(t+h)+\sum_{k\ne i}p_{ik}(-h)p_{kj}(t+h) \\ &= -(1-p_{ii}(-h))p_{ij}(t+h)+\sum_{k\ne i}p_{ik}(-h)p_{kj}(t+h), \end{aligned}$$

故有

$$p_{ij}(t)-p_{ij}(t+h)\ge -(1-p_{ii}(-h))p_{ij}(t+h)\ge -(1-p_{ii}(-h)),$$

$$p_{ij}(t)-p_{ij}(t+h)\le \sum_{k\ne i}p_{ik}(-h)p_{kj}(t+h)\le \sum_{k\ne i}p_{ik}(-h)\le 1-p_{ii}(-h),$$

因此

$$|p_{ij}(t)-p_{ij}(t+h)|\le 1-p_{ii}(-h).$$

综上所述，一般有

$$|p_{ij}(t+h)-p_{ij}(t)|\le 1-p_{ii}(|h|).$$

由正则性条件知

$$\lim_{h\to 0}|p_{ij}(t+h)-p_{ij}(t)|=0,$$

即 $p_{ij}(t)$ 在 $t\geq 0$ 时一致连续.

关于转移概率的可导性，不加证明地给出如下定理（详细证明可参看文献[10]）.

定理 10.1.5　设齐次马尔可夫过程 $\{X(t),t\geq 0\}$ 的状态空间为 I，若对任意 $i,j\in I$，转移概率 $p_{ij}(t)$ 满足正则性条件，则有

（1） $p_{ii}(t)$ 在 $t=0$ 处右导数存在或为 $-\infty$，若将此导数记为 q_{ii}，有

$$q_{ii}=\lim_{\Delta t\to 0^+}\frac{p_{ii}(\Delta t)-1}{\Delta t}\leq 0;$$

（2） $p_{ij}(t)(i\neq j)$ 也在 $t=0$ 处右导数存在，若将此导数记为 q_{ij}，有

$$0\leq q_{ij}=\lim_{\Delta t\to 0^+}\frac{p_{ij}(\Delta t)}{\Delta t}<+\infty;$$

（3） $0\leq\sum_{j\neq i}q_{ij}\leq -q_{ii},\quad i\in I$.

下面对该定理做几点说明.

(1) 称 q_{ij} 为齐次马尔可夫过程从状态 i 到状态 j 的**转移速率**或**跳跃强度**. 定理中的极限的概率意义为：在长为 Δt 的时间区间内，过程从状态 i 转移到其他状态的转移概率 $1-p_{ii}(\Delta t)$，等于 $-q_{ii}\Delta t$ 加上一个比 Δt 高阶的无穷小量；而从状态 i 转移到状态 j 的概率 $p_{ij}(\Delta t)$，等于 $q_{ij}\Delta t$ 加上一个比 Δt 高阶的无穷小量. 称以 q_{ij} 为第 i 行、第 j 列元素的矩阵 $\boldsymbol{Q}=(q_{ij})$ 为 $\{X_t,t\geq 0\}$ 的**转移速率矩阵**. 显然，$\boldsymbol{Q}$ 仅由 $\boldsymbol{P}(t)=(p_{ij}(t))$ 在无论多么短的时间间隔 $t\in[0,\varepsilon)$ 中的值所完全确定，所以 $\boldsymbol{Q}$ 往往比 $\boldsymbol{P}(t)$ 更容易得到. 而且由 10.2 节内容将知道，当 $\boldsymbol{Q}$ 已知时，可以求出 $\boldsymbol{P}(t)$.

(2) 在定理 10.1.1 中，已经证明了过程在状态转移之前停留在状态 i 的时间 τ_i 服从参数为 λ_i 的指数分布，进一步可以证明 $\lambda_i=-q_{ii}$. 这表明 τ_i 的均值

$$E(\tau_i)=\frac{1}{\lambda_i}=-\frac{1}{q_{ii}}.$$

由此可见，$-q_{ii}$ 越大，系统停留在状态 i 上的平均时间越短，转移得越快，否则转移得越慢. 特别地，若 $q_{ii}=0$，则有 $E(\tau_i)=+\infty$，表明系统从状态 i 出发将永远保持在状态 i 上而不离开，此时称状态 i 为**吸收状态**；若 $q_{ii}=-\infty$，则有 $E(\tau_i)=0$，这表明系统从状态 i 出发，必须即刻离开状态 i，此时称状态 i 为**瞬时状态**. 尽管瞬时状态在理论上是可能的，但以后仍假设对一切 i，$0\leq\lambda_i<+\infty$. 因此，实际上一个连续时间马尔可夫链是一个这样的随机过程，它按照一个离散时间的马尔可夫链从一个状态转移到另一个状态，但在转移到下一个状态之前，它在各状态停留的时间服从指数分布. 此外，过程在状态 i 停留的时间与下一个到达的状态必须是相互独立的随机变量. 因为若下一个到达的状态依赖于 τ_i，则过程处于状态 i 已有多久的信息与下一个状态的预报有关，这就与马尔可夫性的假定相矛盾.

(3) 由定理 10.1.5 中的 (3) 知，一般来说，对任意 $i\in I$，有 $\sum_{j\neq i}q_{ij}\leq -q_{ii}$. 如果对任意 $i\in I$，都有 $\sum_{j\neq i}q_{ij}=-q_{ii}<+\infty$，那么称转移速率矩阵 $\boldsymbol{Q}$ 或过程 $\{X_t,t\geq 0\}$ 是**保守的**. 显然，如果 I 是有限集，那么过程 $\{X_t,t\geq 0\}$ 一定是保守的. 事实上，由定理 10.1.2 知

$$\sum_{j\in I}p_{ij}(\Delta t)=1,\quad 即-(p_{ii}(\Delta t)-1)=\sum_{j\neq i}p_{ij}(\Delta t).$$

由于求和是在有限集中进行的，因此根据定理 10.1.5，有

$$-q_{ii}=-\lim_{\Delta t\to 0}\frac{p_{ii}(\Delta t)-1}{\Delta t}=\lim_{\Delta t\to 0}\sum_{j\neq i}\frac{p_{ij}(\Delta t)}{\Delta t}=\sum_{j\neq i}q_{ij}.$$

（4）由齐次性可知，转移概率 $p_{ij}(t)(t\geq 0,\ i,j\in I)$ 在 $t=0$ 点处的可导性保证了 $p_{ij}(t)$ 在 $t\in(0,+\infty)$ 的每一点处的可导性.

10.2 柯尔莫哥洛夫微分方程与平稳分布

在实际应用中，在通过检验来判定所讨论系统的数学模型是连续时间齐次马尔可夫链之后，要想直接给出其转移概率 $p_{ij}(t)(t\geq 0,\ i,j\in I)$ 一般是很困难的. 但由 10.1 节内容知道，在正则性条件下，有限的连续导数 $p'_{ij}(t)$ 必然存在. 于是很自然地会产生如下合理的设想：建立关于 $p_{ij}(t)$ 的微分方程组，通过解该微分方程组，达到求 $p_{ij}(t)$ 的目的. 特别地，对于状态空间 $I=\{0,1,2,\cdots,n\}$ 的齐次马尔可夫过程，这意味着在已知转移速率矩阵

$$\boldsymbol{Q}=\begin{bmatrix}q_{00} & q_{01} & \cdots & q_{0n}\\ q_{10} & q_{11} & \cdots & q_{1n}\\ \vdots & \vdots & \ddots & \vdots\\ q_{n0} & q_{n1} & \cdots & q_{nn}\end{bmatrix}$$

的条件下，如何求转移概率矩阵 $\boldsymbol{P}(t)$. 本节从两个侧面来讨论这一问题.

10.2.1 柯尔莫哥洛夫微分方程

定理 10.2.1（柯尔莫哥洛夫向后方程） 设齐次马尔可夫过程的状态空间为 I，转移概率和转移速率分别为 $p_{ij}(t)$ 和 $q_{ij}(i,j\in I)$. 若 $\sum_{j\neq i}q_{ij}=-q_{ii}$，则对一切 $i,j\in I$ 及 $t\geq 0$，有

$$p'_{ij}(t)=\sum_{k\neq i}q_{ik}p_{kj}(t)+q_{ii}p_{ij}(t).\tag{10.5}$$

证 先证明在定理所给定的条件下，有

$$\lim_{h\to 0}\sum_{k\neq i}\frac{p_{ik}(h)}{h}p_{kj}(t)=\sum_{k\neq i}q_{ik}p_{kj}(t)\tag{10.6}$$

成立. 对于任意固定的 N，有

$$\liminf_{h\to 0}\sum_{k\neq i}\frac{p_{ik}(h)}{h}p_{kj}(t)\geq\liminf_{h\to 0}\sum_{\substack{k\neq i\\ k<N}}\frac{p_{ik}(h)}{h}p_{kj}(t)=\sum_{\substack{k\neq i\\ k<N}}q_{ik}p_{kj}(t).$$

上式对一切 N 均成立，可见

$$\liminf_{h\to 0}\sum_{k\neq i}\frac{p_{ik}(h)}{h}p_{kj}(t)\geq\sum_{k\neq i}q_{ik}p_{kj}(t).\tag{10.7}$$

另外，对于 $N>i$，由于 $p_{kj}(t)\leq 1$，因此

$$\limsup_{h\to 0}\sum_{k\neq i}\frac{p_{ik}(h)}{h}p_{kj}(t)\le \limsup_{h\to 0}[\sum_{\substack{k\neq i\\k<N}}\frac{p_{ik}(h)}{h}p_{kj}(t)+\sum_{k\ge N}\frac{p_{ik}(h)}{h}]$$

$$\le \limsup_{h\to 0}[\sum_{\substack{k\neq i\\k<N}}\frac{p_{ik}(h)}{h}p_{kj}(t)+\frac{1-p_{ii}(h)}{h}-\sum_{\substack{k\neq i\\k<N}}\frac{p_{ik}(h)}{h}]$$

$$=\sum_{\substack{k\neq i\\k<N}}q_{ik}p_{kj}(t)-q_{ii}-\sum_{\substack{k\neq i\\k<N}}q_{ik}\ ,$$

其中，最后的等式由定理10.1.5而得. 因为上述不等式对一切$N>i$都成立，所以令$N\to\infty$且利用条件$\sum_{j\neq i}q_{ij}=-q_{ii}$，可以得到

$$\limsup_{h\to 0}\sum_{k\neq i}\frac{p_{ik}(h)}{h}p_{kj}(t)\le\sum_{k\neq i}q_{ik}p_{kj}(t).$$

连同式（10.7），即可证得式（10.6）.

接下来，由切普曼-柯尔莫哥洛夫微分方程，对任意$h>0$，有

$$p_{ij}(t+h)=\sum_{k\in I}p_{ik}(h)p_{kj}(t)=\sum_{k\neq i}p_{ik}(h)p_{kj}(t)+p_{ii}(h)p_{ij}(t)\ ,$$

或等价地

$$p_{ij}(t+h)-p_{ij}(t)=\sum_{k\neq i}p_{ik}(h)p_{kj}(t)+[p_{ii}(h)-1)]p_{ij}(t).$$

两边除以h后令$h\to 0$，取极限，应用定理10.1.5可得

$$p'_{ij}(t)=\lim_{h\to 0}\frac{p_{ij}(t+h)-p_{ij}(t)}{h}$$

$$=\lim_{h\to 0}\sum_{k\neq i}\frac{p_{ik}(h)}{h}p_{kj}(t)+\lim_{h\to 0}\frac{p_{ii}(h)-1}{h}p_{ij}(t)$$

$$=\sum_{k\neq i}q_{ik}p_{kj}(t)+q_{ii}p_{ij}(t).$$

至此就证明了式（10.5）成立.

定理10.2.1中的$p_{ij}(t)$所满足的微分方程组（10.5）称为柯尔莫哥洛夫**向后方程.** 称它们为向后方程，是因为在计算时刻$t+h$的状态转移概率时，对退后到时刻h的状态取条件，即

$$p_{ij}(t+h)=\sum_{k\in I}P\{X(t+h)=j\mid X(0)=i,X(h)=k\}\cdot P\{X(h)=k\mid X(0)=i\}$$

$$=\sum_{k\in I}p_{ik}(h)p_{kj}(t).$$

若对时刻t的状态取条件，即

$$p_{ij}(t+h)=\sum_{k\in I}P\{X(t+h)=j\mid X(0)=i,X(t)=k\}\cdot P\{X(t)=k\mid X(0)=i\}$$

$$=\sum_{k\in I}p_{ik}(t)p_{kj}(h)\ ,$$

则可以导出另一组方程. 事实上，此时有

$$p_{ij}(t+h)-p_{ij}(t)=\sum_{k\neq j}p_{ik}(t)p_{kj}(h)+p_{ij}(t)p_{jj}(h)-p_{ij}(t)$$

$$=\sum_{k\neq j}p_{ik}(t)p_{kj}(h)+(p_{jj}(h)-1)p_{ij}(t)\ ,$$

所以

$$\lim_{h\to 0}\frac{p_{ij}(t+h)-p_{ij}(t)}{h}=\lim_{h\to 0}[\sum_{k\neq j}p_{ik}(t)\frac{p_{kj}(h)}{h}+\frac{p_{jj}(h)-1}{h}p_{ij}(t)].$$

在适当的条件下，交换上式右边的极限与求和的顺序，再利用定理 10.1.5，可得下面定理.

定理 10.2.2（柯尔莫哥洛夫向前方程） 设齐次马尔可夫过程的状态空间为 I，转移概率和转移速率分别为 $p_{ij}(t)$ 和 $q_{ij}(i,j\in I)$. 若 $\sup\limits_{i\in I}(-q_{ii})<+\infty$，则对一切 $i,j\in I$ 及 $t\geq 0$，有

$$p'_{ij}(t)=\sum_{k\neq j}p_{ik}(t)q_{kj}+p_{ij}(t)q_{jj}. \tag{10.8}$$

相对于式（10.5），称微分方程组（10.8）为柯尔莫哥洛夫**向前方程**，定理的证明从略. 大多数齐次马尔可夫过程包括全部的生灭过程和全部的有限状态模型，它们是成立的.

利用方程组（10.5）或方程组（10.8）及初始条件

$$\begin{cases}p_{ii}(0)=1,\\ p_{ij}(0)=0, \quad i\neq j,\end{cases}$$

可以解得 $p_{ij}(t)$. 虽然柯尔莫哥洛夫向后方程和向前方程的形式不同，但可以证明通过它们所求得的解 $p_{ij}(t)$ 是相同的. 在实际应用中，当固定最后所处的状态 j 来研究 $p_{ij}(t)(i=0,1,2,\cdots)$ 时，采用向后方程较方便；当固定状态 i 来研究 $p_{ij}(t)(j=0,1,2,\cdots)$ 时，采用向前方程较方便.

如果记转移速率矩阵

$$\boldsymbol{Q}=\begin{bmatrix}q_{00} & q_{01} & q_{02} & \cdots\\ q_{10} & q_{11} & q_{12} & \cdots\\ q_{20} & q_{21} & q_{22} & \cdots\\ \vdots & \vdots & \vdots & \vdots\end{bmatrix},$$

转移概率矩阵

$$\boldsymbol{P}(t)=\begin{bmatrix}p_{00}(t) & p_{01}(t) & p_{02}(t) & \cdots\\ p_{10}(t) & p_{11}(t) & p_{12}(t) & \cdots\\ p_{20}(t) & p_{21}(t) & p_{22}(t) & \cdots\\ \vdots & \vdots & \vdots & \vdots\end{bmatrix},$$

那么柯尔莫哥洛夫向后方程和向前方程分别可以写成矩阵形式

$$\boldsymbol{P}'(t)=\boldsymbol{QP}(t), \tag{10.9}$$

$$\boldsymbol{P}'(t)=\boldsymbol{P}(t)\boldsymbol{Q}, \tag{10.10}$$

式中，矩阵 $\boldsymbol{P}'(t)$ 的元素为矩阵 $\boldsymbol{P}(t)$ 对应元素的导数. 这样，连续时间马尔可夫链的转移概率的求解问题就是矩阵微分方程的求解问题，其转移概率由其转移速率矩阵 $\boldsymbol{Q}$ 决定.

特别地，若 $\boldsymbol{Q}$ 是一个有限维矩阵，则式（10.9）和式（10.10）的解为

$$\boldsymbol{P}(t)=\mathrm{e}^{\boldsymbol{Q}t}=\sum_{n=0}^{\infty}\frac{(\boldsymbol{Q}t)^n}{n!}. \tag{10.11}$$

定理 10.2.3 设齐次马尔可夫过程的状态空间为 I，则过程在 t 时刻处于状态 $j(j\in I)$ 的绝对概率 $p_j(t)$ 满足下列方程

$$p'_j(t)=\sum_{k\neq j}p_k(t)q_{kj}+p_j(t)q_{jj}. \tag{10.12}$$

证　由定理 10.1.3，有

$$p_j(t)=\sum_{i\in I}p_i(0)p_{ij}(t), \tag{10.13}$$

求导得

$$p'_j(t)=\sum_{i\in I}p_i(0)p'_{ij}(t). \tag{10.14}$$

将向前方程（10.8）的两端同时乘以 $p_i(0)$，可得

$$p_i(0)p'_{ij}(t)=\sum_{k\neq j}p_i(0)p_{ik}(t)q_{kj}+p_i(0)p_{ij}(t)q_{jj},$$

将上式对 i 求和得

$$\begin{aligned}\sum_{i\in I}p_i(0)p'_{ij}(t)&=\sum_{i\in I}\sum_{k\neq j}p_i(0)p_{ik}(t)q_{kj}+\sum_{i\in I}p_i(0)p_{ij}(t)q_{jj}\\&=\sum_{k\neq j}[\sum_{i\in I}p_i(0)p_{ik}(t)]q_{kj}+[\sum_{i\in I}p_i(0)p_{ij}(t)]q_{jj}.\end{aligned}$$

将式（10.13）、式（10.14）代入上式，即可得式（10.12）.

10.2.2　极限分布与平稳分布

与离散马尔可夫链类似，现在讨论转移概率 $p_{ij}(t)$ 当 $t\to+\infty$ 时的极限分布与平稳分布的有关性质.

定义 10.2.1　设 $p_{ij}(t)$ 为连续时间马尔可夫链的转移概率，若存在时刻 t_1 和 t_2，使得

$$p_{ij}(t_1)>0，\quad p_{ji}(t_2)>0,$$

则称状态 i 与 i 是**互通**的. 若所有状态都是互通的，则称此马尔可夫链为**不可约**的.

连续时间马尔可夫链的状态的常返性与非常返性等概念与离散时间马尔可夫链的类似，在此不再赘述.

下面不加证明地给出转移概率 $p_{ij}(t)$ 在 $t\to+\infty$ 时的性质及其与平稳分布的关系.

定理 10.2.4　不可约的连续时间的马尔可夫链具有下列性质.

（1）若它是正常返的，则极限 $\lim\limits_{t\to+\infty}p_{ij}(t)$ 存在且等于 $\pi_j(\pi_j>0, j\in I)$. 这里 π_j 是方程组

$$-\pi_j q_{jj}=\sum_{k\neq j}\pi_k q_{kj},\quad \sum_{j\in I}\pi_j=1 \tag{10.15}$$

的唯一的非负解. 此时称 $\{\pi_j, j\in I\}$ 是该过程的平稳分布，并且有

$$\lim_{t\to+\infty}p_j(t)=\pi_j.$$

（2）若它是零常返的或非常返的，则

$$\lim_{t\to+\infty}p_{ij}(t)=\lim_{t\to+\infty}p_j(t)=0.$$

在实际应用中，有些问题可以用柯尔莫哥洛夫微分方程直接求解，有些问题虽然不能直接求解，但是可以用方程（10.15）来求解. 下面举一个在应用中有一定代表性的例子.

【例 10.2.1】　考虑具有两个状态 0、1 的连续时间马尔可夫链，在转移到状态1之前，系统在状态 0 停留的时间服从参数为 λ 的指数分布，而在回到状态 0 之前，停留在状态1的时间服从参数为 μ 的指数分布，显然该链是一个齐次不可约的马尔可夫过程.

（1）求该链的转移概率矩阵；

（2）求该链的平稳分布；

（3）取初始分布为其平稳分布，求过程在t时刻的绝对分布；

（4）若状态0代表某机器正常工作，状态1代表机器出现故障，求在$t=0$时正常工作的机器，在$t=5$时处在正常工作状态的概率.

解 （1）设转移速率矩阵$\boldsymbol{Q}=\begin{bmatrix} q_{00} & q_{01} \\ q_{10} & q_{11} \end{bmatrix}$，由于过程的状态有限，因此由式（10.11）可得转移概率矩阵为

$$\boldsymbol{P}(t)=\mathrm{e}^{\boldsymbol{Q}t}=\sum_{n=0}^{\infty}\frac{(\boldsymbol{Q}t)^n}{n!}=\boldsymbol{E}+\sum_{n=1}^{\infty}\frac{\boldsymbol{Q}^n t^n}{n!}, \tag{10.16}$$

式中，$\boldsymbol{E}$为单位矩阵. 根据题设条件及定理10.1.5后的说明（2），有

$$q_{00}=-\lambda，\quad q_{11}=-\mu .$$

又因为此链状态有限，所以$\boldsymbol{Q}$是保守的，故有

$$q_{01}=-q_{00}=\lambda，\quad q_{10}=-q_{11}=\mu .$$

于是转移速率矩阵

$$\boldsymbol{Q}=\begin{bmatrix} q_{00} & q_{01} \\ q_{10} & q_{11} \end{bmatrix}=\begin{bmatrix} -\lambda & \lambda \\ \mu & -\mu \end{bmatrix}.$$

由此可得

$$\begin{aligned}\boldsymbol{Q}^2&=\begin{bmatrix} -\lambda & \lambda \\ \mu & -\mu \end{bmatrix}\begin{bmatrix} -\lambda & \lambda \\ \mu & -\mu \end{bmatrix}=\begin{bmatrix} \lambda^2+\lambda\mu & -\lambda^2-\lambda\mu \\ -\lambda\mu-\mu^2 & \lambda\mu+\mu^2 \end{bmatrix}\\ &=-(\lambda+\mu)\begin{bmatrix} -\lambda & \lambda \\ \mu & -\mu \end{bmatrix}=-(\lambda+\mu)\boldsymbol{Q}.\end{aligned}$$

归纳可得

$$\boldsymbol{Q}^n=[-(\lambda+\mu)]^{n-1}\boldsymbol{Q}.$$

将上式代入式（10.16），有

$$\begin{aligned}\boldsymbol{P}(t)&=\boldsymbol{E}+\sum_{n=1}^{\infty}\frac{[-(\lambda+\mu)^{n-1}]\boldsymbol{Q}t^n}{n!}\\ &=\boldsymbol{E}+\frac{1}{-(\lambda+\mu)}\sum_{n=1}^{\infty}\frac{[-(\lambda+\mu)t]^n\boldsymbol{Q}}{n!}=\boldsymbol{E}-\frac{1}{\lambda+\mu}\left[\mathrm{e}^{-(\lambda+\mu)t}-1\right]\boldsymbol{Q}\\ &=\begin{bmatrix} 1 & 0 \\ 0 & 1 \end{bmatrix}-\frac{1}{\lambda+\mu}[\mathrm{e}^{-(\lambda+\mu)t}-1]\begin{bmatrix} -\lambda & \lambda \\ \mu & -\mu \end{bmatrix}\\ &=\begin{bmatrix} \frac{\mu}{\lambda+\mu}+\frac{\lambda}{\lambda+\mu}\mathrm{e}^{-(\lambda+\mu)t} & \frac{\lambda}{\lambda+\mu}-\frac{\lambda}{\lambda+\mu}\mathrm{e}^{-(\lambda+\mu)t} \\ \frac{\mu}{\lambda+\mu}-\frac{\mu}{\lambda+\mu}\mathrm{e}^{-(\lambda+\mu)t} & \frac{\lambda}{\lambda+\mu}+\frac{\mu}{\lambda+\mu}\mathrm{e}^{-(\lambda+\mu)t} \end{bmatrix}.\end{aligned}$$

（2）转移概率的极限为

$$\lim_{t\to+\infty}p_{00}(t)=\lim_{t\to+\infty}[\frac{\mu}{\lambda+\mu}+\frac{\lambda}{\lambda+\mu}\mathrm{e}^{-(\lambda+\mu)t}]=\frac{\mu}{\lambda+\mu}=\lim_{t\to+\infty}p_{10}(t),$$

$$\lim_{t\to+\infty} p_{01}(t)=\lim_{t\to+\infty}[\frac{\lambda}{\lambda+\mu}-\frac{\lambda}{\lambda+\mu}\mathrm{e}^{-(\lambda+\mu)t}]=\frac{\lambda}{\lambda+\mu}=\lim_{t\to+\infty} p_{11}(t).$$

故平稳分布为

$$\pi_0=\lim_{t\to+\infty} p_{00}(t)=\lim_{t\to+\infty} p_{10}(t)=\frac{\mu}{\lambda+\mu},$$

$$\pi_1=\lim_{t\to+\infty} p_{01}(t)=\lim_{t\to+\infty} p_{11}(t)=\frac{\lambda}{\lambda+\mu}.$$

（3）若初始分布为其平稳分布，则过程在 t 时刻的绝对分布为

$$\begin{aligned} p_0(t)&=p_0(0)p_{00}(t)+p_1(0)p_{10}(t)\\ &=\frac{\mu}{\lambda+\mu}\left[\frac{\mu}{\lambda+\mu}+\frac{\lambda}{\lambda+\mu}\mathrm{e}^{-(\lambda+\mu)t}\right]+\frac{\lambda}{\lambda+\mu}\left[\frac{\mu}{\lambda+\mu}-\frac{\mu}{\lambda+\mu}\mathrm{e}^{-(\lambda+\mu)t}\right]\\ &=\frac{\mu}{\lambda+\mu},\\ p_1(t)&=p_0(0)p_{01}(t)+p_1(0)p_{11}(t)\\ &=\frac{\mu}{\lambda+\mu}\left[\frac{\lambda}{\lambda+\mu}-\frac{\lambda}{\lambda+\mu}\mathrm{e}^{-(\lambda+\mu)t}\right]+\frac{\lambda}{\lambda+\mu}\left[\frac{\lambda}{\lambda+\mu}+\frac{\mu}{\lambda+\mu}\mathrm{e}^{-(\lambda+\mu)t}\right]\\ &=\frac{\lambda}{\lambda+\mu}. \end{aligned}$$

（4）依据题意，需要在初始分布 $p_0(0)=1, p_1(0)=0$ 的情况下计算 $p_0(5)$．由本例中（1）的结果可知

$$p_{00}(t)=\frac{\mu}{\lambda+\mu}+\frac{\lambda}{\lambda+\mu}\mathrm{e}^{-(\lambda+\mu)t},$$

$$p_{10}(t)=\frac{\mu}{\lambda+\mu}-\frac{\mu}{\lambda+\mu}\mathrm{e}^{-(\lambda+\mu)t},$$

故有

$$p_0(t)=p_0p_{00}(t)+p_1p_{10}(t)=p_{00}(t)=\frac{\mu}{\lambda+\mu}+\frac{\lambda}{\lambda+\mu}\mathrm{e}^{-(\lambda+\mu)t},$$

于是

$$p_0(5)=\frac{\mu}{\lambda+\mu}+\frac{\lambda}{\lambda+\mu}\mathrm{e}^{-(\lambda+\mu)5}.$$

需要指出的是，例 10.2.1 中的（2）也可用定理 10.2.4 来求解．由于例中的状态空间 $I=\{0,1\}$，因此由式（10.15）可得

$$\begin{cases} -\pi_0q_{00}=\sum\limits_{k\neq 0}\pi_kq_{k0}=\pi_1q_{10},\\ -\pi_1q_{11}=\sum\limits_{k\neq 1}\pi_kq_{k1}=\pi_0q_{01},\\ \sum\limits_{j\in I}\pi_j=1, \end{cases}$$

解之得

$$\pi_0=\frac{\mu}{\lambda+\mu},\ \pi_1=\frac{\lambda}{\lambda+\mu}.$$

10.3 生灭过程

生灭过程是一类重要的、特殊的连续时间齐次马尔可夫过程，其特征是系统在很短的时间内只能以一定的速率从状态i转移到$i-1$或$i+1$或保持不变.

10.3.1 生灭过程的定义

定义 10.3.1 设齐次马尔可夫过程$\{X(t),t\geq 0\}$的状态空间为$I=\{0,1,2,\cdots\}$，转移概率$p_{ij}(t)$满足以下条件

$$\begin{cases} p_{ii+1}(h)=\lambda_i h+o(h),\ \lambda_i>0 \\ p_{ii-1}(h)=\mu_i h+o(h),\ \mu_i>0,\ \mu_0=0 \\ p_{ii}(h)=1-(\lambda_i+\mu_i)h+o(h) \\ p_{ij}(h)=o(h),\ |i-j|\geq 2 \end{cases}$$

则称$\{X(t),t\geq 0\}$为**生灭过程**，λ_i为出生率，μ_i为死亡率，其状态转移情况如图 10.1 所示.

若$\lambda_i=i\lambda$，$\mu_i=i\mu$，$\lambda,\mu>0$为常数，则称$\{X(t),t\geq 0\}$为**线性生灭过程**.

若$\mu_i\equiv 0$，则称$\{X(t),t\geq 0\}$为**纯生过程**；若$\lambda_i\equiv 0$，则称$\{X(t),t\geq 0\}$为**纯灭过程**.

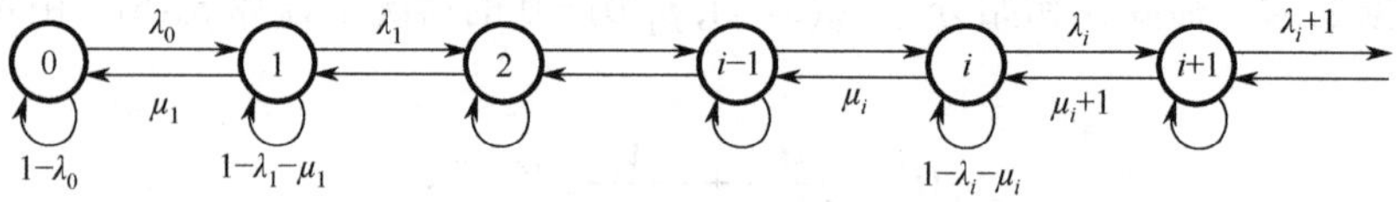

图 10.1 状态转移情况

对生灭过程可进行如下概率解释：若以$X(t)$表示一个生物群体在t时刻的大小，则在很短的时间h（不计高阶无穷小）内，群体变化有三种可能：状态由i变到$i+1$，即增加一个个体的概率为$\lambda_i h$；状态由i变到$i-1$，即减少一个个体的概率为$\mu_i h$；群体大小不增不减的概率为$1-(\lambda_i+\mu_i)h$.

下面来推导生灭过程的柯尔莫哥洛夫微分方程，为此先求转移速率. 由定理 10.1.5 得

$$q_{ii}=\lim_{\Delta t\to 0}\frac{p_{ii}(\Delta t)-1}{\Delta t}=\lim_{\Delta t\to 0}\frac{p_{ii}(0+\Delta t)-p_{ii}(0)}{\Delta t}$$

$$=\frac{\mathrm{d}}{\mathrm{d}t}p_{ii}(t)|_{t=0}=-(\lambda_i+\mu_i).$$

$$q_{ij}=\lim_{\Delta t\to 0}\frac{p_{ij}(\Delta t)}{\Delta t}=\lim_{\Delta t\to 0}\frac{p_{ij}(0+\Delta t)-p_{ij}(0)}{\Delta t}$$

$$=\frac{\mathrm{d}}{\mathrm{d}t}p_{ij}(t)|_{t=0}=\begin{cases}\lambda_i, & j=i+1,\ i\geq 0, \\ \mu_i, & j=i-1,\ i\geq 1, \\ 0, & |i-j|\geq 2.\end{cases}$$

由此可得生灭过程的转移速率矩阵

$$
\boldsymbol{Q}=\begin{bmatrix} -\lambda_0 & \lambda_0 & 0 & 0 & 0 & \cdots \\ \mu_1 & -(\lambda_1+\mu_1) & \lambda_1 & 0 & 0 & \cdots \\ 0 & \mu_2 & -(\lambda_2+\mu_2) & \lambda_2 & 0 & \cdots \\ \vdots & \vdots & \vdots & \vdots & \vdots & \ddots \end{bmatrix}.
$$

将转移速率 $q_{ij}(i,j=0,1,2,\cdots)$ 代入式（10.5），可得生灭过程的柯尔莫哥洛夫向后方程

$$
p'_{ij}(t)=\mu_i p_{i-1,j}(t)-(\lambda_j+\mu_j)p_{ij}(t)+\lambda_i p_{i+1,j}(t).
$$

将转移速率 $q_{ij}(i,j=0,1,2,\cdots)$ 代入式（10.8），可得生灭过程的柯尔莫哥洛夫向前方程

$$
p'_{ij}(t)=\lambda_{j-1}p_{i,j-1}(t)-(\lambda_j+\mu_j)p_{ij}(t)+\mu_{j+1}p_{i,j+1}(t).
$$

接下来讨论生灭过程的平稳分布. 由定理 10.2.4，有

$$
\begin{cases} \lambda_0\pi_0=\mu_1\pi_1, \\ (\lambda_j+\mu_j)\pi_j=\lambda_{j-1}\pi_{j-1}+\mu_{j+1}\pi_{j+1}, j\geq 1. \end{cases}
$$

即有

$$
\begin{cases} \mu_1\pi_1-\lambda_0\pi_0=0, \\ \mu_{j+1}\pi_{j+1}-\lambda_j\pi_j=\mu_j\pi_j-\lambda_{j-1}\pi_{j-1}, j\geq 1. \end{cases}
$$

逐步递推，得

$$
\mu_{j+1}\pi_{j+1}-\lambda_j\pi_j=\mu_j\pi_j-\lambda_{j-1}\pi_{j-1}=\cdots=\mu_1\pi_1-\lambda_0\pi_0=0.
$$

于是有

$$
\pi_j=\frac{\lambda_{j-1}}{\mu_j}\pi_{j-1}=\cdots=\frac{\lambda_0\lambda_1\cdots\lambda_{j-1}}{\mu_1\mu_2\cdots\mu_j}\pi_0,
$$

即有

$$
\pi_1=\frac{\lambda_0}{\mu_1}\pi_0,\ \pi_2=\frac{\lambda_0\lambda_1}{\mu_1\mu_2}\pi_0,\ \cdots,\ \pi_j=\frac{\lambda_0\lambda_1\cdots\lambda_{j-1}}{\mu_1\mu_2\cdots\mu_j}\pi_0,\ \cdots
$$

再利用 $\sum_{j\in I}\pi_j=1$，可得平稳分布

$$
\pi_0=\left(1+\sum_{j=1}^{\infty}\frac{\lambda_0\lambda_1\cdots\lambda_{j-1}}{\mu_1\mu_2\cdots\mu_j}\right)^{-1},
$$

$$
\pi_j=\frac{\lambda_0\lambda_1\cdots\lambda_{j-1}}{\mu_1\mu_2\cdots\mu_j}\left(1+\sum_{j=1}^{\infty}\frac{\lambda_0\lambda_1\cdots\lambda_{j-1}}{\mu_1\mu_2\cdots\mu_j}\right)^{-1},\ j\geq 1. \tag{10.17}
$$

从上述推导过程可得如下生灭过程的平稳分布存在性定理.

定理 10.3.1　定义 10.3.1 所定义的生灭过程存在平稳分布的充要条件是

$$
\sum_{j=1}^{\infty}\frac{\lambda_0\lambda_1\cdots\lambda_{j-1}}{\mu_1\mu_2\cdots\mu_j}<+\infty.
$$

10.3.2　生灭过程实例

下面给出几个生灭过程实例.

【例 10.3.1】（排队模型）　假设顾客按照参数为 λ 的泊松过程来到一个有 s 位服务员的服

务站，即相继到达顾客的时间间隔是均值为$1/\lambda$的独立指数随机变量. 每位顾客一来到，若有空闲服务员，则直接进入服务，否则进入队列等候. 当一位服务员结束一位顾客的服务后，顾客离开系统，排队中的下一位顾客进入服务. 假定相继的服务时间是独立的指数随机变量，均值为$1/\mu$. 用$X(t)$记时刻t系统中的人数，则$\{X(t),t\geq 0\}$是生灭过程，且当队列中有n位顾客时，有

$$\mu_n=\begin{cases} n\mu, & 1\leq n\leq s, \\ s\mu, & n>s. \end{cases}$$

$$\lambda_n=\lambda, n\geq 0 .$$

上述生灭过程称为M/M/s **排队系统**，M表示马尔可夫过程，s表示服务员的位数. λ是顾客的**到来速率**，μ是一位服务员的**服务速率**. 特别地，在M/M/1排队系统中，$\lambda_n=\lambda$，$\mu_n=\mu$. 若$\lambda/\mu<1$，则由式（10.17）可得生灭过程的平稳分布

$$\pi_n=\left(\frac{\lambda}{\mu}\right)^n\left[1+\sum_{n=1}^{\infty}\left(\frac{\lambda}{\mu}\right)^n\right]^{-1}=\left(\frac{\lambda}{\mu}\right)^n\left(1-\frac{\lambda}{\mu}\right), n\geq 0 .$$

要使平稳分布（极限分布）存在，λ必须小于μ，这是直观的. 顾客按速率λ到来且以速率μ得到服务，因而当$\lambda>\mu$时，他们到来的速率高于他们得到服务的速率，排队的长度将趋于无穷大. 而$\lambda=\mu$的情况类似于对称的随机游动，它是零常返的，从而没有极限概率.

【例 10.3.2】（**有迁入的线性增长模型**） 假定某生物群体中每个个体以指数率λ出生，此外，由于存在外界迁入因素，群体又以指数率θ增加，因此当系统中有n个成员时，整个出生率为$n\lambda+\theta$. 又假定生物群体中的每个个体以指数率μ死亡，用$X(t)$记时刻t群体中的个体数量，则$\{X(t),t\geq 0\}$是生灭过程

$$\mu_n=n\mu,\ n\geq 1 ,$$

$$\lambda_n=n\lambda+\theta,\ n\geq 0 .$$

上述生灭过程称为**有迁入的线性增长模型**. 若$\theta=0$，$\mu_n=0$，则此时是一个纯生过程，称为**尤尔过程**.

对于尤尔过程，有时候需要考虑从一个个体开始，求时刻t群体总量的分布，即求$p_{1j}(t), j=1,2,\cdots$. 为此，记T_i（$i\geq 1$）为第i个与第$i+1$个成员出生之间的时间，即T_i是群体总量从i变到$i+1$所花的时间. 由尤尔过程的定义及定理8.2.1知，T_i（$i\geq 1$）是独立的具有参数$i\lambda$的指数变量，故有

$$P\{T_1\leq t\}=1-\mathrm{e}^{-\lambda t} .$$

利用第1章的式（1.5），对T_1取条件可得

$$\begin{aligned} P\{T_1+T_2\leq t\} &= \int_0^t P\{T_1+T_2\leq t\mid T_1=x\}\lambda\mathrm{e}^{-\lambda x}\mathrm{d}x \\ &= \int_0^t (1-\mathrm{e}^{-2\lambda(t-x)})\lambda\mathrm{e}^{-\lambda x}\mathrm{d}x=(1-\mathrm{e}^{-\lambda t})^2 . \end{aligned}$$

同理，对T_1+T_2取条件可得

$$\begin{aligned} P\{T_1+T_2+T_3\leq t\} &= \int_0^t P\{T_1+T_2+T_3\leq t\mid T_1+T_2=x\}\mathrm{d}F_{T_1+T_2}(x) \\ &= \int_0^t (1-\mathrm{e}^{-3\lambda(t-x)})(1-\mathrm{e}^{-\lambda t})2\lambda\mathrm{e}^{-\lambda x}\mathrm{d}x=(1-\mathrm{e}^{-\lambda t})^3 . \end{aligned}$$

一般地，由数学归纳法可证

$$P\{T_1+T_2+\cdots+T_j \le t\}=(1-\mathrm{e}^{-\lambda t})^j .$$

由于

$$P\{T_1+T_2+\cdots+T_j \le t\}=P\{X(t)\ge j+1 \mid X(0)=1\},$$

因此

$$\begin{aligned}p_{1j}(t)&=P\{X(t)=j \mid X(0)=1\}\\&=P\{X(t)\ge j \mid X(0)=1\}-P\{X(t)\ge j+1 \mid X(0)=1\}\\&=(1-\mathrm{e}^{-\lambda t})^{j-1}-(1-\mathrm{e}^{-\lambda t})^j=\mathrm{e}^{-\lambda t}(1-\mathrm{e}^{-\lambda t})^{j-1}.\end{aligned}$$

这表明，从一个个体开始，在时刻 t 群体总量 $X(t)$ 服从几何分布 $G(\mathrm{e}^{-\lambda t})$.

进一步，若记 a_0 为个体在初始时刻的年龄，$A(t)$ 为群体在时刻 t 诸成员的年龄之和，则可以证明

$$A(t)=a_0+\int_0^t X(s)\mathrm{d}s .$$

取期望可得群体各成员年龄之和的均值为

$$\begin{aligned}E[A(t)]&=a_0+E\left[\int_0^t X(s)\mathrm{d}s\right]=a_0+\int_0^t E[X(s)]\mathrm{d}s\\&=a_0+\int_0^t \mathrm{e}^{\lambda s}\mathrm{d}s=a_0+\frac{\mathrm{e}^{\lambda t}-1}{\lambda}.\end{aligned}$$

【例 10.3.3】（传染病模型）　考虑有 m 个个体的群体，在时刻 0 由 1 个已感染的个体与 $m-1$ 个未感染但可能被感染的个体组成. 个体一旦被感染，将永远地处于此状态. 假设在任意长为 h 的时间内，任意一个已感染的个体将以概率 $\lambda h+o(h)$ 导致任意未感染者感染. 用 $X(t)$ 表示时刻 t 群体中已感染的个体数，则过程 $\{X(t),t\ge 0\}$ 是一个纯生过程

$$\lambda_n=\begin{cases}(m-n)n\lambda, & n=1,2,\cdots,m,\\0, & \text{其他.}\end{cases}$$

这是因为若有 n 个已感染的个体，则 $m-n$ 个未被感染者中的每个将以速率 $n\lambda$ 变成感染者，从而接下来未被感染者中有一个被感染的速率为 $(m-n)n\lambda$.

记 T 为直至整个群体被感染的时间，T_i 为从第 i 个已感染者到第 $i+1$ 个已感染者的时间，则有

$$T=T_1+T_2+\cdots+T_{m-1}=\sum_{i=1}^{m-1}T_i .$$

由于 T_i（$i=1,2,\cdots,m-1$）相互独立且服从参数为 $\lambda_i=(m-i)i\lambda$ 的指数分布，因此有

$$E(T)=\sum_{i=1}^{m-1}E(T_i)=\frac{1}{\lambda}\sum_{i=1}^{m-1}\frac{1}{i(m-i)},$$

$$D(T)=\sum_{i=1}^{m-1}D(T_i)=\frac{1}{\lambda^2}\sum_{i=1}^{m-1}\left(\frac{1}{i(m-i)}\right)^2 .$$

对于规模合理的群体，整个群体被感染的平均时间渐近地为

$$E(T)=\frac{1}{m\lambda}\sum_{i=1}^{m-1}\left(\frac{1}{m-i}+\frac{1}{i}\right)\approx\frac{1}{m\lambda}\int_1^{m-1}\left(\frac{1}{m-t}+\frac{1}{t}\right)\mathrm{d}t=\frac{2\ln(m-1)}{m\lambda}.$$

【例 10.3.4】（机器维修模型）　设有 m 台机器和 s（$s<m$）个维修工人. 机器或者工作，或者损坏并等待修理. 机器损坏后，空闲的维修工立即来修理，若维修工没空，则机器按先坏先

修的规则排队等待维修. 假设在 h 时间内，每台机器从工作转到损坏状态的概率为 $\lambda h+o(h)$，每台修理的机器转到工作状态的概率为 $\mu h+o(h)$. 用 $X(t)$ 记时刻 t 损坏的机器数，则 $\{X(t),t\geq 0\}$ 为连续时间马尔可夫链，其状态空间为 $I=\{0,1,\cdots,m\}$.

设在 t 时刻有 i 台机器损坏，则在不计高阶无穷小的情况下，从时刻 t 到时刻 $t+h$ 内又有一台机器损坏的概率应该等于原来正在工作的 $m-i$ 台机器中恰有一台损坏的概率，于是

$$p_{i,i+1}(h)=(m-i)\lambda h+o(h),\ n=0,1,\cdots,m-1.$$

类似地

$$p_{i,i-1}(h)=\begin{cases} i\mu h+o(h),\ 1\leq i\leq s,\\ s\mu h+o(h),\ s<i\leq m. \end{cases}$$

$$p_{ij}(h)=o(h),\ |i-j|\geq 2.$$

显然，这是一个生灭过程，其中

$$\mu_i=\begin{cases} i\mu,\ 1\leq i\leq s,\\ s\mu,\ s<i\leq m. \end{cases}$$

$$\lambda_i=(m-i)\lambda,\ i=0,1,\cdots,m.$$

由生灭过程的平稳分布得

$$\pi_0=\left[1+\sum_{j=1}^{s}C_m^j\left(\frac{\lambda}{\mu}\right)^j+\sum_{j=s+1}^{m}C_m^j\frac{(s+1)(s+2)\cdots j}{s^{j-s}}\left(\frac{\lambda}{\mu}\right)^j\right]^{-1},$$

$$\pi_j=\begin{cases} C_m^j\left(\dfrac{\lambda}{\mu}\right)^j\pi_0,\quad 1\leq j\leq s,\\ C_m^j\dfrac{(s+1)(s+2)\cdots j}{s^{j-s}}\left(\dfrac{\lambda}{\mu}\right)^j\pi_0,\quad s<j\leq m. \end{cases}$$

我们知道 π_j 表示在经过充分长的时间后有 j 台机器不工作的概率，而平均不工作的机器的台数为 $\sum_{j=1}^{m}j\pi_j$. 因此，当已知 m,λ,μ 时，可通过上式来计算 π_j，从而适当安排维修工的人数 s.

习题 10

10.1　设 $\{X(t),t\geq 0\}$ 为连续时间马尔可夫链，其状态空间 $I=\{1,2,\cdots,m\}$，且转移速率

$$q_{ij}=\begin{cases} -(m-1), & i=j,\\ 1, & i\neq j. \end{cases}$$

求 $p_{ij}(t)$.

10.2　考虑计算机中的某个随机信号触发器，它可能有两个状态，记为 0 与 1. 假设触发器状态的变化构成一个连续时间马尔可夫链，其状态转移概率满足

$$\begin{cases} p_{01}(h)=\lambda h+o(h),\\ p_{10}(h)=\mu h+o(h). \end{cases}$$

（1）求系统转移速率矩阵 $\boldsymbol{Q}$ 和转移概率矩阵 $\boldsymbol{P}(t)$；

（2）求系统的平稳分布；

（3）求系统在平稳时的均值函数与方差函数.

10.3　用 $X(t)$ 表示一个生物群体在时刻 t 的成员总数，则 $\{X(t), t \geq 0\}$ 为连续时间马尔可夫链，状态空间 $I = \{0,1,2,\cdots\}$. 假设状态转移概率满足

$$p_{ij}(h) = \begin{cases} \lambda_i h + o(h), & j = i+1, \\ 1 - \lambda_i h + o(h), & j = i, \\ 0, & \text{其他}. \end{cases}$$

其中 $\lambda_i (i = 0,1,2,\cdots)$ 是正数. 求 $\{X(t), t \geq 0\}$ 的柯尔莫哥洛夫微分方程和转移概率 $p_{ij}(t)$.

10.4　质点在数轴上的 1,2,3 点中做随机游动，若在时刻 t 质点位于这三个点之一，则在 $[t, t+\Delta t)$ 内，它以概率 $h/2 + o(h)$ 分别转移到其他两点之一. 试求质点随机游动的柯尔莫哥洛夫微分方程、转移概率 $p_{ij}(t)(i, j = 1,2,3)$ 及平稳分布 $\pi_j (j = 1,2,3)$.

10.5　设某车间有 m 台车床，由于各种原因车床时而工作，时而停止. 假设在时刻 t 一台正在工作的车床在时刻 $t+h$ 停止工作的概率为 $\mu h + o(h)$ ，而在时刻 t 不工作的车床在时刻 $t+h$ 开始工作的概率为 $\lambda h + o(h)$ ，并假定各车床的工作情况是相互独立的. 用 $X(t)$ 表示时刻 t 正在工作的车床数，则 $\{X(t), t \geq 0\}$ 为齐次马尔可夫过程.

（1）求 $\{X(t), t \geq 0\}$ 的平稳分布；

（2）设 $m = 10$ ， $\lambda = 60$ ， $\mu = 30$ ，求该系统处于平稳状态时有一半以上车床在工作的概率.

10.6　设有一服务台，在时间 $[0, t)$ 内到达服务台的顾客数是服从泊松分布的随机变量，即顾客流是泊松过程，单位时间到达服务台的平均人数为 λ . 服务台只有一位服务员，对顾客的服务时间是服从指数分布的随机变量，平均服务时间为 $1/\mu$. 在服务台空闲时，到达的顾客立即接受服务；若在顾客到达时服务员正在为另一位顾客服务，则他必须排队等候；在顾客到达时发现已经有两人在等候，则他就离开而不再回来. 设 $X(t)$ 代表在 t 时刻系统内的顾客人数（包括正在被服务的顾客和排队等候的顾客），该人数就是系统所处的状态，于是这个系统的状态空间为 $I = \{0,1,2,3\}$. 又设在 $t = 0$ 时系统处于状态 0 ，即服务员空闲. 求过程的转移速率矩阵 $\boldsymbol{Q}$ 及 t 时刻系统处于状态 j 的绝对概率 $p_j(t)$ 所满足的微分方程.

10.7　一条电路供 m 个焊工用电，每位焊工均间断用电. 现做如下假设：

（I）一焊工在 t 时用电，而在 $(t, t+\Delta t)$ 内停止用电的概率为 $\mu \Delta t + o(\Delta t)$ ；

（II）一焊工在 t 时没有用电，而在 $(t, t+\Delta t)$ 内用电的概率为 $\lambda \Delta t + o(\Delta t)$.

每个焊工的工作情况是相互独立的. 设 $X(t)$ 表示在 t 时正在用电的焊工数.

（1）求该过程的状态空间和转移速率矩阵 $\boldsymbol{Q}$ ；

（2）设 $X(0) = 0$ ，求绝对概率 $p_j(t)$ 满足的微分方程；

（3）求极限分布 $\lim\limits_{t \to +\infty} p_{ij}(t)$.

10.8　设 $[0, t)$ 内到达的顾客数服从参数为 λt 的泊松分布，假设有单个服务员，服务时间为指数分布的排队系统（M/M/1 系统），平均服务时间为 $1/\mu$. 试证明：

（1）在服务员的服务时间内到达顾客的平均数为 λ / μ ；

（2）在服务员的服务时间内无顾客到达的概率为 $\mu / (\lambda + \mu)$.

第 11 章 随机分析

第 1 章中在讨论随机序列的收敛性时，给出了随机序列均方收敛的定义. 本章将基于均方收敛来深入研究二阶矩过程，将特别讨论二阶矩过程的连续性、可导性和可积性等. 换句话说，我们要将普通微积分中的结果推广到二阶矩过程的场合，有关这部分内容统称为随机分析.

11.1 均方收敛的性质与判定准则

为方便叙述，假定本节所讨论的同一个问题中所涉及的随机变量都是定义在同一个概率空间 $(\Omega, \mathcal{F}, P)$ 上的. 回顾第 1 章中有关随机序列均方收敛的概念：设 $\{X_n, n=1,2,\cdots\}$ 是随机变量序列，X 是一个随机变量，如果

$$\lim_{n\to\infty} E|X_n - X|^2 = 0,$$

则称 $\{X_n, n=1,2,\cdots\}$ 均方收敛于 X，或称 $\{X_n, n=1,2,\cdots\}$ 的均方极限为 X，记为

$$\underset{n\to\infty}{\text{l.i.m}}\, X_n = X \text{ 或 } \text{l.i.m}\, X_n = X.$$

本节将系统介绍均方极限的性质及均方收敛判定准则.

11.1.1 均方极限的性质

定理 11.1.1（**均方极限的唯一性**）设 $\{X_n, n=1,2,\cdots\}$ 是随机变量序列，X 是一个随机变量. 若 $\underset{n\to\infty}{\text{l.i.m}}\, X_n = X$，则 X 在概率1下是唯一的.

证 设 $\underset{n\to\infty}{\text{l.i.m}}\, X_n = X$ 且有 $\underset{n\to\infty}{\text{l.i.m}}\, X_n = Y$，则由 Schwarz 不等式，有

$$\begin{aligned}0 &\le E|X-Y|^2 = E|X - X_n + X_n - Y|^2 \\ &\le E|X_n - X|^2 + E|X_n - Y|^2 + 2E[|X_n - X||X_n - Y|] \\ &\le E|X_n - X|^2 + E|X_n - Y|^2 + 2(E|X_n - X|^2)^{\frac{1}{2}}(E|X_n - Y|^2)^{\frac{1}{2}} \to 0 \quad (n\to\infty).\end{aligned}$$

于是 $E|X-Y|^2 = 0$，故 $P(X=Y)=1$，即 X 在概率1下是唯一的.

定理 11.1.2（**均方极限的运算法则**） 设 $\{X_n, n=1,2,\cdots\}$ 和 $\{Y_n, n=1,2,\cdots\}$ 是随机变量序列，X 和 Y 是随机变量，且 $\underset{n\to\infty}{\text{l.i.m}}\, X_n = X$, $\underset{n\to\infty}{\text{l.i.m}}\, Y_n = Y$, a 和 b 为常数，则

（1）$\underset{n\to\infty}{\text{l.i.m}}(aX_n + bY_n) = aX + bY$；

（2）$\lim\limits_{\substack{m\to\infty \\ n\to\infty}} E[X_m \overline{Y_n}] = E[X\overline{Y}]$.

证 （1）由于

$$0 \le E|aX_n + bY_n - (aX + bY)|^2 = E|a(X_n - X) + b(Y_n - Y)|^2$$

$$\le |a|^2 E|X_n - X|^2 + |b|^2 E|Y_n - Y|^2 + 2|a||b|E[|X_n - X||Y_n - Y|]$$

$$\le |a|^2 E|X_n - X|^2 + |b|^2 E|Y_n - Y|^2 + 2|a||b|(E|X_n - X|^2)^{\frac{1}{2}}(E|Y_n - Y|^2)^{\frac{1}{2}}$$

$$\to 0\ (n \to \infty),$$

因此有

$$\lim_{n\to\infty} E|aX_n + bY_n - (aX + bY)|^2 = 0,$$

即

$$\underset{n\to\infty}{\text{l.i.m}}(aX_n + bY_n) = aX + bY.$$

（2）由于

$$\begin{aligned}
0 &\le |E(X_m\overline{Y_n}) - E(X\overline{Y})| = |E(X_m\overline{Y_n} - X\overline{Y})| \\
&= |E(X_m\overline{Y_n} - X\overline{Y_n} + X\overline{Y_n} - X\overline{Y})| = |E[(X_m - X)\overline{Y_n} + X(\overline{Y_n} - \overline{Y})]| \\
&= |E[(X_m - X)\overline{Y_n} - (X_m - X)\overline{Y} + (X_m - X)\overline{Y} + X(\overline{Y_n} - \overline{Y})]| \\
&= |E[(X_m - X)(\overline{Y_n} - \overline{Y}) + (X_m - X)\overline{Y} + X(\overline{Y_n} - \overline{Y})]| \\
&\le E[|X_m - X||Y_n - Y|] + E[|X_m - X||Y|] + E[|X||Y_n - Y|] \\
&\le (E|X_m - X|^2)^{\frac{1}{2}}(E|Y_n - Y|^2)^{\frac{1}{2}} + (E|X_m - X|^2)^{\frac{1}{2}}(E|Y|^2)^{\frac{1}{2}} + (E|X|^2)^{\frac{1}{2}}(E|Y_n - Y|^2)^{\frac{1}{2}} \\
&\to 0 \quad (m, n \to \infty),
\end{aligned}$$

因此

$$\lim_{\substack{m\to\infty \\ n\to\infty}} E[X_m\overline{Y_n}] = E[X\overline{Y}].$$

推论 11.1.1 设 $\{X_n, n = 1, 2, \cdots\}$ 是随机变量序列，X 是一个随机变量，若 $\underset{n\to\infty}{\text{l.i.m}}\, X_n = X$ 则

（1）$\lim\limits_{n\to\infty} E(X_n) = E(X) = E[\underset{n\to\infty}{\text{l.i.m}}\, X_n]$；

（2）$\lim\limits_{n\to\infty} E|X_n|^2 = E|X|^2 = E[|\underset{n\to\infty}{\text{l.i.m}}\, X_n|^2]$；

（3）$\lim\limits_{n\to\infty} D(X_n) = D(X) = D[\underset{n\to\infty}{\text{l.i.m}}\, X_n]$.

定理 11.1.3 设 $\{X_n, n = 1, 2, \cdots\}$ 是随机变量序列，X 是一个随机变量，$f(u)$ 是一个确定性函数，且满足**李普西兹（Lipschitz）条件**，即

$$|f(u) - f(v)| \le M|u - v|,$$

其中 $M > 0$ 为常数，则有

$$\underset{n\to\infty}{\text{l.i.m}}\, f(X_n) = f(X).$$

证 利用李普西兹条件，有

$$0 \le E|f(X_n) - f(X)|^2 \le E[M|X_n - X|]^2 = M^2 E|X_n - X|^2 \to 0 \quad (n \to \infty).$$

于是

$$\lim_{n\to\infty} E|f(X_n) - f(X)|^2 = 0,$$

即有

$$\underset{n\to\infty}{\text{l.i.m}}\, f(X_n) = f(X).$$

推论 11.1.2 设 $\{X_n, n = 1, 2, \cdots\}$ 是随机变量序列，X 是一个随机变量，且 $\underset{n\to\infty}{\text{l.i.m}}\, X_n = X$，则对于任意有限的 t，有

$$\underset{n\to\infty}{\mathrm{l.i.m}}\,\mathrm{e}^{\mathrm{i}tX_n}=\mathrm{e}^{\mathrm{i}tX},$$

从而 $\lim\limits_{n\to\infty}\varphi_{X_n}(t)=\varphi_X(t)$．也就是 $\{X_n,\ n=1,2,\cdots\}$ 的特征函数序列收敛于 X 的特征函数.

11.1.2 均方收敛判定准则

对于已知的二阶矩随机序列 $\{X_n,\ n=1,2,\cdots\}$，如果想用定义 $\lim\limits_{n\to\infty}E|X_n-X|^2=0$ 来判定该序列是否均方收敛，那么需要预先知道随机变量 X．但很多时候并不知道 X 是否存在，即使存在也不一定能求出 X．因此，直接利用均方收敛的定义来判定该序列收敛与否往往比较困难. 下面介绍两个直接由序列 $\{X_n,\ n=1,2,\cdots\}$ 本身，而不涉及 X 的常用的均方收敛性的判定准则.

定理 11.1.4 （**Cauchy 准则**） 随机序列 $\{X_n,\ n=1,2,\cdots\}$ 均方收敛的充要条件是

$$\lim_{\substack{m\to\infty\\n\to\infty}}E|X_m-X_n|^2=0.$$

证 定理的充分性的证明要利用测度论的知识，这里省略，仅证明定理的必要性. 为此，不妨设 $\{X_n,\ n=1,2,\cdots\}$ 均方收敛于 X，即 $\underset{n\to\infty}{\mathrm{l.i.m}}\,X_n=X$，由于

$$\begin{aligned}0&\le E|X_m-X_n|^2=E|X_m-X+X-X_n|^2\\&\le E|X_m-X|^2+E|X_n-X|^2+2E[|X_m-X||X_n-X|]\\&\le E|X_m-X|^2+E|X_n-X|^2+2(E|X_m-X|^2)^{\frac{1}{2}}(E|X_n-X|^2)^{\frac{1}{2}}\\&\to 0\quad(m,n\to\infty),\end{aligned}$$

于是

$$\lim_{\substack{m\to\infty\\n\to\infty}}E|X_m-X_n|^2=0.$$

定理 11.1.5 （**均方收敛准则**） 随机序列 $\{X_n,\ n=1,2,\cdots\}$ 均方收敛的充要条件是

$$\lim_{\substack{m\to\infty\\n\to\infty}}E[X_m\overline{X_n}]=c,$$

其中 $|c|<+\infty$ 为常数.

证 必要性可由定理 11.1.2 的（2）直接推得，下面证充分性. 设 $\lim\limits_{\substack{m\to\infty\\n\to\infty}}E[X_m\overline{X_n}]=c$，则有

$$\begin{aligned}E|X_m-X_n|^2&=E[(X_m-X_n)(\overline{X_m-X_n})]\\&=E[X_m\overline{X_m}]-E[X_m\overline{X_n}]-E[X_n\overline{X_m}]+E[X_n\overline{X_n}]\\&\to c-c-c+c=0\quad(m,n\to\infty),\end{aligned}$$

由 Cauchy 准则知，$\{X_n,\ n=1,2,\cdots\}$ 均方收敛.

【例 11.1.1】 设 $\{X_n,\ n=1,2,\cdots\}$ 是一个二阶矩随机变量序列，其相关函数 $R_X(m,n)=E[X_m\overline{X_n}]$，$\{a_n,n=1,2,\cdots\}$ 是一个常数序列. 令 $Y_n=\sum\limits_{k=1}^{n}a_kX_k$，试问 $\{Y_n,\ n=1,2,\cdots\}$ 在什么条件下均方收敛？

解 由于

$$E[Y_m\overline{Y_n}]=E[\sum_{k=1}^{m}\sum_{l=1}^{n}a_k\overline{a_l}X_k\overline{X_l}]=\sum_{k=1}^{m}\sum_{l=1}^{n}a_k\overline{a_l}E[X_k\overline{X_l}]$$
$$=\sum_{k=1}^{m}\sum_{l=1}^{n}a_k\overline{a_l}R_X(k,l)\text{，}$$

根据定理 11.1.5，如果$\{Y_n,\ n=1,2,\cdots\}$均方收敛，那么要求

$$\lim_{\substack{m\to\infty\\ n\to\infty}}E[Y_m\overline{Y_n}]=c\text{，}$$

其中$|c|<+\infty$为常数，即

$$\sum_{k=1}^{\infty}\sum_{l=1}^{\infty}a_k\overline{a_l}R_X(k,l)=c\text{，}$$

也就是要求级数$\sum_{k=1}^{\infty}\sum_{l=1}^{\infty}a_k\overline{a_l}R_X(k,l)$为收敛级数.

上面讨论了随机变量序列的均方极限及其性质，这些定义与性质可以很方便地推广到连续参数的二阶矩过程中.

定义 11.1.1 设$\{X(t),t\in T\}$是二阶矩过程，X为一个随机变量，$t_0\in T$. 若

$$\lim_{t\to t_0}E|X(t)-X|^2=0$$

则称当$t\to t_0$时，$\{X(t),t\in T\}$均方收敛于X，或称X为当$t\to t_0$时的$\{X(t),t\in T\}$的均方极限，记为

$$\underset{t\to t_0}{\text{l.i.m}}X(t)=X\ \text{或}\ \text{l.i.m}X(t)=X\text{.}$$

经过推广后，连续参数的二阶矩过程的均方极限的性质与二阶矩变量序列的均方极限的性质完全类似. 例如，均方收敛准则可表述为：设$\{X(t),t\in T\}$是二阶矩过程，$t_0\in T$，则当$t\to t_0$时，$\{X(t),t\in T\}$均方收敛的充要条件是对任意的$s,t\in T$，有

$$\lim_{\substack{s\to t_0\\ t\to t_0}}E[X(s)\overline{X(t)}]=c\text{，}$$

其中$|c|<+\infty$为常数.

11.2 均方连续、均方导数和均方积分

11.2.1 均方连续

定义 11.2.1 设$\{X(t),t\in T\}$是二阶矩过程，$t_0\in T$，若

$$\underset{t\to t_0}{\text{l.i.m}}X(t)=X(t_0)\text{，}$$

则称$\{X(t),t\in T\}$在t_0处**均方连续**. 若对任意$t\in T$，$\{X(t),t\in T\}$在t处都均方连续，则称$\{X(t),t\in T\}$在T上**均方连续**，或称$\{X(t),t\in T\}$是均方连续的.

下面给出均方连续的判定准则.

定理 11.2.1 设$\{X(t),t\in T\}$是二阶矩过程，$t_0\in T$，$R_X(s,\ t)$是其相关函数，则$\{X(t),\ t\in T\}$在t_0处均方连续的充要条件是$R_X(s,t)$在$(t_0,\ t_0)$处连续.

证 由均方连续的定义，$\{X(t),t\in T\}$在t_0处均方连续的充要条件是$\underset{t\to t_0}{\text{l.i.m}}X(t)=X(t_0)$，

而 $\underset{t\to t_0}{\text{l.i.m}}X(t)=X(t_0)$ 的充要条件是 $\lim\limits_{\substack{s\to t_0\\t\to t_0}}E[X(s)\overline{X(t)}]=E[X(t_0)\overline{X(t_0)}]$，即

$$\lim_{\substack{s\to t_0\\t\to t_0}}R_X(s,t)=R_X(t_0,t_0),$$

也就是 $R_X(s,t)$ 在 (t_0,t_0) 处连续.

推论 11.2.1 设 $\{X(t),t\in T\}$ 是二阶矩过程，$R_X(s,t)$ 是其相关函数，则 $\{X(t),t\in T\}$ 均方连续的充要条件是对任意 $t\in T$，$R_X(s,t)$ 在 (t,t) 处连续.

定理 11.2.2 设 $\{X(t),t\in T\}$ 是二阶矩过程，$R_X(s,t)$ 是其相关函数，则 $R_X(s,t)$ 在整个 $T\times T$ 上连续的充要条件是对任意 $t\in T$，$R_X(s,t)$ 在 (t,t) 处连续.

证 必要性是显然的，下面证明充分性. 设对任意 $t\in T$，$R_X(s,t)$ 在 (t,t) 处连续，则 $\{X(t),t\in T\}$ 均方连续，从而对任意 $s_0,t_0\in T$，$\underset{s\to s_0}{\text{l.i.m}}X(s)=X(s_0)$，$\underset{t\to t_0}{\text{l.i.m}}X(t)=X(t_0)$，于是由定理 11.1.2 的（2），有

$$\lim_{\substack{s\to s_0\\t\to t_0}}E[X(s)\overline{X(t)}]=E[X(s_0)\overline{X(t_0)}],$$

即

$$\lim_{\substack{s\to s_0\\t\to t_0}}R_X(s,t)=R_X(s_0,t_0).$$

由 s_0 和 t_0 的任意性知，$R_X(s,t)$ 在 $T\times T$ 上连续.

上述定理表明，二阶矩过程在 T 上连续与它的相关函数在 $T\times T$ 上连续等价，而相关函数在 $T\times T$ 上连续又与它在对角线 $\{(t,t),t\in T\}$ 上连续等价.

下面的定理给出了均方连续的二阶矩过程在其数字特征上的特性.

定理 11.2.3 设 $\{X(t),t\in T\}$ 是均方连续的，则对任意 $t_0\in T$，有：

（1）$\lim\limits_{t\to t_0}m_X(t)=m_X(t_0)$；

（2）$\lim\limits_{t\to t_0}D_X(t)=D_X(t_0)$.

证 由于 $\{X(t),t\in T\}$ 是均方连续的，因此对任意 $t_0\in T$，有

$$\underset{t\to t_0}{\text{l.i.m}}X(t)=X(t_0).$$

由推论 11.1.1，有

$$\lim_{t\to t_0}E[X(t)]=E[X(t_0)]，\text{即}\lim_{t\to t_0}m_X(t)=m_X(t_0).$$

即证得（1）成立，类似地可证（2）成立.

此定理说明，若二阶矩过程 $\{X(t),t\in T\}$ 是均方连续的，则其均值函数和方差函数都是连续函数.

【例 11.2.1】 设 $\{N(t),t\in T\}$ 是强度为 λ 的泊松过程，对任意 $s,t\geq 0$，由定理 8.1.1 知其相关函数 $R_N(s,t)=\lambda^2 st+\lambda\min(s,t)$. 由于对任意 $t_0\geq 0$，有

$$\lim_{\substack{s\to t_0\\t\to t_0}}R_N(s,t)=\lambda^2t_0^2+\lambda t_0=R_N(t_0,t_0)$$

因此 $\{N(t),t\geq 0\}$ 是均方连续的. 从而其均值函数 $m_X(t)$ 与方差函数 $D_X(t)$ 也都是连续函数.

需要指出的是，泊松过程的任意一个样本函数都是间断的，但是该过程却是均方连续的. 因此，二阶矩过程均方连续并不意味着样本函数连续.

【例 11.2.2】　设 $\{W(t), t\geq 0\}$ 是参数为 σ^2 的维纳过程，对任意 $s,t\geq 0$，由定理 7.4.3 知其相关函数为 $R_W(s, t)=\sigma^2\min(s, t)$. 由于对任意 $t_0\geq 0$，有

$$\lim_{\substack{s\to t_0\\ t\to t_0}} R_W(s, t)=\sigma^2 t_0=R_W(t_0, t_0),$$

因此维纳过程是均方连续的.

11.2.2　均方导数

定义 11.2.2　设 $\{X(t), t\in T\}$ 是二阶矩过程，$t_0\in T$，若均方极限

$$\underset{\Delta t\to 0}{\mathrm{l.i.m}}\frac{X(t_0+\Delta t)-X(t_0)}{\Delta t}$$

存在，则称此极限为 $\{X(t), t\in T\}$ 在 t_0 点的**均方导数**，记为 $X'(t_0)$ 或 $\left.\dfrac{\mathrm{d}X(t)}{\mathrm{d}t}\right|_{t=t_0}$，即有

$$X'(t_0)=\left.\frac{\mathrm{d}X(t)}{\mathrm{d}t}\right|_{t=t_0}=\underset{\Delta t\to 0}{\mathrm{l.i.m}}\frac{X(t_0+\Delta t)-X(t_0)}{\Delta t}.$$

这时称 $\{X(t), t\in T\}$ 在 t_0 处**均方可导或均方可微**. 若 $\{X(t), t\in T\}$ 在 T 中的每一点 t 处都均方可导，则称 $\{X(t), t\in T\}$ 在 T 上均方可导. 此时 $\{X(t), t\in T\}$ 的均方导数是一个新的二阶矩过程，记为 $\{X'(t), t\in T\}$，称为 $\{X(t), t\in T\}$ 的**导数过程**.

若 $\{X(t), t\in T\}$ 的导数过程 $\{X'(t), t\in T\}$ 均方可导，则称 $\{X(t), t\in T\}$ **二阶均方可导**，从而 $\{X(t), t\in T\}$ 的二阶均方导数仍是二阶矩过程，记为 $\{X''(t),\ t\in T\}$. 类似地，可定义更高阶的均方导数.

为了叙述均方可微准则，这里给出普通二元函数的广义二阶导数的概念.

定义 11.2.3　设 $f(s,t)$ 是普通二元函数，若下列极限

$$\lim_{\substack{h\to 0\\ k\to 0}}\frac{f(s+h,t+k)-f(s+h,t)-f(s,t+k)+f(s,t)}{hk}$$

存在，则称 $f(s,t)$ 在 (s,t) 处广义二阶可导，并称此极限值为函数 $f(s,t)$ 在 (s,t) 处的广义二阶导数.

结合普通二元函数广义二阶可导的结果，关于二阶矩过程的相关函数，有以下定理.

定理 11.2.4　设 $\{X(t), t\in T\}$ 是二阶矩过程，相关函数为 $R_X(s,t)$，则 $R_X(s,t)$ 广义二阶可导的充分条件是 $R_X(s,t)$ 关于 s 和 t 的二阶混合偏导数存在且连续；$R_X(s,t)$ 广义二阶可导的必要条件是 $R_X(s,t)$ 关于 s 和 t 的一阶偏导数存在，二阶混合偏导数存在且相等.

定理 11.2.5　二阶矩过程 $\{X(t), t\in T\}$ 在 $t_0\in T$ 处均方可导的充要条件是其相关函数 $R_X(s,t)$ 在 (t_0,t_0) 处广义二阶可导.

证　由均方可导的定义和均方收敛准则知，$\{X(t), t\in T\}$ 在 t_0 处均方可导的充要条件为

$$\lim_{\substack{h\to 0\\ k\to 0}} E\left[\frac{X(t_0+h)-X(t_0)}{h}\cdot\overline{\frac{X(t_0+k)-X(t_0)}{k}}\right]$$

存在. 将上式展开得

$$\lim_{\substack{h\to 0\\ k\to 0}}\frac{R_X(t_0+h,t_0+k)-R_X(t_0+h,t_0)-R_X(t_0,t_0+k)+R_X(t_0,t_0)}{hk},$$

此极限存在的充要条件是 $R_X(s,t)$ 在 (t_0,t_0) 处广义二阶可导.

推论 11.2.2 二阶矩过程 $\{X(t),t\in T\}$ 均方可导的充要条件是对任意 $t\in T$，$R_X(s,t)$ 在 (t,t) 处广义二阶可导.

推论 11.2.3 设二阶矩过程 $\{X(t),t\in T\}$ 均方可导，则：

（1）导数过程 $\{X'(t),t\in T\}$ 的均值函数等于原过程 $\{X(t),t\in T\}$ 均值函数的导数，即

$$m_{X'}(t)=E[X'(t)]=\{E[X(t)]\}'=m'_X(t)\text{；}$$

（2）导数过程 $\{X'(t),t\in T\}$ 和原过程 $\{X(t),t\in T\}$ 的互相关函数 $R_{X'X}(s,t)$ 等于原过程 $\{X(t),t\in T\}$ 的相关函数 $R_X(s,t)$ 关于 s 的偏导数，即

$$R_{X'X}(s,t)=E[X'(s)\overline{X(t)}]=\frac{\partial E[X(s)\overline{X(t)}]}{\partial s}=\frac{\partial R_X(s,t)}{\partial s}\text{；}$$

（3）原过程 $\{X(t),t\in T\}$ 和导数过程 $\{X'(t),t\in T\}$ 的互相关函数 $R_{XX'}(s,t)$ 等于原过程 $\{X(t),t\in T\}$ 的相关函数 $R_X(s,t)$ 关于 t 的偏导数，即

$$R_{XX'}(s,t)=E[X(s)\overline{X'(t)}]=\frac{\partial E[X(s)\overline{X(t)}]}{\partial t}=\frac{\partial R_X(s,t)}{\partial t}\text{；}$$

（4）导数过程 $\{X'(t),t\in T\}$ 的相关函数 $R_{X'}(s,t)$ 等于原过程 $\{X(t),t\in T\}$ 的相关函数 $R_X(s,t)$ 的二阶混合偏导数，即

$$R_{X'}(s,t)=E[X'(s)\overline{X'(t)}]=\frac{\partial^2 E[X(s)\overline{X(t)}]}{\partial s\partial t}=\frac{\partial^2 R_X(s,t)}{\partial s\partial t}=\frac{\partial^2 R_X(s,t)}{\partial t\partial s}.$$

证 由于 $\{X(t),t\in T\}$ 均方可导，因此 $\{X'(t),t\in T\}$ 存在.

（1）将推论 11.1.1 的（1）应用于一般随机过程，有

$$\begin{aligned}m_{X'}(t)=E[X'(t)]&=E\left[\underset{\Delta t\to 0}{\text{l.i.m}}\frac{X(t+\Delta t)-X(t)}{\Delta t}\right]\\&=\lim_{\Delta t\to 0}\frac{E[X(t+\Delta t)]-E[X(t)]}{\Delta t}\\&=\lim_{\Delta t\to 0}\frac{m_X(t+\Delta t)-m_X(t)}{\Delta t}=m'_X(t).\end{aligned}$$

（2）由定理 11.1.2 可得

$$\begin{aligned}R_{X'X}(s,t)=E[X'(s)\overline{X(t)}]&=E\left[\underset{\Delta s\to 0}{\text{l.i.m}}\frac{X(s+\Delta s)-X(s)}{\Delta s}\cdot\overline{X(t)}\right]\\&=\lim_{\Delta s\to 0}\frac{E[X(s+\Delta s)\overline{X(t)}-X(s)\overline{X(t)}]}{\Delta s}\\&=\lim_{\Delta s\to 0}\frac{R_X(s+\Delta s,t)-R_X(s,t)}{\Delta s}=\frac{\partial R_X(s,t)}{\partial s}.\end{aligned}$$

（3）类似于（2）.

（4）由定理 11.1.2 并利用上述（2）、（3）的结论，可得

$$\begin{aligned}R_{X'}(s,t)=E[X'(s)\overline{X'(t)}]&=E\left[X'(s)\underset{\Delta t\to 0}{\text{l.i.m}}\overline{\frac{X(t+\Delta t)-X(t)}{\Delta t}}\right]\\&=\lim_{\Delta t\to 0}\frac{E[X'(s)\overline{X(t+\Delta t)}-X'(s)\overline{X(t)}]}{\Delta t}\end{aligned}$$

$$=\lim_{\Delta t\to 0}\frac{R_{X'X}(s,t+\Delta t)-R_{X'X}(s,t)}{\Delta t}$$

$$=\lim_{\Delta t\to 0}\frac{1}{\Delta t}\left[\frac{\partial R_X(s,t+\Delta t)}{\partial s}-\frac{\partial R_X(s,t)}{\partial s}\right]=\frac{\partial^2 R_X(s,t)}{\partial s\partial t}.$$

同理可得

$$R_{X'}(s,t)=E[X'(s)\overline{X'(t)}]=\frac{\partial^2 R_X(s,t)}{\partial t\partial s}.$$

上述推论表明，在均方可导的条件下，二阶矩过程的数学期望运算与求导运算可交换顺序.

【例 11.2.3】 设 $X(t)=At, t\ge 0$，其中 A 是均值为 0、方差为 σ^2 的随机变量，试判断 $\{X(t), t\ge 0\}$ 是否均方可导.

解 显然 $\{X(t), t\ge 0\}$ 是一个二阶矩过程，且

$$R_X(s,t)=E[As\cdot At]=stE(A^2)=st\sigma^2.$$

又对任意 $t\ge 0$，$R_X(s,t)$ 关于 s 和 t 的二阶混合偏导数在 (t,t) 处存在且连续，由定理 11.2.5 可知，$\{X(t), t\ge 0\}$ 均方可导.

【例 11.2.4】 设 $\{N(t), t\ge 0\}$ 是参数为 λ 的泊松过程，判断 $\{N(t), t\ge 0\}$ 是否均方可导.

解 由于 $\{N(t), t\ge 0\}$ 的相关函数为 $R_N(s,\ t)=\lambda^2 st+\lambda\min(s,\ t)$，且

$$\lim_{\Delta t\to 0^+}\frac{R_N(t+\Delta t,t)-R_N(t,t)}{\Delta t}=\lim_{\Delta t\to 0^+}\frac{\lambda^2 t\Delta t}{\Delta t}=\lambda^2 t;$$

$$\lim_{\Delta t\to 0^-}\frac{R_N(t+\Delta t,t)-R_N(t,t)}{\Delta t}=\lim_{\Delta t\to 0^-}\frac{(\lambda^2 t+\lambda)\Delta t}{\Delta t}=\lambda^2 t+\lambda,$$

因此 $R_N(s,t)$ 的一阶偏导数在 (t,t) 处不存在. 由定理 11.2.5 知，$\{N(t), t\ge 0\}$ 不是均方可导的.

随机过程的均方可导与普通函数的可导具有一些类似的性质.

定理 11.2.6 设二阶矩过程 $\{X(t), t\in T\}$ 和 $\{Y(t), t\in T\}$ 都均方可导，X 为普通随机变量，a 和 b 为任意常数，$f(t)$ 是 T 上的普通可导函数，则有：

（1）$\{X(t), t\in T\}$ 均方连续；

（2）$\{X(t), t\in T\}$ 的均方导数在概率 1 下是唯一的；

（3）$X'=0$，反之，若 $X'(t)=0$，则 $X(t)$ 以概率 1 为普通随机变量；

（4）$\{aX(t)+bY(t), t\in T\}$ 均方可导，且 $[aX(t)+bY(t)]'=aX'(t)+bY'(t)$；

（5）$\{f(t)X(t), t\in T\}$ 均方可导，且 $[f(t)X(t)]'=f'(t)X(t)+f(t)X'(t)$.

证 这里只证（1），其他仿此用类似一元实函数相应性质的证明方法，将普通极限换为均方极限即可.

对任意 $t\in T$，若 $\{X(t), t\in T\}$ 在 t 处均方可导，则 $X'(t)$ 存在. 由于

$$\lim_{\Delta t\to 0}E|X(t+\Delta t)-X(t)|^2=\lim_{\Delta t\to 0}E\left[\left|\frac{X(t+\Delta t)-X(t)}{\Delta t}\right|^2(\Delta t)^2\right]$$

$$=\lim_{\Delta t\to 0}E\left|\frac{X(t+\Delta t)-X(t)}{\Delta t}\right|^2\lim_{\Delta t\to 0}(\Delta t)^2=0$$

故 $\{X(t), t\in T\}$ 均方连续.

需要指出的是，若$\{X(t),t\in T\}$均方连续，则$\{X(t),t\in T\}$未必均方可导. 例如，参数为λ的泊松过程$\{N(t),t\geq 0\}$，就是一个均方连续但不满足均方可导的二阶矩过程.

11.2.3 均方积分

定义 11.2.4 设$\{X(t),t\in[a,b]\}$是二阶矩过程，$f(t,u)$是$[a,b]\times U$上的普通函数. 任取分点$a=t_0<t_1<\cdots<t_n=b$，将区间$[a,b]$分割成n个子区间$[t_{k-1},t_k],k=1,2,\cdots,n$，并记$\Delta t_k=t_k-t_{k-1}$，$\varDelta=\max\limits_{1\leq k\leq n}\{\Delta t_k\}$. 对任意$t_k^*\in[t_{k-1},t_k]$作和式$\sum\limits_{k=1}^{n}f(t_k^*,u)X(t_k^*)\Delta t_k$，若均方极限$\operatorname*{l.i.m}\limits_{\varDelta\to 0}\sum\limits_{k=1}^{n}f(t_k^*,u)\ X(t_k^*)\Delta t_k$存在，且此极限不依赖于对$[a,b]$的分法及$t_k^*$的取法，则称随机过程$\{f(t,u)X(t),t\in[a,b]\}$在$[a,b]$上**均方可积**，该极限称为$\{f(t,u)X(t),t\in[a,b]\}$在$[a,b]$上的**均方积分**，记为$Y(u)=\int_a^b f(t,u)X(t)\mathrm{d}t$，即

$$Y(u)=\int_a^b f(t,u)X(t)\mathrm{d}t=\operatorname*{l.i.m}_{\Delta\to 0}\sum_{k=1}^{n}f(t_k^*,u)X(t_k^*)\Delta t_k,\quad u\in U.$$

有时也称$\{Y(u),u\in U\}$为$\{f(t,u)X(t),t\in[a,b]\}$在$[a,b]$上的**均方积分过程**.

特别地，当$f(t,u)\equiv 1$时，$\{X(t),t\in[a,b]\}$在$[a,b]$上的均方积分为一个二阶矩随机变量，即

$$Y=\int_a^b X(t)\mathrm{d}t.$$

定理 11.2.7（均方可积准则） 设$\{X(t),t\in[a,b]\}$是二阶矩过程，$f(t,u)$是$[a,b]\times U$上的普通函数，则$\{f(t,u)X(t),t\in[a,b]\}$在$[a,b]$上均方可积的充要条件是二重积分

$$\int_a^b\int_a^b f(s,u)\overline{f(t,u)}R_X(s,t)\mathrm{d}s\mathrm{d}t$$

存在. 特别地，二阶矩过程$\{X(t),t\in[a,b]\}$在区间$[a,b]$上均方可积的充要条件是其相关函数$R_X(s,t)$在$[a,b]\times[a,b]$上可积.

证 充分性证明从略，这里只证必要性. 根据均方可积的定义可知，$\{f(t,u)X(t),t\in[a,b]\}$在$[a,b]$上均方可积的充要条件是均方极限$\operatorname*{l.i.m}\limits_{\Delta\to 0}\sum\limits_{k=1}^{n}f(t_k^*,u)X(t_k^*)\Delta t_k$存在，这意味着极限

$$\begin{aligned}&\lim_{\substack{\varDelta'\to 0\\ \varDelta\to 0}}E\left[\sum_{l=1}^{n}f(s_l^*,u)X(s_l^*)\Delta s_l\overline{\sum_{k=1}^{n}f(t_k^*,u)X(t_k^*)\Delta t_k}\right]\\&=\lim_{\substack{\varDelta'\to 0\\ \varDelta\to 0}}\sum_{l=1}^{n}\sum_{k=1}^{n}f(s_l^*,u)\overline{f(t_k^*,u)}E[X(s_l^*)\overline{X(t_k^*)}]\Delta s_l\Delta t_k\\&=\lim_{\substack{\varDelta'\to 0\\ \varDelta\to 0}}\sum_{l=1}^{n}\sum_{k=1}^{n}f(s_l^*,u)\overline{f(t_k^*,u)}R_X(s_l^*,t_k^*)\Delta s_l\Delta t_k\end{aligned}$$

存在. 根据二重积分的定义知，上式中最后一个极限存在的充要条件是二重积分

$$\int_a^b\int_a^b f(s,u)\overline{f(t,u)}R_X(s,t)\mathrm{d}s\mathrm{d}t$$

存在.

【例 11.2.5】 讨论参数为σ^2的维纳过程$\{W(t),t\geq 0\}$的均方可积性.

解　由于 $\{W(t), t\geq 0\}$ 的相关函数为 $R_W(s,t)=\sigma^2\min(s,t)$，因此对任意 $b>0$，二重积分

$$\int_0^b\int_0^b R_W(s,t)\mathrm{d}s\mathrm{d}t=\int_0^b\int_0^b\sigma^2\min(s,t)\mathrm{d}s\mathrm{d}t$$

$$=\sigma^2\int_0^b(\int_0^s t\mathrm{d}t+\int_s^b s\mathrm{d}t)\mathrm{d}s=\frac{\sigma^2 b^3}{3}.$$

因此，由均方可积准则，对一切有限的 $b>0$，$\{W(t), t\geq 0\}$ 在 $[0,b]$ 上都是均方可积的.

均方积分也具有类似普通积分的如下性质.

定理 11.2.8　设 $\{X(t), t\in[a,b]\}$ 为二阶矩过程，$f(t,u)$ 和 $g(t,u)$ 为普通函数，α 和 β 为常数，有：

（1）若 $\{X(t), t\in[a,b]\}$ 在 $[a,b]$ 上均方连续，则 $\{X(t),\ t\in[a,b]\}$ 在 $[a,b]$ 上均方可积；

（2）若 $\{f(t,u)X(t), t\in[a,b]\}$ 在 $[a,b]$ 上均方可积，则其均方积分在概率1下是唯一的；

（3）若 $\{f(t,u)X(t),t\in[a,b]\}$ 和 $\{g(t,u)Y(t), t\in[a,b]\}$ 在 $[a,b]$ 上都均方可积，则 $\{\alpha f(t,u)X(t)+\beta g(t,u)Y(t), t\in[a,b]\}$ 上也均方可积，且有

$$\int_a^b[\alpha f(t,u)X(t)+\beta g(t,u)Y(t)]\mathrm{d}t=\alpha\int_a^b f(t,u)X(t)\mathrm{d}t+\beta\int_a^b g(t,u)Y(t)\mathrm{d}t;$$

（4）若 $\{f(t,u)X(t), t\in[a,b]\}$ 在 $[a,b]$ 上均方可积，则对任意 $a<c<b$，$\{f(t,u)X(t), t\in[a,b]\}$ 在 $[a,c]$ 和 $[c,b]$ 上也均方可积，且有

$$\int_a^b f(t,u)X(t)\mathrm{d}t=\int_a^c f(t,u)X(t)\mathrm{d}t+\int_c^b f(t,u)X(t)\mathrm{d}t.$$

证　（1）设 $\{X(t), t\in[a,b]\}$ 在 $[a,b]$ 上均方连续，则由推论 11.2.1 及定理 11.2.2 知，$R_X(s,t)$ 在 $[a,b]\times[a,b]$ 上连续，于是二重积分 $\int_a^b\int_a^b R_X(s,t)\mathrm{d}s\mathrm{d}t$ 存在. 再由均方可积准则知，$\{X(t), t\in[a,b]\}$ 在 $[a,b]$ 上均方可积.

（2）、（3）、（4）显然.

定理 11.2.9　设 $\{X(t), t\in[a,b]\}$ 为二阶矩过程，$f(t,u)$ 为普通函数. 若二重积分

$$\int_a^b\int_a^b f(s,u)\overline{f(t,u)}R_X(s,t)\mathrm{d}s\mathrm{d}t$$

存在，则均方积分过程 $\{Y(u), u\in U\}$ 的数字特征分别如下.

（1）均值函数：$m_Y(u)=\int_a^b f(t,u)m_X(t)\mathrm{d}t,\ u\in U$；

（2）相关函数：$R_Y(u,v)=\int_a^b\int_a^b f(s,u)\overline{f(t,v)}R_X(s,t)\mathrm{d}s\mathrm{d}t,\ u,v\in U$；

（3）协方差函数：$C_Y(u,v)=\int_a^b\int_a^b f(s,u)\overline{f(t,v)}C_X(s,t)\mathrm{d}s\mathrm{d}t,\ u,v\in U$；

（4）方差函数：$D_Y(u)=\int_a^b\int_a^b f(s,u)\overline{f(t,u)}C_X(s,t)\mathrm{d}s\mathrm{d}t,\ u\in U$；

（5）均方值函数：$\varPhi_Y(u)=\int_a^b\int_a^b f(s,u)\overline{f(t,u)}R_X(s,t)\mathrm{d}s\mathrm{d}t,\ u\in U$.

证　（1）由均值函数及均方积分的定义，有

$$m_Y(u)=E[Y(u)]=E[\int_a^b f(t,u)X(t)\mathrm{d}t]$$

$$=E[\underset{\Delta\to 0}{\mathrm{l.i.m}}\sum_{k=1}^n f(t_k^*,u)X(t_k^*)\Delta t_k]$$

$$=\lim_{\Delta\to 0}\sum_{k=1}^{n} f(t_k^*,u)E[X(t_k^*)]\Delta t_k$$

$$=\lim_{\Delta\to 0}\sum_{k=1}^{n} f(t_k^*,u)m_X(t_k^*)\Delta t_k=\int_a^b f(t,u)m_X(t)\mathrm{d}t\,.$$

（2）由相关函数及均方积分的定义，有

$$R_Y(u,v)=E[Y(u)\overline{Y(v)}]$$

$$=E[\underset{\Delta'\to 0}{\mathrm{l.i.m}}\sum_{l=1}^{n} f(s_l^*,u)X(s_l^*)\Delta s_l\cdot\overline{\underset{\Delta\to 0}{\mathrm{l.i.m}}\sum_{k=1}^{n} f(t_k^*,v)X(t_k^*)\Delta t_k}]$$

$$=\lim_{\substack{\Delta'\to 0\\ \Delta\to 0}}\sum_{l=1}^{n}\sum_{k=1}^{n} f(s_l^*,u)\overline{f(t_k^*,v)}E[X(s_l^*)\overline{X(t_k^*)}]\Delta s_l\Delta t_k$$

$$=\lim_{\substack{\Delta'\to 0\\ \Delta\to 0}}\sum_{l=1}^{n}\sum_{k=1}^{n} f(s_l^*,u)\overline{f(t_k^*,v)}R_X(s_l^*,t_k^*)\Delta s_l\Delta t_k$$

$$=\int_a^b\int_a^b f(s,u)\overline{f(t,v)}R_X(s,t)\mathrm{d}s\mathrm{d}t\,.$$

（3）、（4）和（5）类似可证.

下面给出的关于均方积分期望的不等式，在有些问题的证明中是有用的.

定理 11.2.10 设二阶矩过程 $\{X(t),\ t\in[a,b]\}$ 均方连续，则

$$E[|\int_a^b X(t)\mathrm{d}t|^2]\le\{\int_a^b[E|X(t)|^2]^{1/2}\mathrm{d}t\}^2\le(b-a)\int_a^b E|X(t)|^2\,\mathrm{d}t$$

证 根据相关函数的定义并利用施瓦兹不等式，有

$$E[|\int_a^b X(t)\mathrm{d}t|^2]=\int_a^b\int_a^b R_X(s,t)\mathrm{d}s\mathrm{d}t=\int_a^b\int_a^b E[X(s)\overline{X(t)}]\mathrm{d}s\mathrm{d}t$$

$$\le|\int_a^b\int_a^b E[X(s)\overline{X(t)}]\mathrm{d}s\mathrm{d}t|\le\int_a^b\int_a^b E|X(s)X(t)|\,\mathrm{d}s\mathrm{d}t$$

$$\le\int_a^b\int_a^b[E|X(s)|^2]^{1/2}[E|X(t)|^2]^{1/2}\mathrm{d}s\mathrm{d}t$$

$$=\{\int_a^b[E|X(t)|^2]^{1/2}\mathrm{d}t\}^2\le\int_a^b 1^2\mathrm{d}t\int_a^b E|X(t)|^2\,\mathrm{d}t$$

$$=(b-a)\int_a^b E|X(t)|^2\,\mathrm{d}t\,.$$

【例 11.2.6】 设 $\{N(t),t\ge 0\}$ 是参数为 λ 的泊松过程，令 $X(t)=\int_0^t N(s)\mathrm{d}s,\ t\ge 0$. 试求 $\{X(t),t\ge 0\}$ 的均值函数和相关函数.

解 均值函数

$$m_X(t)=\int_0^t m_N(s)\mathrm{d}s=\int_0^t\lambda s\mathrm{d}s=\frac{\lambda}{2}t^2,\ t\ge 0\,.$$

下面求相关函数，根据定理 11.2.9，有

$$R_X(s,t)=\int_0^s\int_0^t R_N(u,v)\mathrm{d}u\mathrm{d}v=\int_0^s\int_0^t(\lambda^2uv+\lambda\min(u,v))\mathrm{d}u\mathrm{d}v$$

$$=\frac{\lambda^2}{4}s^2t^2+\lambda\int_0^s\int_0^t\min(u,v)\mathrm{d}u\mathrm{d}v\,.$$

当 $0\le s\le t$ 时（如图 11.1 所示），有

$$R_X(s,t)=\frac{\lambda^2}{4}s^2t^2+\lambda\iint_{D_1}\min(u,v)\mathrm{d}u\mathrm{d}v+\lambda\iint_{D_2}\min(u,v)\mathrm{d}u\mathrm{d}v$$
$$=\frac{\lambda^2}{4}s^2t^2+\lambda\int_0^s\mathrm{d}u\int_0^u v\mathrm{d}v+\lambda\int_0^s\mathrm{d}u\int_u^t u\mathrm{d}v$$
$$=\frac{\lambda^2}{4}s^2t^2+\frac{\lambda}{6}s^2(3t-s);$$

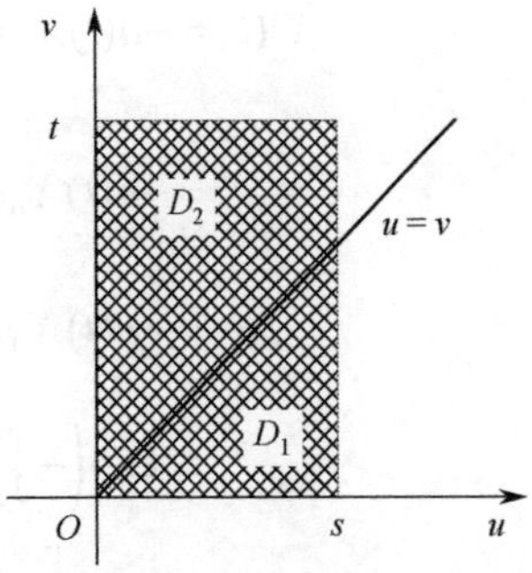

图 11.1 例 11.2.6 图

当 $0\le t<s$ 时，同样计算得 $R_X(s,t)=\frac{\lambda^2}{4}s^2t^2+\frac{\lambda}{6}t^2(3s-t)$，于是

$$R_X(s,t)=\begin{cases}\frac{\lambda^2}{4}s^2t^2+\frac{\lambda}{6}s^2(3t-s), & 0\le s\le t,\\ \frac{\lambda^2}{4}s^2t^2+\frac{\lambda}{6}t^2(3s-t), & 0\le t<s.\end{cases}$$

【例 11.2.7】 设 $\{W(t),t\ge 0\}$ 是参数为 σ^2 的维纳过程，令 $X(t)=\int_0^t W(s)\mathrm{d}s,\ t\ge 0$，试求 $\{X(t),t\ge 0\}$ 的均值函数、协方差函数和方差函数.

解 均值函数

$$m_X(t)=\int_0^t m_W(s)\mathrm{d}s=0,\ t\ge 0.$$

对于协方差函数，类似于上例的计算，得

$$C_X(s,t)=\int_0^s\int_0^t C_X(u,v)\mathrm{d}u\mathrm{d}v=\int_0^s\int_0^t\sigma^2\min(u,v)\mathrm{d}u\mathrm{d}v.$$
$$=\begin{cases}\frac{\sigma^2s^2}{6}(3t-s), & 0\le s\le t,\\ \frac{\sigma^2t^2}{6}(3s-t), & 0\le t<s.\end{cases}$$

最后，由上式可得方差函数

$$D_X(t)=C_X(t,t)=\frac{\sigma^2}{3}t^3,\ t\ge 0.$$

11.3 随机微分方程

随机微分方程是随机过程的一个重要分支，其应用十分广泛. 例如，在随机干扰下的控制问题、通信技术中的滤波问题、管理领域中的经济金融问题等，都依赖于随机微分方程这一重要的数学工具. 本节仅介绍简单的一阶线性随机微分方程.

定理 11.3.1 设二阶矩过程 $\{Y(t),t\ge t_0\}$ 均方连续，$a(t)$ 是普通函数，X_0 是二阶矩随机变量，则一阶线性随机微分方程

$$\begin{cases}X'(t)+a(t)X(t)=Y(t),\ t\ge t_0,\\ X(t_0)=X_0.\end{cases}\tag{11.1}$$

有解，其解为

$$X(t)=X_0\exp\left(-\int_{t_0}^{t}a(u)\mathrm{d}u\right)+\int_{t_0}^{t}Y(s)\exp\left(-\int_{s}^{t}a(u)\mathrm{d}u\right)\mathrm{d}s,\ t\ge t_0 \tag{11.2}$$

证 现在来验证式（11.2）满足式（11.1）. 为此对式（11.2）两边求导，有

$$\begin{aligned}X'(t)&=-a(t)X_0\exp\left(-\int_{t_0}^{t}a(u)\mathrm{d}u\right)+\left[\int_{t_0}^{t}Y(s)\exp\left(-\int_{t_0}^{t}a(u)\mathrm{d}u+\int_{t_0}^{s}a(u)\mathrm{d}u\right)\mathrm{d}s\right]'\\&=-a(t)X_0\exp\left(-\int_{t_0}^{t}a(u)\mathrm{d}u\right)+\left[\exp\left(-\int_{t_0}^{t}a(u)\mathrm{d}u\right)\int_{t_0}^{t}Y(s)\exp\left(\int_{t_0}^{s}a(u)\mathrm{d}u\right)\mathrm{d}s\right]'\\&=-a(t)X_0\exp\left(-\int_{t_0}^{t}a(u)\mathrm{d}u\right)-a(t)\exp\left(-\int_{t_0}^{t}a(u)\mathrm{d}u\right)\int_{t_0}^{t}Y(s)\exp\left(\int_{t_0}^{s}a(u)\mathrm{d}u\right)\mathrm{d}s+\\&\quad\exp\left(-\int_{t_0}^{t}a(u)\mathrm{d}u\right)Y(t)\exp\left(\int_{t_0}^{t}a(u)\mathrm{d}u\right)\\&=-a(t)\left[X_0\exp\left(-\int_{t_0}^{t}a(u)\mathrm{d}u\right)+\int_{t_0}^{t}Y(s)\exp\left(-\int_{s}^{t}a(u)\mathrm{d}u\right)\mathrm{d}s\right]+Y(t).\end{aligned}$$

将式（11.2）代入上式最后的等式，可得

$$X'(t)=-a(t)X(t)+Y(t),$$

即

$$X'(t)+a(t)X(t)=Y(t).$$

又当 $t=t_0$ 时，显然有 $X(t_0)=X_0$，故式（11.2）是式（11.1）的解.

定理 11.3.2 一阶线性随机微分方程（11.1）的解的均值函数与相关函数分别为

$$m_X(t)=E(X_0)\exp\left(-\int_{t_0}^{t}a(u)\mathrm{d}u\right)+\int_{t_0}^{t}m_Y(s)\exp\left(-\int_{s}^{t}a(u)\mathrm{d}u\right)\mathrm{d}s,\ t\ge t_0;$$

$$\begin{aligned}R_X(s,t)&=(E|X_0|^2)\exp\left(-\int_{t_0}^{s}a(u)\mathrm{d}u-\int_{t_0}^{t}\overline{a(u)}\,\mathrm{d}u\right)+\\&\quad\exp\left(-\int_{t_0}^{s}a(u)\mathrm{d}u\right)\int_{t_0}^{t}E[X_0\overline{Y(\beta)}]\exp\left(-\int_{\beta}^{t}\overline{a(u)}\mathrm{d}u\right)\mathrm{d}\beta+\\&\quad\exp\left(-\int_{t_0}^{t}a(u)\mathrm{d}u\right)\int_{t_0}^{s}E[X_0\overline{Y(\alpha)}]\exp\left(-\int_{\alpha}^{s}\overline{a(u)}\,\mathrm{d}u\right)\mathrm{d}\alpha+\\&\quad\int_{t_0}^{s}\int_{t_0}^{t}R_Y(\alpha,\beta)\exp\left(-\int_{\alpha}^{s}a(u)\,\mathrm{d}u-\int_{\beta}^{t}\overline{a(u)}\mathrm{d}u\right)\mathrm{d}\alpha\mathrm{d}\beta,\ s,t\ge t_0.\end{aligned}$$

证 利用式（11.2）可直接推得.

定理 11.3.3 一阶线性随机微分方程（11.1）的解的均值函数可通过解如下普通的微分方程而得到

$$\begin{cases}m_X'(t)+a(t)m_X(t)=m_Y(t),\ t\ge t_0,\\ m_X(t_0)=E(X_0).\end{cases}$$

其相关函数可通过解如下普通的微分方程得到

$$\begin{cases}\dfrac{\partial}{\partial s}R_{XY}(s,t)+a(s)R_{XY}(s,t)=R_Y(s,t),\\ R_{XY}(t_0,t)=E[X_0\overline{Y(t)}].\end{cases}\quad 及\quad \begin{cases}\dfrac{\partial}{\partial t}R_X(s,t)+\overline{a(t)}R_X(s,t)=R_{XY}(s,t),\\ R_X(s,t_0)=E[X(s)\overline{X_0}].\end{cases}$$

证 利用推论 11.2.3 可直接推得.

【例 11.3.1】 求随机微分方程

$$\begin{cases}X'(t)=gt,\ t\ge 0,\\ X(0)=X_0.\end{cases}$$

的解，并求其解的数字特征，其中 g 是常数，$X_0\sim N(0,\sigma^2)$.

解 对任意 $s,t\ge 0$，根据定理 11.3.1，所求微分方程的解为

$$X(t)=X_0+\int_0^t gs\,\mathrm{d}s=X_0+\frac{1}{2}gt^2.$$

依次可求得解的均值函数、相关函数、协方差函数及方差函数

$$m_X(t)=E\left(X_0+\frac{1}{2}gt^2\right)=\frac{1}{2}gt^2;$$

$$R_X(s,t)=E[X(s)X(t)]=\sigma^2+\frac{1}{4}g^2s^2t^2;$$

$$C_X(s,t)=R_X(s,t)-m_X(s)m_X(t)=\sigma^2;$$

$$D_X(t)=\sigma^2.$$

【例 11.3.2】 求一阶线性随机微分方程

$$\begin{cases}Y'(t)+aY(t)=X(t),\ t\ge 0,\ a>0\\ Y(0)=0\end{cases}$$

的解及解的均值函数和相关函数，其中 $\{X(t),t\ge 0\}$ 是已知的均值函数为 $m_X(t)=\sin t$、相关函数为 $R_X(s,t)=\mathrm{e}^{-\lambda|t-s|}(\lambda>0)$ 的均方连续的二阶矩过程.

解 对任意 $s,t\ge 0$，根据定理 11.3.1，所求微分方程的解为

$$Y(t)=\int_0^t X(s)\mathrm{e}^{-a(t-s)}\mathrm{d}s.$$

由此可得解的均值函数

$$m_Y(t)=\int_0^t m_X(s)\mathrm{e}^{-a(t-s)}\mathrm{d}s=\int_0^t \mathrm{e}^{-a(t-s)}\sin s\,\mathrm{d}s=\frac{1}{1+a^2}(\mathrm{e}^{-at}+a\sin t-\cos t).$$

下面求解的相关函数，由于

$$R_Y(s,t)=E\left[Y(s)\overline{Y(t)}\right]=E\left[\int_0^s X(u)\mathrm{e}^{-a(s-u)}\mathrm{d}u\overline{\int_0^t X(v)\mathrm{e}^{-a(t-v)}\mathrm{d}v}\right]$$

$$=\int_0^s\int_0^t R_X(u,v)\mathrm{e}^{-a(s+t)+a(u+v)}\mathrm{d}u\mathrm{d}v=\mathrm{e}^{-a(s+t)}\int_0^s\int_0^t \mathrm{e}^{-\lambda|v-u|}\mathrm{e}^{a(u+v)}\mathrm{d}u\mathrm{d}v,$$

因此当 $0\le s\le t$ 时，有

$$R_Y(s,t)=\frac{1}{a^2-\lambda^2}\left[\frac{\lambda}{a}\mathrm{e}^{-a(s+t)}-\frac{\lambda}{a}\mathrm{e}^{-a(t-s)}+\mathrm{e}^{-a(s+t)}+\mathrm{e}^{-\lambda(t-s)}-\mathrm{e}^{-(\lambda s+at)}-\mathrm{e}^{-(as+\lambda t)}\right];$$

当 $0\le t<s$ 时，有

$$R_Y(s,t)=\frac{1}{a^2-\lambda^2}\left[\frac{\lambda}{a}\mathrm{e}^{-a(s+t)}-\frac{\lambda}{a}\mathrm{e}^{-a(s-t)}+\mathrm{e}^{-a(s+t)}+\mathrm{e}^{-\lambda(s-t)}-\mathrm{e}^{-(\lambda t+as)}-\mathrm{e}^{-(at+\lambda s)}\right].$$

11.4 伊藤随机微积分及微分方程

11.4.1 伊藤随机积分

设 $\{X(t),t\in[a,b]\}$ 是实二阶矩过程，$\{W(t),t\ge 0\}$ 是参数为 σ^2 的维纳过程，下面将研究如

下形式的随机积分

$$\int_a^b X(t)\,\mathrm{d}W(t),$$

这种随机积分在近代通信、滤波与控制理论及金融工程等领域中有着广泛的应用.

定义 11.4.1 设 $\{X(t),t\in[a,b]\}$（$0\le a<b$）是实二阶矩过程，$\{W(t),t\ge 0\}$ 是参数为 σ^2（为简单起见，以下均假设 $\sigma^2=1$）的维纳过程. $a=t_0<t_1<\cdots<t_n=b$ 是 $[a,b]$ 的任一划分，$\Delta=\max\limits_{1\le k\le n}(t_k-t_{k-1})$，作和式

$$I_n=\sum_{k=1}^{n}X(t_{k-1})[W(t_k)-W(t_{k-1})].$$

若当 $\Delta\to 0$ 时，I_n 均方收敛，则其极限称为 $X(t)$ 关于 $W(t)$ 的**伊藤（Ito）积分**，记为 $\int_a^b X(t)\mathrm{d}W(t)$，即有

$$\int_a^b X(t)\,\mathrm{d}W(t)=\underset{\Delta\to 0}{\mathrm{l.i.m}}\sum_{k=1}^{n}X(t_{k-1})[W(t_k)-W(t_{k-1})].$$

需要指出，在伊藤积分的定义中不是像普通积分那样作和式，即不是任取 $t_k^*\in[t_{k-1},t_k]$，作和式

$$Y_n=\sum_{k=1}^{n}X(t_k^*)[W(t_k)-W(t_{k-1})],$$

而是固定地取左端点. 事实上，后面将会看到，对于不同的取点方式，上式右端和式的均方极限会有所不同.

下面给出伊藤积分存在的条件.

定理 11.4.1 设 $\{X(t),t\in[a,b]\}$ 是均方连续的二阶矩过程，且对任意的 $s_1',s_2'\le t_{k-1}<t_k$ 及 $s_1<s_2\le t_{k-1}$，$X(s_1'),X(s_2'),W(s_2)-W(s_1)$ 与 $W(t_k)-W(t_{k-1})$ 相互独立，则 $X(t)$ 关于 $W(t)$ 的伊藤积分存在且以概率 1 唯一.

证 根据均方收敛准则及均方极限的唯一性，只需证明极限

$$\lim_{\substack{m\to\infty\\ n\to\infty}}E[I_mI_n]=\lim_{\substack{m\to\infty\\ n\to\infty}}\sum_{l=1}^{m}\sum_{k=1}^{n}E\{X(s_{l-1})X(t_{k-1})[W(s_l)-W(s_{l-1})][W(t_k)-W(t_{k-1})]\}$$

存在即可，其中 $a=s_0<s_1<\cdots<s_m=b$ 和 $a=t_0<t_1<\cdots<t_n=b$ 是 $[a,b]$ 的两个划分. 上式右边和式的各项可根据矩形 $[s_{l-1},s_l]\times[t_{k-1},t_k]$ 是否与正方形 $[a,b]\times[a,b]$ 的主对角线相交而分为两类：第一类是相交的（图 11.2 中的 R_1 和 R_2）；第二类是不相交的（图 11.2 中的 R_3 和 R_4）.

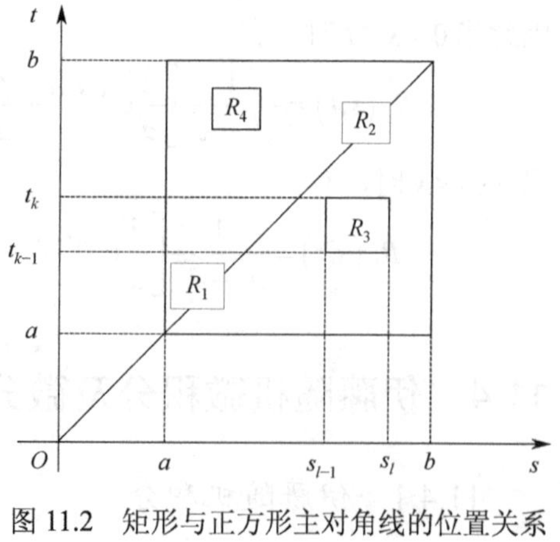

图 11.2 矩形与正方形主对角线的位置关系

先看和式中第二类相应的项. 此时有 $s_{l-1}<s_l\le t_{k-1}<t_k$（对应图 11.2 中的 R_4），或者 $t_{k-1}<t_k\le s_{l-1}<s_l$（对应图 11.2 中的 R_3）. 当 $s_{l-1}<s_l\le t_{k-1}<t_k$ 时，根据定理条件，$X(s_1')$，$X(s_2')$，$W(s_2)-W(s_1)$ 与 $W(t_k)-W(t_{k-1})$ 相互独立，于是，

$$E\{X(s_{l-1})X(t_{k-1})[W(s_l)-W(s_{l-1})][W(t_k)-W(t_{k-1})]\}$$

$$= E\{X(s_{l-1})X(t_{k-1})[W(s_l)-W(s_{l-1})]\}E[W(t_k)-W(t_{k-1})]$$
$$= E\{X(s_{l-1})X(t_{k-1})[W(s_l)-W(s_{l-1})]\}\cdot 0 = 0\text{；}$$

同理，当 $t_{k-1} < t_k \le s_{l-1} < s_l$ 时上式也成立，所以第二类的项都是零.

再看和式中第一类相应的项. 此时 $[s_{l-1},s_l]$ 和 $[t_{k-1},t_k]$ 有公共部分，共有 4 种不同的情况，其中一种情况是 $s_{l-1} < t_{k-1} < s_l < t_k$（对应图 11.2 中的 R_1），于是

$$\begin{aligned}
&E\{X(s_{l-1})X(t_{k-1})[W(s_l)-W(s_{l-1})][W(t_k)-W(t_{k-1})]\}\\
&= E\{X(s_{l-1})X(t_{k-1})[W(s_l)-W(t_{k-1})+W(t_{k-1})-W(s_{l-1})]\cdot\\
&\quad [W(t_k)-W(s_l)+W(s_l)-W(t_{k-1})]\}\\
&= E\{X(s_{l-1})X(t_{k-1})[W(s_l)-W(t_{k-1})][W(t_k)-W(s_l)]\}+\\
&\quad E\{X(s_{l-1})X(t_{k-1})[W(s_l)-W(t_{k-1})][W(s_l)-W(t_{k-1})]\}+\\
&\quad E\{X(s_{l-1})X(t_{k-1})[W(t_{k-1})-W(s_{l-1})][W(t_k)-W(s_l)]\}+\\
&\quad E\{X(s_{l-1})X(t_{k-1})[W(t_{k-1})-W(s_{l-1})][W(s_l)-W(t_{k-1})]\}\\
&= E\{X(s_{l-1})X(t_{k-1})[W(s_l)-W(t_{k-1})]^2\}\\
&= E[X(s_{l-1})X(t_{k-1})]E\{[W(s_l)-W(t_{k-1})]^2\}.
\end{aligned}$$

考虑 $\{W(t), t\ge 0\}$ 是参数为 $\sigma^2=1$ 的维纳过程，有

$$E\{[W(s_l)-W(t_{k-1})]^2\} = s_l - t_{k-1}\text{，}$$

即为区间 $[s_{l-1},s_l]$ 和 $[t_{k-1},t_k]$ 公共部分的长度. 于是有

$$E\{X(s_{l-1})X(t_{k-1})[W(s_l)-W(s_{l-1})][W(t_k)-W(t_{k-1})]\} = R_X(s_{l-1},t_{k-1})(s_l - t_{k-1}).$$

对于其他情况，有类似的结果.

由于 $\{X(t), t\in[a,b]\}$ 均方连续，因此 $R_X(s,t)$ 连续，从而在 $[a,b]\times[a,b]$ 上一致连续. 若将两组分点 $a=s_0<s_1<\cdots<s_m=b$ 及 $a=t_0<t_1<\cdots<t_n=b$ 合并为一组，并以 $a=u_0<u_1<\cdots<u_{m+n-1}=b$ 表示这些分点（若有 s_l,t_k 相重，则 u_i 的个数将小于 $m+n$），得

$$E[I_m I_n] = \sum_{i=1}^{m+n-1}[R_X(u_{i-1},u_{i-1})(u_i-u_{i-1})+o(u_i-u_{i-1})].$$

由于 $R_X(s,t)$ 连续，因此可积，故上式的极限存在，且有

$$\lim_{\substack{m\to\infty\\ n\to\infty}} E[I_m I_n] = \int_a^b R_X(t,t)\,\mathrm{d}t. \tag{11.3}$$

推论 11.4.1　在定理 11.4.1 的条件下，有

$$E\left[\int_a^b X(t)\,\mathrm{d}W(t)\right]^2 = \int_a^b E[X(t)]^2\,\mathrm{d}t.$$

证　由定理 11.1.2 及式（11.3）直接推得.

在伊藤积分的定义中，$\{W(t), t\ge 0\}$ 是参数为 σ^2（$\sigma^2=1$）的维纳过程，下面给出一个关于 $\{W(t), t\ge 0\}$ 的引理，该引理在研究伊藤积分时具有十分重要的作用.

引理 11.4.1　设 $\{W(t), t\ge 0\}$ 是参数为 1 的维纳过程，$a=t_0<t_1<\cdots<t_n=b$ 是 $[a,b]$（$a\ge 0$）的任一划分，$\Delta=\max\limits_{1\le k\le n}(t_k-t_{k-1})$，则有

$$\underset{\Delta\to 0}{\mathrm{l.i.m}}\sum_{k=1}^{n}\left[W(t_k)-W(t_{k-1})\right]^2 = b-a. \tag{11.4}$$

引理 11.4.1 的证明可参看文献[18]，作为该引理的一个应用，下面来求一个特殊的伊藤积分.

【例 11.4.1】 试求 $\int_a^b W(t)\mathrm{d}W(t)$.

解 显然 $W(t)$ 满足定理 11.4.1 的条件，因此所求积分存在. 取 $[a,b]$ 的一个划分 $a=t_0<t_1<\cdots<t_n=b$，$\varDelta=\max\limits_{1\le k\le n}(t_k-t_{k-1})$，则

$$\begin{aligned}I_n&=\sum_{k=1}^{n}W(t_{k-1})\left[W(t_k)-W(t_{k-1})\right]=-\sum_{k=1}^{n}W(t_{k-1})\left[W(t_{k-1})-W(t_k)\right]\\&=-\left[W^2(t_0)-W(t_0)W(t_1)+W^2(t_1)-W(t_1)W(t_2)+\cdots+W^2(t_{n-1})-W(t_{n-1})W(t_n)\right]\\&=-\frac{1}{2}\left[W^2(t_0)+\sum_{k=1}^{n}\left(W(t_k)-W(t_{k-1})\right)^2-W^2(t_n)\right]\\&=\frac{1}{2}\left[W^2(b)-W^2(a)\right]-\frac{1}{2}\sum_{k=1}^{n}\left[W(t_k)-W(t_{k-1})\right]^2\end{aligned}$$

于是由引理 11.4.1，有

$$\begin{aligned}\int_a^b W(t)\mathrm{d}W(t)&=\frac{1}{2}\left[W^2(b)-W^2(a)\right]-\frac{1}{2}\mathop{\mathrm{l.i.m}}_{\varDelta\to 0}\sum_{k=1}^{n}\left[W(t_k)-W(t_{k-1})\right]^2\\&=\frac{1}{2}\left[W^2(b)-W^2(a)\right]-\frac{1}{2}(b-a).\end{aligned}$$

这个例子可以说明以下两个问题.

（1）伊藤积分在计算上与普通积分是不一样的. 若 $\int_a^b W(t)\mathrm{d}W(t)$ 是实函数 $W(t)$ 的普通积分，则

$$\int_a^b W(t)\mathrm{d}W(t)=\frac{1}{2}\left[W^2(b)-W^2(a)\right],$$

而伊藤积分的右边多了一项 $-\frac{1}{2}(b-a)$，所以在计算伊藤积分时是需要特别注意的.

（2）由此可以说明在伊藤积分的定义中，和式中的 t_k^* 不能在 $[t_{k-1},t_k]$ 上任意选取. 事实上，设 $a=t_0<t_1<\cdots<t_n=b$ 是 $[a,b]$ 的一个划分，$\varDelta=\max\limits_{1\le k\le n}(t_k-t_{k-1})$，考虑下列两个和式

$$I_n=\sum_{k=1}^{n}W(t_{k-1})[W(t_k)-W(t_{k-1})],\quad J_n=\sum_{k=1}^{n}W(t_k)[W(t_k)-W(t_{k-1})],$$

它们都是 $\int_a^b W(t)\mathrm{d}W(t)$ 形式上的和式，分别相应于 $t_k^*=t_{k-1}$，$t_k^*=t_k$. 两式相减得

$$J_n-I_n=\sum_{k=1}^{n}\left[W(t_k)-W(t_{k-1})\right]^2,$$

令 $\varDelta\to 0$，取均方极限，并利用引理 11.4.1 可得

$$\mathop{\mathrm{l.i.m}}_{\varDelta\to 0}(J_n-I_n)=\mathop{\mathrm{l.i.m}}_{\varDelta\to 0}\sum_{k=1}^{n}\left[W(t_k)-W(t_{k-1})\right]^2=b-a.$$

这说明 I_n 和 J_n 有不同的均方极限，所以 t_k^* 不能任意选取.

更进一步，由于 $J_n=I_n+(J_n-I_n)$，因此

$$\begin{aligned}\mathop{\mathrm{l.i.m}}_{\varDelta\to 0}J_n&=\mathop{\mathrm{l.i.m}}_{\varDelta\to 0}I_n+\mathop{\mathrm{l.i.m}}_{\varDelta\to 0}(J_n-I_n)\\&=\frac{1}{2}\left[W^2(b)-W^2(a)\right]-\frac{1}{2}(b-a)+(b-a)\end{aligned}$$

$$=\frac{1}{2}\left[W^2(b)-W^2(a)\right]+\frac{1}{2}(b-a).$$

于是

$$\underset{\Delta\to0}{\mathrm{l.i.m}}\frac{I_n+J_n}{2}=\underset{\Delta\to0}{\mathrm{l.i.m}}\sum_{k=1}^{n}\frac{W(t_{k-1})+W(t_k)}{2}\left[W(t_k)-W(t_{k-1})\right]$$
$$=\frac{1}{2}\left[W^2(b)-W^2(a)\right].$$

另外，又因为

$$\frac{I_n+J_n}{2}-\sum_{k-1}^{n}W\left(\frac{t_{k-1}+t_k}{2}\right)\left[W(t_k)-W(t_{k-1})\right]$$
$$=\sum_{k=1}^{n}\left[\frac{W(t_k)+W(t_{k-1})}{2}-W\left(\frac{t_{k-1}+t_k}{2}\right)\right]\left[W(t_k)-W(t_{k-1})\right]$$
$$=\frac{1}{2}\sum_{k=1}^{n}\left[\left(W(t_k)-W\left(\frac{t_{k-1}+t_k}{2}\right)\right)-\left(W\left(\frac{t_{k-1}+t_k}{2}\right)-W(t_{k-1})\right)\right]\times$$
$$\left[\left(W(t_k)-W\left(\frac{t_{k-1}+t_k}{2}\right)\right)+\left(W\left(\frac{t_{k-1}+t_k}{2}\right)-W(t_{k-1})\right)\right]$$
$$=\frac{1}{2}\sum_{k=1}^{n}\left[\left(W(t_k)-W\left(\frac{t_{k-1}+t_k}{2}\right)\right)^2-\left(W\left(\frac{t_{k-1}+t_k}{2}\right)-W(t_{k-1})\right)^2\right],$$

注意到诸区间$\left[t_{k-1},\frac{t_{k-1}+t_k}{2}\right]$（$1\le k\le n$）的长度之和及诸区间$\left[\frac{t_{k-1}+t_k}{2},t_k\right]$（$1\le k\le n$）的长度之和都是$\frac{1}{2}(b-a)$，仿式（11.4）的证明，可得

$$\underset{\Delta\to0}{\mathrm{l.i.m}}\sum_{k=1}^{n}\left[W(t_k)-W\left(\frac{t_{k-1}+t_k}{2}\right)\right]^2=\frac{1}{2}(b-a),$$
$$\underset{\Delta\to0}{\mathrm{l.i.m}}\sum_{k=1}^{n}\left[W\left(\frac{t_{k-1}+t_k}{2}\right)-W(t_{k-1})\right]^2=\frac{1}{2}(b-a).$$

所以

$$\underset{\Delta\to0}{\mathrm{l.i.m}}\left[\frac{I_n+J_n}{2}-\sum_{k-1}^{n}W\left(\frac{t_{k-1}+t_k}{2}\right)\left[W(t_k)-W(t_{k-1})\right]\right]=0,$$

即有

$$\underset{\Delta\to0}{\mathrm{l.i.m}}\sum_{k=1}^{n}W\left(\frac{t_{k-1}+t_k}{2}\right)\left[W(t_k)-W(t_{k-1})\right]=\underset{\Delta\to0}{\mathrm{l.i.m}}\frac{I_n+J_n}{2}=\frac{1}{2}\left[W^2(b)-W^2(a)\right].$$

由以上分析可知，若在伊藤积分的定义中，和式中的t_k^*取区间$[t_{k-1},t_k]$的中点，即取$t_k^*=\frac{t_k+t_{k-1}}{2}$，则它恰好与普通积分在形式上是一致的.

伊藤随机积分具有以下性质.

定理 11.4.2 设伊藤积分$\int_a^b X(t)\mathrm{d}W(t)$和$\int_a^b Y(t)\mathrm{d}W(t)$都存在，则：

（1）对于任意常数α和β，有

$$\int_a^b(\alpha X(t)+\beta Y(t))\mathrm{d}W(t)=\alpha\int_a^b X(t)\mathrm{d}W(t)+\beta\int_a^b Y(t)\mathrm{d}W(t)\,;$$

（2）对任意 $a\le c\le b$，有

$$\int_a^b X(t)\mathrm{d}W(t)=\int_a^c X(t)\mathrm{d}W(t)+\int_c^b X(t)\mathrm{d}W(t).$$

证 与普通积分相仿，对应于积分的线性性和可加性，证略.

定理 11.4.3 设伊藤积分 $\int_a^b X(t)\mathrm{d}W(t)$ 存在，则对任意 $a\le t\le b$，变上限的随机积分

$$Y(t)=\int_a^t X(s)\mathrm{d}W(s)$$

存在且 $\{Y(t),t\in[a,b]\}$ 均方连续.

证 由推论 11.4.1 可得

$$\begin{aligned}E[Y(t+\Delta t)-Y(t)]^2&=E[\int_t^{t+\Delta t}X(s)\mathrm{d}W(s)]^2\\&=\int_t^{t+\Delta t}E[X(s)]^2\,\mathrm{d}s\to 0,\Delta t\to 0\,,\end{aligned}$$

因而对于 $a\le t\le b$，$Y(t)=\int_a^t X(s)\mathrm{d}W(s)$ 存在，且 $\{Y(t),t\in[a,b]\}$ 均方连续.

定理 11.4.4 设 $\{X_n(t),t\in[a,b]\}$ 均方连续且满足定理 11.4.1 的条件，若关于 $t\in[a,b]$，一致地有

$$\underset{n\to\infty}{\mathrm{l.i.m}}\,X_n(t)=X(t)\,,$$

则 $\{X(t),t\in[a,b]\}$ 也均方连续且满足定理 11.4.1 的条件，且对一切 $a\le t\le b$，一致地有

$$\underset{n\to\infty}{\mathrm{l.i.m}}\int_a^t X_n(s)\mathrm{d}W(s)=\int_a^t X(s)\mathrm{d}W(s).$$

证 因为 $\{X_n(t),t\in[a,b]\}$ 均方连续且一致均方收敛于 $X(t)$，所以 $\{X(t),t\in[a,b]\}$ 也均方连续，且不难证明 $\{X(t),t\in[a,b]\}$ 满足定理 11.4.1 的条件. 再由定理 11.4.3 知，$Y_n(t)=\int_a^t X_n(s)\mathrm{d}W(s)$ 与 $Y(t)=\int_a^t X(s)\mathrm{d}W(s)$ 存在，且有

$$\begin{aligned}E[Y_n(t)-Y(t)]^2&=E\{\int_a^t[X_n(s)-X(s)]\mathrm{d}W(s)\}^2\\&=\int_a^t E\left[(X_n(s)-X(s))^2\right]\mathrm{d}s\\&\le\int_a^b E\left[(X_n(s)-X(s))^2\right]\mathrm{d}s\\&\to 0,\ n\to\infty\,,\end{aligned}$$

即对于一切 $a\le t\le b$，一致地有

$$\underset{n\to\infty}{\mathrm{l.i.m}}\int_a^t X_n(s)\mathrm{d}W(s)=\int_a^t X(s)\mathrm{d}W(s).$$

11.4.2 伊藤随机微分

定义 11.4.2 设 $\{A(t),t\in[a,b]\}$ 为均方可积的二阶矩过程，$\{B(t),t\in[a,b]\}$ 满足定理 11.4.1 的条件，若二阶矩过程 $\{X(t),t\in[a,b]\}$ 以概率 1 满足

$$X(t)-X(a)=\int_a^t A(s)\mathrm{d}s+\int_a^t B(s)\mathrm{d}W(s),\ a\le t\le b\,,$$

且 $X(a)$ 与 $\{W(t),t\ge a\}$ 相互独立，则称二阶矩过程 $\{X(t),t\in[a,b]\}$ 为**伊藤过程**，而称

$A(t)\mathrm{d}t + B(t)\mathrm{d}W(t)$ 为**伊藤随机微分**，记为

$$\mathrm{d}X(t) = A(t)\mathrm{d}t + B(t)\mathrm{d}W(t).$$

【例 11.4.2】 由例 11.4.1 知

$$\int_0^t W(s)\mathrm{d}W(s) = \frac{1}{2}W^2(t) - \frac{1}{2}t,$$

即

$$W^2(t) = t + 2\int_0^t W(s)\mathrm{d}W(s).$$

考虑 $W(0)=0$，上式又可改写为

$$W^2(t) - W^2(0) = \int_0^t \mathrm{d}s + 2\int_0^t W(s)\mathrm{d}W(s).$$

因此 $\{W^2(t), t\in[a,b]\}$ 是伊藤过程，且有

$$\mathrm{d}W^2(t) = \mathrm{d}t + 2W(t)\mathrm{d}W(t).$$

由此可以看出，伊藤随机微分与通常的微分是不同的.

关于伊藤过程的一个重要结论是由数学家伊藤于 1951 年发现的，这一结论以**伊藤引理**（**Ito lemma**）著称.

定理 11.4.5（**伊藤引理**） 设 $f(t,x)$ 是定义在 $T\times\mathbf{R}$ 上的连续函数，且具有连续的偏导数 f_t、f_x 和 f_{xx}. 若 $X(t)$ 的伊藤随机微分是

$$\mathrm{d}X(t) = A(t)\mathrm{d}t + B(t)\mathrm{d}W(t),$$

则 $Y(t) = f(t,X(t))$ 也在 T 上遵循伊藤过程，且有伊藤随机微分

$$\mathrm{d}Y(t) = [f_t(t,X(t)) + f_x(t,X(t))A(t) + \frac{1}{2}f_{xx}(t,X(t))B^2(t)]\mathrm{d}t + f_x(t,X(t))B(t)\mathrm{d}W(t).$$

伊藤引理的证明已超出了本书的范围，这里从略.

【例 11.4.3】 求随机微分 $\mathrm{d}[tW^2(t)]$，其中 $\{W(t), t\ge 0\}$ 为维纳过程.

解 设 $f(t,x)=tx^2$，则 $tW^2(t) = f(t,W(t))$. 又因为

$$\mathrm{d}W(t) = 0\cdot\mathrm{d}t + 1\cdot\mathrm{d}W(t),$$

这里 $A(t)=0$，$B(t)=1$，所以由伊藤引理，有

$$\mathrm{d}[tW^2(t)] = [W^2(t)+t]\mathrm{d}t + 2tW(t)\mathrm{d}W(t).$$

【例 11.4.4】（**金融问题**） 设 $S(t)$ 为某股票在 t 时刻的价格，则 $\{S(t), t\in T\}$ 是随机过程. 一个关于股票价格变化的合理模型为

$$\mathrm{d}S(t) = \mu S(t)\mathrm{d}t + \sigma S(t)\mathrm{d}W(t),$$

其中 μ 为股票价格增长率的期望值，σ 为股票价格波动率，假定它们都是常数；$\{W(t), t\ge 0\}$ 为维纳过程，用来刻画股票价格的不确定性. 这一模型的核心就是假定股票价格变化遵循伊藤过程. 由伊藤引理，对定义在 $T\times\mathbf{R}$ 上的函数 $g(t,S)$，$G(t)=g(t,S(t))$ 遵循伊藤过程，且有随机微分

$$\mathrm{d}G(t) = [g_t(t,S) + \mu S g_S(t,S) + \frac{1}{2}\sigma^2 S^2 g_{SS}(t,S)]\mathrm{d}t + \sigma S g_S(t,S)\mathrm{d}W(t).$$

这里 $S(t)$ 和 $G(t)$ 受同一不确定因素，即股票价格的不确定因素 $W(t)$ 的影响. 因此，在分析以股票为标的资产的金融衍生品的价格变化时，这一结论十分重要.

下面以无股息股票的远期合约价格变化情况为例，说明伊藤引理在金融衍生品价格变化研究中的重要作用. 设远期合约的到期日为 T，定义 $F(t)$ 为 t 时刻的远期合约价格，$S(t)$ 为 t 时

刻股票的价格，$t\in[0,T]$. 根据金融学相关理论可知，$F(t)$ 和 $S(t)$ 满足

$$F(t)=S(t)\mathrm{e}^{r(T-t)},$$

式中，r 为无风险利率，假定其在所考虑的期限内为常数. 设 $g(t,S)=S\mathrm{e}^{r(T-t)}$，则有

$$g_t(t,S)=-rS\mathrm{e}^{r(T-t)},\quad g_S(t,S)=\mathrm{e}^{r(T-t)},\quad g_{SS}(t,S)=0.$$

于是，根据伊藤引理，有

$$\mathrm{d}F(t)=[-rS\mathrm{e}^{r(T-t)}+\mu S\mathrm{e}^{r(T-t)}]\mathrm{d}t+\sigma S\mathrm{e}^{r(T-t)}\mathrm{d}W(t),$$

将 $F(t)=S(t)\mathrm{e}^{r(T-t)}$ 代入方程，上式变为

$$\mathrm{d}F(t)=(\mu-r)F(t)\mathrm{d}t+\sigma F(t)\mathrm{d}W(t).$$

由此可见，与股票价格 $S(t)$ 一样，以股票为标的资产的远期合约价格 $F(t)$ 也遵循伊藤过程，其增长率是 $\mu-r$ 而不是 r，即远期合约价格的增长率等于股票价格增长率的期望值超出无风险利率的部分.

伊藤引理可以推广到有多个伊藤过程的情形.

定理 11.4.6（伊藤引理的推广） 设 $f(t,x_1,x_2,\cdots,x_m)$ 是定义在 $T\times\mathbf{R}^m$ 上的连续函数，且具有连续函数的偏导数 f_t、f_{x_i} 和 $f_{x_ix_j}$（$i,j=1,2,\cdots,m$）. 若 $X_i(t)$ 的随机微分是

$$\mathrm{d}X_i(t)=A_i(t)\mathrm{d}t+B_i(t)\mathrm{d}W(t),\quad i=1,2,\cdots,m,$$

则 $Y(t)=f\left(t,X_1(t),X_2(t),\cdots,X_m(t)\right)$ 也在 T 上遵循伊藤过程，且有随机微分

$$\begin{aligned}\mathrm{d}Y(t)=&[f_t\left(t,X_1(t),X_2(t),\cdots,X_m(t)\right)+\sum_{i=1}^m f_{x_i}\left(t,X_1(t),X_2(t),\cdots,X_m(t)\right)A_i(t)+\\&\frac{1}{2}\sum_{i=1}^m\sum_{j=1}^m f_{x_ix_j}\left(t,X_1(t),X_2(t),\cdots,X_m(t)\right)B_i(t)B_j(t)]\mathrm{d}t+\\&[\sum_{i=1}^m f_{x_i}\left(t,X_1(t),X_2(t),\cdots,X_m(t)\right)B_i(t)]\mathrm{d}W(t).\end{aligned}$$

11.4.3 伊藤随机微分方程

在上述伊藤随机积分和伊藤随机微分的基础上，本节将进一步讨论工程技术和经济金融学中十分有用的伊藤随机微分方程.

定义 11.4.3 设 $\{X(t),t\in T\}$ 是实二阶矩过程，$\{W(t),t\geq 0\}$ 是参数为 1 的维纳过程，$f(t,x)$ 和 $g(t,x)$ 是定义在 $T\times\mathbf{R}$ 上的实函数，则称

$$\begin{cases}\mathrm{d}X(t)=f(t,X(t))\mathrm{d}t+g(t,X(t))\mathrm{d}W(t),\\X(t_0)=X_0.\end{cases}\tag{11.5}$$

为关于 $X(t)$ 的**伊藤随机微分方程**.

若形式上记 $\dfrac{\mathrm{d}W(t)}{\mathrm{d}t}=N(t)$，则 $N(t)$ 称为**白噪声**. 这时方程（11.5）也可以写为

$$\begin{cases}\dfrac{\mathrm{d}X(t)}{\mathrm{d}t}=f(t,X(t))+g(t,X(t))N(t),\ t\in T,\\X(t_0)=X_0.\end{cases}$$

若没有 $g(t,X(t))N(t)$ 这一项，则可视为普通的常微分方程；增加了这一项，则表示引入了随机噪声，于是 $X(t)$ 不再是普通的函数，而必然是随机过程了.

仿照定义 11.4.2，与伊藤随机微分方程等价的积分形式的方程为

$$X(t)=X_0+\int_{t_0}^{t}f(s,X(s))\mathrm{d}s+\int_{t_0}^{t}g(s,X(s))\mathrm{d}W(s),$$

称之为**伊藤随机积分方程**.

定理 11.4.7（伊藤随机微分方程解的存在唯一性） 设 $f(t,x)$ 和 $g(t,x)$（$t\in T, x\in \mathbf{R}$）关于 x 是 t 的一致连续的普通二元实函数，并且满足

（1）增长条件

$$|f(t,x)|^2\le K^2(1+x^2),\ |g(t,x)|^2\le K^2(1+x^2);$$

（2）李普希茨（Lipschitz）条件

$$|f(t,x_1)-f(t,x_2)|\le K|x_2-x_1|,\ |g(t,x_1)-g(t,x_2)|\le K|x_2-x_1|,$$

其中 K 是某个正数，若 X_0 与 $\{W(t),t\in T\}$ 独立，则伊藤随机微分方程（11.5）存在唯一解.

有关此定理的证明可参看文献[19].

定理 11.4.8 在定理 11.4.7 的条件下，所得的唯一解 $X(t)$ 是马尔可夫过程.

证明 对于 $a\le t_0<s<t\le b$，需要证明在 $X(s)$ 已知的条件下，$X(t)$ 与 $\{X(u),t_0\le u<s\}$ 独立. 事实上，由积分的可加性，类似地可以证明

$$X(t)=X(s)+\int_{s}^{t}f(v,X(v))\mathrm{d}v+\int_{s}^{t}g(v,X(v))\mathrm{d}W(v),$$

因此 $X(t)$ 只依赖于 $X(s)$、$\{X(v),s\le v\le t\}$ 和 $\{\Delta W(v),s\le v\le t\}$，其中

$$\Delta W(v)=W(v+\Delta v)-W(v)$$

是 $W(v)$ 的增量，而 $\{X(v),s\le v\le t\}$ 也只依赖于 $X(s)$ 和 $\{\Delta W(v),s\le v\le t\}$. 因此 $X(t)$ 只依赖于 $X(s)$ 和 $\{\Delta W(v),s\le v\le t\}$. 由

$$X(u)=X_0+\int_{t_0}^{u}f(v,X(v))\mathrm{d}v+\int_{t_0}^{u}g(v,X(v))\mathrm{d}W(v)$$

可知，$\{X(u),t_0\le u\le s\}$ 只依赖于 X_0 和 $\{\Delta W(v),t_0\le v\le s\}$. 在定理条件下，$\{\Delta W(v), s\le v\le t\}$ 与 X_0、$\{\Delta W(v),t_0\le v\le s\}$ 是相互独立的. 这说明在 $X(s)$ 已知的条件下，$X(t)$ 与 $\{X(u),t_0\le u<s\}$ 是相互独立的.

习题 11

11.1 设 $\{X_n,n=1,2,\cdots\}$ 是相互独立的随机变量序列，对任意 $n=1,2,\cdots$，X_n 可能的取值为 0 和 n，且

$$P\{X_n=0\}=\frac{1}{1-n^2},\quad P\{X_n=n\}=\frac{1}{n^2},$$

试讨论 $\{X_n,n=1,2,\cdots\}$ 的均方收敛性.

11.2 设 $\{X_n,n=1,2,\cdots\}$ 是相互独立的随机变量序列，且有 $E(X_n)=\mu_n$，$D(X_n)=\sigma_n^2$，令

$$S_n=X_1+X_2+\cdots+X_n,\quad n=1,2,\cdots,$$

试证明 $\{S_n,n=1,2,\cdots\}$ 均方收敛的充要条件是无穷级数 $\sum_{n=1}^{\infty}\mu_n$ 和 $\sum_{n=1}^{\infty}\sigma_n^2$ 收敛.

11.3 设 $\{X(t),a\le t\le b\}$ 均方连续，$g(t)$ 在区间 $[a,b]$ 上连续，$t_0\in[a,b]$，试证

$$\underset{t\to t_0}{\mathrm{l.i.m}}\, g(t)X(t)=g(t_0)X(t_0).$$

11.4 设 $X(t)=At+B,\ -\infty<t<+\infty$，其中 A、B 相互独立且都服从 $N(0,\sigma^2)$ 分布，试讨论随机过程 $\{X(t),-\infty<t<+\infty\}$ 的均方连续性、均方可导性和均方可积性.

11.5 设随机过程 $\{X(t),t\ge 0\}$ 的均值函数 $m_X(t)=0$，相关函数为 $R_X(s,t)=\mathrm{e}^{-a|t-s|}$，其中 $a>0$ 且为常数.

（1）证明 $\{X(t), t \ge 0\}$ 是均方连续、均方可导和均方可积的；

（2）试求导数过程 $\{X'(t), t \ge 0\}$ 的均值函数和相关函数；

（3）若 $Y(t) = \frac{1}{t}\int_0^t X(s)\mathrm{d}s,\ t > 0$，$Z(t) = \frac{1}{L}\int_t^{t+L} X(s)\mathrm{d}s, t \ge 0$，试求 $\{Y(t), t > 0\}$ 和 $\{Z(t), t \ge 0\}$ 的均值函数和相关函数.

11.6 设 $\{X(t), -\infty < t < +\infty\}$ 均方可导，均值函数 $m_X(t) = 2\sin t$，相关函数 $R_X(s,t) = \mathrm{e}^{-\frac{1}{2}(t-s)^2}$，试求导数过程 $\{X'(t), -\infty < t < +\infty\}$ 的均值函数、相关函数及随机过程 $\{X(t), -\infty < t < +\infty\}$ 与 $\{X'(t), -\infty < t < +\infty\}$ 的互相关函数.

11.7 设 $\{X(t), t \in T\}$ 均方可导，其协方差函数为 $C_X(s,t)$，试证明：

（1）导数过程 $\{X'(t), t \in T\}$ 与原过程 $\{X(t), t \in T\}$ 的互协方差函数

$$C_{X'X}(s,t) = \frac{\partial}{\partial s} C_X(s,t)\text{；}$$

（2）原过程 $\{X(t), t \in T\}$ 与导数过程 $\{X'(t), t \in T\}$ 的互协方差函数

$$C_{XX'}(s,t) = \frac{\partial}{\partial t} C_X(s,t)\text{；}$$

（3）导数过程 $\{X'(t), t \in T\}$ 的协方差函数

$$C_{X'}(s,t) = \frac{\partial^2}{\partial s \partial t} C_X(s,t).$$

11.8 设 $\{W(t), t \ge 0\}$ 是参数为 1 的维纳过程，令

$$X(t) = \int_0^t sW(s)\mathrm{d}s\text{，}\quad Y(t) = \int_t^{t+1}[W(t) - W(s)]\mathrm{d}s\text{，}$$

试求 $\{X(t), t \ge 0\}$ 和 $\{Y(t), t \ge 0\}$ 的均值函数和相关函数.

11.9 设 $\{X(t), a \le t \le b\}$ 在 $[a,b]$ 上均方连续，证明其均方不定积分 $\{Y(t), a \le t \le b\}$ 的协方差函数为

$$C_Y(s,t) = \int_a^s \int_a^t C_X(u,v)\mathrm{d}u\mathrm{d}v, s,t \in [a,b].$$

11.10 将均值函数 $m_X(t) = 5\mathrm{e}^{3t}\cos 2t$、相关函数 $R_X(s,t) = 26\mathrm{e}^{3(s+t)}\cos 2s\cos 2t$ 的随机过程 $\{X(t), t \ge 0\}$ 输入积分器，其输出为 $Y(t) = \int_0^t X(s)\mathrm{d}s, t \ge 0$，试求 $\{Y(t), t \ge 0\}$ 的均值函数和相关函数.

11.11 设 $\{X(t), a \le t \le b\}$ 在 $[a,b]$ 上均方连续，证明：

（1）$D[\int_a^b X(t)\mathrm{d}t] \le (b-a)\int_a^b D_X(t)\mathrm{d}t$；

（2）$\sqrt{D[\int_a^b X(t)\mathrm{d}t]} \le \int_a^b \sqrt{D_X(t)}\mathrm{d}t$.

11.12 考虑一阶线性随机微分方程

$$\begin{cases} X'(t) + aX(t) = 0, t \ge 0, a > 0, \\ X(0) = X_0. \end{cases}$$

其中 $X_0 \sim N(0, \sigma^2)$，试求此微分方程的解及解的均值函数、相关函数和一维概率密度函数.

11.13 设有一阶线性随机微分方程

$$\begin{cases} 3\dfrac{\mathrm{d}X(t)}{\mathrm{d}t} + 2X(t) = W(t), \\ X(0) = X_0. \end{cases}$$

其中初始 X_0 为常数，$\{W(t), t \ge 0\}$ 是参数为 1 的维纳过程，试求 $\{X(t), t \ge 0\}$ 的一维概率密度函数.

11.14 RC 积分电路的输出电压 $Y(t)$ 和输入电压 $X(t)$ 的关系可由方程

$$Y'(t) + aY(t) = aX(t)$$

来描述，其中 $\{X(t), t \ge 0\}$ 的均值函数为 $m_X(t) = 0$，相关函数为 $R_X(s,t) = \sigma^2 \mathrm{e}^{-\beta|t-s|}$，$\sigma, \beta > 0$ 且为常数，已知初始条件 $Y(0) = 0$. 求输出电压过程 $\{Y(t), t \ge 0\}$ 及其均值函数和相关函数.

第12章 平稳过程

平稳过程是一类统计特征不随时间的推移而变化的随机过程，在自然科学、工程技术中的应用非常广泛. 例如，导弹在飞行中受到湍流的影响而产生的随机波动、军舰在海浪中的颠簸、通信中的干扰噪声等，都可用平稳过程来描述. 这类过程受随机因素的影响产生随机波动，同时又有一定的惯性，使在不同时刻的波动特性基本保持不变. 其统计特性是，当过程随时间的变化而产生随机波动时，其前后状态是相互联系的，且这种联系不随时间的推移而改变.

本章主要介绍平稳过程的一些基本知识及应用，包括平稳过程的概念及其相关函数、各态历经性、功率谱密度和线性系统中的平稳过程等.

12.1 平稳过程的概念与实例

12.1.1 平稳过程的概念

定义 12.1.1（**严平稳过程**） 设 $\{X(t), t\in T\}$ 是一随机过程，若对任意的 $n\geq 1$ 和任意的 $t_1,t_2,\cdots,t_n\in T$ 及使 $t_1+\tau,t_2+\tau,\cdots,t_n+\tau\in T$ 的任意实数 τ ，n 维随机变量 $X(t_1), X(t_2),\cdots, X(t_n)$ 和 $X(t_1+\tau), X(t_2+\tau),\cdots, X(t_n+\tau)$ 有相同的联合分布函数，即

$$F(t_1,t_2,\cdots,t_n;x_1,x_2,\cdots,x_n)=F(t_1+\tau,t_2+\tau,\cdots,t_n+\tau;x_1,x_2,\cdots,x_n),$$

则称 $\{X(t), t\in T\}$ 为**严平稳过程**或**狭义平稳过程**. 此时也称 $\{X(t), t\in T\}$ 具有**严平稳性**.

该定义说明严平稳过程的有限维分布不随时间的推移而发生改变.

由定义可知，严平稳过程的所有一维分布函数 $F(t;x)=F(x)$ 与 t 无关；二维分布函数仅是时间间隔的函数，而与两个时刻本身无关. 事实上

$$\begin{aligned}F(t_1,t_2;x_1,x_2)&=F(t_1+\tau,t_2+\tau;x_1,x_2)\\&=F[t_1+\tau-(t_2+\tau),t_2+\tau-(t_2+\tau);x_1,x_2]\\&=F(t_1-t_2,0;x_1,x_2).\end{aligned}$$

由以上讨论可知，若二阶矩过程 $\{X(t), t\in T\}$ 是严平稳过程，则其均值函数

$$m_X(t)=\int_{-\infty}^{+\infty}x\mathrm{d}F(t;x)=\int_{-\infty}^{+\infty}x\mathrm{d}F(x)=m_X$$

为常数，而相关函数

$$\begin{aligned}R_X(s,t)&=\int_{-\infty}^{+\infty}\int_{-\infty}^{+\infty}x_1x_2\mathrm{d}F(s,t;x_1,x_2)\\&=\int_{-\infty}^{+\infty}\int_{-\infty}^{+\infty}x_1x_2\,\mathrm{d}F(s-t,0;x_1,x_2)=R_X(s-t),\end{aligned}$$

即相关函数是时间间隔的函数，而与时间的起点无关.

根据严平稳过程的定义，要确定一个随机过程是严平稳过程，就需要求出它的有限维分布，这在实际中是十分困难的. 为此，下面给出一种在应用和理论中都很重要的平稳过程的概念.

定义 12.1.2（宽平稳过程） 若二阶矩过程$\{X(t),t\in T\}$满足条件：

（1）对任意的$t\in T$，$m_X(t)=E(X(t))=m_X$为常数；

（2）对任意的$s,t\in T$，$R_X(s,t)=E[X(s)\overline{X(t)}]=R_X(s-t)$或对任意$\tau\in R$，$t-\tau\in T$，$R_X(t,t-\tau)=R_X(\tau)$，则称$\{X(t),t\in T\}$为**宽平稳过程**或**广义平稳过程**，简称为**平稳过程**. 此时称$\{X(t),t\in T\}$具有**平稳性**.

若T为离散集，则称平稳过程$\{X(t),t\in T\}$为**平稳序列**.

一般地说，严平稳过程不一定是宽平稳过程. 这是因为严平稳过程的定义只涉及有限维分布，而并不要求一、二阶矩存在. 但是，对二阶矩过程，严平稳过程必定是宽平稳过程. 反过来，宽平稳过程也不一定是严平稳过程. 这是因为宽平稳过程的定义只要均值函数与时间无关，相关函数仅依赖于时间间隔，而与时间的起点无关，由此推导不出随机过程的有限维分布不随时间的推移而发生改变，所以，宽平稳过程也不一定是严平稳过程. 但是，对于正态过程来说，有以下结论.

定理 12.1.1 若$\{X(t),t\in T\}$是正态过程，则$\{X(t),t\in T\}$是严平稳过程的充要条件是$\{X(t),t\in T\}$为宽平稳过程.

证明 必要性显然，这是因为正态过程是二阶矩过程.

下面证明充分性. 由分布函数与特征函数之间的关系，只需证明$\{X(t),t\in T\}$的任意有限维特征函数具有严平稳性. 对任意$n\geq 1$、$\tau\in\mathbf{R}$及$t_1,t_2,\cdots,t_n,t_1+\tau,t_2+\tau,\cdots,t_n+\tau\in T$，正态过程$\{X(t),t\in T\}$的有限维特征函数

$$\begin{aligned}&\varphi(t_1+\tau,t_2+\tau,\cdots,t_n+\tau;u_1,u_2,\cdots,u_n)\\&=\exp[\mathrm{i}\sum_{k=1}^{n}u_k m_X(t_k+\tau)-\frac{1}{2}\sum_{k=1}^{n}\sum_{l=1}^{n}u_k u_l C_X(t_k+\tau,t_l+\tau)].\end{aligned}$$

因$\{X(t),t\in T\}$是宽平稳过程，故对$k,l=1,2,\cdots,n$，有

$$\begin{aligned}&m_X(t_k+\tau)=m_X=m_X(t_k),\\&R_X(t_k+\tau,t_l+\tau)=R_X(t_k-t_l)=R_X(t_k,t_l),\\&C_X(t_k+\tau,t_l+\tau)=R_X(t_k+\tau,t_l+\tau)-m_X(t_k+\tau)m_X(t_l+\tau)\\&\qquad=R_X(t_k,t_l)-m_X(t_k)m_X(t_l)=C_X(t_k,t_l),\end{aligned}$$

于是

$$\begin{aligned}&\varphi(t_1+\tau,t_2+\tau,\cdots,t_n+\tau;u_1,u_2,\cdots,u_n)\\&=\exp[\mathrm{i}\sum_{k=1}^{n}u_k m_X(t_k)-\frac{1}{2}\sum_{k=1}^{n}\sum_{l=1}^{n}u_k u_l C_X(t_k,t_l)],\end{aligned}$$

所以$\{X(t),t\in T\}$是严平稳过程.

后面讲到的平稳过程，如无特殊说明，都是指宽平稳过程.

12.1.2 平稳过程的实例

【例 12.1.1】 设$\{X_n,n=1,2,\cdots\}$是互不相关的随机变量序列，且$E(X_n)=0$，$D(X_n)=\sigma^2$，试讨论$\{X_n,n=1,2,\cdots\}$的平稳性.

解 显然$\{X_n,n=1,2,\cdots\}$为二阶矩过程. 又因为$m_X(n)=E(X_n)=0$，且对任意$m, n\geq 1$，有

$$R_X(m,n)=E(X_mX_n)=\begin{cases}\sigma^2, & m=n,\\0, & m\neq n.\end{cases}$$

即相关函数仅与$m-n$有关，所以$\{X_n, n=1,2,\cdots\}$具有平稳性，为平稳序列. 若X_n互不相关且都服从正态分布$N(0,\sigma^2)$，则$\{X_n, n=1,2,\cdots\}$是严平稳序列.

【例 12.1.2】 设$s(t)$是周期为T的可积函数，令$X(t)=s(t+\Theta), -\infty<t<+\infty$，其中$\Theta\sim U[0,T]$，称$\{X(t), -\infty<t<+\infty\}$为随机相位周期过程，试讨论它的平稳性.

解 由$\Theta\sim U[0,T]$，故Θ的概率密度函数为

$$f_\Theta(\theta)=\begin{cases}\dfrac{1}{T}, & 0\le\theta\le T,\\ 0, & \text{其他}.\end{cases}$$

于是

$$\begin{aligned}m_X(t)=E[X(t)]=E[s(t+\Theta)]&=\int_{-\infty}^{+\infty}s(t+\theta)f_\Theta(\theta)\mathrm{d}\theta\\&=\int_0^T s(t+\theta)\frac{1}{T}\mathrm{d}\theta=\frac{1}{T}\int_0^T s(t+\theta)\mathrm{d}\theta\\&=\frac{1}{T}\int_t^{t+T}s(\varphi)\mathrm{d}\varphi=\frac{1}{T}\int_0^T s(\varphi)\mathrm{d}\varphi\end{aligned}$$

为常数. 又

$$\begin{aligned}R_X(t,t-\tau)=E[X(t)\overline{X(t-\tau)}]&=E[s(t+\Theta)\overline{s(t-\tau+\Theta)}]\\&=\int_{-\infty}^{+\infty}s(t+\theta)\overline{s(t-\tau+\theta)}f_\Theta(\theta)\mathrm{d}\theta\\&=\frac{1}{T}\int_0^T s(t+\theta)\overline{s(t-\tau+\theta)}\mathrm{d}\theta\\&=\frac{1}{T}\int_t^{t+T}s(\varphi)\overline{s(\varphi-\tau)}\mathrm{d}\varphi=\frac{1}{T}\int_0^T s(\varphi)\overline{s(\varphi-\tau)}\mathrm{d}\varphi,\end{aligned}$$

该积分值为仅含τ的表达式，因此可记为$R_X(\tau)$，即相关函数仅与τ有关，所以随机相位周期过程$\{X(t), -\infty<t<+\infty\}$是平稳过程.

【例 12.1.3】 设$\{X_n, n=1,2,\cdots\}$是随机变量序列，且对任意$k,l=1,2,\cdots$，有$E(X_k)=0$，$E(X_k\overline{X_l})=0(k\ne l), E(X_k\overline{X_k})=E|X_k|^2=b_k>0$，$\sum\limits_{k=1}^{\infty}b_k<+\infty$. 令

$$Y(t)=\sum_{k=1}^{\infty}X_k\mathrm{e}^{\mathrm{i}\lambda_k t},\quad -\infty<t<+\infty,$$

式中，$\lambda_k(k=1,2,\cdots)$是两两不相等的实数序列，试研究$\{Y(t), -\infty<t<+\infty\}$的平稳性.

解 由于均值函数

$$m_Y(t)=E[Y(t)]=E[\sum_{k=1}^{\infty}X_k\mathrm{e}^{\mathrm{i}\lambda_k t}]=\sum_{k=1}^{\infty}(E(X_k))\mathrm{e}^{\mathrm{i}\lambda_k t}=0$$

为常数，又相关函数

$$\begin{aligned}R_X(t,t-\tau)=E[Y(t)\overline{Y(t-\tau)}]&=E[\sum_{k=1}^{\infty}X_k\mathrm{e}^{\mathrm{i}\lambda_k t}\overline{\sum_{l=1}^{\infty}X_l\mathrm{e}^{\mathrm{i}\lambda_l(t-\tau)}}]\\&=E\{\sum_{k=1}^{\infty}\sum_{l=1}^{\infty}X_k\overline{X_l}\mathrm{e}^{\mathrm{i}[\lambda_k t-\lambda_l(t-\tau)]}\}=\sum_{k=1}^{\infty}\sum_{l=1}^{\infty}E[X_k\overline{X_l}]\mathrm{e}^{\mathrm{i}[\lambda_k t-\lambda_l(t-\tau)]}\\&=\sum_{k=1}^{\infty}b_k\mathrm{e}^{\mathrm{i}\lambda_k\tau},\end{aligned}$$

由条件知正项级数$\sum_{k=1}^{\infty} b_k$收敛，从而上式右端的级数绝对收敛，其和可记为$R_X(\tau)$，所以随机序列$\{Y(t),-\infty<t<+\infty\}$是平稳的.

【例 12.1.4】 设$\{X(t),t\geq 0\}$是只取 1、−1 两个值的过程，其符号的改变次数是一个参数为λ的泊松过程$\{N(t),t\geq 0\}$，且对任意$t\geq 0$，有

$$P\{X(t)=-1\}=P\{X(t)=1\}=\frac{1}{2},$$

试讨论$\{X(t),t\geq 0\}$的平稳性.

解 由于

$$m_X(t)=E[X(t)]=-1\times\frac{1}{2}+1\times\frac{1}{2}=0;$$

$$\begin{aligned}R_X(t,t-\tau)&=E[X(t)X(t-\tau)]=P\{X(t)X(t-\tau)=1\}-P\{X(t)X(t-\tau)=-1\}\\&=P\{\bigcup_{k=0}^{\infty}[N(|\tau|)=2k]\}-P\{\bigcup_{k=0}^{\infty}[N(|\tau|)=2k+1]\}\\&=\sum_{k=0}^{\infty}P\{N(|\tau|)=2k\}-\sum_{k=0}^{\infty}P\{N(|\tau|)=2k+1\}\\&=\sum_{k=0}^{\infty}\frac{(\lambda|\tau|)^{2k}}{(2k)!}\mathrm{e}^{-\lambda|\tau|}-\sum_{k=0}^{\infty}\frac{(\lambda|\tau|)^{2k+1}}{(2k+1)!}\mathrm{e}^{-\lambda|\tau|}\\&=\mathrm{e}^{-\lambda|\tau|}\sum_{k=0}^{\infty}\frac{(-\lambda|\tau|)^{k}}{k!}=\mathrm{e}^{-\lambda|\tau|}\cdot\mathrm{e}^{-\lambda|\tau|}\\&=\mathrm{e}^{-2\lambda|\tau|}=R_X(\tau),\end{aligned}$$

因此$\{X(t),t\geq 0\}$是平稳过程. 其相关函数如图 12.1 所示.

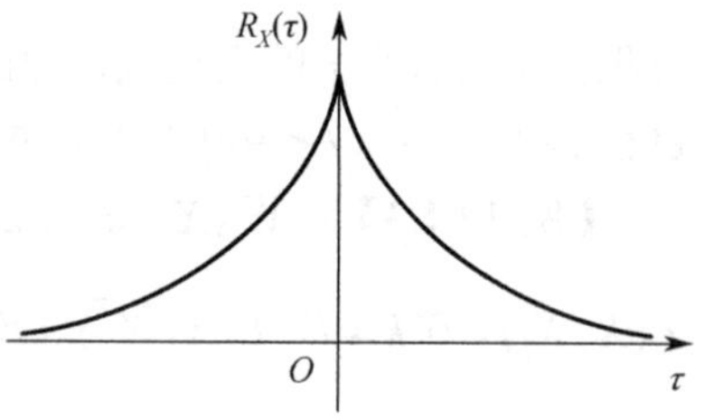

图 12.1 例 12.1.4 的相关函数

【例 12.1.5】 设$\{Y(t),t\geq 0\}$是正态过程，且$m_Y(t)=\alpha+\beta t$，$C_Y(t,t-\tau)=\mathrm{e}^{-a|\tau|}$，其中$\alpha,\beta,\ a>0$且为常数. 令$X(t)=Y(t+b)-Y(t)$，其中$b>0$且为常数，试证明$\{X(t),t\geq 0\}$是一个严平稳过程.

证 先证$\{X(t),t\geq 0\}$是宽平稳过程. 由于

$$\begin{aligned}m_X(t)&=E[X(t)]=E[Y(t+b)-Y(t)]\\&=E[Y(t+b)]-E[Y(t)]\\&=\alpha+\beta(t+b)-(\alpha+\beta t)=\beta b,\end{aligned}$$

$$\begin{aligned}C_X(t,t-\tau)&=\mathrm{cov}(X(t),X(t-\tau))=\mathrm{cov}(Y(t+b)-Y(t),Y(t-\tau+b)-Y(t-\tau))\\&=\mathrm{cov}(Y(t+b),Y(t-\tau+b))-\mathrm{cov}(Y(t+b),Y(t-\tau))-\\&\quad\ \mathrm{cov}(Y(t),Y(t-\tau+b))+\mathrm{cov}((Y(t),Y(t-\tau))\\&=2\mathrm{e}^{-a|\tau|}-\mathrm{e}^{-a|\tau-b|}-\mathrm{e}^{-a|\tau+b|},\end{aligned}$$

从而

$$\begin{aligned}R_X(t,t-\tau)&=C_X(t,t-\tau)+m_X(t)\overline{m_X(t-\tau)}\\&=2\mathrm{e}^{-a|\tau|}-\mathrm{e}^{-a|\tau-b|}-\mathrm{e}^{-a|\tau+b|}+\beta^2b^2=R_X(\tau)\end{aligned}$$

仅与τ有关，因此$\{X(t),t\geq 0\}$是宽平稳过程.

再证$\{X(t),t\geq 0\}$是正态过程. 由于$\{Y(t),t\geq 0\}$是正态过程，因此对任意$n\geq 1$，t_1，

$t_1+b;t_2,t_2+b;\cdots;t_n,t_n+b\ge 0(t_i+b\ne t_j,i,j=1,2,\cdots,n)$，随机向量$(Y(t_1),Y(t_1+b),Y(t_2),Y(t_2+b),\cdots,Y(t_n),Y(t_n+b))$为$2n$维正态随机向量，而且

$$(X(t_1),\cdots,X(t_n))=(Y(t_1),Y(t_1+b),\cdots,Y(t_n),Y(t_n+b))\begin{bmatrix}-1&0&\cdots&0\\1&0&\cdots&0\\0&-1&\cdots&0\\0&1&\cdots&0\\\vdots&\vdots&\ddots&\vdots\\0&0&\cdots&-1\\0&0&\cdots&1\end{bmatrix},$$

由定理1.5.3知$(X(t_1),\cdots,X(t_n))$是n维正态随机变量，因此$\{X(t),t\ge 0\}$是正态过程.

综上，由定理12.1.1得$\{X(t),t\ge 0\}$是严平稳过程.

最后给出一个是宽平稳过程但不是严平稳过程的例子.

【例 12.1.6】 设$\{X_n,n=1,2,\cdots\}$是相互独立且都服从正态分布$N(0,1)$的随机变量序列，$\{Y_n,n=1,2,\cdots\}$是相互独立且都服从均匀分布$U(-\sqrt{3},\sqrt{3})$的随机变量序列，$\{X_n,n=1,2,\cdots\}$与$\{Y_n,n=1,2,\cdots\}$相互独立. 令

$$Z_n=\begin{cases}X_n, & n\text{为奇数},\\ Y_n, & n\text{为偶数}.\end{cases}$$

证明随机序列$\{Z_n,n=1,2,\cdots\}$是宽平稳过程，但不是严平稳过程.

证 由条件知

$$E(X_n)=E(Y_n)=0\text{，}\quad D(X_n)=D(Y_n)=1\text{，}$$

于是

$$m_Z(n)=E(Z_n)=0\text{，}$$

$$R_Z(m,n)=E(Z_mZ_n)=\begin{cases}1, & m-n=0,\\ 0, & m-n\ne 0.\end{cases}$$

$$E[|Z_n|^2]=1<+\infty\text{，}$$

故$\{Z_n,n=1,2,\cdots\}$为二阶矩过程，且均值函数为常数，相关函数$R_Z(m,n)$仅与$m-n$有关，因此为宽平稳过程. 显然，因为Z_n的一维分布与n取奇数或偶数有关，所以不是严平稳过程.

12.2 平稳过程相关函数的性质

12.2.1 相关函数的性质

定理 12.2.1 设$\{X(t),t\in T\}$是平稳过程，则其相关函数$R_X(\tau)$具有如下性质：

（1）$R_X(0)\ge 0$；

（2）$\overline{R_X(\tau)}=R_X(-\tau)$，若$\{X(t),t\in T\}$是实平稳过程，则有$R_X(\tau)=R_X(-\tau)$，即相关函数为偶函数；

（3）$|R_X(\tau)|\le R_X(0)$；

（4）$R_X(\tau)=R_X(s-t)$是非负定的，即对任意$t_1,t_2,\cdots,t_n\in T$及复数$\alpha_1,\alpha_2,\cdots,\alpha_n$，有

$$\sum_{k=1}^{n}\sum_{l=1}^{n}R_X(t_k-t_l)\alpha_k\overline{\alpha_l}\geq 0,\ n\geq 1;$$

（5）若 $X(t)$ 为周期为 T_0 的周期函数，即 $X(t+T_0)=X(t)$，则 $R_X(\tau+T_0)=R_X(\tau)$，即相关函数也是周期函数，且与 $X(t)$ 具有相同的周期.

证　（1）$R_X(0)=E[X(t)\overline{X(t)}]=E[|X(t)|^2]\geq 0$.

（2）$\overline{R_X(\tau)}=\overline{E[X(t)\overline{X(t-\tau)}]}=E[X(t-\tau)\overline{X(t)}]=R_X(-\tau)$.

（3）由施瓦兹不等式，有

$$\begin{aligned}|R_X(\tau)|&=|E[X(t)\overline{X(t-\tau)}]|\leq E|X(t)X(t-\tau)|\\&\leq[E|X(t)|^2]^{\frac{1}{2}}[E|X(t-\tau)|^2]^{\frac{1}{2}}=[R_X(0)]^{\frac{1}{2}}[R_X(0)]^{\frac{1}{2}}=R_X(0).\end{aligned}$$

（4）
$$\begin{aligned}\sum_{k=1}^{n}\sum_{l=1}^{n}R_X(t_k-t_l)\alpha_k\overline{\alpha_l}&=\sum_{k=1}^{n}\sum_{l=1}^{n}E[X(t_k)\overline{X(t_l)}]\alpha_k\overline{\alpha_l}\\&=E[\sum_{k=1}^{n}\sum_{l=1}^{n}\alpha_kX(t_k)\overline{\alpha_lX(t_l)}]\\&=E[\sum_{k=1}^{n}\alpha_kX(t_k)\overline{\sum_{k=1}^{n}\alpha_kX(t_k)}]=E|\sum_{k=1}^{n}\alpha_kX(t_k)|^2\geq 0.\end{aligned}$$

（5）由于

$$R_X(\tau+T_0)=E[X(t)\overline{X(t-\tau-T_0)}]=E[X(t)\overline{X(t-\tau)}]=R_X(\tau),$$

因此 $R_X(\tau)$ 是周期函数，且与 $\{X(t),t\in T\}$ 周期相同.

定理 12.2.2　若 $\{X(t),t\in T\}$ 是平稳过程，则 $\{X(t),t\in T\}$ 均方连续的充要条件是 $R_X(\tau)$ 在 $\tau=0$ 处连续，此时 $R_X(\tau)$ 是连续函数.

证　对任意 $t_0\in T$，有

$$\begin{aligned}&E|X(t_0+\tau)-X(t_0)|^2\\&=E[(X(t_0+\tau)-X(t_0))\overline{(X(t_0+\tau)-X(t_0))}]\\&=R_X(t_0+\tau,t_0+\tau)-R_X(t_0+\tau,t_0)-R_X(t_0,t_0+\tau)+R_X(t_0,t_0)\\&=R_X(0)-R_X(\tau)-R_X(-\tau)+R_X(0).\end{aligned}\tag{12.1}$$

设 $R_X(\tau)$ 在 $\tau=0$ 处连续，则 $R_X(\tau)\to R_X(0)$，$\tau\to 0$，由式（12.1）可得

$$E|X(t_0+\tau)-X(t_0)|^2\to 0,\ \tau\to 0,$$

故 $\{X(t),t\in T\}$ 在 t_0 处均方连续. 反之，设 $\{X(t),t\in T\}$ 在 t_0 处均方连续，则

$$E|X(t_0+\tau)-X(t_0)|^2\to 0,\ \tau\to 0,$$

由式（12.1）知，$R_X(\tau)\to R_X(0)$，$\tau\to 0$，故 $R_X(\tau)$ 在 $\tau=0$ 处连续.

接下来证明 $R_X(\tau)$ 是连续函数. 设 $R_X(\tau)$ 在 $\tau=0$ 处连续，则 $\{X(t),t\in T\}$ 均方连续，于是对任意 τ_0，由施瓦兹不等式有

$$\begin{aligned}|R_X(\tau)-R_X(\tau_0)|&=|E[(X(t)\overline{X(t-\tau)}]-E[(X(t)\overline{X(t-\tau_0)}]|\\&\leq E|X(t)(\overline{X(t-\tau)-X(t-\tau_0)})|\\&\leq(E|X(t)|^2)^{\frac{1}{2}}(E|X(t-\tau)-X(t-\tau_0)|^2)^{\frac{1}{2}}\\&=(R_X(0))^{\frac{1}{2}}(E|X(t-\tau)-X(t-\tau_0)|^2)^{\frac{1}{2}}\end{aligned}$$

$$\to 0, \tau \to \tau_0,$$

即 $R_X(\tau) \to R_X(\tau_0)$，$\tau \to \tau_0$，故 $R_X(\tau)$ 是连续函数.

关于相关函数 $R_X(\tau)$ 的可导性，由定理 11.2.5 及其推论不难得到如下定理.

定理 12.2.3　设 $\{X(t), t \in T\}$ 是平稳过程，则下列命题成立.

（1）$\{X(t), t \in T\}$ 均方可导的充分条件是其相关函数 $R_X(\tau)$ 在 $\tau = 0$ 处，二阶导数存在且连续；

（2）$\{X(t), t \in T\}$ 均方可导的必要条件是其相关函数 $R_X(\tau)$ 在 $\tau = 0$ 处，二阶导数存在；

（3）若 $\{X(t), t \in T\}$ 均方可导，则其导数过程 $\{X'(t), t \in T\}$ 仍是平稳过程，且有

$$m_{X'}(t) = 0,\ R_{X'}(\tau) = -R''_X(\tau).$$

推论 12.2.1　设 $\{X(t), t \in T\}$ 是一均方可导的实平稳过程，则对任意 $t \in T$，$X(t)$ 与 $X'(t)$ 不相关.

证　由于 $\{X(t), t \in T\}$ 是实平稳过程，因此 $R_X(-\tau) = R_X(\tau)$. 又 $\{X(t), t \in T\}$ 均方可导，因而 $R_X(\tau)$ 可导，且有 $-R'_X(-\tau) = R'_X(\tau)$，特别地，有 $-R'_X(0) = R'_X(0)$，即 $R'_X(0) = 0$. 于是

$$E[X(t)X'(t)] = \frac{\partial}{\partial t} R_X(s,t)|_{s=t} = \frac{\partial}{\partial t} R_X(s-t)|_{s=t} = R'_X(0) = 0.$$

又因 $m_{X'}(t) = 0$，故 $X(t)$ 和 $X'(t)$ 不相关.

推论 12.2.2　设正态过程 $\{X(t), t \in T\}$ 是均方可导的实平稳过程，则对任意 $t \in T$，$X(t)$ 与 $X'(t)$ 相互独立.

证　由于 $\{X(t), t \in T\}$ 是正态过程，因此对任意 $t \in T$，$(X(t), X(t+\Delta t))$ 是二维正态随机变量，又因

$$(X(t), \frac{X(t+\Delta t) - X(t)}{\Delta t}) = (X(t), X(t+\Delta t)) \begin{bmatrix} 1 & -\dfrac{1}{\Delta t} \\ 0 & \dfrac{1}{\Delta t} \end{bmatrix},$$

故 $(X(t), \dfrac{X(t+\Delta t) - X(t)}{\Delta t})$ 是二维正态随机变量，且

$$\underset{\Delta t \to 0}{\text{l.i.m}} \frac{X(t+\Delta t) - X(t)}{\Delta t} = X'(t)$$

于是 $(X(t), X'(t))$ 是二维正态随机变量，由推论 12.2.1 知，$X(t)$ 与 $X'(t)$ 相互独立.

定理 12.2.4　设 $\{X(t), -\infty < t < +\infty\}$ 是均方连续的平稳过程，$f(t)$ 为分段连续函数，则在任何有限区间 $[a,b]$ 上，积分

$$\int_a^b f(t)X(t)\mathrm{d}t$$

在均方意义下存在，且对任一分段连续函数 $g(t)$，有

$$E[\int_a^b g(s)X(s)\mathrm{d}s \overline{\int_a^b f(t)X(t)\mathrm{d}t}] = \int_a^b \int_a^b g(s)\overline{f(t)} R_X(s-t)\mathrm{d}s\mathrm{d}t$$

证　因 $\{X(t), -\infty < t < +\infty\}$ 均方连续，故对任意 $t \in (-\infty, +\infty)$，$R_X(s,t)$ 在 (t,t) 处连续，从而 $R_X(s,t)$ 连续. 又因 $f(t)$ 为分段连续，故 $f(s)\overline{f(t)}R_X(s-t)$ 在任何有限区域 $[a,b]\times[a,b]$ 上分段连续，从而二重积分 $\int_a^b \int_a^b f(s)\overline{f(t)}R_X(s-t)\mathrm{d}s\mathrm{d}t$ 存在. 故由定理 11.2.7 知，积分 $\int_a^b f(t)X(t)\mathrm{d}t$ 在均方意义下存在，且有

$$E[\int_a^b g(s)X(s)\mathrm{d}s\overline{\int_a^b f(t)X(t)\mathrm{d}t}]$$
$$=E[\underset{\Delta'\to 0}{\mathrm{l.i.m}}\sum_{l=1}^{n}g(s_l^*)X(s_l^*)\Delta s_l\overline{\underset{\Delta\to 0}{\mathrm{l.i.m}}\sum_{k=1}^{n}f(t_k^*)X(t_k^*)\Delta t_k}]$$
$$=\lim_{\substack{\Delta'\to 0\\ \Delta\to 0}}\sum_{l=1}^{n}\sum_{k=1}^{n}g(s_l^*)\overline{f(t_k^*)}E[X(s_l^*)\overline{X(t_k^*)}]\Delta s_l\Delta t_k$$
$$=\int_a^b\int_a^b g(s)\overline{f(t)}R_X(s-t)\mathrm{d}s\mathrm{d}t\ .$$

12.2.2 联合平稳过程及互相关函数的性质

对于两个平稳过程$\{X(t),t\in T\}$和$\{Y(t),t\in T\}$，可以用类似于第 7 章的方法研究它们的联合分布和数字特征，下面主要讨论两个平稳过程的联合平稳问题. 如图 12.2 所示，将$X(t)$和$Y(t)$同时输入加法器中，加法器的输出为$Z(t)=X(t)+Y(t)$. 在实际应用中，常常需要研究输出过程$\{Z(t),t\in T\}$是否为平稳过程，为此需要引入联合平稳过程的概念.

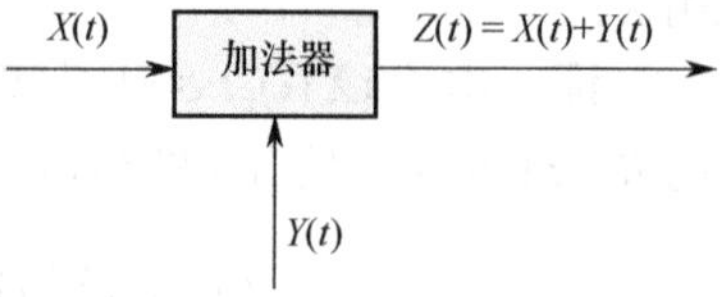

图 12.2 加法器

定义 12.2.1 设$\{X(t),t\in T\}$和$\{Y(t),t\in T\}$是两个平稳过程，对任意$\tau\in\mathbf{R}$，$t,t-\tau\in T$，如果它们的互相关函数$E[X(t)\overline{Y(t-\tau)}]$及$E[Y(t)\overline{X(t-\tau)}]$仅与$\tau$有关，而与$t$无关，即有

$$R_{XY}(t,t-\tau)=E[X(t)\overline{Y(t-\tau)}]=R_{XY}(\tau)\ ,$$
$$R_{YX}(t,t-\tau)=E[Y(t)\overline{X(t-\tau)}]=R_{YX}(\tau)\ ,$$

则称$\{X(t),t\in T\}$和$\{Y(t),t\in T\}$为**联合平稳随机过程**，或称$\{X(t),t\in T\}$和$\{Y(t),t\in T\}$是**联合平稳的**.

若平稳过程$\{X(t),t\in T\}$和$\{Y(t),t\in T\}$是联合平稳的，则前述加法器的输出过程$\{Z(t),t\in T\}$也是平稳过程. 事实上，因为

$$E[Z(t)]=E[X(t)]+E[Y(t)]=m_X+m_Y=m_Z$$

为常数，且

$$R_Z(t,t-\tau)=E[Z(t)\overline{Z(t-\tau)}]=E\{[X(t)+Y(t)][\overline{X(t-\tau)}+\overline{Y(t-\tau)}]\}$$
$$=E[X(t)\overline{X(t-\tau)}+X(t)\overline{Y(t-\tau)}+Y(t)\overline{X(t-\tau)}+Y(t)\overline{Y(t-\tau)}]$$
$$=E[X(t)\overline{X(t-\tau)}]+E[X(t)\overline{Y(t-\tau)}]+E[Y(t)\overline{X(t-\tau)}]+E[Y(t)\overline{Y(t-\tau)}]$$
$$=R_X(\tau)+R_{XY}(\tau)+R_{YX}(\tau)+R_Y(\tau)=R_Z(\tau)$$

仅与τ有关，而与t无关，所以$\{Z(t),t\in T\}$是平稳过程.

【例 12.2.1】 设X和Y是不相关的实随机变量，且$E(X)=E(Y)=0$，$D(X)=D(Y)=\sigma^2$，令$X(t)=X\cos\alpha t+Y\sin\alpha t$，$Y(t)=Y\cos\alpha t-X\sin\alpha t$，$-\infty<t<+\infty$，其中$\alpha$为实常数，试证明随机过程$\{X(t),-\infty<t<+\infty\}$和$\{Y(t),-\infty<t<+\infty\}$是联合平稳过程.

证 由于

$$m_X(t)=E[X(t)]=E[X\cos\alpha t+Y\sin\alpha t]=E(X)\cos\alpha t+E(Y)\sin\alpha t=0\ ,$$
$$R_X(t,t-\tau)=E[X(t)X(t-\tau)]$$

$$= E\{(X\cos\alpha t + Y\sin\alpha t)[X\cos\alpha(t-\tau) + Y\sin\alpha(t-\tau)]\}$$
$$= E(X^2)\cos\alpha t\cos\alpha(t-\tau) + E(Y^2)\sin\alpha t\sin\alpha(t-\tau) +$$
$$[E(XY)][\cos\alpha t\sin\alpha(t-\tau) + \sin\alpha t\cos\alpha(t-\tau)]$$
$$= \sigma^2\cos\alpha\tau = R_X(\tau),$$

同理 $m_Y(t)=0$，$R_Y(t)=\sigma^2\cos\alpha\tau$，因此 $\{X(t),-\infty<t<+\infty\}$ 和 $\{Y(t),-\infty<t<+\infty\}$ 都是平稳过程.

又因为

$$R_{XY}(t,t-\tau) = E[X(t)Y(t-\tau)]$$
$$= E\{(X\cos\alpha t + Y\sin\alpha t)[Y\cos\alpha(t-\tau) - X\sin\alpha(t-\tau)]\}$$
$$= -E(X^2)\cos\alpha t\sin\alpha(t-\tau) + E(Y^2)\sin\alpha t\cos\alpha(t-\tau) +$$
$$E(XY)[\cos\alpha t\cos\alpha(t-\tau) - \sin\alpha t\sin\alpha(t-\tau)$$
$$= \sigma^2\sin\alpha\tau = R_{XY}(\tau),$$

同理 $R_{YX}(t,t-\tau)=R_{YX}(\tau)$，所以 $\{X(t),-\infty<t<+\infty\}$ 和 $\{Y(t),-\infty<t<+\infty\}$ 是联合平稳过程.

定理 12.2.5 设 $\{X(t),t\in T\}$ 和 $\{Y(t),t\in T\}$ 是联合平稳过程，则其互相关函数 $R_{XY}(\tau)$ 具有下列性质：

（1）$\overline{R_{XY}(\tau)} = R_{YX}(-\tau)$；

（2）$|R_{XY}(\tau)|^2 \le R_X(0)R_Y(0)$，$|R_{YX}(\tau)|^2 \le R_X(0)R_Y(0)$.

证 （1）$\overline{R_{XY}(\tau)} = \overline{E[X(t)\overline{Y(t-\tau)}]} = E[Y(t-\tau)\overline{X(t)}] = R_{YX}(-\tau)$；

（2）由施瓦兹不等式，有

$$|R_{XY}(\tau)|^2 = |E[X(t)\overline{Y(t-\tau)}]|^2 \le [E|X(t)Y(t-\tau)|]^2$$
$$\le E[|X(t)|^2]E[|Y(t+\tau)|^2] = R_X(0)R_Y(0).$$

同理可得

$$|R_{YX}(\tau)|^2 \le R_X(0)R_Y(0).$$

由（1）可知，若 $\{X(t),t\in T\}$ 和 $\{Y(t),t\in T\}$ 是实联合平稳过程，则有

$$R_{XY}(\tau) = R_{YX}(-\tau),$$

这表明，$R_{XY}(\tau) = R_{YX}(\tau)$ 在一般情况下并不相等，且它们不是关于 τ 的偶函数.

【例 12.2.2】 设 $\{X(t),t\in T\}$ 和 $\{Y(t),t\in T\}$ 为联合平稳过程，证明对任意复常数 α 和 β，$\{\alpha X(t)+\beta Y(t),t\in T\}$ 也是平稳过程，且其相关函数

$$R_{\alpha X+\beta Y}(\tau) = |\alpha|^2 R_X(\tau) + \alpha\overline{\beta}R_{XY}(\tau) + \overline{\alpha}\beta R_{YX}(\tau) + |\beta|^2 R_Y(\tau).$$

证 由于

$$m_{\alpha X+\beta Y}(t) = E[\alpha X(t)+\beta Y(t)] = \alpha m_X + \beta m_Y,$$
$$R_{\alpha X+\beta Y}(t,t-\tau) = E\{[\alpha X(t)+\beta Y(t)][\overline{\alpha X(t-\tau)+\beta Y(t-\tau)}]\}$$
$$= E[|\alpha|^2 X(t)\overline{X(t-\tau)} + \alpha\overline{\beta}X(t)\overline{Y(t-\tau)} +$$
$$\overline{\alpha}\beta\overline{X(t-\tau)}Y(t) + |\beta|^2 Y(t)\overline{Y(t-\tau)}]$$
$$= |\alpha|^2 R_X(\tau) + \alpha\overline{\beta}R_{XY}(\tau) + \overline{\alpha}\beta R_{YX}(\tau) + |\beta|^2 R_Y(\tau)$$
$$= R_{\alpha X+\beta Y}(\tau),$$

因此 $\{\alpha X(t)+\beta Y(t),t\in T\}$ 也是平稳过程，且

$$R_{\alpha X+\beta Y}(\tau) = |\alpha|^2 R_X(\tau) + \alpha\overline{\beta}R_{XY}(\tau) + \overline{\alpha}\beta R_{YX}(\tau) + |\beta|^2 R_Y(\tau).$$

12.3 平稳过程的各态历经性

我们已经知道，确定均值函数和相关函数对研究平稳过程的统计规律十分重要. 而对固定的时刻t，随机过程$\{X(t), t\in T\}$的均值函数和协方差函数是随机变量$X(t)$的取值在样本空间Ω上的概率平均，是由$X(t)$的一、二维分布函数确定的，通常很难求得. 但是，由于平稳过程的统计特性不随时间的推移而变化，因此会提出这样一个问题：能否对一个时间范围内观察到的一个样本函数在某些时刻的值取平均来代替统计平均呢?

为此来回顾一下大数定律：设$\{X_n, n=1,2,\cdots\}$为独立同分布的随机变量序列，$E(X_n)=m$，$D(X_n)=\sigma^2$，$n=1,2,\cdots$，则

$$\lim_{N\to\infty} P\left\{\left|\frac{1}{N}\sum_{k=1}^{N} X_k - m\right| < \varepsilon\right\} = 1 .$$

这里，若将随机序列$\{X_n, n=1,2,\cdots\}$视为具有离散参数的随机过程，则$\frac{1}{N}\sum_{k=1}^{N} X_k$可视为随机过程的样本函数按不同时刻取的平均值，它随样本的不同而变化，是一个随机变量. 而$E(X_n)=m$是随机过程的均值，即任意时刻的过程取值的统计平均. 大数定律表明，随时间n的推移，随机过程的样本函数按时间平均以越来越大的概率近似于过程的统计平均. 也就是说，只要观测的时间足够长，随机过程的每个样本函数就能够“遍历”各种可能状态，随机过程的这种特性即为**遍历性**，或称为**各态历经性**.

设$\{X(t), t\in T\}$为一个随机过程，则对于每个固定的$t\in T$，$X(t)$是一个随机变量，$E[X(t)]=m_X(t)$为其统计平均；对于每个固定的$\omega\in\Omega$，$X(t)$为普通的时间函数，若在T上对t取平均，即得其时间平均. 研究随机过程的各态历经性，就是研究在何种情况下，时间平均可以用来代替统计平均，本节将研究平稳过程的各态历经性.

12.3.1 各态历经性的概念

定义 12.3.1 设$\{X(t), -\infty<t<+\infty\}$是平稳过程，则分别称

$$< X(t) > = \underset{T\to+\infty}{\mathrm{l.i.m}} \frac{1}{2T}\int_{-T}^{T} X(t)\mathrm{d}t ,$$

$$< X(t)\overline{X(t-\tau)} > = \underset{T\to+\infty}{\mathrm{l.i.m}} \frac{1}{2T}\int_{-T}^{T} X(t)\overline{X(t-\tau)}\mathrm{d}t$$

为该过程的**时间均值**和**时间相关函数**（假定所涉及的均方极限都存在）.

定义 12.3.2 设$\{X(t), -\infty<t<+\infty\}$是平稳过程，其均值为$m_X$，相关函数为$R_X(\tau)$.

（1）若$< X(t) > \overset{\text{Pr.1}}{=} m_X$，即

$$\underset{T\to+\infty}{\mathrm{l.i.m}} \frac{1}{2T}\int_{-T}^{T} X(t)\mathrm{d}t = m_X$$

以概率 1 成立，则称$\{X(t), -\infty<t<+\infty\}$的**均值具有各态历经性**；

（2）若对于实数τ，$< X(t)\overline{X(t-\tau)} > \overset{\text{Pr.1}}{=} R_X(\tau)$，即

$$\underset{T\to+\infty}{\mathrm{l.i.m}} \frac{1}{2T}\int_{-T}^{T} X(t)\overline{X(t-\tau)}\mathrm{d}t = R_X(\tau)$$

以概率 1 成立，则称 $\{X(t), -\infty<t<+\infty\}$ 的**相关函数具有各态历经性**；

（3）若均值和相关函数都具有各态历经性，则称 $\{X(t), -\infty<t<+\infty\}$ 具有**各态历经性**或**遍历性**，也称 $\{X(t), -\infty<t<+\infty\}$ 为**各态历经过程**或**遍历过程**.

【例 12.3.1】 设 $X(t)=a\cos(\omega t+\Theta), -\infty<t<+\infty$，其中 $a>0$，ω 是实常数，Θ 为服从均匀分布 $U[0,2\pi]$ 的随机变量，试研究 $\{X(t), -\infty<t<+\infty\}$ 的各态历经性.

解 类似于例 12.1.2，不难证明 $\{X(t), -\infty<t<+\infty\}$ 是平稳过程，且 $m_X=0$，$R_X(\tau)=\dfrac{a^2}{2}\cos\omega\tau$.

下面来求时间均值和时间相关函数. 根据定义，时间均值为

$$
\begin{aligned}
<X(t)> &= \underset{T\to+\infty}{\mathrm{l.i.m}}\frac{1}{2T}\int_{-T}^{T}X(t)\mathrm{d}t = \underset{T\to+\infty}{\mathrm{l.i.m}}\frac{1}{2T}\int_{-T}^{T}a\cos(\omega t+\Theta)\mathrm{d}t \\
&= \underset{T\to+\infty}{\mathrm{l.i.m}}\frac{a}{2T}\int_{-T}^{T}[\cos\omega t\cos\Theta-\sin\omega t\sin\Theta]\mathrm{d}t \\
&= \underset{T\to+\infty}{\mathrm{l.i.m}}\frac{a}{2T}\cos\Theta\int_{-T}^{T}\cos\omega t\mathrm{d}t = \underset{T\to+\infty}{\mathrm{l.i.m}}\frac{a\cos\Theta\sin\omega T}{\omega T}=0\ ;
\end{aligned}
$$

时间相关函数为

$$
\begin{aligned}
<X(t)\overline{X(t-\tau)}> &= \underset{T\to+\infty}{\mathrm{l.i.m}}\frac{1}{2T}\int_{-T}^{T}X(t)\overline{X(t-\tau)}\mathrm{d}t \\
&= \underset{T\to+\infty}{\mathrm{l.i.m}}\frac{a^2}{2T}\int_{-T}^{T}\cos(\omega t+\Theta)\cos[\omega(t-\tau)+\Theta]\mathrm{d}t \\
&= \underset{T\to+\infty}{\mathrm{l.i.m}}\frac{a^2}{2T}\cdot\frac{1}{2}\int_{-T}^{T}[\cos(2\omega t-\omega\tau+2\Theta)+\cos\omega\tau]\mathrm{d}t \\
&= \frac{a^2}{2}\cos\omega\tau = R_X(\tau).
\end{aligned}
$$

因此 $<X(t)>=m_X$，$<X(t)\overline{X(t-\tau)}>=R_X(\tau)$ 以概率 1 成立，故时间均值和时间相关函数具有各态历经性，从而 $\{X(t), -\infty<t<+\infty\}$ 具有各态历经性.

【例 12.3.2】 设 $X(t)=X,\ -\infty<t<+\infty$，其中 X 具有概率分布 $P(X=i)=1/3$，$i=1,2,3$，试讨论随机过程 $\{X(t), -\infty<t<+\infty\}$ 的各态历经性.

解 由于均值函数

$$m_X(t)=E[X(t)]=E(X)=2$$

为常数，且相关函数

$$R_X(t,t-\tau)=E[X(t)\overline{X(t-\tau)}]=E(X^2)=\frac{14}{3}$$

与 t 无关，因此 $\{X(t), -\infty<t<+\infty\}$ 是平稳过程. 时间均值

$$<X(t)>=\underset{T\to+\infty}{\mathrm{l.i.m}}\frac{1}{2T}\int_{-T}^{T}X(t)\mathrm{d}t=\underset{T\to+\infty}{\mathrm{l.i.m}}\frac{1}{2T}\int_{-T}^{T}X\mathrm{d}t=X\ ,$$

时间相关函数

$$<X(t)\overline{X(t-\tau)}>=\underset{T\to+\infty}{\mathrm{l.i.m}}\frac{1}{2T}\int_{-T}^{T}X(t)\overline{X(t-\tau)}\mathrm{d}t=\underset{T\to+\infty}{\mathrm{l.i.m}}\frac{1}{2T}\int_{-T}^{T}X^2\mathrm{d}t=X^2\ .$$

由于 $P(X=2)=1$ 和 $P(X^2=\dfrac{14}{3})=1$ 不成立，因此时间均值和时间相关函数不具有各态历经性，从而 $\{X(t), -\infty<t<+\infty\}$ 不是各态历经过程.

12.3.2　均值各态历经性的判定

定理 12.3.1　平稳过程 $\{X(t),-\infty<t<+\infty\}$ 的均值具有各态历经性的充要条件是

$$\lim_{T\to+\infty}\frac{1}{2T}\int_{-2T}^{2T}(1-\frac{|\tau|}{2T})C_X(\tau)\mathrm{d}t=0.$$

证　由于 $P(<X(t)>=m_X)=1$ 等价于 $D[<X(t)>]=0$，因此只需证明

$$D[<X(t)>]=\lim_{T\to+\infty}\frac{1}{2T}\int_{-2T}^{2T}(1-\frac{|\tau|}{2T})C_X(\tau)\mathrm{d}\tau.$$

为此，先将 $D[<X(t)>]$ 转化为二重积分，有

$$\begin{aligned}D[<X(t)>]&=D[\underset{T\to+\infty}{\mathrm{l.i.m}}\frac{1}{2T}\int_{-T}^{T}X(t)\mathrm{d}t]=\lim_{T\to+\infty}D[\frac{1}{2T}\int_{-T}^{T}X(t)\mathrm{d}t]\\&=\lim_{T\to+\infty}E|\frac{1}{2T}\int_{-T}^{T}X(t)\mathrm{d}t-E[\frac{1}{2T}\int_{-T}^{T}X(t)\mathrm{d}t]|^2\\&=\lim_{T\to+\infty}E|\frac{1}{2T}\int_{-T}^{T}X(t)\mathrm{d}t-\frac{1}{2T}\int_{-T}^{T}m_X\mathrm{d}t|^2\\&=\lim_{T\to+\infty}\frac{1}{4T^2}E|\int_{-T}^{T}(X(t)-m_X)\mathrm{d}t|^2\\&=\lim_{T\to+\infty}\frac{1}{4T^2}E\{\int_{-T}^{T}[X(s)-m_X]\mathrm{d}s\overline{\int_{-T}^{T}[X(t)-m_X]\mathrm{d}t}\}\\&=\lim_{T\to+\infty}\frac{1}{4T^2}\int_{-T}^{T}\int_{-T}^{T}C_X(s-t)\mathrm{d}s\mathrm{d}t.\end{aligned}$$

对上述二重积分做变换 $u=s-t$，$v=s+t$，则 $s=\frac{1}{2}(v+u)$，$t=\frac{1}{2}(v-u)$，变换的雅可比行列式

$$J=\frac{\partial(s,t)}{\partial(u,v)}=\begin{vmatrix}1/2 & 1/2\\-1/2 & 1/2\end{vmatrix}=\frac{1}{2},$$

在上述变换下，积分区域由正方形 G_1 变成菱形 G_2，如图 12.3 所示. 于是

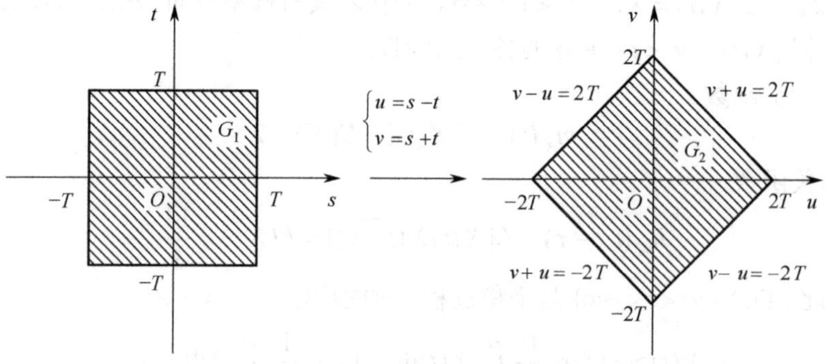

图 12.3　积分区域

$$\begin{aligned}D[<X(t)>]&=\lim_{T\to+\infty}\frac{1}{4T^2}\int_{-T}^{T}\int_{-T}^{T}C_X(s-t)\mathrm{d}s\mathrm{d}t=\lim_{T\to+\infty}\frac{1}{4T^2}\int_{-2T}^{2T}\mathrm{d}u\int_{-2T+|u|}^{2T-|u|}C_X(u)\frac{1}{2}\mathrm{d}v\\&=\lim_{T\to+\infty}\frac{1}{4T^2}\int_{-2T}^{2T}(2T-|u|)C_X(u)\mathrm{d}u=\lim_{T\to+\infty}\frac{1}{2T}\int_{-2T}^{2T}(1-\frac{|\tau|}{2T})C_X(\tau)\mathrm{d}\tau.\end{aligned}$$

故 $\{X(t),-\infty<t<+\infty\}$ 的均值具有各态历经性的充要条件是

$$\lim_{T\to+\infty}\frac{1}{2T}\int_{-2T}^{2T}(1-\frac{|\tau|}{2T})C_X(\tau)\mathrm{d}\tau=0.$$

若$\{X(t),-\infty<t<+\infty\}$是实平稳过程，则$R_X(-\tau)=R_X(\tau)$，从而$C_X(-\tau)=C_X(\tau)$，于是有以下推论.

推论 12.3.1 实平稳过程$\{X(t),-\infty<t<+\infty\}$的均值具有各态历经性的充要条件是

$$\lim_{T\to+\infty}\frac{1}{T}\int_{0}^{2T}(1-\frac{\tau}{2T})C_X(\tau)\mathrm{d}\tau=0.$$

推论 12.3.2 设$\{X(t),-\infty<t<+\infty\}$是平稳过程，若$\lim\limits_{\tau\to+\infty}C_X(\tau)=0$，则其均值具有各态历经性.

证 由于$\lim\limits_{\tau\to+\infty}C_X(\tau)=0$，因此对任意$\varepsilon>0$，存在$T_1>0$，使得当$|\tau|>T_1$时，$|C_X(\tau)|<\varepsilon$. 又因$|R_X(\tau)|\le R_X(0)$，故有$|C_X(\tau)|\le C_X(0)$. 于是当$2T>T_1$时，有

$$\begin{aligned}|\frac{1}{2T}\int_{-2T}^{2T}(1-\frac{|\tau|}{2T})C_X(\tau)\mathrm{d}\tau|&\le\frac{1}{2T}\int_{-2T}^{2T}|C_X(\tau)|\mathrm{d}\tau\\&=\frac{1}{2T}\int_{-T_1}^{T_1}|C_X(\tau)|\mathrm{d}\tau+\frac{1}{2T}\int_{T_1\le|\tau|\le 2T}|C_X(\tau)|\mathrm{d}\tau\\&<\frac{1}{2T}\cdot 2T_1C_X(0)+\frac{1}{2T}\cdot 2(2T-T_1)\varepsilon\le\frac{T_1}{T}C_X(0)+2\varepsilon.\end{aligned}$$

取$\tilde{T}=\max\left\{\frac{T_1}{2},\frac{T_1}{\varepsilon}C_X(0)\right\}$，则当$T>\tilde{T}$时，有

$$|\frac{1}{2T}\int_{-2T}^{2T}(1-\frac{|\tau|}{2T})C_X(\tau)\mathrm{d}\tau|<3\varepsilon,$$

即

$$\lim_{T\to+\infty}\frac{1}{2T}\int_{-2T}^{2T}(1-\frac{|\tau|}{2T})C_X(\tau)\mathrm{d}\tau=0,$$

故$\{X(t),-\infty<t<+\infty\}$的均值具有各态历经性.

在实际应用中，通常只考虑定义在$[0,+\infty)$上的平稳过程$\{X(t),t\ge 0\}$，其时间均值为

$$<X(t)>=\underset{T\to+\infty}{\mathrm{l.i.m}}\frac{1}{T}\int_0^T X(t)\mathrm{d}t.$$

此时，平稳过程$\{X(t),t\ge 0\}$的均值各态历经定理相应地有下述形式.

定理 12.3.2 平稳过程$\{X(t),t\ge 0\}$的均值具有各态历经性的充要条件是

$$\lim_{T\to+\infty}\frac{1}{T}\int_{-T}^{T}(1-\frac{|\tau|}{T})C_X(\tau)\mathrm{d}\tau=0.$$

若$\{X(t),t\ge 0\}$是实平稳过程，则其均值具有各态历经性的充要条件是

$$\lim_{T\to+\infty}\frac{2}{T}\int_{0}^{T}(1-\frac{\tau}{T})C_X(\tau)\mathrm{d}\tau=0.$$

【例 12.3.3】 设$X(t)=A\cos\omega t+B\sin\omega t,-\infty<t<+\infty$，其中$A$和$B$是相互独立且都服从正态分布$N(0,\sigma^2)$的随机变量，$\omega$是实常数，试讨论$\{X(t),-\infty<t<+\infty\}$的均值的各态历经性.

解 由例 12.2.1 知，$m_X=0$，$R_X(\tau)=\sigma^2\cos\omega\tau$，故$\{X(t),-\infty<t<+\infty\}$是平稳过程. 又因为

$$\lim_{T\to+\infty}\frac{1}{2T}\int_{-2T}^{2T}(1-\frac{|\tau|}{2T})C_X(\tau)\mathrm{d}\tau=\lim_{T\to+\infty}\frac{1}{2T}\int_{-2T}^{2T}(1-\frac{|\tau|}{2T})\sigma^2\cos\omega\tau\mathrm{d}\tau$$
$$=\lim_{T\to+\infty}\frac{\sigma^2}{2T}\frac{1-\cos 2\omega T}{\omega^2 T}=0,$$

所以 $\{X(t),-\infty<t<+\infty\}$ 的均值具有各态历经性.

【例 12.3.4】 试研究例 12.1.4 中 $\{X(t),t\geq 0\}$ 均值的各态历经性.

解 由例 12.1.4 知，随机过程 $\{X(t),t\geq 0\}$ 是实平稳过程，且 $m_X=0$，$R_X(\tau)=\mathrm{e}^{-2\lambda|\tau|}$，则 $C_X(\tau)=\mathrm{e}^{-2\lambda|\tau|}$，由于

$$\lim_{T\to+\infty}\frac{2}{T}\int_0^T(1-\frac{\tau}{T})\mathrm{e}^{-2\lambda|\tau|}\mathrm{d}\tau=\lim_{T\to+\infty}\frac{1}{\lambda T}(1-\frac{1-\mathrm{e}^{-2\lambda T}}{2\lambda T})=0,$$

因此 $\{X(t),t\geq 0\}$ 的均值具有各态历经性.

12.3.3 相关函数各态历经性的判定

定理 12.3.3 设 $\{X(t),-\infty<t<+\infty\}$ 为平稳过程，对任意固定的 τ，令 $Y(t)=X(t)\overline{X(t-\tau)}$，若 $\{Y(t),-\infty<t<+\infty\}$ 也是平稳过程，则 $\{X(t),-\infty<t<+\infty\}$ 的相关函数具有各态历经性的充要条件是

$$\lim_{T\to+\infty}\frac{1}{2T}\int_{-2T}^{2T}(1-\frac{|u|}{2T})[R_Y(u)-|R_X(\tau)|^2]\mathrm{d}u=0. \tag{12.2}$$

证 显然 $\{X(t),-\infty<t<+\infty\}$ 的相关函数就是 $\{Y(t),-\infty<t<+\infty\}$ 的均值函数，即 $R_X(\tau)=m_Y(t)$．因此，$\{X(t),-\infty<t<+\infty\}$ 的相关函数具有各态历经性，等价于平稳过程 $\{Y(t),-\infty<t<+\infty\}$ 的均值具有各态历经性. 由定理 12.3.1 知，$\{Y(t),-\infty<t<+\infty\}$ 的均值具有各态历经性的充要条件为

$$\lim_{T\to+\infty}\frac{1}{2T}\int_{-2T}^{2T}(1-\frac{|u|}{2T})C_Y(u)\mathrm{d}u=0. \tag{12.3}$$

又因 $\{Y(t),-\infty<t<+\infty\}$ 为平稳过程，故有

$$C_Y(u)=R_Y(u)-|m_Y|^2=R_Y(u)-|E[X(t)\overline{X(t-\tau)}]|^2=R_Y(u)-|R_X(\tau)|^2.$$

将上式代入式（12.3），即可证得式（12.2）是平稳过程 $\{X(t),-\infty<t<+\infty\}$ 的相关函数具有各态历经性的充要条件.

推论 12.3.3 若定理 12.3.3 中的 $\{X(t),-\infty<t<+\infty\}$ 和 $\{Y(t),-\infty<t<+\infty\}$ 都是实平稳过程，则 $\{X(t),-\infty<t<+\infty\}$ 的相关函数具有各态历经性的充要条件是

$$\lim_{T\to+\infty}\frac{1}{T}\int_0^{2T}(1-\frac{u}{2T})\{R_Y(u)-[R_X(\tau)]^2\}\mathrm{d}u=0.$$

推论 12.3.4 零均值的实平稳正态过程 $\{X(t),-\infty<t<+\infty\}$ 的相关函数具有各态历经性的充分条件为

$$\lim_{\tau\to+\infty}R_X(\tau)=0.$$

证 对任意固定的 τ，令 $Y(t)=X(t)X(t-\tau),\ -\infty<t<+\infty$，则

$$m_Y(t)=E[Y(t)]=E[X(t)X(t-\tau)]=R_X(\tau)=m_Y$$

为与 t 无关的常数. 利用第 1 章习题 1.15 的结论，有

$$
\begin{aligned}
R_Y(t,t-u) &= E[Y(t)Y(t-u)] \\
&= E[X(t)X(t-\tau)X(t-u)X(t-u-\tau)] \\
&= E[X(t)X(t-\tau)]E[X(t-u)X(t-u-\tau)] + \\
&\quad E[X(t)X(t-u)]E[X(t-\tau)X(t-u-\tau)] + \\
&\quad E[X(t)X(t-u-\tau)]E[X(t-\tau)X(t-u)] \\
&= [R_X(\tau)]^2 + [R_X(u)]^2 + R_X(u+\tau)R_X(u-\tau) = R_Y(u)
\end{aligned}
$$

与t无关，故$\{Y(t),-\infty<t<+\infty\}$是平稳过程. 若$\lim\limits_{\tau\to+\infty} R_X(\tau)=0$，则有

$$
\begin{aligned}
\lim_{u\to+\infty} R_Y(u) &= \lim_{u\to+\infty}\{[R_X(\tau)]^2 + [R_X(u)]^2 + R_X(u+\tau)R_X(u-\tau)\} \\
&= [R_X(\tau)]^2 = m_Y^2,
\end{aligned}
$$

即有

$$
\lim_{u\to+\infty} C_Y(u) = \lim_{u\to+\infty}[R_Y(u)-m_Y^2] = 0 .
$$

由推论 12.3.2 知，$\{Y(t),-\infty<t<+\infty\}$的均值具有各态历经性，即$\{X(t),-\infty<t<+\infty\}$的相关函数具有各态历经性.

对于定义在$[0,+\infty)$上的平稳过程$\{X(t),t\ge 0\}$，其时间相关函数为

$$
<X(t)\overline{X(t-\tau)}> = \underset{T\to+\infty}{\text{l.i.m}}\frac{1}{T}\int_0^T X(t)\overline{X(t-\tau)}\mathrm{d}t .
$$

类似于定理 12.3.2，关于平稳过程$\{X(t),t\ge 0\}$的相关函数的各态历经性，有以下定理.

定理 12.3.4 设$\{X(t),t\ge 0\}$为平稳过程，对任意使$t-\tau\ge 0$的固定的τ，令$Y(t)=X(t)\overline{X(t-\tau)}$，若$\{Y(t),-\infty<t<+\infty\}$也是平稳过程，则$\{X(t),t\ge 0\}$的相关函数具有各态历经性的充要条件是

$$
\lim_{T\to+\infty}\frac{1}{T}\int_{-T}^{T}\left(1-\frac{|u|}{T}\right)[R_Y(u)-|R_X(\tau)|^2]\mathrm{d}u = 0 .
$$

若$\{X(t),t\ge 0\}$是实平稳过程，则其相关函数具有各态历经性的充要条件是

$$
\lim_{T\to+\infty}\frac{2}{T}\int_0^T\left(1-\frac{u}{T}\right)\{R_Y(u)-[R_X(\tau)]^2\}\mathrm{d}u = 0 .
$$

实际问题中，要严格验证平稳过程是否满足各态历经性条件是比较困难的. 但各态历经性定理的条件较宽松，工程中所遇到的大多数平稳过程都能满足.

12.3.4 各态历经性的应用

研究平稳过程各态历经性的重要意义在于它从理论上给出如下的结论：对于一个实平稳过程$\{X(t),t\ge 0\}$，如果它是各态历经的，那么可用它的任意一个样本函数$x(t)$的时间平均代替平稳过程的统计平均，即

$$
m_X = \underset{T\to+\infty}{\text{l.i.m}}\frac{1}{T}\int_0^T x(t)\mathrm{d}t ,\quad R_X(\tau) = \underset{T\to+\infty}{\text{l.i.m}}\frac{1}{T}\int_0^T x(t)x(t+\tau)\mathrm{d}t .
$$

若样本函数$x(t)$只在有限区间$[0,T]$上给出，则只要观测时间T充分长，对于实平稳过程就有下列估计式

$$m_X \approx \hat{m}_X = \frac{1}{T}\int_0^T x(t)\mathrm{d}t \text{，} \tag{12.4}$$

$$R_X(\tau) \approx \hat{R}_X(\tau) = \frac{1}{T-\tau}\int_0^{T-\tau} x(t)x(t+\tau)\mathrm{d}t \text{.} \tag{12.5}$$

式（12.5）中的积分区间是$[0,T-\tau]$，是因为$x(t+\tau)$只有在$t+\tau \le T$，即$0 \le t \le T-\tau$时为已知的或可测量的.

在实际计算中，一般不可能给出$x(t)$的表达式，通常采用模拟方法或数值方法来测量或计算式（12.4）和式（12.5）的估计值.

（1）采用模拟相关分析仪

这种仪器的功能是在输入样本函数时，在记录仪上能自动描绘出自相关函数曲线. 它的工作原理如图 12.4 所示.

在对时间连续变化的信号$X(t)$进行数字处理时，必须先对信号进行离散取值（也称为**采样**）. 一般是每隔确定长的时间间隔Δt对$X(t)$进行测量，从而获得$X(t)$在$t_k = k\Delta t(k=0,1,2,\cdots)$的一系列数值$x_k = x(t_k)(k=0,1,2,\cdots)$，如图 12.5 所示. 但是，时间间隔$\Delta t$取多长才能保证信号不失真呢？根据采样定理，时间间隔的选择一般按照如下规则：对于非随机的确定信号$x(t)$，当其傅里叶变换$F(\omega)$只在频率域$|\omega| \le \omega_c$上不等于0，在其他频率上均为0时，应取时间间隔Δt不超过区间π/ω_c，即当$\Delta t \le \pi/\omega_c$时，理论上可以证明由采样值$x_k = x(t_k)(k=0,1,2,\cdots)$可唯一地确定信号$x(t)$. 对于平稳过程，也有类似的结论.

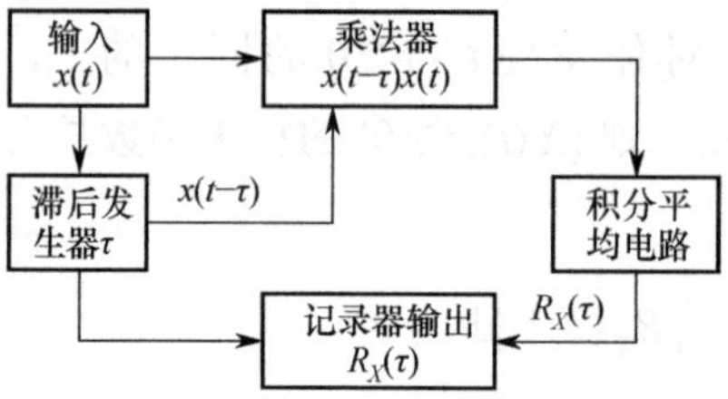

图 12.4 模拟相关分析仪的工作原理

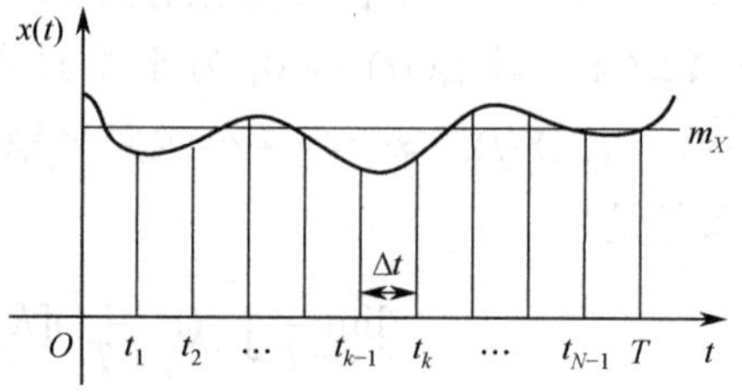

图 12.5 对信号的采样

（2）采用数值方法

对式（12.4）中的积分采取等分区间$[0,T]$的方式进行估计，即取

$$0 = t_0 < t_1 < t_2 < \cdots < t_N = T \text{，}$$

而$\Delta t = t_k - t_{k-1} = \dfrac{T}{N}$，$t_k = k\Delta t$，于是

$$\hat{m}_X = \frac{1}{T}\int_0^T x(t)\mathrm{d}t \approx \frac{1}{T}\sum_{k=1}^{N} x(t_k)\Delta t = \frac{1}{N}\sum_{k=1}^{N} x\left(k\frac{T}{N}\right) \text{.} \tag{12.6}$$

由此可见，近似计算m_X实际上只需要用到样本函数$x(t)$在采样点$k\dfrac{T}{N}(1 \le k \le N)$上的函数值，即$m_X$近似等于样本函数$x(t)$在采样点上的函数值的算术平均值.

类似地，对式（12.5）中的积分进行估计就可以得出相关函数$R_X(\tau)$数值的估计式. 考虑$\tau_r = r\dfrac{T}{N}$，其中$r = 0,1,2,\cdots,m$，$m < N$，则有

$$\hat{R}_X(\tau_r)=\frac{1}{T-\tau_r}\int_0^{T-\tau_r}x(t)x(t+\tau_r)\mathrm{d}t$$

$$\approx\frac{1}{T-\tau_r}\sum_{k=1}^{N-r}x\left(k\frac{T}{N}\right)x\left((k+r)\frac{T}{N}\right)\Delta t \tag{12.7}$$

$$=\frac{1}{N-r}\sum_{k=1}^{N-r}x\left(k\frac{T}{N}\right)x\left((k+r)\frac{T}{N}\right).$$

利用这个估计式算出相关函数的一系列近似值，就可以作出相关函数的近似图形，如图 12.6 所示.

在利用式（12.6）和式（12.7）估计各态历经平稳过程的均值函数与相关函数时，都要求T充分大，且T/N充分小.

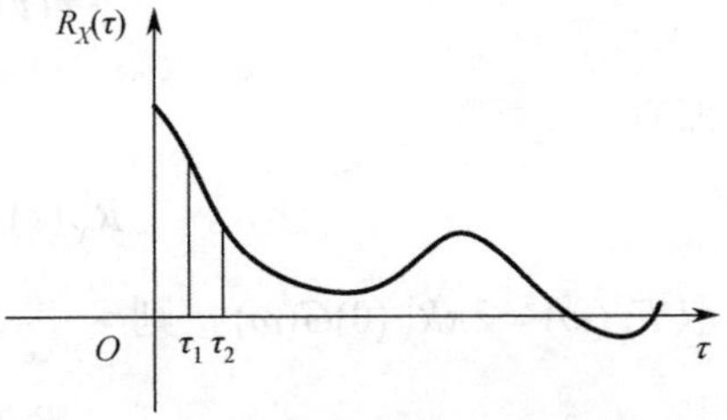

图 12.6　相关函数的近似图形

12.4　平稳过程的谱密度

傅里叶分析在许多理论和应用中已成为一种十分有效的数学方法，它已从数学上论证了这样的事实：绝大部分定义在时间域（简称为时域）上的函数都可以通过定义在频率域（简称为频域）上的函数表示出来. 平稳过程$\{X(t),t\in T\}$的相关函数$R_X(\tau)$可视为定义在时域上的函数，它在时域上描述了随机过程的统计特征. 因此，利用傅里叶分析的方法对$R_X(\tau)$进行研究，便可在频域上描述平稳过程的统计特征，进而得到平稳过程的谱密度这一重要的概念. 谱密度在平稳过程的理论和应用中扮演着十分重要的角色，从数学上看，它是相关函数的傅里叶变换，从物理上看，它是功率谱密度.

12.4.1　相关函数的谱分解

定义 12.4.1　设$R_X(\tau)$是平稳过程$\{X(t),-\infty<t<+\infty\}$的相关函数，若存在函数$F_X(\omega)$，$-\infty<\omega<+\infty$，使得

$$R_X(\tau)=\frac{1}{2\pi}\int_{-\infty}^{+\infty}\mathrm{e}^{\mathrm{i}\omega\tau}\mathrm{d}F_X(\omega),\ -\infty<\tau<+\infty, \tag{12.8}$$

则称$F_X(\omega)$为平稳过程$\{X(t),-\infty<t<+\infty\}$的**谱函数**，称式（12.8）为相关函数的**谱展开式**或**谱分解式**. 若存在函数$S_X(\omega)$，使得

$$F_X(\omega)=\int_{-\infty}^{\omega}S_X(\lambda)\mathrm{d}\lambda,\ -\infty<\omega<+\infty, \tag{12.9}$$

则称$S_X(\omega)$为平稳过程$\{X(t),-\infty<t<+\infty\}$的**谱密度**.

关于平稳过程的谱函数的存在性，有下面的结论.

定理 12.4.1（维纳-辛钦定理）　设$\{X(t),-\infty<t<+\infty\}$是均方连续的平稳过程，则其谱函数存在，即存在函数$F_X(\omega)$，使得相关函数

$$R_X(\tau)=\frac{1}{2\pi}\int_{-\infty}^{+\infty}\mathrm{e}^{\mathrm{i}\omega\tau}\mathrm{d}F_X(\omega),\ -\infty<\tau<+\infty,$$

且$F_X(\omega)$满足以下条件：

（1）在$(-\infty,+\infty)$内非负、有界、单调不减和右连续；

（2）$F_X(-\infty)=0$，$F_X(+\infty)=2\pi R_X(0)$.

证 若 $R_X(0)=0$，则由相关函数的性质可知 $|R_X(\tau)|\le R_X(0)=0$，故 $R_X(\tau)\equiv 0$. 此时，取 $F_X(\omega)=0$ 即可.

若 $R_X(0)>0$，则令 $f(\tau)=R_X(\tau)/R_X(0)$，由 $\{X(t),-\infty<t<+\infty\}$ 均方连续及 $R_X(\tau)$ 非负定可知，$f(\tau)$ 连续，$f(0)=1$，$f(\tau)$ 非负定. 再由定理 1.4.1 可知，$f(\tau)$ 是某随机变量的特征函数，于是存在分布函数 $G(\omega)$，使得

$$f(\tau)=\frac{R_X(\tau)}{R_X(0)}=\int_{-\infty}^{+\infty}\mathrm{e}^{\mathrm{i}\omega\tau}\mathrm{d}G(\omega),$$

即有

$$R_X(\tau)=\frac{1}{2\pi}\int_{-\infty}^{+\infty}\mathrm{e}^{\mathrm{i}\omega\tau}\mathrm{d}[2\pi R_X(0)G(\omega)].$$

取 $F_X(\omega)=2\pi R_X(0)G(\omega)$，则

$$R_X(\tau)=\frac{1}{2\pi}\int_{-\infty}^{+\infty}\mathrm{e}^{\mathrm{i}\omega\tau}\mathrm{d}\,F_X(\omega),$$

显然 $F_X(\omega)$ 满足定理中的诸多条件.

定理 12.4.2 设 $\{X(t),-\infty<t<+\infty\}$ 为均方连续的平稳过程，其相关函数 $R_X(\tau)$ 绝对可积，即 $\int_{-\infty}^{+\infty}|R_X(\tau)|\mathrm{d}\tau<+\infty$，则 $\{X(t),-\infty<t<+\infty\}$ 的谱密度 $S_X(\omega)$ 存在，且有如下**维纳–辛钦公式**：

（1）$S_X(\omega)=\int_{-\infty}^{+\infty}\mathrm{e}^{-\mathrm{i}\omega\tau}R_X(\tau)\mathrm{d}\tau,\ -\infty<\omega<+\infty$；

（2）$R_X(\tau)=\dfrac{1}{2\pi}\int_{-\infty}^{+\infty}\mathrm{e}^{\mathrm{i}\omega\tau}S_X(\omega)\mathrm{d}\omega,\ -\infty<\tau<+\infty$.

证 由于 $R_X(\tau)$ 绝对可积，因此积分 $\int_{-\infty}^{+\infty}\mathrm{e}^{-\mathrm{i}\omega\tau}R_X(\tau)\mathrm{d}\tau$ 存在. 下面证明该积分即为随机过程 $\{X(t),-\infty<t<+\infty\}$ 的谱密度，即有

$$S_X(\omega)=\int_{-\infty}^{+\infty}\mathrm{e}^{-\mathrm{i}\omega\tau}R_X(\tau)\mathrm{d}\tau,\ -\infty<\omega<+\infty.$$

事实上，此式定义了 $R_X(\tau)$ 的傅里叶变换，其逆变换为

$$R_X(\tau)=\frac{1}{2\pi}\int_{-\infty}^{+\infty}\mathrm{e}^{\mathrm{i}\omega\tau}S_X(\omega)\mathrm{d}\omega,\ -\infty<\tau<+\infty.$$

由定理 12.4.1 知

$$R_X(\tau)=\frac{1}{2\pi}\int_{-\infty}^{+\infty}\mathrm{e}^{\mathrm{i}\omega\tau}\mathrm{d}F_X(\omega),\ -\infty<\tau<+\infty,$$

其中 $F_X(\omega)$ 为谱函数. 比较以上两式可知 $F_X(\omega)$ 可微，且 $F_X'(\omega)=S_X(\omega)$，即有

$$F_X(\omega)=\int_{-\infty}^{\omega}S_X(\lambda)\mathrm{d}\lambda,\ -\infty<\omega<+\infty,$$

因此 $S_X(\omega)$ 为 $\{X(t),-\infty<t<+\infty\}$ 的谱密度，从而也有维纳–辛钦公式成立.

定理 12.4.2 表明，均方连续的平稳过程的相关函数与谱密度构成一个傅里叶变换对，从而在应用中可以相互确定.

对于平稳时间序列，可以类似地定义谱函数和谱密度，且有类似于定理 12.4.1 和定理 12.4.2 的结论.

定义 12.4.2 设 $R_X(m)$ 为平稳时间序列 $\{X_n,n=0,\pm1,\pm2,\cdots\}$ 的相关函数，若存在函数

$F_X(\omega), -\pi \le \omega \le \pi$，使得

$$R_X(m) = \frac{1}{2\pi}\int_{-\pi}^{\pi} e^{i\omega m} d F_X(\omega),\ m = 0, \pm 1, \pm 2, \cdots, \tag{12.10}$$

则称 $F_X(\omega)$ 为平稳时间序列 $\{X_n, n = 0, \pm 1, \pm 2, \cdots\}$ 的**谱函数**，称式（12.10）为相关函数的**谱展开式或谱分解式**. 若存在函数 $S_X(\omega)$，使得

$$F_X(\omega) = \int_{-\pi}^{\omega} S_X(\lambda) d\lambda,\ -\pi \le \omega \le \pi,$$

则称 $S_X(\omega)$ 为平稳时间序列 $\{X_n, n = 0, \pm 1, \pm 2, \cdots\}$ 的**谱密度**.

定理 12.4.3 设 $\{X_n, n = 0, \pm 1, \pm 2, \cdots\}$ 是平稳时间序列，则其谱函数存在，即存在函数 $F_X(\omega)$，使得相关函数

$$R_X(m) = \frac{1}{2\pi}\int_{-\pi}^{\pi} e^{i\omega m} d F_X(\omega),\ m = 0, \pm 1, \pm 2, \cdots,$$

且 $F_X(\omega)$ 满足以下条件：

（1）在 $[-\pi, \pi]$ 上非负、有界、单调不减和右连续；

（2）$F_X(-\pi) = 0$，$F_X(\pi) = 2\pi R_X(0)$.

定理 12.4.4 设 $\{X_n, n = 0, \pm 1, \pm 2, \cdots\}$ 为平稳时间序列，且 $\sum\limits_{m=-\infty}^{+\infty} |R_X(m)| < +\infty$，则时间序列的谱密度 $S_X(\omega)$ 存在，且有**维纳–辛钦公式**：

（1）$S_X(\omega) = \sum\limits_{m=-\infty}^{+\infty} e^{-i\omega m} R_X(m),\ -\pi \le \omega \le \pi$；

（2）$R_X(m) = \dfrac{1}{2\pi}\displaystyle\int_{-\pi}^{\pi} e^{i\omega m} S_X(\omega) d\omega,\ m = 0, \pm 1, \pm 2, \cdots$.

【例 12.4.1】 设平稳过程 $\{X(t), -\infty < t < +\infty\}$ 的相关函数 $R_X(\tau) = e^{-\mu|\tau|}, \mu > 0$，求该过程的谱密度和谱函数.

解 先求谱密度. 由维纳–辛钦公式，有

$$S_X(\omega) = \int_{-\infty}^{+\infty} e^{-i\omega\tau} R_X(\tau) d\tau = \int_{-\infty}^{+\infty} e^{-i\omega\tau} e^{-\mu|\tau|} d\tau = \frac{2\mu}{\mu^2 + \omega^2}.$$

再求谱函数. 利用谱密度的定义，有

$$F_X(\omega) = \int_{-\infty}^{\omega} S_X(\lambda) d\lambda = \int_{-\infty}^{\omega} \frac{\mu}{\mu^2 + \lambda^2} d\lambda = \arctan\frac{\omega}{\mu} + \frac{\pi}{2}.$$

【例 12.4.2】 设 $\{X(n), n = 0, \pm 1, \pm 2, \cdots\}$ 是随机变量序列，$E[X(n)] = 0$，$E[X(m)\overline{X(n)}] = \sigma^2 \delta_{mn}$，$m, n = 0, \pm 1, \pm 2 \cdots$，其中

$$\delta_{mn} = \begin{cases} 1, & m = n, \\ 0, & m \ne n. \end{cases}$$

又数列 $\{C_n, n = 0, \pm 1, \pm 2, \cdots\}$ 满足 $\sum\limits_{m=-\infty}^{+\infty} |C_n| < +\infty$，$\sum\limits_{m=-\infty}^{+\infty} |C_n|^2 < +\infty$，令

$$Y(n) = \underset{\substack{M \to +\infty \\ N \to +\infty}}{\text{l.i.m}} \sum_{k=-M}^{N} C_k X(n-k) = \sum_{k=-\infty}^{+\infty} C_k X(n-k),$$

试求 $\{Y(n), n = 0, \pm 1, \pm 2, \cdots\}$ 的谱密度.

解 先指出$\{Y(n), n=0,\pm1,\pm2,\cdots\}$是平稳时间序列. 事实上，均值函数

$$m_Y(n)=E[Y(n)]=E\left[\sum_{k=-\infty}^{+\infty}C_kX(n-k)\right]=\sum_{k=-\infty}^{+\infty}C_kE[X(n-k)]=0$$

为常数，相关函数

$$\begin{aligned}R_Y(n,n-m)&=E[Y(n)\overline{Y(n-m)}]\\&=E\left[\sum_{k=-\infty}^{+\infty}C_kX(n-k)\overline{\sum_{l=-\infty}^{+\infty}C_lX(n-m-l)}\right]\\&=\sum_{k=-\infty}^{+\infty}\sum_{l=-\infty}^{+\infty}E\left[C_k\overline{C_l}X(n-k)\overline{X(n-m-l)}\right]\\&=\sigma^2\sum_{k=-\infty}^{+\infty}C_k\overline{C_{k-m}}=R_Y(m).\end{aligned}\tag{12.11}$$

与n无关，因此$\{Y(n), n=0,\pm1,\pm2,\cdots\}$为平稳时间序列.

再指出$\sum\limits_{m=-\infty}^{+\infty}|R_Y(m)|<+\infty$. 事实上，由式（12.11）中的最后一个等式，有

$$\begin{aligned}\sum_{m=-\infty}^{+\infty}|R_Y(m)|&=\sum_{m=-\infty}^{+\infty}\left|\sigma^2\sum_{k=-\infty}^{+\infty}C_k\overline{C_{k-m}}\right|\le\sigma^2\sum_{m=-\infty}^{+\infty}\sum_{k=-\infty}^{+\infty}|C_k||C_{k-m}|\\&=\sigma^2\sum_{k=-\infty}^{+\infty}\sum_{l=-\infty}^{+\infty}|C_k||C_l|=\sigma^2\left(\sum_{k=-\infty}^{+\infty}|C_k|\right)^2<+\infty.\end{aligned}$$

最后求$\{Y(n),n=0,\pm1,\pm2,\cdots\}$的谱密度. 由平稳时间序列的维纳–辛钦公式，有

$$\begin{aligned}S_Y(\omega)&=\sum_{m=-\infty}^{+\infty}\mathrm{e}^{-\mathrm{i}\omega m}R_Y(m)=\sum_{m=-\infty}^{+\infty}\mathrm{e}^{-\mathrm{i}\omega m}\sigma^2\sum_{k=-\infty}^{+\infty}C_k\overline{C_{k-m}}\\&=\sigma^2\sum_{k=-\infty}^{+\infty}\sum_{l=-\infty}^{+\infty}\mathrm{e}^{-\mathrm{i}\omega(k-l)}C_k\overline{C_l}=\sigma^2\sum_{k=-\infty}^{+\infty}\sum_{l=-\infty}^{+\infty}(\mathrm{e}^{-\mathrm{i}\omega k}C_k\cdot\mathrm{e}^{\mathrm{i}\omega l}\overline{C_l})\\&=\sigma^2\sum_{k=-\infty}^{+\infty}C_k\mathrm{e}^{-\mathrm{i}\omega k}\overline{\sum_{l=-\infty}^{+\infty}C_l\mathrm{e}^{-\mathrm{i}\omega l}}=\sigma^2\left|\sum_{k=-\infty}^{+\infty}C_k\mathrm{e}^{-\mathrm{i}\omega k}\right|^2,\ -\pi\le\omega\le\pi.\end{aligned}$$

【例 12.4.3】 设X和Y是两个相互独立的实随机变量，$E(X)=0$，$D(X)=1$，Y的分布函数为$F(y)$，令$Z(t)=X\mathrm{e}^{\mathrm{i}tY}$，$-\infty<t<+\infty$，试求随机过程$\{Z(t),-\infty<t<+\infty\}$的谱函数.

解 先指出$\{Z(t),-\infty<t<+\infty\}$是平稳过程. 事实上，均值函数

$$m_Z(t)=E[Z(t)]=E(X\mathrm{e}^{\mathrm{i}tY})=E(X)E(\mathrm{e}^{\mathrm{i}tY})=0$$

为常数，相关函数

$$\begin{aligned}R_Z(t,t-\tau)&=E[Z(t)\overline{Z(t-\tau)}]=E[X\mathrm{e}^{\mathrm{i}tY}\overline{X\mathrm{e}^{\mathrm{i}(t-\tau)Y}}]\\&=E(X^2\mathrm{e}^{\mathrm{i}\tau Y})=E(X^2)E(\mathrm{e}^{\mathrm{i}\tau Y})=\int_{-\infty}^{+\infty}\mathrm{e}^{\mathrm{i}\tau\omega}\mathrm{d}F(\omega)=R_Z(\tau)\end{aligned}$$

与t无关，于是$\{Z(t),-\infty<t<+\infty\}$是平稳过程.

下面求$\{Z(t),-\infty<t<+\infty\}$的谱函数. 由于

$$R_Z(\tau)=\int_{-\infty}^{+\infty}\mathrm{e}^{\mathrm{i}\tau\omega}\mathrm{d}F(\omega)=\frac{1}{2\pi}\int_{-\infty}^{+\infty}\mathrm{e}^{\mathrm{i}\tau\omega}\mathrm{d}[2\pi F(\omega)],$$

因此根据定理 12.4.1，$\{Z(t),-\infty<t<+\infty\}$的谱函数为

$$F_Z(\omega)=2\pi F(\omega),\ -\infty<\omega<+\infty .$$

12.4.2 谱密度的物理意义

谱密度的概念来自无线电技术，在物理学中它表示功率谱密度. 下面利用频谱分析方法来讨论平稳过程的功率谱密度.

设 $x(t)$ $(-\infty<t<+\infty)$ 为一确定性信号，若 $x(t)$ 绝对可积且满足狄利克雷（Dirichlet）条件，则 $x(t)$ 具有频谱

$$F_x(\omega)=\int_{-\infty}^{+\infty}\mathrm{e}^{-\mathrm{i}\omega t}x(t)\mathrm{d}t .$$

在 $x(t)$ 和 $F_x(\omega)$ 之间存在**帕塞瓦尔（Parseval）等式**

$$\int_{-\infty}^{+\infty}x^2(t)\mathrm{d}t=\frac{1}{2\pi}\int_{-\infty}^{+\infty}|F_x(\omega)|^2\,\mathrm{d}\omega .$$

等式左边表示 $x(t)$ 在 $(-\infty,+\infty)$ 上的总能量，相应地，$|F_x(\omega)|^2$ 称为 $x(t)$ 的**能谱密度**.

但是，在实际中，有很多信号的总能量是无限的，不能满足绝对可积的条件. 这时，人们通常转而研究 $x(t)$ 在 $(-\infty,+\infty)$ 上的平均功率，即

$$\lim_{T\to+\infty}\frac{1}{2T}\int_{-T}^{T}x^2(t)\mathrm{d}t ,$$

这个平均功率常常是有限的.

作为 $x(t)$ 的截尾函数

$$x_T(t)=\begin{cases}x(t), & |t|\le T,\\ 0, & |t|>T.\end{cases}$$

它在 $(-\infty,+\infty)$ 上绝对可积，则 $x_T(t)$ 的傅里叶变换为

$$F_x(\omega,T)=\int_{-\infty}^{+\infty}\mathrm{e}^{-\mathrm{i}\omega t}x_T(t)\mathrm{d}t=\int_{-T}^{T}\mathrm{e}^{-\mathrm{i}\omega t}x(t)\mathrm{d}t ,$$

其帕塞瓦尔等式为

$$\int_{-T}^{T}x^2(t)\mathrm{d}t=\frac{1}{2\pi}\int_{-\infty}^{+\infty}|F_x(\omega,T)|^2\,\mathrm{d}\omega .$$

将上式两边除以 $2T$，再让 $T\to+\infty$，得

$$\lim_{T\to+\infty}\frac{1}{2T}\int_{-T}^{T}x^2(t)\mathrm{d}t=\frac{1}{2\pi}\int_{-\infty}^{+\infty}\lim_{T\to+\infty}\frac{1}{2T}|F_x(\omega,T)|^2\,\mathrm{d}\omega .$$

相应地，称

$$\psi_x^2=\lim_{T\to+\infty}\frac{1}{2T}\int_{-T}^{T}x^2(t)\mathrm{d}t$$

为确定性信号 $x(t)$ 的**平均功率**；称

$$s_x(\omega)=\lim_{T\to+\infty}\frac{1}{2T}|F_x(\omega,T)|^2=\lim_{T\to+\infty}\frac{1}{2T}\left|\int_{-T}^{T}\mathrm{e}^{-\mathrm{i}\omega t}x(t)\mathrm{d}t\right|^2$$

为 $x(t)$ 在 ω 处的**功率谱密度**.

类似地，对于均方连续的随机过程 $\{X(t),-\infty<t<+\infty\}$，做截尾函数

$$X_T(t)=\begin{cases}X(t), & |t|\le T,\\ 0, & |t|>T.\end{cases}$$

因为 $X_T(t)$ 均方可积，所以存在傅里叶变换

$$F_X(\omega,T)=\int_{-\infty}^{+\infty}\mathrm{e}^{-\mathrm{i}\omega t}X_T(t)\mathrm{d}t=\int_{-T}^{T}\mathrm{e}^{-\mathrm{i}\omega t}X(t)\mathrm{d}t\,.$$

利用帕塞瓦尔等式可得

$$\int_{-T}^{T}|X(t)|^2\,\mathrm{d}t=\int_{-\infty}^{+\infty}|X_T(t)|^2\,\mathrm{d}t=\frac{1}{2\pi}\int_{-\infty}^{+\infty}|F_X(\omega,T)|^2\,\mathrm{d}\omega\,.$$

因为 $X(t)$ 是随机变量，所以上式两边都是随机变量，要取平均值，就不仅要对区间 $[-T,T]$ 取平均，还要取概率意义下的统计平均，于是有

$$\begin{aligned}\lim_{T\to+\infty}E[\frac{1}{2T}\int_{-T}^{T}|X(t)|^2\,\mathrm{d}t]&=\lim_{T\to+\infty}\frac{1}{2\pi}\int_{-\infty}^{+\infty}E[\frac{1}{2T}|F_X(\omega,T)|^2\,]\mathrm{d}\omega\\&=\frac{1}{2\pi}\int_{-\infty}^{+\infty}\lim_{T\to+\infty}E[\frac{1}{2T}|F_X(\omega,T)|^2\,]\mathrm{d}\omega\,.\end{aligned}$$

上式就是随机过程 $\{X(t),-\infty<t<+\infty\}$ 的平均功率和功率谱密度的表达式. 于是有下面的定义.

定义 12.4.3 设 $\{X(t),-\infty<t<+\infty\}$ 是均方连续随机过程，称

$$\psi^2=\lim_{T\to+\infty}E[\frac{1}{2T}\int_{-T}^{T}|X(t)|^2\,\mathrm{d}t]$$

为 $X(t)$ 的**平均功率**；称

$$s_X(\omega)=\lim_{T\to+\infty}\frac{1}{2T}E[|F(\omega,T)|^2]$$

为 $X(t)$ 的**功率谱密度**，其中 $F(\omega,T)=\int_{-T}^{T}\mathrm{e}^{-\mathrm{i}\omega t}X(t)\mathrm{d}t$.

定理 12.4.5 设 $\{X(t),-\infty<t<+\infty\}$ 是均方连续的平稳过程，其相关函数 $R_X(\tau)$ 绝对可积，则该过程的谱密度就是功率谱密度，即

$$S_X(\omega)=\lim_{T\to+\infty}\frac{1}{2T}E[|F(\omega,T)|^2]\,.$$

证 由于

$$\frac{1}{2T}E[|\int_{-T}^{T}\mathrm{e}^{-\mathrm{i}\omega t}X(t)\mathrm{d}t|^2]=\frac{1}{2T}E[\int_{-T}^{T}\mathrm{e}^{-\mathrm{i}\omega t}X(t)\mathrm{d}t\,\overline{\int_{-T}^{T}\mathrm{e}^{-\mathrm{i}\omega t}X(t)\mathrm{d}t}]=\frac{1}{2T}\int_{-T}^{T}\int_{-T}^{T}\mathrm{e}^{-\mathrm{i}\omega(s-t)}R(s-t)\mathrm{d}s\mathrm{d}t\,,$$

做变换 $u=s-t$ 和 $v=s+t$ ，积分区域如图 12.3 所示，有

$$\begin{aligned}\frac{1}{2T}E[|F(\omega,T)|^2]&=\frac{1}{2T}E[|\int_{-T}^{T}\mathrm{e}^{-\mathrm{i}\omega t}X(t)\mathrm{d}t|^2]\\&=\frac{1}{2T}E[\int_{-2T}^{2T}\mathrm{d}u\int_{-2T+|u|}^{2T-|u|}\mathrm{e}^{-\mathrm{i}\omega u}R_X(u)\frac{1}{2}\mathrm{d}v]\\&=\int_{-2T}^{2T}\left(1-\frac{|u|}{2T}\right)\mathrm{e}^{-\mathrm{i}\omega u}R_X(u)\mathrm{d}u\,.\end{aligned}$$

令

$$R_X^T(\tau)=\begin{cases}(1-\dfrac{|\tau|}{2T})R_X(\tau), & |\tau|\le 2T,\\ 0, & |\tau|>2T.\end{cases}$$

则 $\lim\limits_{T\to+\infty}R_X^T(\tau)=R_X(\tau)$ ，且

$$\int_{-2T}^{2T}(1-\frac{|\tau|}{2T})\mathrm{e}^{-\mathrm{i}\omega t}R_X(\tau)\mathrm{d}\tau=\int_{-\infty}^{+\infty}\mathrm{e}^{-\mathrm{i}\omega t}R_X^T(\tau)\mathrm{d}\tau\,.$$

由于 $R_X(\tau)$ 绝对可积，因此由定理 12.4.2，有

$$S_X(\omega)=\int_{-\infty}^{+\infty}\mathrm{e}^{-\mathrm{i}\omega\tau}R_X(\tau)\mathrm{d}\tau$$

$$=\lim_{T\to+\infty}\int_{-\infty}^{+\infty}\mathrm{e}^{-\mathrm{i}\omega u}R_X^T(u)\mathrm{d}u=\lim_{T\to+\infty}\int_{-2T}^{2T}\left(1-\frac{|u|}{2T}\right)\mathrm{e}^{-\mathrm{i}\omega u}R_X(u)\mathrm{d}u$$

$$=\lim_{T\to+\infty}\frac{1}{2T}E[|F(\omega,T)|^2]=s_X(\omega).$$

12.4.3 谱密度的性质和计算

定理 12.4.6 设 $\{X(t),-\infty<t<+\infty\}$ 是均方连续的平稳过程，则其谱密度是非负实函数. 特别地，若 $\{X(t),-\infty<t<+\infty\}$ 是实平稳过程，则其谱密度是非负偶函数.

证 由于 $\dfrac{1}{2T}E[|F(\omega,T)|^2]$ 是非负实函数，因此它的极限也必是非负实函数，即平稳过程的谱密度是非负实函数. 若 $\{X(t),-\infty<t<+\infty\}$ 是实平稳过程，则 $R_X(\tau)$ 是偶函数. 又由于

$$S_X(\omega)=\int_{-\infty}^{+\infty}\mathrm{e}^{-\mathrm{i}\omega\tau}R_X(\tau)\mathrm{d}\tau=\overline{\int_{-\infty}^{+\infty}\mathrm{e}^{-\mathrm{i}\omega\tau}R_X(\tau)\mathrm{d}\tau}=\int_{-\infty}^{+\infty}\mathrm{e}^{\mathrm{i}\omega\tau}\overline{R_X(\tau)}\mathrm{d}\tau$$

$$=\int_{-\infty}^{+\infty}e^{-\mathrm{i}(-\omega)\tau}R_X(-\tau)\mathrm{d}\tau=\int_{-\infty}^{+\infty}\mathrm{e}^{-\mathrm{i}(-\omega)\tau}R_X(\tau)\mathrm{d}\tau=S_X(-\omega),$$

因此 $S_X(\omega)$ 是非负偶函数.

定理 12.4.7 设 $\{X(t),-\infty<t<+\infty\}$ 是均方连续的平稳过程，其相关函数和谱密度分别为 $R_X(\tau)$ 和 $S_X(\omega)$，则有：

（1）$R_X(0)=\dfrac{1}{2\pi}\displaystyle\int_{-\infty}^{+\infty}S_X(\omega)\mathrm{d}\omega$，且 $R_X(0)$ 为 $X(t)$ 的平均功率；

（2）$S_X(0)=\displaystyle\int_{-\infty}^{+\infty}R_X(\tau)\mathrm{d}\tau$；

（3）当 $S_X(\omega)$ 是有理分式函数时，其形式必为

$$S_X(\omega)=\frac{a_{2n}\omega^{2n}+a_{2n-2}\omega^{2n-2}+\cdots+a_0}{b_{2m}\omega^{2m}+b_{2m-2}\omega^{2m-2}+\cdots+b_0},$$

式中，$a_{2n},a_{2n-2},\cdots,a_2,a_0$ 和 $b_{2m},b_{2m-2},\cdots,b_2,b_0$ 都是实数，且 $m>n$，分子、分母没有相同的零点，分母没有实零点.

证 （1）由定理 12.4.2 知

$$R_X(\tau)=\frac{1}{2\pi}\int_{-\infty}^{+\infty}\mathrm{e}^{\mathrm{i}\omega\tau}S_X(\omega)\mathrm{d}\omega,$$

取 $\tau=0$ 可得

$$R_X(0)=\frac{1}{2\pi}\int_{-\infty}^{+\infty}S_X(\omega)\mathrm{d}\omega.$$

下面证明 $R_X(0)$ 为 $X(t)$ 的平均功率，即证 $R_X(0)=\psi^2=\lim\limits_{T\to+\infty}E[\dfrac{1}{2T}\displaystyle\int_{-T}^{T}|X(t)|^2\,\mathrm{d}t]$. 事实上，当 $\{X(t),-\infty<t<+\infty\}$ 为连续平稳过程时，$E[|X(t)|^2]$ 是与 t 无关的常数，利用均方积分的性质，有

$$\lim_{T\to+\infty}E[\frac{1}{2T}\int_{-T}^{T}|X(t)|^2\,\mathrm{d}t]=\lim_{T\to+\infty}\frac{1}{2T}\int_{-T}^{T}E[|X(t)|^2]\mathrm{d}t$$

$$=E[|X(t)|^2]=E[X(t)\overline{X(t)}]=R_X(0).$$

（2）同样，由定理 12.4.2 容易证明.

（3）根据定理 12.4.6 及平均功率有限即可证明.

在上述定理中，结论（1）说明功率谱密度曲线下的总面积（平均功率）等于平稳过程的均方值；结论（2）说明功率谱密度的零频率分量等于相关函数曲线下的总面积.

【例 12.4.4】 已知平稳过程的功率谱密度

$$S_X(\omega)=\frac{\omega^2+4}{\omega^4+10\omega^2+9},$$

求它的相关函数和平均功率.

解 利用定理 12.4.2，求相关函数就是求谱密度的傅里叶逆变换，故有

$$\begin{aligned}R_X(\tau)&=\frac{1}{2\pi}\int_{-\infty}^{+\infty}\mathrm{e}^{\mathrm{i}\omega\tau}S_X(\omega)\mathrm{d}\omega=\frac{1}{2\pi}\int_{-\infty}^{+\infty}\mathrm{e}^{\mathrm{i}\omega\tau}\frac{\omega^2+4}{(\omega^2+9)(\omega^2+1)}\mathrm{d}\omega\\&=\frac{1}{2\pi}\int_{-\infty}^{+\infty}\mathrm{e}^{\mathrm{i}\omega\tau}\left(\frac{3}{16}\frac{2}{\omega^2+1}+\frac{5}{48}\frac{6}{\omega^2+9}\right)\mathrm{d}\omega\\&=\frac{3}{16}\cdot\frac{1}{2\pi}\int_{-\infty}^{+\infty}\mathrm{e}^{\mathrm{i}\omega\tau}\frac{2}{\omega^2+1}\mathrm{d}\omega+\frac{5}{48}\cdot\frac{1}{2\pi}\int_{-\infty}^{-\infty}\mathrm{e}^{\mathrm{i}\omega\tau}\frac{6}{\omega^2+9}\mathrm{d}\omega.\end{aligned}$$

再利用已知的傅里叶逆变换公式（如表 12.1 所示）

$$\mathrm{e}^{-c|\tau|}=\frac{1}{2\pi}\int_{-\infty}^{-\infty}\mathrm{e}^{\mathrm{i}\omega\tau}\frac{2c}{\omega^2+c^2}\mathrm{d}\omega\quad(c>0),$$

可得

$$R_X(\tau)=\frac{3}{16}\mathrm{e}^{-|\tau|}+\frac{5}{48}\mathrm{e}^{-3|\tau|}.$$

于是，平均功率为

$$R_X(0)=\frac{3}{16}+\frac{5}{48}=\frac{7}{24}.$$

表 12.1 常用的相关函数与谱密度的变换

$R_X(\tau)$	$S_X(\omega)$	$R_X(\tau)$	$S_X(\omega)$
1. $R_X(\tau)=\frac{1}{\tau}$	$S_X(\omega)=\begin{cases}\mathrm{i}, & \omega>0,\\0, & \omega=0,\\-\mathrm{i}, & \omega<0.\end{cases}$	10. $R_X(\tau)=1$	$S_X(\omega)=2\pi\delta(\omega)$
2. $R_X(\tau)=\mathrm{e}^{-a\|\tau\|}\quad(a>0)$	$S_X(\omega)=\frac{2a}{a^2+\omega^2}$	11. $R_X(\tau)=H(\tau)$	$S_X(\omega)=\frac{1}{\mathrm{i}\omega}+\pi\delta(\omega)$
3. $R_X(\tau)=\tau\mathrm{e}^{-a\|\tau\|}\quad(a>0)$	$S_X(\omega)=-\frac{4a\mathrm{i}\omega}{(a^2+\omega^2)^2}$	12. $R_X(\tau)=\sin\omega_0\tau$	$S_X(\omega)=\mathrm{i}\pi[\delta(\omega+\omega_0)-\delta(\omega-\omega_0)]$
4. $R_X(\tau)=\|\tau\|\mathrm{e}^{-a\|\tau\|}\quad(a>0)$	$S_X(\omega)=\frac{2(a^2-\omega^2)}{(a^2+\omega^2)^2}$	13. $R_X(\tau)=\cos\omega_0\tau$	$S_X(\omega)=\pi[\delta(\omega+\omega_0)+\delta(\omega-\omega_0)]$
5. $R_X(\tau)=\mathrm{e}^{-a^2\tau^2}\quad(a>0)$	$S_X(\omega)=\frac{\sqrt{\pi}}{a}\mathrm{e}^{-\omega^2/4a^2}$	14. $R_X(\tau)=\frac{\sin\omega_0\tau}{\pi\tau}$	$S_X(\omega)=\begin{cases}1, & \|\omega\|\le\omega_0,\\0, & \|\omega\|>\omega_0.\end{cases}$
6. $R_X(\tau)=\frac{1}{a^2+\tau^2}\quad(a>0)$	$S_X(\omega)=\frac{\pi}{a}\mathrm{e}^{-a\|\omega\|}$	15. $R_X(\tau)=t^n$	$S_X(\omega)=2\pi\mathrm{i}^n\delta^{(n)}(\omega)$
7. $R_X(\tau)=\frac{\tau}{a^2+\tau^2}\quad(a>0)$	$S_X(\omega)=-\frac{\mathrm{i}}{2}\frac{\pi}{a}\omega\mathrm{e}^{-a\|\omega\|}$	16. $R_X(\tau)=\mathrm{e}^{\mathrm{i}a\tau}$	$S_X(\omega)=2\pi\delta(\omega-a)$
8. $R_X(\tau)=H(\tau+a)-H(\tau-a)$	$S_X(\omega)=\frac{2\sin(a\omega)}{\omega}$	17. $R_X(\tau)=\operatorname{sgn}\tau$	$S_X(\omega)=\frac{2}{\mathrm{i}\omega}$
9. $R_X(\tau)=\delta(\tau)$	$S_X(\omega)=1$		

注：表中 $H(\tau)=\begin{cases}0, & \tau<0,\\1, & \tau\ge 0.\end{cases}$ 为单位阶跃函数.

需要指出的是，在实际问题中常常会碰到这样一些平稳过程，它们的相关函数或谱密度

在通常情形下的傅里叶变换或逆变换是不存在的. 例如，正弦波的相关函数，这时需要利用工程上应用极为广泛的δ-**函数**，就可圆满解决我们所面临的实际问题. δ-函数也称为**单位脉冲函数**，一般可描述为

$$\delta(\tau)=\begin{cases}0, & \tau\neq 0,\\ \infty, & \tau=0.\end{cases}\quad 且\quad \int_{-\infty}^{+\infty}\delta(\tau)\mathrm{d}\tau=1.$$

对于δ-函数，具有如下以**筛选性质**而著称的性质.

设函数$f(\tau)$在$(-\infty,+\infty)$可积，且在$\tau=\tau_0$处连续，则有

$$\int_{-\infty}^{+\infty}\delta(\tau-\tau_0)f(\tau)\mathrm{d}\tau=f(\tau_0).$$

特别地，当$\tau_0=0$时，有

$$\int_{-\infty}^{+\infty}\delta(\tau)f(\tau)\mathrm{d}\tau=f(0).$$

利用筛选性质，不难得到δ-函数的傅里叶变换为

$$\int_{-\infty}^{+\infty}\mathrm{e}^{-\mathrm{i}\omega\tau}\delta(\tau)\mathrm{d}\tau=\mathrm{e}^{-\mathrm{i}\omega\tau}\big|_{\tau=0}=1,$$

相应地，有单位函数$u(\omega)=1$的傅里叶逆变换式

$$\frac{1}{2\pi}\int_{-\infty}^{+\infty}\mathrm{e}^{\mathrm{i}\omega\tau}\cdot 1\mathrm{d}\omega=\delta(\tau),$$

即$\delta(\tau)$和单位函数$u(\omega)$构成一个傅里叶变换对. 这表明，当平稳过程的谱密度$S_X(\omega)=1$时，相关函数$R_X(\tau)=\delta(\tau)$. 相关函数为单位脉冲函数的平稳过程称为**白噪声过程**.

同样，由δ-函数的筛选性质可以得到$2\pi\delta(\omega)$的傅里叶逆变换为

$$\frac{1}{2\pi}\int_{-\infty}^{+\infty}\mathrm{e}^{\mathrm{i}\omega\tau}\cdot 2\pi\delta(\omega)\mathrm{d}\omega=\frac{1}{2\pi}\cdot 2\pi\mathrm{e}^{\mathrm{i}\omega\tau}\big|_{\omega=0}=1,$$

相应地，有单位函数$u(t)=1$的傅里叶变换式

$$\int_{-\infty}^{+\infty}\mathrm{e}^{-\mathrm{i}\omega\tau}\mathrm{d}\tau=2\pi\delta(\omega), \tag{12.12}$$

即单位函数$u(t)$和$2\pi\delta(\omega)$构成一个傅里叶变换对. 这表明，当平稳过程的相关函数$R_X(\tau)=1$时，谱密度$S_X(\omega)=2\pi\delta(\omega)$.

值得注意的是，δ-函数不是通常意义上的函数，因此，上述δ-函数的傅里叶变换也不是通常意义上的傅里叶变换，其中的积分因为引入了δ-函数而被赋予了新的意义. 在这种新的意义下，就可以对一些常见函数，如常函数、单位阶跃函数、正弦函数和余弦函数进行傅里叶变换或傅里叶逆变换，尽管它们并不满足绝对可积的条件.

【例 12.4.5】 已知平稳过程的相关函数$R_X(\tau)=a\cos\omega_0\tau$，其中$a$和$\omega_0$为常数，求该过程的谱密度$S_X(\omega)$.

解 由式（12.12）得

$$\begin{aligned}S_X(\omega)&=\int_{-\infty}^{+\infty}a\cos\omega_0\tau\mathrm{e}^{-\mathrm{i}\omega\tau}\mathrm{d}\tau=\frac{a}{2}\int_{-\infty}^{+\infty}(\mathrm{e}^{\mathrm{i}\omega_0\tau}+\mathrm{e}^{-\mathrm{i}\omega_0\tau})\mathrm{e}^{-\mathrm{i}\omega\tau}\mathrm{d}\tau\\&=\frac{a}{2}\Big(\int_{-\infty}^{+\infty}\mathrm{e}^{-\mathrm{i}(\omega-\omega_0)\tau}\mathrm{d}\tau+\int_{-\infty}^{+\infty}\mathrm{e}^{-\mathrm{i}(\omega+\omega_0)\tau}\mathrm{d}\tau\Big)\\&=\pi a[\delta(\omega-\omega_0)+\delta(\omega+\omega_0)].\end{aligned}$$

平稳过程谱密度的计算包括由相关函数计算谱密度和由谱密度计算相关函数这两个方面的内容. 由定理 12.4.2 可知，实际上这是计算傅里叶变换和傅里叶逆变换的问题. 因此，计算

方法有两种：一种是直接计算积分；另一种是利用傅里叶变换的性质及最常用的相关函数和谱密度的变换结果进行计算，这些方法在关于积分变换的教材中有详细的介绍（详见文献[20]）.为使用方便，表 12.1 列出了最常用的相关函数和谱密度的变换公式，在需要时，可以通过查表来简化计算.

12.4.4 联合平稳过程的互谱密度

在 12.2.2 节中已经讨论过两个平稳过程的联合平稳过程的概念及两个平稳过程的互相关函数，现在讨论联合平稳过程的互谱密度.

定义 12.4.4 设 $\{X(t), -\infty<t<+\infty\}$ 和 $\{Y(t), -\infty<t<+\infty\}$ 是联合平稳的平稳过程，若 $R_{XY}(\tau)$ 绝对可积，即 $\int_{-\infty}^{+\infty}|R_{XY}(\tau)|\mathrm{d}\tau<+\infty$，则称

$$S_{XY}(\omega)=\int_{-\infty}^{+\infty}\mathrm{e}^{-\mathrm{i}\omega\tau}R_{XY}(\tau)\mathrm{d}\tau,\ -\infty<\omega<+\infty$$

为平稳过程 $\{X(t),-\infty<t<+\infty\}$ 和 $\{Y(t),-\infty<t<+\infty\}$ 的互谱密度.

类似于定理 12.4.5，互谱密度有以下定理.

定理 12.4.8 设 $\{X(t),-\infty<t<+\infty\}$ 和 $\{Y(t),-\infty<t<+\infty\}$ 是联合平稳的平稳过程，若 $R_{XY}(\tau)$ 绝对可积，则

$$S_{XY}(\omega)=\lim_{T\to+\infty}\frac{1}{2T}E\left[F_X(\omega,T)\overline{F_Y(\omega,T)}\right].$$

其中 $F_X(\omega,T)=\int_{-T}^{T}\mathrm{e}^{-\mathrm{i}\omega t}X(t)\mathrm{d}t$，$F_Y(\omega,T)=\int_{-T}^{T}\mathrm{e}^{-\mathrm{i}\omega t}Y(t)\mathrm{d}t$.

需要说明的是，互谱密度 $S_{XY}(\omega)$ 一般是 ω 的复值函数，不能像谱密度 $S_X(\omega)$ 那样有明确的物理意义，也不具有实的、非负偶函数的性质. 引入互谱密度的意义在于，可以将在时域上通过互相关函数描述的联合平稳过程的相互关系问题，转换到频域上来研究.

定理 12.4.9 互谱密度具有以下性质.

（1）互相关函数 $R_{XY}(\tau)$ 和互谱密度 $S_{XY}(\omega)$ 构成一个傅里叶变换对，即

$$S_{XY}(\omega)=\int_{-\infty}^{+\infty}\mathrm{e}^{-\mathrm{i}\omega\tau}R_{XY}(\tau)\mathrm{d}\tau,\quad -\infty<\omega<+\infty,$$

$$R_{XY}(\tau)=\frac{1}{2\pi}\int_{-\infty}^{+\infty}\mathrm{e}^{\mathrm{i}\omega\tau}S_{XY}(\omega)\mathrm{d}\omega,\quad -\infty<\tau<+\infty;$$

（2）$S_{XY}(\omega)=\overline{S_{YX}(\omega)}$；

（3）若 $\{X(t), -\infty<t<+\infty\}$ 和 $\{Y(t), -\infty<t<+\infty\}$ 是实的联合平稳过程，则 $S_{XY}(\omega)$ 的实部 $\mathrm{Re}[S_{XY}(\omega)]$ 是偶函数，虚部 $\mathrm{Im}[S_{XY}(\omega)]$ 是奇函数；

（4）$|S_{XY}(\omega)|^2\le S_X(\omega)S_Y(\omega)$.

证 （1）显然.

（2）利用互相关函数的共轭对称性，得

$$\begin{aligned}S_{XY}(\omega)&=\int_{-\infty}^{+\infty}\mathrm{e}^{-\mathrm{i}\omega\tau}R_{XY}(\tau)\mathrm{d}\tau=\int_{-\infty}^{+\infty}\mathrm{e}^{-\mathrm{i}\omega\tau}\overline{R_{YX}(-\tau)}\mathrm{d}\tau\\&=\int_{-\infty}^{+\infty}\mathrm{e}^{\mathrm{i}\omega\tau_1}\overline{R_{YX}(\tau_1)}\mathrm{d}\tau_1\quad(\tau_1=-\tau)\\&=\overline{\int_{-\infty}^{+\infty}\mathrm{e}^{-\mathrm{i}\omega\tau_1}R_{YX}(\tau_1)\mathrm{d}\tau_1}=\overline{S_{YX}(\omega)}.\end{aligned}$$

（3）由于$\{X(t),-\infty<t<+\infty\}$和$\{Y(t),-\infty<t<+\infty\}$是实的联合平稳过程，它们的互相关函数也是实的，且有

$$\begin{aligned}S_{XY}(\omega)&=\int_{-\infty}^{+\infty}\mathrm{e}^{-\mathrm{i}\omega\tau}R_{XY}(\tau)\mathrm{d}\tau\\&=\int_{-\infty}^{+\infty}[R_{XY}(\tau)\cos\omega\tau-\mathrm{i}R_{XY}(\tau)\sin\omega\tau]\mathrm{d}\tau\\&=\int_{-\infty}^{+\infty}R_{XY}(\tau)\cos\omega\tau\mathrm{d}\tau-\mathrm{i}\int_{-\infty}^{+\infty}R_{XY}(\tau)\sin\omega\tau\mathrm{d}\tau,\end{aligned}$$

因此

$$\mathrm{Re}[S_{XY}(\omega)]=\int_{-\infty}^{+\infty}R_{XY}(\tau)\cos\omega\tau\mathrm{d}\tau,\quad \mathrm{Im}[S_{XY}(\omega)]=-\int_{-\infty}^{+\infty}R_{XY}(\tau)\sin\omega\tau\mathrm{d}\tau$$

显然$\mathrm{Re}[S_{XY}(\omega)]$是偶函数，$\mathrm{Im}[S_{XY}(\omega)]$是奇函数.

（4）根据定理12.4.8，再利用施瓦兹不等式，有

$$\begin{aligned}|S_{XY}(\omega)|^2&=|\lim_{T\to+\infty}\frac{1}{2T}E[F_X(\omega,T)\overline{F_Y(\omega,T)}]|^2\\&=\lim_{T\to+\infty}\frac{1}{4T^2}|E[F_X(\omega,T)\overline{F_Y(\omega,T)}]|^2\\&\le\lim_{T\to+\infty}\frac{1}{4T^2}E[|F_X(\omega,T)|^2]E[|F_Y(\omega,T)|^2]\\&=\lim_{T\to+\infty}\frac{1}{2T}E[|F_X(\omega,T)|^2]\lim_{T\to+\infty}\frac{1}{2T}E[|F_Y(\omega,T)|^2]\\&=S_X(\omega)S_Y(\omega).\end{aligned}$$

【例 12.4.6】 设$\{X(t),-\infty<t<+\infty\}$和$\{Y(t),-\infty<t<+\infty\}$是联合平稳过程，其互谱密度为

$$S_{XY}(\omega)=\begin{cases}a+\dfrac{ib\omega}{c}, & |\omega|<c,\\ 0, & |\omega|\ge c.\end{cases}$$

其中$c>0$，a和b为实常数，求互相关函数$R_{XY}(\tau)$.

解 取$S_{XY}(\omega)$的傅里叶逆变换，得

$$\begin{aligned}R_{XY}(\tau)&=\frac{1}{2\pi}\int_{-\infty}^{+\infty}\mathrm{e}^{\mathrm{i}\omega\tau}S_{XY}(\omega)\mathrm{d}\omega=\frac{1}{2\pi}\int_{-c}^{c}\mathrm{e}^{\mathrm{i}\omega\tau}(a+\frac{ib\omega}{c})\mathrm{d}\omega\\&=\frac{1}{\pi c\tau^2}\left[(ac\tau-b)\sin c\tau+bc\tau\cos c\tau\right].\end{aligned}$$

【例 12.4.7】 设$\{X(t),-\infty<t<+\infty\}$和$\{Y(t),-\infty<t<+\infty\}$是联合平稳过程，它们的谱密度和互谱密度分别为$S_X(\omega)$、$S_Y(\omega)$和$S_{XY}(\omega)$，令$Z(t)=X(t)+Y(t),\ -\infty<t<+\infty$，试求$\{Z(t),-\infty<t<+\infty\}$的谱密度.

解 由例12.2.2知，$\{Z(t),-\infty<t<+\infty\}$是平稳过程，且相关函数为

$$R_Z(\tau)=R_X(\tau)+R_{XY}(\tau)+R_{YX}(\tau)+R_Y(\tau),$$

所以

$$\begin{aligned}S_Z(\omega)&=\int_{-\infty}^{+\infty}\mathrm{e}^{-\mathrm{i}\omega\tau}R_Z(\tau)\mathrm{d}\tau\\&=\int_{-\infty}^{+\infty}\mathrm{e}^{-\mathrm{i}\omega\tau}[R_X(\tau)+R_{XY}(\tau)+R_{YX}(\tau)+R_Y(\tau)]\mathrm{d}\tau\end{aligned}$$

$$= \int_{-\infty}^{+\infty} e^{-i\omega\tau} R_X(\tau) d\tau + \int_{-\infty}^{+\infty} e^{-i\omega\tau} R_{XY}(\tau) d\tau + \int_{-\infty}^{+\infty} e^{-i\omega\tau} R_{YX}(\tau) d\tau + \int_{-\infty}^{+\infty} e^{-i\omega\tau} R_Y(\tau) d\tau$$

$$= S_X(\omega) + S_{XY}(\omega) + S_{YX}(\omega) + S_Y(\omega)$$

$$= S_X(\omega) + S_Y(\omega) + 2\mathrm{Re}\,S_{XY}(\omega).$$

特别地，当这两个过程互不相关且它们的均值为零时，$R_{XY}(\tau) = R_{YX}(\tau) = 0$，有 $R_Z(\tau) = R_X(\tau) + R_Y(\tau)$，从而有

$$S_Z(\omega) = S_X(\omega) + S_Y(\omega).$$

12.5　线性系统中的平稳过程

所谓系统，是指能对各种输入按照一定的规则产生输出的装置，具体的系统都是一些元件、器件或子系统的互联. 在工程和物理中，经常会遇到线性系统. 在线性系统中，输入是一个随机过程，输出也应该是一个随机过程. 那么当输入是一个平稳过程时，这个输出随机过程是否也为平稳过程呢？如何求输出随机过程的概率特征呢？本节将要讨论这些问题.

12.5.1　线性时不变系统

如图 12.7 所示，将一个信号 $x(t)$ 输入某一系统，在该系统的作用下，会产生输出信号 $y(t)$. 若将系统的作用记为 L，则系统的输入和输出之间的关系可用数学运算表示为

$$L[x(t)] = y(t),$$

其中 $x(t)$ 称为**输入激励**，$y(t)$ 称为**输出响应**. 系统的作用 L 在数学上代表算子，它可以是加法、乘法、微分、积分和微分方程求解等数学运算. 由于 L 的性质将决定系统的特性，因此也用 L 表示系统.

图 12.7　系统

定义 12.5.1　设系统 L 对输入激励 $x_1(t)$ 和 $x_2(t)$ 的输出响应分别为 $y_1(t)$ 和 $y_2(t)$，即

$$L[x_1(t)] = y_1(t),\ L[x_2(t)] = y_2(t),$$

若对任意常数 c_1 和 c_2，有

$$L[c_1x_1(t) + c_2x_2(t)] = c_1L[x_1(t)] + c_2L[x_2(t)] = c_1y_1(t) + c_2y_2(t),$$

则称 L 是**线性系统**或称 L 是**线性的**.

定义 12.5.2　设系统 L 对输入激励 $x(t)$ 的输出响应为 $y(t)$，即 $L[x(t)] = y(t)$，若对任意常数 τ，有

$$L[x(t+\tau)] = y(t+\tau),$$

则称 L 是**时不变系统**或称 L 是**时不变的**.

若系统 L 既是线性系统，又是时不变系统，则称 L 为**线性时不变系统**或称 L 是**线性时不变的**.

【例 12.5.1】　若系统 L 的输入 $x(t)$ 和输出 $y(t)$ 之间的关系为 $\frac{d}{dt}x(t) = y(t)$，则称该系统为微分算子，记为 $L = \frac{d}{dt}$，试证明微分算子是线性时不变的.

证 对任意可导函数 $x_1(t), x_2(t)$ 和任意常数 c_1, c_2，若 $\dfrac{d}{dt}x_1(t) = y_1(t)$，$\dfrac{d}{dt}x_2(t) = y_2(t)$，则有

$$\frac{d}{dt}[c_1x_1(t)+c_2x_2(t)] = c_1\frac{d}{dt}x_1(t)+c_2\frac{d}{dt}x_2(t) = c_1y_1(t)+c_2y_2(t),$$

因此，$\dfrac{d}{dt}$ 是线性的. 又因为

$$\frac{d}{dt}x(t+\tau) = \frac{dx(t+\tau)}{d(t+\tau)} = y(t+\tau),$$

所以 $\dfrac{d}{dt}$ 是时不变的，从而微分算子是线性时不变的.

反过来可以证明，若系统 L 的输入 $x(t)$ 和输出 $y(t)$ 之间的关系为 $\dfrac{d}{dt}y(t) = x(t)$，则称 L 为积分算子，不难证明，积分算子也是线性时不变的.

一般地，若系统 L 的输入 $x(t)$ 和输出 $y(t)$ 之间满足关系

$$a_n\frac{d^n y(t)}{dt^n} + a_{n-1}\frac{d^{n-1}y(t)}{dt^{n-1}} + \cdots + a_0 y(t) = x(t),$$

则不难证明，该系统为线性时不变系统. 更一般地，若系统 L 的输入 $x(t)$ 和输出 $y(t)$ 之间满足关系

$$b_m\frac{d^m y(t)}{dt^m} + b_{m-1}\frac{d^{m-1}y(t)}{dt^{m-1}} + \cdots + b_0 y(t) = a_n\frac{d^n x(t)}{dt^n} + a_{n-1}\frac{d^{n-1}x(t)}{dt^{n-1}} + \cdots + a_0 x(t),$$

则系统 L 仍为线性时不变的. 这类系统的输入和输出之间的关系用常系数线性微分方程来描述，是一类简单但在工程实际中应用十分广泛的系统.

12.5.2 频率响应与脉冲响应

显然，对于不同的线性时不变系统，即使在同一激励之下，其响应也是不同的. 但是，在线性时不变系统中，当激励 $x(t) = e^{i\omega t}$ 时，有其特定的作用，为此引入频率响应的概念.

定义 12.5.3 设 L 为线性时不变系统，当输入激励 $e^{i\omega t}$ 时，输出响应 $L[e^{i\omega t}]$ 在 $t=0$ 处对应的值

$$H(\omega) = L[e^{i\omega t}]|_{t=0}$$

称为系统 L 的**频率响应**.

定理 12.5.1 对线性时不变系统 L，若其输入 $x(t) = e^{i\omega t}$，则其输出为

$$y(t) = H(\omega)e^{i\omega t}.$$

证 设 $L[e^{i\omega t}] = y(t)$，则 $H(\omega) = L[e^{i\omega t}]|_{t=0} = y(0)$. 由于 L 为线性时不变系统，一方面有

$$L[e^{i\omega(t+\tau)}] = y(t+\tau).$$

另一方面有

$$L[e^{i\omega(t+\tau)}] = L[e^{i\omega\tau}\cdot e^{i\omega t}] = e^{i\omega\tau}L[e^{i\omega t}] = e^{i\omega\tau}y(t),$$

因此

$$y(t+\tau) = e^{i\omega\tau}y(t).$$

在$t=0$时，有

$$y(\tau)=\mathrm{e}^{\mathrm{i}\omega\tau}y(0)=H(\omega)\mathrm{e}^{\mathrm{i}\omega\tau},$$

从而

$$y(t)=H(\omega)\mathrm{e}^{\mathrm{i}\omega t}.$$

此定理表明，对于线性时不变系统，若输入为$x(t)=\mathrm{e}^{\mathrm{i}\omega t}$，则其输出仍为同一频率的函数，但振幅和相位一般要改变.

【例 12.5.2】 求线性时不变系统

$$b_m\frac{\mathrm{d}^m y(t)}{\mathrm{d}t^m}+b_{m-1}\frac{\mathrm{d}^{m-1}y(t)}{\mathrm{d}t^{m-1}}+\cdots+b_0y(t)=a_n\frac{\mathrm{d}^n x(t)}{\mathrm{d}t^n}+a_{n-1}\frac{\mathrm{d}^{n-1}x(t)}{\mathrm{d}t^{n-1}}+\cdots+a_0x(t)$$

的频率响应函数$H(\omega)$.

解 因为当输入$x(t)=\mathrm{e}^{\mathrm{i}\omega t}$时，输出$y(t)=H(\omega)\mathrm{e}^{\mathrm{i}\omega t}$，所以

$$\begin{aligned}&b_m\frac{\mathrm{d}^m y(t)}{\mathrm{d}t^m}+b_{m-1}\frac{\mathrm{d}^{m-1}y(t)}{\mathrm{d}t^{m-1}}+\cdots+b_0y(t)\\&=b_mH(\omega)(\mathrm{i}\omega)^m\mathrm{e}^{\mathrm{i}\omega t}+b_{m-1}H(\omega)(\mathrm{i}\omega)^{m-1}\mathrm{e}^{\mathrm{i}\omega t}+\cdots+b_0H(\omega)\mathrm{e}^{\mathrm{i}\omega t}\\&=H(\omega)\mathrm{e}^{\mathrm{i}\omega t}[b_m(\mathrm{i}\omega)^m+b_{m-1}(\mathrm{i}\omega)^{m-1}+\cdots+b_0].\end{aligned}$$

又因为

$$\begin{aligned}&a_n\frac{\mathrm{d}^n x(t)}{\mathrm{d}t^n}+a_{n-1}\frac{\mathrm{d}^{n-1}x(t)}{\mathrm{d}t^{n-1}}+\cdots+a_0x(t)\\&=a_n(\mathrm{i}\omega)^n\mathrm{e}^{\mathrm{i}\omega t}+a_{n-1}(\mathrm{i}\omega)^{n-1}\mathrm{e}^{\mathrm{i}\omega t}+\cdots+a_0\mathrm{e}^{\mathrm{i}\omega t}\\&=\mathrm{e}^{\mathrm{i}\omega t}[a_n(\mathrm{i}\omega)^n+a_{n-1}(\mathrm{i}\omega)^{n-1}+\cdots+a_0],\end{aligned}$$

所以

$$H(\omega)\mathrm{e}^{\mathrm{i}\omega t}[b_m(\mathrm{i}\omega)^m+b_{m-1}(\mathrm{i}\omega)^{m-1}+\cdots+b_0]=\mathrm{e}^{\mathrm{i}\omega t}[a_n(\mathrm{i}\omega)^n+a_{n-1}(\mathrm{i}\omega)^{n-1}+\cdots+a_0].$$

故

$$H(\omega)=\frac{a_n(\mathrm{i}\omega)^n+a_{n-1}(\mathrm{i}\omega)^{n-1}+\cdots+a_0}{b_m(\mathrm{i}\omega)^m+b_{m-1}(\mathrm{i}\omega)^{m-1}+\cdots+b_0}.$$

对于一般的输入$x(t)$，为了得到系统响应$y(t)$与频率响应$H(\omega)$之间的关系，引入如下概念.

定义 12.5.4 对于系统L，若当$\lim\limits_{n\to\infty}x_n(t)=x(t)$，$L[x_n(t)]=y_n(t)$，$n=1,2,\cdots$时，有

$$\lim_{n\to\infty}y_n(t)=L[x(t)],$$

则称L**保持连续性**.

设L保持连续性，当输入$x(t)$绝对可积且满足狄利克雷条件时，$x(t)$的频谱为

$$F_x(\omega)=\int_{-\infty}^{+\infty}\mathrm{e}^{-\mathrm{i}\omega t}x(t)\mathrm{d}t,$$

因此

$$x(t)=\frac{1}{2\pi}\int_{-\infty}^{+\infty}\mathrm{e}^{\mathrm{i}\omega t}F_x(\omega)\mathrm{d}\omega.$$

由于上式积分存在，也可以认为$x(t)$是下列和式$x_n(t)$的极限

$$x_n(t)=\frac{1}{2\pi}\sum_i F_x(\omega_i)\mathrm{e}^{\mathrm{i}t\omega_i}\Delta\omega_i,$$

因此

$$y_n(t)=L[x_n(t)]=\frac{1}{2\pi}\sum_i F_x(\omega_i)L[\mathrm{e}^{\mathrm{i}t\omega_i}]\Delta\omega_i$$

$$=\frac{1}{2\pi}\sum_i F_x(\omega_i)H(\omega_i)\mathrm{e}^{\mathrm{i}t\omega_i}\Delta\omega_i .$$

又因为 L 保持连续性，所以

$$y(t)=\lim_{n\to\infty}y_n(t)=\lim_{n\to\infty}L[x_n(t)]$$

$$=\lim_{n\to\infty}\frac{1}{2\pi}\sum_i F_x(\omega_i)H(\omega_i)\mathrm{e}^{\mathrm{i}t\omega_i}\Delta\omega_i \tag{12.13}$$

$$=\frac{1}{2\pi}\int_{-\infty}^{+\infty}\mathrm{e}^{\mathrm{i}\omega t}H(\omega)F_x(\omega)\mathrm{d}\omega.$$

若输出 $y(t)$ 也满足狄利克雷条件且绝对可积，则 $y(t)$ 的频谱为

$$F_y(\omega)=\int_{-\infty}^{+\infty}\mathrm{e}^{-\mathrm{i}\omega t}y(t)\mathrm{d}t ,$$

从而

$$y(t)=\frac{1}{2\pi}\int_{-\infty}^{+\infty}\mathrm{e}^{\mathrm{i}\omega t}F_y(\omega)\mathrm{d}\omega . \tag{12.14}$$

比较式（12.13）和式（12.14）可得

$$F_y(\omega)=H(\omega)F_x(\omega). \tag{12.15}$$

由于 $F_x(\omega)$、$F_y(\omega)$ 完全对应 $x(t)$、$y(t)$，因此 $H(\omega)$ 就完全确定了系统的输入与输出之间的关系，这表明线性时不变系统可由它的频率响应完全确定.

若 $H(\omega)$ 绝对可积，即 $\int_{-\infty}^{+\infty}|H(\omega)|\mathrm{d}\omega<+\infty$，则可以从式（12.15）出发，直接求出 $x(t)$ 和 $y(t)$ 之间的关系.

设 $H(\omega)$ 的傅里叶逆变换为

$$h(t)=\frac{1}{2\pi}\int_{-\infty}^{+\infty}\mathrm{e}^{\mathrm{i}\omega t}H(\omega)\mathrm{d}\omega , \tag{12.16}$$

利用卷积定理，由式（12.15）可得

$$y(t)=h(t)*x(t)=\int_{-\infty}^{+\infty}h(s)x(t-s)\mathrm{d}s . \tag{12.17}$$

式（12.17）表明了从时域上联系输入 $x(t)$ 与输出 $y(t)$ 之间的关系，其纽带就是重要的函数 $h(t)$. 不难发现，当 $x(t)=\delta(t)$ 时，有

$$y(t)=\int_{-\infty}^{+\infty}h(\tau)\delta(t-\tau)\mathrm{d}\tau=h(t),$$

换句话说，$h(t)$ 就是当输入为单位脉冲函数时的输出.

定义 12.5.5 设 L 为线性时不变系统，则称输入为单位脉冲函数 $\delta(t)$ 时的输出 $h(t)$ 为该系统的**脉冲响应**.

由式（12.16）可以看出，系统的频率响应与脉冲响应构成一个傅里叶变换对，即

$$h(t)=\frac{1}{2\pi}\int_{-\infty}^{+\infty}\mathrm{e}^{\mathrm{i}\omega t}H(\omega)\mathrm{d}\omega,\ -\infty<t<+\infty ;$$

$$H(\omega)=\int_{-\infty}^{+\infty}\mathrm{e}^{-\mathrm{i}\omega t}h(t)\mathrm{d}t,\ -\infty<\omega<+\infty .$$

它们都能完全确定系统的输入与输出之间的依赖关系，在研究平稳过程的输入与输出的关系时，可依据问题的条件和不同要求，选用不同的关系式. 通常情况下，在频域中可采用式（12.15），而在时域中可采用式（12.17）.

12.5.3 线性时不变系统对平稳过程的响应

由前面的讨论知道，对于线性时不变系统，可以通过频率响应 $H(\omega)$ 或脉冲响应 $h(t)$ 来研究当系统输入为确定函数时的响应. 现在的问题是：如果该系统的输入是一个平稳过程 $\{X(t),-\infty<t<+\infty\}$，那么该系统的输出是否仍为平稳过程呢？如果是平稳过程，那么其均值函数、相关函数如何确定呢？下面从平稳过程的均方积分和脉冲响应 $h(t)$ 所满足的条件出发来解决以上问题.

定理 12.5.2 设 $\{X(t),-\infty<t<+\infty\}$ 是平稳过程，$R_X(\tau)$ 和 $S_X(\omega)$ 分别为其相关函数和谱密度，且 $R_X(\tau)$ 绝对可积. 又设 $h(t)$ 和 $H(\omega)$ 分别为线性时不变系统 L 的脉冲响应和频率响应，且满足：

（1）$\int_{-\infty}^{+\infty}|h(t)|\mathrm{d}t<+\infty$；

（2）$\int_{-\infty}^{+\infty}\int_{-\infty}^{+\infty}|h(s)\overline{h(t)}R_X(s-t)|\mathrm{d}s\mathrm{d}t<+\infty$，

则当 $\{X(t),-\infty<t<+\infty\}$ 为系统 L 的输入时，有：

（1）系统的输出 $Y(t)=\int_{-\infty}^{+\infty}h(s)X(t-s)\mathrm{d}s$，且输出过程 $\{Y(t),-\infty<t<+\infty\}$ 也是平稳的，其均值函数

$$m_Y(t)=m_X\int_{-\infty}^{+\infty}h(t)\mathrm{d}t,$$

相关函数

$$R_Y(\tau)=\int_{-\infty}^{+\infty}\int_{-\infty}^{+\infty}h(u)\overline{h(v)}R_X(\tau-u+v)\mathrm{d}u\mathrm{d}v; \tag{12.18}$$

（2）输入 $\{X(t),-\infty<t<+\infty\}$ 与输出 $\{Y(t),-\infty<t<+\infty\}$ 是联合平稳的，且它们的互相关函数

$$R_{XY}(t,t-\tau)=\int_{-\infty}^{+\infty}\overline{h(s)}R_X(\tau+s)\mathrm{d}s=R_{XY}(\tau);$$

$$R_{YX}(t,t-\tau)=\int_{-\infty}^{+\infty}h(s)R_X(\tau-s)\mathrm{d}s=R_{YX}(\tau).$$

证 （1）由式（12.17），系统的输出为

$$Y(t)=\int_{-\infty}^{+\infty}h(s)X(t-s)\mathrm{d}s.$$

于是

$$m_Y(t)=E[Y(t)]=E[\int_{-\infty}^{+\infty}h(s)X(t-s)\mathrm{d}s]$$

$$=\int_{-\infty}^{+\infty}h(s)E[X(s-t)]\mathrm{d}s=m_X\int_{-\infty}^{+\infty}h(s)\mathrm{d}s=m_Y.$$

$$R_Y(t,t-\tau)=E[Y(t)\overline{Y(t-\tau)}]$$

$$=E[\int_{-\infty}^{+\infty}h(u)X(t-u)\mathrm{d}u\overline{\int_{-\infty}^{+\infty}h(v)X(t-\tau-v)\mathrm{d}v}]$$

$$=\int_{-\infty}^{+\infty}\int_{-\infty}^{+\infty}h(u)\overline{h(v)}R_X(\tau-u+v)\mathrm{d}u\mathrm{d}v=R_Y(\tau).$$

由于均值函数 $m_Y(t)=m_Y$ 为常数，相关函数 $R_Y(t,t-\tau)=R_Y(\tau)$ 与 t 无关，因此输出过程 $\{Y(t),-\infty<t<+\infty\}$ 也是平稳过程.

（2）由互相关函数的定义及式（12.17）得

$$\begin{aligned}R_{XY}(t,t-\tau)&=E[X(t)\overline{Y(t-\tau)}]=E[X(t)\overline{\int_{-\infty}^{+\infty}h(s)X(t-\tau-s)\mathrm{d}s}]\\&=E[\int_{-\infty}^{+\infty}\overline{h(s)}X(t)\overline{X(t-\tau-s)}\mathrm{d}s]\\&=\int_{-\infty}^{+\infty}\overline{h(s)}E[X(t)\overline{X(t-\tau-s)}]\mathrm{d}s\\&=\int_{-\infty}^{+\infty}\overline{h(s)}R_X(\tau+s)\mathrm{d}s=R_{XY}(\tau).\end{aligned}$$

同理可求得

$$R_{YX}(t,t-\tau)=\int_{-\infty}^{+\infty}h(s)R_X(\tau-s)\mathrm{d}s=R_{YX}(\tau).$$

所以 $\{X(t),-\infty<t<+\infty\}$ 与 $\{Y(t),-\infty<t<+\infty\}$ 是联合平稳的平稳过程.

12.5.4 线性时不变系统的谱分析

现在讨论具有频率响应 $H(\omega)$ 的线性时不变系统的输出的谱密度 $S_Y(\omega)$ 与输入的谱密度 $S_X(\omega)$ 的关系及输出与输入的互谱密度.

定理 12.5.3 设 L 为线性时不变系统，$H(\omega)$ 为其频率响应. 若系统 L 和输入平稳过程 $\{X(t),-\infty<t<+\infty\}$ 满足定理 12.5.2 的条件，相应的输出为 $\{Y(t),-\infty<t<+\infty\}$，则有：

（1）$\{Y(t),-\infty<t<+\infty\}$ 的谱密度存在，且

$$S_Y(\omega)=|H(\omega)|^2S_X(\omega);\tag{12.19}$$

（2）$\{X(t),-\infty<t<+\infty\}$ 与 $\{Y(t),-\infty<t<+\infty\}$ 的互谱密度存在，且

$$S_{XY}(\omega)=\overline{H(\omega)}S_X(\omega),\quad S_{YX}(\omega)=H(\omega)S_X(\omega).$$

证 （1）由定理 12.5.2 知

$$\begin{aligned}\int_{-\infty}^{+\infty}|R_Y(\tau)|\mathrm{d}\tau&=\int_{-\infty}^{+\infty}|\int_{-\infty}^{+\infty}\int_{-\infty}^{+\infty}h(u)\overline{h(v)}R_X(\tau-u+v)\mathrm{d}u\mathrm{d}v|\mathrm{d}\tau\\&\le\int_{-\infty}^{+\infty}\int_{-\infty}^{+\infty}\int_{-\infty}^{+\infty}|h(u)||h(v)||R_X(\tau-u+v)|\mathrm{d}u\mathrm{d}v\mathrm{d}\tau,\end{aligned}$$

又 $R_X(\tau)$ 绝对可积，即 $\int_{-\infty}^{+\infty}|R_X(\tau)|\mathrm{d}\tau<+\infty$，故 $\exists M>0$，使得

$$\int_{-\infty}^{+\infty}|R_X(\tau-u+v)|\mathrm{d}\tau<M.$$

于是

$$\begin{aligned}\int_{-\infty}^{+\infty}|R_Y(\tau)|\mathrm{d}\tau&\le\int_{-\infty}^{+\infty}\int_{-\infty}^{+\infty}|h(u)||h(v)|[\int_{-\infty}^{+\infty}|R_X(\tau-u+v)|\mathrm{d}\tau]\mathrm{d}u\mathrm{d}v\\&\le M\int_{-\infty}^{+\infty}\int_{-\infty}^{+\infty}|h(u)||h(v)|\mathrm{d}u\mathrm{d}v\\&=M(\int_{-\infty}^{+\infty}|h(u)|\mathrm{d}u)^2<+\infty,\end{aligned}$$

所以 $\{Y(t),-\infty<t<+\infty\}$ 的谱密度存在，且有

$$\begin{aligned}S_Y(\omega)&=\int_{-\infty}^{+\infty}\mathrm{e}^{-\mathrm{i}\omega\tau}R_Y(\tau)\mathrm{d}\tau\\&=\int_{-\infty}^{+\infty}\mathrm{e}^{-\mathrm{i}\omega\tau}[\int_{-\infty}^{+\infty}\int_{-\infty}^{+\infty}h(u)\overline{h(v)}R_X(\tau-u+v)\mathrm{d}u\mathrm{d}v]\mathrm{d}\tau\\&=\int_{-\infty}^{+\infty}\int_{-\infty}^{+\infty}h(u)\overline{h(v)}[\int_{-\infty}^{+\infty}\mathrm{e}^{-\mathrm{i}\omega\tau}R_X(\tau-u+v)\mathrm{d}\tau]\mathrm{d}u\mathrm{d}v.\end{aligned}\tag{12.20}$$

令 $s=\tau-u+v$，可得

$$\begin{aligned}\int_{-\infty}^{+\infty}\mathrm{e}^{-\mathrm{i}\omega\tau}R_X(\tau-u+v)\mathrm{d}\tau&=\int_{-\infty}^{+\infty}\mathrm{e}^{-\mathrm{i}\omega(u-v+s)}R_X(s)\mathrm{d}s\\&=\mathrm{e}^{-\mathrm{i}\omega(u-v)}\int_{-\infty}^{+\infty}\mathrm{e}^{-\mathrm{i}\omega s}R_X(s)\mathrm{d}s\\&=\mathrm{e}^{-\mathrm{i}\omega(u-v)}S_X(\omega).\end{aligned}$$

将其代入式（12.20），可得

$$\begin{aligned}S_Y(\omega)&=S_X(\omega)\int_{-\infty}^{+\infty}\mathrm{e}^{-\mathrm{i}\omega u}h(u)\mathrm{d}u\int_{-\infty}^{+\infty}\mathrm{e}^{\mathrm{i}\omega v}\overline{h(v)}\mathrm{d}v\\&=S_X(\omega)\int_{-\infty}^{+\infty}\mathrm{e}^{-\mathrm{i}\omega u}h(u)\mathrm{d}u\overline{\int_{-\infty}^{+\infty}\mathrm{e}^{-\mathrm{i}\omega v}h(v)\mathrm{d}v}\\&=|H(\omega)|^2S_X(\omega).\end{aligned}$$

（2）根据互谱密度与互相关函数之间的关系，有

$$\begin{aligned}S_{XY}(\omega)&=\int_{-\infty}^{+\infty}\mathrm{e}^{-\mathrm{i}\omega\tau}R_{XY}(\tau)\mathrm{d}\tau\\&=\int_{-\infty}^{+\infty}\mathrm{e}^{-\mathrm{i}\omega\tau}(\int_{-\infty}^{+\infty}\overline{h(s)}R_X(\tau+s)\mathrm{d}s)\mathrm{d}\tau\\&=\int_{-\infty}^{+\infty}\overline{h(s)}[\int_{-\infty}^{+\infty}\mathrm{e}^{-\mathrm{i}\omega\tau}R_X(\tau+s)\mathrm{d}\tau]\mathrm{d}s\\&=\int_{-\infty}^{+\infty}\mathrm{e}^{\mathrm{i}\omega s}\overline{h(s)}\mathrm{d}s\int_{-\infty}^{+\infty}\mathrm{e}^{-\mathrm{i}\omega u}R_X(u)\mathrm{d}u\\&=\overline{H(\omega)}S_X(\omega).\end{aligned}$$

同理可得

$$S_{YX}(\omega)=H(\omega)S_X(\omega).$$

式（12.19）表明，线性时不变系统的输出谱密度等于输入谱密度乘以因子 $|H(\omega)|^2$，该因子称为**增益因子**. 这对于在频域研究输入谱密度和输出谱密度的关系是很方便的. 在实际问题中，根据输入的相关函数 $R_X(\tau)$ 求输出的相关函数 $R_Y(\tau)$ 往往会比较麻烦，因此，可以通过式（12.19）求出 $S_Y(\omega)$，再通过傅里叶逆变换得到输出的相关函数

$$R_Y(\tau)=\frac{1}{2\pi}\int_{-\infty}^{+\infty}\mathrm{e}^{\mathrm{i}\omega\tau}S_Y(\omega)\mathrm{d}\omega=\frac{1}{2\pi}\int_{-\infty}^{+\infty}\mathrm{e}^{\mathrm{i}\omega\tau}|H(\omega)|^2S_X(\omega)\mathrm{d}\omega\tag{12.21}$$

及其平均功率

$$R_Y(0)=\frac{1}{2\pi}\int_{-\infty}^{+\infty}|H(\omega)|^2S_X(\omega)\mathrm{d}\omega.$$

式（12.18）和式（12.21）都是求 $R_Y(\tau)$ 的公式，可以根据问题的具体条件选择使用.

【例 12.5.3】 设系统的输入为实平稳过程 $\{X(t),t\ge0\}$，其均值函数 $m_X=0$，相关函数为 $R_X(\tau)=\sigma_0^2\mathrm{e}^{-\beta|\tau|},\ \beta>0$，$\{Y(t),t\ge0\}$ 为输出，且输入与输出满足线性微分方程

$$Y'(t)+\alpha Y(t)=\alpha X(t),\ \alpha>0,\ \alpha\ne\beta.$$

试求输出 $\{Y(t), t \geq 0\}$ 的均值函数与相关函数.

解　由于该系统是线性时不变系统，因此由定理 12.5.2，得

$$m_Y(t) = m_X \int_{-\infty}^{+\infty} h(t)\mathrm{d}t = 0,$$

其中 $h(t)$ 为系统的脉冲响应.

因 $\{X(t), t \geq 0\}$ 的相关函数 $R_X(\tau) = \sigma_0^2 \mathrm{e}^{-\beta|\tau|}$，故其谱密度为

$$S_X(\omega) = \int_{-\infty}^{+\infty} \mathrm{e}^{-\mathrm{i}\omega\tau} R_X(\tau)\mathrm{d}\tau = \int_{-\infty}^{+\infty} \mathrm{e}^{-\mathrm{i}\omega\tau} \sigma_0^2 \mathrm{e}^{-\beta|\tau|}\mathrm{d}\tau = \frac{2\sigma_0^2\beta}{\omega^2+\beta^2};$$

又由例 12.5.2 知系统的频率响应为

$$H(\omega) = \frac{\alpha}{\alpha + \mathrm{i}\omega},$$

由定理 12.5.3 知，$\{Y(t), t \geq 0\}$ 的谱密度为

$$S_Y(\omega) = |H(\omega)|^2 S_X(\omega) = \left|\frac{\alpha}{\alpha+\mathrm{i}\omega}\right|^2 \frac{2\sigma_0^2\beta}{\omega^2+\beta^2} = \frac{2\sigma_0^2\alpha^2\beta}{(\omega^2+\alpha^2)(\omega^2+\beta^2)},$$

于是

$$\begin{aligned} R_Y(\tau) &= \frac{1}{2\pi}\int_{-\infty}^{+\infty} \mathrm{e}^{\mathrm{i}\omega\tau} S_Y(\omega)\mathrm{d}\omega = \frac{1}{2\pi}\int_{-\infty}^{+\infty} \mathrm{e}^{\mathrm{i}\omega\tau} \frac{2\sigma_0^2\alpha^2\beta}{(\omega^2+\alpha^2)(\omega^2+\beta^2)}\mathrm{d}\omega \\ &= \frac{\alpha\sigma_0^2}{\alpha^2-\beta^2}\left[\frac{\alpha}{2\pi}\int_{-\infty}^{+\infty} \mathrm{e}^{\mathrm{i}\omega\tau}\frac{2\beta}{\omega^2+\beta^2}\mathrm{d}\omega - \frac{\beta}{2\pi}\int_{-\infty}^{+\infty} \mathrm{e}^{\mathrm{i}\omega\tau}\frac{2\alpha}{\omega^2+\alpha^2}\mathrm{d}\omega\right] \\ &= \frac{\alpha\sigma_0^2}{\alpha^2-\beta^2}[\alpha\mathrm{e}^{-\beta|\tau|} - \beta\mathrm{e}^{-\alpha|\tau|}]. \end{aligned}$$

【例 12.5.4】　求例 12.5.3 中输入过程与输出过程的互相关函数和互谱密度.

解　由于频率响应函数 $H(\omega) = \dfrac{\alpha}{\alpha+\mathrm{i}\omega}$，因此脉冲响应函数为

$$h(t) = \frac{1}{2\pi}\int_{-\infty}^{+\infty} \mathrm{e}^{\mathrm{i}\omega\tau} H(\omega)\mathrm{d}\omega = \frac{1}{2\pi}\int_{-\infty}^{+\infty} \mathrm{e}^{\mathrm{i}\omega\tau}\frac{\alpha}{\alpha+\mathrm{i}\omega}\mathrm{d}\omega = \begin{cases} \alpha\mathrm{e}^{-\alpha t}, & t \geq 0, \\ 0, & t < 0. \end{cases}$$

从而

$$\begin{aligned} R_{XY}(\tau) &= \int_{-\infty}^{+\infty} h(s)R_X(\tau+s)\mathrm{d}s \\ &= \int_0^{+\infty} \alpha\mathrm{e}^{-\alpha s}\sigma_0^2\mathrm{e}^{-\beta|\tau+s|}\mathrm{d}s = \alpha\sigma_0^2\int_0^{+\infty}\mathrm{e}^{-\alpha s-\beta|\tau+s|}\mathrm{d}s. \end{aligned}$$

当 $\tau > 0$ 时，有

$$R_{XY}(\tau) = \alpha\sigma_0^2\int_0^{+\infty}\mathrm{e}^{-\alpha s-\beta(s+\tau)}\mathrm{d}s = \frac{\alpha\sigma_0^2}{\alpha+\beta}\mathrm{e}^{-\beta\tau},$$

当 $\tau \leq 0$ 时，有

$$\begin{aligned} R_{XY}(\tau) &= \alpha\sigma_0^2\left[\int_0^{-\tau}\mathrm{e}^{-\alpha s+\beta(\tau+s)}\mathrm{d}s + \int_{-\tau}^{+\infty}\mathrm{e}^{-\alpha s}\mathrm{e}^{-\beta(\tau+s)}\mathrm{d}s\right] \\ &= \alpha\sigma_0^2\frac{\alpha\mathrm{e}^{\beta\tau}+\beta\mathrm{e}^{\beta\tau}-2\beta\mathrm{e}^{\alpha\tau}}{\alpha^2-\beta^2}. \end{aligned}$$

故互相关函数

$$R_{XY}(\tau)=\begin{cases}\dfrac{\alpha\sigma_0^2}{\alpha+\beta}\mathrm{e}^{-\beta\tau}, & \tau>0,\\ \alpha\sigma_0^2\dfrac{\alpha\mathrm{e}^{\beta\tau}+\beta\mathrm{e}^{\beta\tau}-2\beta\mathrm{e}^{\alpha\tau}}{\alpha^2-\beta^2}, & \tau\le 0.\end{cases}$$

互谱密度为

$$S_{XY}(\omega)=\overline{H(\omega)}S_X(\omega)=\frac{\alpha}{\alpha-\mathrm{i}\omega}\frac{2\sigma_0^2\beta}{\beta^2+\omega^2}=\frac{2\sigma_0^2\alpha\beta}{(\beta^2+\omega^2)(\alpha-\mathrm{i}\omega)}.$$

习题 12

12.1 设 $X(t)=\cos(\omega t+\Theta),\ -\infty<t<+\infty$，其中 $\omega>0$ 为常数，Θ 服从区间 $[0,2\pi]$ 上的均匀分布，试讨论随机过程 $\{X(t),-\infty<t<+\infty\}$ 的平稳性.

12.2 设 $\{X_n,n=1,2,\cdots\}$ 是独立同分布的随机变量序列，且 $P(X_i=-1)=q=1-p$，$P(X_i=1)=p$，令 $Y_n=\sum\limits_{i=1}^{n}X_i,\ n=1,2,\cdots$，试讨论 $\{Y_n,n=1,2,\cdots\}$ 的平稳性.

12.3 设 $X(t)=A\cos(\omega t+\Theta),\ -\infty<t<+\infty$，其中 ω 是实常数，A 与 Θ 是相互独立的随机变量，且 Θ 服从 $[0,2\pi]$ 上的均匀分布，A 服从参数为 σ（$\sigma>0$）的**瑞利（Rayleigh）分布**，即概率密度函数为

$$f(x)=\begin{cases}\dfrac{x}{\sigma^2}\mathrm{e}^{-\frac{x^2}{2\sigma^2}}, & x\ge 0,\\ 0, & x<0.\end{cases}$$

试讨论随机过程 $\{X(t),-\infty<t<+\infty\}$ 的平稳性.

12.4 设 $X(t)=A\cos\omega t,\ -\infty<t<+\infty$，其中 ω 是实常数，A 是均值为零、方差为 σ^2 随机变量.

（1）求 $X(1)$ 和 $X(\frac{1}{4})$ 的概率密度；

（2）讨论 $\{X(t),-\infty<t<+\infty\}$ 是否为平稳过程.

12.5 设 $Z(t)=\sum\limits_{k=1}^{n}A_k\mathrm{e}^{\mathrm{i}\omega_k t},\ -\infty<t<+\infty$，其中 A_k 是实随机变量，ω_k 是一个实数，$k=1,2,\cdots,n$. 试问 A_k 之间应满足什么条件，才能使 $\{Z(t),-\infty<t<+\infty\}$ 是一个平稳过程？

12.6 设 $Z(t)=Z_1\mathrm{e}^{\mathrm{i}\lambda_1 t}+Z_2\mathrm{e}^{\mathrm{i}\lambda_2 t},\ t\in\mathbf{R}$，其中 $\lambda_1\ne\lambda_2$ 且均为实数，Z_1 和 Z_2 是不相关的复随机变量，且 $E(Z_1)=E(Z_2)=0$，$E|Z_1|^2=\sigma_1^2$，$E|Z_2|^2=\sigma_2^2$，试说明 $\{Z(t),-\infty<t<+\infty\}$ 的平稳性.

12.7 设 $\{W(t),t\ge 0\}$ 是参数 σ^2 的维纳过程，令 $X(t)=W(t+\alpha)-W(t),\ t\ge 0$，其中 $\alpha>0$ 为常数，试证明 $\{X(t),t\ge 0\}$ 是严平稳过程.

12.8 设 $Z(t)=Y\cos t+X\sin t,\ -\infty<t<+\infty$，其中 X、Y 为相互独立的随机变量，且 $P(X=-1)=P(Y=-1)=\frac{2}{3}$，$P(X=2)=P(Y=2)=\frac{1}{3}$.

（1）试求 $\{Z(t),-\infty<t<+\infty\}$ 的均值函数和相关函数；

（2）试证 $\{Z(t),-\infty<t<+\infty\}$ 是宽平稳过程，但不是严平稳过程.

12.9 设 $X(t)=f(t+\Theta)$，其中 $f(t)$ 是周期为 T 的实值连续函数，Θ 是在 $[0,T]$ 上服从均匀分布的随机变量，证明 $\{X(t),t\ge 0\}$ 是平稳过程，并求相关函数 $R_X(\tau)$.

12.10 设 $\{X(t),-\infty<t<+\infty\}$ 和 $\{Y(t),-\infty<t<+\infty\}$ 为相互独立的平稳过程，令 $Z(t)=X(t)T(t)$.

（1）求 $\{Z(t), -\infty<t<+\infty\}$ 的相关函数 $R_Z(\tau)$；

（2）判断 $\{Z(t), -\infty<t<+\infty\}$ 是否为平稳过程.

12.11 设平稳过程 $\{X(t), t\geq 0\}$ 的相关函数 $R_X(\tau)=\mathrm{e}^{-\alpha|\tau|}[1+\alpha|\tau|]$，其中 $\alpha>0$ 且为常数. 试判断 $\{X(t), t\geq 0\}$ 是否均方可导；若均方可导，则求导数过程 $\{X'(t), t\geq 0\}$ 的均值函数和相关函数.

12.12 设 $\{X(t), t\geq 0\}$ 是平稳过程，均值函数 $m_X=0$，相关函数为 $R_X(\tau)=\mathrm{e}^{-\alpha|\tau|}$，$\alpha>0$. 令 $Y(t)=\dfrac{1}{T}\int_0^t X(s)\mathrm{d}s,\ t\geq 0$，其中 T 是固定的正数，求 $\{Y(t), t\geq 0\}$ 的相关函数.

12.13 设 $X(t)=a\cos(\omega t+\Theta)$，$Y(t)=b\sin(\omega t+\Theta)$，其中 $\omega>0$，a 和 b 为实常数，Θ 服从区间 $[0,2\pi]$ 上的均匀分布. 设 $\{X(t),-\infty<t<+\infty\}$ 与 $\{Y(t),-\infty<t<+\infty\}$ 是联合平稳过程，求它们的互相关函数 $R_{XY}(\tau)$ 与 $R_{YX}(\tau)$.

12.14 设 $X(t)(t\geq 0)$ 是雷达的发射信号，遇目标后返回接收机的微弱信号是 $aX(t-\tau_1)(t\geq\tau_1)$，其中 a 远小于1，τ_1 是信号的返回时间. 假设接收到的信号总是伴有噪声 $N(t)(t\geq 0)$，于是接收到的全信号为 $Y(t)=aX(t-\tau_i)+N(t)(t\geq\tau_1)$.

（1）设 $\{X(t), t\geq 0\}$ 和 $\{Y(t), t\geq 0\}$ 是联合平稳过程，求互相关函数 $R_{XY}(\tau)$；

（2）进一步假设 $\{N(t), t\geq 0\}$ 为零均值且与 $\{X(t), t\geq 0\}$ 相互独立，求 $R_{XY}(\tau)$.

12.15 设 $X(t)=A\cos t+B\sin t$，其中 A 与 B 为相互独立的随机变量，且 $E(A)=E(B)=0$，$D(A)=D(B)=\sigma^2$，试讨论 $\{X(t), -\infty<t<+\infty\}$ 的各态历经性.

12.16 设 $X(t)=A\cos(\omega t+\Phi)$，其中 A 与 Φ 为相互独立的随机变量，且 Φ 服从区间 $[0,2\pi]$ 上的均匀分布. 试讨论 $\{X(t), -\infty<t<+\infty\}$ 的各态历经性.

12.17 设 $\{X(t), -\infty<t<+\infty\}$ 是平稳过程，其协方差函数 $C_X(\tau)$ 绝对可积，即 $\int_{-\infty}^{+\infty}|C_X(\tau)|\mathrm{d}\tau<+\infty$. 试证明 $\{X(t), -\infty<t<+\infty\}$ 的均值具有各态历经性.

12.18 设平稳过程 $\{X(t), -\infty<t<+\infty\}$ 的均值函数 $m_X=0$，相关函数 $R_X(\tau)=\sigma^2\mathrm{e}^{-\alpha|\tau|}$，其中 $\sigma^2,\alpha>0$ 且为常数，试证明 $\{X(t), -\infty<t<+\infty\}$ 的均值具有各态历经性.

12.19 设平稳过程 $\{X(t), -\infty<t<+\infty\}$ 的均值函数 $m_X=0$，相关函数 $R_X(\tau)=\mathrm{e}^{-|\tau|}$，平稳过程 $\{Y(t),-\infty<t<+\infty\}$ 满足 $Y'(t)+Y(t)=X(t)$.

（1）求 $\{Y(t), -\infty<t<+\infty\}$ 的均值函数、相关函数和功率谱密度；

（2）求 $\{X(t), -\infty<t<+\infty\}$ 与 $\{Y(t), -\infty<t<+\infty\}$ 的互相关函数和互谱密度.

12.20 已知平稳过程 $\{X(t), -\infty<t<+\infty\}$ 的相关函数如下，试求其谱密度.

（1）$R_X(\tau)=\mathrm{e}^{-a|\tau|}\cos\omega_0\tau,\ a>0$；（2）$R_X(\tau)=\mathrm{e}^{-|\tau|}\cos\pi t+\cos 3\pi t$；

（3）$R_X(\tau)=\sigma^2\mathrm{e}^{-a|\tau|}(\cos\beta\tau+\dfrac{\beta}{\alpha}\sin\beta|\tau|),\ a>0$；

（4）$R_X(\tau)=\begin{cases}1-\dfrac{|\tau|}{T_0}, & |\tau|\leq T_0,\\ 0, & |\tau|>T_0.\end{cases}$

12.21 已知平稳过程 $\{X(t), -\infty<t<+\infty\}$ 的功率谱密度如下，试求其相关函数.

（1）$S_X(\omega)=\dfrac{\omega^2+1}{\omega^4+5\omega^2+6}$.（2）$S_X(\omega)=\begin{cases}1, & |\omega|\leq a,\\ 0, & |\omega|>a.\end{cases}$

（3）$S_X(\omega)=\begin{cases}b^2, & a\leq|\omega|\leq 2a,\\ 0, & \text{其他}.\end{cases}$（4）$S_X(\omega)=\dfrac{1}{(1+\omega^2)^2}$.

12.22 设 $\{X(t), -\infty<t<+\infty\}$ 是平稳过程，令 $Y(t)=X(t)\cos(\omega_0 t+\Theta)$，其中 ω_0 是实常数，Φ 服从区间 $[0,2\pi]$ 上的均匀分布，且 $\{X(t), -\infty<t<+\infty\}$ 与 Θ 相互独立，$R_X(\tau)$ 和 $S_X(\omega)$ 分别是 $\{X(t), -\infty<t<+\infty\}$ 的相关函数和功率谱密度. 试证：

（1）$\{Y(t),\ -\infty<t<+\infty\}$ 是平稳过程，且相关函数

$$R_Y(\tau)=\frac{1}{2}R_X(\tau)\cos\omega_0\tau\ ;$$

（2）$\{Y(t),\ -\infty<t<+\infty\}$ 的功率谱密度为

$$S_X(\omega)=\frac{1}{4}[S_X(\omega-\omega_0)+S_X(\omega+\omega_0)]\ .$$

12.23　设 $\{X(t),-\infty<t<+\infty\}$ 是平稳过程，其谱密度为 $S_X(\omega)$，令 $Y(t)=X(t+a)-X(t)$，其中 $a>0$ 且是常数. 试证明 $\{Y(t),-\infty<t<+\infty\}$ 是平稳过程，并求其谱密度.

12.24　设 $\{X(t),-\infty<t<+\infty\}$ 和 $\{Y(t),\ -\infty<t<+\infty\}$ 是两个相互独立的平稳过程，均值函数 m_X 和 m_Y 都不为零，令 $Z(t)=X(t)+Y(t),\ -\infty<t<+\infty$，试计算 $S_{XY}(\omega)$ 和 $S_{XZ}(\omega)$.

12.25　设 $\{X(t),-\infty<t<+\infty\}$ 是平稳过程，均值函数 $m_X=0$，谱密度为 $S_X(\omega)$，将其输入到脉冲响应函数为

$$h(t)=\begin{cases}\alpha e^{-\alpha t}, & 0\le t<T,\\ 0, & \text{其他}.\end{cases}$$

的线性滤波器，其中 $\alpha>0$. 试求它的输出 $\{Y(t),\ -\infty<t<+\infty\}$ 的功率谱密度.

12.26　设对线性时不变系统输入一个零均值的实平稳过程 $\{X(t),t\ge 0\}$，其相关函数 $R_X(\tau)=\delta(\tau)$. 若系统的单位脉冲响应为

$$h(t)=\begin{cases}1, & 0\le t<T,\\ 0, & \text{其他}.\end{cases}$$

试求该系统的输出过程 $\{Y(t),t\ge 0\}$ 的相关函数、谱密度及 $\{X(t),t\ge 0\}$ 与 $\{Y(t),t\ge 0\}$ 的互谱密度.

12.27　设 $\{X(t),-\infty<t<+\infty\}$ 是平稳过程，其谱密度为 $S_X(\omega)$，通过一个微分器的输出过程为 $\{Y(t),\ -\infty<t<+\infty\}$，其中 $Y(t)=\dfrac{dX(t)}{dt},\ -\infty<t<+\infty$. 试求：

（1）系统的频率响应函数；

（2）输入与输出的互谱密度；

（3）输出的功率谱密度.

12.28　设 $\{X(t),-\infty<t<+\infty\}$ 是谱密度为 $S_X(\omega)$ 的平稳过程，输入到积分电路，其输入和输出满足如下关系

$$Y(t)=\int_{t-T}^{t}X(s)ds,\ -\infty<t<+\infty\ ,$$

其中 T 为积分时间，试求输出过程 $\{Y(t),\ -\infty<t<+\infty\}$ 的功率谱密度 $S_Y(\omega)$.

12.29　设一个线性系统的输入、输出由微分方程

$$Y'(t)+bY(t)=aX(t)$$

确定，其中 a 和 b 为常数，输入过程 $\{X(t),-\infty<t<+\infty\}$ 为零均值的平稳过程，且其相关函数 $R_X(\tau)=\sigma^2 e^{-\beta|\tau|}$. 求输出过程 $\{Y(t),\ -\infty<t<+\infty\}$ 的谱密度和相关函数.

12.30　设一个线性系统的输入、输出由微分方程

$$Y'(t)+bY(t)=X'(t)+aX(t)$$

确定，其中 a 和 b 为常数，输入过程 $\{X(t),-\infty<t<+\infty\}$ 为平稳过程，且其相关函数 $R_X(\tau)=\beta e^{-\alpha|\tau|}$. 求输出过程 $\{Y(t),\ -\infty<t<+\infty\}$ 的谱密度和相关函数.

12.31　设 $\{X(t),-\infty<t<+\infty\}$ 是二阶均方可导的平稳过程，$\{Y(t),\ -\infty<t<+\infty\}$ 是均方连续的平稳过程，谱密度为 $S_Y(\omega)$，且

$$X''(t)+\beta X'(t)+\omega_0^2X(t)=Y(t)$$

其中 β、ω_0 为常数，试求 $S_X(\omega)$ 和 $S_{YX}(\omega)$.

附录A

附录 A　标准正态分布函数表

附录 B　χ^2 分布分位数 $\chi_\alpha^2(k)$ 表

附录 C　t 分布 α 分位数表

附录 D　F 分布分位数 $F_\alpha(k_1,k_2)$ 表

附录 E　符号检验表

附录 F　秩和检验表

附录 G　相关系数临界值表

附录 H　常用的正交表

以上附录的具体内容，请扫描右侧的二维码阅读.

参 考 文 献

[1] 茆诗松，王静龙，濮晓龙. 高等数理统计[M]. 北京：高等教育出版社，1998.

[2] 魏宗舒，等. 概率论与数理统计教程[M]. 2 版. 北京：高等教育出版社，2008.

[3] 王梓坤. 概率论基础及其应用[M]. 北京：科学出版社，1976.

[4] 庄楚强，何春雄. 应用数理统计基础[M]. 3 版. 广州：华南理工大学出版社，2006.

[5] 赵颖. 应用数理统计[M]. 北京：北京理工大学出版社，2008.

[6] 杨振海，张忠占. 应用数理统计[M]. 北京：北京工业大学出版社，2005.

[7] 何迎晖，闵华玲. 数理统计[M]. 北京：高等教育出版社，1989.

[8] R. M・菲赫金哥尔茨. 微积分学教程[M]. 2 卷. 北京大学高等数学教研组，译. 北京：人民教育出版社，1956.

[9] 陈希孺. 数理统计引论[M]. 北京：科学出版社，1981.

[10] 复旦大学. 概率论[M]. 北京：人民教育出版社，1979.

[11] 周纪芗. 回归分析[M] . 上海：华东师范大学出版社，1993.

[12] 庄楚强，吴亚森. 应用数理统计基础[M] . 广州：华南理工大学出版社，2002.

[13] 清华大学应用数学系概率统计教研组. 概率论与数理统计[M] . 长春：吉林教育出版社，1987.

[14] 王式安. 数理统计[M] . 北京：北京理工大学出版社，1995.

[15] 李东风. 统计软件教程：SAS 系统与 S 语言[M] . 北京：人民邮电出版社，2006.

[16] 沈恒范. 概率论与数理统计教程[M]. 北京：高等教育出版社，2017.

[17] 杨虎，刘琼荪，钟波. 数理统计[M] . 北京：高等教育出版社，2004.

[18] 张卓奎，陈慧婵. 随机过程及其应用[M]. 2 版. 西安：西安电子科技大学出版社，2012.

[19] 刘次华，随机过程[M]. 2 版. 武汉：华中科技大学出版社，2008.

[20] 胡政发，等. 复变函数与积分变换[M]. 上海：同济大学出版社，2015.

[21] Alan V. Oppenheim，Alans S. Willsky，S. Hamid Nawab. 信号与系统[M]. 2 版. 留树棠，译. 西安：西安交通大学出版社，1998.

[22] 王梓坤. 随机过程论[M]. 北京：科学出版社，1965.

[23] 李漳南，吴荣. 随机过程教程[M]. 北京：高等教育出版社，1987.

[24] A. 帕普力斯. 概率、随机变量与随机过程[M]. 谢国瑞，等译. 北京：高等教育出版社，1983.

[25] 陆大铨. 随机过程及其应用[M]. 北京：清华大学出版社，1986.

[26] 刘嘉焜. 应用随机过程[M]. 北京：科学出版社，2000.

[27] 汪荣鑫. 随机过程[M]. 西安：西安交通大学出版社，1987.

[28] 王梓坤. 生灭过程与马尔可夫链[M]. 北京：科学出版社，1980.

[29] 胡迪鹤. 应用随机过程引论[M]. 哈尔滨：哈尔滨工业大学出版社，1984.

[30] John C.Hull. Options，Futures and other Derivatives[M]. 10th ed. New York：Pearson，2017.

[31] D.Kannan. An Introduction to Stochastic Proceses[M]. New York：North Holland，1979.

[32] Ross S M. Stochastic Processes[M]. New Jersey: John Wiley &. Sons，1983

[33] Bartlett M s. An Introduction to Stochastic Processes[M]. Cambridge: Cambridge Univ. Press，1978.

[34] Cinlar E. Introduction to Stochastic Processes[M]. New Jersey：Prentic Hall，1975.